Java SE 17 LTS

技術手冊

林信良

序

圖靈獎得主 Dijkstra 在 2001 年寫信[1]給德州大學預算委員會，希望大學的程式設計入門課程中，不要使用命令式的 Java 取代函數式的 Haskell；2001 年前後是 Java 2 的年代，Java 1.3 推出沒多久，無怪乎 Dijkstra 會覺得 Java 看來就像個商業宣傳，完全可以想像 Dijkstra 為何對此感到不安。

然而從 Java 8 開始，Java 持續、穩建地納入、增強函數式概念的語法、API 等元素，跟上了其他具有一級函式特性語言的腳步，有了一些高階流程抽象可以使用，甚至在 Java 16、17，開始納入模式比對、`record`、`sealed` 類別，這些特性其實對應的是函數式中更為基礎的元素「代數資料型態（Algebraic data type）」，這讓開發者除了命令式的選擇之外，能更便利地基於函數式典範來思考與實作。

我本身也是函數式典範的愛好者，就我而言，命令式與函數式就是不同的思考方式，只不過人很容易受到第一次接觸的東西影響，甚至養成習慣，初入程式設計領域之人，若一開始是接受命令式的訓練，日後就會習慣用命令式來解決問題，若一開始是接受函數式的訓練，看到命令式 x = x + 1，往往也會難以接受。

這也是 Dijkstra 在信中談到的，我們會被使用的工具形塑，就程式語言這工具來說，影響更為深遠，因為它們形塑的是思考習慣！

就現實而言，大部分開發者確實是從命令式的訓練開始，這一方面是因為許多主流語言是命令式，另一方面，也代表著許多需求適合使用命令式解決；然而命令式與函數式各有其應用的情境，現今 Java 納入了越來越多的函數式元素，其實也是代表著今日應用程式想解決的問題領域，越來越多適合使用函數式來解決。

---

[1] To the members of the Budget Council：bit.ly/3HQhU29

如方才所言，命令式與函數式就是不同思考方式，身為一名開發者，其實可使用的思考方式越多，面對問題時可用的工具就越多，也就越有辦法從中選擇適用的方案。

當然，學習需要付出成本，不過我更傾向於認為這是一種投資，身為開發者在可用的思考等方面投資越多，能解決的問題就越廣越深，個人積累也益發深厚，估且不要說什麼提高自身價值或不可取代性，就根本而言，這是在尊重自己從事的領域。

畢竟程式設計領域，本身就是個需要不斷培養思考方式的領域，本來就是個需要不斷積累的領域，如果開發者吝於在學習上投資，懶得做好積累的功夫，不就是在貶低自身從事的工作？那麼又何必進入這個領域呢？

2022.04

導讀

這份導讀可讓你更了解如何使用本書。

新舊版差異

介紹 JDK15 至 17 的新特性，當然是本書的改版重點之一。4.4.3 介紹了 Java 15 的文字區塊（Text block），6.2.5 在談 instanceof 時也談到了 Java 16 的模式比對（Pattern matching），9.1.3 與 18.3.1 說明 Java 16 的 record 類別，18.3.2 討論 Java 17 的 sealed 類別。

改版的重點之二是除舊，一些過時或不需要再詳談的內容經過簡化或移除，像是舊版中第 1 章的 JDK 歷史、第 5 章的傳值呼叫、第 11 章的 ForkJoinPool、第 13 章的 Data 與 Calendar 說明、第 15 章的國際化、第 16 章的 RowSet 等。

除舊的另一目的是瘦身，讓新特性有足夠的篇幅說明，另外，15.2 增加了 Java 11 的 HTTP Client API 說明，11.1.5 增加了 java.util.concurrent.atomic 的說明。

至於書本的內容，照慣例整本都重新審閱了一次，在範例的部分也會適當地使用新特性，例如可以使用文字區塊簡化字串模版的部分就會使用，若類別實際上是資料載體的概念，就採用 record 類別等。

自 Java SE 12 開始，有些 Java 新功能未正式定案前，為了取得開發者的意見回饋，會以預覽形式發佈；由於預覽功能未來仍可能變動規格，本書不會說明預覽功能。

由於 Java SE 17 開始，LTS 的釋出週期，加速為兩年一次，未來書籍的改版時機，也將基於 LTS 的版本。

字型

本書內文中與程式碼相關的文字，使用等寬字型來加以呈現，以與一般名詞做區別。例如 JDK 是一般名詞，而 String 為程式碼相關文字，使用了等寬字型。

程式範例

你可以在碁峰的《Java SE 17 技術手冊》網頁下載範例檔案：

- **books.gotop.com.tw/v_ACL066100**

本書許多的範例示範，都使用完整程式實作來展現，當你看到以下程式碼示範時：

ClassObject Guess.java

```java
package cc.openhome;

import java.util.Scanner;        ❶ 告訴編譯器接下來想偷懶
import static java.lang.System.out;

public class Guess {
    public static void main(String[] args) {
        var console = new Scanner(System.in);        ❷ 建立 Scanner 實例
        var number = (int) (Math.random() * 10);
        var guess = -1;

        do {
            out.print("猜數字 (0 ~ 9):");
            guess = console.nextInt();        ❸ 取得下一個整數
        } while(guess != number);

        out.println("猜中了...XD");
    }
}
```

範例開始的左邊名稱為 ClassObject，表示可在範例檔的 **samples** 資料夾中各章節資料夾，找到對應的 ClassObject 專案，而右邊名稱為 Guess.java，表示可在專案中找到 Guess.java 檔案。若程式碼出現標號與提示文字，表示後續的內文中，會有對應於標號及提示的更詳細說明。

原則上，建議每個專案範例都親手動作撰寫，但若因教學時間或實作時間上的考量，本書有建議進行的練習，如果在範例旁發現有個 圖示，例如：

Game1 SwordsMan.java

```java
package cc.openhome;

public class SwordsMan extends Role {
    public void fight() {
        System.out.println("揮劍攻擊");
    }
}
```

表示建議範例動手實作，而且在範例檔的 labs 資料夾中，會有練習專案的基礎，可以開啟專案後，完成專案中遺漏或必須補齊的程式碼設定。

若使用以下的程式碼呈現，表示它是完整的程式內容，但不是專案的一部分，主要用來展現完整內容如何撰寫：

```java
public class Hello {
    public static void main(String[] args) {
        System.out.println("Hello!World!");
    }
}
```

如果使用以下的方式呈現，表示它是程式片段，主要展現程式撰寫時需要特別注意的部分：

```java
var swordsMan = new SwordsMan();
...略
out.printf("劍士 (%s, %d, %d)%n", swordsMan.getName(),
        swordsMan.getLevel(), swordsMan.getBlood());
var magician = new Magician();
...略
out.printf("魔法師 (%s, %d, %d)%n", magician.getName(),
        magician.getLevel(), magician.getBlood());
```

有些簡單的程式片段，會適當地使用 jshell 示範（可參考圖 3.1），如果看到提示文字為 jshell>開頭，表示那是在 jshell 環境之中執行。例如：

```
jshell> System.out.printf("example:%.2f%n", 19.234);
example:19.23
```

對話框

本書會出現以下的對話框：

提示 >>> 針對課程中提到的觀念，提供一些額外資源或思考方向，暫時忽略這些提示對課程進行沒有影響，然而有時間的話，針對這些提示多做思考或討論是有幫助的。

注意 >>> 針對課程中提到的觀念，以對話框方式特別呈現出必須注意的使用方式、陷阱或避開問題的方法，看到這個對話框時請集中精神閱讀。

附錄

範例檔案中包括本書中全部範例，提供 Eclipse 範例專案，附錄 A 說明如何使用這些範例專案。

聯繫作者

若有堪誤回報等相關書籍問題，可透過網站與作者聯繫：

- openhome.cc

目錄

1 Java 平臺概論

2 從 JDK 到 IDE

3 基礎語法

4 認識物件

5　物件封裝

6　繼承與多型

7 介面與多型

8 例外處理

9 Collection 與 Map

10 輸入輸出

11 執行緒與並行 API

12 Lambda

13 時間與日期

14 NIO 與 NIO2

15 通用 API

16 整合資料庫

17 反射與類別載入器

A 如何使用本書專案

Java 平臺概論

- 簡介 Java 版本遷移
- 認識 Java SE、Java EE、Java ME
- 認識 JDK 規範與實作
- 瞭解 JVM、JRE 與 JDK
- 下載、安裝 JDK

1.1 Java 不只是語言

從 1995 年至今，Java 已經超過 25 個年頭，經過這些年來的演進，正如本節標題所示，Java 已不僅是個程式語言，也代表了解決問題的平臺（Platform），更代表了原廠、各個廠商、社群、開發者與使用者溝通的成果。若僅以程式語言的角度來看待 Java，正如冰山一角，只會看到 Java 身為程式語言的一部分，而沒看到 Java 身為程式語言之外，更可貴也更為龐大的資源。

1.1.1 前世今生

一個語言的誕生有其目的，因為這個目的而成就了語言的主要特性，探索 Java 的歷史演進，對於掌握 Java 特性與各式可用資源，著實有其幫助。

◎ Java 誕生

Java 最早是 Sun 公司綠色專案（Green Project）中撰寫 Star7 應用程式的程式語言，當時名稱不是 Java，而是取名為 Oak。

　　綠色專案始於 1990 年 12 月，由 Patrick Naughton、Mike Sheridan 與 James Gosling[1]主持，目的是希望構築、掌握下一波電腦應用趨勢，他們認為下一波電腦應用趨勢會集中在消費性數位產品（像是今日的平板、手機等消費性電子商品）的使用上，在 1992 年 9 月 3 日 Green Team 專案小組展示了 Star7 手持設備，這個設備具有無線網路連接、5 吋 LCD 彩色螢幕、PCMCIA 介面等功能，而 Oak 在綠色專案中，是用來撰寫 Star7 上應用程式的程式語言。

　　Oak 名稱的由來，是因為 James Gosling 的辦公室窗外有一顆橡樹（Oak），就順勢取了這個名稱，後來發現 Oak 名稱已經被註冊了，工程師們邊喝咖啡邊討論著新名稱，最後靈機一動而改為 Java。

　　Java 本身會見到許多為了節省資源而做的設計，像是動態載入類別檔案、字串池（String pool）等特性，這是因為 Java 一開始就是為了消費性數位產品而設計，而這類小型裝置通常記憶體、運算資源有限。

　　全球資訊網（World Wide Web）興起，Java Applet 成為網頁互動技術代表。

　　1993 年第一個全球資訊網瀏覽器 Mosaic 誕生，James Gosling 認為網際網路與 Java 的一些特性不謀而合，利用 Java Applet 在瀏覽器上展現互動性媒體，在當時而言，對視覺感官是一種革命性的顛覆，Green Team 仿照 Mosaic 開發出基於 Java 技術的瀏覽器 WebRunner（原命名為 BladeRunner），後來改名為 HotJava，雖然 HotJava 只是個展示性產品，但運用 Java Applet 展現的多媒體效果，馬上吸引許多人的注意。

　　1995 年 5 月 23 日[2]，Oak 正式改名為 Java，Java Development Kits（當時 JDK 全名）1.0a2 版本正式對外發表，1996 年 Netscape Navigator 2.0 也正式支援 Java，Microsoft Explorer 亦開始支援 Java，從此 Java 在網際網路的世界逐漸風行起來，雖然當時消費性市場並未接受 Star7 產品，綠色專案面臨被裁撤的命運，然而全球資訊網的興起，給了 Java 新的生命與舞台。

---

[1] James Gosling 被尊稱為 Java 之父。
[2] 這一天公認為 Java 的誕生日。

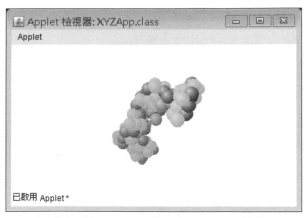

圖 1.1　舊版 JDK 所附的 Java Applet 範例

提示 ≫ Java SE 17 以後，Applet 被標示為移除（Removal），也就是下個版本就會移除。

從 J2SE 到 Java SE

隨著 Java 越來越受到矚目，**Sun 在 1998/12/04 年發佈 Java 2 Platform，簡稱 J2SE 1.2**，Java 開發者版本一開始是以 **Java Development Kit** 名稱發表，簡稱 **JDK**，而 J2SE 是平臺名稱，包含了 JDK 與 Java 程式語言。

Java 平臺標準版約每兩年為週期推出重大版本更新，1998/12/04 發表 J2SE 1.2，2000/05/08 發表 J2SE 1.3，2002/02/13 發表 J2SE 1.4，「Java 2」名稱也從 J2SE 1.2 一直延用至之後各個版本。

2004/09/29 發表的 Java 平臺標準版的版號不是 1.5，而直接跳到 5.0，稱為 J2SE 5.0，以彰顯此版本與先前版本有極大不同，像是語法上的簡化、增加泛型（Generics）、列舉（Enum）、標註（Annotation）等重大功能。

2006/12/11 發表的 Java 平臺標準版，除了版號之外，名稱也有了變化，稱為 Java Platform, Standard Edition 6，簡稱 Java SE 6，JDK6 全名為 Java SE Development Kit 6，也就是**不再像以前 Java 2 帶有"2"這個號碼**，版本號 6 或 1.6.0 都使用，6 是產品版本（Product version），而 1.6.0 是開發者版本（Developer version）。

　　在 Java SE 8 之前，大部分的 Java 標準版平臺都會取個代碼名稱（Code name），例如 J2SE 5.0 的代碼名稱 Tiger（老虎），為了引人注目，在發表會上還真的抱了隻小白老虎出來作為噱頭，而許多書的封面也應景地放上老虎的圖片。有關 JDK 代碼名稱與釋出日期，可以參考下表：

表 1.1　Java 版本、代碼名稱與釋出日期

版本	代碼名稱	釋出時間
JDK 1.1.4	Sparkler（煙火）	1997/09
JDK 1.1.5	Pumpkin（南瓜）	1997/12
JDK 1.1.6	Abigail（聖經故事人物名稱）	1998/04
JDK 1.1.7	Brutus（羅馬政治家名稱）	1998/09
JDK 1.1.8	Chelsea（足球俱樂部名稱）	1999/04
J2SE 1.2	**Playground（遊樂場）**	**1998/12**
J2SE 1.2.1	無	1999/03
J2SE 1.2.2	Cricket（蟋蟀）	1999/07
J2SE 1.3	**Kestrel（紅隼）**	**2000/05**
J2SE 1.3.1	Ladybird（瓢蟲）	2001/05
J2SE 1.4.0	**Merlin（魔法師名稱）**	**2002/02**
J2SE 1.4.1	Hopper（蚱蜢）	2002/09
J2SE 1.4.2	Mantis（螳螂）	2003/06
J2SE 5.0	**Tiger（老虎）**	**2004/09**
Java SE 6	**Mustang（野馬）**	**2006/12**
Java SE 7	**Dolphin（海豚）**	**2011/07**
Java SE 8（LTS）	**無**	**2014/03**
Java SE 9	**無**	**2017/09**
Java SE 11（LTS）	**無**	**2018/09**
Java SE 17（LTS）	**無**	**2021/09**

提示 >>> 　表 1.1 在 Java SE 9 之後，只列出長期支援版本（Long Term Support），其他版本的釋出時間，可參考〈JDK Releases[3]〉，稍後會談到什麼是長期支援版本。

3　JDK Releases：www.java.com/releases/

◎ 江山易主

　　表 1.1 可以看到，J2SE 1.2、J2SE 1.3、J2SE 1.4.0、J2SE 5.0、Java SE 6 推出的時隔，差不多都是兩年，然而 Java SE 7 卻讓 Java 開發者等了四年多，不禁讓人想問：Java 怎麼了？

　　原因有許多，Java SE 7 對新版本的規劃搖擺不定，涵蓋許多不易實現的新特性，加上 Sun 苦於營收低迷不振，影響了新版本的推動，推出的日期承諾不斷跳票，然後 2010 年 **Oracle 宣佈併購 Sun，Java 也正式成為 Oracle 所屬**，併購就會帶來一連串的組織重整，導致 Java SE 7 推出日期再度跳票，在歷經了一些重新規畫、調整後，Java SE 7 才終於於 2011/07 釋出。

　　Java SE 8 亦是一波三折，原訂於 2013 年釋出，卻因為接二連三爆出的 Java 安全漏洞，迫使 Java 開發團隊決定先行檢視、修補 Java 安全問題，幾經延遲之後，最後確定發表 Java SE 8 的時間為 2014/03。

　　後來 Java SE 9 重大特性之一 Java 模組平臺系統（Java Platform Module System），也因為開發不及，以及發生了 JCP 執行委員會（Java Community Process Executive Committee）曾經投票否決了 Java 模組平臺系統等因素，使得 Java SE 9 釋出日期多次往後推移，才終於在 2017/09 正式釋出。

◎ 目前釋出週期

　　Java SE 6 之後，重大版本的推出往往費日曠時，給予人停滯不前的感覺，相對地，有不少其他語言技術採取了常態化發佈新版本的做法，Java 後來也跟上了潮流，**從 Java SE 9 開始，JDK 採取以半年為週期，持續發布新版本。**

　　常態化發佈的新版本，內容僅包含當時已完成的新特性。版本格式採取 $FEATURE.$INTERIM.$UPDATE.$PATCH，$FEATURE 每六個月變更一次，必須包含新增特性，$INTERIM 目前總是為 0，保留此項目是作為未來使用之彈性，同一 $FEATURE 下，$UPDATE 每三個月遞增一次，包含安全、臭蟲修正，而 $PATCH 只會在緊急重大修補時遞增，因此對於剛發佈的 Java SE 17 來說，完整版本號是 17.0.0。

就企業而言，安全性修補是重要考量之一，需要留意的是**長期支援版本（Long Term Support）**，也就是表 1.1 標示為 LTS 的版本，**Java SE 8 是 LTS**，而 Java SE 8 之後，Java SE 16 以前，每三年釋出 LTS，因此 **Java SE 11、17 是 LTS**，LTS 版本維護的週期較長，實際維護時間視 JDK 來源而定（稍後會談到），可能會是三到六年不等的時間。

然而，**Java SE 17 開始，LTS 的釋出週期，加速為兩年一次**，目的是為了讓企業有更多的 LTS 選擇。

> **提示 >>>** 重要的開放原始碼程式庫或框架，多半會基於 LTS 版本，例如 Spring Framework 6 將會基於 Java SE 17。

至於 Java SE 9、12 到 16 等，只是**短期支援版本，釋出後六個月後就不再維護**，通常作為開發評估之用，在新版本釋出後，短期支援版本的使用者應儘快更新至新版本。

1.1.2　三大平臺

在 Java 發展過程中，由於應用領域越來越廣，並逐漸擴及至各級應用軟體的開發，Sun 公司在 1999 年 6 月美國舊金山的 Java One 大會上，公佈了新的 Java 體系架構，該架構根據不同級別的應用開發區分了不同的應用版本：**J2SE（Java 2 Platform, Standard Edition）、J2EE（Java 2 Platform, Enterprise Edition）與 J2ME（Java 2 Platform, Micro Edition）**。

J2SE、J2EE 與 J2ME 是當時的名稱，**由於 Java SE 6 後 Java 不再帶有"2" 這個號碼，J2SE、J2EE 與 J2ME 分別被正名為 Java SE、Java EE 與 Java ME**。

> **提示 >>>** 儘管 Sun 從 2006 年底，就將三大平臺正名為 Java SE、Java ME 與 Java EE，然而時至今日，不少人的習慣還是沒有改過來，J2SE、J2ME 與 J2EE 這個名詞還是很多人用。

◉ Java SE（Java Platform, Standard Edition）

Java SE 是 Java 各應用平臺的基礎，想要學習其他的平臺應用，必先瞭解 Java SE 奠定基礎，Java SE 也正是本書主要的介紹對象。

下圖是整個 Java SE 的組成概念圖：

圖 1.2　Java SE 的組成概念圖

提示 >>> 針對圖 1.2，Java SE 11 以後，不再包含 Java Web Start，2021 年 7 月，OpenJDK 管理委員會通過，解散 AWT、Swing、2D 專案。

Java SE 包含了幾個主要部分：JVM、JRE、JDK 與 Java 語言。

為了能運行 Java 撰寫好的程式，必須有 **Java 虛擬機器（Java Virtual Machine, JVM）**。JVM 包括在 **Java 執行環境（Java SE Runtime Environment, JRE）** 中，因此為了要運行 Java 程式，必須安裝 JRE。

若要開發 Java 程式，必須取得 **JDK（Java SE Development Kits）**，JDK 包括 JRE 以及開發過程中需要的一些工具程式，像是 javac、java 等工具程式（關於 JRE 及 JDK 的安裝與使用介紹，會在第 2 章說明）。

Java 語言只是 Java SE 的一部分，除了語言之外，Java SE 更重要的就是提供龐大且強大的標準 API，提供字串處理、資料輸入輸出、網路套件等功能，可以使用基於這些 API 進行程式開發，不用重複開發功能相同的元件，事實上，在熟悉 Java 語言之後，更多的時候，都是在學習如何使用 Java SE 提供的 API 來組成應用程式。

◉ Java EE（Java Platform, Enterprise Edition）/ Jakarta EE

Java EE 以 Java SE 為基礎，定義了一系列的服務、API、協定等，適用於開發分散式、多層式（Multi-tier）、基於元、Web 的應用程式，整個 Java EE 的體系相當龐大，比較為人熟悉的技術有 JSP、Servlet、JavaMail、Enterprise JavaBeans（EJB）等，當中每個服務或技術都有專書說明，不在本書說明的範圍，然而可以肯定的是，必須奠定良好的 Java SE 基礎，再來學習 Java EE 的開發。

在 2017 年 9 月，Oracle 宣佈將 Java EE 開放原始碼，相關技術授權給了 Eclipse 基金會，而基金會後來把 Java EE 更名為 Jakarta EE。

◉ Java ME（Java Platform, Micro Edition）

Java ME 是 Java 平臺版本中最小的一個，目的是作為小型數位設備上開發及部署應用程式的平臺，像是消費性電子產品或嵌入式系統等，早期的手機、PDA、股票機等，常部署 Java ME，以便使用 Java 語言來開發相關應用程式，如遊戲、看盤、月曆等；後來 Android 系統興起，因為也可以使用 Java 語言來開發，不少 Java ME 的應用場合，被 Android 相關技術給取代了。

1.1.3 JCP 與 JSR

Java 不僅是程式語言，而是標準規範！

先來看看沒有標準會有什麼問題？我們的身邊有些東西沒有標準，例如手機充電器，不同廠商的手機，充電器就不相同，家裡面一堆充電器互不相容，換個手機，充電器就不能用的情況，是過去常見的情況！

有標準的好處是什麼？現在許多電腦週邊設備，都採用 USB 作為傳輸介面，這讓電腦中不用再接上一些轉接器，跟過去電腦主機後面一堆不同規格的傳輸介面相比，實在方便了不少，許多手機的充電器，也都採用 USB 介面了，這真是件好事。

回頭來談談 Java 是標準規範這件事。編譯/執行 Java 的 JDK/JRE，並不只有 Oracle 才能實現，其他廠商或組織也可以實現自己的 JDK/JRE，你寫的 Java

程式，可以執行在這些不同廠商或組織實現的 JRE 上。以第 2 章將學到的第一個 Java 程式為例，其中會有這麼一段程式碼：

```
System.out.println("Hello, World");
```

這行程式目的是：「請系統（System）的輸出裝置（out）顯示一行（println）"Hello, World"」。是誰決定使用 **System**、**out**、**println** 這些名稱的？為什麼不是 Platform、Output、ShowLine 這些名稱？如果 Oracle 使用 System、out、println 這些名稱，其他廠商使用 Platform、Output、ShowLine 這些名稱，用 Oracle 的 JDK 寫的程式，就不能執行在其他廠商的 JRE 上，那 Java 最基本的特性「跨平臺」就無法實現了！

Java 最初由 Sun 創造，為了讓對 Java 興趣的廠商、組織、開發者與使用者，可以參與定義 Java 未來的功能與特性，**Sun 公司於 1998 年組成了 JCP（Java Community Process）**，這是一個開放性國際組織，目的是讓 Java 演進由 Sun 非正式地主導，成為全世界數以百計代表成員公開監督的過程。

任何想加入 Java 的功能或特性，必須以 **JSR（Java Specification Requests）** 正式文件的方式提交，JSR 必須經過 JCP 執行委員會（Executive Committee）投票通過，方可成為最終標準文件，有興趣的廠商或組織可以根據 JSR 實現產品。

若 JSR 成為最終文件，必須根據 JSR 實作出免費且開放原始碼的參考實現，稱為 **RI（Reference Implementation）**，並提供 **TCK（Technology Compatibility Kit）** 作為技術相容測試工具箱，方便其他想根據 JSR 實現產品的廠商或組織參考與測試相容性。

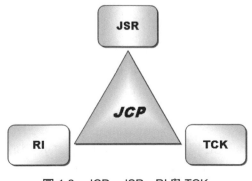

圖 1.3　JCP、JSR、RI 與 TCK

提示 >>> JCP 官方網站為 jcp.org。

現在無論是 Java SE、Java EE/Jakarta EE 或 Java ME，都是業界共同訂製的標準，每個標準背後代表了業界面臨的一些問題，他們期待使用 Java 來解決問題，認為應該有某些元件、特性、應用程式介面等來滿足需求，因而製訂 JSR 作為正式標準規範文件，不同的技術解決方案標準規範會給予一個編號。

在 JSR 規範的標準之下，各廠商可以各自實作，因而同一份 JSR，可以有不同廠商的實作產品，以 Java SE 為例，對於身為開發人員，或使用 Java 開發產品的公司而言，只要使用相容於標準的 JDK/JRE 開發產品，就可以執行於相容於標準的 JRE 上，而不用擔心跨平臺的問題。

Java SE 17 的主要規範是在 JSR 392 文件之中，而 Java SE 17 中的特定技術，會再規範於特定的 JSR 文件之中，若對這些文件有興趣，可以參考 JSR392：

- jcp.org/en/jsr/detail?id=392

提示 >>> 想要查詢 JSR 文件，只要在「jcp.org/en/jsr/detail?id=」加上文件編號就可以了，例如上面查詢 JSR 392 文件網址就是 jcp.org/en/jsr/detail?id=392。

JSR 對於 Java 初學者而言過於艱澀，但 JSR 文件規範了相關技術應用的功能，將來有能力時，可以試著自行閱讀 JSR，這有助於瞭解相關技術規範的更多細節。

1.1.4 Oracle JDK 與 OpenJDK

在過去，Sun JDK 實現，就是 JDK 的參考實作（Reference Implementation），有興趣的廠商或組織可以根據 JSR 自行實現產品，**只有通過 TCK 相容性測試的實作，才可以使用 Java 這個商標。**

◎ Oracle JDK

過去的 Sun BCL 提到，從 Sun 下載的 JDK 用於桌面個人電腦時，是免費的（no-fee）；Oracle 接管 Sun 之後，Oracle BCL 提到，從 Oracle 下載的 JDK，

只能用於一般用途（general purpose）；在〈Oracle Java SE 8 Release Updates[4]〉中指出，Oracle JDK8 的公開更新於 2019 年 1 月後，若沒有取得商業授權，非個人用途不得採用；Oracle 在〈Oracle Technology Network License Agreement for Oracle Java SE[5]〉寫著，除了開發、測試、原型、應用程式展示等開發用途（Development Use），不可用於任何資料處理、商業、產品、內部企業使用等目的。

簡單來說，**JDK8 以來至 Java SE 17 之前的這段時間，Oracle JDK 使用者，必須取得商用授權，才能進行商務應用，使用 Oracle JDK 中提供的商用技術（像是 Java SE Advanced Desktop、Advanced、Suite 等），以及從 Oracle 官方取得臭蟲、安全性修補等服務。**

在 Java SE 17 正式釋出之際，Oracle 允許在 NFTC（Oracle No-Fee Terms and Conditions）[6]授權下免費使用 Java，這涵蓋了商業用途，詳情可參考〈Introducing the Free Java License[7]〉。

◉ OpenJDK

2006 年 JavaOne 大會上，Sun 宣告其參考實作將開放原始碼，從 JDK7 b10 開始有了 OpenJDK，並於 2009 年 4 月 15 日正式發佈 OpenJDK。

與當時同為開放原始碼的 Sun JDK 不同的是，**Sun JDK 當時採 JRL，而 OpenJDK 採 GPL2 with the Classpath Exception**，前者原始碼可用於個人研究使用，但禁止任何商業用途，後者則允許商業上的使用。

在〈Oracle JDK Releases for Java 11 and Later[8]〉提到，從 Java 11 開始，除了釋出 Oracle JDK 建構版本之外，也會提供 OpenJDK 參考實作，不過後者不能使用 Oracle 提供的臭蟲、安全性修補等服務。

---

[4] Oracle Java SE 8 Release Updates：java.com/en/download/release_notice.jsp
[5] Oracle JDK License：www.oracle.com/downloads/licenses/javase-license1.html
[6] NFTC：www.oracle.com/downloads/licenses/no-fee-license.html
[7] Introducing the Free Java License：blogs.oracle.com/java/post/free-java-license
[8] Oracle JDK Releases for Java 11 and Later：goo.gl/uSV34X

　　然而，**相關的修補原始碼會回饋至 OpenJDK 的原始碼庫**，OpenJDK 使用者，可以自行取得原始碼進行建構；除了自行建構之外，有些組織會在取得修補原始碼後，提供預先建構好的 OpenJDK LTS 免費版本，像是 Adoptium[9]（前身 AdoptOpenJDK）、**Amazon Corretto**[10]、**Microsoft Build of OpenJDK**[11]；**Azul Zulu** 則為 **OpenJDK** 提供了付費服務，而在考量與作業系統整合度時，**Red Hat** 提供內含 **OpenJDK** 的建構版本。

　　簡單來說，**現有的 JDK 選擇很多，無論你選擇哪個版本，請確認來源是否可信任、留意授權問題、提供了哪些服務、支援的時程等問題！**

　　先前談過，就企業而言，需要留意的是 LTS，在表 1.1 標示為 LTS 的版本有 **Java SE 8、11 與 17**，各種 JDK 來源的網站上，應該都會標示**支援至哪個年月**，不過由於 Java SE 9 以後開始支援**模組化**，這對既有應用程式及第三方程式庫來說，是個重大變更，對不少企業來說，必須進行謹慎的評估、修改才能升級，因此 Java SE 8 的 OpenJDK 預先建構版本，都提供至少到 2023 年左右的支援。

　　然而，Java SE 8 釋出於 2014 年，是個很有年份的版本了，後續版本推出的許多新功能或程式庫，在 Java SE 8 上無法使用，若沒有歷史包袱，**建議採用 Java SE 11 以後的 LTS 版本**，既有的舊專案也應盡快進行相關升級，以遷移至 Java SE 11 以後的 LTS 版本。

---

[9] Adoptium：https://adoptium.net/

[10] Amazon Corretto：aws.amazon.com/tw/corretto

[11] Microsoft Build of OpenJDK：www.microsoft.com/openjdk

1.2　JVM/JRE/JDK

　　不要只用程式語言的角度來看 Java，這只會看到冰山一角，先前也談過，Java SE 包含 JVM、JRE、JDK 與 Java 語言，認識 JVM、JRE 與 JDK 的作用與彼此間的關係，對於認識 Java 而言，是重要的一環。

1.2.1　什麼是 JVM？

　　圖 1.2 可以看到，Java Virtual Machne（JVM）會架構在 Linux、Windows、iOS 等作業系統之上，許多 Java 的書都會告訴你，JVM 讓 Java 可以跨平臺，但是跨平臺是怎麼一回事？在這之前，得先了解不能跨平臺是怎麼一回事。

　　對於電腦而言，只認識一種語言，也就是 0、1 序列組成的機器指令。當你使用 C/C++ 等高階語言撰寫程式時，其實這些語言，是比較貼近人類可閱讀的文法，也就是比較接近英語文法的語言。這是為了方便人類閱讀及撰寫，電腦其實看不懂 C/C++ 這類語言，為了將 C/C++ 翻譯為 0、1 序列組成的機器指令，你必須有個翻譯員，擔任翻譯員工作的就是**編譯器（Compiler）**：

圖 1.4　編譯器將程式翻譯為機器碼

　　問題在於，每個平臺認識的 0、1 序列並不一樣。某指令在 Windows 上也許是 0101，在 Linux 下也許是 1010，因此必須使用不同的編譯器，為不同平臺編譯出可執行的機器碼，在 Windows 平臺上編譯好的程式，不能直接拿到 Linux 等其他平臺執行，也就是說，這類應用程式無法達到**「編譯一次，到處執行」**的跨平臺目的。

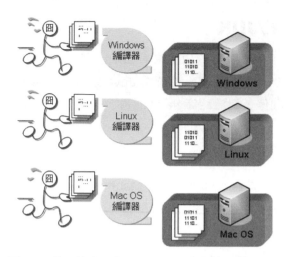

圖 1.5　使用特定平臺編譯器翻譯出對應的機器碼

　　Java 是個高階語言,要讓電腦執行你撰寫的程式,也得透過翻譯。不過 Java 編譯時,並不直接編譯為相依於某平臺的 0、1 序列,而是翻譯為中介格式的**位元碼(Byte code)**。

　　Java 原始碼副檔名為*.java,經過編譯器翻譯為副檔名*.class 的位元碼。若想執行位元碼檔案,目標平臺必須安裝 JVM(Java Virtual Machine)。JVM 會將位元碼翻譯為相依於平臺的機器碼。

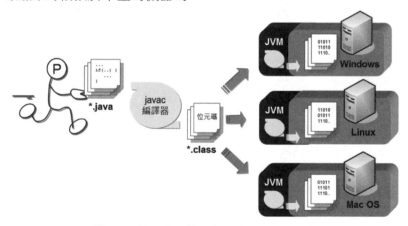

圖 1.6　位元碼可執行於具備 JVM 的系統

　　不同的平臺必須安裝專屬該平臺的 JVM。這就好比你講中文（*.java），Java 編譯器幫你翻譯為英語（*.class），之後這份英語文件，到各國家之後，再由當地看得懂英文的人（JVM）翻譯為當地語言（機器碼）。

　　JVM 擔任的職責之一就是當地翻譯員，將位元碼檔案翻譯為平臺看得懂的 0、1 序列，有了 JVM，Java 程式就可達到「**編譯一次，到處執行**」的跨平臺目的。除了瞭解 JVM 具有讓 Java 程式跨平臺的重要任務之外，撰寫 Java 程式時，對 JVM 的重要認知就是：

　　對 Java 程式而言，只認識一種作業系統，這個系統叫 JVM，位元碼檔案（副檔名為.class 的檔案）就是 JVM 的可執行檔。

　　Java 程式理想上，不用理會真正執行於哪個平臺，只要知道如何執行於 JVM 就可以了，至於 JVM 實際上如何與底層平臺做溝通，是 JVM 自己的事！由於 JVM 就相當於 Java 程式的作業系統，負責了 Java 程式的各種資源管理。

> **注意 ⫸**　了解「JVM 就是 Java 程式的作業系統，JVM 的可執行檔就是.class 檔案」非常重要，對於往後釐清所謂 PATH 變數與 CLASSPATH 變數之間的差別，有非常大的幫助。

1.2.2　JRE 與 JDK

　　這邊再看一下第 2 章將學到的第一個 Java 程式，其中會有這麼一段程式碼：

```
System.out.println("Hello, World");
```

　　先前曾經談過，Java 是個標準，System、out、println 這些名稱，都是標準中規範的名稱，實際上必須要有人根據標準撰寫出 System.java，編譯為 System.class，才能在撰寫第一個 Java 程式時，使用 System 類別（Class）上 out 物件（Object）的 println() 方法（Method）。

　　誰來實作 System.java？誰來編譯為.class？可能是 Oracle、IBM、Apache，無論如何，這些廠商必須根據相關的 JSR 標準文件，將標準程式庫實作出來，如此撰寫的第一個 Java 程式，在 Oracle、IBM、Apache 等廠商實作的 JVM 上運行時，引用如 System 這些標準 API，你的第一個 Java 程式，才可能運行在不同的平臺。

在圖 1.2 可以看到的群集（Collection）、輸入輸出、連線資料庫的 JDBC 等 Java SE API，這些都在各個 JSR 標準文件規範之中，**Java Runtime Environment 就是 Java 執行環境，簡稱 JRE，包括了 Java SE API 與 JVM**。只要使用 Java SE API 的程式庫，在安裝有 JRE 的電腦就可以運行，無需額外在程式中再包裝程式庫，而可以由 JRE 直接提供。

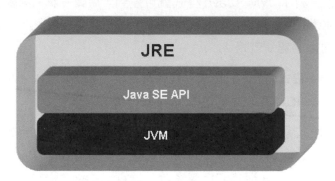

圖 1.7　JRE 包括了 Java SE API 與 JVM

先前說過，要在 .java 中撰寫 Java 程式語言，使用編譯器編譯為 .class 檔案，那麼像編譯器這樣的工具程式是由誰提供？答案就是 JDK，全名為 ~~Java Developer Killer~~！呃！不對！是 **Java Development Kit**！

正如圖 1.2 所示，JDK 包括 javac、java、javadoc 等工具，要開發 Java 程式，必須安裝 JDK，才有這些工具可以使用，JDK 本身包括了 JRE，如此才能執行 Java 程式，因而總結就是「**JDK 包括了 Java 程式語言、工具程式與 JRE，JRE 則包括了 Java SE API 與 JVM**」。

在過去，撰寫 Java 程式才需要 JDK，如果只是想讓朋友執行程式，只要裝 JRE 就可以了，不用安裝 JDK，因為他不需要 javac 這些工具程式；不過新版本的 Oracle JDK 或 OpenJDK，不再提供獨立的 JRE 安裝或下載，因此現在想執行 Java 程式，也要使用 JDK。

對初學者來說，JDK 確實不友善，這大概是 Java 陣營的哲學，會假設你懂得如何準備相關開發環境，因此裝好 JDK 之後，該自己設定的變數或選項就要自己設定，JDK 不會代勞，過去戲稱 JDK 全名為 Java Developer Killer 其實是其來有自。

1.2.3　下載、安裝 JDK

如果想下載、安裝 Oracle JDK 的話，請連接到〈Java Downloads[12]〉：

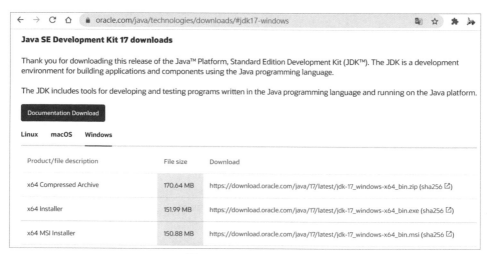

圖 1.8　JDK 下載頁面

這邊以 Windows 下載為例，按下「Windows」分頁，這邊選擇「x64 Installer」，按下「jdk-17_windows-x64_bin.exe」鏈結就會開始下載，再次提醒，Oracle JDK 在未付費取得商用授權前，僅限個人使用。

下載完成後，Windows 10 請在「jdk-17_windows-x64_bin.exe」按右鍵執行「內容」，在「安全性」的分類中選擇「解除封鎖」：

12
　Java Downloads：www.oracle.com/java/technologies/downloads/

圖 1.9　解除可執行檔的封鎖

接著執行檔案就可以啟始安裝畫面，直接按「Next>」後會看到以下視窗：

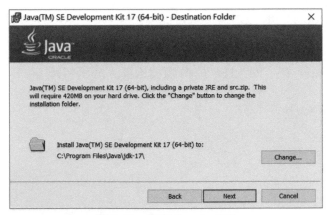

圖 1.10　安裝 Oracle JDK

可以看到預設會安裝至「C:\Program Files\Java\jdk-17」，若需改變安裝位置，可以按「Change...」，無論如何，請記得安裝到哪個路徑了，第 2 章會需要這項資訊，接著按下「Next」就會進行安裝直到完成。

如果想下載 OpenJDK，可以連接到〈JDK 17 General-Availability Release[13]〉：

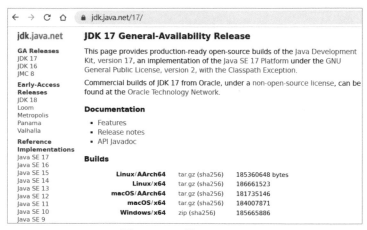

圖 1.11　下載 OpenJDK

OpenJDK 提供 Windows/x64 版本的 zip 壓縮檔，下載之後解壓縮至想存放的路徑就可以了，請記得你的存放路徑，第 2 章會需要這項資訊，。

1.2.4　認識 JDK 安裝內容

那麼 JDK 中到底有哪些東西呢？假設 Oracle JDK 安裝至「C:\Program Files\Java\jdk-17\」，開啟該資料夾會發現以下內容：

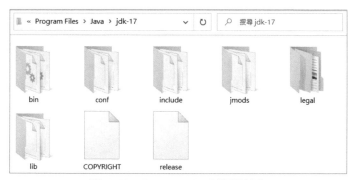

圖 1.12　Oracle JDK 安裝資料夾

Oracle JDK 與 OpenJDK 的資料夾就外觀來看，最大的差別在於⋯嗯⋯Oracle JDK 有個 COPYRIGHT 版權宣告檔案，記得！無論你使用哪個版本，都要留意授權問題！

無論是 Oracle JDK 或 OpenJDK，Java SE API 的實作原始碼，都可以在 lib 資料夾中 src.zip 找到，使用解壓縮軟體解開，就能看到許多資料夾，它們會對應至 Java SE 9 以後模組平臺系統劃分出來的各個模組，而在這些資料夾中會有許多.java 原始碼檔案。

Java SE API 編譯好的.class 檔的話，Java 模組平臺系統為了改進效能、安全與維護性，使用了**模組執行時期映像（Modular Run-Time Images）**，又稱 JIMAGE，這會是 lib 資料夾中的 modules 檔案，其中包含了.class 檔案的執行時期格式。

> **提示 ›››** 可以使用 jlink 來建立專用的執行時期映像，其中只包含你使用到的模組，19.3 會談到如何建立。

至於**在編譯時期，引入新的 JMOD 格式來封裝模組，副檔名為.jmod**，這些檔案位於 JDK 資料夾中的 jmods 資料夾，每個模組對應的.jmod 中就包括了編譯完成的.class 檔案。

> **提示 ›››** 在過去，JAR（Java Archive）檔案是封裝.java 或.class 檔案的主要格式，有許多開發工具，都能自動建立 JAR 檔案，而在文字模式下，可以使用 JDK 的 jar 工具程式來製作 JAR 檔案，19.3 會談到如何使用 jar 工具程式。
>
> JMOD 格式可以包含比 JAR 檔案更多的資訊，像是原生指令、程式庫等，JDK 包含了 jmod 工具程式，可以用來建立 JMOD 檔案，或者從 JMOD 檔案取得封裝的內容（目前實際上只是 zip 壓縮，然而未來可能改變），19.3 也會談到如何使用 jmod 工具程式。

從 JDK 到 IDE

- 瞭解與設定 PATH
- 瞭解與指定 CLASSPATH、SOURCEPATH
- 使用 package 與 import 管理類別
- 初探模組平台系統
- 認識 JDK 與 IDE 的對應

2.1 從 "Hello, World" 開始

第一個"Hello, World"出現在 Brian Kernighan 寫的《A Tutorial Introduction to the Language B》（B 語言是 C 語言的前身），用來將"Hello, World"文字顯示在電腦螢幕上，自此之後，很多的程式語言教學文件或書籍上，無數次地將它當作第一個範例程式。為什麼要用"Hello, World"來當作第一個程式範例？因為它很簡單，初學者只要鍵入簡單幾行程式（有的語言甚至只要一行），就可要求電腦執行指令並得到回饋：顯示 Hello, World。

本書也從顯示"Hello, World"開始，然而，在完成這簡單的程式之後，千萬要記得，探索這簡單程式之後的細節，千萬別過於樂觀地以為，你想從事的程式設計工作就是如此容易駕馭。

2.1.1 撰寫 Java 原始碼

在正式撰寫程式之前，請先確定可以看到檔案的副檔名，在 Windows 下預設不顯示副檔名，這會造成重新命名檔案時的困擾，如果目前在「檔案總管」下無法看到副檔名，請執行「檢視/選項」，切換至「檢視」頁籤，取消「隱藏已知檔案類型的副檔名」之選取。

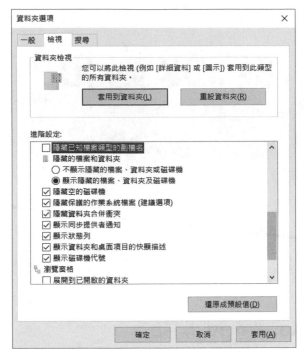

圖 2.1 取消「隱藏已知檔案類型的副檔名」

接著選擇一個資料夾來撰寫 Java 原始碼檔案，本書都是在 C:\workspace 資料夾中撰寫程式，請新增「文字文件」（也就是.txt 文件），並重新命名文件為「HelloWorld.java」，由於將文字文件的副檔名從.txt 改為.java，系統會詢問是否更改副檔名，請確定更改，接著在 HelloWorld.java 上按右鍵執行「編輯」，並如下撰寫程式碼：

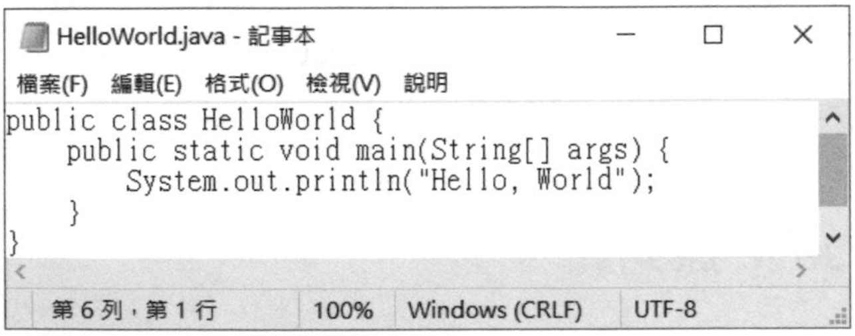

```
HelloWorld.java - 記事本                    —    □    ×
檔案(F)  編輯(E)  格式(O)  檢視(V)  說明
public class HelloWorld {
    public static void main(String[] args) {
        System.out.println("Hello, World");
    }
}
                第 6 列，第 1 行    100%   Windows (CRLF)   UTF-8
```

圖 2.2 第一個 Java 程式

提示 ﹥﹥﹥ Windows 中內建的純文字編輯器並不好用，建議你可以使用 NotePad＋＋：notepad-plus-plus.org

這個檔案撰寫時有幾點必須注意：

■　副檔名是 .java
　　這就是必須讓「檔案總管」顯示副檔名的原因。

■　主檔名與類別名稱必須相同
　　類別名稱是指 class 關鍵字（Keyword）後的名稱，就這個範例而言，
　　就是 HelloWorld 這個名稱，類別名稱必須與 HelloWorld.java 的主檔名
　　（HelloWorld）相同。

■　注意字母大小寫
　　Java 程式碼區分字母大小寫，System 與 system 對 Java 程式來說是不
　　同的名稱。

■　空白只能是半型空白字元或是 Tab 字元
　　有些初學者可能不小心輸入了全型空白字元，這很不容易檢查出來。

老實說，要對新手解釋第一個 Java 程式並不容易，這個簡單的程式就涉及
檔案管理、類別 （Class）定義、程式進入點、命令列引數（Command line
argument）等觀念，以下先針對這個範例做基本說明：

◉ 定義類別

class 是用來定義類別的關鍵字，之後接上類別名稱（HelloWorld），Java
程式規定，程式碼要定義在「類別」之中。class 前有個 public 關鍵字，表示
HelloWorld 類別是公開類別，就目前為止只要知道，一個.java 檔案可定義數個
類別，但是只能有一個公開類別，而且檔案主檔名必須與公開類別名稱相同。

◉ 定義區塊（Block）

在程式使用大括號{與}定義區塊，大括號兩兩成對，目的在區別程式碼範
圍，例如程式中，HelloWorld 類別的區塊包括了 main()方法（Method），而
main()方法的區塊包括了一句顯示訊息的程式碼。

◉ 定義 **main()** 方法

程式執行的起點就是程式進入點（Entry point），Java 程式執行起點是 `main()` 方法，規格書中規定 `main()` 方法的形式一定得是：

```
public static void main(String[] args)
```

提示 ❯❯❯　雖然說是規格書中的規定，不過在理解每個關鍵字的意義之後，還是可以就每個元素加以解釋。`main()` 方法是 `public` 成員，表示可以被 JVM 公開執行，`static` 表示 JVM 不用生成類別實例就可以呼叫，Java 程式執行過程的錯誤，可用例外方式處理，因此 `main()` 不用傳回值，宣告為 `void` 即可，`String[] args` 可以在執行程式時，取得使用者指定的命令列引數。

◉ 撰寫陳述句（Statement）

來看 `main()` 當中的一行陳述句：

```
System.out.println("Hello, World");
```

陳述句是程式語言中的一行指令，簡單地說就是程式語言中的「一句話」。注意陳述句要用分號（;）結束，這句陳述的作用，是請系統的輸出裝置顯示一行文字"Hello, World"。

提示 ❯❯❯　其實這邊使用了 `java.lang` 套件（package）中 `System` 類別的 `public static` 成員 `out`，`out` 參考至 `PrintStream` 實例，你使用 `PrintStream` 定義的 `println()` 方法，將指定的字串（`String`）輸出至文字模式上，`println()` 表示輸出字串後換行，如果使用 `print()`，輸出字串後不會換行。

其實我真正想說的是：基本的 Java 程式這麼寫就對了。一下子要接受如此多觀念確實不容易，如果現階段無法瞭解，就先當這些是 Java 語言文法規範，相關元素在本書之後各章節還會詳細解釋，屆時自然就會了解第一個 Java 程式是怎麼一回事了！

2.1.2 **PATH** 是什麼？

第 1 章談過，*.java 必須編譯為*.class，才能在 JVM 中執行，**Java 的編譯器工具程式是 javac**，裝好 JDK 之後，工具程式就會放在 JDK 安裝資料夾中的

bin 資料夾，你必須開啟文字模式，如下切換至 C:\workspace，並執行 javac
指令：

圖 2.3　喔喔！執行失敗...

提示 》》》 如果你是透過 Oracle JDK 安裝程式，不會遇到這個問題，因為它會自動幫你
設好接下來要談到的 PATH，不過，建議還是要認識接下來的 PATH 設定。

失敗了？為什麼？這是（Windows）作業系統在跟你抱怨，它找不到 javac
放在哪邊！當要執行一個工具程式，那個指令放在哪，系統預設是不曉得的，
除非你跟系統說工具程式存放的位置。例如：

圖 2.4　指定工具程式位置

javac 編譯成功後會靜稍稍地結束，沒看到訊息就是好消息；簡單來說，鍵
入指令而沒有指定路徑資訊時，作業系統會依照 **PATH　環境變數**設定的路徑順
序，依序尋找各路徑下是否有這個指令。可以執行 echo %PATH% 來看看目前系統
PATH 環境變數中包括哪些路徑資訊：

圖 2.5　查看 PATH 資訊

依圖 2.5 的 PATH 資訊，如果鍵入 java 指令，系統會從第一個路徑開始找有無 java(.exe)工具程式，如果沒有再找下一個路徑有無 java(.exe)工具程式...找到的話就執行。

然而依圖 2.5 的 PATH 資訊，如果鍵入 javac 指令，系統找完 PATH 的路徑，都找不到 javac (.exe)工具程式，當所有路徑都找不到指定的工具程式時，就會出現先前圖 2.3 的錯誤訊息。

你要在 PATH 中設定工具程式的路徑資訊，系統才可以在 PATH 中找到要執行的指令。如果要設定 PATH，Windows 中可以使用 SET 指令來設定，設定方式為 **SET PATH=路徑**。例如：

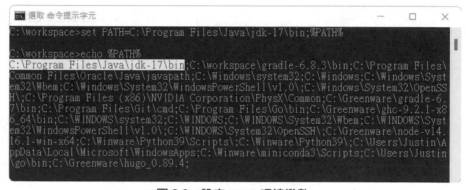

圖 2.6　設定 PATH 環境變數

設定時若有多個路徑，會使用分號（;）作區隔，通常會將既有 PATH 附加在設定值之後，如此尋找其他指令時，才能利用既有的 PATH 資訊。設定完成後，就可以執行 javac 而不用額外指定路徑。

不過在文字模式中設定，關掉這個文字模式後，下次要開啟文字模式又要重新設定。為了方便，可以在「使用者環境變數」或「系統環境變數」中設定 PATH。Windows 可以在「檔案總管」選擇「本機」按滑鼠右鍵執行「內容」，按下「進階系統設定」，進入「系統內容」，接著切換至「進階」頁面，按下方的「環境變數」按鈕，在環境變數對話方塊中的「使用者環境變數」或「系統環境變數」編輯「PATH」變數：

圖 2.7　設定使用者變數或系統變數

　　在可以允許多人共用的系統中，系統環境變數的設定，會套用至登入的使用者，而使用者環境變數只影響個別使用者。開啟文字模式時，獲得的環境變數，會是系統環境變數再「附加」使用者環境變數。如果使用 SET 指令設定環境變數，以 SET 設定的結果決定。

　　以 Windows 設定系統變數為例，可如圖 2.7 選取 Path 變數後，在「編輯環境變數」對話方塊中按「新增」，輸入 JDK「bin」資料夾的路徑「C:\Program Files\Java\jdk-17\bin」，之後按「上移」將設定值放到 Path 的最前端，接著按「確定」完成設定，**重新開啟命令提示字元之後，就會套用新的環境變數**。

圖 2.8　編輯 **Path** 系統變數

　　建議將 JDK 的 bin 路徑放在 Path 變數最前方，是因為系統搜尋 Path 路徑時，會從最前方開始，如果路徑下找到指定的工具程式就會執行，若系統中安裝兩個以上 JDK，Path 路徑設定的順序，將決定執行哪個 JDK 的工具程式，**在安裝多個 JDK 或 JRE 的電腦中，必須知道執行了哪個版本的 JDK 或 JRE，確定 PATH 資訊是一定要做的動作。**

提示 **>>>** 由於開啟文字模式時獲得的環境變數，會是系統環境變數附加使用者環境變數，若系統環境變數 PATH 已經設定好某個 JDK，即使你在使用者環境變數 PATH 中將想要的 JDK 路徑設在最前頭，也會執行到系統環境變數 PATH 設定的 JDK。如果沒有權限變更系統環境變數，那就使用 SET 指令，因為使用 SET 指令設定環境變數，會以 SET 設定的結果為主。

2.1.3　JVM（`java`）與 `classpath`

　　在如圖 2.6 完成編譯 HelloWorld.java 之後，同一資料夾下會出現 HelloWorld.class，第 1 章說過，**JVM 的可執行檔副檔名是.class**，接下來**要啟動 JVM，要求 JVM 執行 `HelloWorld` 指令：**

圖 2.9　第一個 Hello, World 出現了

如圖 2.9 所示，啟動 JVM 的指令是 `java`，要求 JVM 執行 `HelloWorld` 時，只要指定類別名稱（就像執行 javac.exe 工具程式，只要鍵入 `javac` 就可以了），不用附加.class 副檔名。

對於**單一原始碼**的簡單小程式，每次都得以 `javac` 編譯為.class 後再以 `java` 執行覺得麻煩嗎？Java SE 11 以後，可以使用 `java` 直接執行.java 檔案，這會即時地編譯為位元組碼存放在記憶體，然後直接執行，例如，對於以上的 HelloWorld.java，也可以如下直接執行：

圖 2.10　Java SE 11 可用 **java** 執行單一原始碼檔案

注意 》》》　Java SE 9 加入模組平臺系統特性，建議使用模組路徑（Module path）取代類別路徑（Class path），不過實務面上，還是需要瞭解接下來要介紹的類別路徑，有此基礎之後，在學習模組平臺系統時，才能掌握模組路徑的運用。

接下來，請試著切換至 C:\，想想看，如何執行 `HelloWorld`？以下幾個方式都是行不通的：

圖 2.11　怎麼執行 **HelloWorld** 呢？

你要知道 java 指令是做什麼用的？正如先前所言，**執行 java 指令是為了啟動 JVM，之後接著類別名稱，表示要求 JVM 執行指定的可執行檔（.class）。**

在「PATH 是什麼？」中提過，實體作業系統下執行某個指令時，會依 PATH 中的路徑資訊，試圖找到可執行檔案（例如對 Windows 來說，就是.exe、.bat 副檔名的檔案，對 Linux 等就是有執行權限的檔案）。

從第 1 章就一直強調，JVM 是 Java 程式唯一認得的作業系統，對 JVM 來說，可執行檔就是副檔名為.class 的檔案。想在 JVM 中執行某個可執行檔（.class），就要告訴 JVM 這個虛擬作業系統到哪些路徑下尋找檔案，方式是透過 CLASSPATH 指定其可執行檔（.class）的路徑資訊。

用 Windows 與 JVM 做個簡單的對照，就可以很清楚地對照 PATH 與 CLASSPATH：

表 2.1　PATH 與 CLASSPATH

作業系統	搜尋路徑	可執行檔
Windows	PATH	.exe、.bat
JVM	CLASSPATH	.class

注意 >>> PATH 與 CLASSPATH 是不同層次的環境變數，實體作業系統搜尋可執行檔是看 PATH，JVM 搜尋可執行檔（.class）只看 CLASSPATH。

如何在啟動 JVM 時告知可執行檔（.class）的位置？可以使用**-classpath** 引數來指定：

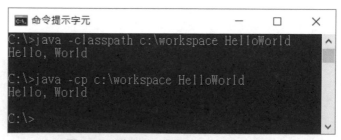

圖 2.12　啟動 JVM 時指定 CLASSPATH

如圖 2.12 所示，-classpath 有個縮寫形式-cp，這比較常用。如果有多個
路徑資訊，可以用分號區隔。例如：

```
java -cp C:\workspace;C:\classes HelloWorld
```

JVM 會依 CLASSPATH 路徑順序，搜尋是否有對應的類別檔案，先找到先載
入。如果在 JVM 的 CLASSPATH 路徑資訊中都找不到指定的類別檔案，就會出現
java.lang.NoClassDefFoundError 訊息。

為什麼圖 2.9 不用特別指定 CLASSPATH 呢？**JVM 預設的 CLASSPATH 就是讀取
目前資料夾中的.class**，如果自行指定 CLASSPATH，就以指定的為主。例如：

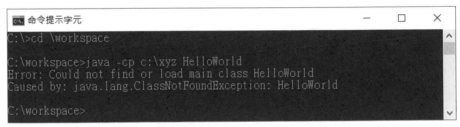

圖 2.13　指定的 **CLASSPATH** 中找不到類別檔案

如上圖所示，雖然工作路徑是在 C:\workspace（其中有 HelloWorld.class），
你啟動 JVM 時指定到 C:\xyz 中搜尋類別檔案，JVM 還是老實地到指定的 C:\xyz
中找尋，結果當然就是找不到而顯示錯誤訊息。有的時候，希望也從目前資料
夾開始尋找類別檔案，則可以使用.指定。例如：

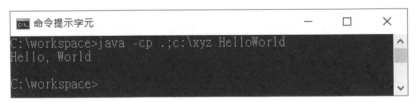

圖 2.14　指定.表示搜尋類別檔案時包括目前資料夾

如果使用 Java 開發了程式庫，這些程式庫中的類別檔案，會封裝為 **JAR**
（**Java Archive**）檔案，也就是副檔名為**.jar** 的檔案。JAR 檔案實際使用 ZIP 格
式壓縮，當中包含一堆.class 檔案，那麼，如果有個 JAR 檔案，如何在 CLASSPATH
中設定？

答案是將 JAR 檔案當作特別的資料夾，例如，有 abc.jar 與 xyz.jar 放在 C:\lib 底下，執行時若要使用 JAR 檔案中的類別檔案，可以如下：

```
java -cp C:\workspace;C:\lib\abc.jar;C:\lib\xyz.jar SomeApp
```

如果有些類別路徑很常使用，也可以透過環境變數設定。例如：

```
SET CLASSPATH=C:\classes;C:\lib\abc.jar;C:\lib\xyz.jar
```

在啟動 JVM 時，也就是執行 java 時，若沒使用 -cp 或 -classpath 指定 CLASSPATH，就會讀取 CLASSPATH 環境變數。同樣地，文字模式中的設定在關閉文字模式之後就會失效。若希望每次開啟文字模式都可以套用某個 CLASSPATH，可以設定在系統變數或使用者變數。如果執行時，使用了 -cp 或 -classpath 指定 CLASSPATH，會以 -cp 或 -classpath 的指定為主。

如果某資料夾中有許多 .jar 檔案，可以使用 * 表示使用資料夾中所有 .jar 檔案（也適用在系統環境變數的設定）。例如指定使用 C:\jars 下所有 JAR 檔案：

```
java -cp .;C:\jars\* cc.openhome.JNotePad
```

提示 >>> 可以使用 JDK 內建的 jar 來建立 JAR 檔案，不過很少會這麼做，因為開發時會使用整合開發環境或建構工具來協助建立，如果對於 jar 的基本使用有興趣，可以參考 19.3。

2.1.4 編譯器（javac）與 classpath

在書附範例檔中 labs/CH02 資料夾中有個 classes 資料夾，請將之複製至 C:\workspace，確認 C:\workspace\classes 有個已編譯的 Console.class，接著可以在 C:\workspace 中開個 Main.java，如下使用 Console 類別：

```
Main.java - 記事本                          —    □    ×
檔案(F)  編輯(E)  格式(O)  檢視(V)  說明
public class Main {
    public static void main(String[] args) {
        Console.writeLine("Hello, World");
    }
}

第 6 列，第 1 行        100%    Windows (CRLF)    UTF-8
```

圖 2.15　使用已編譯好的 .class 檔案

若如下編譯，將會出現錯誤訊息：

```
C:\workspace>javac Main.java
Main.java:3: error: cannot find symbol
        Console.writeLine("Hello, World");
        ^
  symbol:    variable Console
  location: class Main
1 error

C:\workspace>
```

圖 2.16　找不到 Console 類別的編譯錯誤

編譯器在抱怨，它找不到 Console 類別在哪裡（cannot find symbol），事實上，**在使用 javac 編譯器時，若要使用到其他類別程式庫時，也必須指定 CLASSPATH**，告訴 javac 編譯器到哪邊尋找.class 檔案。例如：

```
C:\workspace>javac -cp classes Main.java

C:\workspace>java Main
Exception in thread "main" java.lang.NoClassDefFoundError: Console
        at Main.main(Main.java:3)
Caused by: java.lang.ClassNotFoundException: Console
        at java.base/jdk.internal.loader.BuiltinClassLoader.loadClass(BuiltinClassLoader.java:641)
        at java.base/jdk.internal.loader.ClassLoaders$AppClassLoader.loadClass(ClassLoaders.java:188)
        at java.base/java.lang.ClassLoader.loadClass(ClassLoader.java:520)
        ... 1 more

C:\workspace>
```

圖 2.17　編譯成功，但執行時找不到 Console 類別的錯誤

這一次編譯成功了，但無法執行，原因是執行時找不到 Console 類別，這是因為忘了跟 JVM 指定 CLASSPATH。若如下執行就可以了：

```
C:\workspace>java -cp .;classes Main
Hello, World

C:\workspace>
```

圖 2.18　找到 Console 與 Main 執行成功

別忘了，如果執行 JVM 時指定了 CLASSPATH，就只會在指定的 CLASSPATH 中尋找使用到的類別，因此圖 2.18 指定 CLASSPATH 時，是指定「.;**classes**」，注意一開始的「.」，這表示目前資料夾，這樣才能找到目前資料夾下的 Main.class，以及 classes 下的 Console.class。

2.2 管理原始碼與位元碼檔案

來觀察一下目前你的 C:\workspace，原始碼（.java）檔案與位元碼檔案（.class）都放在一起，想像一下，如果程式規模稍大，一堆.java 與.class 檔案還放在一起，會有多麼混亂，你需要有效率地管理原始碼與位元碼檔案。

2.2.1 編譯器（javac）與 sourcepath

 首先必須先解決原始碼檔案與位元碼檔案都放在一起的問題。請將書附範例檔中 labs 資料夾的 Hello1 資料夾複製至 C:\workspace 中，Hello1 資料夾中有 src 與 classes 資料夾，src 資料夾中有 Console.java 與 Main.java 兩個檔案，其中 Console.java 就是 2.1.4 中 Console 類別的原始碼（目前不用關心它如何撰寫），而 Main.java 的內容與圖 2.15 相同。

簡單地說，src 資料夾是用來放置原始碼檔案，而編譯好的位元碼檔案，希望能指定存放至 classes 資料夾。可以在文字模式下，切換至 Hello1 資料夾，然後如下進行編譯：

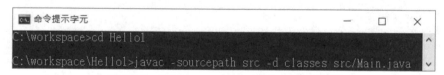

圖 2.19　指定 **-sourcepath** 與 **-d** 進行編譯

在編譯 src/Main.java 時，由於程式碼中要使用到 Console 類別，必須告訴編譯器，Console 類別的原始碼檔案存放位置，這邊使用 -sourcepath 指定從 src 資料夾中尋找原始碼檔案，而 -d 指定了編譯完成的位元碼存放資料夾，編譯器會將使用到的相關類別原始碼也一併進行編譯，編譯完成後，會在 classes 資料夾中看到 Console.class 與 Main.class 檔案。你可以如下執行程式：

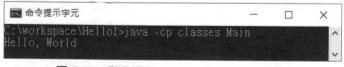

圖 2.20　指定執行 classes 中的 **Main** 類別

在編譯時，會先搜尋-sourcepath 指定的資料夾（上例指定 src），看看是否有使用到的類別原始碼，然後會搜尋是否有已編譯的類別位元碼，預設搜尋位元碼的路徑會包括 JDK 資料夾中的 lib\modules，以及目前的工作路徑。

確認原始碼與位元碼搜尋路徑之後，接著檢查類別位元碼的搜尋路徑中，是否已經有編譯完成的類別，如果存在且從上次編譯後，類別的原始碼並沒有改變，無需重新編譯，若不存在，重新編譯類別。

就上例而言，類別位元碼的搜尋路徑中，找不到 Main.java 與 Console.java 編譯出的類別位元碼，因此會重新編譯出 Main.class 與 Console.class 並存放至 classes。

實際專案中會有數以萬計的.java，如果每次都重新將.java 編譯為.class，會是非常費時的工作，也沒有必要，因此編譯時可以指定類別路徑，若存在編譯後的類別位元碼，而且上次編譯後原始碼並沒有修改，就不會重新編譯。

就上例而言，可以指定-cp 為 classes。例如：

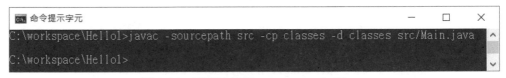

圖 2.21　編譯時指定-sourcepath 與-cp

注意到，這次指定了-sourcepath 為 src，而-cp 為 classes，因此會在 src 搜尋位原始碼檔案，除了 JDK 資料夾的 lib\modules 檔案，現在也會在 classes 搜尋位元碼檔案，由於類別位元碼的搜尋路徑包括 classes 資料夾，可以找到 Console 類別位元碼，無需重新編譯出 Console.class，只會將 javac 指定的 Main.java 重新編譯為 Main.class。

提示 >>> 使用 javac 編譯時若加上-verbose 引數，可以看到編譯過程中搜尋原始碼及類別位元碼的過程。

2.2.2　使用 package 管理類別

現在你撰寫的類別，.java 放在 src 資料夾中，編譯出來的.class 放置在 classes 資料夾下，就檔案管理上比較好一些了，但還不是很好，就如同你會分不同資料夾來放置不同作用的檔案，類別也應該分門別類地放置。

舉例來說，一個應用程式中會有多個類別彼此合作，也有可能由多個團隊共同分工，完成應用程式的某些功能塊，再組合在一起，若應用程式是多個團隊共同合作，又不分門別類放置.class，那麼若 A 部門寫了 Util 類別並編譯為 Util.class，B 部門也寫了 Util 類別並編譯為 Util.class，當他們要將應用程式整合時，就會發生檔案覆蓋的問題，若現在要統一管理原始碼，也許原始碼也會發生彼此覆蓋問題。

你要有個分門別類管理類別的方式，無論是實體檔案上的分類管理，或是類別名稱上的分類管理，在 Java 語法中，有個 **package** 關鍵字，可以達到這個目的。

請用編輯器開啟 2.2.2 中 Hello1/src 資料夾中的 Console.java，在開頭鍵入下圖反白的文字：

圖 2.22　將 **Console** 類別放在 **cc.openhome.util** 分類

這表示，Console 類別將放在 cc.openhome.util 的分類下，以 Java 的術語來說，Console 類別將放在 cc.openhome.util 套件（package）。

請再用文字編輯器開啟 2.2.2 中 Hello1/src 資料夾中的 Main.java，在開頭鍵入下圖反白的文字，這表示 Main 類別將放在 cc.openhome 的分類下：

圖 2.23　將 **Main** 類別放在 **cc.openhome** 分類

提示 >>> 套件的命名，通常會用組織或單位的網址命名，舉例來說，我的網址是 openhome.cc，套件就會反過來命名為 cc.openhome，由於組織或單位的網址是獨一無二的，這樣的命名方式，比較不會與其他組織或單位的套件發生同名衝突。

當類別原始碼開始使用 package 進行分類時，就會具有四種管理上的意義：

- 原始碼檔案要放置在與 package 定義名稱階層相同的資料夾階層。
- package 定義名稱與 class 定義名稱，會結合而成類別的**完全吻合名稱**（**Fully qualified name**）。
- 位元碼檔案要放置在與 package 定義名稱階層相同的資料夾階層。
- 要在套件間共用的類別或方法（Method）必須宣告為 public。

關於第 4 點，牽涉到套件間的權限管理，將在 5.2.1 介紹，本章先不予討論，以下針對 1 到 3 點分別做說明。

◉ 原始碼檔案與套件管理

目前計劃將所有原始碼檔案放在 src 中管理，由於 Console 類別使用 package 定義在 cc.openhome.util 套件下，Console.java 就必須放在 src 資料夾中的 cc/openhome/util 資料夾，在沒有工具輔助下，必須手動建立出資料夾，Main 類別使用 package 定義在 cc.openhome 套件下，因此 Main.java 必須放在 src 資料夾中的 cc/openhome 資料夾。

這麼做的好處很明顯，日後若不同組織或單位的原始碼要放置在一起管理，就不容易發生原始碼檔案彼此覆蓋的問題。

◉ 完全吻合名稱（Fully qualified name）

由於 Main 類別是位於 cc.openhome 套件分類中，完全吻合名稱是 cc.openhome.Main，而 Console 類別是位於 cc.openhome.util 分類中，完全吻合名稱為 cc.openhome.util.Console。

在原始碼中指定使用某個類別時，如果是相同套件中的類別，就只要使用 class 定義的名稱即可，而不同套件的類別，必須使用完全吻合名稱。由於 Main

與 `Console` 類別是位於不同的套件中，在 `Main` 類別中要使用 `Console` 類別，就必須使用 `cc.openhome.util.Console`，也就是說，`Main.java` 現在必須修改為：

```
Main.java - 記事本                                    —    □    ×
檔案(F)  編輯(E)  格式(O)  檢視(V)  說明
package cc.openhome;

public class Main {
    public static void main(String[] args) {
        cc.openhome.util.Console.writeLine("Hello, World");
    }
}

                        第 5 列，第 33 行    100%    Windows (CRLF)    UTF-8
```

圖 2.24　使用完全吻合名稱

這麼做的好處在於，若另一個組織或單位也使用 class 定義了 `Console`，但套件定義為 `com.abc`，完全吻合名稱會是 `com.abc.Console`，也就不會與 `cc.openhome.util.Console` 發生名稱衝突問題。

📀 位元碼檔案與套件管理

目前計劃將位元碼檔案放在 classes 資料夾中管理，由於 `Console` 類別使用 `package` 定義在 `cc.openhome.util` 套件下，編譯出來的 Console.class 就必須放在 classes 資料夾中的 cc/openhome/util 資料夾，`Main` 類別使用 `package` 定義在 `cc.openhome` 套件下，Main.class 就必須放在 classes 資料夾中的 cc/openhome 資料夾。

編譯時並不用手動建立對應套件階層的資料夾，若使用 `-d` 指定位元碼的存放位置，就會自動建立出對應套件階層的資料夾，並將編譯出來的位元碼檔案放置至對應的位置。例如：

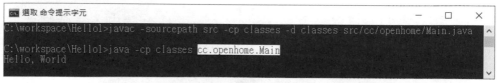

```
選取 命令提示字元                                      —    □    ×
C:\workspace\Hello1>javac -sourcepath src -cp classes -d classes src/cc/openhome/Main.java

C:\workspace\Hello1>java -cp classes cc.openhome.Main
Hello, World
```

圖 2.25　指定 `-d` 引數，會建立對應套件的資料夾階層

由於 Main 類別位於 cc.openhome 套件中，上圖使用 java 執行程式時，必須指定完全吻合名稱，也就是指定 cc.openhome.Main 這個名稱。

2.2.3　使用 import 偷懶

使用套件管理，解決了實體檔案與撰寫程式時類別名稱衝突的問題，然而，若每次撰寫程式時，都得鍵入完全吻合名稱，也是件麻煩的事，想想看，有些套件定義的名稱冗長時，單是要鍵入完全吻合名稱得花多少時間。

你可以用 **import** 偷懶一下，例如：

```
Main.java - 記事本                       —    □    ×
檔案(F)  編輯(E)  格式(O)  檢視(V)  說明
package cc.openhome;

import cc.openhome.util.Console;

public class Main {
    public static void main(String[] args) {
        Console.writeLine("Hello, World");
    }
}
```
第 3 列，第 1 行　　　　100%　Windows (CRLF)　UTF-8

圖 2.26　使用 **import** 減少打字麻煩

編譯與執行時的指令方式，與圖 2.25 相同。當編譯器剖析 Main.java 看到 import 宣告時，會先記得 import 的名稱，後續剖析程式時，若看到 Console 名稱，原本會不知道 Console 是什麼東西，但編譯器記得 import 告訴過它，如果遇到不認識的名稱，可以比對一下 import 過的名稱，編譯器試著使用 cc.openhome.util.Console，結果可以在指定的類別路徑中，cc/openhome/util 資料夾下找到 Console.class，於是進行編譯。

import 只是告訴編譯器，遇到不認識的類別名稱，可以嘗試使用 import 過的名稱，import 讓你少打一些字，讓編譯器多為你做一些事。

如果同一套件下會使用到多個類別，你也許會多次使用 import：

```
import cc.openhome.Message;
import cc.openhome.User;
import cc.openhome.Address;
```

你可以更偷懶一些，用以下的 import 語句：

```
import cc.openhome.*;
```

圖 2.26 也可以使用以下的 import 語句，而編譯與執行結果相同：

```
import cc.openhome.util.*;
```

當編譯器剖析 Main.java 看到 import 的宣告時，會先記得有 cc.openhome.util 套件名稱，在後續剖析到 Console 名稱時，發現它不認識 Cosnole 是什麼東西，但編譯器記得 import 告訴過它，若遇到不認識的名稱，可以比對一下 import 過的名稱，編譯器試著將 cc.openhome.util 與 Console 結合為 cc.openhome.util.Console，結果可以在指定的類別路徑中，cc/openhome/util 資料夾下找到 Console.class，於是進行編譯。

偷懶也是有個限度，如果寫了一個 Arrays：

```
package cc.openhome;
public class Arrays {
...
}
```

若在某個類別中撰寫有以下的程式碼：

```
import cc.openhome.*;
import java.util.*;
public class Some {
    public static void main(String[] args) {
        Arrays arrays;
        ...
    }
}
```

那麼編譯時，會發現有以下錯誤訊息：

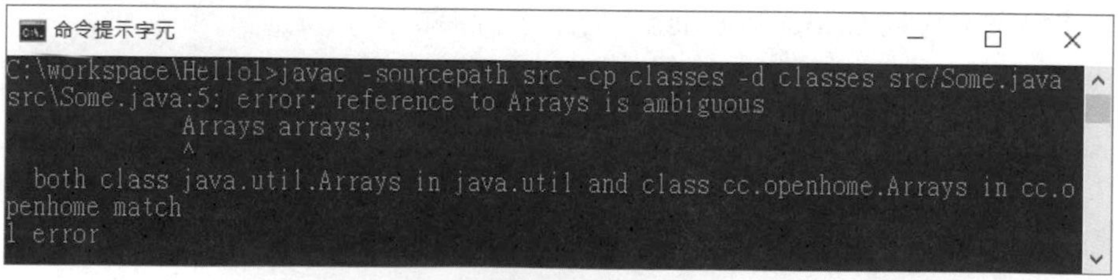

圖 2.27　到底是用哪個 Arrays？

　　當編譯器剖析 Some.java 看到 import 的宣告時，會先記得有 cc.openhome 套件名稱，在繼續剖析至 Arrays 該行時，發現它不認識 Arrays 是什麼東西，但編譯器記得你用 import 告訴過他，若遇到不認識的名稱，可以比對 import 過的名稱，編譯器試著將 cc.openhome 與 Arrays 結合在一起為 cc.openhome.Arrays，結果可以在類別路徑中，cc/openhome 資料夾下找到 Arrays.class。

　　然而，編譯器試著將 java.util 與 Arrays 結合在一起為 java.util.Arrays，發現也可以在 Java SE API 的 modules 中（預設的類別載入路徑之一），對應的 java/util 資料夾中找到 Arrays.class，於是編譯器困惑了，到底該使用 cc.openhome.Arrays 還是 java.util.Arrays？

　　遇到這種情況時，就不能偷懶了，要使用哪個類別名稱，就得明確地打出來：

```
import cc.openhome.*;
import java.util.*;
public class Some {
    public static void main(String[] args) {
        cc.openhome.Arrays arrays;
        ...
        }
}
```

　　這個程式就可以通過編譯了。簡單地說，**import 是偷懶工具，不能偷懶就回歸最保守的寫法**。

提示 >>> 學過 C/C++的讀者請注意，import 跟#include 一點都不像，無論原始碼中有無 import，編譯過後的.class 都是一樣的，不會影響執行效能。

　　在 Java SE API 中有許多常用類別，像是第一個 Java 程式時使用的 System 類別，其實也有使用套件管理，完整名稱是 java.lang.System，在 **java.lang** 套件的類別由於很常用，不用撰寫 import 也可以直接使用 class 定義的名稱，這也就是不用如下撰寫程式的原因（寫了也沒關係，只是自找麻煩）：

```
java.lang.System.out.println("Hello!World!");
```

　　如果類別位於同一套件，彼此使用並不需要 import，當編譯器看到一個沒有套件管理的類別名稱，會先在同一套件尋找類別，如果找到就使用，若沒找到，再試著從 import 陳述進行比對。java.lang 可視為預設就有 import，沒有寫任何 import 陳述時，也會試著比對 java.lang 的組合，看看是否能找到對應類別。

2.3 初探模組平臺系統

　　Java SE 9 以後的重大特性之一是模組平臺系統，雖然基於相容性，仍然可以使用基於類別路徑的方式來組織、建立程式庫，然而，標準 API 已經劃分為各個模組，日後在查詢 API 文件、使用其他運用了模組的程式庫時，總是會面對模組相關訊息，因而還是趁早接觸比較好。

　　當然，模組平臺系統真要深入，也有相當的複雜性，初學時就通盤瞭解的意義不大，依遇到的需求逐步認識，對於模組平臺系統的認識才會紮實，因而這邊會談到一些基礎，之後各章節若需要，會再逐步帶入更多的資訊。

2.3.1 JVM（`java`）與 `module-path`

　　首先，**對於模組平臺系統要知道的第一件事是，它跟 Java 程式語言本身沒有關係**，而是為了管理程式庫的功能封裝，以及管理程式庫間的相依性等需求而存在。

　　為什麼模組可以改進程式庫的封裝性與相依性？以先前範例的 Console 類別為例，你基於它撰寫了新的程式庫，接著有同事想要使用你的程式庫，而你不要他直接呼叫 Console 類別相關功能，以免他撰寫的程式直接依賴在 Console 類別，就目前你知道的知識來說，只要類別路徑上可以找得到 Console 類別，他就可以呼叫相關功能，日後程式庫之間錯綜複雜的相依性就此開始了，而這也是過去 Java 生態圈中面臨的重大問題之一。

　　當然，Java 生態圈 20 幾年來，也為了這樣的問題提出了解決方案，也有第三方（Third-party）的模組系統，而為了要統一模組平臺的規格，以及為 Java SE 平臺瘦身（讓小型運算裝置可以依需求下載必要模組而不是整個 JRE）、改進安全等因素，Java SE 9 決定納入模組平台系統。

　　模組平臺系統跟 Java 程式語言本身沒有關係，而且指令上的運用較為複雜，基本上會有相關開發工具代勞指令處理這些細節，不過，透過一些手動建立模組的過程，有助於瞭解模組的基本架構，也比較清楚開發工具代勞了哪些細節。

　　那麼就來開始建立第一個模組吧！首先看看，一個未支援模組的程式專案要如何設定，才能使之成為模組。請複製範例檔中 labs/CH02 資料夾中的 Hello2

資料夾至 C:\workspace，Hello2 中有個 src 資料夾，其中有 cc\openhome\Main.java 檔案：

```
package cc.openhome;

public class Main {
    public static void main(String[] args) {
        System.out.println("Hello, World");
    }
}
```

根據先前幾個小節的介紹，你應該知道在進入 Hello2 資料夾後，可以使用底下的指令來編譯並執行程式：

```
javac -d classes src/cc/openhome/Main.java
java -cp classes cc.openhome.Main
```

這是基於類別路徑的方式，若想設定模組資訊，**首先要決定模組名稱**，這邊假設模組名稱為 cc.openhome，為了便於識別，在 src 中建立了一個與模組名稱相同的資料夾 cc.openhome，然後將原先 src 中的 cc 資料夾放到 cc.openhome 資料夾：

圖 2.28　設定 cc.openhome 模組資料夾

接下來，在 cc.openhome 資料夾**建立 module-info.java** 並撰寫底下內容：

圖 2.29　建立 module-info.java

這麼一來，在原始碼層面上，就建立第一個模組了，**雖然 module-info.java 的副檔名為.java，實際上只是設定檔**，其中 module 關鍵字僅在這個設定檔中設定之用，**不是 Java 程式語言的一部分**，副檔名為.java，單純只是為了相容性，讓 javac 等工具程式易於處理這個設定檔罷了。

圖 2.29 的 module 關鍵字定義模組名稱為 cc.openhome，除此之外沒有其他設定，這表示**目前只能存取同模組的 API，並且依賴在 Java 標準 API 的 java.base 模組**，**java.base** 模組包含且 **exports** 了 **java.lang** 等常用套件（exports 稍後就會說明）；**言下之意也表示，日後必要的話，可以在 module-info.java 設定模組可以公開哪些 API，或是依賴在哪個模組。**

那麼來編譯程式碼吧！**可以將編譯出來的類別，放在 mods 資料夾中對應模組名稱的資料夾之中：**

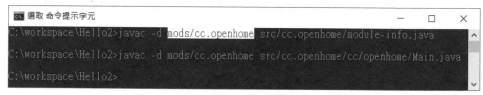

圖 2.30　編譯模組

這麼一來，mods 中的 cc.openhome 就是完成編譯的模組，**其他開發者若要使用此模組，可以在執行 java 時，透過--module-path（或縮寫-p）指定模組路徑。**

在模組封裝之後，可以透過工具載入、讀取 module-info.class 的資訊，之後的章節，談到模組設定時，會以**模組描述檔（Module descriptor）**來代稱 module-info.java 或 module-info.class。

由於 Main.java 撰寫了程式進入點，如果想執行它的話，**可以透過--module 或縮寫 -m 指定模組的程式進入點**，例如：

圖 2.31　執行模組的程式進入點

圖 2.31 中使用了 `--module-path` 指定模組路徑，而不是使用 `-classpath` 指定類別路徑，這時要注意的是，**在完全吻合名稱前要指定模組名稱**，然而，這僅僅只是工具層面的需求，**在程式碼撰寫上，使用模組的 API，不用進行任何變更。**

提示 >>> 如果使用 `jar` 工具程式，使用 `--main-class` 指定程式進入點主類別，將模組封裝為 JAR 檔案，那麼 `-m` 就只需要指定模組名稱，詳情可參考 19.3.1。

`cc.openhome.Main` **也可以基於類別路徑來使用**，方式與先前小節的說明是相同的，例如：

圖 2.32　基於相容性可以指定類別路徑

按照規範，**在類別路徑下被發現的類別，會自動歸類為未具名模組（Unnamed module）**，目前只要知道，**基於相容性，未具名模組可以讀取其他模組**；相對地，**在模組路徑下被發現的類別，會是屬於某個具名模組（Named module）**，例如先前 `--module-path` 指定的 mods 中，`cc.openhome` 模組就是一種命名模組，名稱為 cc.openhome。

注意 >>> 請暫時不要混用類別路徑與模組路徑，明確定義的模組不能 `requires` 未具名模組，因為未具名模組沒有名稱，詳情可見第 19 章的說明。

2.3.2　編譯器（`javac`）與 `module-path`

假設現在基於某個原因，想將 2.2.3 的成果拆分為兩個模組，其中 `cc.openhome.util` 模組會包含 `cc.openhome.util.Console` 類別，而 `cc.openhome` 模 組 會 包 含 `cc.openhome.Main`，並 依 賴 在 `cc.openhome.util` 模組的 `cc.openhome.util.Console` 類別，最後仍能夠執行顯示出「Hello, World」，該怎麼做呢？

基本上，可以如方才 2.3.1，建立對應的資料夾與模組描述檔，不過，這次必須在模組描述檔做點設定，為了練習時的方便，可以直接複製範例檔中

labs/CH02 的 Hello3 資料夾至 C:\workspace，其中已經建立兩個模組應有的資料夾及模組描述檔了，不過模組描述檔還沒有任何額外設定。

先來處理 cc.openhome.util 模組，**為了讓其他模組能使用此模組的 API，必須在模組描述檔使用 exports，宣告哪些套件的公開（public）類別、方法或值域可以存取**，請開啟 Hello3/src/cc.openhome.util/module-info.java 檔案，並如下進行設定：

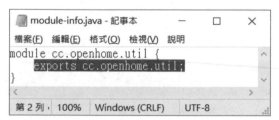

圖 2.33　公開模組中的套件

現在模組中 cc.openhome.util 套件的 API，可以被其他模組使用，現在對 cc.openhome.util 模組進行編譯：

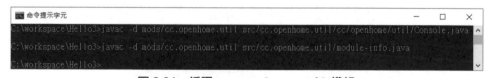

圖 2.34　編譯 **cc.openhome.util** 模組

因為 cc.openhome 模組依賴在 cc.openhome.util 模組，必須在 cc.openhome 模組的**模組描述檔，使用 requires 宣告依賴的模組**，請開啟 Hello3/src/cc.openhome/module-info.java，並如下進行設定：

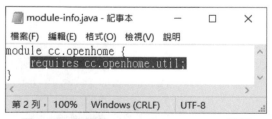

圖 2.35　依賴於 **cc.openhome.util** 模組

接著對 cc.openhome 模組進行編譯，然後執行顯示「Hello, World」：

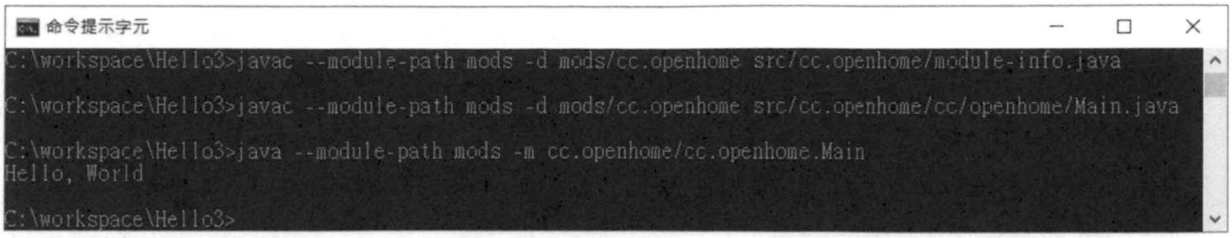

圖 2.36　編譯與執行 **cc.openhome** 模組

可以看到，**在使用 javac 進行編譯時，也可以使用--module-path 指定模組路徑，模組路徑下各模組的模組描述檔，包括了模組 API 的依賴、存取關係，依此決定可否通過編譯。**

2.3.3　編譯器（**javac**）與 **module-source-path**

你也許會想問，在 2.2.1 曾經談過使用 javac 編譯時，可以使用-sourcepath 指定原始碼路徑，那麼在編譯模組時有類似的引數嗎？也許是因為你拿到了其他模組的原始碼（而不是編譯或進一步封裝好的模組），想自行編譯出.class 檔案。

在使用 javac 時，--module-source-path 可以指定模組的原始碼路徑，以方才的範例來說，若不想分別對 cc.openhome.util 與 cc.openhome 模組分別進行編譯，只要如下指定**--module-source-path** 就可以了：

```
C:\workspace\Hello3>javac -d mods --module-source-path src src/cc.openhome/cc/openhome/Main.java

C:\workspace\Hello3>java --module-path mods -m cc.openhome/cc.openhome.Main
Hello, World
```

圖 2.37　編譯指定**--module-source-path**

使用**--module-source-path** 指定模組的原始碼路徑時，由於原始碼可能來自多個模組，因此搭配的**-d** 引數在指定路徑時，只需要指定頂層資料夾，編譯器會自行建立起對應於模組名稱的資料夾。

實際上，在能夠運用--module-path 與--module-source-path 引數之後，搭配-d 引數時，本來就只需指定頂層資料夾，2.3.1、2.3.2 只是個循序漸進的過程，讓你逐步瞭解--module-path 與--module-source-path 的作用，也就是說，如下編譯 cc.openhome.util 及 cc.openhome 模組就可以了：

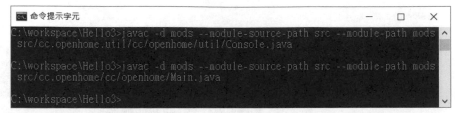

圖 2.38　編譯指定 `--module-source-path` 與 `--module-path`

簡單來說，可以暫時將 `--module-path` 與 `--module-source-path` 想像成 `-classpath` 與 `-sourcepath` 的對應物，就初學而言，對模組的認識暫時到這邊就足夠了，在之後的章節若有必要，會適當帶入其他模組在使用上的資訊，而在第 19 章，會更詳細地進行模組的探討。

> **提示 >>>** 如果這些對模組的基本認識還不過癮，也可以先看看〈Project Jigsaw: Module System Quick-Start Guide[1]〉。

2.4　使用 IDE

在開始使用套件管理原始碼檔案與位元碼檔案之後，必須建立與套件對應的實體資料夾階層，編譯時必須正確指定 `-sourcepath`、`-cp` 等引數，執行程式時必須使用完全吻合名稱，而在 Java SE 9 支援模組化以後，還必須會使用 `--module-source-path`、`--module-path` 等引數，這…實在是很麻煩！你可以考慮開始使用 IDE（Integrated Development Environment），由 IDE 代勞原始碼、位元碼檔案等資源管理工作，提昇你的產能。

2.4.1　IDE 專案管理基礎

Java 生態圈有許多 IDE，不少是優秀的開放原始碼產品，最為人熟知的有 NetBeans、Eclipse、Intellij IDEA 等，不同 IDE 會有不同特色，但基本觀念共通，只要瞭解 JDK 與相關指令操作，就不容易被特定的 IDE 給限制住。

---

[1]　Project Jigsaw: Module System Quick-Start Guide：bit.ly/3lJSMQs

在本書中，將選擇 Eclipse IDE 進行介紹，Eclipse 的官方網址為 eclipse.org，在撰寫本書的時候，Eclipse 最新正式版本是 2021-09，可以在底下網址下載：

- eclipse.org/downloads/packages/installer

執行下載後的安裝檔案後會出現如右畫面，就本書範圍來說，只要安裝「Eclipse IDE for Java Developers」就可以了：

圖 2.39　安裝 Eclipse IDE for Java Developers

接著選擇 JDK 與安裝目錄，按下「INSTALL」就可以進行安裝，過程中必須接受相關授權：

圖 2.40　選擇 JDK 與安裝目錄

安裝完成後,在桌面會出現 Eclipse 捷徑,執行後要選定工作區,本書預設使用 C:\workspace 作為工作區:

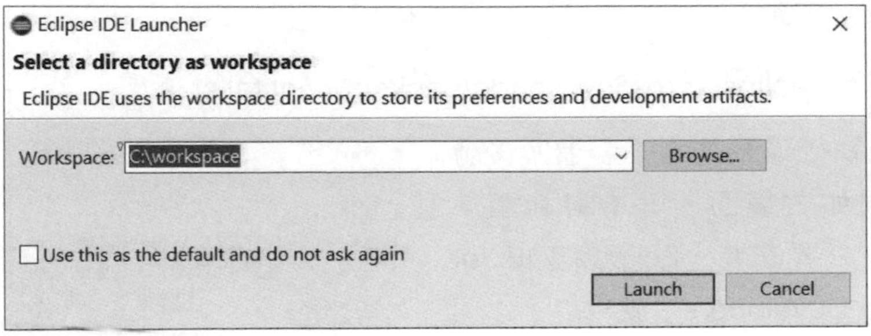

圖 2.41 選擇工作區

在程式規模步入必須使用套件管理之後,就等於初步開始了專案資源管理,在 IDE 中要撰寫程式,也是從建立專案開始,Eclipse 會在工作區存放專案間共用的資訊,新增的專案預設也會儲存在工作區。

在新版 Java 釋出後,Eclipse 的下個版本才會正式支援,例如,Eclipse 2021-09 未直接支援 Java SE 17,不過可以安裝 Java 17 Support for Eclipse 2021-09,這要執行選單「Help/Eclipse Marketplace...」,搜尋「Java 17 Support」來取得:

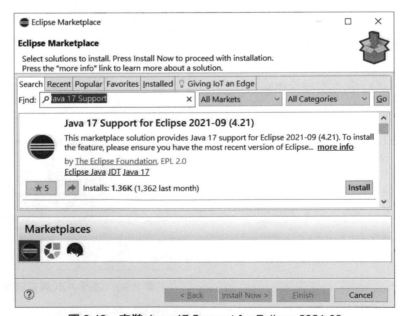

圖 2.42 安裝 Java 17 Support for Eclipse 2021-09

按下「Install」就可以進行安裝，後續過程中都採用預設選項並同意授權即可，安裝完成後必須重新啟動 Eclipse 套用更新，此時新建專案預設編譯層級仍會是 Java SE 16，可以如下調整：

1. 執行選單「Window/Preferences」。

2. 在「Preferences」對話窗展開「Java」節點，選擇其中的「Compiler」節點。

3. 將「Compiler compliance level:」修改為「17」，按下「Apply」套用。

這麼一來，工作區中新建的專案，就會使用 Java SE 17 作為預設編譯層級，日後若新版 Java 釋出，想要馬上搭配 Eclipse 來使用，都可以採用以上的操作。

IDE 都會提供多種專案樣版，這邊先來介紹基本的「Java Project」，可以如下建立：

1. 執行選單「File/New/Java Project」。

2. 在「New Java Project」對話方塊中，於「Project Name:」輸入專案名稱「Hello4」，「JRE」選擇「JavaSE-17」，按下「Finish」。

3. 在出現的「New module-info.java」對話方塊，可以看到預設的模組名稱「Hello4」，按下「Create」就可以建立。

專案建立後，IDE 通常會提供預設的專案檢視窗格，方便檢視一些專案資源，Eclipse 的話，提供如下圖的「Package Explorer」窗格：

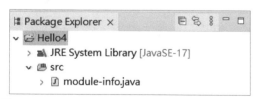

圖 2.43　Eclipse IDE 的 Package Explorer 窗格

在上圖可以看到「src」，可在此新增與檢視原始碼檔案，以新增類別為例：

1. 在「src」按滑鼠右鍵，執行「New/Class」。

2. 在「New Java Class」中「Package:」輸入「cc.openhome」套件名稱。

3. 在「Name:」中輸入「Main」原始碼主檔名稱。

4. 勾選「public static void main(String[] args)」可自動產生程式進入點。

5. 按下「Finish」就會建立 cc.openhome.Main 類別。

可以在 Main.java 的 main()如下撰寫：

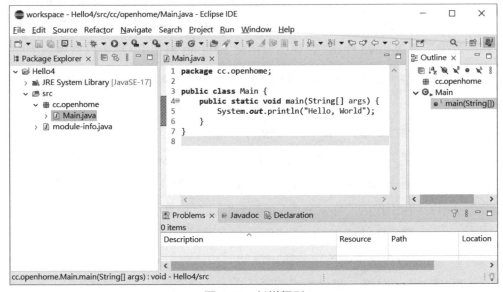

圖 2.44　新增類別

原始碼檔案存檔時若無語法錯誤，就會自動進行編譯，產生的.class 會存放在專案的 bin 資料夾，然而不會顯示在「Package Explorer」窗格，編譯時.class 存放路徑、原始碼路徑、模組路徑等引數，Eclipse 會代為指定，不用自行費心。

如果要使用 Eclipse 執行有程式進入點 main()的類別，可於類別上按右鍵執行「Run As/Java Application」指令，會有個「Console」窗格顯示結果。

在 IDE 中編輯程式碼，若出現紅色虛線，表示那是導致編譯錯誤的語法，如果看到紅色虛線千萬別發愣，把滑鼠游標移至紅色虛線上，就會顯示編譯錯誤訊息，例如下圖是 Main.java 中，public class 定義的名稱不等於 Main（主檔名）而產生的編譯錯誤與訊息：

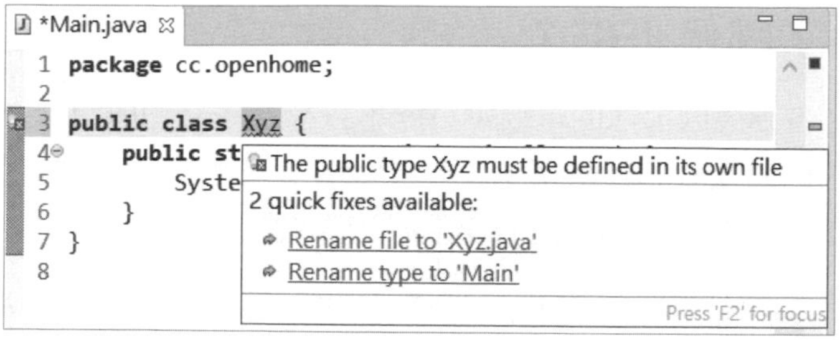

圖 2.45　在 IDE 中，紅色虛線通常表示編譯錯誤

對於一些編譯錯誤，IDE 也許會提示一些改正方式，以 Eclipse 來說，會出現小電燈炮圖示，這時可以按下圖示，看看是否有合用的選項：

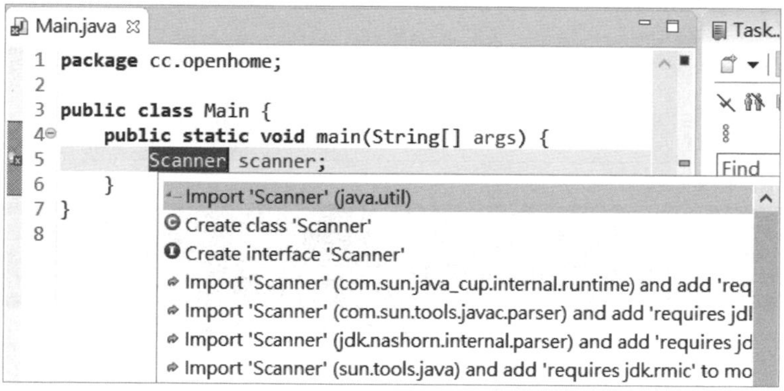

圖 2.46　編譯錯誤時的改正提示

以上圖為例，因為編譯器不認得 Scanner 類別而發生編譯錯誤，第一個選項表示，IDE 發現有個 java.util.Scanner 可用，看你是不是要 import，然而可以看到其他套件中，也有 Scanner，也有著建立類別或介面的選項，IDE 有提示是好事，不過還是得判斷哪個才是正確選項，並非按下第一個選項就沒事了。

以上稍微解釋了至今為止，JDK 工具使用、編譯相關錯誤訊息、套件管理、模組等觀念，對應至 IDE 哪些操作或設定，其他的功能，會在之後說明相關內容時，一併說明 IDE 中如何操作或設定。

2.4.2 使用了哪個 JRE？

因為各種原因，你的電腦中可能不只存在一套 JRE！可以試著搜尋電腦中的檔案，例如在 Windows 中搜尋 java.exe，可能會發現多個 java.exe 檔案，某些程度上，可以將找到一個 java.exe 視作就是有一套 JRE！

既然電腦中有可能同時存在多套 JRE，那麼到底執行了哪一套 JRE？在文字模式下鍵入 java 指令，如果設定了 PATH，會執行 PATH 順序下找到的**第一個 java 可執行檔**，然而這個可執行檔啟動的是哪套 JRE？

如果設定 PATH 包括 JDK 的 bin 資料夾，執行 java 指令時，會使用 JDK 的 bin 中的 java(.exe)，找到的會是該 JDK 附帶的 JRE。

在執行 java 指令時，可以附帶一個 -version 引數，這可以顯示 JRE 版本，例如：

圖 2.47　使用 -version 確認版本

確認版本是很重要的一件事，文字模式下若要確認 JRE，可先檢查 PATH 路徑中的順序，再查看 java -version 的資訊，這些都是基本的檢查動作。

如果有個需求是切換 JRE，文字模式下必須設定 PATH 順序中，找到的第一個 JDK 之 bin 資料夾，就決定了想使用的 JRE。

如果使用 IDE 新增專案，使用了哪個 JRE 呢？Eclipse 預設會使用圖 2.40 選擇的 JDK 附帶之 JRE，若想增加可管理的 JRE 可以如下：

1. 執行選單「Window/Preferences」。

2. 在「Preferences」對話窗展開「Java」節點，選擇其中的「Installed JREs」節點。

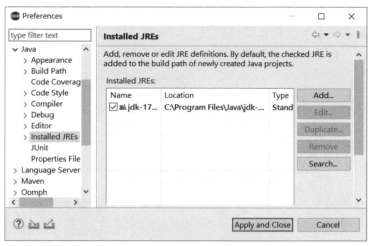

圖 2.48　設定工作區 JRE

在「Installed JREs」可以新增 JRE，如上圖的說明，勾選的 JRE 會是新建專案預設使用的 JRE；若想修改個別專案使用之 JRE，可以如下選擇：

1.　在「Package Explorer」選擇專案，按右鍵執行「Properties」。

2.　在出現的對話方塊中，選擇「Java Build Path」，其中可以切換至「Libraries」頁籤。

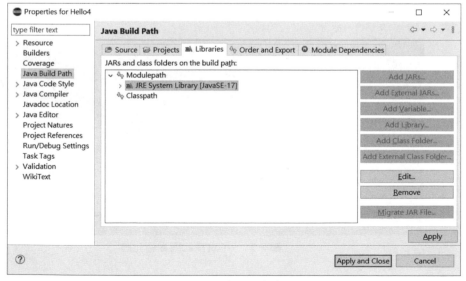

圖 2.49　設定個別專案 JRE

　　　　上圖的「Libraries」是管理模組路徑與類別路徑之處，若要將既有的 JAR 加入專案管理，也是在這邊設定；如果要改變 JRE，可以按兩下「JRE System Library」選項，就可以選擇想使用的 JRE：

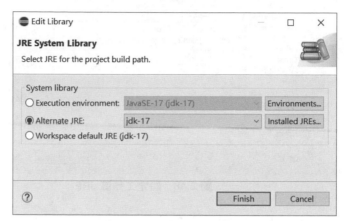

圖 2.50　選擇你要的 JRE

2.4.3　類別檔案版本

　　　　如果使用新版本 JDK 編譯出位元碼檔案，在舊版本 JRE 上執行，可能會發生以下的錯誤訊息：

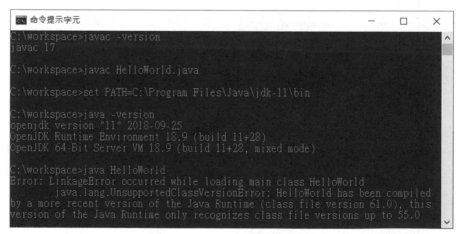

圖 2.51　不支援此版本位元碼

　　上圖是在 JDK17 編譯出位元碼，切換 PATH 至 JDK11，使用其附帶的 JRE 執行位元碼，結果出現 UnsupportedClassVersionError，並指出這個位元碼的主版本號與次版本號（major.minor）為 61.0，然而 JDK11 只支援至 55.0。

　　編譯器會在位元碼檔案中標示主版本號與次版本號，不同的版本號，位元碼檔案格式可能有所不同。JVM 在載入位元碼檔案後，會確認其版本號是否在可接受的範圍，否則就不會處理該位元碼檔案。

　　可以使用 JDK 工具程式 javap 加上-v 或-verbose 引數，確認位元碼檔案的版本號：

圖 2.52　使用 `javap -v` 剖析位元碼檔案

　　在編譯的時候，若是 Java SE 9 以後的版本，可以使用**--release** 引數來指定位元碼檔案的版本，例如：

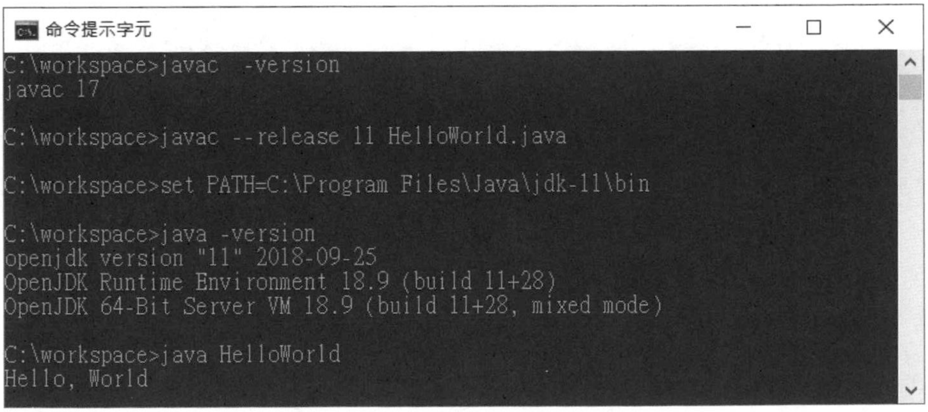

圖 2.53　指定 `--release` 選項

Eclipse 新建「Java Project」時，在「New Java Project」對話方塊中「JRE」選擇「JavaSE-17」的話，--release 預設會是 17，想調整的話，可以在圖 2.49 的「Java Compiler」中設定：

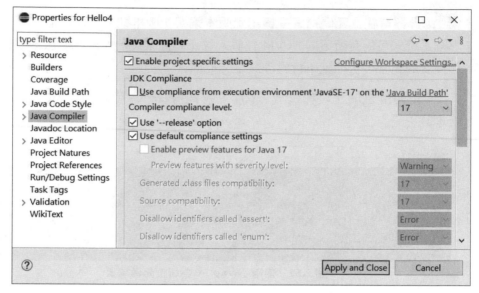

圖 2.54　設定--release 選項

基礎語法 **3**

學習目標

- 認識型態與變數
- 學習運算子基本使用
- 瞭解型態轉換細節
- 運用基本流程語法
- 使用 `jshell`

3.1 型態、變數與運算子

Java 支援物件導向，然而在正式進入支援物件導向的語法前，對於型態、變數、運算子、流程控制等基本語法元素，還是要有一定的基礎。雖然各種程式語言都有這些基本語法，但別因此而輕忽，因為各程式語言都有其誕生宗旨與演化過程，對這些基本語法元素，也就會有其獨有的特性。

3.1.1 型態

在 Java 的世界中，並非每個東西都抽象化為物件，還是要面對系統的一些特性，例如，程式執行時遇到數字時，還是要想一下，該使用哪種資料型態來儲存，該資料型態有哪些特性。

基本上，Java 可區分為兩大型態系統：

- 基本型態（Primitive type）
- 類別型態（Class type），亦稱參考型態（Reference type）

本章先解釋基本型態，第 4 章會開始說明類別型態。Java 的基本型態主要可區分為**整數、位元組、浮點數、字元**與**布林**：

- 整數

  可細分為 **short** 整數，佔 2 個位元組、**int** 整數佔 4 個位元組，**long** 整數佔 8 個位元組。不同長度的整數，可儲存的整數範圍不同，使用的記憶體越長的型態，可表示的整數範圍較大。

- 位元組

  byte 型態顧名思義，長度就是一個位元組，在需要逐位元組處理資料時（例如影像處理、編碼處理等）會使用 byte 型態，若用於表示整數，byte 可表示-128 到 127 的整數。

- 浮點數

  主要用來儲存小數數值，可分為 **float** 浮點數，佔 4 個位元組，**double** 浮點數，佔 8 個位元組，double 浮點數比 float 浮點數可表示的精確度來得大。

- 字元

  Java 支援 **Unicode**，**char** 型態佔 2 個位元組，可用來儲存 **UTF-16 Big Endian** 的一個碼元（code unit），就現在而言，只要知道英文或中文字元可以直接寫在''以 char 儲存，也可以把 65535 以內的整數指定給 char。

提示 ▶▶▶ 對 Java 開發者而言，多半只要知道使用 char 儲存字元就夠了，然而要用到 2 位元組以上才能儲存的字元怎麼辦呢？這需要知道更多有關 Unicode 與 UTF 的知識，將在下一章進行說明。

- 布林

  boolean 型態可表示 **true** 與 **false**，分別代表邏輯的「真」與「假」。在 Java 中，不用關心 boolean 型態的長度。

每種型態佔有的記憶體長度不同，可儲存的數值範圍也就不同。例如 int 型態是 4 個位元組，可儲存的整數範圍為-2147483648 至 2147483647，若要儲存的值超出型態範圍稱為**溢值（Overflow）**，會造成程式不可預期的結果。各種型態可儲存的數值範圍，可以透過 API 來得知。例如：

Basic Range.java

```java
package cc.openhome;

public class Range {
    public static void main(String[] args) {
        // byte、short、int、long 範圍
        System.out.printf("%d ~ %d%n",
                Byte.MIN_VALUE, Byte.MAX_VALUE);
        System.out.printf("%d ~ %d%n",
                Short.MIN_VALUE, Short.MAX_VALUE);
        System.out.printf("%d ~ %d%n",
                Integer.MIN_VALUE, Integer.MAX_VALUE);
        System.out.printf("%d ~ %d%n",
                Long.MIN_VALUE, Long.MAX_VALUE);
        // float、double 精度範圍
        System.out.printf("%d ~ %d%n",
                Float.MIN_EXPONENT, Float.MAX_EXPONENT);
        System.out.printf("%d ~ %d%n",
                Double.MIN_EXPONENT, Double.MAX_EXPONENT);
        // char 可儲存的碼元範圍
        System.out.printf("%h ~ %h%n",
                Character.MIN_VALUE, Character.MAX_VALUE);
        // boolean 的兩個值
        System.out.printf("%b ~ %b%n",
                Boolean.TRUE, Boolean.FALSE);
    }
}
```

對於初學 Java，會看到一些新的語法與 API 在裏頭，以下逐一解釋。

你在程式中看到 // 符號，這是 Java 程式中的單行註解，註解是用來說明程式碼意圖或標註重要訊息，編譯器會忽略該行 // 符號之後的文字，對編譯出來的程式不會有任何影響，另一個註解符號是 /* 與 */ 包括的多行註解。例如：

```java
/* 作者：良葛格
   功能：示範 printf() 方法
   日期：2021/09/30
 */
public class Demo {
...
```

編譯器會忽略/*與*/間的文字，不過以下使用多行註解的方式是不對的：

```
/*   註解文字 1……bla…bla
   /*
        註解文字 2……bla…bla
   */
*/
```

編譯器會以為倒數第二個*/就是註解結束，最後一個*/會被認為是錯誤語法，這時就會發生編譯錯誤。

System.out.printf()是標準 API，在第一個 Java 程式顯示"Hello, World"時，使用了 System.out.println()，這會在標準輸出中顯示文字後換行，如果使用 System.out.print()，輸出文字後不會換行。那麼 System.out.printf()是什麼？

printf()的 f 是 format 的意思，也就是格式化，用在 System.out 上，就是對輸出文字進行格式化後再顯示。printf()的第一個引數（Argument）是字串，當中%d、%h、%b 等是格式控制符號。表 3.1 列出一些常用的格式控制符號：

表 3.1　常用格式控制符號

符號	說明
%%	因為%符號已被用為控制符號前置，就規定使用%%在字串中表示%。
%d	10 進位整數格式輸出，可用於 byte、short、int、long、Byte、Short、Integer、Long、BigInteger。
%f	10 進位浮點數格式輸出，可用於 float、double、Float、Double 或 BigDecimal。
%e, %E	科學記號浮點數格式輸出，提供的數必須是 float、double、Float、Double 或 BigDecimal。%e 表示輸出格式遇到字母以小寫表示，如 2.13 e+12，%E 表示遇到字母以大寫表示。
%o	8 進位整數格式輸出，可用於 byte、short、int、long、Byte、Short、Integer、Long、或 BigInteger。
%x, %X	16 進位整數格式輸出，可用於 byte、short、int、long、Byte、Short、Integer、Long、或 BigInteger。%x 表示字母輸出以小寫表示，%X 則以大寫表示。
%s, %S	字串格式符號。
%c, %C	字元符號輸出，提供的數必須是 byte、short、char、Byte、Short、Character 或 Integer。%c 表示字母輸出以小寫表示，%C 則以大寫表示。

符號	說明
`%b`, `%B`	輸出 boolean 值，`%b` 表示輸出結果會是 true 或 false，`%B` 表示輸出結果會是 TRUE 或 FALSE。非 null 值輸出是 true 或 TRUE，null 值輸出是 false 或 FALSE。
`%h`, `%H`	使用 `Integer.toHexString(arg.hashCode())` 來得到輸出結果，如果 arg 是 null，則輸出 null，也常用於 16 進位格式輸出。
`%n`	輸出平台特定的換行符號，如果 Windows 下會置換為`"\r\n"`，如果是 Linux 下則會置換為`'\n'`，Mac OS 下會置換為`'\r'`。

提示 ≫≫　如果想知道更多格式控制符號，可以參考〈Formatter[1]〉。

　　`printf()`方法的第二個引數開始，會依序置換掉第一個引數的格式控制符號。Byte、Short、Integer、Long、Float、Double、Character、Boolean，這些都是 java.lang 套件下的類別，第 4 章就會談到，這些類別都是基本型態的包裹器（Wrapper），至於 MAX_VALUE、MIN_VALUE、MIN_EXPONENT、MAX_EXPONENT、TRUE、FALSE 等，都是這些類別上的靜態（static）成員（其實 System 的 out 也是），別擔心，之後會解釋何謂靜態成員，就目前來說，直接使用就對了。

　　這個範例的輸出結果如下：

```
-128 ~ 127
-32768 ~ 32767
-2147483648 ~ 2147483647
-9223372036854775808 ~ 9223372036854775807
-126 ~ 127
-1022 ~ 1023
0 ~ ffff
true ~ false
```

　　如果懶得在測試一些程式片段時，還得定義類別、main 程式進入點、編譯、執行程式，JDK9 以後內建了 **jshell**，這是 Java 版的 REPL（Read-Eval-Print Loop）環境，也就是一個簡單的，互動式的程式設計環境，可以直接使用 jshell 指令來進入該環境：

1　Formatter：bit.ly/3zPa0RC

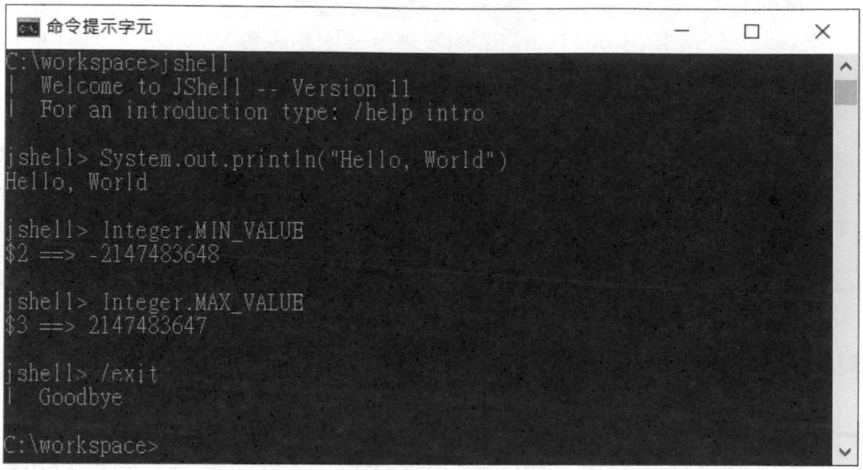

圖 3.1 使用 jshell 測試小程式

在 jshell 環境中，若執行過後有傳回值，會使用$n ==>的形式來顯示傳回值；如果想離開 jshell 環境，可以輸入/exit 或者是按下 Ctrl+D，若需要指令說明，可以鍵入/help，也可以在執行 jshell 時，使用--help 引數顯示說明。

本書之後若有一些簡單的程式片段，會適當地使用 jshell 示範，如果看到提示文字為 jshell>開頭，表示那是在 jshell 環境之中執行。

你可以在輸出浮點數時指定精度，例如：

```
jshell> System.out.printf("example:%.2f%n", 19.234);
example:19.23
```

也可以指定輸出時，至少要預留的字元寬度，例如：

```
jshell> System.out.printf("example:%6.2f%n", 19.234);
example: 19.23
```

由於預留了 6 個字元寬度，不足部分補上空白字元，執行結果才會輸出 " example: 19.23"（19.23 只佔五個字元，因此補了一個空白在前端）。

3.1.2　變數

　　若想使用基本型態資料，只要在程式中寫下 10、3.14 這類的數值即可。例如：

```
System.out.println(10);
System.out.println(3.14);
System.out.println(10);
```

　　不過，想像一下程式中輸出 10 的部分很多，若要將 10 改為 20，就要修改多個地方，如果有個位置可以儲存 10，該位置有個名稱，每次透過名稱來取得值輸出，若將該位置的值改為 20，輸出不就都改為 20 了嗎？對！這個具有名稱的位置稱為**變數（Variable）**，宣告變數時可以告訴 JVM 型態與名稱。例如：

```
int number = 10;
double PI = 3.14;
System.out.println(number);
System.out.println(PI);
System.out.println(number);
```

　　這個程式片段的第一行，有個位置名為 number，可以放 int 型態的資料，= 指定了 number 的位置會存放 10，用程式術語來說的話，你宣告了 number 變數，可儲存的值型態為 int，使用=指定 number 變數的值為 10。若之後要將輸出 10 的部分改為 20，只要修改 number 變數的值為 20 就可以了。

◉ 基本規則

　　對基本型態來說，是使用 byte、short、int、long、float、double、char、boolean 等關鍵字來宣告型態，變數在命名時有些規則：不可以使用數字開頭，也不能使用一些特殊字元，像是*、&、^、%等，變數名稱不能與 Java 關鍵字（Keyword）同名，例如 int、float、class 等就不能用來作為變數，也不可以與 Java 保留字（Reversed word）同名，例如 goto 就不能作為變數名稱。

　　變數的命名風格以清楚易懂為主。初學者為了方便，常使用簡單字母作為變數名稱，這會造成日後程式維護的困難。Java 領域的命名慣例（Naming convention），通常以小寫字母開頭，每個單字開始時第一個字母使用大寫，稱為**駝峰式（Camel case）**命名法，可讓人一眼就看出這個變數的作用。例如：

```
int ageOfStudent;
int ageOfTeacher;
```

目前為止，程式範例都寫在 main() 方法（Method），在方法內宣告的變數稱為**區域變數（Local variable）**。JVM 會為區域變數配置記憶體空間，這塊空間既有的值無法預期，基於安全性，區域變數建立後，必須明確指定值才能取用，否則會發生編譯錯誤。例如：

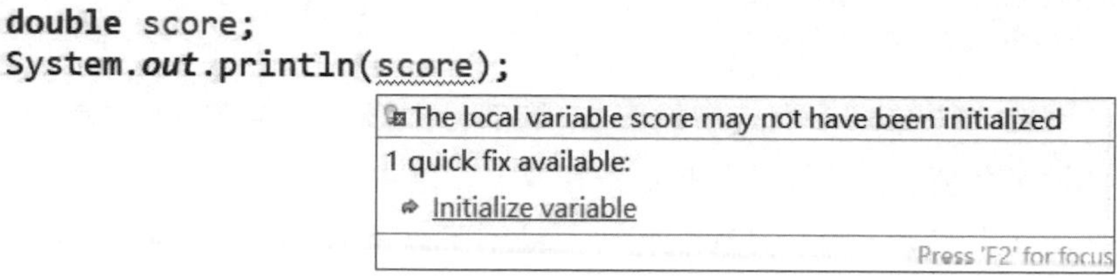

```java
double score;
System.out.println(score);
```

> The local variable score may not have been initialized
> 1 quick fix available:
> ⇨ Initialize variable
> Press 'F2' for focus

圖 3.2　沒有初始變數就使用的編譯錯誤

這個程式片段宣告變數 score 卻沒有指定值給它，第二行馬上就要顯示值，結果就是出現編譯錯誤訊息。

若在指定變數值後，不想再改變值，可以加上 **final** 限定，後續撰寫程式時，自己或別人不經意修改了 final 變數，就會出現編譯錯誤。例如：

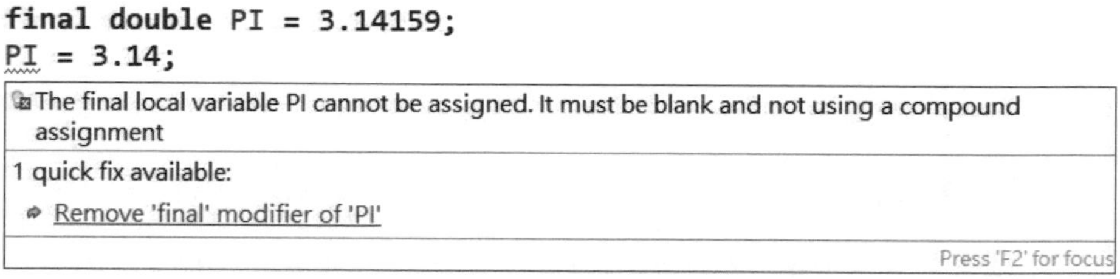

```java
final double PI = 3.14159;
PI = 3.14;
```

> The final local variable PI cannot be assigned. It must be blank and not using a compound assignment
> 1 quick fix available:
> ⇨ Remove 'final' modifier of 'PI'
> Press 'F2' for focus

圖 3.3　重新指定 final 變數的編譯錯誤

◉ 字面常量

在 Java 中寫下一個值，該值稱為字面常量（Literal constant）。在整數字面常量表示上，除了 10 進位表示法之外，還有 8 進位或 16 進位表示。例如 10 這個值分別以 10 進位、16 進位與 8 進位表示：

```java
int number1 = 12;     // 10 進位表示
int number2 = 0xC;    // 16 進位表示，以 0x 開頭
int number3 = 014;    // 8 進位表示，以 0 開頭
```

　　浮點數除了使用小數方式直接表示外，也可以直接使用科學記號表示。例如以下兩個變數，都是表示 0.00123 的值：

```
double number1 = 0.00123;
double number2 = 1.23e-3;
```

　　要表示字元的話，必須使用'符號括住字元，這會是個 char 型態。例如：

```
char size = 'S';
char lastName = '林';
```

　　像'這個符號在語法上用來表示字元，若就是想表示'這個字元呢？必須使用**忽略（Escape）**符號\，編譯器看到\會忽略下個字元，不視為程式語法的一部分。例如要表示'就要用\'：

```
char symbol = '\'';
```

　　表 3.2 是常用的一些忽略符號：

表 3.2　常用忽略符號

忽略符號	說明
\\	反斜線\。
\'	單引號'。
\"	雙引號"。
\uxxxx	以 16 進位數指定 char 的值，x 表示數字。
\xxx	以 8 進位數指定 char 的值，x 表示數字。
\b	倒退一個字元。
\f	換頁。
\n	換行。
\r	游標移至行首。
\t	跳格(按下 Tab 鍵的字元)。

　　例如，要使用\uxxxx 來表示"Hello"這段文字，可以如下：

```
jshell> System.out.println("\u0048\u0065\u006C\u006C\u006F");
Hello
```

提示 >>>　\uxxxx 表示法，可用在字元無法以打字方式輸入的情況，事實上，如果在程式中輸入了中文字元，編譯時也會展開為\uxxxx 表示法，這些細節留到第 4 章談到字串時會一起探討。

boolean 型態可指定的值只有 true 與 false。例如：

```
boolean flag = true;
boolean condition = false;
```

▶ 字面常量表示法

撰寫整數或浮點數字面常量時，可以使用底線更清楚地表示某些數字。
例如：

```
int number1 = 1234_5678;
double number2 = 3.141_592_653;
```

有時候，想以二進位方式表示某個值，可以用 **0b** 作為開頭。例如：

```
int mask = 0b101010101010;        // 用二進位表示 10 進位整數 2730
```

上面的程式片段也可以結合底線，這樣就更清楚了：

```
int mask = 0b1010_1010_1010;      // 用二進位表示 10 進位整數 2730
```

3.1.3　運算子

程式目的就是運算，除了運算還是運算，程式語言中提供運算功能的就是
運算子（Operator）。

▶ 算術運算

與算術相關的運算子有+、-、*、/，也就是加、減、乘、除，另外還有%，
被稱為模數或餘除運算子。算術運算子是先乘除後加減。例如程式碼 1 + 2 * 3
的結果是 7，而 2 + 2 + 8 / 4 結果是 6：

```
jshell> 1 + 2 * 3;
$1 ==> 7

jshell> 2 + 2 + 8 / 4;
$2 ==> 6
```

如果想 2 + 2 + 8 加總後，再除以 4，請加上括號明確定義運算順序。例如：

```
jshell> (2 + 2 + 8) / 4;
$3 ==> 3
```

　　`%` 計算的結果是除法後的餘數，例如 `10 % 3` 得到餘數 1，應用場合之一是數字循環，例如有個立方體要進行 360 度旋轉，每次在角度上加 1，而 360 度後必須復歸為 0 重新計數，這時可以這麼撰寫：

```
int count = 0;
....
count = (count + 1) % 360;
```

提示 ⟫⟫ 可在運算子的兩邊各留一個空白，這樣比較容易閱讀。

◉ 比較、條件運算

　　Java 提供比較運算子（Comparison operator）：大於（>）、不小於（>=）、小於（<）、不大於（<=）、等於（==）以及不等於（!=）。比較條件成立時為 `true`，不成立為 `false`。以下程式片段示範了幾個比較運算的使用：

Basic Comparison.java

```java
package cc.openhome;

public class Comparison {
    public static void main(String[] args) {
        System.out.printf("10 >  5 結果 %b%n", 10 > 5);
        System.out.printf("10 >= 5 結果 %b%n", 10 >= 5);
        System.out.printf("10 <  5 結果 %b%n", 10 < 5);
        System.out.printf("10 <= 5 結果 %b%n", 10 <= 5);
        System.out.printf("10 == 5 結果 %b%n", 10 == 5);
        System.out.printf("10 != 5 結果 %b%n", 10 != 5);
    }
}
```

　　程式的執行如下所示：

```
10 >  5 結果 true
10 >= 5 結果 true
10 <  5 結果 false
10 <= 5 結果 false
10 == 5 結果 false
10 != 5 結果 true
```

注意 >>> ==是兩個連續的=組成，而不是一個=，一個=是指定運算。例如若變數 x 與 y 要比較是否相等，應該是寫成 x == y，而不是寫成 x = y，後者作用是將 y 的值指定給 x，而不是比較運算 x 與 y 是否相等。

Java 有個條件運算子（Conditional operator），使用方式如下：

條件式 ? 成立傳回值 : 失敗傳回值

條件運算子傳回值依條件式結果而定，若條件式結果為 true，傳回:前的值，若為 false，傳回:後的值。例如，若 score 是 int 宣告，儲存了使用者輸入的學生成績，以下程式片段可用來判斷學生是否及格：

```
System.out.printf("該生是否及格?%c%n", score >= 60 ? '是' : '否');
```

適當使用條件運算子可以少寫幾句程式碼。例如，若 number 是 int 宣告，儲存使用者輸入的數字，以下程式片段可判斷奇數或偶數：

```
System.out.printf("是否為偶數?%c%n", (number % 2 == 0) ? '是' : '否');
```

同樣的程式片段，若改用本章稍後要介紹的 if..else 語法，可如下撰寫：

```
if(number % 2 == 0) {
    System.out.println("是否為偶數?是");
}
else {
    System.out.println("是否為偶數?否");
}
```

● 邏輯運算

在邏輯上有「且」（AND）、「或」（OR）與「反相」（NOT），對應的邏輯運算子（Logical operator）分別為 **&&**（AND）、||（OR）及 **!**（NOT）。看看以下的程式片段會輸出什麼結果？

```
jshell> int number = 75;
number ==> 75

jshell> number > 70 && number < 80;
$2 ==> true

jshell> number > 80 || number < 75;
$3 ==> false
```

```
jshell> !(number > 80 || number < 75);
$4 ==> true
```

　　三段陳述句各輸出了 true、false 與 true，分別表示 number 大於 70 且小於 80 為真、number 大於 80 或小於 75 為假、number 大於 80 或小於 75 的相反為真。

　　&& 與 || 具有**捷徑運算（Short-Circuit Evaluation）**的特性。AND 只要其中一個為假，就可以判定結果為假，因此對 && 來說，只要左運算元（Operand）評估為 false，就會直接傳回 false，不會再去運算右運算元。OR 只要其中一個為真，就可以判定結果為真，因此對 || 來說，只要左運算元評估為 true，就會直接傳回 true，不會再去運算右運算元。

　　來舉個運用捷徑運算的例子，兩個整數相除若除數為 0，會發生 ArithmeticException，代表除 0 的錯誤，以下運用 && 捷徑運算避免了這個問題：

```
if(b != 0 && a / b > 5) {
    // 做一些事...
}
```

　　在這個程式片段中，變數 a 與 b 都是 int 型態，如果 b 為 0 的話，&& 左邊運算元結果就是 false，直接判斷整個 && 的結果是 false，不再去評估右運算元，從而避免了 a / b 時的除零錯誤。

◎ 位元運算

　　在數位設計上有 AND、OR、NOT、XOR 與補數運算，對應的運位元運算子（Bitwise Operator）分別是 &（AND）、|（OR）、^（XOR）與 ~（補數）。如果不會基本位元運算，可以從以下範例瞭解各個位元運算結果：

Basic　Bitwise.java

```java
package cc.openhome;

public class Bitwise {
    public static void main(String[] args) {
        System.out.println("AND 運算：");
        System.out.printf("0 AND 0 %5d%n", 0 & 0);
        System.out.printf("0 AND 1 %5d%n", 0 & 1);
        System.out.printf("1 AND 0 %5d%n", 1 & 0);
        System.out.printf("1 AND 1 %5d%n", 1 & 1);
```

```
        System.out.println("\nOR 運算:");
        System.out.printf("0 OR 0 %6d%n", 0 | 0);
        System.out.printf("0 OR 1 %6d%n", 0 | 1);
        System.out.printf("1 OR 0 %6d%n", 1 | 0);
        System.out.printf("1 OR 1 %6d%n", 1 | 1);

        System.out.println("\nXOR 運算:");
        System.out.printf("0 XOR 0 %5d%n", 0 ^ 0);
        System.out.printf("0 XOR 1 %5d%n", 0 ^ 1);
        System.out.printf("1 XOR 0 %5d%n", 1 ^ 0);
        System.out.printf("1 XOR 1 %5d%n", 1 ^ 1);
    }
}
```

執行結果就是各個位元運算的結果:

```
AND 運算:
0 AND 0    0
0 AND 1    0
1 AND 0    0
1 AND 1    1

OR 運算:
0 OR 0     0
0 OR 1     1
1 OR 0     1
1 OR 1     1

XOR 運算:
0 XOR 0    0
0 XOR 1    1
1 XOR 0    1
1 XOR 1    0
```

位元運算是逐位元運算,例如 10010001 與 01000001 做 AND 運算,答案就是 00000001。補數運算是將全部位元 0 變 1,1 變 0。例如 00000001 經補數運算會變為 11111110,例如:

```
jshell> byte number = 0;
number ==> 0

jshell> ~number;
$2 ==> -1
```

因為 byte 佔記憶體一個位元組, 0 在記憶體中的位元 00000000,經補數運算就變成 11111111,這個位元組代表整數-1。

注意 >>> 邏輯運算子與位元運算子也常被混淆，像是&&與&，||與|，初學時可得多注意。

位元運算還有左移（<<）與右移（>>）兩個運算子，左移會將位元往左移指定位數，左邊被擠出的位元被丟棄，而右邊補上 0；右移則是相反，將位元往右移指定位數，右邊被擠出的位元被丟棄，至於最左邊補上原來的位元，如果左邊原來是 0 就補 0，1 就補 1。還有個>>>運算子，在右移後，最左邊一定是補 0。

使用左移運算來做簡單的 2 次方運算示範：

Basic Shift.java

```
package cc.openhome;

public class Shift {
    public static void main(String[] args) {
        int number = 1;
        System.out.printf( "2 的 0 次方: %d%n", number);
        System.out.printf( "2 的 1 次方: %d%n", number << 1);
        System.out.printf( "2 的 2 次方: %d%n", number << 2);
        System.out.printf( "2 的 3 次方: %d%n", number << 3);
    }
}
```

執行結果：

```
2 的 0 次方: 1
2 的 1 次方: 2
2 的 2 次方: 4
2 的 3 次方: 8
```

實際來左移看看就知道為何可以如此做次方運算了：

```
00000001 → 1
00000010 → 2
00000100 → 4
00001000 → 8
```

提示 >>> 位元運算你可能不常用，通常應用於影像處理、文字編碼等場合，例如〈亂碼 1/2^2〉中就有一些位元運算的例子。

---

[2] 亂碼 1/2：openhome.cc/Gossip/Encoding/

▶ 遞增、遞減運算

在程式中對變數遞增或遞減 1 是常見的運算，例如：

```
int i = 0;
i = i + 1;
System.out.println(i);
i = i - 1;
System.out.println(i);
```

這個程式片段分別顯示 1 與 0，可以改用遞增、遞減運算子來撰寫程式：

```
int i = 0;
i++;
System.out.println(i);
i--;
System.out.println(i);
```

哪個寫法比較好呢？就簡潔度而言，使用++、--的寫法比較好，就效率而言，其實沒差，因為寫 i = i + 1，編譯器改成 i++，同樣地，如果寫 i = i - 1，編譯器會改為 i--。

上面的程式片段還可以再簡潔一些，然而不鼓勵這麼撰寫，因為程式碼的可讀性會降低：

```
int i = 0;
System.out.println(++i);
System.out.println(--i);
```

可以將++或--撰寫在變數的前或後，不過兩種寫法有差別，將++或--寫在變數前，會先將變數值加或減 1，再傳回變數值，將++或--寫在變數後，會先傳回變數值，然後對變數加或減 1。例如：

```
int i = 0;
int number = 0;
number = ++i;    // 結果相當於 i = i + 1; number = i;
System.out.println(number);
number = --i;    // 結果相當於 i = i - 1; number = i;
System.out.println(number);
```

在這個程式片段中，number 的值會前後分別顯示為 1 與 0。再來看個例子：

```
int i = 0;
int number = 0;
number = i++;    // 相當於 number = i; i = i + 1;
System.out.println(number);
number = i--;    // 相當於 number = i; i = i - 1;
System.out.println(number);
```

在這個程式片段中，number 的值會前後分別顯示為 0 與 1，不鼓勵如此使用++、--運算子，因為閱讀程式碼時，還得多費心神去思考，是先傳回變數值後才運算，還是先運算後才傳回變數值的問題，而且容易出錯，這不是個好的撰碼風格。

◉ 指定運算

到目前為止只看過一個指定運算子，也就是=運算子，事實上指定運算子還有以下幾個：

表 3.3　指定運算子

指定運算子	範例	結果
+=	a += b	a = a + b
-=	a -= b	a = a - b
*=	a *= b	a = a * b
/=	a /= b	a = a / b
%=	a %= b	a = a % b
&=	a &= b	a = a & b
|=	a |= b	a = a | b
^=	a ^= b	a = a ^ b
<<=	a <<= b	a = a << b
>>=	a >>= b	a = a >> b

3.1.4　掌握型態

型態與變數看似簡單，然而各個程式語言有其不同細節，接下來要介紹的型態轉換觀念，看似只是認證題目常考，然而實務上，確實也有些情況，因為忽略了型態轉換而誤踏地雷的例子，因此還是要有所瞭解。

◉ 型態轉換

首先，如果寫了這個程式片段：

```
double PI = 3.14;
```

這個片段編譯時沒有問題，若寫了以下程式片段：

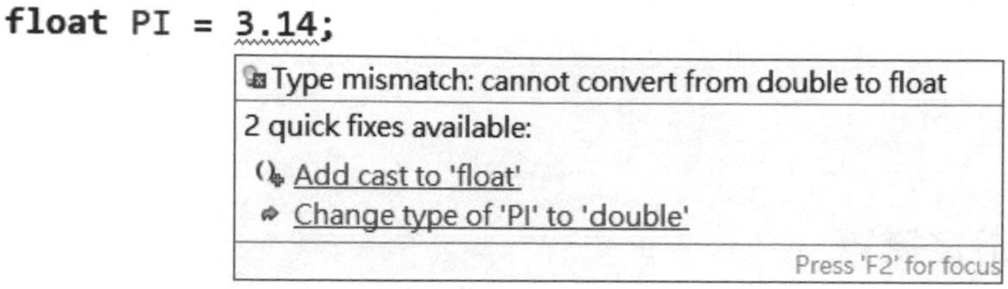

```
float PI = 3.14;
```

> ⓘ Type mismatch: cannot convert from double to float
> 2 quick fixes available:
> ↳ Add cast to 'float'
> ↱ Change type of 'PI' to 'double'
>   Press 'F2' for focus

圖 3.4　型態不符？

得到了型態不符（Type mismatch）的編譯錯誤？這是因為**程式中寫下浮點數時，編譯器預設會使用 double 型態**。就上圖而言，想將 double 長度的資料指定給 float 型態變數，編譯器就會很囉嗦地告知 double 型態放到 float 變數，會因 8 位元組資料要放到 4 位元組空間，而遺失 4 個位元組的資料。

如果確實就只要儲存為 float 型態，可以在 3.14 後加上 **F**，明確地告訴編譯器，3.14 是 float 型態。例如：

```
float PI = 3.14F;
```

另一個方式是明確告訴編譯器，就是要將 double 型態的 3.14 **丟（Cast）**給 float 變數，**編譯器你就住嘴吧！**

```
float PI = (float) 3.14;
```

編譯器看到 double 型態的 3.14 要指定給 float 變數，本來要囉嗦地告知會遺失精度，但你使用 (float) 語法告訴編譯器別再囉嗦了，編譯器就住嘴不講話了，於是編譯通過，**既然你不要編譯器囉嗦了，那執行時期出錯，後果請自負**，也就是若因遺失精度而發生程式錯誤，那絕不是編譯器的問題。

再來看整數的部分。如果你寫下：

```
int number = 10;
```

這沒有問題。如果你寫下：

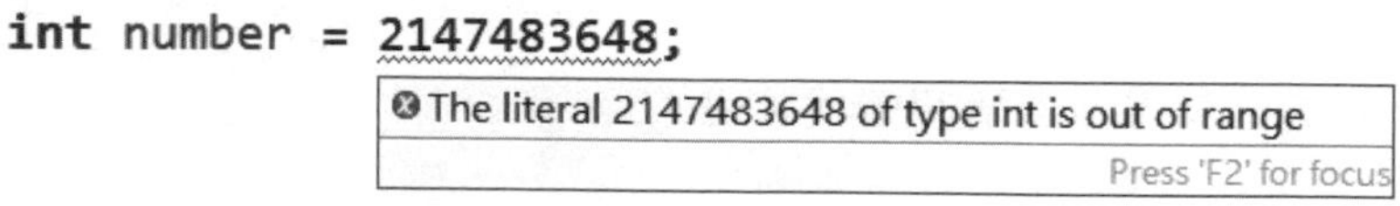

```
int number = 2147483648;
```

> ⓧ The literal 2147483648 of type int is out of range
>   Press 'F2' for focus

圖 3.5　超出範圍？

編譯時會有值超出 int 範圍（out of range）的錯誤？也許你以為原因是 int 變數 number 裝不下 2147483648，因為 int 型態最大值是 2147483647，誤認為這樣可以解決問題：

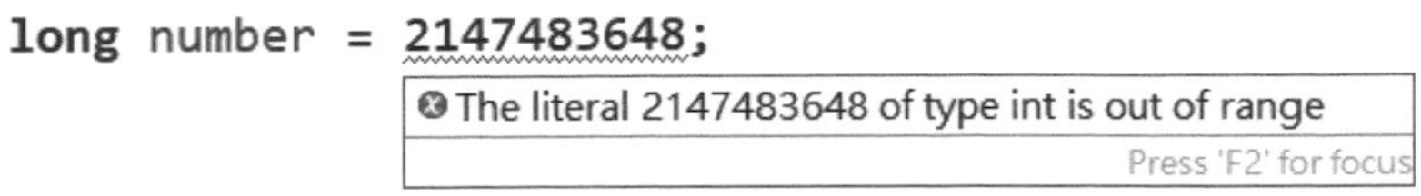

```
long number = 2147483648;
```

❸ The literal 2147483648 of type int is out of range

Press 'F2' for focus

圖 3.6　還是超出範圍？

事實上，並非是 number 裝不下 2147483648，而是**程式中寫下一個整數時，預設不會使用超過 int 型態的長度**。2147483648 超出了 int 型態的長度，你要直接告訴編譯器，2147483648 是 long 型態，也就是在數字後加上個 **L**：

```
long number = 2147483648L;
```

如上就可以通過編譯了，方才談到，程式中寫下一個整數時，預設不會使用超過 int 型態的長度，因此下面的程式可以通過編譯：

```
byte number = 10;
```

因為 10 是在 byte 可儲存的範圍中，不過這樣不行：

```
byte number = 128;
```

128 超過 byte 可儲存的範圍，至少得用 short 才能儲存 128，因此會發生編譯錯誤。

再來看運算，**若運算式包括不同型態數值，運算時以長度最長的型態為主，其他數值自動提昇（Promote）型態**。例如：

```
int a = 10;
double b = a * 3.14;
```

在這個程式片段中，a 是 int 型態，而寫下的 3.14 預設是 double，a 的值被提至 double 空間進行運算。

若運算元都是不大於 int 的整數，自動全部提昇為 int 型態進行運算。下面這個片段會發生編譯錯誤：

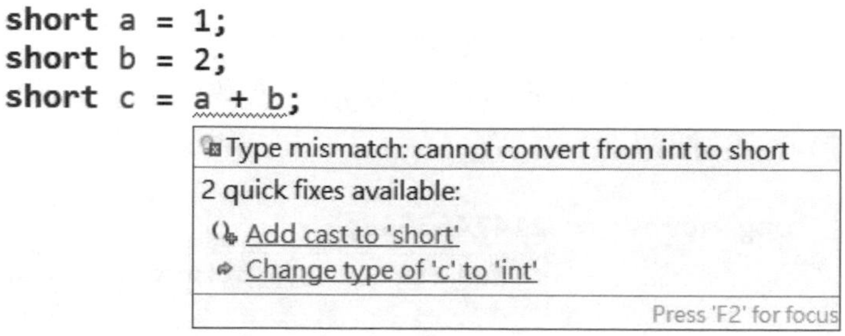

```
short a = 1;
short b = 2;
short c = a + b;
```

```
Type mismatch: cannot convert from int to short
2 quick fixes available:
 Add cast to 'short'
 Change type of 'c' to 'int'
                              Press 'F2' for focus
```

圖 3.7　又是型態不符？

　　a 與 b 都是 short 型態，然而在運算整數時，若運算元都不大於 int，會一律在 int 空間運算，int 運算結果要放到 short，編譯器就又會囉嗦型態不符的問題，這時若告訴編譯器，就是要將 int 的運算結果丟給 short，編譯器就會住嘴了：

```
short a = 1;
short b = 2;
short c = (short) (a + b);
```

　　類似地，以下的程式片段通不過編譯：

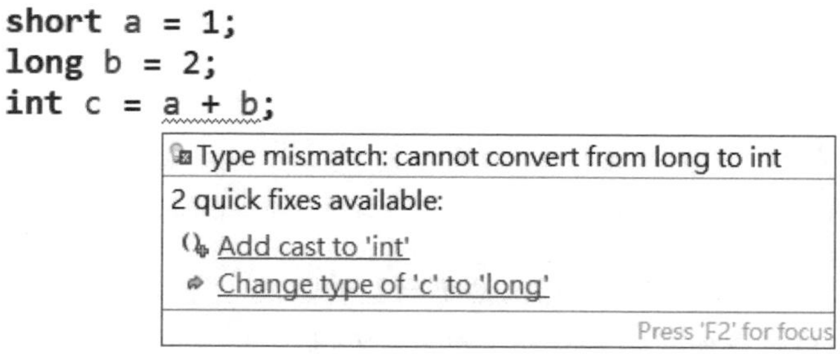

```
short a = 1;
long b = 2;
int c = a + b;
```

```
Type mismatch: cannot convert from long to int
2 quick fixes available:
 Add cast to 'int'
 Change type of 'c' to 'long'
                              Press 'F2' for focus
```

圖 3.8　這次怎麼又型態不符啦？

　　記得之前說過嗎？若運算式包括不同型態，運算時會以最長的型態為主，以上圖而言，b 是 long 型態，於是 a 也被提至 long 空間運算，long 運算結果要放到 int 變數 c，自然就會被編譯器囉嗦了。如果這真的是你想要的，那就叫編譯器住嘴吧！

```
short a = 1;
long b = 2;
int c = (int) (a + b);
```

　　那麼以下你覺得會顯示多少？

```
System.out.println(10 / 3);
```

　　答案是 3，而不是 3.333333....，因為 10 與 3 會在 int 長度的空間中做運算。若想得到 3.333333...的結果，必須有個運算元是浮點數。例如：

```
System.out.println(10.0 / 3);
```

　　很無聊對吧！好像只是在玩弄語法？那麼，稍微看看底下的程式片段有沒有問題？

```
int count = 0;
while(someCondition) {
    if(count + 1 > Integer.MAX_VALUE) {
        count = 0;
    }
    else {
        count++;
    }
    ...
}
```

　　這個程式片段想做的是，在某些情況下，不斷遞增 count 的值，如果 count 超過上限就歸零，在這邊以 int 型態的最大值為上限。程式邏輯看似沒錯，但 count + 1 > Integer.MAX_VALUE 永遠不會成立，如果 count 已經到了 2147483647，也就是 int 的最大值，此時記憶體中的位元組會是：

```
01111111 11111111 11111111 11111111
```

　　count + 1 則會變為：

```
10000000 00000000 00000000 00000000
```

　　位元組第一個位元是 1，在 Java 中表示一個負數，上例也就是表示 -2147483648，簡單來講，最後 count + 1 因超出 int 可儲存範圍而溢值，count + 1 > Integer.MAX_VALUE 永遠不會成立。

提示 ⟩⟩⟩　〈Promotion 與 Cast[3]〉中還有兩個例子，你可以想想看問題是什麼？

---

[3]　Promotion 與 Cast：openhome.cc/Gossip/JavaEssence/PromotionCast.html

◉ var 型態推斷

若編譯器可從前後文推斷出**區域變數**型態，可以使用 **var** 宣告變數，不用明確指定變數型態，例如：

```
var age = 10;               // age 型態為 int
var pi = 3.14;              // PI 型態為 double
var upper = 100000000000L;  // upper 型態為 long
var tau = 3.14159F;         // tau 型態為 float
var isLower = true;         // isLower 型態為 boolean
```

當變數型態變得複雜（像是用上後續章節介紹的泛型），善用 var 可以減輕宣告型態的負擔，對程式碼的可讀性也會有幫助。

3.2 流程控制

現實生活中待解決的事千奇百怪，想使用電腦解決的需求也是各式各樣：「如果」發生了…，就要…；「對於」…，就一直執行…；「如果」…，就「中斷」…。為了告訴電腦特定條件該執行的動作，可使用條件式來定義程式執行流程。

3.2.1 if..else 條件式

if..else 條件式用來處理「如果 OOO 成立」就要…，「否則」就要…的需求，語法如下：

```
if(條件式) {
    陳述句;
}
else {
    陳述句;
}
```

條件式運算結果為 true，會執行 if 的{與}中的陳述句，否則執行 else 的{與}中的陳述句，若條件式不成立時沒事可做，else 可以省略。

底下來個 if...else 判斷數字為奇數或偶數的範例：

```
Basic Odd.java
```

```java
package cc.openhome;

public class Odd {
    public static void main(String[] args) {
        var input = 10;
        var remain = input % 2;

        if(remain == 1) { // 餘數為 1 時是奇數
            System.out.printf("%d 是奇數%n", input);
        }
        else {
            System.out.printf("%d 是偶數%n", input);
        }
    }
}
```

提示 >>> 範例中的 input 變數，實際上可從使用者輸入取得值，如何取得使用者輸入，第 4 章會說明。

如果 if 或 else 中只有一行陳述句，{與}可以省略，不過就可讀性來說，，建議一律撰寫{與}明確定義範圍。

提示 >>> Apple 曾經提交 iOS 上針對 CVE-2014-1266 [4] 的安全更新，原因是某函式中有兩個連續縮排：

```
...
if ((err = SSLHashSHA1.update(&hashCtx, &signedParams)) != 0)
        goto fail;
        goto fail;
if ((err = SSLHashSHA1.final(&hashCtx, &hashOut)) != 0)
        goto fail;
...
```

因為縮排在同一層，閱讀程式碼時大概也就沒注意到，又沒有{與}定義區塊，結果就是一定會執行 goto fail 的錯誤。

---

[4] CVE-2014-1266：support.apple.com/kb/HT6147

某些人會撰寫所謂的 if...else if 語法：

```
if(條件式一) {
    ...
}
else if(條件式二) {
    ...
}
else {
    ...
}
```

Java 實際上不存在 if...else if 的語法，這只是省略{與}，加上程式碼排版的結果，如果不省略{與}，原本的程式應該是：

```
if(條件式一) {
    ...
}
else {
    if(條件式二) {
        ...
    }
    else {
        ...
    }
}
```

若條件式一不滿足，就執行 else 中的陳述，其中進行了條件式二測試，若省略了第一個 else 的{與}：

```
if(條件式一) {
    ...
}
else
    if(條件式二) {
        ...
    }
    else {
        ...
    }
```

適當地排列這個片段，就會變為方才看到的 if...else if 寫法，就閱讀上是比較好讀一些，例如應用在處理學生的成績等級問題：

```
Basic Level.java
```

```java
package cc.openhome;

public class Level {
    public static void main(String[] args) {
        var score = 88;
        var level = '\0';

        if(score >= 90) {
            level = 'A';
        }
        else if(score >= 80 && score < 90) {
            level = 'B';
        }
        else if(score >= 70 && score < 80) {
            level = 'C';
        }
        else if(score >= 60 && score < 70) {
            level = 'D';
        }
        else {
            level = 'E';
        }
        System.out.printf("得分等級：%c%n", level);
    }
}
```

提示 >>> 如果 isOpened 是 boolean 型態，想在 if 中做判斷，請別這麼寫：

```java
if(isOpened == true) {
    ...
}
```

這樣程式是也可以正確執行，只不過很遜，你只要這麼寫就好了：

```java
if(isOpened) {
    ...
}
```

3.2.2　switch 條件式

　　switch 可用於比對整數、字元、字串與 Enum，Enum 與 switch 間的使用，之後會再說明。switch 的語法架構如下：

```
switch(變數或運算式) {
    case 整數、字元、字串或 Enum:
        陳述句;
```

```
        break;
    case 整數、字元、字串或 Enum:
        陳述句;
        break;
    ...
    default:
        陳述句;
}
```

switch 括號中的變數或運算式,值必須是整數、字元、字串或 Enum,用來與 **case** 設定的整數、字元、字串或 Enum 比對,若符合就執行之後的陳述句,直到遇到 **break** 離開 switch 區塊,若沒有符合的 case,會執行 **default** 後的陳述句,若沒有預設要處理的動作,可以省略 default。

先前範例的 Level 類別,也可以特意改用 switch 來實作:

Basic Level2.java

```java
package cc.openhome;

public class Level2 {
    public static void main(String[] args) {
        var score = 88;
        var quotient = score / 10;
        var level = '\0';

        switch(quotient) {
            case 10:
            case 9:
                level = 'A';
                break;
            case 8:
                level = 'B';
                break;
            case 7:
                level = 'C';
                break;
            case 6:
                level = 'D';
                break;
            default:
                level = 'E';
        }
        System.out.printf("得分等級:%c%n", level);
    }
}
```

在這個程式中，使用除法並取得運算後的商數，如果大於 90，除以 10 的商數一定是 9 或 10（100 分時），case 10 沒有任何的陳述，也沒有使用 break，直接往下執行，直到遇到 break 離開 switch 為止，因此學生成績 100 分的話，也會顯示 A 的成績等級；如果比對條件不在 10 到 6 這些值的話，會執行 default 的陳述，這表示商數小於 6，學生成績等級也就顯示為 E 了。

從 Java SE 14 開始，switch 正式支援運算式形式，就上例來說，可以改為以下的形式：

Basic Level3.java

```
package cc.openhome;

public class Level3 {
    public static void main(String[] args) {
        var score = 88;
        var quotient = score / 10;
        var level = switch(quotient) {
            case 10, 9 -> 'A';
            case 8     -> 'B';
            case 7     -> 'C';
            case 6     -> 'D';
            default    -> 'E';
        };
        System.out.printf("得分等級：%c%n", level);
    }
}
```

在 case 的比對上，可以使用逗號區隔來比對多個案例，每個案例的->右方指定值，會成為 switch 的運算值，如此一來，就不用特別如 Level2 的範例，得為 level 設定初始值了。

在需要區塊的情況下，也可以改用 yield 指定 switch 的運算值，例如：

Basic Level4.java

```
package cc.openhome;

public class Level4 {
    public static void main(String[] args) {
        var score = 88;
        var quotient = score / 10;
        var level = switch(quotient) {
            case 10, 9:
                yield 'A';
```

```
            case 8:
                yield 'B';
            case 7:
                yield 'C';
            case 6:
                yield 'D';
            default:
                yield 'E';
        };
        System.out.printf("得分等級：%c%n", level);
    }
}
```

可以看到 switch 作為運算式時，雖然沒有 break，然而執行完案例後，並不會往下個案例繼續執行；必要時，->與 yield 可以混合使用：

Basic **Level5.java**

```
package cc.openhome;

public class Level5 {
    public static void main(String[] args) {
        final String warning = "（喔喔！不及格了！）";

        var score = 59;
        var quotient = score / 10;
        var level = switch(quotient) {
            case 10, 9 -> "A";
            case 8      -> "B";
            case 7      -> "C";
            case 6      -> "D";
            default     -> {
                String message = "E" + warning;
                yield message ;
            }
        };
        System.out.printf("得分等級：%s%n", level);
    }
}
```

就初學者而言，若要將特定值對應至某些動作或值，switch 是個簡單、便利的工具，然而切記不要濫用，若各個 case 的邏輯或層次變得複雜而難以閱讀時，就應考慮其他設計方式的可行性。

提示 >>> 為什麼說 switch 是在 Java SE 14 正式支援運算式形式呢？因為 Java SE 12 開始，switch 運算式形式，就以預覽形式存在了。

自 Java SE 12 開始，有些 Java 新功能未正式定案前，為了取得開發者的意見回饋，會以預覽形式發佈，若要使用預覽形式的語法，要以--release 指定版本並搭配--enable-preview 引數才能編譯，之後也要指定--enable-preview 引數才能執行，預覽形式的功能未來還會變動，不建議在正式程式中使用。

由於預覽功能在未來仍可能變動規格，本書不會說明預覽功能。

3.2.3　**for** 迴圈

若要進行重複性指令執行，可以使用 **for** 迴圈式，基本語法之一如下：

```
for(初始式; 結果為 boolean 的重複式; 重複式) {
    陳述句;
}
```

for 迴圈語法的圓括號中，初始式只執行一次，常用來宣告或初始變數，如果是宣告變數，結束 for 迴圈後變數就會消失。第一個分號後是每次執行迴圈本體前會執行一次，運算結果為 true 會執行迴圈本體，false 會結束迴圈，第二個分號後，每次執行完迴圈本體後會執行一次。

實際來看個 for 迴圈範例，在 jshell 顯示 1 到 10：

```
jshell> for(var i = 1; i <= 10; i++) {
   ...>        System.out.println(i);
   ...> }
1
2
3
4
5
6
7
8
9
10
```

這個程式白話讀來，就是從 i 等於 1，只要 i 小於等於 10 就執行迴圈本體（顯示 i），然後遞增 i，這是 for 迴圈常見的應用方式。如果 for 本體只有一行陳述句，{與}可以省略，為了可讀性，建議還是撰寫。

在介紹 for 迴圈時，經典範例之一是顯示九九乘法表，這邊就用這個例子來示範：

```
Basic MultiplicationTable.java
package cc.openhome;

public class MultiplicationTable {
    public static void main(String[] args) {
        for(var j = 1; j < 10; j++) {
            for(var i = 2; i < 10; i++) {
                System.out.printf("%d*%d=%2d ",i, j,  i * j);
            }
            System.out.println();
        }
    }
}
```

執行結果如下：

```
2*1= 2 3*1= 3 4*1= 4 5*1= 5 6*1= 6 7*1= 7 8*1= 8 9*1= 9
2*2= 4 3*2= 6 4*2= 8 5*2=10 6*2=12 7*2=14 8*2=16 9*2=18
2*3= 6 3*3= 9 4*3=12 5*3=15 6*3=18 7*3=21 8*3=24 9*3=27
2*4= 8 3*4=12 4*4=16 5*4=20 6*4=24 7*4=28 8*4=32 9*4=36
2*5=10 3*5=15 4*5=20 5*5=25 6*5=30 7*5=35 8*5=40 9*5=45
2*6=12 3*6=18 4*6=24 5*6=30 6*6=36 7*6=42 8*6=48 9*6=54
2*7=14 3*7=21 4*7=28 5*7=35 6*7=42 7*7=49 8*7=56 9*7=63
2*8=16 3*8=24 4*8=32 5*8=40 6*8=48 7*8=56 8*8=64 9*8=72
2*9=18 3*9=27 4*9=36 5*9=45 6*9=54 7*9=63 8*9=72 9*9=81
```

事實上，for 迴圈語法只是將三個複合陳述區塊，寫在圓括號中而已，第一個陳述區塊只執行一次，第二個陳述區塊判斷是否繼續下一個迴圈，第三個陳述區塊只是一般的陳述句。

for 圓括號中的每個陳述區塊是以分號;做區隔，而在一個陳述區塊，若想寫兩個以上的陳述句，可使用逗號,做區隔，有興趣的話，研究一下底下九九乘法表的寫法，只使用了一個 for 迴圈，就可以完成九九乘法表列印，執行結果與上一個範例相同，這只是為有趣，就可讀性而言，不建議這麼寫：

```
Basic MultiplicationTable2.java
package cc.openhome;

public class MultiplicationTable2 {
    public static void main(String[] args) {
        for (int i = 2, j = 1;  j < 10; i = (i==9)?((++j/j)+1):(i+1)) {
```

```
            System.out.printf("%d*%d=%2d%c", i, j,  i * j, (i==9 ? '\n' : '
'));
        }
    }
}
```

提示 >>> for 迴圈圓括號中第二個複合陳述區塊若沒有撰寫，預設是 true。偶而看到有人如下撰寫的話，表示無窮迴圈：

```
for(;;) {
    ...
}
```

3.2.4　while 迴圈

while 迴圈可根據指定條件式來判斷是否執行迴圈本體，語法如下：

```
while(條件式) {
    陳述句;
}
```

若迴圈本體只有一個陳述句，{與}可以省略不寫，為了可讀性，建議還是撰寫。while 主要用於執行次數無法事先定義的重複性動作，例如在一個使用者輸入介面，使用者輸入的學生名稱個數未知，只知道結束時要輸入 quit，就可以使用 while 迴圈。

底下是個很無聊的遊戲，看誰可以最久不撞到這個數字 5：

Basic RandomStop.java

```
package cc.openhome;

public class RandomStop {
    public static void main(String[] args) {
        while(true) {          ← ❶ 直接執行迴圈
            var number = (int) (Math.random() * 10);  ← ❷ 隨機產生 0 到 9 的數
            System.out.println(number);

            if(number == 5) {
                System.out.println("I hit 5....Orz");
                break;          ← ❸ 如果遇到 5 就離開迴圈
            }
        }
    }
}
```

這個範例的 while 判斷式直接設為 true❶，表示不斷地執行迴圈本體，Math.random()隨機產生 0.0 到小於 1.0 的值，乘上 10 後只取整數，就是 0 到 9 的數❷，在 while 迴圈中若執行 break，會離開迴圈本體。

一個參考的執行結果如下：

```
9
5
I hit 5....Orz
```

若想先執行一些動作，再判斷要不要重複，可以使用 do..while，語法如下：

```
do {
    陳述句;
} while(條件式);
```

do..while 最後要以分號 ;結束，這個很常被忽略；若將上一個範例改為 do..while，可以少寫一個 boolean 判斷：

Basic RandomStop2.java

```
package cc.openhome;

public class RandomStop2 {
    public static void main(String[] args) {
        var number = -1;

        do {
            number = (int) (Math.random() * 10);   ←——  ❶先隨機產生 0 到 9 的數
            System.out.println(number);
        } while(number != 5);   ←——  ❷再判斷要不要重複執行
        System.out.println("I hit 5....Orz");
    }
}
```

RandomStop 有 while 與 if 兩個需要 boolean 判斷的地方，這主要是因為一開始 number 值並沒有產生，只好先進入 while 迴圈。使用 do..while，先產生 number❶，再判斷要不要執行迴圈❷，剛好可以解決這個問題。

3.2.5　**break、continue**

break 可以離開 switch、for、while、do..while 的區塊，在 switch 中主要用來中斷下個 case 比對，在 for、while 與 do..while 中，主要用於中斷目前迴圈。

continue 作用與 break 類似，不過使用於迴圈，break 會離開區塊，而 continue 只會略過之後陳述句，回到迴圈區塊開頭進行下次迴圈，而不是離開迴圈。例如：

```
jshell> for(var i = 1; i < 10; i++) {
   ...>     if(i == 5) {
   ...>         break;
   ...>     }
   ...>     System.out.printf("i = %d%n", i);
   ...> }
i = 1
i = 2
i = 3
i = 4
```

這段程式會顯示 i = 1 到 i = 4，這是因為在 i 等於 5 時，會執行 break 而離開迴圈。再看下面這個程式：

```
jshell> for(var i = 1; i < 10; i++) {
   ...>     if(i == 5) {
   ...>         continue;
   ...>     }
   ...>     System.out.printf("i = %d%n", i);
   ...> }
i = 1
i = 2
i = 3
i = 4
i = 6
i = 7
i = 8
i = 9
```

當 i 等於 5 時，會執行 continue 略過之後陳述句，也就是該次的 System.out.printf() 沒有執行，直接從區塊開頭執行下一次迴圈，因此 i = 5 沒有顯示。

break 與 continue 可以配合標籤使用，例如本來 break 只會離開 for 迴圈，設定標籤與區塊，可以離開整個區塊。例如：

```
jshell> BACK : {
   ...>     for(var i = 0; i < 10; i++) {
   ...>         if(i == 9) {
   ...>             System.out.println("break");
   ...>             break BACK;
   ...>         }
   ...>     }
   ...>     System.out.println("test");
   ...> }
break
```

BACK 是個標籤，當 break BACK;時，返回至 BACK 標籤處，之後整個 BACK 區塊不執行而跳過，因此 System.out.println("test")該行不會被執行。

continue 也有類似的用法，只不過標籤只能設定在 for 之前。例如：

```
jshell> BACK1:
   ...> for(int i = 0; i < 10; i++){
   ...>     BACK2:
   ...>     for(int j = 0; j < 10; j++) {
   ...>         if(j == 9) {
   ...>             continue BACK1;
   ...>         }
   ...>     }
   ...>     System.out.println("test");
   ...> }

jshell>
```

continue 配合標籤，可以自由地跳至任何一層 for 迴圈，可以試試 continue BACK1 與 continue BACK2 的不同，設定 BACK1 時，System.out.println("test") 不會被執行。

📖 課後練習

實作題

1. 如果有 m 與 n 兩個變數，分別儲存 1000 與 495 兩個值，請使用程式算出最大公因數。

2. 在三位的整數中，例如 153 可以滿足 $1^3 + 5^3 + 3^3 = 153$，這樣的數稱為阿姆斯壯（Armstrong）數，試以程式找出所有三位數的阿姆斯壯數。

認識物件

學習目標

- 區分基本型態與類別型態
- 瞭解物件與參考的關係
- 從包裹器認識物件

- 以物件觀點看待陣列
- 認識字串的特性
- 如何查詢 API 文件

4.1　類別與實例

　　Java 有基本型態與類別型態兩個型態系統，第 3 章談過基本型態，本章要來談類別型態，使用 Java 撰寫程式幾乎都在使用**物件（Object）**，要產生物件必須先定義**類別（Class）**，類別是物件的設計圖，物件是類別的**實例（Instance）**。

　　不賣弄術語了，讓我們開始吧！....

4.1.1　定義類別

　　正式說明如何使用 Java 定義類別前，先來看看，若要設計衣服是如何進行？有個衣服的設計圖，上頭定義了衣服的款式與顏色、尺寸，你會根據設計圖製作出實際的衣服，每件衣服都是同一款式，但擁有自己的顏色與尺寸，你會為每件衣服別上名牌，這個名牌只能別在同款式的衣服上。

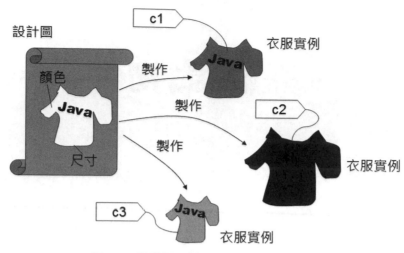

圖 4.1　設計圖、製作、實例與款式名牌

如果今天要開發服飾設計的軟體，如何使用 Java 撰寫呢？可以在程式中定義類別，這相當於上圖中衣服的設計圖：

```
class Clothes {
    String color;
    char size;
}
```

類別定義時使用 **class** 關鍵字，名稱使用 Clothes，相當為衣服設計圖取名為 Clothes，衣服的顏色用字串表示，也就是 color 變數，可儲存"red"、"black"、"blue"等值，衣服尺寸會是'S'、'M'、'L'，使用 char 型態宣告變數。若要在程式中，利用 Clothes 類別作為設計圖，建立衣服實例，要使用 **new** 關鍵字。例如：

```
new Clothes();
```

這就新建了一個**物件**，更精確地說，建立了 Clothes 的**實例**，若要有個名牌，可以如下宣告：

```
Clothes c1;
```

在 Java 的術語中，這是宣告**參考名稱（Reference name）**、**參考變數（Reference variable）**或直接叫**參考（Reference）**，當然，c1 本質上就是個變數。若要將 c1 綁到建立的實例，可以使用=指定，以 Java 術語來說，稱 c1 **參考（refer）**至新建物件。例如：

```
Clothes c1 = new Clothes();
```

可以將程式語法如下圖表示，直接對照圖 4.1，就可以瞭解類別與實例的區別，以及 class、new、=等語法的使用：

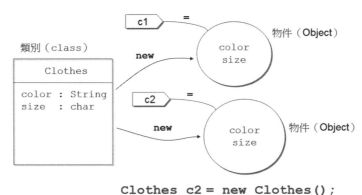

圖 4.2　class、new、=等語法對照

提示 >>> 物件（Object）與實例（Instance），在 Java 中幾乎是等義的名詞，本書中就視為相同意義，會交相使用這兩個名詞。

　　Clothes c1 = new Clothes()的寫法中，出現了兩次 Clothes，這是重複的資訊，第 3 章談過，若編譯器能從前後文推斷出**區域變數**型態，可以使用 var 宣告變數：

```
var clothes = new Clothes();
```

　　在 Clothes 類別中，定義了 color 與 size 兩個變數，以 Java 術語來說，這定義了兩個值域（Field）成員，或是定義兩個資料成員，也就是每個新建的 Clothes 實例，可以擁有個別的 color 與 size 值。例如：

```
ClassObject  Field.java
package cc.openhome;

class Clothes {  ◀—— ❶定義 Clothes 類別
    String color;
    char size;
}

public class Field {
    public static void main(String[] args) {
```

```
                var sun = new Clothes();
                var spring = new Clothes();              ❷ 建立 Clothes 實例

                sun.color = "red";
                sun.size = 'S';                          ❹ 顯示個別物件
                spring.color = "green";   ❸ 為個別物件的資料成員指定值    的資料成員值
                spring.size = 'M';

                System.out.printf("sun (%s, %c)%n", sun.color, sun.size);
                System.out.printf("spring (%s, %c)%n", spring.color, spring.size);
        }
}
```

在這個 Field.java 中，定義了兩個類別，一個是公開（public）的 Field 類別，因此檔案主檔名必須是 Field，另一個是非公開的 Clothes❶，回憶一下第 2 章，一個.java 檔案可以有多個類別定義，但只能有一個公開類別，檔案主檔名必須與公開類別名稱相同。

程式中建立了兩個 Clothes 實例，分別宣告了 sun 與 spring 名稱來參考❷，接著將 sun 參考的物件之 color 與 size，分別指定為"red"與'S'，將 spring 的 color 與 size，分別指定為"green"與'M'❸。最後分別顯示 sun、spring 的資料成員值❹。

執行結果如下，可以看到 sun 與 spring 擁有各自的資料成員：

```
sun (red, S)
spring (green, M)
```

方才的範例中，為個別物件指定資料成員值的程式流程是類似的，若想在建立物件時，一併進行某個初始流程，像是指定資料成員值，可以定義**建構式**（**Constructor**），建構式是與類別名稱同名的**方法（Method）**，直接來看範例比較清楚：

ClassObject　Field2.java

```
package cc.openhome;

class Clothes2 {
    String color;
    char size;

    Clothes2(String color, char size) {  ◀── ❶ 定義建構式
        this.color = color;  ◀── ❷ color 參數的值指定給這個物件的 color 成員
        this.size = size;
    }
```

```
}
public class Field2 {
    public static void main(String[] args) {
        var sun = new Clothes2("red", 'S');        ←── ❸使用指定建構式建立物件
        var spring = new Clothes2("green", 'M');

        System.out.printf("sun (%s, %c)%n", sun.color, sun.size);
        System.out.printf("spring (%s, %c)%n", spring.color, spring.size);
    }
}
```

在這個例子中，定義新建物件時，必須傳入兩個引數，分別指定給字串型態的 color 參數（Parameter）與 char 型態的 size 參數❶，而建構式中，由於 color 參數與資料成員 color 同名，不可以直接寫 color = color，這會將 color 參數的值又指定給 color 參數，你必須使用 **this** 表示，將 color 參數的值，指定給這個物件（this）的 color 成員。

接下來使用 new 建構物件時，只要傳入字串與字元，就可以初始 Clothes 實例的 color 與 size 值，執行結果與上個範例是相同的。

4.1.2　使用標準類別

Java SE 提供了標準 API，這些 API 就是由許多類別組成，取用標準類別，可以避免撰寫程式時，重新打造某些輪子的需求。接下來介紹兩個基本的標準類別：java.util.Scanner 與 java.math.BigDecimal。

提示 >>> java.util 與 java.math 套件是歸在 java.base 模組，不用在模組描述檔增加任何設定。

▶ 使用 **java.util.Scanner**

目前為止的程式範例都很無聊，變數值都是寫死的，沒有辦法接受使用者的輸入。若要在文字模式下取得使用者輸入，雖然可以使用 **System.in** 物件的 **read()** 方法，不過它是以 int 型態傳回讀入的字元編碼，若輸入 9，使用 System.in.read() 讀取，要將字元 '9' 轉換為整數 9，真的是不方便。

你可以使用 **java.util.Scanner** 來代勞，底下直接以實際範例來說明：

ClassObject Guess.java

```
package cc.openhome;

import java.util.Scanner;     ←── ❶ 告訴編譯器接下來想偷懶

public class Guess {
    public static void main(String[] args) {
        var console = new Scanner(System.in);     ←── ❷ 建立 Scanner 實例
        var number = (int) (Math.random() * 10);
        var guess = -1;

        do {
            System.out.print("猜數字（0 ~ 9）:");
            guess = console.nextInt();     ←── ❸ 取得下一個整數
        } while(guess != number);

        System.out.println("猜中了...XD");
    }
}
```

由於不想每次都鍵入 java.util.Scanner，一開始就使用 import 告訴編譯器，之後就只要鍵入 Scanner 就可以了❶。在建立 Scanner 實例時，必須傳入 java.io.InputStream 的實例，第 10 章介紹到輸入輸出串流時會知道，System.in 就是一種 InputStream，可以在建構 Scanner 實例時使用❷。

接下來想要什麼資料，就跟 Scanner 的實例要就可以了，正如其名，範例中的 Scanner 實例會掃描標準輸入，看看使用者有無輸入字元，怎麼掃描你就不用管了，反正是有個 Scanner.java 定義了程式碼做這些事，編譯後成為標準 API 供大家使用。

Scanner 的 **nextInt()** 方法會看看標準輸入中，有沒有下一筆輸入（以空白或換行為區隔），有的話會嘗試剖析為 int 型態❸，Scanner 對每個基本型態，都有對應的 nextXXX() 方法，例如 **nextByte()**、**nextShort()**、**nextLong()**、**nextFloat()**、**nextDouble()**、**nextBoolean()** 等，如果想取得下個字串（以空白或換行為區隔），可以使用 **next()**，若想取得使用者輸入的整行文字，就使用 **nextLine()**（以換行為區隔）。

提示 >>> 慣例上，套件名稱為 java 開頭的類別，表示標準 API 提供的類別。

使用 `java.math.BigDecimal`

身為一名開發者，在面對浮點數運算時，千萬要小心！例如，你知道程式碼中撰寫 `1.0 - 0.8`，運算結果會是多少嗎？答案不是 `0.2`，而是 `0.19999999999999996`！這是 Java 的臭蟲（Bug）嗎？不是的！使用其他程式語言（例如 JavaScript、Python 等）也是這個結果。

簡單來說，Java 遵合 IEEE 754 浮點數演算（Floating-point arithmetic）規範，使用分數與指數來表示浮點數。例如 0.5 會使用 1/2 來表示，0.75 會使用 1/2 + 1/4 來表示，0.875 會使用 1/2 + 1/4 + 1/8 來表示，而 0.1 會使用 1/16 + 1/32 + 1/256 + 1/512 +1/4096 + 1/8192 + ...無限循環下去，無法精確表示，因而造成運算上的誤差。

再來舉個例子，你覺得以下程式片段會顯示什麼結果？

```
var a = 0.1;
var b = 0.1;
var c = 0.1;
if((a + b + c) == 0.3) {
    System.out.println("等於 0.3");
}
else {
    System.out.println("不等於 0.3");
}
```

由於浮點數誤差的關係，結果是顯示「不等於 0.3」！類似的例子還很多，結論就是，**如果要求精確度，就要小心使用浮點數，而且別用==比較浮點數。**

如何得到更好的精確度呢？可以使用 `java.math.BigDecimal` 類別，以方才的 `1.0 - 0.8` 為例，如何得到 0.2 的結果？直接使用程式來示範：

ClassObject DecimalDemo.java

```java
package cc.openhome;

import java.math.BigDecimal;

public class DecimalDemo {
    public static void main(String[] args) {
        var operand1 = new BigDecimal("1.0");
        var operand2 = new BigDecimal("0.8");
        var result = operand1.subtract(operand2);
        System.out.println(result);
    }
}
```

建構 BigDecimal 的方法之一是使用字串，BigDecmial 在建構時會剖析傳入字串，以預設精度進行接下來的運算，BigDecimal 提供有 **add()**、**subtract()**、**multiply()**、**divide()** 等方法，可以進行加、減、乘、除等運算，這些方法都會傳回代表運算結果的 BigDecimal。

上面這個範例可以顯示出 0.2 的結果，再來看利用 BigDecimal 比較相等性的例子：

ClassObject　DecimalDemo2.java

```
package cc.openhome;

import java.math.BigDecimal;

public class DecimalDemo2 {
    public static void main(String[] args) {
        var op1 = new BigDecimal("0.1");
        var op2 = new BigDecimal("0.1");
        var op3 = new BigDecimal("0.1");
        var result = new BigDecimal("0.3");

        if(op1.add(op2).add(op3).equals(result)) {
            System.out.println("等於 0.3");
        }
        else {
            System.out.println("不等於 0.3");
        }
    }
}
```

由於 BigDecimal 的 add() 等方法，都會傳回代表運算結果的 BigDecmial，因此可以利用傳回的 BigDecimal，再次呼叫 add() 方法，最後再呼叫 **equals()** 比較兩個 BigDecimal 實例代表的值是否相等，也就有了 a.add(b).add(c).equals(result) 的寫法。

這邊先簡介了 BigDecimal 的使用，第 15 章還會有更詳細的說明。

4.1.3 物件指定與相等性

在上一個範例中，比較兩個 BigDecimal 是否相等，是使用 equals() 方法而非使用 == 運算子，為什麼？在 Java 中有兩大型態系統，基本型態與類別型態，初學者就必須區分 = 與 == 運算用於基本型態與類別型態的不同。

　　當=用於基本型態時，是將值複製給變數，==用於基本型態時，是比較兩個變數儲存的值是否相同，底下的程式片段會顯示兩個 true，因為 a 與 b 儲存的值都是 10，而 a 與 c 儲存的值也都是 10：

```
jshell> var a = 10;
a ==> 10

jshell> var b = 10;
b ==> 10

jshell> var c = 10;
c ==> 10

jshell> a == b;
$4 ==> true

jshell> a == c;
$5 ==> true
```

　　如果操作物件，=是將名稱參考至物件，而==是比較兩邊的運算元，是否為同一物件。對初學者來說，通常看不懂這句話是什麼意思，白話來說，**=將名牌綁到物件，==兩邊都是名牌的話，會比較兩個名牌是否綁到同一物件。**來看個範例：

```
jshell> var a = new BigDecimal("0.1");
a ==> 0.1

jshell> var b = new BigDecimal("0.1");
b ==> 0.1

jshell> a == b;
$4 ==> false

jshell> a.equals(b);
$5 ==> true
```

　　上面的程式片段，建議初學者以繪圖表示，以第一行為例，看到 new 關鍵字，就是建立物件，那就畫個圓圈表示物件，這個物件內含"0.1"，並建立一個名牌 a 綁到新建的物件，因此第一行與第二行執行後，可用下圖來表示：

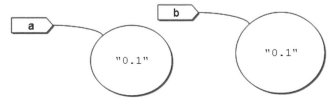

圖 4.3　=用於物件指定的示意圖

程式中使用 a == b，就是在問，a 牌子綁的物件是否就是 b 牌子綁的物件？結果為 false，程式中使用 a.equals(b)，就是在問，a 牌子綁的物件與 b 牌子綁的物件，依照 equals() 方法的定義是否相等，而 BigDecimal 的 equals() 定義會比較內含值，因為 a 與 b 綁的物件，內含值都是 "0.1" 代表的數值，結果會是 true。

再來看一個例子：

```
jshell> var a = new BigDecimal("0.1");
a ==> 0.1

jshell> var b = new BigDecimal("0.1");
b ==> 0.1

jshell> var c = a;
c ==> 0.1

jshell> a == b;
$4 ==> false

jshell> a == c;
$5 ==> true

jshell> a.equals(b);
$6 ==> true
```

這個程式片段若執行至第三行 c = a，表示將 a 牌子綁的物件，也給 c 牌子來綁，用圖表示就是：

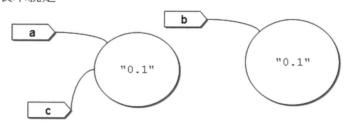

圖 4.4 =用於物件指定的示意圖

若問到 a == b，就是在問 a 與 b 是否綁在同一物件？結果是 false，問到 a == c，就是在問 a 與 c 是否綁在同一物件？結果是 true，問到 a.equals(b)，就是在問 a 與 b 綁的物件，依照 BigDecimal 的 equals() 定義，內含值是否相同？結果就是 true。

　　==用在物件型態，是比較兩個名稱是否參考同一物件，而!=正好相反，是比較兩個名稱是否沒參考同一物件。那麼 equals() 如何自行定義兩個物件的相等性比較呢？這會在第 6 章再做說明。

> **提示 ⟫⟫** 其實從記憶體的實際運作來看， =與==並沒有用在基本型態與物件型態的不同，有興趣的話，可以參考〈我們沒什麼不同[1]〉。

4.2　基本型態包裹器

　　因為 Java 有基本型態與類別型態，兩者之間會有彼此轉換的需求，基本型態 long、int、double、float、boolean 等，可以透過自動裝箱（Autoboxing）包裹 Long、Integer、Double、Float、Boolean 等類別的實例，Long、Integer、Double、Float、Boolean 等類別的實例，也可以自動拆箱（Unboxing）與基本型態結合運算。

4.2.1　包裹基本型態

　　使用基本型態目的在於效率，然而更多時候，會使用類別建立實例，因為物件本身可以攜帶更多資訊，若要讓基本型態如同物件般操作，可以使用 **Long**、**Integer**、**Double**、**Float**、**Boolean**、**Byte** 等類別建立實例來包裹（Wrap）基本型態。

　　Long、Integer、Double、Float、Boolean 等類別是所謂的包裹器（Wrapper），正如此名稱所示，這些類別主要目的，是提供物件實例作為「殼」，將基本型態包裹在物件之中，接著就可以直接操作這個物件：

ClassObject　IntegerDemo.java

```
package cc.openhome;

public class IntegerDemo {
    public static void main(String[] args) {
        int data1 = 10;
        int data2 = 20;
```

---

[1] 我們沒什麼不同：openhome.cc/Gossip/JavaEssence/EqualOperator.html

```
            var wrapper1 = Integer.valueOf(data1);  ◀── ❶包裹基本型態
            var wrapper2 = Integer.valueOf(data2);

            System.out.println(data1 / 3);  ◀── ❷基本型態運算
            System.out.println(wrapper1.doubleValue() / 3);  ◀── ❸操作包裹器方法
            System.out.println(wrapper1.compareTo(wrapper2));
    }
}
```

　　基本型態包裹器都是歸類於 java.lang 套件中，如果要使用 Integer 包裹 int 型態資料，方法之一是透過 Integer.valueOf()❶。在第 3 章提過，若運算式中都是 int，就只會在 int 空間中做運算，結果會是 int 整數，因此 data1 / 3 就會顯示 3 的結果❷。你可以操作 Integer 的 **doubleValue()** 將包裹值以 double 型態傳回，如此就會在 double 空間中做相除，結果就會顯示 3.33333333333… ❸。

　　Integer 提供 **compareTo()** 方法，可與另一個 Integer 物件進行比較，如果包裹值相同就傳回 0，小於 compareTo() 傳入物件包裹值就傳回-1，否則就是 1，與==或!=只能比較是否相等或不相等，compareTo() 方法傳回更多資訊。

4.2.2　自動裝箱、拆箱

　　除了使用 Integer.valueOf()，也可以直接透過**自動裝箱（Auto boxing）**包裹基本型態：

```
Integer number = 10;
```

　　在上例中 number 會參考 Integer 實例；同樣的動作可適用於 boolean、byte、short、char、int、long、float、double 等基本型態，分別會使用對應的 Boolean、Byte、Short、Character、Integer、Long、Float 或 Double 包裹基本型態。若使用自動裝箱功能來改寫一下 IntegerDemo 中的程式碼：

```
Integer data1 = 10;
Integer data2 = 20;
System.out.println(data1.doubleValue() / 3);
System.out.println(data1.compareTo(data2));
```

　　程式看來簡潔許多，data1 與 data2 在運行時會參考 Integer 實例，可以直接進行物件操作。自動裝箱運用的方法還可以如下：

```
int number = 10;
Integer wrapper = number;
```

也可以使用更一般化的 Number 類別來自動裝箱，例如：

```
Number number = 3.14f;
```

3.14f 會先被自動裝箱為 Float，然後指定給 number。

可以自動裝箱，也可以**自動拆箱（Auto unboxing）**，自動取出包裹器中的基本形態資訊。例如：

```
Integer wrapper = 10;    // 自動裝箱
int foo = wrapper;       // 自動拆箱
```

wrapper 會參考至 Integer，若被指定給 int 型態的變數 foo，會自動取得包裹的 int 型態再指定給 foo。

在運算時，也可以進行自動裝箱與拆箱，例如：

```
jshell> Integer number = 10;
number ==> 10

jshell> System.out.println(number + 10);
20

jshell> System.out.println(number++);
10
```

上例中會顯示 20 與 10，編譯器會自動自動裝箱與拆箱，也就是 10 會先裝箱，然後在 number + 10 時會先對 number 拆箱，再進行加法運算；number++該行也是先對 number 拆箱再進行遞增運算。再來看一個例子：

```
jshell> Boolean foo = true;
foo ==> true

jshell> System.out.println(foo && false);
false
```

同樣地，foo 會參考至 Boolean 實例，在進行&&運算時，會先將 foo 拆箱，再與 false 進行&&運算，結果會顯示 false。

注意 >>> 不要使用 new 建立基本型態包裹器，從 Java SE 9 開始，基本型態包裹器的建構式都標示為棄用（Deprecated）。

4.2.3　自動裝箱、拆箱的內幕

　　自動裝箱與拆箱的功能是**編譯器蜜糖（Compiler sugar）**，也就是編譯器讓你撰寫程式時吃點甜頭，編譯時期會決定是否進行裝箱或拆箱動作。例如：

```
Integer number = 100;
```

　　編譯器會自動展開為：

```
Integer localInteger = Integer.valueOf(100);
```

　　瞭解編譯器會如何裝箱與拆箱是必要的，例如下面的程式是可以通過編譯的：

```
Integer i = null;
int j = i;
```

　　然而執行時期會有錯誤，因為編譯器會將展開為：

```
Object localObject = null;
int i = localObject.intValue();
```

　　在 Java 程式碼中，**null** 代表一個特殊物件，任何類別宣告的名稱都可以參考至 null，表示該名稱沒有參考至物件實體，這相當於有個名牌沒有人佩戴。在上例中，由於 i 沒有參考物件，就不可能操作 intValue()方法，就相當於名牌沒人佩戴，卻要求戴名牌的人舉手，這是一種錯誤，會出現 **NullPointerException** 的錯誤訊息。

　　編譯器蜜糖提供了方便性，也因此隱藏了一些細節，別只顧著吃糖而忽略了該知道的觀念。來看看，如果如下撰寫，結果會是如何？

```
Integer i1 = 100;
Integer i2 = 100;

if (i1 == i2) {
    System.out.println("i1 == i2");
}
else {
    System.out.println("i1 != i2");
}
```

　　如果只看 Integer i1 = 100，就好像在看 int i1 = 100，直接使用==進行比較，有的人會直覺地回答顯示"i1 == i2"，執行後確實也是如此，那麼底下這個呢？

```
Integer i1 = 200;
Integer i2 = 200;

if (i1 == i2) {
    System.out.println("i1 == i2");
}
else {
    System.out.println("i1 != i2");
}
```

程式碼只不過將 100 改為 200，然而執行結果會顯示"i1 != i2"，這是為何？先前提過，自動裝箱是編譯器蜜糖，實際上會使用 **Integer.valueOf()** 建立 Integer 實例，因此得知道 Integer.valueOf() 如何建立 Integer 實例，查看 JDK 資料夾 lib/src.zip 中的 java.base/java/lang 資料夾中的 Integer.java，你會看到 valueOf() 的實作內容：

```
public static Integer valueOf(int i) {
    if (i >= IntegerCache.low && i <= IntegerCache.high)
        return IntegerCache.cache[i + (-IntegerCache.low)];
    return new Integer(i);
}
```

簡單來說，如果傳入的 int 在 IntegerCache.low 與 IntegerCache.high 之間，嘗試看看快取（Cache）中有沒有包裹過相同值的實例，如果有就直接傳回，否則就使用 new 建構新的 Integer 實例。IntegerCache.low 預設值是-128，IntegerCache.high 預設值是 127。

因此若是這個程式碼：

```
Integer i1 = 100;
Integer i2 = 100;
```

第一行程式碼由於 100 在-128 到 127 間，會從快取中傳回 Integer 實例，第二行程式碼執行時，要包裹的同樣是 100，也是從快取中傳回同一個 Integer 實例，i1 與 i2 會參考到同一個 Integer 實例，使用==比較就會是 true。如果是這個程式碼：

```
Integer i1 = 200;
Integer i2 = 200;
```

第一行程式碼由於 200 不在-128 到 127 間，直接建立 Integer 實例，第二行程式碼執行時，也是直接建立新的 Integer 實例，i1 與 i2 不會參考到同一個 Integer 實例，使用==比較就會是 false。

IntegerCache.low 預設值是-128，執行時期無法更改，IntegerCache.high 預設值是 127，可以於啟動 JVM 時，使用系統屬性 **java.lang.Integer. IntegerCache.high** 來指定。例如：

```
> java -Djava.lang.Integer.IntegerCache.high=300 cc.openhome.Demo
```

如上指定之後，Integer.valueOf()就會針對-128 到 300 範圍中建立的包裹器進行快取，而針對先前 i1 與 i2 包裹 200 時，使用==比較的結果，就又顯示 i1 == i2 了。

在 IDE 中，也可以指定 JVM 啟動時可用的引數。例如在 Eclipse 中，可以如下操作進行設定：

1. 在想執行的原始碼上按右鍵，執行選單「Run as/Run Configurations...」。

2. 在出現的「Run Configurations」對話方塊中，選擇「Java Application」節點按右鍵，執行選單「New Configuration」。

3. 在新建的組態項目中切換至「Arguments」，在「VM arguments」中輸入「-Djava.lang.Integer.IntegerCache.high=300」，按下「Apply」完成設定。

如上設定之後，每次在該原始碼上按右鍵，執行選單「Run as /Java Application」時，就會套用「VM arguments」的設定。

因此結論就是，**別使用==或!=來比較兩個物件實質內容值是否相同（因為== 與!=是比較物件參考），要使用 equals()**。例如以下的程式碼：

```
Integer i1 = 200;
Integer i2 = 200;

if (i1.equals(i2)) {
    System.out.println("i1 == i2");
}
else {
    System.out.println("i1 != i2");
}
```

無論實際上 i1 與 i2 包裹的值是在哪個範圍，根據 Integer 定義的 equals() 方法，只要 i1 與 i2 包裹的值相同，equals()比較的結果就會是 true。

4.3　陣列物件

陣列在 Java 中就是物件，先前介紹過的物件基本性質，在操作陣列時也適用，例如名稱宣告、=指定的作用、==與!=的比較，掌握這些物件本質，才是靈活操作物件的不二法則。

4.3.1　陣列基礎

若要用程式記錄 Java 小考成績，有 10 名學生，只使用變數的話，必須有 10 個變數儲存學生成績：

```
int score1 = 88;
int score2 = 81;
int score3 = 74;
...
int score10 = 93;
```

然而這個需求，使用陣列會更適合，陣列是具有**索引（Index）**的資料結構，要宣告陣列並初始值，可以如下：

```
int[] scores = {88, 81, 74, 68, 78, 76, 77, 85, 95, 93};
```

這就建立了一個陣列，因為使用 int[]宣告，會在記憶體中分配 10 個 int 連續空間，用來儲存 88、81、74、68、78、76、77、85、95、93，各個儲存位置給予索引編號，索引由 0 開始，由於長度是 10，最後一個索引為 9，若存取超出索引範圍，會拋出 **ArrayIndexOutOfBoundsException** 的錯誤。

提示 ⟫⟫　宣告陣列時，就 Java 開發人員的撰寫慣例來說，建議將[]放在型態關鍵字之後。[]也可以放在宣告的名稱之後，這是為了讓 C/C++開發人員看來比較友善，目前來說已不建議：

```
int scores[] = {88, 81, 74, 68, 78, 76, 77, 85, 95, 93};
```

有關 Java 程式寫作的一些慣例，可以參考〈Google Java Style[2]〉。

2　Google Java Style：google.github.io/styleguide/javaguide.html

如果想循序地取出陣列中每個值，方式之一是使用 for 迴圈：

```
Array  Score.java
package cc.openhome;

public class Scores {
    public static void main(String[] args) {
        int[] scores = {88, 81, 74, 68, 78, 76, 77, 85, 95, 93};

        for(var i = 0; i < scores.length; i++) {
            System.out.printf("學生分數：%d %n", scores[i]);
        }
    }
}
```

陣列是物件，擁有 **length** 屬性，可以取得陣列長度，也就是陣列的元素個數，在參考名稱旁加上 **[]** 指定索引，就可以取得對應值，上例從 i 為 0 到 9，逐一取值並顯示。執行結果如下：

```
學生分數：88
學生分數：81
學生分數：74
學生分數：68
學生分數：78
學生分數：76
學生分數：77
學生分數：85
學生分數：95
學生分數：93
```

如果只是要循序地從頭至尾取得陣列值，可以使用**增強式 for 迴圈**（Enhanced for loop）：

```
for(int score : scores) {
    System.out.printf("學生分數：%d %n", score);
}
```

這個程式片段會取得 scores 陣列第一個元素，指定給 score 變數後執行迴圈本體，接著取得 socres 第二個元素，指定給 score 變數後執行迴圈本體，依此類推，直到 scores 陣列元素都走訪完為止。將這段 for 迴圈片段，取代 Scores 類別中的 for 迴圈，執行結果相同。

若要設定值給陣列中某個元素，也是透過索引。例如：

```
scores[3] = 86;
System.out.println(scores[3]);
```

上面這個程式片段將陣列第 4 個元素（因為索引從 0 開始，索引 3 就是第 4 個元素），指定為 86，因此會顯示 86 的結果。

一維陣列使用一個索引存取陣列元素，你也可以宣告二維陣列，二維陣列使用兩個索引存取陣列元素。例如宣告陣列來儲存直角座標 XY 位置的值：

Array XY.java

```
package cc.openhome;

public class XY {
    public static void main(String[] args) {
        int[][] cords = {
            {1, 2, 3},                    ❶ 宣告二維陣列並初始值
            {4, 5, 6}
        };

        for(var x = 0; x < cords.length; x++) {        ❷ 列索引
            for(var y = 0; y < cords[x].length; y++) {    ❸ 行索引
                System.out.printf("%2d", cords[x][y]);    ❹ 指定列、行索引取
            }                                                 得陣列元素
            System.out.println();
        }
    }
}
```

要宣告二維陣列，就是在型態關鍵字旁加上 **[][]** ❶，初學者暫時將二維陣列視為方陣會比較容易理解，由於有兩個維度，必須先透過 cords.length 得知有幾列（Row）❷，對於每一列，再利用 cords[x].length 得知每列有幾個元素 ❸，在這個範例中，是用二維陣列來記錄 x、y 座標的儲存值，x、y 就相當於列、行（Column）索引，因此可使用 cords[x][y] 來取得 x、y 座標的儲存值。執行結果如下：

```
1 2 3
4 5 6
```

其實這個範例也是循序地走訪二維陣列，可以用增強式 for 迴圈來改寫會比較簡潔：

```
for(int[] row : cords) {
    for(int value : row) {
        System.out.printf("%2d", value);
    }
    System.out.println();
}
```

將這個程式片段，取代 XY 類別中的 for 迴圈，執行結果相同，但第一個 for 中的 int[] row : cords 是怎麼回事？如果想知道答案，就得認真瞭解**陣列是物件**這件事，而不僅僅將它當作連續記憶體空間...。

提示 »» 如果要宣告三維陣列，是在型態關鍵字旁使用 [][][]，四維就是 [][][][]，依此類推，不建議以三維陣列以上方式記錄資料，因為不容易撰寫、閱讀與理解；自定類別來解決這類需求，會是較好的方式。

4.3.2 操作陣列物件

如果事先不知道元素值，只知道元素個數，可以使用 new 關鍵字指定長度來建立陣列。例如預先建立長度為 10 的陣列：

```
int[] scores = new int[10];
```

因為等號右邊有明確的型態，若 scores 是區域變數，可以使用 var 來簡化：

```
var scores = new int[10];
```

只要看到 new，一定就是建立物件，這個語法代表陣列就是物件。使用 new 建立陣列後，每個索引元素會有預設值，如表 4.1 所示：

表 4.1　陣列元素初始值

資料型態	初始值
byte	0
short	0
int	0
long	0L
float	0.0F
double	0.0D

資料型態	初始值
char	'\u0000'
boolean	false
類別	null

如果預設初始值不符合需求，可以使用 **java.util.Arrays** 的 **fill()** 方法，例如將學生的成績預設為 60 分起跳：

Array Score2.java

```java
package cc.openhome;

import java.util.Arrays;

public class Scores2 {
    public static void main(String[] args) {
        var scores = new int[10];

        for(var score : scores) {
            System.out.printf("%2d", score);
        }
        System.out.println();

        Arrays.fill(scores, 60);
        for(var score : scores) {
            System.out.printf("%3d", score);
        }
    }
}
```

執行結果如下：

```
0 0 0 0 0 0 0 0 0 0
60 60 60 60 60 60 60 60 60 60
```

如果想在 new 陣列時一併指定初始值，可以如下撰寫，因為初始值個數已知，[]中就不用指定長度了：

```java
var scores = new int[] {88, 81, 74, 68, 78, 76, 77, 85, 95, 93};
```

陣列既然是物件，而物件是類別的實例，那麼定義陣列的類別定義在哪？答案是由 JVM 動態產生。某種程度上，可以將 int[]這樣的寫法，看作是類別名稱，如此一來，int[]宣告的變數就是參考名稱了，來看看以下這個片段會顯示什麼？

```
int[] scores1 = {88, 81, 74, 68, 78, 76, 77, 85, 95, 93};
int[] scores2 = scores1;
scores2[0] = 99;
System.out.println(scores1[0]);
```

因為陣列是物件，而 scores1 與 scores2 是參考名稱，將 scores1 指定給 scores2，就是將 scores1 參考的物件也給 scores2 參考，第二行執行後，以圖來表示就是：

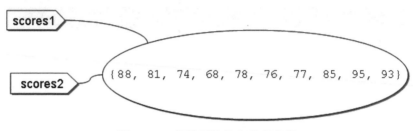

圖 4.5　一維陣列物件與參考名稱

scores2[0] = 99 的意思是，將 scores2 參考的陣列物件，索引 0 處指定為 99，而顯示時使用 scores1[0]的意思是，取得 scores1 參考的陣列物件在索引 0 的值，結果就是 99。

瞭解陣列是物件，以及 int[]之類宣告的變數就是參考名稱之後，來進一步看二維陣列。如果想用 new 建立二維陣列，可以如下：

```
int[][] cords = new int[2][3];
```

若是區域變數，可以使用 var 簡化為：

```
var cords = new int[2][3];
```

就一些書籍的說法來說，這建立了 2 乘 3 的陣列，每個索引的預設值如表 4.1 所示，然而這只是簡化的說法。這個語法實際上建立了 int[][]型態的物件，裏頭有 2 個 int[]型態的索引，分別參考至長度為 3 的一維陣列物件，初始值都是 0，用圖來表示會更清楚：

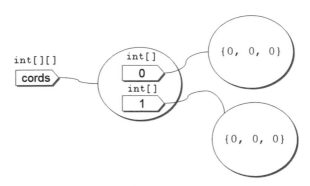

圖 4.6　二維陣列物件與參考名稱

如果將 int[][] cords，看成是 **int[]**[] cords，int[] 就相當於一個型態 X，實際上就是在宣告 X 型態的一維陣列，也就是 X[]，也就是實際上，Java 的多維陣列，是由一維陣列實現，或者說是陣列的陣列（array of array）。

使用 cords.length 取得的長度，表示 cords 參考的物件個數，也就是 2 個。那麼 cords[0].length 的值呢？這是在問 cords 參考的物件索引 0 參考之物件（圖 4.6 右上的物件）長度為何？答案就是 3。

同樣地，如果問 cords[1].length 值為何？這是在問 cords 參考的物件在索引 1 處參考之物件（圖 4.6 右下的物件）長度為何？答案也是 3。回顧一下先前的 XY 類別範例，應該就可以知道，為什麼能如下走訪二維陣列了：

```
for(var x = 0; x < cords.length; x++) {
    for(var y = 0; y < cords[x].length; y++) {
        System.out.printf("%2d", cords[x][y]);
    }
    System.out.println();
}
```

那麼這段增強式 for 語法是怎麼回事呢？

```
int[][] cords = new int[2][3];
for(int[] row : cords) {
    for(int value : row) {
        System.out.printf("%2d", value);
    }
    System.out.println();
}
```

根據圖 4.6，row 參考到的物件就是一維陣列物件，外層 for 迴圈就是循序取得 cords 參考物件的每個索引參考之物件，並指定給 int[] 型態的 row 名稱。

順便一提的是，上例也可以用 var 簡化如下：

```java
var cords = new int[2][3];
for(var row : cords) {
    for(var value : row) {
        System.out.printf("%2d", value);
    }
    System.out.println();
}
```

要不要使用 var，是程式碼撰寫的方便性與可讀性的權衡問題，如果型態資訊寫出來，有助於程式碼的閱讀與理解，那就明確指定型態，若程式碼有上下文資訊，閱讀時不會產生疑惑，那撰寫 var 會比較方便。

如果使用 new 配置二維陣列後想一併指定初值，可以如下撰寫：

```java
int[][] cords = new int[][] {
    {1, 2, 3},
    {4, 5, 6}
};
```

再試著用圖來表示這段程式碼執行後的結果：

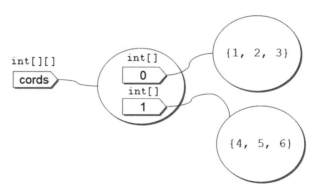

圖 4.7　宣告二維陣列物件與初始值

沒有人規定二維陣列一定得是方陣，也可以建立不規則陣列。例如：

Array　IrregularArray.java

```java
package cc.openhome;

public class IrregularArray {
    public static void main(String[] args) {
        int[][] arr = new int[2][];        ← ❶宣告 arr 參考的物件會有 2 個索引
        arr[0] = new int[] {1, 2, 3, 4, 5};  ← ❷arr[0]是長度為 5 的一維陣列
```

```
        arr[1] = new int[] {1, 2, 3};   ←──   ❸arr[1]是長度為3的一維陣列

        for(int[] row : arr) {
            for(int value : row) {
                System.out.printf("%2d", value);
            }
            System.out.println();
        }
    }
}
```

範例中 new int[2][]僅提供第一個[]數值，這表示 arr 參考的物件會有兩個索引，但暫時參考至 null❶，如下圖所示：

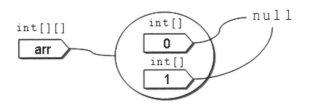

圖 4.8　不規則陣列示意圖之一

接著分別讓 arr[0]參考至長度為 5，而元素值為 1、2、3、4、5 的陣列，以及 arr[1]參考至長度為 3，而元素值為 1、2、3 的陣列，如下圖所示：

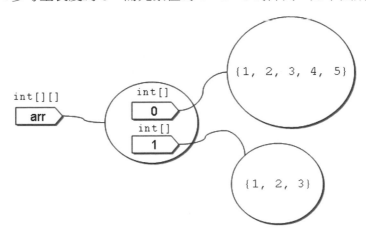

圖 4.9　不規則陣列示意圖之二

因此範例的執行結果會是如下：

```
1 2 3 4 5
1 2 3
```

如下建立陣列也是合法的：

```
int[][] arr = {
    {1, 2, 3, 4, 5},
    {1, 2, 3}
};
```

以上都是示範基本型態建立的陣列，接下來介紹類別型態建立的陣列。首先看到如何用 new 關鍵字建立 Integer 陣列：

```
Integer[] scores = new Integer[3];
```

同樣地，若是區域變數，可以使用 var 簡化：

```
var scores = new Integer[3];
```

看來沒什麼，只不過型態關鍵字從 int、double 等換為類別名稱罷了，那麼請問，上面的片段建立了幾個 Integer 實例呢？不是 3 個，是 0 個 Integer 實例，而 scores 參考的是一個 Integer[] 型態實例，回頭看一下表 4.1，如果是類別型態，這個片段的寫法建立的陣列，每個索引都是參考至 null，以圖來表示就是：

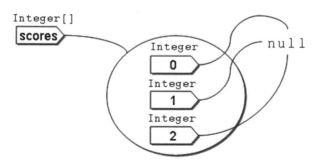

圖 4.10　類別型態建立的一維陣列

scores 的每個索引都是 Integer 型態，可以參考至 Integer 實例。例如：

```
Array  IntegerArray.java
package cc.openhome;

public class IntegerArray {
    public static void main(String[] args) {
        Integer[] scores = new Integer[3];
        for(Integer score : scores) {
            System.out.println(score);
        }

        scores[0] = 99;
        scores[1] = 87;
        scores[2] = 66;

        for(Integer score : scores) {
            System.out.println(score);
        }
    }
}
```

執行結果如下所示：

```
null
null
null
99
87
66
```

如果事先知道 Integer 陣列每個元素要放什麼，可以如下：

```
Integer[] scores = {99, 87, 66};
```

那麼再來問最後一個問題，以下 Integer 二維陣列，建立了幾個 Integer 實例？

```
Integer[][] cords = new Integer[3][2];
```

同樣地，若是區域變數，可以使用 var 簡化：

```
var cords = new Integer[3][2];
```

應該不會回答 6 個吧！？對初學者來說，建議試著畫圖來表示：

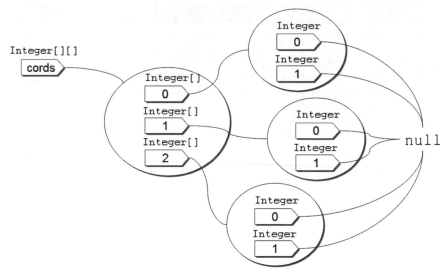

圖 4.11　類別型態建立的二維陣列

new Integer[3][2] 代表著一個 Integer[][] 型態的物件，裏頭有 **3** 個 Integer[] 型態的索引，分別參考至長度為 **2** 的 Integer[] 物件，而每個 Integer[] 物件的索引都參考至 null，因此答案是 0 個 Integer 實例。

4.3.3　陣列複製

瞭解陣列是物件後，就應該知道，以下並非陣列複製：

```
int[] scores1 = {88, 81, 74, 68, 78, 76, 77, 85, 95, 93};
int[] scores2 = scores1;
```

正如圖 4.5 所示，這個程式片段，是將 scores1 參考的陣列物件，也給 scores2 參考。如果要做陣列複製，基本作法是另行建立新陣列。例如：

```
int[] scores1 = {88, 81, 74, 68, 78, 76, 77, 85, 95, 93};
var scores2 = new int[scores1.length];
for(var i = 0; i < scores1.length; i++) {
    scores2[i] = scores1[i];
}
```

在這個程式片段中，建立一個長度與 scores1 相同的新陣列，再逐一走訪 scores1 每個元素，並指定給 scores2 對應的索引位置。

可以使用 **System.arraycopy()** 方法，它會使用原生方式複製元素，比自行使用迴圈來得快：

```
int[] scores1 = {88, 81, 74, 68, 78, 76, 77, 85, 95, 93};
var scores2 = new int[scores1.length];
System.arraycopy(scores1, 0, scores2, 0, scores1.length);
```

System.arraycopy() 的五個參數可分別接受來源陣列、來源起始索引、目的陣列、目的起始索引、複製長度。

也可以使用 **Arrays.copyOf()** 方法，不用另行建立新陣列，Arrays.copyOf() 會幫你建立。例如：

Array　CopyArray.java

```
package cc.openhome;

import java.util.Arrays;

public class CopyArray {
    public static void main(String[] args) {
        int[] scores1 = {88, 81, 74, 68, 78, 76, 77, 85, 95, 93};
        int[] scores2 = Arrays.copyOf(scores1, scores1.length);

        for(var score : scores2) {
            System.out.printf("%3d", score);
        }
        System.out.println();

        scores2[0] = 99;
        // 不影響 score1 參考的陣列物件
        for(var score : scores1) {
            System.out.printf("%3d", score);
        }
    }
}
```

執行結果如下所示：

```
 88 81 74 68 78 76 77 85 95 93
 88 81 74 68 78 76 77 85 95 93
```

陣列一旦建立，長度就固定了。如果事先建立的陣列長度不夠怎麼辦？那就只好建立新陣列，將原陣列內容複製至新陣列。例如：

```
int[] scores1 = {88, 81, 74, 68, 78, 76, 77, 85, 95, 93};
int[] scores2 = Arrays.copyOf(scores1, scores1.length * 2);
```

```
for(var score : scores2) {
    System.out.printf("%3d", score);
}
```

Arrays.copyOf()的第二個參數，就是指定建立的新陣列長度。上面這個程式片段建立的新陣列長度是 20，執行結果會顯示 scores1 複製過去的 88 到 93 的元素，之後顯示 10 個預設值 0。

以上都是示範基本型態陣列，對於類別型態宣告的陣列，則要注意參考的行為。直接來看個範例：

Array ShallowCopy.java

```
package cc.openhome;

class Clothes {
    String color;
    char size;
    Clothes(String color, char size) {
        this.color = color;
        this.size = size;
    }
}

public class ShallowCopy {
    public static void main(String[] args) {
        Clothes[] c1 = {new Clothes("red", 'L'), new Clothes("blue", 'M')};
        var c2 = new Clothes[c1.length];

        for(var i = 0; i < c1.length; i++) {        ❶ 複製元素？
            c2[i] = c1[i];
        }

        c1[0].color = "yellow";        ❷ 透過 c1 修改索引 0 物件
        System.out.println(c2[0].color);    ❸ 透過 c2 取得索引 0 物件之顏色
    }
}
```

這個程式的執行結果會顯示 yellow，這是怎麼回事？原因在於迴圈執行完畢後❶，用圖來表示的話就是：

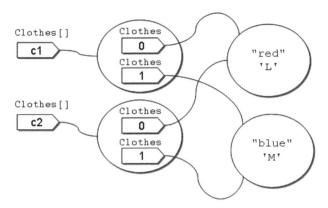

圖 4.12　淺層複製

迴圈中僅將 c1 每個索引處參考的物件，也給 c2 每個索引來參考，並沒有複製 Clothes 物件，術語上來說，這叫作複製參考，或稱為**淺層複製（Shallow copy）**。**無論是 System.arraycopy()或 Arrays.copyOf()，用在類別型態宣告的陣列時，都是淺層複製**。如果真的要複製物件，得自行實作，因為基本上只有自己才知道，有哪些屬性必須複製。例如：

Array DeepCopy.java

```java
package cc.openhome;

class Clothes2 {
    String color;
    char size;
    Clothes2(String color, char size) {
        this.color = color;
        this.size = size;
    }
}

public class DeepCopy {
    public static void main(String[] args) {
        Clothes2[] c1 = {new Clothes2("red", 'L'), new Clothes2("blue", 'M')};
        var c2 = new Clothes2[c1.length];

        for(var i = 0; i < c1.length; i++) {
            c2[i] = new Clothes2(c1[i].color, c1[i].size); ◀─── 自行複製元素
        }

        c1[0].color = "yellow";
        System.out.println(c2[0].color);
    }
}
```

這個範例執行**深層複製（Deep copy）**，也就是 c1 各索引參考的物件會被複製，分別指定給 c2 各索引位置，結果顯示 red。在迴圈執行完畢後，用圖來表示參考與物件之間的關係會是：

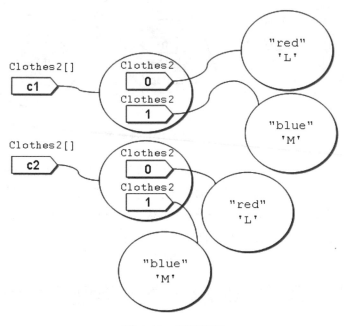

圖 4.13　深層複製

4.4　字串物件

字串代表一組字元，是 `java.lang.String` 類別的實例，同樣地，先前討論過的物件操作特性，字串也都擁有，不過在 Java 中基於效能考量，給予字串某些特別且必須注意的性質。

4.4.1　字串基礎

由字元組成的文字符號稱為字串，例如"Hello"字串代表'H'、'e'、'l'、'l'、'o'這組字元，在某些程式語言中，字串是以字元陣列的方式存在，然而在 Java 中，字串是 java.lang.String 實例，你可以用""包括一串字元來建立字串：

```
jshell> String name = "Justin";
name ==> "Justin"
```

```
jshell> name.length();
$2 ==> 6

jshell> name.charAt(0);
$3 ==> 'J'

jshell> name.toUpperCase();
$4 ==> "JUSTIN"
```

由於字串是物件，也就擁有一些可操作的方法，像是這個程式片段中示範的，可以使用 **length()** 取得字串物件管理的 char 數量，使用 **charAt()** 指定取得字串中某個 char，索引從 0 開始，使用 **toUpperCase()** 將字串內容轉為大寫。

如果已經有個 char[] 陣列，也可以使用 new 來建構 String 實例。例如：

```
char[] cs = {'J', 'u', 's', 't', 'i', 'n'};
String name = new String(cs);
```

如果必要，也可以使用 String 的 **toCharArray()** 方法，傳回 char[] 陣列：

```
char[] cs2 = name.toCharArray();
```

可以使用+運算來串接字串。例如：

```
jshell> String name = "Justin";
name ==> "Justin"

jshell> System.out.println("你的名字：" + name);
你的名字：Justin
```

若要將字串轉換為整數、浮點數等基本型態，可以使用下表各類別提供的剖析方法：

表 4.2　將字串剖析爲基本型態

方法	說明
Byte.parseByte(number)	將 number 剖析為 byte 整數
Short.parseShort(number)	將 number 剖析為 short 整數
Integer.parseInt(number)	將 number 剖析為 int 整數
Long.parseLong(number)	將 number 剖析為 long 整數
Float.parseFloat(number)	將 number 剖析為 float 浮點數
Double.parseDouble(number)	將 number 剖析為 double 浮點數

在上表中，假設 number 參考至 String 實例，而且代表數字（例如"123"、"3.14"）。如果無法剖析，會拋出 **NumberFormatException** 的錯誤。

來個綜合練習，下面這個範例可以輸入數字，每個數字會被剖析為整數，輸入 0 會計算數字總合並顯示：

String Sum.java

```
package cc.openhome;

import java.util.Scanner;

public class Sum {
    public static void main(String[] args) {
        var console = new Scanner(System.in);

        var sum = 0;
        var number = 0;
        do {
            System.out.print("輸入數字：");
            number = Integer.parseInt(console.nextLine());
            sum += number;
        } while(number != 0);
        System.out.println("總合：" + sum);
    }
}
```

一個執行結果如下：

```
輸入數字：10
輸入數字：20
輸入數字：30
輸入數字：0
總合：60
```

現在可以來看看程式進入點 main() 的 String[] args 參數了，在啟動 JVM 並指定執行類別時，可以指定**命令列引數**（Command line arguments）。例如若在 String 專案資料夾中執行：

> java --module-path bin -m String/cc.openhome.Average 1 2 3 4

上面這個指令代表啟動 JVM 並執行 cc.openhome.Average 類別，而 Average 類別會接受 1、2、3、4 這四個引數，這四個引數會收集為 String 陣列，傳給 main() 的 args 參考。

實際來看個應用，底下這個範例可讓使用者命令列引數提供整數，計算出所有整數平均：

```
String Average.java
```
```java
package cc.openhome;

public class Average {
    public static void main(String[] args) {
        var sum = 0;
        for(var arg : args) {
            sum += Long.parseLong(arg);
        }
        System.out.println("平均：" + (float) sum / args.length);
    }
}
```

在 IDE 中，也可以指定 JVM 啟動時可用的一些引數。例如在 Eclipse 中，可以如下進行設定：

1. 在想執行的原始碼上按右鍵，執行選單「Run as/Run Configurations...」。

2. 在出現的「Run Configurations」對話方塊中，選擇「Java Application」節點按右鍵，執行選單「New Configuration」。

3. 在新建的組態項目中切換至「Arguments」，在「Program arguments」中輸入「1 2 3 4」，按下「Apply」完成設定。

如上設定之後，每次在該原始碼上按右鍵，執行選單「Run as /Java Application」時，就會套用「Program arguments」的設定。

4.4.2　字串特性

不同的程式語言，會有一些相類似的語法或元素，例如程式語言多半具備 if、for、while 之類語法，以及字元、數值、字串之類的元素，然而各種程式語言解決的問題不同，這些類似語法或元素中，各語言間會有細微、重要且不容忽視的特性，在學習程式語言時，不得不慎。

以 Java 的字串來說，就有一些必須注意的特性：

- 字串常量與字串池。

- 不可變動（Immutable）字串。

字串常量與字串池

來看個程式片段，你覺得以下會顯示 true 或 false？

```java
char[] name = {'J', 'u', 's', 't', 'i', 'n'};
var name1 = new String(name);
var name2 = new String(name);
System.out.println(name1 == name2);
```

希望現在的你有能力回答出 false 的答案，因為 name1 與 name2 分別參考至建構出來的 String 實例，那麼底下這個程式碼呢？

```java
var name1 = "Justin";
var name2 = "Justin";
System.out.println(name1 == name2);
```

答案會是 true！這代表 name1 與 name2 參考到同一物件？是的！Java 為了效率考量，以""包括的字串，只要內容相同（序列、大小寫相同），無論在程式碼中出現幾次，JVM 只會建立一個 String 實例，並在字串池（String pool）中維護。

在上面這個程式片段的第一行，JVM 會建立一個 String 實例放在字串池，並給 name1 參考，而第二行是讓 name2 直接參考至字串池中的 String 實例，如下圖所示：

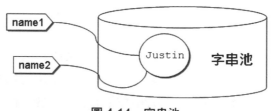

圖 4.14　字串池

用""寫下的字串稱為**字串常量（String literal）**，既然用"Justin"寫死了字串內容，基於節省記憶體考量，就不用為這些字串常量分別建立 String 實例。來看個實務上不會如此撰寫，但認證上很常考的問題：

```
var name1 = "Justin";
var name2 = "Justin";
var name3 = new String("Justin");
var name4 = new String("Justin");
System.out.println(name1 == name2);
System.out.println(name1 == name3);
System.out.println(name3 == name4);
```

　　這個片段會分別顯示 true、false、false 的結果，因為"Justin"會建立 String 實例並在字串池維護，name1 與 name2 參考的是同一個物件，而 new 是建立新物件，name3 與 name4 分別參考至新建的 String 實例。以圖來表示的話，可以知道為何會顯示 true、false、false 的結果：

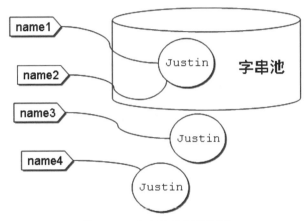

圖 4.15　字串池與新建實例

　　先前一直強調，如果想比較物件實質內容相等性，不要使用==，要使用 equals()。同樣地，**若想比較字串實際字元內容是否相同，不要使用==，要使用 equals()**。以下程式片段執行結果都是顯示 true：

```
var name1 = "Justin";
var name2 = "Justin";
var name3 = new String("Justin");
var name4 = new String("Justin");
System.out.println(name1.equals(name2));
System.out.println(name1.equals(name3));
System.out.println(name3.equals(name4));
```

⬤ 不可變動字串

　　字串物件一旦建立，就無法更動任何內容，沒有任何方法可以更動字串內容。 那麼+串接字串是怎麼達到的？例如：

```
String name1 = "Java";
String name2 = name1 + "World";
System.out.println(name2);
```

　　上面這個程式片段會顯示 JavaWorld，由於無法更動字串物件內容，不是在 name1 參考的字串物件後附加 World 內容。可以試著反組譯這段程式，結果會發現：

```
String s = "Java";
String s1 = (new StringBuilder()).append(s).append("World").toString();
System.out.println(s1);
```

　　如果使用+串接字串，會變成建立 **java.lang.StringBuilder** 實例，使用其 append() 方法來進行+左右兩邊字串附加，最後再轉換為 toString() 傳回。

　　簡單來說，**使用+串接字串會產生新的 String 實例**，這並非建議棄用+串接字串，畢竟+串接字串很方便，這只是說，**注意+用在重複性的串接場合**，像是迴圈或遞迴時，因為會頻繁產生新物件，可能造成效能上的負擔。

　　舉個例子來說，如果使用程式顯示下圖的結果，你會怎麼寫呢？

```
🔲 Problems  @ Javadoc  🔲 Declaration  🔲 Console ✕      ■ ✖ ✖ | 🔳 🔳 🔳 🔳 🔳 | 🔳 🔳 ▾ 🔳 ▾ ▾
<terminated> OneTo100 [Java Application] C:\Program Files\Java\jdk-17\bin\javaw.exe (2021年10月13日 下午
1+2+3+4+5+6+7+8+9+10+11+12+13+14+15+16+17+18+19+20+21+22+23+24+25+26+27+28+29+30+31+3
2+33+34+35+36+37+38+39+40+41+42+43+44+45+46+47+48+49+50+51+52+53+54+55+56+57+58+59+60
+61+62+63+64+65+66+67+68+69+70+71+72+73+74+75+76+77+78+79+80+81+82+83+84+85+86+87+88+
89+90+91+92+93+94+95+96+97+98+99+100
```

圖 4.16　顯示到 1+2+...+100

　　這是個很有趣的題目，以下列出幾個我看過的寫法。首先有人這麼寫：

```
for(var i = 1; i < 101; i++) {
    System.out.print(i);
    if(i != 100) {
        System.out.print('+');
    }
}
```

　　這可以達到題目要求，不過有沒有效能上可以改進的空間？其實可以改成這樣：

```
for(var i = 1; i < 100; i++) {
    System.out.printf("%d+", i);
}
System.out.println(100);
```

　　程式變簡潔了，而且少一個 if 判斷，不過就這個小程式而言，少個 if 判斷節省不了多少時間；你可以減少輸出次數，因為 for 迴圈中呼叫 99 次 System.out.printf()，相較於記憶體中的運算，標準輸出速度是慢得多了，有的人知道可以使用+串接字串，因此會這麼寫：

```
var text = "";
for(var i = 1; i < 100; i++) {
    text = text + i + '+';
}
System.out.println(text + 100);
```

　　這個程式片段減少了輸出次數，確實改善了不少效能，不過使用+串接會產生新字串，for 迴圈中有頻繁建立新物件的問題，正如先前對+串接片段反組譯時看到的，可以改用 StringBuilder 來改善：

String　OneTo100.java
```
package cc.openhome;

public class OneTo100 {
    public static void main(String[] args) {
        var oneTo100 = new StringBuilder();
        for (var i = 1; i < 100; i++) {
            oneTo100.append(i).append('+');
        }
        System.out.println(oneTo100.append(100).toString());
    }
}
```

　　StringBuilder 每次 append()呼叫過後，都會傳回原有的 StringBuilder 物件，方便下一次操作。這個程式片段只產生了一個 StringBuilder 實例，只進行一次輸出，效能上會比最初看到的程式片段好得多。

　　再來看個無聊但認證會考的題目，請問以下顯示 true 或 false？

```
var text1 = "Ja" + "va";
var text2 = "Java";
System.out.println(text1 == text2);
```

有的人會這麼說：因為+串接字串會建立新字串，text1 == text2 應該是 false 吧！如果這麼認為，那就上當了！答案是 true！反組譯之後就知道為什麼了：

```
var str1 = "Java";
var str2 = "Java";
System.out.println(str1 == str2);
```

編譯器是這麼認為的：既然寫死了"Ja" + "va"，那你要的不就是"Java"嗎？根據以上反組譯之後的程式碼，顯示 true 的結果就不足為奇了。

4.4.3 文字區塊

字串串接還有個常見的應用場合，也就是設計樣版，例如設計一個 HTML 樣版：

```
String title = "Java Tutorial";
String content = "    <b>Hello, World</b>";

String html =
    "<!DOCTYPE html>\n"
  + "<html lang=\"zh-tw\">\n"
  + "<head>\n"
  + "    <title>" + title + "</title>\n"
  + "</head>\n"
  + "<body>\n"
  +     content
  + "</body>\n"
  + "</html>\n";
```

這個程式碼是為了基於 title、content 變數的內容，來產生 HTML，如果將 html 輸出至標準輸出，會產生以下內容：

```
<!DOCTYPE html>
<html lang="zh-tw">
<head>
    <title>Java Tutorial</title>
</head>
<body>
    <b>Hello, World</b></body>
</html>
```

顯然地，字串串接的程式碼片段很難閱讀，Java 15 新增了文字區塊（Text block）特性，對於有跨行、縮排之類的字串樣版需求非常方便，例如想輸出方才的結果，可以撰寫以下的程式：

String TextBlock.java

```
package cc.openhome;

public class TextBlock {
    public static void main(String[] args) {
        String html =
            """
            <!DOCTYPE html>
            <html lang="zh-tw">
            <head>
                <title>%s</title>
            </head>
            <body>
                %s
            </html>
            """;

        String title = "Java Tutorial";
        String content = "<b>Hello, World</b>";

        System.out.println(html.formatted(title, content));
    }
}
```

文字區塊使用"""標示區塊開頭與結尾，可以在文字區塊中直接換行、縮排，不管作業系統本身的換行符號為何，文字區塊的換行都會使用\n，縮排的起點以結尾的"""該行起點作為依據。

文字區塊會建立 String 實例，因此若文字區塊中有需要置換的部分，可以使用 formatted()方法，這是 Java 15 在 String 上新增的實例方法，在 Java 15 之前，若要直接對字串進行格式化，可以透過 String.format()靜態方法，就上例來說，html.formatted(title, content)撰寫為 String.format(html, title, content)也可以達到目的，只不過就這個例子來說，使用 formatted()比較方便。

無論是 formatted()實例方法，或者是 String.format()靜態方法，可搭配的格式控制符號，都與表 3.1 相同。

從範例中可以看到可讀性大為提昇，除了可以直接換行或縮排很方便，也少了+的干擾，由於文字區塊以三個"""包含文字，"就不用特別寫成\"，然而相對地，如果文字區塊中的文字會有"""，就必須寫為\"""。

文字區塊各行尾端的空白預設會被忽略，如果真的想在各行尾端保留一些空白，可以使用\s，例如：

```
String text =
    """
    line 1      \s
    line 2      \s
    """;
```

在這個程式片段中，\s 前的空白會被保留，因此 text 參考的 String 實例，line 1 與 line 2 文字後面各自會有四個空白。

文字區塊中的書寫換行，預設都會使用\n，然而有時候可能會書寫長段文字，若編輯器不支援或設定為不自動換行，這時文字會超出視覺範圍怎麼辦？這時可以加上\，其後方的書寫換行就會被忽略。例如底下的程式碼片段，書寫上雖然有換行，然而 text 不會包含\n：

```
String text =
    """
    It's all a game of construction — some with a brush, \
    some with a shovel, some choose a pen and \
    some, including myself, choose code.
    """;
```

4.4.4　原始檔編碼

先前的字串範例都只使用英文字元，OK！相信現在或未來的日子，你不會只處理英文，因此要瞭解 Java 中如何處理中文！不過在這之前，先來看一個問題：**你寫的.java 原始碼檔案是什麼編碼？**

這其實是個簡單但蠻重要的問題，許多開發者卻答不出來。如果是正體中文 Windows，作業系統編碼是 MS950（相容於 Big5），若使用 Windows 預設的純文字編輯器，過去會使用作業系統預設編碼來儲存文字，然而 Windows 10 Build 1903 更新以後，預設的純文字編譯器會使用 UTF-8 編碼，如果你的 Windows 純文字編譯器右下角有顯示編碼（可參考圖 2.2），那麼它就是預設使用 UTF-8 編碼的純文字編譯器。

不同 IDE 則會有不同的預設，Eclipse 的原始碼編碼，預設與作業系統編碼相同，因此 Eclipse 若運行在正體中文 Windows 中，.java 原始檔預設是 MS950 編碼。

本書在 2.4 談 IDE 使用之前，特意不在範例中使用中文，因為我使用的 Windows 純文字編譯器，預設是使用 UTF-8 編碼儲存文字，如果我用它來撰寫一個 Main.java 如下：

```
public class Main {
    public static void main(String[] args) {
        System.out.println("Hello");
        System.out.println("哈囉");
    }
}
```

那麼如下執行編譯的話：

```
> javac Main.java
```

就會噴出一堆無法理解字元編碼的錯誤訊息：

```
Main.java:4: error: unmappable character (0xE5) for encoding x-windows-950
        System.out.println("??  ??");
                            ^
Main.java:4: error: unmappable character (0x93) for encoding x-windows-950
        System.out.println("??  ??");
                             ^
Main.java:4: error: unmappable character (0x9B) for encoding x-windows-950
        System.out.println("??  ??");
                              ^
Main.java:4: error: unmappable character (0x89) for encoding x-windows-950
        System.out.println("??  ??");
                               ^
4 errors
```

javac 預設使用作業系統編碼來讀取.java 檔案內容，因此在 Windows 如上執行 javac，會試圖以 MS950 讀取 Main.java，然而 Main.java 儲存時使用的是 UTF-8，兩個編碼對不上，javac 就看不懂原始碼了。

如果文字編譯器是使用 UTF-8，javac 編譯時要指定-encoding 為 UTF-8，編譯器就會用指定的編碼讀取.java 的內容。例如：

```
> javac -encoding UTF-8 Main.java
```

產生的 .class 檔案，使用反組譯工具還原的程式碼中，會看到以下的內容：

```
public class Main {
    public static void main(String args[]) {
        System.out.println("Hello");
        System.out.println("\u54C8\u56C9");
    }
}
```

還記得表 3.2 嗎？char 的值可以用 \uxxxx 表示，上面反組譯的程式中，"\u54C8\u56C9" 就是 "哈囉" 兩個字元的 \uxxxx 表示方式。

IDE 通常可以自訂原始碼編碼，如果是 Eclipse，可以在專案上按右鍵，執行「Properties」，在「Resource」節點中有個「Text file encoding」，可以點選「Other」後設定原始碼編碼，按下 Apply 之後套用設定：

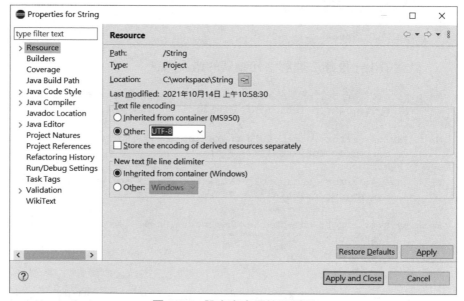

圖 4.17　設定專案原始碼編碼

若有必要，也可以設定工作區（workspace）預設的文字編碼，在該工作區新建專案時使用的文字編碼，預設會與工作區一致，這可以如下操作：

1. 執行選單「Window/Preferences」，在出現的「Preferences」對話方塊中，展開左邊的「General/Workspace」節點。

2. 在右邊的「Text file encoding」選擇「Other」，在下拉選單中選擇「UTF-8」，按下「Apply」按鈕。

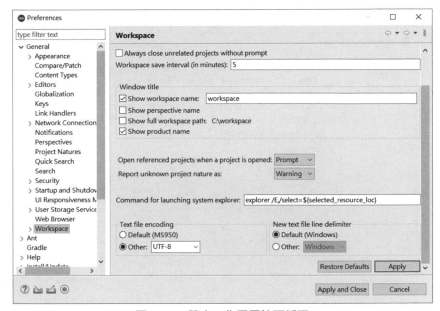

圖 4.18　設定工作區原始碼編碼

UTF-8 是目前開發程式時，文字的主流儲存編碼，建議新專案都採用 UTF-8，本書的 Eclipse 範專案從 4.4 開始，都會採用 UTF-8。

有時候你的專案編碼設定，與其他專案不同，這時來自其他專案的原始碼，在你的 Eclipse 中開啟就會出現亂碼：

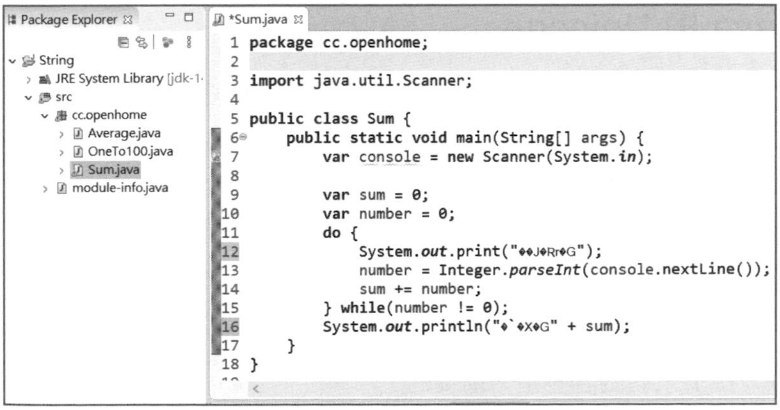

圖 4.19　編碼不同而產生亂碼

這時可以在原始碼檔案的節點上按右鍵，執行「Properties」，在「Resource」節點中有個「Text file encoding」，可以點選「Other」後設定正確的原始碼編碼，這個設定只會套用在個別檔案：

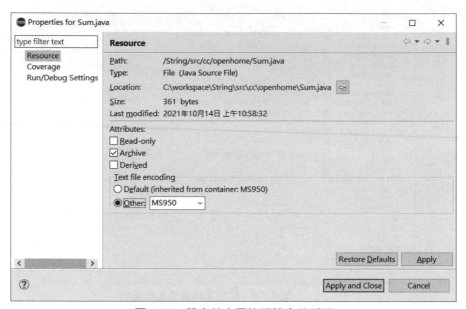

圖 4.20　設定特定原始碼檔案的編碼

若來自其他專案的原始碼出現亂碼，設定個別檔案編碼只是暫時之計，不建議在同一個專案中混合不同編碼的檔案，建議儘早將納入的檔案，重新儲存為一致的編碼。

4.4.5　Java 與 Unicode

方才又是 Unicode 又是 UTF-8 的，這些到底是什麼？不少開發者搞不清楚 Unicode 與 UTF 間的關係，確實地，若開發者平常任務中不需要處理文字、特殊字元，或者沒遇過亂碼的問題，不清楚 Unicode 與 UTF 間的關係是沒什麼問題，若這是你的情況，可以放心地略過接下來這節的內容，對後續章節的理解，不會有造成什麼阻礙。

如果經常要處理文字、被亂碼問題坑過，或者想弄清楚 Unicode 與 UTF 間的關係，接下來的內容會是你需要的。

● Unicode 與 UTF

字元集是一組符號的集合，字元編碼是字元實際儲存時的位元組格式，如前面的範例看到的，讀取時使用的編碼不正確，編輯器會解讀錯誤而造成亂碼，在還沒有 Unicode 與 UTF（Unicode Transformation Format）前，各個系統間編碼不同而造成的問題，困擾著許多開發者。

要統一編碼問題，必須統一管理符號集合，也就是要有統一的字元集，ISO/IEC 與 Unicode Consortium 兩個團隊都曾經想統一字元集，而 ISO/IEC 在 1990 年先公佈了第一套字元集的編碼方式 UCS-2，使用兩個位元組來編碼字元。

字元集中每個字元會有個編號作為**碼點（Code point）**，實際儲存字元時，UCS-2 以兩個位元組作為一個**碼元（Code unit）**，也就是管理位元組的單位；最初的想法很單純，令碼點與碼元一對一對應，在編碼實作時就可以簡化許多。

後來 1991 年 ISO/IEC 與 Unicode 團隊都認識到，世界不需要兩個不相容的字元集，因而決定合併，之後才發佈了 Unicode 1.0。

由於越來越多的字元被納入 Unicode 字元集，超出碼點 U+0000 至 U+FFFF 可容納的範圍，因而 UCS-2 採用的兩個位元組，無法對應 Unicode 全部的字元碼點，後來在 1996 年公佈了 UTF16，除了沿用 UCS-2 兩個位元組的編碼部分之外，超出碼點 U+0000 至 U+FFFF 的字元，採用四個位元組來編碼，因而視字元是在哪個碼點範圍，對應的 UTF-16 編碼可能是兩個或四個位元組，也就是說採用 UTF-16 儲存的字元，可能會有一個或兩個碼元。

UTF-16 至少使用兩個位元組，然而對於+/?@#$或者是英文字元等，也使用兩個位元組，感覺蠻浪費儲存空間，而且不相容於已使用 ASCII 編碼儲存的字元，Unicode 的另一編碼標準 UTF-8 用來解決此問題。

UTF-8 儲存字元時使用的位元組數量，也是視字元落在哪個 Unicode 範圍而定，從 UTF-8 的觀點來看，ASCII 編碼是其子集，儲存 ASCII 字元時只使用一個位元組，其他附加符號的拉丁文、希臘文等，會使用兩個位元組（例如 π），至於中文部分，UTF-8 採用三個位元組儲存，更罕見的字元，可能會用到四到六個位元組，例如微笑表情符號 U+1F642，就使用了四個位元組。

簡單來說，Unicode 對字元給予編號以便進行管理，真正要儲存字元時，可以採用 UTF-8、UTF-16 等編碼為位元組。

⦿ char 與 String

在討論原始編碼時談過，撰寫 Java 原始碼時，開發者可以使用 MS950、UTF-8（甚至是 UTF-16）等編碼，只要能正確儲存字元，而且 javac 編譯時以 -encoding 指定編碼，就可以通過編譯，對於原始碼中的非ASCII字元，編譯過程會轉為 \uxxxx 的形式；在執行時期，對於 \uxxxx 採用的實作是 **UTF-16 Big Endian**，記憶體中會使用兩個位元組，也就是一個碼元來儲存。

3.1.1 談過，Java 支援 **Unicode**，char 型態佔 2 個位元組，對於碼點在 U+0000 至 U+FFFF 範圍內的字元，例如'林'，原始碼中可使用以下方式表示：

```
char fstName1 = '林';
char fstName2 = '\u6797';
```

U+0000 至 U+FFFF 範圍內的字元，Unicode 歸類為 BMP（Basic Multilingual Plane），碼點與碼元一對一對應，現在問題來了，若字元不在 BMP 範圍內呢？例如高音譜記號 𝄞 的 Unicode 碼點為 U+1D11E，顯然無法只用一個 \uhhhh 來表示，也無法儲存在 char 型態的空間。

程式中若真的要表示 𝄞 ，必須使用字串儲存，而 " 𝄞 "在編譯時會轉換為 "\uD834\uDD1E"來表示，分別表示 UTF-16 編碼時的高低碼元，這稱為代理對（Surrogate pair）。

還記得 4.4.1 談過嗎？可以使用**字串的 length()取得字串物件管理的 char 數量**，也就是碼元數量，如果字串中的字元，都是在 BMP 範圍內，length()傳回值，確實是等於字串中的字元數；然而，既然 " 𝄞 "編譯時轉換為 "\uD834\uDD1E"表示，那麼 length()傳回值會是多少呢？答案會是 2！

```
jshell> var g_clef = "\uD834\uDD1E";
g_clef ==> "?"

jshell> g_clef.length();
$2 ==> 2
```

然而 𝄞 是一個字元！**如果字串中的字元，是在 BMP 範圍外，就不能把 length()傳回值，當成是字串中的字元數。**

字串的 length()傳回值是 char 的數量，也就是表示字串使用的 **UTF-16 碼元數量**，因此在 3.1.1 中談 char 時也是這麼寫的：「**char** 型態佔 2 個位元組，可用來儲存 **UTF-16 Big Endian** 的一個碼元」。

類似地，字串的 charAt() 可以指定索引，取得字串中的 char，而不是字元，如果指定索引取得字串中的字元，可以使用 codePointAt()，這會以 int 型態傳回碼點號碼：

```
jshell> "\uD834\uDD1E".charAt(0) == 0X1D11E;
$3 ==> false

jshell> "\uD834\uDD1E".codePointAt(0) == 0X1D11E;
$4 ==> true
```

注意 >>> 在 Java 中，字元不等於 char，字元是 Unicode 字元集中管理的符號，char 是儲存資料用的型態。

如果想取得字串中的字元數量（而不是 char 的數量），可以使用字串的 codePoints() 方法，這會傳回 java.util.stream.IntStream 型態，詳細的使用方式會在第 12 章說明，現在只要先知道，該型態可用來逐一處理字串中每個字元的碼點，透過它的 count() 方法，可以計算字元總數（而不是碼元數量）：

```
jshell> "高音譜：\uD834\uDD1E".length(); // char 數量
$5==> 6

jshell> "高音譜：\uD834\uDD1E".codePoints().count() // 字元數量
$6==> 5
```

▶ java.lang.Character

如果想處理字元，java.lang.Character 提供了不少方便的 API，它對 Unicode 也有較多支援，例如，若想指定碼點來建立字串，可以先透過 Character.tochars(codePoint)，這會傳回 char[]，代表 UTF-16 使用到的碼元：

```
jshell> Character.toChars(0X6797)
$7==> char[1] { '林' }

jshell> Character.toChars(0X1D11E)
$8==> char[2] { '?', '?' }
```

在 jshell 中無法顯示的字元會以 '?' 表示，上頭第二個範例的結果顯示使用了兩個碼元，4.4.1 談過，如果已經有個 char[] 陣列，可以使用 new 建構 String 實例，因此可以如下指定碼點建立字串：

```
jshell> var g_clef = new String(Character.toChars(0X1D11E))
g_clef ==> "?"

jshell> g_clef.equals("\uD834\uDD1E")
$10 ==> true
```

　　除了以上的介紹之外，在必須規則表示式（Regular expression）處理文字的場合，Java 也在 Unicode 方面提供了支援，這會在第 15 章時再來說明。

4.5　查詢 Java API 文件

　　本章談到許多的類別，像是 java.util.Scanner、java.math.BigDecimal、各種基本型態包裹器、java.util.Arrays、java.lang.String、java.lang.StringBuilder 等，也使用了一些類別定義的方法，那麼，如果書上沒示範過的方法，你怎麼知道如何使用？查詢 Java API 文件！

　　以本書範圍來說，將以查詢 Java SE API 文件為例。首先連上 JDK 17 Documentation：

- docs.oracle.com/javase/17/

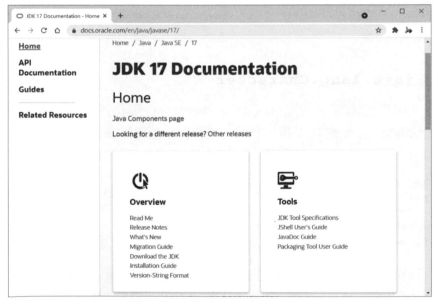

圖 4.21　JDK 17 Documentation

　　這個頁面有許多 JDK17 的相關文件，如果想查詢更早版本的文件，按畫面上面的「Java SE」就可以取得，若想查看 Java SE 17 的 API 文件，可以按畫面左邊的「API Documentation」：

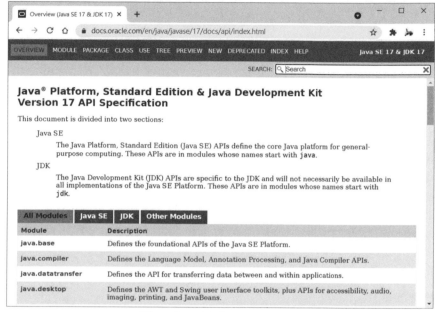

圖 4.22　API Documentation

　　由於 Java SE 9 以後支援模組化，頁面中可以看到各個模組名稱，若想查詢 java.base 模組的 java.lang.String，可以按「java.base」模組，這會顯示該模組中全部的套件：

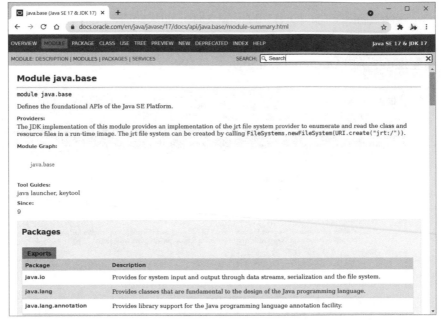

圖 4.23　檢視 **java.base** 模組

接著再選擇「java.lang」套件，就可以在畫面中尋找 java.lang.String 的
簡要說明：

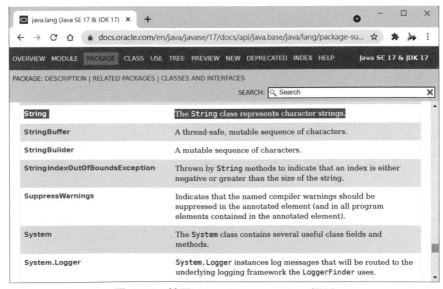

圖 4.24　檢視 **java.lang.String** 類別

　　按下「String」鏈結就會進入 `java.lang.String` 的詳細說明，就初學者而言，目前可以先瞭解建構式的部分：

Constructors	
Constructor	**Description**
`String()`	Initializes a newly created `String` object so that it represents an empty character sequence.
`String(byte[] bytes)`	Constructs a new `String` by decoding the specified array of bytes using the platform's default charset.
`String(byte[] ascii, int hibyte)`	**Deprecated.** This method does not properly convert bytes into characters.
`String(byte[] bytes, int offset, int length)`	Constructs a new `String` by decoding the specified subarray of bytes using the platform's default charset.
`String(byte[] ascii, int hibyte, int offset, int count)`	**Deprecated.** This method does not properly convert bytes into characters.
`String(byte[] bytes, int offset, int length, String charsetName)`	Constructs a new `String` by decoding the specified subarray of bytes using the specified charset.
`String(byte[] bytes, int offset, int length, Charset charset)`	Constructs a new `String` by decoding the specified subarray of bytes using the specified charset.

圖 4.25　建構式列表說明

　　這顯示出建構 String 實例時可給予的資料，另一個就是方法說明：

Method Summary

All Methods	Static Methods	Instance Methods	Concrete Methods	Deprecated Methods
Modifier and Type	**Method**		**Description**	
char	`charAt(int index)`		Returns the `char` value at the specified index.	
IntStream	`chars()`		Returns a stream of `int` zero-extending the `char` values from this sequence.	
int	`codePointAt(int index)`		Returns the character (Unicode code point) at the specified index.	
int	`codePointBefore(int index)`		Returns the character (Unicode code point) before the specified index.	
int	`codePointCount(int beginIndex, int endIndex)`		Returns the number of Unicode code points in the specified text range of this `String`.	
IntStream	`codePoints()`		Returns a stream of code point values from this sequence.	
int	`compareTo(String anotherString)`		Compares two strings lexicographically.	
int	`compareToIgnoreCase(String str)`		Compares two strings lexicographically, ignoring case differences.	

圖 4.26　方法列表說明

這顯示了可用的方法名稱、參數型態與傳回型態，按下任一方法連結，還可以看到詳細說明，例如按下 charAt() 方法：

charAt

public char charAt(int index)

Returns the char value at the specified index. An index ranges from 0 to length() - 1. The first char value of the sequence is at index 0, the next at index 1, and so on, as for array indexing.

If the char value specified by the index is a surrogate, the surrogate value is returned.

Specified by:

charAt in interface CharSequence

Parameters:

index - the index of the char value.

Returns:

the char value at the specified index of this string. The first char value is at index 0.

Throws:

IndexOutOfBoundsException - if the index argument is negative or not less than the length of this string.

圖 4.27　方法詳細說明

有發現在 API 文件的右上方，有個搜尋框嗎？來搜尋一下 BigDecimal 的相關 API：

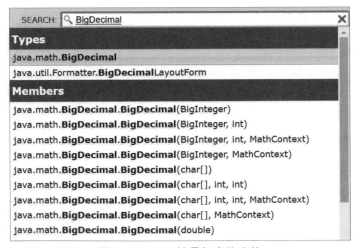

圖 4.28　利用搜尋框查詢文件

之後章節若必要，還會再提示 API 文件中，哪邊有記載著相關資訊。

📖 課後練習

實作題

1. Fibonacci 為 1200 年代歐洲數學家，在他的著作中提過，若一隻兔子每月生一隻小兔子，一個月後小兔子也開始生產。起初只有一隻兔子，一個月後有兩隻兔子，二個月後有三隻兔子，三個月後有五隻兔子...，也就是每個月兔子總數會是 1、1、2、3、5、8、13、21、34、55、89......，這就是費氏數列，可用公式定義如下：

```
fn = fn-1 + fn-2   if n > 1
fn = n             if n = 0, 1
```

請撰寫程式，可讓使用者輸入想計算的費式數個數，由程式全部顯示出來。例如：

```
求幾個費式數？10
0 1 1 2 3 5 8 13 21 34
```

2. 請撰寫一個簡單的洗牌程式，可在文字模式下顯示洗牌結果。例如：

```
桃 6 磚 9 磚 6 梅 5 梅10 心 5 梅 K 梅 6 心 J 心 1 心 6 梅 3 梅 7
磚 4 磚 1 心 7 磚 2 磚 J 梅 Q 桃 2 心 2 梅 2 心10 桃 7 桃 1 桃 8
心 9 磚 Q 磚 7 心 3 梅 9 梅 1 心 4 桃 Q 桃10 桃 3 磚 K 桃 K 桃 9
磚10 梅 8 磚 3 梅 4 磚 8 磚 5 桃 5 心 8 梅 J 心 Q 桃 J 桃 4 心 K
```

3. 給予一個陣列，請使用程式其中元素排序為由小至大：

```
int[] number = {70, 80, 31, 37, 10, 1, 48, 60, 33, 80};
```

4. 給予一個排序後的陣列，請撰寫程式可讓使用者在陣列中尋找指定數字，找到就顯示索引值，找不到就顯示-1：

```
int[] number = {1, 10, 31, 33, 37, 48, 60, 70, 80};
```

物件封裝

學習目標

- 封裝觀念與實現
- 定義類別、建構式與方法
- 使用方法重載與不定長度引數
- 瞭解 static 成員

5.1 何謂封裝？

第 4 章介紹如何定義類別，這並非完成了物件導向中**封裝（Encapsulation）**的概念，如何才有封裝的意涵？你必須以使用者的角度來思考問題。

本節著重在封裝的觀念，說明如何以 Java 語法實作，有一些內容會略與第 4 章重複，這是為了介紹上的完整性，在瞭解封裝基本概念之後，下一節會進入 Java 的語法細節。

5.1.1 封裝物件初始流程

假設你要寫個管理儲值卡的應用程式，首先定義儲值卡會記錄哪些資料，像是儲值卡號碼、餘額、紅利點數，首先使用 **class** 關鍵字進行定義：

```
package cc.openhome;

class CashCard {
    String number;
    int balance;
    int bonus;
}
```

若此類別定義在 cc.openhome 套件,使用 CashCard.java 儲存,編譯為 CashCard.class,並將這個位元碼給朋友使用,你的朋友要建立 5 張儲值卡的資料:

```
var card1 = new CashCard();
card1.number = "A001";
card1.balance = 500;
card1.bonus = 0;

var card2 = new CashCard();
card2.number = "A002";
card2.balance = 300;
card2.bonus = 0;

var card3 = new CashCard();
card3.number = "A003";
card3.balance = 1000;
card3.bonus = 1;   // 單次儲值 1000 元可獲得紅利一點
...
```

在這邊可以看到,若想存取物件的資料成員,可以透過「.」運算子加上資料成員名稱。

你發現到每次他在建立儲值卡物件時,都有相同的初始動作,也就是指定卡號、餘額與紅利點數,這個流程是重複的,更多的 CashCard 實例建立會帶來更多的程式碼重複,在程式中出現重複的流程,往往意謂著改進的空間,在 4.1.1 談過,可以定義**建構式(Constructor)** 改進這個問題:

Encapsulation1 CashCard.java

```java
package cc.openhome;

class CashCard {
    String number;
    int balance;
    int bonus;

    CashCard(String number, int balance, int bonus) {
        this.number = number;
        this.balance = balance;
        this.bonus = bonus;
    }
}
```

　　正如 4.1.1 談過的，建構式是與類別名稱同名的**方法（Method）**，不用宣告傳回型態，在這個例子中，建構式上的 number、balance 與 bonus 參數，與類別的 number、balance、bonus 資料成員同名了，為了區別，在物件資料成員前加上 **this** 關鍵字，表示將 number、balance 與 bonus 參數的值，指定給這個物件（this）的 number、balance、bonus 資料成員。

　　在重新編譯之後，成果交給你的朋友，同樣是建立五個 CashCard 物件，現在他只要這麼寫：

```
var card1 = new CashCard("A001", 500, 0);
var card2 = new CashCard("A002", 300, 0);
var card3 = new CashCard("A003", 1000, 1);
...
```

　　比較看看，他會想寫這個程式片段，還是剛剛那個程式片段？**那麼你封裝了什麼？你用了建構式，實現物件初始化流程的封裝。**封裝物件初始化流程有什麼好處？拿到 CashCard 類別的使用者，不用重複撰寫物件初始化流程，事實上，他也不用知道物件如何初始化，就算你修改建構式的內容，重新編譯並給予位元碼檔案後，CashCard 類別的使用者也無需修改程式。

　　實際上，如果類別使用者想建立 5 個 CashCard 實例，並將資料顯示出來，可以用陣列，而無需個別宣告參考名稱。例如：

Encapsulation1　CashApp.java

```java
package cc.openhome;

public class CardApp {
    public static void main(String[] args) {
        CashCard[] cards = {
            new CashCard("A001", 500, 0),
            new CashCard("A002", 300, 0),
            new CashCard("A003", 1000, 1),
            new CashCard("A004", 2000, 2),
            new CashCard("A005", 3000, 3)
        };

        for(var card : cards) {
            System.out.printf("(%s, %d, %d)%n",
                    card.number, card.balance, card.bonus);
        }
    }
}
```

執行結果如下所示：

```
(A001, 500, 0)
(A002, 300, 0)
(A003, 1000, 1)
(A004, 2000, 2)
(A005, 3000, 3)
```

提示 >>> 接下來說明範例時，會假設有兩個以上的開發者。記得！如果物件導向或設計上的議題對你來說太抽象，請用兩人或多人共同開發的角度來想想看：這樣的觀念與設計，對大家合作有沒有好處。

5.1.2 封裝物件操作流程

假設你的朋友使用 CashCard 建立 3 個物件，並對物件進行儲值的動作：

```
var scanner = new Scanner(System.in);
var card1 = new CashCard("A001", 500, 0);
var money = scanner.nextInt();
if(money > 0) {
    card1.balance += money;
    if(money >= 1000) {
        card1.bonus++;
    }
}
else {
    System.out.println("儲值是負的？你是來亂的嗎？");
}

var card2 = new CashCard("A002", 300, 0);
money = scanner.nextInt();
if(money > 0) {
    card2.balance += money;
    if(money >= 1000) {
        card2.bonus++;
    }
}
else {
    System.out.println("儲值是負的？你是來亂的嗎？");
}

var card3 = new CashCard("A003", 1000, 1);
// 還是那些 if..else 的重複流程
...
```

你的朋友做了簡單的檢查，儲值不能是負的，而儲值大於 1000 的話，就給予紅利一點，顯然地，儲值的流程重複了。你想了一下，儲值這個動作，CashCard 實例可以自己處理，如此一來使用者就易於操作！可以定義**方法（Method）**來解決這個問題：

```
Encapsulation2 CashCard.java
```

```java
package cc.openhome;

class CashCard {
    String number;
    int balance;
    int bonus;

    CashCard(String number, int balance, int bonus) {
        this.number = number;
        this.balance = balance;
        this.bonus = bonus;
    }

    void store(int money) {   // 儲值時呼叫的方法  ← ❶ 不會傳回值
        if(money > 0) {
            this.balance += money;
            if(money >= 1000) {
                this.bonus++;
            }
        }                                            ← ❷ 封裝儲值流程
        else {
            System.out.println("儲值是負的？你是來亂的嗎？");
        }
    }

    void charge(int money) { // 扣款時呼叫的方法
        if(money > 0) {
            if(money <= this.balance) {
                this.balance -= money;
            }
            else {
                System.out.println("錢不夠啦！");
            }
        }
        else {
            System.out.println("扣負數？這不是叫我儲值嗎？");
        }
    }

    int exchange(int bonus) { // 兌換紅利點數時呼叫的方法  ← ❸ 會傳回 int 型態
        if(bonus > 0) {
            this.bonus -= bonus;
```

```
        }
        return this.bonus;
    }
}
```

在 CashCard 類別中，除了定義儲值用的 store()方法，還考慮到扣款用的 charge()方法，以及兌換紅利點數的 exchange()方法。在類別中定義方法，如果不用傳回值，方法名稱前可以宣告 **void❶**。

先前看到的儲值重複流程，現在都封裝到 store()方法 **❷**，好處是 CashCard 的使用者，現在可以這麼撰寫：

```
var scanner = new Scanner(System.in);
var card1 = new CashCard("A001", 500, 0);
card1.store(scanner.nextInt());

var card2 = new CashCard("A002", 300, 0);
card2.store(scanner.nextInt());

var card3 = new CashCard("A003", 1000, 1);
card3.store(scanner.nextInt());
```

你封裝了什麼呢？封裝了儲值的流程。哪天也許考慮每加值 1000 元就增加 1 點紅利，就算改變了 store()的流程，CashCard 使用者也無需修改程式。

同樣地，charge()與 exchange()方法也分別封裝了扣款，以及兌換紅利點數的流程。為了知道兌換紅利點數後，剩餘的點數還有多少，exchange()必須傳回剩餘的點數值，方法若會傳回值，必須於方法前宣告傳回值的型態 **❸**。

提示 >>> 在 Java 命名慣例中，方法名稱首字是小寫。

如果是直接建立三個 CashCard 實例，而後進行儲值並顯示明細，其實可以如下使用陣列，讓程式更簡潔：

Encapsulation2 CashApp.java

```
package cc.openhome;

import java.util.Scanner;

public class CardApp {
    public static void main(String[] args) {
        CashCard[] cards = {
            new CashCard("A001", 500, 0),
            new CashCard("A002", 300, 0),
```

```
                new CashCard("A003", 1000, 1)
        };

        var console = new Scanner(System.in);
        for(var card : cards) {
            System.out.printf("為 (%s, %d, %d) 儲值：",
                    card.number, card.balance, card.bonus);
            card.store(console.nextInt());
            System.out.printf("明細 (%s, %d, %d)%n",
                    card.number, card.balance, card.bonus);
        }
    }
}
```

執行結果如下所示：

```
為 (A001, 500, 0) 儲值：1000
明細 (A001, 1500, 1)
為 (A002, 300, 0) 儲值：2000
明細 (A002, 2300, 1)
為 (A003, 1000, 1) 儲值：3000
明細 (A003, 4000, 2)
```

　　隱藏物件細節是封裝的目的之一，另一目的是公開使用者感興趣的資訊。例如，使用者對於儲值、扣款、兌換紅利點數的行為有興趣，因此你公開了 CashCard 的 store()、charge() 與 exchange() 方法（然而隱藏其流程細節）。

5.1.3　封裝物件內部資料

　　在前一個範例中，CashCard 類別定義了 store() 等方法，你「希望」使用者如下撰寫程式，這樣才可以執行 stroe() 等方法中的相關條件檢查流程：

```
CashCard card1 = new CashCard("A001", 500, 0);
card1.store(console.nextInt());
```

　　老實說，你的希望完全是一廂情願，因為 CashCard 使用者可以如下撰寫程式，跳過相關條件檢查：

```
var card1 = new CashCard("A001", 500, 0);
card1.balance += console.nextInt();
card1.bonus += 100;
```

　　問題在哪？因為沒有封裝 CashCard 中，不想讓使用者直接存取的私有資料，如果資料是類別的實例私有，可以使用 **private** 關鍵字定義：

Encapsulation3 CashCard.java

```java
package cc.openhome;

class CashCard {
    private String number;
    private int balance;          ──◀── ❶ 使用 private 定義私有成員
    private int bonus;
    ...略

    void store(int money) {  ◀── ❷ 要修改 balance，得透過 store() 定義的流程
        if(money > 0) {
            this.balance += money;
            if(money >= 1000) {
                this.bonus++;
            }
        }
        else {
            System.out.println("儲值是負的？你是來亂的嗎？");
        }
    }

    int getBalance() {
        return balance;
    }

    int getBonus() {
        return bonus;              ◀── ❸ 提供取值方法成員
    }

    String getNumber() {
        return number;
    }
}
```

在這個例子，不想讓使用者直接存取 number、balance 與 bonus，因而使用 private 宣告❶，直接存取 number、balance 與 bonus，就會導致編譯失敗：

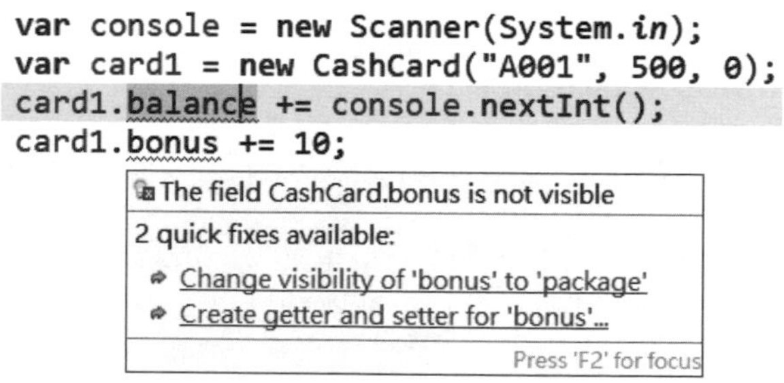

```java
var console = new Scanner(System.in);
var card1 = new CashCard("A001", 500, 0);
card1.balance += console.nextInt();
card1.bonus += 10;
```

```
🔲 The field CashCard.bonus is not visible
2 quick fixes available:
  ➡ Change visibility of 'bonus' to 'package'
  ➡ Create getter and setter for 'bonus'...
                              Press 'F2' for focus
```

圖 5.1　不能存取 private 成員

　　如果沒有提供方法存取 private 成員，使用者就不能存取，在 CashCard 的
例子中，若想修改 balance 或 bouns，得透過 store()、charge()、exchange()
等方法，也就一定得執行你定義的流程❷。

　　如果不能直接取得 number、balance 與 bonus，那這段程式碼怎麼辦？

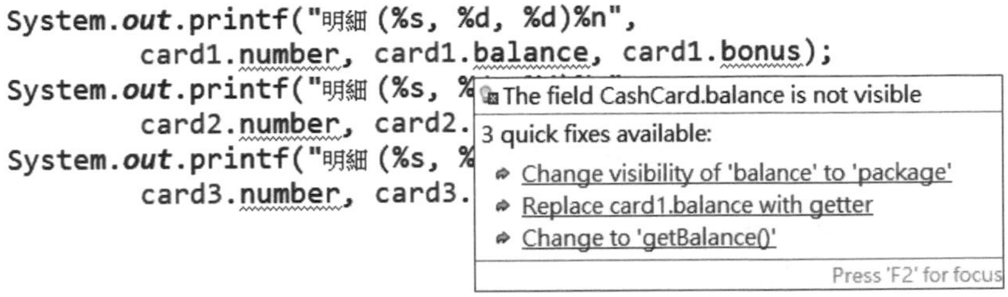

```
System.out.printf("明細 (%s, %d, %d)%n",
        card1.number, card1.balance, card1.bonus);
System.out.printf("明細 (%s, %
        card2.number, card2.
System.out.printf("明細 (%s, %
        card3.number, card3.
```

The field CashCard.balance is not visible

3 quick fixes available:
- Change visibility of 'balance' to 'package'
- Replace card1.balance with getter
- Change to 'getBalance()'

Press 'F2' for focus

圖 5.2　不能存取 private 成員怎麼辦？

　　可以提供取值方法（Getter），取得 number、balance 與 bonus 的值，基於
你的意願，CashCard 類別上定義了 getNumber()、getBalance()與 getBonus()
等取值方法❸，可以如下修改程式：

```
System.out.printf("明細 (%s, %d, %d)%n",
        card1.getNumber(), card1.getBalance(), card1.getBonus());
System.out.printf("明細 (%s, %d, %d)%n",
        card2.getNumber(), card2.getBalance(), card2.getBonus());
System.out.printf("明細 (%s, %d, %d)%n",
        card3.getNumber(), card3.getBalance(), card3.getBonus());
```

　　在 Java 命名規範中，取值方法的名稱以 get 開頭，之後接上首字大寫的單字。
在 IDE 中，可以使用程式碼自動產生功能來生成取值方法，以 Eclipse 為例，
可以在類別原始碼中按右鍵，執行「Source」指令，選擇「Generate Getters and
Setters...」，在對話框中選擇資料成員的取值（或設值）方法，按下「Generate」
可以自動生成對應的程式碼：

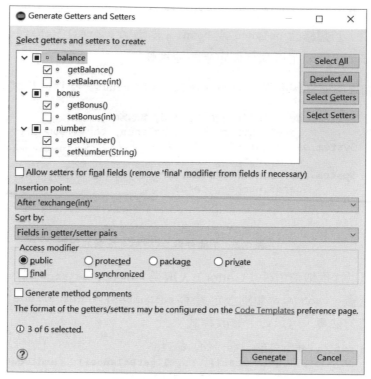

圖 5.3　自動生成取值方法

　　你封裝了什麼？封裝了類別私有資料，讓使用者無法直接存取，必須透過你提供的操作方法，經過定義的流程來存取私有資料，事實上，使用者也無從得知實例中有哪些私有資料，不會知道物件的內部細節。

> **提示 >>>** 在這邊的範例中，不想讓使用者知道 number、balance 與 bonus 等細節，因而將之隱藏起來；然而封裝另一目的是公開使用者感興趣的資訊，例如若要定義代表資料表的載體，使用者對欄位名稱、結構等感興趣，相對地就會將之公開，第 9 章談 Java 16 的記錄類別（record class）時，會看到這類封裝的例子。

　　private 也可以用在方法或建構式宣告上，私有方法或建構式通常是類別內部某個共用的演算流程，外界不用知道私有方法的存在，私有建構式的實際例子會在列舉（enum）時看到，詳情可參考第 18 章；private 也可以用在內部類別宣告，內部類別會在稍後說明。

5.2　類別語法細節

　　前一節討論過物件導向中封裝的通用概念，以及如何用 Java 語法實現，接下來這節要討論的是 Java 特定語法細節。

5.2.1　**public** 權限修飾

　　前一節的 CashCard 類別定義在 cc.openhome 套件中，假設現在為了管理上的需求，要將 CashCard 類別定義至 cc.openhome.virtual 套件中，除了原始碼與位元碼的資料夾必須符合套件階層，原始碼內容也得做些修改：

```
package cc.openhome.virtual;

class CashCard {
    ...
}
```

　　修改過後，會發現使用到 CashCard 的 CardApp 出錯了，根據第 2 章有關 package 與 import 的介紹，因為 CashCard 與 CardApp 不同套件，應該在 CardApp 加上 import 陳述，可是加上後還是顯示以下錯誤？

```
package cc.openhome;

import cc.openhome.virtual.CashCard;
import ja    The type cc.openhome.virtual.CashCard is not visible

public cl    1 quick fix available:
             Change visibility of 'CashCard' to 'public'
                                               Press 'F2' for focus
    public static void main(String[] args) {
        Scanner console = new Scanner(System.in);
```

圖 5.4　看不到 CashCard？

　　沒有宣告權限修飾的成員，只有在相同套件的類別程式碼中，才可以直接存取，也就是「套件範圍權限」。 如果不同套件的類別程式碼中，想直接存取，就會出現圖 5.4 的編譯錯誤訊息。

　　若其他套件的類別程式碼，想存取某套件的類別或物件成員，該類別或物件成員必須是公開成員，要使用 **public** 加以宣告。例如：

Public CashCard.java

```java
package cc.openhome.virtual;

public class CashCard {        ← ❶ 這是個公開類別

    ...略    ❷ 這是個公開建構式


    public CashCard(String number, int balance, int bonus) {
        ...略
    }

    public void store(int money) {    ← ❸ 公開 store() 等方法
        ...略
    }

    public void charge(int money) {
        ...略
    }

    public int exchange(int bonus) {
        ...略
    }

    public int getBalance() {
        return balance;
    }

    public int getBonus() {
        return bonus;
    }

    public String getNumber() {
        return number;
    }
}
```

可以宣告類別為 public，表示它是個公開類別，在其他套件中就可以使用
❶，在建構式上宣告 public，表示其他套件的程式可以直接呼叫這個建構式❷，
在方法上宣告 public，表示其他套件的程式可以直接呼叫這個方法❸。如果願
意，也可以在物件資料成員上宣告 public。

注意 >>> 由於 Java SE 9 導入了模組系統，如果採用模組設計，想給其他模組存取的套
件，必須在模組描述檔宣告，否則就算是 public 的類別或方法等，其他模組
也無法存取。

回憶一下 2.2.2 提過，套件管理還有權限管理上的概念，沒有定義任何權限關鍵字時，就是套件權限，其實有 private、protected 與 public 三個權限修飾，你已經認識 private 與 public 的使用了，protected 會在第 6 章說明。

提示 >>> 如果類別沒有宣告 public，類別中的方法就算是 public，也等於是套件權限了，因為其他套件根本就無法使用類別，更別說當中定義的方法。

5.2.2　關於建構式

在定義類別時，可以使用建構式定義物件建立的初始流程。建構式是與類別名稱同名，無需宣告傳回型態的方法。例如：

```
class Some {
    private int a = 10;     // 指定初始值
    private String text;    // 預設值 null
    Some(int a, String text) {
        this.a = a;
        this.text = text;
    }
    ...
}
```

如果如下建立 Some 實例，成員 a 與 text 會初始兩次：

```
var some = new Some(10, "some text");
```

建構物件時，資料成員就會初始化，如果沒有指定初始值，會使用預設值初始化。預設值如下表所示：

表 5.1　資料成員初始值

資料型態	初始值
byte	0
short	0
int	0
long	0L
float	0.0F
double	0.0D
char	'\u0000'
boolean	false
類別	null

使用 new 建構 Some 物件時，a 與 text 分別先初始為 10 與 null，之後會再經由建構式流程，設定為建構式參數的值。**如果定義類別時，沒有撰寫任何建構式，編譯器會自動加入一個無參數、內容為空的建構式**。正因為編譯器會在沒有撰寫任何建構式時，自動加入**預設建構式（Default constructor）**，在沒有撰寫任何建構式時，就可以使用無引數方式呼叫建構式：

```
var some = new Some();
```

提示 >>> 無參數的建構式也稱 Nullary 建構式，編譯器自動加入的建構式，才稱為預設建構式，如果自行撰寫無參數的建構式，就不稱為預設建構式了（只是一個 Nullary 建構式），雖然只是名詞定義，不過認證考試時要區別兩者的不同。

如果自行撰寫了建構式，編譯器就不會自動建立預設建構式。如果這麼寫：

```
public class Some {
    public Some(int a) {
    }
}
```

那就只有一個具 int 參數的建構式，也就不能 new Some() 來建構物件，必須使用 new Some(1) 的形式來建構物件。

5.2.3 建構式與方法重載

視使用情境或條件的不同，建構物件時也許希望有不同的初始流程，**你可以定義多個建構式，只要參數型態或個數不同，這稱為重載（Overload）建構式**。例如：

```
class Some {
    private int a = 10;
    private String text = "n.a.";

    Some(int a) {
        if(a > 0) {
            this.a = a;
        }
    }

    Some(int a, String text) {
        if(a > 0) {
            this.a = a;
        }
        if(text != null) {
```

```
            this.text = text;
        }
    }
    ...
}
```

在這個程式碼片段中，建構時有兩種選擇，使用 new Some(100)，或者使用 new Some(100, "some text")。

定義方法時也可以進行重載，編譯時期會根據參數型態或個數，決定要呼叫的對應方法。以 String 類別為例，其 valueOf()方法就提供了多個版本：

```
public static String valueOf(boolean b)
public static String valueOf(char c)
public static String valueOf(char[] data)
public static String valueOf(char[] data, int offset, int count)
public static String valueOf(double d)
public static String valueOf(float f)
public static String valueOf(int i)
public static String valueOf(long l)
public static String valueOf(Object obj)
```

例如呼叫 String.valueOf(10)，因為 10 是 int 型態，會執行 valueOf(int i) 的版本，若是 String.valueOf(10.12)，因為 10.12 是 double 型態，會執行 valueOf(double d)的版本（片段中看到的 static 稍後就會說明）。

返回值型態不可作為方法重載依據，例如以下方法重載並不正確，編譯器會視為重複定義而編譯失敗：

```
class Some {
    int someMethod(int i) {
        return 0;
    }

    double someMethod(int i) {
        return 0.0;
    }
}
```

提示 ⫸　方法重載是特定多型（Ad-hoc Polymorphism）的一種實現，有興趣可以進一步參考〈特定多型[1]〉。

---

[1] 特定多型：openhome.cc/Gossip/Programmer/Ad-hoc-Polymorphism.html

使用方法重載時,要注意自動裝箱、拆箱問題,來看看以下程式的結果會是什麼?

```
Class OverloadBoxing.java
package cc.openhome;

class Some {
    void someMethod(int i) {
        System.out.println("int 版本被呼叫");
    }

    void someMethod(Integer integer) {
        System.out.println("Integer 版本被呼叫");
    }
}

public class OverloadBoxing {
    public static void main(String[] args) {
        var s = new Some();
        s.someMethod(1);
    }
}
```

結果是顯示「int 版本被呼叫」,如果想呼叫參數為 Integer 版本的方法,要明確指定。例如:

```
s.someMethod(Integer.valueOf(1));
```

編譯器在處理重載方法時,會依以下順序來處理:

- 沒有裝箱動作前可符合引數個數與型態的方法。
- 裝箱動作後可符合引數個數與型態的方法。
- 嘗試有不定長度引數(稍後說明)並可符合引數型態的方法。
- 找不到合適的方法,編譯錯誤。

5.2.4 使用 this

除了被宣告為 static 的地方外,this 關鍵字可以出現在類別中任意區塊,代表「這個物件」的參考名稱,目前看過的應用,就是在建構式參數與物件資料成員同名時,可用 this 加以區別。

```
public class CashCard {
    private String number;
    private int balance;
    private int bonus;

    public CashCard(String number, int balance, int bonus) {
        this.number = number;     // 參數 number 指定給這個物件的 number
        this.balance = balance;   // 參數 balance 指定給這個物件的 balance
        this.bonus = bonus;       // 參數 bonus 指定給這個物件的 bonus
    }
    ...
}
```

在 5.2.3 看到過這個程式片段：

```
class Some {
    private int a = 10;
    private String text = "n.a.";

    Some(int a) {
        if(a > 0) {
            this.a = a;
        }
    }

    Some(int a, String text) {
        if(a > 0) {
            this.a = a;
        }
        if(text != null) {
            this.text = text;
        }
    }
    ...
}
```

　　粗體字部分流程是重複的，重複在程式設計中是**不好的味道（Bad smell）**，可以在建構式中呼叫另一個建構式。例如：

```
class Some {
    private int a = 10;
    private String text = "n.a.";

    Some(int a) {
        if(a > 0) {
            this.a = a;
        }
    }
```

```
    Some(int a, String text) {
        this(a);
        if(text != null) {
            this.text = text;
        }
    }
    ...
}
```

this() 代表呼叫另一個建構式，至於呼叫哪個建構式，就看呼叫 this() 時給的引數型態與個數，在上例中，this(a) 會呼叫 Some(int a) 版本的建構式。

注意》》 this() 呼叫只能出現在建構式的第一行。

在建構物件之後、呼叫建構式之前，若有想執行的流程，可以使用{}定義，直接來看個範例比較清楚：

Class ObjectInitialBlock.java

```java
package cc.openhome;

class Other {
    {
        System.out.println("物件初始區塊");
    }

    Other() {
        System.out.println("Other() 建構式");
    }

    Other(int o) {
        this();
        System.out.println("Other(int o) 建構式");
    }
}

public class ObjectInitialBlock {
    public static void main(String[] args) {
        new Other(1);
    }
}
```

在這個範例中，呼叫了 Other(int o) 版本的建構式，而其中使用 this() 呼叫了 Other() 版本的建構式，如果有撰寫物件初始區塊，物件建立後會先執行物件初始區塊，接著才呼叫指定的建構式，執行結果如下：

物件初始區塊
Other() 建構式
Other(int o) 建構式

在 3.1.2 介紹過 final 關鍵字，如果區域變數宣告了 final，表示設值後就不能再變動，**物件資料成員上也可以宣告 final**，如果是以下程式片段：

```
class Something {
    final int x = 10;
    ...
}
```

其他地方就不能再對 x 設值，否則會編譯錯誤。那以下的程式片段呢？

```
public class Something {
    final int x;
    ...
}
```

將 x 設為預設初始值 0，而其他地方對 x 設值？不對！如果物件資料成員被宣告為 final，但沒有指定值，**表示延遲物件成員值的指定，在建構式執行流程中，一定要有對該資料成員指定值的動作，否則編譯錯誤**。例如：

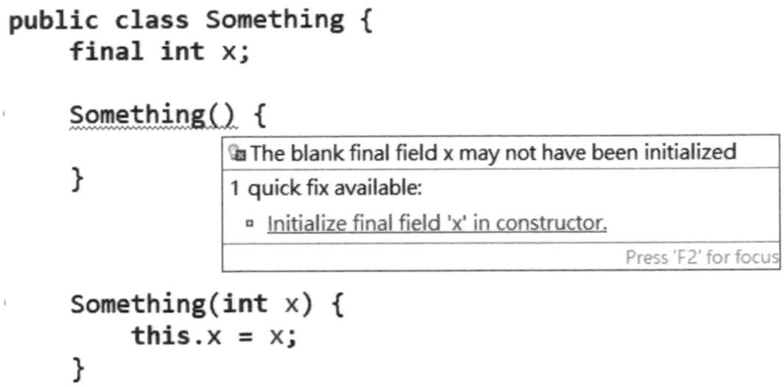

```
public class Something {
    final int x;

    Something() {

    }
```

> The blank final field x may not have been initialized
> 1 quick fix available:
> □ Initialize final field 'x' in constructor.
> Press 'F2' for focus

```
    Something(int x) {
        this.x = x;
    }
}
```

圖 5.5　**x 有可能沒有初始值的編譯錯誤**

在上圖中，雖然 Something(int x)對 final 物件成員 x 設值，然而使用者若呼叫了 Something()版本的建構式，x 就不會被設值，因而編譯錯誤。如果改為以下就可以通過編譯：

```
class Something {
    final int x;

    Something() {
        this(10);
    }
```

```
    Something(int x) {
        this.x = x;
    }
}
```

5.2.5　**static** 類別成員

來看看一個程式片段：

```
class Ball {
    double radius;
    final double PI = 3.14159;
    ...
}
```

如果建立多個 Ball 實例，每個 Ball 實例都會有自己的 radius 與 PI 成員：

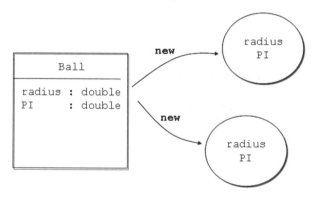

圖 5.6　每個 Ball 擁有自己的 radius 與 PI 資料成員

不過，圓周率其實是個固定常數，不用實例各自擁有，你可以在 PI 上宣告 **static**，表示它屬於類別：

```
class Ball {
    double radius;
    static final double PI = 3.141596;
    ...
}
```

被宣告為 **static** 的成員，不會讓個別實例擁有，而是屬於類別，如上定義後，
Ball 實例只會各自擁有 radius：

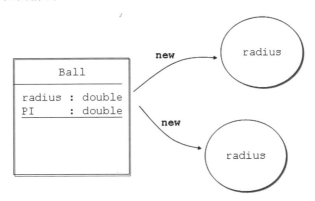

圖 5.7 **PI** 屬於 **Ball** 類別擁有

被宣告為 **static** 的成員，是將類別名稱作為名稱空間，也就是說，可以如下
取得圓周率：

```
System.out.println(Ball.PI);
```

透過類別名稱與.運算子，就可以取得 static 成員；也可以宣告方法為
static 成員。例如：

```
class Ball {
    double radius;
    static final double PI = 3.141596;
    static double toRadians(double angdeg) { // 角度轉徑度
        return angdeg * (Ball.PI / 180);
    }
}
```

被宣告為 **static** 的方法，也是將類別名稱作為名稱空間，可以透過類別名稱
與.運算子來呼叫 static 方法：

```
System.out.println(Ball.toRadians(100));
```

雖然語法上可以透過參考名稱存取 static 成員，但**非常不建議如此撰寫**：

```
var ball = new Ball();
System.out.println(ball.PI);                 // 極度不建議
System.out.println(ball.toRadians(100));     // 極度不建議
```

　　Java 程式設計領域，早就有許多良好命名慣例，沒有遵守慣例並不是錯，然而易造成溝通與維護的麻煩。以類別命名實例來說，首字是大寫，以 static 使用慣例來說，是透過類別名稱與 . 運算子來存取。

　　在大家都遵守命名慣例的情況下，看到首字大寫就知道是類別，透過類別名稱與 . 運算子來存取，就會知道是 static 成員。

　　那麼，一直在用的 System.out、System.in 呢？沒錯！out 就是 System 擁有的 static 成員，in 也是 System 的 static 成員，這可以查看 API 文件得知：

Fields

Modifier and Type	Field	Description
static **PrintStream**	err	The "standard" error output stream.
static **InputStream**	in	The "standard" input stream.
static **PrintStream**	out	The "standard" output stream.

圖 5.8　**System.err**、**System.in**、**System.out** 都是 **static**

　　進一步按下 out 鏈結，就會看到完整宣告（有興趣也可以看 src.zip 中的 System.java）：

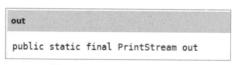

out

public static final PrintStream out

圖 5.9　**out** 的完整宣告

　　out 是 java.io.PrintStream 型態，被宣告為 static，屬於 System 類別擁有。先前遇過的例子還有 Integer.parseInt()、Long.parseLong() 等方法，根據命名慣例，首字大寫就是類別，類別名稱加上 . 運算子直接呼叫的，就是 static 成員，你可以自行查詢 API 文件來確認這件事。

　　正如先前 Ball 類別示範的，static 成員屬於類別擁有，將類別名稱當作名稱空間是常見的方式。例如在 Java SE API 中，只要想到與數學相關的功能，就會想到 java.lang.Math，因為有許多以 Math 為名稱空間的常數與公用方法：

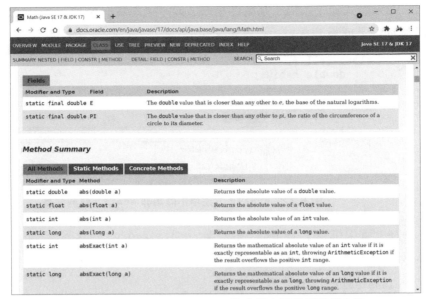

圖 5.10　以 **java.lang.Math** 為名稱空間的常數與方法

因為都是 static 成員，就可以這麼使用：

```
jshell> Math.PI;
$1 ==> 3.141592653589793

jshell> Math.toRadians(100);
$2 ==> 1.7453292519943295
```

由於 static 成員屬於類別，**在 static 方法或區塊（稍後說明）不能出現 this
關鍵字**。例如：

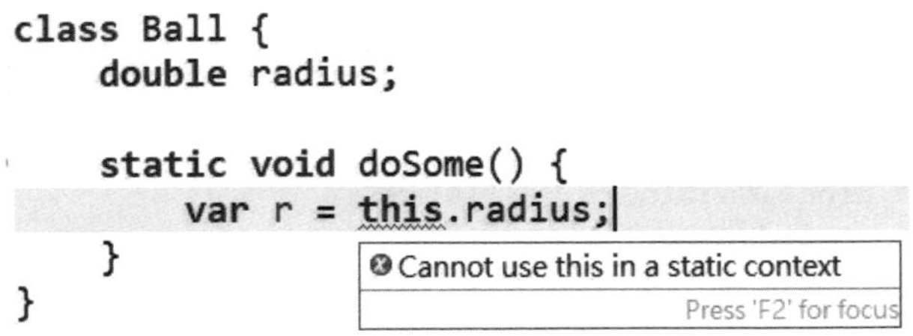

```
class Ball {
    double radius;

    static void doSome() {
        var r = this.radius;
    }
}
```
⊗ Cannot use this in a static context
Press 'F2' for focus

圖 5.11　**static** 方法中不能使用 **this**

如果程式碼中撰寫了某物件資料成員，雖然沒有撰寫 this，也隱含了使用這個物件某成員的意思，也就是：

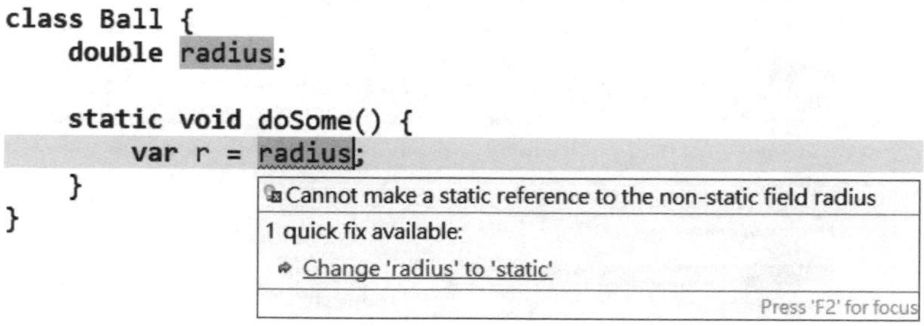

```java
class Ball {
    double radius;

    static void doSome() {
        var r = radius;
    }
}
```
Cannot make a static reference to the non-static field radius
1 quick fix available:
↪ Change 'radius' to 'static'
Press 'F2' for focus

圖 5.12　**static** 方法中不能用非 **static** 資料成員

在上圖中撰寫了 radius，這隱含了 this.radius 的意義，因此會編譯錯誤。static 方法或區塊中，也不能呼叫非 static 方法。例如：

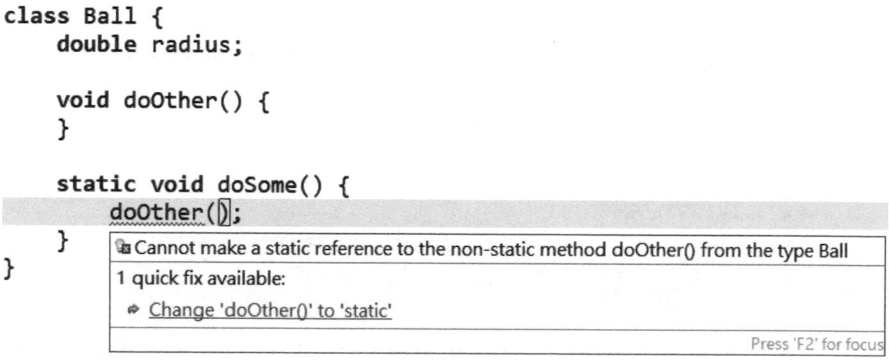

```java
class Ball {
    double radius;

    void doOther() {
    }

    static void doSome() {
        doOther();
    }
}
```
Cannot make a static reference to the non-static method doOther() from the type Ball
1 quick fix available:
↪ Change 'doOther()' to 'static'
Press 'F2' for focus

圖 5.13　**static** 方法中不能用非 **static** 方法成員

在上圖中撰寫了 doOther()，實際上隱含了 this.doOther()，因此會編譯錯誤。static 方法或區塊中，可以使用 static 資料成員或方法成員。例如：

```java
class Ball {
    static final double PI = 3.141596;
    static void doOther() {
        var tau = 2 * PI;
    }

    static void doSome() {
        doOther();
    }
    ...
}
```

如果有些程式碼，想在位元碼載入後執行，可以定義 static 區塊。例如：

```
class Ball {
    static {
        System.out.println("位元碼載入後就會被執行");
    }
}
```

在這個例子中，Ball.class 載入 JVM 後，預設就會執行 static 區塊。

> **提示 >>>** 第 16 章會談到 JDBC，其中有透過 static 區塊註冊 JDBC 驅動程式的例子。

靜態成員可以透過 import static 語法來匯入，這可以少打幾個字。例如：

Class ImportStatic.java

```
package cc.openhome;

import java.util.Scanner;
import static java.lang.System.in;
import static java.lang.System.out;

public class ImportStatic {
    public static void main(String[] args) {
        var console = new Scanner(in);
        out.print("請輸入姓名：");
        out.printf("%s 你好！%n", console.nextLine());
    }
}
```

原本編譯器看到 in 時，並不知道 in 是什麼，但想起你用 import static 告訴過它，想針對 java.lang.System.in 這個 static 成員偷懶，因此就試著用 java.lang.System.in 編譯看看，結果就成功了，out 也是同樣的道理。如果同一類別有多個 static 成員想偷懶，也可以使用*。例如將上例中 import static 的兩行改為如下一行，也可以編譯成功：

```
import static java.lang.System.*;
```

> **提示 >>>** 適當使用 import static 來簡化 static 成員或方法的使用，可以增加可讀性。

與 import 一樣，import static 語法是為了偷懶，但別偷懶過頭，以免發生名稱衝突，基本上在解析名稱時的順序會是：

- 區域變數覆蓋：選用方法中的同名變數、參數、方法名稱。

- 成員覆蓋：選用類別中定義的同名資料成員、方法名稱。

- 重載方法比對：使用 import static 各個靜態成員，若有同名衝突，嘗試透用重載判斷 。

如果編譯器無法判斷，會回報錯誤，例如若 cc.openhome.Util 定義有 static 的 sort()方法，而 java.util.Arrays 也定義有 static 的 sort()方法，以下情況編譯就會出錯：

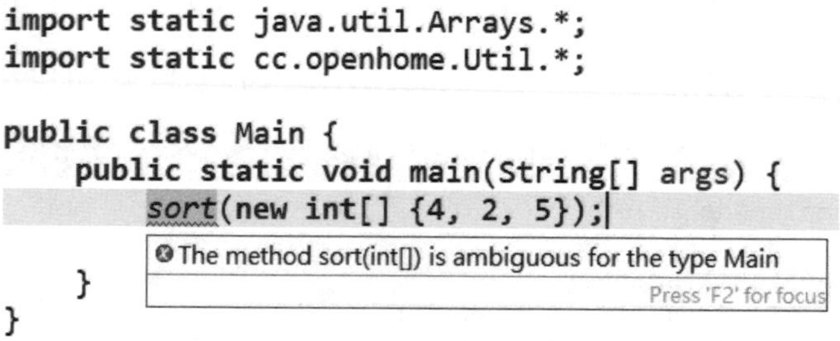

```java
import static java.util.Arrays.*;
import static cc.openhome.Util.*;

public class Main {
    public static void main(String[] args) {
        sort(new int[] {4, 2, 5});
```
❷ The method sort(int[]) is ambiguous for the type Main

Press 'F2' for focus
```java
    }
}
```

圖 5.14 到底是要哪個 sort()？

5.2.6 不定長度引數

在呼叫方法時，若方法的引數個數事先無法決怎麼辦？例如 System.out.printf()方法就無法事先決定引數個數：

```java
out.printf("%d", 10);
out.printf("%d %d", 10, 20);
out.printf("%d %d %d", 10, 20, 30);
```

不定長度引數（Variable-length Argument）可以輕鬆地解決這個問題。直接來看示範：

Class MathTool.java
```java
package cc.openhome;

public class MathTool {
    public static int sum(int... numbers) {
        var sum = 0;
        for(var number : numbers) {
            sum += number;
        }
        return sum;
    }
}
```

要使用不定長度引數，宣告參數列要於型態關鍵字後加上...，在 sum() 方法可使用增強式 for 迴圈，取得不定長度引數中的每個元素，你可以如此使用：

```
out.println(MathTool.sum(1, 2));
out.println(MathTool.sum(1, 2, 3));
out.println(MathTool.sum(1, 2, 3, 4));
```

不定長度引數是編譯器蜜糖，int...宣告的變數實際上展開為陣列，而呼叫不定長度引數的客戶端，例如 out.println(MathTool.sum(1, 2, 3))，展開後也是變為陣列當作引數傳遞，這可以從反組譯後的程式碼得知：

```
out.println(
    MathTool.sum(new int[] {1, 2, 3})
);
```

使用不定長度引數時，方法上宣告的不定長度參數，必須是參數列最後一個。例如以下是合法宣告：

```
void some(int arg1, int arg2, int... varargs) {
    ...
}
```

以下方式是不合法宣告：

```
void some(int... varargs, int arg1, int arg2) {
    ...
}
```

使用兩個以上不定長度引數也是不合法的：

```
void some(int... varargs1, int... varargs2) {
    ...
}
```

如果使用物件的不定長度引數，宣告的方法相同，例如：

```
void some(Other... others) {
    ...
}
```

5.2.7　內部類別

類別中可以再定義類別，稱為**內部類別（Inner class）**，這邊先簡單介紹語法，雖然會無聊一些，不過之後章節就會看到相關應用。

內部類別可以定義在類別區塊之中。例如以下程式片段建立了非靜態的內部類別：

```
class Some {
    class Other {
    }
}
```

內部類別也可以使用 public、protected 或 private 宣告。例如：

```
class Some {
    private class Other {
    }
}
```

內部類別本身可以存取外部類別的成員，通常非靜態內部類別會宣告為 private，這類內部類別是輔助類別中某些操作而設計，外部不用知道內部類別的存在。

內部類別也可以宣告為 static。例如：

```
class Some {
    static class Other {
    }
}
```

一個被宣告為 static 的內部類別，通常是將外部類別當作名稱空間。你可以如下建立類別實例：

```
Some.Other o = new Some.Other();
```

想簡化變數宣告的話，可以使用 var：

```
var o = new Some.Other();
```

被宣告為 static 的內部類別，雖然將外部類別當作名稱空間，但算是個獨立類別，它可以存取外部類別 static 成員，但不可存取外部類別非 static 成員。例如：

```
class Some {
    static int x;
    int y;

    static class Other {
        void doOther() {
            out.println(x);
            out.println(y);
        }
    }
}
```

┌───┐
│ ⓘ Cannot make a static reference to the non-static field y │
├───┤
│ 1 quick fix available: │
│   ↪ Change 'y' to 'static'   │
├───┤
│   Press 'F2' for focus │
└───┘

圖 5.15　`static` 內部類別不可存取外部類別非 `static` 成員

　　方法中也可以宣告類別，這通常是輔助方法中演算之用，方法外無法使用。
例如：

```
class Some {
    void doSome() {
        class Other {
        }
    }
}
```

　　實務上比較少看到在方法中定義具名的內部類別，倒是很常看到方法中定
義**匿名內部類別**（Anonymous inner class）並直接實例化，這跟類別繼承或介
面實作有關，以下先看一下語法，細節留到第 7 章再做討論：

```
Object o = new Object() {
    public String toString() {
        return "無聊的語法示範而已";
    }
};
```

　　如果要稍微解釋一下，這個語法定義了一個沒有名稱的類別，它繼承 `Object`
類別，並**重新定義**（Override）了 `toString()` 方法，`new` 表示實例化這個沒有名
稱的類別。匿名類別語法本身，在某些場合有時有些囉嗦，這可以透過 Lambda
語法來解決，第 9 章與第 12 章會再討論。

📖 課後練習

實作題

1. 據說創世紀時有座波羅教塔由三支鑽石棒支撐，神在第一根棒上放置 64 個由小至大排列的金盤，命令僧侶將所有金盤從第一根棒移至第三根棒，搬運過程遵守大盤在小盤下的原則，若每日僅搬一盤，在盤子全數搬至第三根棒，此塔將毀損。請撰寫程式，可輸入任意盤數，依以上搬運原則顯示搬運過程。

2. 如果有個二維陣列代表迷宮如下，0 表示道路、2 表示牆壁：

```
int[][] maze = {
    {2, 2, 2, 2, 2, 2, 2},
    {0, 0, 0, 0, 0, 0, 2},
    {2, 0, 2, 0, 2, 0, 2},
    {2, 0, 0, 2, 0, 2, 2},
    {2, 2, 0, 2, 0, 2, 2},
    {2, 0, 0, 0, 0, 0, 2},
    {2, 2, 2, 2, 2, 0, 2}
};
```

假設老鼠會從索引(1, 0)開始，請使用程式找出老鼠如何跑至索引(6, 5)位置，並以■代表牆，◇代表老鼠，顯示出走迷宮路徑。如右圖所示：

3. 有個 8 乘 8 棋盤，騎士走法為西洋棋走法，請撰寫程式，可指定騎士從棋盤任一位置出發，以標號顯示走完所有位置。例如其中一個走法：

```
52 21 64 47 50 23 40  3
63 46 51 22 55  2 49 24
20 53 62 59 48 41  4 39
61 58 45 54  1 56 25 30
44 19 60 57 42 29 38  5
13 16 43 34 37  8 31 26
18 35 14 11 28 33  6  9
15 12 17 36  7 10 27 32
```

4. 西洋棋中皇后可直線前進，吃掉遇到的棋子，如果棋盤上有八個皇后，請撰寫程式，顯示八個皇后相安無事地放置在棋盤上的所有方式。例如其中一個放法：

繼承與多型

學習目標

- 認識繼承目的
- 瞭解繼承與多型的關係
- 知道如何重新定義方法

- 認識 java.lang.Object
- 簡介垃圾收集機制

6.1 何謂繼承？

　　物件導向中，子類別繼承（Inherit）父類別，可避免重複定義行為與實作，然而並非想避免重複定義行為與實作時就使用繼承，濫用繼承而導致程式維護上的問題時有所聞，如何正確判斷繼承的時機，以及繼承後如何活用多型，才是學習繼承時的重點。

6.1.1 繼承共同行為與實作

　　多個類別間若重複定義了相同的行為與實作，可運用繼承來重構。以實際範例說明比較清楚，假設你在正開發一款 RPG（Role-playing game）遊戲，一開始設定的角色有劍士與魔法師。首先你定義了劍士類別：

```java
public class SwordsMan {
    private String name;    // 角色名稱
    private int level;      // 角色等級
    private int blood;      // 角色血量

    public void fight() {
        System.out.println("揮劍攻擊");
    }

    public int getBlood() {
        return blood;
```

```
    }
    public void setBlood(int blood) {
        this.blood = blood;
    }

    public int getLevel() {
        return level;
    }
    public void setLevel(int level) {
        this.level = level;
    }

    public String getName() {
        return name;
    }
    public void setName(String name) {
        this.name = name;
    }
}
```

接著為魔法師定義類別：

```
public class Magician {
    private String name;    // 角色名稱
    private int level;      // 角色等級
    private int blood;      // 角色血量

    public void fight() {
        System.out.println("魔法攻擊");
    }

    public void cure() {
        System.out.println("魔法治療");
    }

    public int getBlood() {
        return blood;
    }
    public void setBlood(int blood) {
        this.blood = blood;
    }

    public int getLevel() {
        return level;
    }
    public void setLevel(int level) {
        this.level = level;
    }

    public String getName() {
        return name;
```

```
    }
    public void setName(String name) {
        this.name = name;
    }
}
```

你注意到什麼呢？只要是遊戲中的角色，都會具有角色名稱、等級與血量，類別中也為名稱、等級與血量定義了取值方法與設值方法，Magician 中粗體字部分與 SwordsMan 中對應的程式碼重複了。**重複在程式設計上，就是不好的訊號**。舉例來說，若要將 name、level、blood 改為其他名稱，就要修改 SwordsMan 與 Magician 兩個類別，如果有更多類別具有重複的程式碼，就要修改更多類別，造成維護上的不便。

如果要改進，可以把相同的程式碼提昇（Pull up）為父類別：

Game1　Role.java

```java
package cc.openhome;

public class Role {
    private String name;
    private int level;
    private int blood;

    public int getBlood() {
        return blood;
    }

    public void setBlood(int blood) {
        this.blood = blood;
    }

    public int getLevel() {
        return level;
    }

    public void setLevel(int level) {
        this.level = level;
    }

    public String getName() {
        return name;
    }

    public void setName(String name) {
        this.name = name;
    }
}
```

這個類別在定義上沒什麼特別的新語法，只不過是將 SwordsMan 與 Magician 中重複的程式碼複製過來。接著 SwordsMan 可以如下繼承 Role：

```java
Game1 SwordsMan.java

package cc.openhome;

public class SwordsMan extends Role {
    public void fight() {
        System.out.println("揮劍攻擊");
    }
}
```

在這邊看到了新的關鍵字 **extends**，這表示 SwordsMan 會擴充 Role 的行為與實作，也就是繼承 Role 的行為與實作，再擴充 Role 原本沒有的 fight() 行為與實作。程式面上來說，Role 中有定義的程式碼，SwordsMan 都繼承而擁有了，並再定義了 fight() 方法的程式碼。類似地，Magician 也可以如下定義繼承 Role 類別：

```java
Game1 Magician.java

package cc.openhome;

public class Magician extends Role {
    public void fight() {
        System.out.println("魔法攻擊");
    }

    public void cure() {
        System.out.println("魔法治療");
    }
}
```

Magician 繼承 Role 的行為與實作，再擴充了 Role 原本沒有的 fight() 與 cure() 行為與實作。

如何看出確實有繼承了呢？以下簡單的程式可以看出：

```java
Game1 RPG.java

package cc.openhome;

public class RPG {
    public static void main(String[] args) {
        demoSwordsMan();
        demoMagician();
```

```
    }

    static void demoSwordsMan() {
        var swordsMan = new SwordsMan();
        swordsMan.setName("Justin");
        swordsMan.setLevel(1);
        swordsMan.setBlood(200);
        System.out.printf("劍士：(%s, %d, %d)%n", swordsMan.getName(),
                swordsMan.getLevel(), swordsMan.getBlood());
    }

    static void demoMagician() {
        var magician = new Magician();
        magician.setName("Monica");
        magician.setLevel(1);
        magician.setBlood(100);
        System.out.printf("魔法師：(%s, %d, %d)%n", magician.getName(),
                magician.getLevel(), magician.getBlood());
    }
}
```

　　雖然 SwordsMan 與 Magician 沒有定義 getName()、getLevel() 與 getBlood()
等方法，但從 Role 繼承了這些方法，也就如範例中可以直接使用，執行的結果
如下：

```
劍士：(Justin, 1, 200)
魔法師：(Monica, 1, 100)
```

　　若要將 name、level、blood 改為其他名稱，就只要修改 Role.java，只要是
繼承 Role 的子類別都無需修改。

注意 ›››　有的書籍或文件會說，private 成員無法繼承，那是錯的！如果 private 成員
　　　　　無法繼承，那為什麼上面的範例 name、level、blood 記錄的值會顯示出來呢？
　　　　　private 成員會被繼承，只不過子類別無法直接存取，必須透過父類別提供的
　　　　　方法來存取（如果父類別願意提供存取方法的話）。

6.1.2　多型與 is-a

　　在 Java 中，**子類別只能繼承一個父類別**，繼承除了可避免類別間重複的行
為與實作定義外，還有個重要的關係，**子類別與父類別間會有 is-a 的關係**，中文
稱為「**是一種**」**的關係**，這是什麼意思？以先前範例來說，SwordsMan 繼承了 Role，

SwordsMan 是一種 Role（SwordsMan is a Role），Magician 繼承了 Role，Magician 是一種 Role（Magician is a Role）。

為何要知道繼承時，父類別與子類別間會有「是一種」的關係？因為要開始理解多型（Polymorphism），必須先知道操作的物件是「哪一種」東西！

來看實際的例子，以下的程式碼片段可以通過編譯：

```
SwordsMan swordsMan = new SwordsMan();
Magician magician = new Magician();
```

那你知道以下的程式片段也可以通過編譯嗎？

```
Role role1 = new SwordsMan();
Role role2 = new Magician();
```

那為何以下的程式片段為何無法通過編譯呢？

```
SwordsMan swordsMan = new Role();
Magician magician = new Role();
```

編譯器就是語法檢查器，要知道以上程式片段為何可以通過或無法編譯，就是將自己當作編譯器，檢查語法的邏輯是否正確，**方式是從=號右邊往左讀**：右邊是不是一種左邊呢（右邊型態是不是左邊型態的子類別）？

圖 6.1　運用 is a 關係判斷語法正確性

從右往左讀，SwordsMan 是不是一種 Role 呢？是的！因此編譯通過。Magician 是不是一種 Role 呢？是的！因此編譯通過。同樣的判斷方式，可以知道為何以下編譯失敗：

```
SwordsMan swordsMan = new Role();    // Role 是不是一種 SwordsMan？
Magician magician = new Role();      // Role 是不是一種 Magician？
```

編譯器認為第一行，Role 不一定是一種 SwordsMan，編譯失敗，對於第二行，編譯器認為 Role 不一定是一種 Magician，編譯失敗。繼續把自己當成編譯器，再來看看以下的程式片段是否可以通過編譯：

```
Role role1 = new SwordsMan();
SwordsMan swordsMan = role1;
```

這個程式片段最後會編譯失敗，先從第一行看，SwordsMan 是一種 Role，該行可以通過編譯。編譯器檢查這類語法，一次只看一行，就第二行而言，編譯器看到 role1 為 Role 宣告的名稱，於是檢查 Role 是不是一種 SwordsMan，答案是不一定，第二行編譯失敗！

編譯器會檢查父子類別間的「是一種」關係，如果不要編譯器囉嗦，可以叫它住嘴：

```
Role role1 = new SwordsMan();
SwordsMan swordsMan = (SwordsMan) role1;
```

對於第二行，原本編譯器想囉嗦地告訴你，Role 不一定是一種 SwordsMan，但你加上了(SwordsMan)讓它住嘴了，因為這表示，你就是要讓 Role **扮演(CAST)** SwordsMan，**既然都明確要求編譯器別囉嗦了，編譯器就讓這段程式碼通過編譯了，不過後果得自行負責！**

以上面這個程式片段來說，role1 確實參考至 SwordsMan 實例，在第二行讓 SwordsMan 實例**扮演** SwordsMan 沒有什麼問題，執行時期不會出錯。

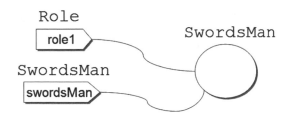

圖 6.2　判斷是否可扮演（CAST）成功

以下的程式片段，編譯可以成功，但是執行時期會出錯：

```
Role role2 = new Magician();
SwordsMan swordsMan = (SwordsMan) role2;
```

　　對於第一行，`Magician` 是一種 `Role`，可以通過編譯，對於第二行，`role2`
為 `Role` 型態，編譯器原本認定 `Role` 不一定是一種 `SwordsMan` 而想要囉嗦，但
是你明確告訴編譯器，就是要讓 `Role` 扮演為 `SwordsMan`，編譯器通過編譯了，
不過後果自負，實際上，`role2` 參考的是 `Magician`，你要讓魔法師假扮為劍士？
這在執行時期會發生錯誤而拋出 **java.lang.ClassCastException**。

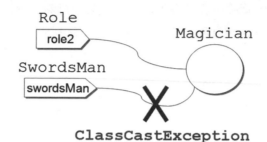

圖 6.3　扮演（CAST）失敗，執行時拋出 **ClassCastException**

　　使用是一種（is-a）原則，就可以判斷，編譯是成功或失敗；將扮演（CAST）
看作是叫編譯器住嘴語法，並留意參考的物件實際型態，就可以判斷何時扮演
成功，何時會拋出 ClassCastException。例如以下編譯成功，執行也沒問題：

```
SwordsMan swordsMan = new SwordsMan();
Role role = swordsMan;     // SwordsMan 是一種 Role
```

　　以下程式片段會編譯失敗：

```
SwordsMan swordsMan = new SwordsMan();
Role role = swordsMan;            // SwordsMan 是一種 Role，這行通過編譯
SwordsMan swordsMan2 = role;     // Role 不一定是一種 SwordsMan，編譯失敗
```

　　以下程式片段編譯成功，執行時也沒問題：

```
SwordsMan swordsMan = new SwordsMan();
Role role = swordsMan;            // SwordsMan 是一種 Role，這行通過編譯
// 你告訴編譯器要讓 Role 扮演 SwordsMan，以下這行通過編譯
SwordsMan swordsMan2 = (SwordsMan) role;   // role 參考 SwordsMan 實例，執行成功
```

　　以下程式片段編譯成功，但執行時拋出 ClassCastException：

```
SwordsMan swordsMan = new SwordsMan();
Role role = swordsMan;            // SwordsMan 是一種 Role，這行通過編譯
// 你告訴編譯器要讓 Role 扮演 Magician，以下這行通過編譯
Magician magician = (Magician) role; // role 參考 SwordsMan 實例，執行失敗
```

　　以上這一連串的語法測試，好像只是在玩弄語法？不！懂不懂以上這些觀念，會牽涉到寫出來的東西有沒有彈性、好不好維護的問題！

　　有這麼嚴重嗎？來出個題目給你吧！請設計 static 方法，顯示所有角色的血量！OK！上一章剛學過如何定義方法，有的人會撰寫以下的方法定義：

```java
static void showBlood(SwordsMan swordsMan) {
    out.printf("%s 血量 %d%n",
            swordsMan.getName(), swordsMan.getBlood());
}
static void showBlood(Magician magician) {
    out.printf("%s 血量 %d%n",
            magician.getName(), magician.getBlood());
}
```

　　分別為 SwordsMan 與 Magician 設計 showBlood()同名方法，這是重載方法的運用，可以如下呼叫：

```java
showBlood(swordsMan);    // swordsMan 是 SwordsMan 型態
showBlood(magician);     // magician 是 Magician 型態
```

　　現在的問題是，目前你的遊戲是只有 SwordsMan 與 Magician 兩個角色，如果有一百個角色呢？重載出一百個方法？這種方式顯然不可行！如果角色都是繼承自 Role，而且知道這些角色都是一種 Role，就可以如下設計方法並呼叫：

Game2　RPG.java

```java
package cc.openhome;

public class RPG {
    public static void main(String[] args) {
        var swordsMan = new SwordsMan();
        swordsMan.setName("Justin");
        swordsMan.setLevel(1);
        swordsMan.setBlood(200);

        var magician = new Magician();
        magician.setName("Monica");
        magician.setLevel(1);
        magician.setBlood(100);

        showBlood(swordsMan);    ◀── ❶ SwordsMan 是一種 Role
        showBlood(magician);     ◀── ❷ magician 是一種 Role
    }

    static void showBlood(Role role) {    ◀── ❸ 宣告為 Role 型態
        System.out.printf("%s 血量 %d%n",
```

```
                role.getName(), role.getBlood());
    }
}
```

這邊只定義了一個 showBlood() 方法，參數宣告為 Role 型態❸，第一次呼叫 showBlood() 時傳入 SwordsMan 實例，這是合法的語法，因為 SwordsMan 是一種 Role❶，第二次呼叫 showBlood() 時傳入 Magician 實例也是可行，因為 Magician 是一種 Role❷。執行的結果如下：

```
Justin 血量 200
Monica 血量 100
```

這樣的寫法好處為何？就算有 100 種角色，只要它們繼承 Role，都可以使用這個方法顯示角色血量，不需要像先前重載的方式，為不同角色寫 100 個方法，多型寫法顯然具有更高的可維護性。

什麼叫多型？以抽象講法解釋，就是**使用單一介面操作多種型態的物件**！若用以上的範例來理解，在 showBlood() 方法中，既可以透過 Role 型態操作 SwordsMan 物件，也可以透過 Role 型態操作 Magician 物件。

> 注意 >>> 稍後會學到 interface 的使用，在多型定義中，使用單一介面操作多種型態的物件，這邊的介面並不是專指 interface，而是指物件上可操作的方法。

> 提示 >>> 以繼承及介面來實作多型，是次型態（Subtype）多型的一種實現，有興趣的話，可以進一步參考〈思考行為外觀的次型態多型[1]〉。

順便一提的是，對於以下的程式片段：

```
SwordsMan swordsMan = new SwordsMan();
Role role = swordsMan;
SwordsMan swordsMan2 = (SwordsMan) role;
```

---

[1] 思考行為外觀的次型態多型：openhome.cc/Gossip/Programmer/SubTypePolymorphism.html

就上例來說，宣告 swordsMan 時可以使用 var，而 role 指定給 swordsMan2 時，已經明確告知編譯器要轉為 SwordsMan 型態，宣告 swordsMan2 時就可以使用 var：

```
var swordsMan = new SwordsMan();
Role role = swordsMan;
var swordsMan2 = (SwordsMan) role;
```

6.1.3　重新定義實作

現在有個需求，請設計 static 方法，可以播放角色攻擊動畫，你也許會這麼想，學剛剛多型的寫法，設計個 drawFight() 方法如何？

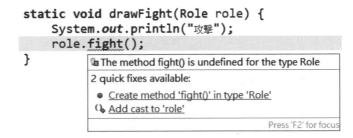

圖 6.4　Role 沒有定義 fight() 方法

對 drawFight() 方法而言，只知道傳進來的會是一種 Role 物件，編譯器也只能檢查呼叫的方法，在 Role 上是否有定義，顯然地，Role 沒有定義 fight() 方法，因此編譯錯誤。

然而仔細觀察一下 SwordsMan 與 Magician 的 fight() 方法，**方法簽署**（method signature）都是：

```
public void fight()
```

也就是說，操作介面是相同的，只是方法實作內容不同，可以將 fight() 方法提昇至 Role 類別定義：

```
Game3  Role.java
package cc.openhome;

public class Role {
    ...略
    public void fight() {
```

```
        // 子類別要重新定義 fight()的實作
    }
}
```

在 Role 類別定義了 fight()方法,實際上角色如何攻擊,只有子類別才知道,因此這邊的 fight()方法內容為空,沒有任何程式碼實作。SwordsMan 繼承 Role 之後,再對 fight()的實作進行定義:

Game3 SwordsMan.java

```java
package cc.openhome;

public class SwordsMan extends Role {
    public void fight() {
        System.out.println("揮劍攻擊");
    }
}
```

在繼承父類別之後,定義與父類別中相同的方法簽署,但實作內容不同,這稱為**重新定義(Override)**。Magician 繼承 Role 之後,也重新定義了 fight()的實作:

Game3 Magician.java

```java
package cc.openhome;

public class Magician extends Role {
    public void fight() {
        System.out.println("魔法攻擊");
    }
    ...略
}
```

Role 現在定義了 fight()方法(雖然方法區塊中沒有程式碼),編譯器能找到 Role 的 fight()了,因此可以如下撰寫:

Game3 RPG.java

```java
package cc.openhome;

public class RPG {
    public static void main(String[] args) {
        var swordsMan = new SwordsMan();
        swordsMan.setName("Justin");
        swordsMan.setLevel(1);
        swordsMan.setBlood(200);
```

```
        var magician = new Magician();
        magician.setName("Monica");
        magician.setLevel(1);
        magician.setBlood(100);

        drawFight(swordsMan);    ←——  ❶ 實際操作的是 SwordsMan 實例
        drawFight(magician);     ←——  ❷ 實際操作的是 Magician 實例
    }

    static void drawFight(Role role) {  ←——  ❸ 宣告為 Role 型態
        System.out.print(role.getName());
        role.fight();
    }
}
```

在 drawFight() 方法宣告了 Role 型態的參數❸，那方法中呼叫的，到底是 Role 定義的 fight()，還是個別子類別定義的 fight() 呢？如果傳入 drawFight() 的是 SwordsMan，role 參數參考的就是 SwordsMan 實例，操作的就是 SwordsMan 上的方法定義：

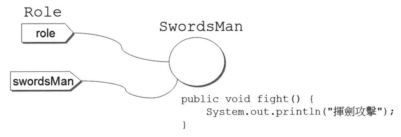

圖 6.5　**role 牌子掛在 SwordsMan 實例**

這就好比 role 牌子掛在 SwordsMan 實例身上，你要求有 role 牌子的物件攻擊，發動攻擊的物件就是 SwordsMan 實例。同樣地，如果傳入 drawFight() 的是 Magician，role 參數參考的就是 Magician 實例，操作的就是 Magician 上的方法定義：

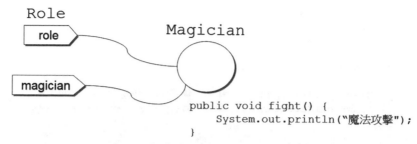

```
public void fight() {
    System.out.println("魔法攻擊");
}
```

圖 6.6　**role** 牌子掛在 **Magician** 實例

因此範例最後的執行結果是：

```
Justin 揮劍攻擊
Monica 魔法攻擊
```

在重新定義父類別的方法時，方法簽署必須相同，若疏忽打錯字了：

```
public class SwordsMan extends Role {
    public void Fight() {
        System.out.println("揮劍攻擊");
    }
}
```

以這邊的例子來說，父類別定義的是 `fight()`，但子類別定義了 `Fight()`，這就不是重新定義 `fight()` 了，而是子類別新定義了一個 `Fight()` 方法，這是合法的方法定義，編譯器不會發出任何錯誤訊息，你只會在運行範例時，狐疑為什麼 `SwordsMan` 完全沒有攻擊。

在重新定義方法時，可以在子類別的方法前標註@Override，這表示要求編譯器檢查，該方法是否重新定義了父類別的方法，若不是就會引發編譯錯誤。例如：

```
@Override
public void Fight() {
    System.o...
}
```
The method Fight() of type SwordsMan must override or implement a supertype method

2 quick fixes available:
- Create 'Fight()' in super type 'Role'
- Remove '@Override' annotation

Press 'F2' for focus

圖 6.7　編譯器檢查是否真的重新定義父類別某方法

除了@Override 之外，其他的標註，會在後續章節的適當時候介紹，而標註詳細語法會在第 19 章說明。

6.1.4　抽象方法、抽象類別

上一個範例的 Role 類別定義中，fight()方法中實際上沒有撰寫程式碼，雖然滿足了多型需求，但會引發的問題是，沒有任何方式強迫或提示子類別要實作 fight()方法，只能口頭或在文件上告知，若有人沒有傳達到、沒有看文件或文件看漏了呢？

可以使用 **abstract** 標示該方法為**抽象方法（Abstract method）**，該方法不用撰寫{}區塊，直接;結束即可。例如：

```
Game4  Role.java
package cc.openhome;

public abstract class Role {
    ...略
    public abstract void fight();
}
```

類別若有未實作的抽象方法，表示這個類別定義不完整，**定義不完整的類別不能用來生成實例**，這就好比設計圖不完整，不能用來生產成品一樣。**內含抽象方法的類別，一定要在 class 前標示 abstract**，表示這是一個定義不完整的**抽象類別（Abstract class）**。如果嘗試用抽象類別建構實例，就會引發編譯錯誤：

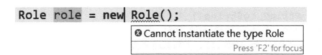

圖 6.8　不能實例化抽象類別

子類別若繼承抽象類別，對於抽象方法有兩種處理方式，其一是繼續標示該方法為 abstract（該子類別因此也是個抽象類別，必須在 class 前標示 abstract），另一個作法是實作抽象方法。如果兩個方式都沒實施，就會引發編譯錯誤：

```
public class SwordsMan extends Role {

}
```
🔲 The type SwordsMan must implement the inherited abstract method Role.fight()
2 quick fixes available:
➡ Add unimplemented methods
➡ Make type 'SwordsMan' abstract

Press 'F2' for focus

圖 6.9　沒有實作抽象方法

6.2　繼承語法細節

　　　上一節介紹了繼承的基礎觀念與語法，然而結合 Java 的特性，繼承還有不少細節必須明瞭，像是哪些成員只限定在子類別中使用、哪些方法簽署算重新定義、Java 物件都是一種 `java.lang.Object` 等細節，這將於本節中詳細說明。

6.2.1　**protected** 成員

　　　就上一節的 RPG 遊戲來說，如果建立了一個角色，想顯示角色的細節，必須如下撰寫：

```
var swordsMan = new SwordsMan();
...略
out.printf("劍士 (%s, %d, %d)%n", swordsMan.getName(),
        swordsMan.getLevel(), swordsMan.getBlood());
var magician = new Magician();
...略
out.printf("魔法師 (%s, %d, %d)%n", magician.getName(),
        magician.getLevel(), magician.getBlood());
```

　　　這對使用 SwordsMan 或 Magician 的客戶端有點不方便，如果可以在 SwordsMan 或 Magician 定義 toString() 方法，傳回角色的字串描述：

```
public class SwordsMan extends Role {
    ...略
    public String toString() {
        return "劍士 (%s, %d, %d)".formatted(
            this.getName(), this.getLevel(), this.getBlood());
    }
}

public class Magician extends Role {
    ...略
    public String toString() {
        return "魔法師 (%s, %d, %d)".formatted(
            this.getName(), this.getLevel(), this.getBlood());
    }
}
```

　　　客戶端就可以如下撰寫：

```
var swordsMan = new SwordsMan();
...略
out.println(swordsMan.toString());
var magician = new Magician();
```

```
...略
out.printf(magician.toString());
```

看來客戶端簡潔許多。不過你定義的 toString() 在取得名稱、等級與血量時不是很方便，因為 Role 的 name、level 與 blood 被定義為 private，無法直接於子類別中存取，只能透過 getName()、getLevel()、getBlood() 來取得。

將 Role 的 name、level 與 blood 定義為 public？這又會完全開放 name、level 與 blood 存取權限，你並不想這麼做，只想讓子類別直接存取 name、level 與 blood 的話，可以定義它們為 **protected**：

Game5　Role.java

```
package cc.openhome;

public abstract class Role {
    protected String name;
    protected int level;
    protected int blood;
    ...略
}
```

被宣告為 protected 的成員，同一套件的其他類別可以直接存取，不同套件的類別，繼承後的子類別可以直接存取。現在 SwordsMan 可以如下定義 toString()：

Game5　SwordsMan.java

```
package cc.openhome;

public class SwordsMan extends Role {
    ...略
    public String toString() {
        return "劍士 (%s, %d, %d)".formatted(
            this.name, this.level, this.blood);
    }
}
```

Magician 也可以如下撰寫：

Game5　Magician.java

```
package cc.openhome;

public class Magician extends Role {
    ...略
```

```
    public String toString() {
        return "魔法師 (%s, %d, %d)".formatted(
            this.name, this.level, this.blood);
    }
}
```

提示 》》》 如果方法中沒有同名參數，this 可以省略，不過基於程式可讀性，多打個 this
會比較清楚。

到這邊為止，你已經看過三個權限關鍵字，也就是 public、protected 與
private，雖然只有三個權限關鍵字，但實際上有四個權限範圍，因為沒有定義
權限關鍵字時，預設就是套件範圍，表 6.1 列出了權限關鍵字與權限範圍的關
係：

表 6.1　權限關鍵字與範圍

關鍵字	類別內部	相同套件類別	不同套件類別
public	可存取	可存取	可存取
protected	可存取	可存取	子類別可存取
無	可存取	可存取	不可存取
private	可存取	不可存取	不可存取

提示 》》》 簡單來說，依權限小至大來區分，就是 private、無關鍵字、protected 與
public，設計時要使用哪個權限，是依經驗或團隊討論而定，如果一開始不知
道使用哪個權限，就先使用 private，日後視需求再放開權限。

別忘了 Java SE 9 以後支援模組化，如果是採用模組方式設計，public、
protected 還會受到模組描述檔中設定的權限限制。

6.2.2　重新定義的細節

在 6.1.3 看過如何重新定義方法，有時候重新定義方法，並非完全不滿意父
類別中的方法，只是希望在執行父類別方法的前、後做點加工。例如，也許 Role
類別原本就定義了 toString() 方法：

```
Game6  Role.java
package cc.openhome;

public abstract class Role {
    ...略
    public String toString() {
        return "(%s, %d, %d)".formatted(
                    this.name, this.level, this.blood);
    }
}
```

如果在 SwordsMan 子類別重新定義 toString() 時，可以執行 Role 的 toString() 方法取得字串結果，再串接"劍士"字樣，不就是想要的描述了嗎？想取得父類別中的方法定義，可以於呼叫方法前，加上 **super** 關鍵字。例如：

```
Game6  SwordsMan.java
package cc.openhome;

public class SwordsMan extends Role {
    ...略
    @Override
    public String toString() {
        return "劍士 " + super.toString();
    }
}
```

類似地，Magician 在重新定義 toString() 時，也可以如法泡製：

```
Game6  Magician.java
package cc.openhome;

public class Magician extends Role {
    ...略
    @Override
    public String toString() {
        return "魔法師 " + super.toString();
    }
}
```

可以使用 super 關鍵字呼叫的父類別方法，不能定義為 private（因為該方法限定只能父類別內使用）。

　　重新定義方法要注意，對於父類別中的方法權限，只能擴大但不能縮小。若原來成員 public，子類別重新定義時不可為 private 或 protected。例如：

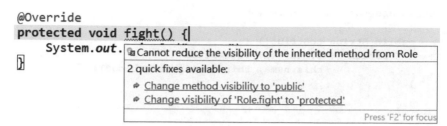

圖 6.10　重新定義時不能縮小方法權限

　　重新定義方法除了可以定義權限較大的關鍵字外，若返回型態是父類別中**方法返回型態的子類別**，也可以通過編譯。例如原先設計了 Bird 類別：

```java
public class Bird {
    protected String name;
    public Bird(String name) {
        this.name = name;
    }
    public Bird copy() {
        return new Bird(name);
    }
}
```

　　原先 copy() 傳回了 Bird 型態，如果 Chicken 繼承 Bird，重新定義 copy() 方法時可以傳回 Chicken，例如：

```java
public class Chicken extends Bird {
    public Chicken(String name) {
        super(name);
    }
    public Chicken copy() {
        return new Chicken(name);
    }
}
```

注意 >>> static 方法屬於類別擁有，若子類別中定義了相同簽署的 static 成員，該成員屬於子類別擁有，而非重新定義，static 方法也沒有多型，因為物件不會個別擁有 static 成員。

6.2.3　再看建構式

　　如果類別有繼承關係，建立子類別實例後，會先執行父類別建構式定義的流程，再執行子類別建構式定義的流程。

　　建構式可以重載，父類別中可重載多個建構式，如果子類別建構式中沒有指定執行父類別中哪個建構式，**預設會呼叫父類別中無參數建構式**。若如下撰寫程式：

```
class Some {
    Some() {
        out.println("呼叫 Some()");
    }
}

class Other extends Some {
    Other() {
        out.println("呼叫 Other()");
    }
}
```

　　如果嘗試 new Other()，會先執行 Some() 的流程，再執行 Other() 的流程，也就是先顯示"呼叫 Some()"，再顯示"呼叫 Other()"，覺得奇怪嗎？先繼續往下看，就知道為什麼了。

　　如果想執行父類別中某建構式，可以使用 **super()** 指定。例如：

```
class Some {
    Some() {
        out.println("呼叫 Some()");
    }

    Some(int i) {
        out.println("呼叫 Some(int i)");
    }
}

class Other extends Some {
    Other() {
        super(10);
        out.println("呼叫 Other()");
    }
}
```

在這個例子中，new Other()時，先呼叫了 Other()版本的建構式，super(10)表示呼叫父類別建構式時，傳入 int 數值 10，因此就是執行父類別 Some(int i)版本的建構式，而後再繼續 Other()中 super(10)之後的流程。其實當你這麼撰寫：

```java
class Some {
    Some() {
        out.println("呼叫 Some()");
    }
}

class Other extends Some {
    Other() {
        out.println("呼叫 Other()");
    }
}
```

先前談過，若子類別建構式沒有指定執行父類別中哪個建構式，預設會呼叫父類別中無參數建構式，也就是等於這麼撰寫：

```java
class Some {
    Some() {
        out.println("呼叫 Some()");
    }
}

class Other extends Some {
    Other() {
        super();
        out.println("呼叫 Other()");
    }
}
```

因此執行 new Other()時，是先執行 Other()的流程，而 Other()指定呼叫父類別無參數建構式，而後再執行 super()之後的流程。

注意 >>> this()與 super()只能擇一呼叫，而且一定要在建構式第一行執行。

那麼你知道以下為什麼會編譯錯誤嗎？

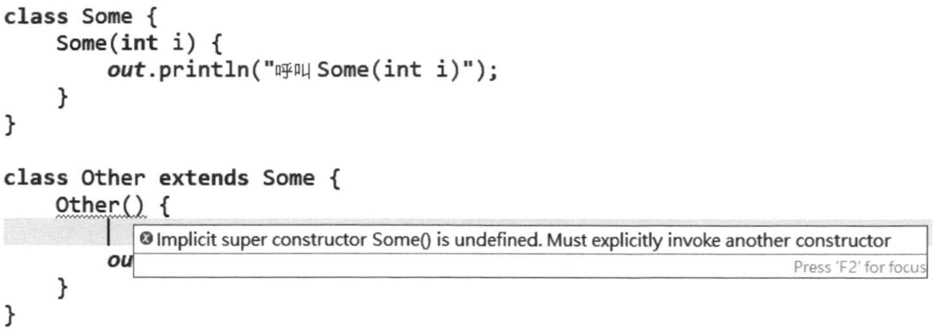

```
class Some {
    Some(int i) {
        out.println("呼叫 Some(int i)");
    }
}

class Other extends Some {
    Other() {
        ┃ ❽ Implicit super constructor Some() is undefined. Must explicitly invoke another constructor
        ou                                                                    Press 'F2' for focus
    }
}
```

圖 6.11　找不到建構式？

　　5.2.2 節談過，編譯器會在沒有撰寫任何建構式時，自動加入無參數的**預設建構式（Default constructor）**，如果自行定義了建構式，就不會自動加入任何建構式了。在上圖中，Some 定義了有參數的建構式，編譯器不會再加入預設建構式，Other 的建構式沒有指定呼叫父類別哪個建構式，那就是預設呼叫父類別無參數建構式，但父類別哪來的無參數建構式呢？因此編譯失敗了！

6.2.4　再看 final 關鍵字

　　在 3.1.2 談過，在指定變數值之後，若不想改變值，可以在宣告變數時加上 final 限定，後續撰寫程式時，若自己或別人不經意修改了 final 變數，會出現編譯錯誤。

　　在 5.2.4 也談過，若物件資料成員被宣告為 final，沒有明確使用=指定值，就表示延遲物件成員值的指定，在建構式執行流程中，一定要有對該資料成員指定值的動作，否則編譯錯誤。

　　class 前也可以加上 final 關鍵字，**若 class 使用了 final 關鍵字限定，就表示這個類別在繼承體系中是最後一個，不會再有子類別，也就是不能被繼承。**有沒有實際的例子呢？有的！String 在定義時就限定為 final，這可以在 API 文件上得證：

Class String

java.lang.Object
   java.lang.String

All Implemented Interfaces:

Serializable, CharSequence, Comparable<String>,
Constable, ConstantDesc

```
public final class String
extends Object
```

圖 6.12 **String** 是 **final** 類別

如果打算繼承 final 類別，會發生編譯錯誤：

```
class Iterable extends String {

}
```

The type Iterable cannot subclass the final class String
Press 'F2' for focus

圖 6.13 不能繼承 **final** 類別

定義方法時也可以限定為 **final**，表示最後一次定義該方法，子類別不可以重新定義 **final** 方法。有沒有實際的例子呢？有的！java.lang.Object 上有幾個 final 方法。例如：

notify

```
public final void notify()
```

Wakes up a single thread that is waiting on this object's monitor. If any threads are waiting on this object, one of them is chosen to be awakened. The choice is arbitrary and occurs at the discretion of the implementation. A thread waits on an object's monitor by calling one of the wait methods.

圖 6.14 **Object** 類別上的 **final** 方法之一

若嘗試在繼承父類別後，重新定義 final 方法，會發生編譯錯誤：

```
class Some extends Object {
    public void notify() {

    }
}
```

Cannot override the final method from Object
Press 'F2' for focus

圖 6.15 不能重新定義 **final** 方法

6.2.5　`java.lang.Object`

在 Java 中，子類別只能繼承一個父類別，若定義類別時沒有使用 extends 關鍵字指定繼承任何類別，就是繼承 **`java.lang.Object`**，也就是說，若如下定義類別：

```java
public class Some {
    ...
}
```

就相當於如下撰寫：

```java
public class Some extends Object {
    ...
}
```

任何類別追溯至最上層父類別，就是 java.lang.Object，物件一定「是一種」Object，因此如下撰寫程式是合法的：

```java
Object o1 = "Justin";
Object o2 = new Date();
```

String 是一種 Object，Date 是一種 Object，任何型態的物件，都可以使用 Object 型態的名稱來參考。這有什麼好處？若有個需求是使用陣列收集各種物件，那該宣告為什麼型態呢？答案是 Object[]。例如：

```java
Object[] objs = {"Monica", new Date(), new SwordsMan()};
var name = (String) objs[0];
var date = (Date) objs[1];
var swordsMan = (SwordsMan) objs[2];
```

因為陣列長度有限，使用陣列來收集物件不是那麼地方便，以下定義的 ArrayList 類別，可以不限長度地收集物件：

Inheritance ArrayList.java

```java
package cc.openhome;

import java.util.Arrays;

public class ArrayList {
    private Object[] elems;    ← ❶ 使用 Object 陣列收集
    private int next;    ← ❷ 下一個可儲存物件的索引

    public ArrayList(int capacity) {    ← ❸ 指定初始容量
        elems = new Object[capacity];
```

```
        }

        public ArrayList() {
            this(16);    ←── ❹初始容量預設為 16
        }

        public void add(Object o) {    ←── ❺ 收集物件方法
            if(next == elems.length) {    ←── ❻ 自動增長 Object 陣列長度
                elems = Arrays.copyOf(elems, elems.length * 2);
            }
            elems[next++] = o;
        }

        public Object get(int index) {    ←── ❼依索引取得收集之物件
            return elems[index];
        }

        public int size() {    ←── ❽已收集的物件個數
            return next;
        }
    }
```

　　自定義的 ArrayList 類別，內部使用 Object 陣列來收集物件❶，每次收集的物件會放在 next 指定的索引處❷，在建構 ArrayList 實例時，可以指定內部陣列初始容量❸，如果使用無參數建構式，則預設容量為 16❹。

　　如果要收集物件，可透過 add()方法，注意參數的型態為 Object，可以接收任何物件❺，如果內部陣列原長度不夠，就使用 Arrays.copyOf()方法，自動建立原長度兩倍的陣列並複製元素❻，若想取得收集之物件，可以使用 get()指定索引取得❼，如果想知道已收集的物件個數，可透過 size()方法得知❽。

　　以下使用自定義的 ArrayList 類別，可收集訪客名稱，並將名單轉為大寫後顯示：

Inheritance　Guest.java

```java
package cc.openhome;

import java.util.Scanner;
import static java.lang.System.out;

public class Guest {
    public static void main(String[] args) {
        var names = new ArrayList();
        collectNameTo(names);
```

```
        out.println("訪客名單：");
        printUpperCase(names);
    }

    static void collectNameTo(ArrayList names) {
        var userInput = new Scanner(System.in);
        while(true) {
            out.print("訪客名稱：");
            var name = userInput.nextLine();
            if(name.equals("quit")) {
                break;
            }
            names.add(name);
        }
    }

    static void printUpperCase(ArrayList names) {
        for(var i = 0; i < names.size(); i++) {
            var name = (String) names.get(i);
            out.println(name.toUpperCase());
        }
    }
}
```

一個執行結果如下所示：

```
訪客名稱：Justin
訪客名稱：Monica
訪客名稱：Irene
訪客名稱：quit
訪客名單：
JUSTIN
MONICA
IRENE
```

　　java.lang.Object 是所有類別的頂層父類別，這代表 Object 定義的方法，自定義類別都繼承了，只要不是 final 的方法，都可以重新定義：

All Methods | Instance Methods | Concrete Methods | Deprecated Methods

Modifier and Type	Method	Description
protected Object	clone()	Creates and returns a copy of this object.
boolean	equals(Object obj)	Indicates whether some other object is "equal to" this one.
protected void	finalize()	**Deprecated.** The finalization mechanism is inherently problematic.
Class<?>	getClass()	Returns the runtime class of this Object.
int	hashCode()	Returns a hash code value for the object.
void	notify()	Wakes up a single thread that is waiting on this object's monitor.
void	notifyAll()	Wakes up all threads that are waiting on this object's monitor.
String	toString()	Returns a string representation of the object.
void	wait()	Causes the current thread to wait until it is awakened, typically by being *notified* or *interrupted*.
void	wait (long timeoutMillis)	Causes the current thread to wait until it is awakened, typically by being *notified* or *interrupted*, or until a certain amount of real time has elapsed.
void	wait (long timeoutMillis, int nanos)	Causes the current thread to wait until it is awakened, typically by being *notified* or *interrupted*, or until a certain amount of real time has elapsed.

圖 6.16 **java.lang.Object 定義的方法**

重新定義 toString()

舉例來說，在 6.2.1 範例中，SwordsMan 等類別曾定義過 toString()方法，其實 toString()是 Object 定義的方法，Object 的 toString()預設定義為：

```
public String toString() {
    return getClass().getName() + "@" + Integer.toHexString(hashCode());
}
```

目前你不用特別知道這段程式碼詳細內容，總之傳回的字串包括了類別名稱以及 16 進位雜湊碼，通常這沒有什麼可讀性上的意義。實際上 6.2.1 的範例中，SwordsMan 等類別，是重新定義 toString()，許多方法若傳入物件，預設都會呼叫 toString()，例如 System.out.print()等方法，就會呼叫 toString()以取得字串描述來顯示，因此 6.2.1 的這個程式片段：

```
var swordsMan = new SwordsMan();
...略
out.println(swordsMan.toString());
var magician = new Magician();
...略
out.printf(magician.toString());
```

實際上只要這麼撰寫就可以了：

```
var swordsMan = new SwordsMan();
...略
out.println(swordsMan);
var magician = new Magician();
...略
out.printf(magician);
```

◉ 重新定義 equals()

在 4.1.3 談過，要比較物件實質相等性，不是使用==，而是透過 equals() 方法，Integer 等包裹器，以及字串內容實的相等性比較時，都要使用 equals() 方法。

實際上 equals() 方法是 Object 類別就有定義的方法，其程式碼實作是：

```
public boolean equals(Object obj) {
    return (this == obj);
}
```

若沒有重新定義 equals()，使用 equals() 方法時，作用等同於==，因此要比較實質相等性，必須自行重新定義。一個簡單的例子，是比較兩個 Cat 物件，是否實際上代表同樣的 Cat 資料：

```
public class Cat {
    ...
    public boolean equals(Object other) {
        // other 參考的就是這個物件，當然是同一物件
        if(this == other) {
            return true;
        }

        /* other 參考的物件是不是 Cat 建構出來的
           例如若是 Dog 建構出來的當然就不用比了 */
        if(other instanceof Cat) {
            var cat = (Cat) other;
            // 定義如果名稱與生日，表示兩個物件實質上相等
            return getName().equals(cat.getName()) &&
                    getBirthday().equals(cat.getBirthday());
        }

        return false;
    }
}
```

這個程式片段示範了 equals() 實作的基本概念,相關說明都以註解方式呈現了,這邊也看到了 **instanceof** 運算子,它可以用來判斷物件是否由某個類別建構,左運算元是物件,右運算元是類別。

在使用 instanceof 時,編譯器還會來幫點忙,會檢查左運算元型態是否在右運算元型態的繼承架構中(或介面實作架構中,第 7 章會說明介面)。例如:

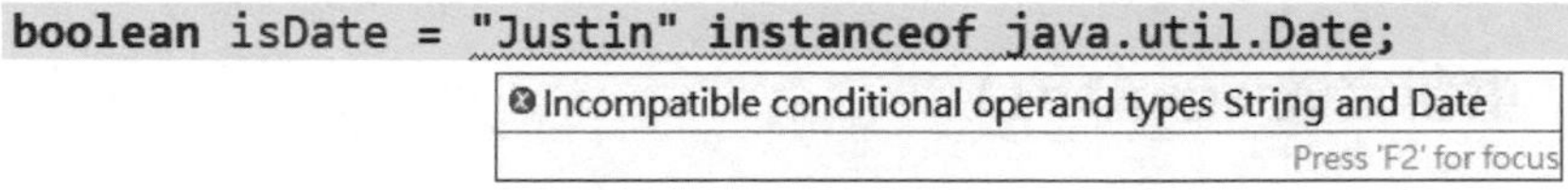

```
boolean isDate = "Justin" instanceof java.util.Date;
```
⊗ Incompatible conditional operand types String and Date

Press 'F2' for focus

圖 6.17　**String** 跟 **Date** 在繼承架構上一點關係也沒有

執行時期,並非只有左運算元物件為右運算元類別直接實例化才傳回 true,只要左運算元型態是右運算元型態的子類型,instanceof 也是傳回 true。

這邊僅示範了 equals() 實作的基本概念,實際上實作 equals() 並非這麼簡單,**實作 equals() 時通常也要實作 hashCode()**,原因會等到第 9 章學習 Collection 時再說明,如果現在就想知道 equals() 與 hashCode() 實作時要注意的一些事項,可以先參考〈物件相等性[2]〉。

提示 ❯❯❯ 2007 年研究文獻〈Declarative Object Identity Using Relation Types[3]〉中指出,在考察大量 Java 程式碼之後,作者發現大部分 equals() 方法都實作錯誤。

Java SE 16 為 instanceof 增加了模式比對(Pattern matching)的功能,右運算元的型態右方,可以指定名稱,若型態比對符合,物件就會指定給該名稱,例如:

```
public class Cat {
    ...
    public boolean equals(Object other) {
        // other 參考的就是這個物件,當然是同一物件
        if(this == other) {
            return true;
        }

        // 使用 Java SE 16 模式比對
```

---

[2] 物件相等性:openhome.cc/Gossip/JavaEssence/ObjectEquality.html
[3] Declarative Object Identity Using Relation Types:bit.ly/2xbE0MZ

```
        if(other instanceof Cat cat) {
            return getName().equals(cat.getName()) &&
                    getBirthday().equals(cat.getBirthday());
        }

        return false;
    }
}
```

instanceof 模式比對時指定的名稱，只有在 instanceof 判斷為 true 的場合才能存取，例如：

```
public class Cat {
    ...
    public boolean equals(Object other) {
        if(this == other) {
            return true;
        }

        if(!(other instanceof Cat cat)) {
            // 因為 other instanceof Cat 為 false，這邊不能存取 cat
            return false;
        }

        // 這邊可以存取 cat
        return getName().equals(cat.getName()) &&
                getBirthday().equals(cat.getBirthday());
    }
}
```

在上例中，雖然 if 中的條件判斷式!(other instanceof Cat cat)結果為 true，然而因為 other instanceof Cat 為 false，if 區塊中無法存取 cat，這很合理，畢竟 other instanceof Cat 為 false，本來就不該當成 Cat 來使用，編譯器就直接阻止你使用 cat 了。

不過這只是示範，就這個例子來說，反相 instanceof 的結果，也只是讓可讀性變差了，請別這麼做！

instanceof 模式比對指定的名稱，**結合&&、||或?:三元運算子時**，也要留意**範圍問題**，接下來只是示範，**實務上是否使用，請考量可讀性是否良好！**

例如以下可以通過編譯：

```
boolean isSameName = other instanceof Cat cat && getName().equals
(cat.getName());
```

&&的右運算元要能估值,左運算元一定要是 true,因此右邊的運算式可以存取 cat 名稱;然而以下會編譯錯誤:

```
boolean wat = other instanceof Cat cat || getName().equals(cat.getName());
```

||的右運算元要能估值,左運算元一定要是 false,既然不是 Cat 型態了,又怎麼能存取 cat 呢?因此無法編譯。

以下是個?:三元運算子可以通過編譯的例子:

```
boolean isSameName = (other instanceof Cat cat) ?
                           getName().equals(cat.getName()) : false;
```

就上例來說,:的右邊無法使用 cat 名稱;故意寫成以下,:右邊是可以使用 cat 名稱,不過請不要這麼寫,因為可讀性不佳:

```
boolean isSameName = !(other instanceof Cat cat) ? false :
                           getName().equals(cat.getName());
```

6.2.6 關於垃圾收集

物件會佔據記憶體,若程式執行流程中已無法再使用某物件,該物件就只是徒耗記憶體的垃圾。

JVM 有**垃圾收集(Garbage Collection, GC)**機制,垃圾物件佔據的記憶體空間,會被垃圾收集器找出、釋放。那麼,哪些會被 JVM 認定為垃圾物件?簡單地說,執行流程中,無法透過變數參考的物件,就是 GC 認定的垃圾物件。

執行流程?具體來說就是某條執行緒(Thread)(第 11 章才會說明執行緒)可執行的程式流程,目前你唯一接觸到的執行緒,就是 main()程式進入點開始後的主執行緒(也就是主流程),垃圾收集機制有一定的複雜性,不同需求下會使用不同的垃圾收集演算法,幸而就初學來說,只需要知道基本觀念即可,細節就交給 JVM 處理。

假設你有一個類別:

```
class Some {
    Some next;
}
```

若從程式進入點開始，有段程式碼如下撰寫：

```
var some1 = new Some();
var some2 = new Some();
some1 = some2;
```

執行到第二行時，主執行緒可以透過名稱參考到的物件會是：

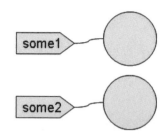

圖 6.18　兩個物件都有牌子

執行到第三行時，將 some2 參考的物件給 some1 參考，因此變成這樣：

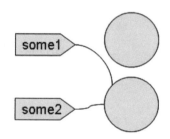

圖 6.19　沒有牌子的就是垃圾

原先 some1 參考的物件不再被任何名稱參考，這個物件就是記憶體中的垃圾了，GC 會自動找出、回收這些垃圾。

然而實際程式的流程會更複雜一些。如果有段程式是這樣：

```
var some = new Some();
some.next = new Some();
some = null;
```

在執行到第二行時，情況如下圖，此時還沒有物件是垃圾：

圖 6.20　鏈狀參考

由於可以透過 some 參考至中間的物件，而 some.next 可以參考最右邊的物件，目前不需要回收任何物件。執行完成第三行後，情況變成如此：

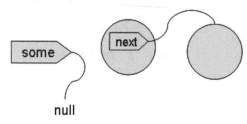

圖 6.21　回收幾個物件呢？

由於無法透過 some 參考至中間物件，也就無法再透過中間物件的 next 參考至右邊物件，因此兩個物件都是垃圾。類似地，下面程式碼中，陣列參考到的物件都會被回收：

```
Some[] somes = {new Some(), new Some(), new Some()};
somes = null;
```

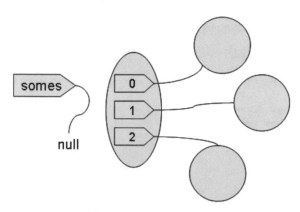

圖 6.22　回收幾個物件呢？

　　被回收的物件包括了陣列本身，以及三個索引參考的三個物件。如果是形同孤島的物件，例如：

```
var some = new Some();
some.next = new Some();
some.next.next = new Some();
some.next.next.next = some;
some = null;
```

　　執行到第四行時，情況是這樣的：

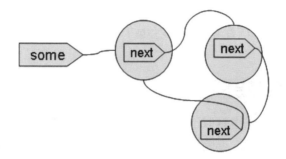

圖 6.23　循環參考

執行完第五行後，情況變為如此：

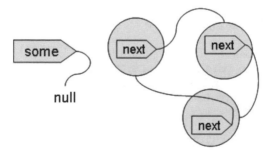

圖 6.24　形成孤島

這個時候形成孤島的右邊三個物件，將全部被 GC 給處理掉。

注意 ➤➤➤ GC 在進行回收物件前，會呼叫物件的 finalize() 方法，這是 Object 定義的方法，如果在物件被回收前，有些事情想做，可以重新定義 finalize() 方法，不過何時啟動 GC，要視 JVM 採用的 GC 演算法而定，也就是就開發而言，無法確認 finalize() 被呼叫的時機。

定義了 finalize() 的物件，會被 JVM 放到一個 finalize 佇列，垃圾收集的時間可能被延後，若大量產生這類物件，可能會因為垃圾收集被持續延後，而使得物件遲遲無法回收，最後導致記憶體不足的錯誤（OutOfMemoryError）發生。

在《Effective Java》就建議，避免使用 finalize() 方法；從 Java SE 9 開始，finalize() 方法被標示為廢棄，不建議再去定義它了。

6.2.7　再看抽象類別

撰寫程式常有些看似不合理但又非得完成的需求，舉例來說，老闆叫你開發一個猜數字遊戲，要隨機產生 0 到 9 的數字，使用者輸入的數字如果相同就顯示「猜中了」，如果不同就繼續讓使用者輸入數字，直到猜中為止。

這程式有什麼難的？相信現在的你也可以實作出來：

```java
package cc.openhome;

import java.util.Scanner;

public class Guess {
    public static void main(String[] args) {
        var console = new Scanner(System.in);
        var number = (int) (Math.random() * 10);
        var guess = -1;
        do {
            System.out.print("輸入數字：");
            guess = console.nextInt();
        } while(guess != number);
        System.out.println("猜中了");
    }
}
```

圓滿達成任務是吧！將程式交給老闆後，老闆皺著眉頭說：「我有說要在文字模式下執行遊戲嗎？」你就問了：「請問會在哪個環境執行呢？」老闆：「還沒決定，也許會用視窗程式，不過改成網頁也不錯，唔...下個星期開會討

論一下。」你問：「那可以下星期討論完我再來寫嗎？」老闆：「不行！」你
（內心 OS）：「當我是哆啦 A 夢喔！我又沒有時光機....」

有些需求本身確實不合理，然而有些可以設過設計（Design）來解決，以
上面的例子來說，取得使用者輸入、顯示結果的環境未定，但你負責的這部分
還是可以先實作。例如：

```
Inheritance  GuessGame.java

package cc.openhome;

public abstract class GuessGame {
    public void go() {
        var number = (int) (Math.random() * 10);
        var guess = -1;
        do {
            print("輸入數字：");
            guess = nextInt();
        } while(guess != number);
        println("猜中了");
    }

    public void println(String text) {
        print(text + "\n");
    }

    public abstract void print(String text);
    public abstract int nextInt();
}
```

這個類別的定義不完整，print() 與 nextInt() 都是抽象方法，因為還沒決
定在哪個環境執行猜數字遊戲，如何顯示輸出、取得使用者輸入就不能實作，
可以先實作的是猜數字的流程，雖然是抽象方法，但在 go() 方法中，還是可以
呼叫。

等到下星期開會決定，終於還是在文字模式下執行猜數字遊戲，你就再撰
寫 ConsoleGame 類別，繼承抽象類別 GuessGame，實作當中的抽象方法：

```
Inheritance  ConsoleGame.java

package cc.openhome;

import java.util.Scanner;

public class ConsoleGame extends GuessGame {
    private Scanner console = new Scanner(System.in);
```

```
    @Override
    public void print(String text) {
        System.out.print(text);

    }

    @Override
    public int nextInt() {
        return console.nextInt();
    }
}
```

　　只要建構出 ConsoleGame 實例，執行時期的 go()方法中呼叫 print()、nextInt()或 println()等方法時，就是執行 ConsoleGame 中定義的流程，完整的猜數字遊戲就實作出來了。例如：

Inheritance Guess.java

```
package cc.openhome;

public class Guess {
    public static void main(String[] args) {
        GuessGame game = new ConsoleGame();
        game.go();
    }
}
```

　　一個執行的結果如下：

```
輸入數字：5
輸入數字：4
輸入數字：3
猜中了
```

> **提示 >>>** 前人設計上的經驗，稱為設計模式（Design pattern），為了溝通方便，特定模式會給予名稱，上例的實現模式常被稱為 Template method。如果對其他設計模式有興趣，可以先從我寫的〈漫談模式[4]〉文件開始。

4　漫談模式：openhome.cc/zh-tw/pattern/

📖 課後練習

實作題

1. 如果使用 6.2.5 設計的 ArrayList 類別收集物件，想顯示收集物件之字串描述時，必須如下：

```
var list = new ArrayList();
//...收集物件
for(var i = 0; i < list.size(); i++) {
    out.println(list.get(i));
}
```

請重新定義 ArrayList 的 toString() 方法，讓客戶端想顯示收集物件之字串描述時，可以如下：

```
var list = new ArrayList();
//...收集物件
out.println(list);
```

2. 承上題，若想比較兩個 ArrayList 實例是否相等，希望可以如下比較：

```
var list1 = new ArrayList();
//...用 list1 收集物件
var list2 = new ArrayList();
//...用 list2 收集物件
System.out.println(list1.equals(list2));
```

請重新定義 ArrayList 的 equals() 方法，先比較收集的物件個數，再比較各索引之物件實質上是否相等（使用各物件的 equals() 比較）。

介面與多型

7

CHAPTER

學習目標

- 使用介面定義行為
- 瞭解介面的多型操作
- 利用介面列舉常數
- 利用 enum 列舉常數

7.1 何謂介面？

　　第 6 章談過繼承，你也許在一些書或文件中看過「別濫用繼承」，或者「優先考慮介面而不是繼承」的說法，什麼情況叫濫用繼承？介面代表的又是什麼？這一節將實際來看個海洋樂園遊戲，探討看看如何設計與改進，瞭解繼承、介面與多型的用與不用之處。

7.1.1 使用介面定義行為

　　老闆想開發一款海洋樂園遊戲，其中全部東西都會游泳。你想了一下，談到會游的東西，第一個想到的就是魚，上一章剛學過繼承，也知道繼承可以運用多型，你也許會定義 Fish 類別有個 swim() 的行為：

```
public abstract class Fish {
    protected String name;

    public Fish(String name) {
        this.name = name;
    }

    public String getName() {
        return name;
    }
```

```
    public abstract void swim();
}
```

每種魚游泳方式不同,因此將 swim() 定義為 abstract,Fish 也就是 abstract
類別,接著定義小丑魚繼承魚:

```
public class Anemonefish extends Fish {
    public Anemonefish(String name) {
        super(name);
    }

    @Override
    public void swim() {
        System.out.printf("小丑魚 %s 游泳%n", name);
    }
}
```

Anemonefish 繼承 Fish,並實作 swim() 方法,也許你還定義了鯊魚 Shark
類別繼承 Fish、食人魚 Piranha 繼承 Fish:

```
public class Shark extends Fish {
    public Shark(String name) {
        super(name);
    }

    @Override
    public void swim() {
        System.out.printf("鯊魚 %s 游泳%n", name);
    }
}
```

```
public class Piranha extends Fish {
    public Piranha(String name) {
        super(name);
    }

    @Override
    public void swim() {
        System.out.printf("食人魚 %s 游泳%n", name);
    }
}
```

老闆說話了,為什麼都是魚?人也會游泳啊!怎麼沒寫?於是你就再定義
Human 類別繼承 Fish...等一下!Human 繼承 Fish?不會覺得很奇怪嗎?你會說
程式可以執行啊!編譯器也沒抱怨!

　　對！編譯器是不會抱怨，就目前為止，程式也可以執行，但是請回想上一章曾談過，繼承會有**是一種（is-a）**的關係，Anemonefish 是一種 Fish，Shark 是一種 Fish，Piranha 是一種 Fish，如果讓 Human 繼承 Fish，那 Human 是一種 Fish？你會說「美人魚啊！」...@#$%^&

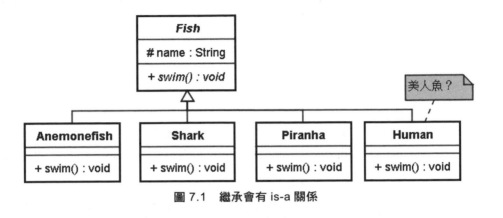

圖 7.1　繼承會有 is-a 關係

提示 >>>　圖 7.1 中 Fish 是斜體字，表示是抽象類別，而 swim()是斜體字，表示是抽象方法，name 旁邊有個#，表示 protected，swing()方法旁的+表示 public，箭號表示繼承。

　　程式可以通過編譯也可以執行，然而設計上有不合理的地方，你可以繼續硬掰下去，如果現在老闆說加個潛水艇呢？寫個 Submarine 繼承 Fish 嗎？Submarine 是一種 Fish 嗎？繼續這樣的想法設計下去，你的程式架構會越來越不合理，越來越沒有彈性！

　　Java 只能繼承一個父類別，更強化了「是一種」關係的限制性。如果老闆突發奇想，想把海洋樂園變為海空樂園，有的東西會游泳，有的東西會飛，有的東西會游也會飛，如果用繼承方式來解決，寫個 Fish 讓會游的東西繼承，寫個 Bird 讓會飛的東西繼承，那會游也會飛的怎麼辦？有辦法定義個飛魚 FlyingFish 同時繼承 Fish 跟 Bird 嗎？

　　重新想一下需求吧！老闆想開發一個海洋樂園遊戲，其中全部東西都會游泳。「全部東西」都會「游泳」，而不是「某種東西」都會「游泳」，先前的設計方式只解決了「全部魚」都會「游泳」，只要它是一種魚（也就是繼承 Fish）。

「全部東西」都會「游泳」，代表「游泳」這個「行為」可以被全部東西「擁有」，而不是「某種」東西專屬，對於定義「擁有的行為」，可以使用 **interface** 關鍵字定義：

OceanWorld1 Swimmer.java

```
package cc.openhome;

public interface Swimmer {
    public abstract void swim();
}
```

以上程式碼定義了 Swimmer 介面，介面可以用於定義行為但不定義實作，在這邊 Swimmer 的 swim()方法沒有實作，直接標示為 abstract，而且一定是 public。物件若想擁有 Swimmer 的行為，必須實作 Swimmer 介面。例如 Fish 擁有 Swimmer 行為：

OceanWorld1 Fish.java

```
package cc.openhome;

public abstract class Fish implements Swimmer {
    protected String name;

    public Fish(String name) {
        this.name = name;
    }

    public String getName() {
        return name;
    }

    @Override
    public abstract void swim();
}
```

類別要實作介面，必須使用 **implements** 關鍵字，實作某介面時，對於抽象方法有兩種處理方式，一是實作抽象方法，二是再度將該方法標示為 abstract。在這個範例中，Fish 不知道每條魚怎麼游，因此使用第二種處理方式。

目前 Anemonefish、Shark 與 Piranha 繼承 Fish 後的程式碼，與先前示範的片段相同。那麼，如果 Human 要能游泳呢？

OceanWorld1　Human.java

```java
package cc.openhome;

public class Human implements Swimmer {
    private String name;

    public Human(String name) {
        this.name = name;
    }

    public String getName() {
        return name;
    }

    @Override
    public void swim() {
        System.out.printf("人類 %s 游泳%n", name);
    }
}
```

Human 實作了 Swimmer，不過 Human 沒有繼承 Fish，因此 Human 不是一種 Fish。類似地，Submarine 也有 Swimmer 的行為：

OceanWorld1　Submarine.java

```java
package cc.openhome;

public class Submarine implements Swimmer {
    private String name;

    public Submarine(String name) {
        this.name = name;
    }

    public String getName() {
        return name;
    }

    @Override
    public void swim() {
        System.out.printf("潛水艇 %s 潛行%n", name);
    }
}
```

Submarine 實作 Swimmer，不過 Submarine 沒有繼承 Fish，因此 Submarine 不是一種 Fish。目前程式的架構如下：

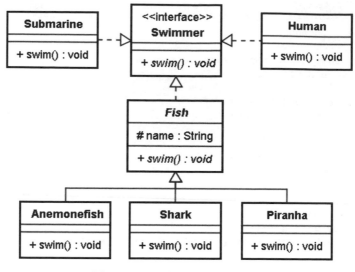

圖 7.2　運用介面改進程式架構

提示 ⟫⟫ 圖 7.2 中的虛線空心箭頭表示實作介面。

　　以 **Java** 的語意來說，**繼承有「是一種」關係，實作介面表示「擁有行為」然而沒有「是一種」的關係**。Human 與 Submarine 實作 Swimmer，擁有 Swimmer 的行為，然而沒有繼承 Fish，因此它們不是一種魚，這樣的架構比較合理而有彈性，可以應付一定程度的需求變化。

提示 ⟫⟫ 有些書或文件會說，Human 與 Submarine 是一種 Swimmer，會有這種說法的作者，應該是有 C++程式語言的背景，因為 C++可以多重繼承，也就是子類別可以擁有兩個以上的父類別，若其中一個父類別用來定義抽象行為，該父類別的作用就類似 Java 的介面，因為也是用繼承語意來實作，才會有「是一種」的說法。

Java 限制只能繼承一個父類別，因此「是一種」的語意更為強烈，我建議將「是一種」的語意保留給繼承，對於介面實作使用「擁有行為」的語意，比較易於區分類別繼承與介面實作的差別。

有些文件中，若 B 是 A 的子類別，或者 B 實現了 A 介面，會統稱 B 是 A 的次型態（subtype）。

7.1.2　行為的多型

　　在 6.1.2 曾試著當編譯器，判斷繼承時哪些多型語法可以通過編譯，扮演（Cast）語法又是為了什麼目的，以及哪些情況下，執行時期會扮演失敗，哪些又可扮演成功。方才談過如何使用介面定義行為，接下來也要再來當編譯器，看看哪些是合法的多型語法。例如：

```
Swimmer swimmer1 = new Shark();
Swimmer swimmer2 = new Human();
Swimmer swimmer3 = new Submarine();
```

　　這三行程式碼都可以通過編譯，判斷方式是「右邊是不是擁有左邊的行為」，或者「右邊物件是不是實作了左邊介面」。

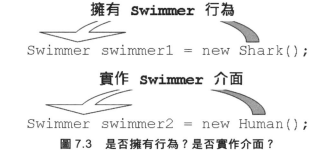

圖 7.3　是否擁有行為？是否實作介面？

　　Shark 擁有 Swimmer 行為嗎？有的！因為 Fish 實作 Swimmer 介面，也就是 Fish 擁有 Swimmer 行為，Shark 繼承 Fish，當然也擁有 Swimmer 行為，因此通過編譯，Human 與 Submarine 也都實作 Swimmer 介面，可以通過編譯。

　　更進一步地，來看看底下的程式碼是否可通過編譯？

```
Swimmer swimmer = new Shark();
Shark shark = swimmer;
```

　　第一行要判斷 Shark 是否擁有 Swimmer 行為？是的！可通過編譯，但第二行呢？swimmer 是 Swimmer 型態，編譯器看到該行會想到，有 Swimmer 行為的物件是不是 Shark 呢？這可不一定！也許實際上是 Human 實例！有 Swimmer 行為的物件不一定是 Shark，因此第二行編譯失敗！

就上面的程式碼片段而言，實際上 swimmer 是參考至 Shark 實例，你可以加上扮演（Cast）語法：

```
Swimmer swimmer = new Shark();
Shark shark = (Shark) swimmer;
```

對第二行的語意而言，就是在告訴編譯器，對！你知道有 Swimmer 行為的物件，不一定是 Shark，不過你就是要它扮演 Shark，編譯器就別再囉嗦了，通過編譯之後，執行時期 swimmer 確實也是參考 Shark 實例，也就不會有錯誤。

底下的程式片段會在第二行編譯失敗：

```
Swimmer swimmer = new Shark();
Fish fish = swimmer;
```

第二行 swimmer 是 Swimmer 型態，因此編譯器會問，實作 Swimmer 介面的物件是否繼承 Fish？不一定，也許是 Submarine！因為會實作 Swimmer 介面的並不一定繼承 Fish，編譯就失敗了。如果加上扮演語法：

```
Swimmer swimmer = new Shark();
Fish fish = (Fish) swimmer;
```

第二行告訴編譯器，你知道有 Swimmer 行為的物件，不一定繼承 Fish，不過你就是要它扮演 Fish，編譯器就別再囉嗦了，通過編譯之後，執行時期 swimmer 確實也是參考 Shark 實例，它是一種 Fish，也就不會有錯誤。

下面這個例子就會拋出 ClassCastException 錯誤：

```
Swimmer swimmer = new Human();
Shark shark = (Shark) swimmer;
```

在第二行，swimmer 實際上參考了 Human 實例，你要他扮演鯊魚？這太荒謬了！執行時就出錯了。類似地，底下的例子也會出錯：

```
Swimmer swimmer = new Submarine();
Fish fish = (Fish) swimmer;
```

在第二行，swimmer 實際上參考了 Submarine 實例，你要他扮演魚？又不是在演哆啦 A 夢中海底鬼岩城，哪來的機器魚情節！Submarine 不是一種 Fish，執行時期會因為扮演失敗而拋出 ClassCastException。

使用 var 的話，可以由編譯器自動推斷區域變數型態，就以下的程式片段：

```
Swimmer swimmer = new Shark();
Fish fish = (Fish) swimmer;
```

也可以寫為：

```
Swimmer swimmer = new Shark();
var fish = (Fish) swimmer;
```

知道以上的語法，哪些可以通過編譯，哪些可以扮演成功做什麼？來考慮一個需求，寫個 static 的 doSwim() 方法，讓會游的東西都游起來，在不會使用介面多型語法時，也許你會寫下：

```
static void doSwim(Fish fish) {
    fish.swim();
}

static void doSwim(Human human) {
    human.swim();
}

static void doSwim(Submarine submarine) {
    submarine.swim();
}
```

老實說，如果已經會寫接收 Fish 的 doSwim() 版本，程式底子還算是不錯了，因為至少你知道，只要有繼承 Fish，無論是 Anemonefish、Shark 或 Piranha，都可以使用 Fish 的 doSwim() 版本，至少你會使用繼承時的多型，至於 Human 與 Submarine，各會呼叫其接收 Human 及 Submarine 的 doSwim() 版本。

問題是，如果「種類」很多怎麼辦？多了水母、海蛇、蟲等種類呢？每個種類重載一個方法出來嗎？其實在你的設計中，會游泳的東西，都擁有 Swimmer 的行為，都實作了 Swimmer 介面，只要這麼設計就可以了：

OceanWorld2　Ocean.java

```
package cc.openhome;

public class Ocean {
    public static void main(String[] args) {
        doSwim(new Anemonefish("尼莫"));
        doSwim(new Shark("蘭尼"));
        doSwim(new Human("賈斯汀"));
        doSwim(new Submarine("黃色一號"));
    }

    static void doSwim(Swimmer swimmer) {    ❶ 參數是 Swimmer 型態
        swimmer.swim();
    }
}
```

執行結果如下：

```
小丑魚 尼莫 游泳
鯊魚 蘭尼 游泳
人類 賈斯汀 游泳
潛水艇 黃色一號 潛行
```

只要是實作 Swimmer 介面的物件，都可以使用範例中的 doSwim() 方法，Anemonefish、Shark、Human、Submarine 等，都實作了 Swimmer 介面，再多種類，只要物件擁有 Swimmer 行為，都不用撰寫新的方法，可維護性提高許多！

7.1.3 解決需求變化

寫程式要有彈性，要有可維護性！然而什麼叫有彈性？何謂可維護？老實說，這問題有點抽象，若從最簡單的定義開始：增加新的需求，既有程式碼無需修改，只需針對新需求撰寫程式，那就是有彈性、具可維護性的程式。

以 7.1.1 提到的需求為例，如果今天老闆突發奇想，想把海洋樂園變為海空樂園，有的東西會游泳，有的東西會飛，有的東西會游也會飛，那麼現有的程式可以應付這個需求嗎？

仔細想想，有的東西會飛，但不限於某種東西才有「飛」這個行為，有了先前的經驗，你使用 interface 定義了 Flyer 介面：

OceanWorld3 Flyer.java

```java
package cc.openhome;

public interface Flyer {
    public abstract void fly();
}
```

Flyer 介面定義了 fly() 方法，程式中想飛的東西，可以實作 Flyer 介面，假設有台海上飛機具有飛行的行為，也可以在海面上航行，可以定義 Seaplane 實作、Swimmer 與 Flyer 介面：

OceanWorld3 Seaplane.java

```java
package cc.openhome;

public class Seaplane implements Swimmer, Flyer {
```

```
    private String name;

    public Seaplane(String name) {
        this.name = name;
    }

    @Override
    public void fly() {
        System.out.printf("海上飛機 %s 在飛%n", name);
    }

    @Override
    public void swim() {
        System.out.printf("海上飛機 %s 航行海面%n", name);
    }
}
```

在 Java 中，**類別可以實作兩個以上的介面，也就是擁有兩種以上的行為**。例如 Seaplane 就同時擁有 Swimmer 與 Flyer 的行為。

如果是會游也會飛的飛魚呢？飛魚是一種魚，可以繼承 Fish 類別，飛魚會飛，可以實作 Flyer 介面：

OceanWorld3 FlyingFish.java

```
package cc.openhome;

public class FlyingFish extends Fish implements Flyer {
    public FlyingFish(String name) {
        super(name);
    }

    @Override
    public void swim() {
        System.out.println("飛魚游泳");
    }

    @Override
    public void fly() {
        System.out.println("飛魚會飛");
    }
}
```

正如範例內容，在 Java 中，**類別可以同時繼承某類別，並實作某些介面**。例如 FlyingFish 是一種魚，也擁有 Flyer 的行為。如果現在要讓會游的東西游泳，那麼 7.1.1 節的 doSwim() 方法就可以滿足需求了，因為 Seaplane 擁有 Swimmer 的行為，而 FlyingFish 也擁有 Swimmer 的行為：

```
OceanWorld3  Ocean.java
```
```java
package cc.openhome;

public class Ocean {
    public static void main(String[] args) {
        略...
        doSwim(new Seaplane("空軍零號"));
        doSwim(new FlyingFish("甚平"));
    }

    static void doSwim(Swimmer swimmer) {
        swimmer.swim();
    }
}
```

就滿足目前需求來說，只要新增程式碼，不用修改既有的程式碼，你的程式確實就擁有某種程度的彈性與可維護性。

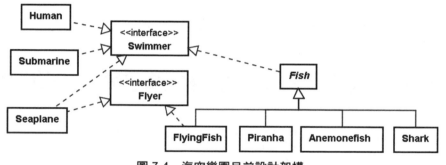

圖 7.4　海空樂園目前設計架構

當然需求是無止盡的，原有程式架構也許剛開始可滿足某些需求，然而後續需求也可能超過了既有架構預留之彈性，一開始要如何設計才會有彈性，必須靠經驗與分析判斷，不用為了保有程式彈性的彈性而過度設計，因為過大的彈性表示過度預測需求，有的設計也許從不會遇上事先假設的需求。

例如，也許你預先假設會遇上某些需求而設計了一個介面，但從程式開發至生命週期結束，該介面從未被實作過，或者僅有一個類別實作過該介面，那麼該介面也許就不必存在，你事先的假設也許就是過度預測需求。

後續需求超過了既有架構預留之彈性發生了！老闆又開口了：不是全部的人類都會游泳吧！有的飛機只會飛，不能停在海上啊！

好吧！並非全部的人類都會游泳，因此不再讓 Human 實作 Swimmer：

OceanWorld4　Human.java

```java
package cc.openhome;

public class Human {
    protected String name;

    public Human(String name) {
        this.name = name;
    }

    public String getName() {
        return name;
    }
}
```

假設只有游泳選手會游泳，游泳選手是一種人，並擁有 Swimmer 的行為：

OceanWorld4　SwimPlayer.java

```java
package cc.openhome;

public class SwimPlayer extends Human implements Swimmer {
    public SwimPlayer(String name) {
        super(name);
    }

    @Override
    public void swim() {
        System.out.printf("游泳選手 %s 游泳%n", name);
    }
}
```

有的飛機只會飛，因此設計一個 Airplane 類別作為 Seaplane 的父類別，Airplane 實作 Flyer 介面：

OceanWorld4　Airplane.java

```java
package cc.openhome;

public class Airplane implements Flyer {
    protected String name;

    public Airplane(String name) {
        this.name = name;
    }
```

```java
    @Override
    public void fly() {
        System.out.printf("飛機 %s 在飛%n", name);
    }
}
```

Seaplane 會在海上航行，因此在繼承 Airplane 之後，必須實作 Swimmer 介面：

OceanWorld4 Seaplane.java

```java
package cc.openhome;

public class Seaplane extends Airplane implements Swimmer {
    public Seaplane(String name) {
        super(name);
    }

    @Override
    public void fly() {
        System.out.print("海上");
        super.fly();
    }

    @Override
    public void swim() {
        System.out.printf("海上飛機 %s 航行海面%n", name);
    }
}
```

不過程式中的直昇機就只會飛：

OceanWorld4 Helicopter.java

```java
package cc.openhome;

public class Helicopter extends Airplane {
    public Helicopter(String name) {
        super(name);
    }

    @Override
    public void fly() {
        System.out.printf("飛機 %s 在飛%n", name);
    }
}
```

　　這一連串的修改，都是為了調整程式架構，這只是個簡單的示範，想像一下，在更大規模的程式中調整程式架構會有多麼麻煩，而且不只是修改程式很麻煩，沒有被修改到的地方，也有可能因此出錯：

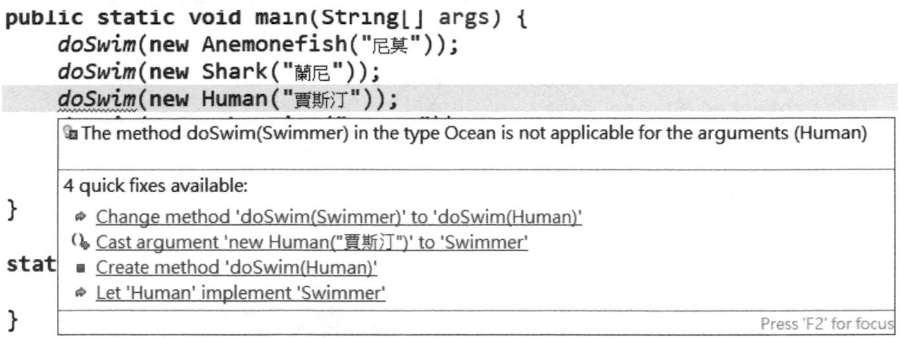

```
public static void main(String[] args) {
    doSwim(new Anemonefish("尼莫"));
    doSwim(new Shark("蘭尼"));
    doSwim(new Human("賈斯汀"));
```

The method doSwim(Swimmer) in the type Ocean is not applicable for the arguments (Human)

4 quick fixes available:
  Change method 'doSwim(Swimmer)' to 'doSwim(Human)'
  Cast argument 'new Human("賈斯汀")' to 'Swimmer'
  Create method 'doSwim(Human)'
  Let 'Human' implement 'Swimmer'

Press 'F2' for focus

圖 7.5　沒有動到這邊啊！怎麼出錯了？

　　程式架構很重要！這邊就是個例子，因為 Human 不再實作 Swimmer 介面了，不能再套用 doSwim() 方法，應該改用 SwimPlayer 了。

　　不好的架構下要修改程式，很容易牽一髮而動全身，想像一下在更複雜的程式中，修改程式之後，到處出錯的窘境，也有不少人維護到架構不好的程式，抓狂到想砍掉重練的情況。

提示 >>>　對於一些人來說，軟體看不到，摸不著，改程式似乎不需成本，也因此架構經常被漠視。曾經聽過一個比喻是這樣的：沒人敢在蓋十幾層高樓之後，要求修改地下室架構，但軟體業界常常在做這種事。

　　也許老闆又想到了：水裡的話，將淺海游泳與深海潛行分開好了！就算心裡再千百個不願意，你還是摸摸鼻子改了：

```
OceanWorld4  Diver.java
```

```java
package cc.openhome;

public interface Diver extends Swimmer {
    public abstract void dive();
}
```

在 Java 中，**介面可以繼承自另一個介面，也就是繼承父介面行為，再於子介面中額外定義行為**。假設一般的船可以在淺海航行：

```
OceanWorld4  Boat.java
```
```java
package cc.openhome;

public class Boat implements Swimmer {
    protected String name;

    public Boat(String name) {
        this.name = name;
    }

    @Override
    public void swim() {
        System.out.printf("船在水面 %s 航行%n", name);
    }
}
```

潛水航是一種船，可以在淺海游泳，也可以在深海潛行：

```
OceanWorld4  Submarine.java
```
```java
package cc.openhome;

public class Submarine extends Boat implements Diver {
    public Submarine(String name) {
        super(name);
    }

    @Override
    public void dive() {
        System.out.printf("潛水艇 %s 潛行%n", name);
    }
}
```

需求不斷變化，架構也有可能因此而修改，好的架構在修改時，其實也不會全部的程式碼都被牽動，這就是設計的重要性，不過像這位老闆無止境地在擴張需求，他說一個你改一個，也不是辦法，找個時間，好好跟老闆談談這個程式的需求邊界到底在哪吧！

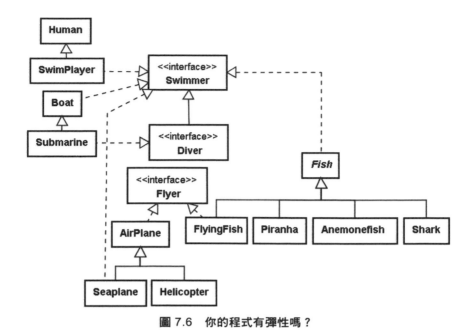

圖 7.6　你的程式有彈性嗎？

7.2　介面語法細節

上一節介紹了介面的基礎觀念與語法，然而結合 Java 的特性，介面還有一些細節必須明瞭，像是介面中的預設語法、常數定義、匿名內部類別之撰寫等，接下來將在本節中說明。

7.2.1　介面的預設

在 Java 中，可使用 interface 來定義抽象的行為與外觀，**如果是介面中的方法，可宣告為 public abstract**。例如：

```
public interface Swimmer {
    public abstract void swim();
}
```

介面中的方法沒有實作時，一定得是公開且抽象，為了方便，**可以省略 public abstract**：

```
public interface Swimmer {
    void swim();   // 預設就是 public abstract
}
```

編譯器會自動加上 `public abstract`，因此認證考試上經常會出這個題目：

```
interface Action {
    void execute();
}

class Some implements Action {
    void execute() {
        out.println("做一些服務");
    }
}
public class Main {
    public static void main(String[] args) {
        Action action = new Some();
        action.execute();
    }
}
```

「請問你執行結果為何？」這個問題本身就是個陷阱，根本無法編譯成功，因為 `Action` 定義的 `execute()` 預設為 `public abstract`，而 `Some` 類別在實作 `execute()` 方法時，沒有撰寫 `public`，這時會預設為套件權限，這等於是將 `Action` 中 `public` 的方法縮小為套件權限，編譯就失敗了！必須將 `Some` 類別的 `execute()` 設為 `public` 才可通過編譯。

`interface` 的方法可以有限制地實作，這是為了支援 Lambda 特性，第 12 章在談 Lambda 時會再介紹。

在 `interface` 中，可以定義常數，其中一個應用是列舉一組常數，例如：

Interface Action.java

```
package cc.openhome;

public interface Action {
    public static final int STOP = 0;
    public static final int RIGHT = 1;
    public static final int LEFT = 2;
    public static final int UP = 3;
    public static final int DOWN = 4;
}
```

　　過去的 Java 程式碼中，很常見到於介面中列舉常數，來看個應用：

Interface　Game.java

```java
package cc.openhome;

import static java.lang.System.out;

public class Game {
    public static void main(String[] args) {
        play(Action.RIGHT);
        play(Action.UP);
    }

    public static void play(int action) {
        out.println(
            switch(action) {
                case Action.STOP  -> "播放停止動畫";
                case Action.RIGHT -> "播放向右動畫";
                case Action.LEFT  -> "播放向左動畫";
                case Action.UP    -> "播放向上動畫";
                case Action.DOWN  -> "播放向下動畫";
                default           -> "不支援此動作";
            }
        );
    }
}
```

　　想想看，如果將上面這個程式改為以下，哪個在維護程式時比較清楚呢？
...

```java
    public static void play(int action) {
        out.println(
            // 數字比較清楚？還是列舉常數比較清楚？
            switch(action) {
                case 0  -> "播放停止動畫";
                case 1  -> "播放向右動畫";
                case 2  -> "播放向左動畫";
                case 3  -> "播放向上動畫";
                case 4  -> "播放向下動畫";
                default -> "不支援此動作";
            }
        );
    }
    public static void main(String[] args) {
        play(1);        // 數字比較清楚？還是列舉常數比較清楚？
        play(3);
    }
...
```

事實上，在 interface 中，也只能定義 public static final 的列舉常數，為了方便，可以如下撰寫：

```
public interface Action {
    int STOP = 0;
    int RIGHT = 1;
    int LEFT = 2;
    int UP = 3;
    int DOWN = 4;
}
```

編譯器會展開為 public static final，因此在介面中列舉常數，一定要使用=指定值，否則就會編譯錯誤：

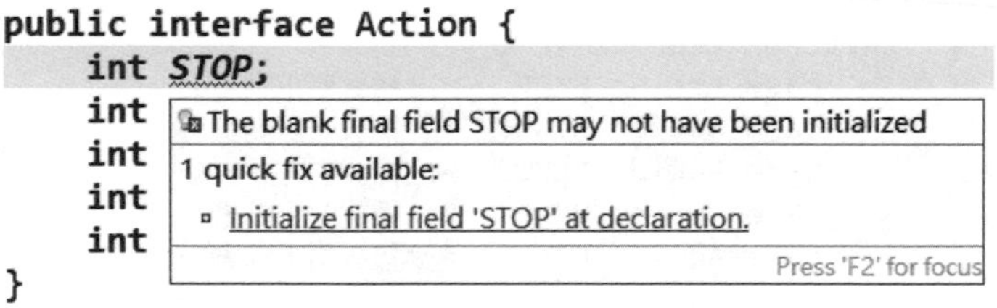

```
public interface Action {
    int STOP;
    int   The blank final field STOP may not have been initialized
    int   1 quick fix available:
    int      □ Initialize final field 'STOP' at declaration.
    int                                          Press 'F2' for focus
}
```

圖 7.7　介面列舉常數一定是 public static final

在介面列舉常數的方式，現在已不鼓勵，建議改用 enum 來列舉，稍後於 7.2.3 就會說明。

提示 >>> 要在類別中定義常數也是可以的，不過要明確寫出 public static final。

類別可以實作兩個以上的介面，如果有兩個介面都定義了某方法，而實作兩個介面的類別會怎樣嗎？程式面上來說，並不會有錯誤，照樣通過編譯：

```
interface Some {
    void execute();
    void doSome();
}

interface Other {
    void execute();
    void doOther();
}

public class Service implements Some, Other {
    @Override
    public void execute() {
        out.println("execute()");
```

```
    }

    @Override
    public void doSome() {
        out.println("doSome()");
    }

    @Override
    public void doOther() {
        out.println("doOther()");
    }
}
```

在設計上，你要思考一下：**Some 與 Other 定義的 execute()是否表示不同的行為？**

如果表示不同的行為，那麼 Service 在實作時，應該有不同的方法實作，那麼 Some 與 Other 的 execute()方法，就得在名稱上有所不同，Service 在實作時才能有兩個不同的方法實作。

如果表示相同的行為，那可以定義一個父介面，在當中定義 execute()方法，而 Some 與 Other 繼承該介面，各自定義自己的 doSome()與 doOther()方法：

```
interface Action {
    void execute();
}

interface Some extends Action {
    void doSome();
}

interface Other extends Action {
    void doOther();
}

public class Service implements Some, Other {
    @Override
    public void execute() {
        out.println("execute()");
    }

    @Override
    public void doSome() {
        out.println("doSome()");
    }

    @Override
    public void doOther() {
```

```
        out.println("doOther()");
    }
}
```

介面可以繼承別的介面，也可以同時繼承兩個以上的介面，同樣也是使用 extends 關鍵字，這代表了繼承父介面的行為，如果父介面中定義的方法有實作，也代表了繼承父介面的實作。

7.2.2　匿名內部類別

在撰寫 Java 程式時，經常會有臨時繼承某類別或實作某介面，並建立實例的需求，由於這類子類別或介面實作類別只使用一次，不需要為這些類別定義名稱，這時可以使用**匿名內部類別**（Anonymous inner class）來解決這個需求。匿名內部類別的語法為：

```
new 父類別()|介面() {
    // 類別本體實作
};
```

在 5.2.7 談內部類別時略談過匿名內部類別，那時以繼承 Object 重新定義 toString() 方法為例：

```
Object o = new Object() {   // 繼承 Object 重新定義 toString()並直接產生實例
    @Override
    public String toString() {
        return "無聊的語法示範而已";
    }
};
```

在以上的程式片段中，有個匿名類別繼承了 Object，接著直接產生該匿名類別的實例，正因為是匿名類別，你沒有類別名稱可用來宣告變數型態，真要指定型態的話，只能用 Object 型態的變數參考至該實例。

然而，透過 Object 型態的變數，能進行的多型操作，就只限於 Object 定義的方法，如上建立匿名類別實例，基本上沒太大用處。

若是使用 var 自動推斷區域變數型態，繼承 Object 來建立匿名類別實例，倒是可以有特別的作用：

```
jshell> var o = new Object() {
   ...>        String name = "Justin Lin";
   ...>        String getFirstName() {
   ...>            return name.split(" ")[0];
```

```
...>        }
...>        String getLastName() {
...>            return name.split(" ")[1];
...>        }
...> };
o ==> $0@6e06451e

jshell> o.name
$2 ==> "Justin Lin"

jshell> o.getFirstName()
$3 ==> "Justin"

jshell> o.getLastName()
$4 ==> "Lin"
```

　　因為編譯器自動推斷出匿名的型態，你就可以直接取得定義的值域、操作新增的方法，若想臨時建立物件來組合某些資料或操作，這是可行的方式之一。

　　如果是實作某個介面，例如 Some 介面定義了 doService() 方法，要建立匿名類別實例，可以如下：

```
Some some = new Some() {   // 實作 Some 介面並直接產生實例
    public void doService() {
        out.println("做一些事");
    }
};
```

提示 ≫ 若介面僅定義一個抽象方法，可以使用 Lambda 表示式來簡化此程式的撰寫。例如：

```
Some some = () -> out.println("做一些事");
```

有關 Lambda 語法的細節，第 9 章與第 12 章會説明。

　　來舉個介面應用的例子。假設你打算開發多人連線程式，對每個連線客戶端，都會建立 Client 物件封裝相關資訊：

Interface Client.java

```
package cc.openhome;

public class Client {
    public final String ip;
    public final String name;

    public Client(String ip, String name) {
```

```
            this.ip = ip;
            this.name = name;
        }
    }
```

　　程式中建立的 Client 物件，都會加入 ClientQueue 集中管理，若程式中其他部分，希望在 ClientQueue 的 Client 加入或移除時收到通知，以便做一些處理（例如進行日誌記錄），可以將 Client 加入或移除時的相關資訊，封裝為 ClientEvent：

Interface　ClientEvent.java
```
package cc.openhome;

public class ClientEvent {
    private Client client;

    public ClientEvent(Client client) {
        this.client = client;
    }

    public String getName() {
        return client.name;
    }

    public String getIp() {
        return client.ip;
    }
}
```

　　你可以定義 ClientListener 介面，如果有物件對 Client 加入 ClientQueue 有興趣，可以實作這個介面：

Interface　ClientListener.java
```
package cc.openhome;

public interface ClientListener {
    void clientAdded(ClientEvent event);     // 新增 Client 會呼叫這個方法
    void clientRemoved(ClientEvent event);   // 移除 Client 會呼叫這個方法
}
```

如何在 `ClientQueue` 新增或移除 `Client` 時予以通知呢？直接來看程式碼：

```
Interface  ClientQueue.java

package cc.openhome;

import java.util.ArrayList;

public class ClientQueue {
    private ArrayList clients = new ArrayList();    ←── ❶ 收集連線的 Client
    private ArrayList listeners = new ArrayList();  ←── ❷ 收集對這個物件有興趣的
                    ❸ 註冊 lientListener                      ClientListener
                           ↓
    public void addClientListener(ClientListener listener) {
        listeners.add(listener);
    }

    public void add(Client client) {
        clients.add(client);  ←──  ❹ 新增 Client
        var event = new ClientEvent(client);    ←──  ❺ 通知資訊包裝為
        for(var i = 0; i < listeners.size(); i++) {      ClientEvent
            var listener = (ClientListener) listeners.get(i);
            listener.clientAdded(event);  ←──  ❻ 逐一取出 ClientListener 通知
        }
    }

    public void remove(Client client) {
        clients.remove(client);
        var event = new ClientEvent(client);
        for(var i = 0; i < listeners.size(); i++) {
            var listener = (ClientListener) listeners.get(i);
            listener.clientRemoved(event);
        }
    }
}
```

ClientQueue 會收集連線後的 Client 物件，雖然在 6.2.5 曾經自己定義過 ArrayList 類別，不過在第 9 章就會學到，Java SE 提供 java.util.ArrayList，可以進行物件收集，範例中就使用了 java.util.ArrayList 來收集 Client❶，以及對 ClientQueue 感興趣的 ClientListener❷。

如果有物件對 Client 加入 ClientQueue 有興趣，可以實作 ClientListener，並透過 addClientListner()註冊❸。當每個 Client 透過 ClientQueue 的 add() 收集時，會用 ArrayList 收集 Client❹，接著使用 ClientEvent 封裝 Client 相關資訊❺，運用 for 迴圈將註冊的 ClientListener 逐一取出，並呼叫

clientAdded()方法進行通知❻。如果有物件被移除，流程也是類似，這可以在
ClientQueue 的 remove()方法中看到相關程式碼。

作為測試，可以使用以下的程式碼，其中使用匿名內部類別，直接建立了
實作 ClientListener 的物件：

Interface MultiChat.java

```java
package cc.openhome;

public class MultiChat {
    public static void main(String[] args) {
        var c1 = new Client("127.0.0.1", "Caterpillar");
        var c2 = new Client("192.168.0.2", "Justin");

        var queue = new ClientQueue();
        queue.addClientListener(new ClientListener() {
            @Override
            public void clientAdded(ClientEvent event) {
                System.out.printf("%s 從 %s 連線%n",
                        event.getName(), event.getIp());
            }

            @Override
            public void clientRemoved(ClientEvent event) {
                System.out.printf("%s 從 %s 離線%n",
                        event.getName(), event.getIp());
            }
        });

        queue.add(c1);
        queue.add(c2);

        queue.remove(c1);
        queue.remove(c2);
    }
}
```

執行的結果如下所示：

```
caterpillar 從 127.0.0.1 連線
justin 從 192.168.0.2 連線
caterpillar 從 127.0.0.1 離線
justin 從 192.168.0.2 離線
```

若要在匿名內部類別中存取區域變數，該區域變數必須是等效於 `final`，否則會發生編譯錯誤。例如：

```
 6          int x = 1;
 7⊖         var obj1 = new Object() {
 8⊖             public String toString() {
 9                 return String.format("obj(%d)", x);
10             }
11         };
12
13          int y = 1;
14⊖         var obj2 = new Object() {
15⊖             public String toString() {
16                 return String.format("obj(%d)", y);
17             }
18         };
19
20          y = y + 1;
```

圖 7.8　匿名內部類別只能取得等效於 `final` 的區域變數

在上圖中，x 區域變數在範圍內並沒有重新設定值，等效於 `final`，因此第 8 行編譯器並沒有報錯，然而 y 區域變數在第 20 行被重新設定值，並非等效於 `final`，編譯時會發生錯誤，也就是你在第 16 行看到的錯誤。

提示 >>> 要瞭解為什麼，必須涉及一些底層機制。區域變數的生命週期只限於方法之中，若上例中會方法傳回 obj 參考的物件，由於方法執行完成後區域變數生命週期就結束了，若透過傳回的物件存取變數就會發生錯誤。

Java 的作法是在匿名內部類別的實例中，建立新變數參考 nums 參考之物件，也就是編譯器會展開為類似以下的內容：

```
int x = 1;
Object obj = new Object(x) {
    public String toString() {
        return String.format("obj(%d)", _x);
    }
    final int _x;
    {
        _x = x;
    }
};
```

如果你後續改變了 x 的值，內部_x 變數卻還是原本的值，顯然就會是錯誤的結果，因此編譯器發現匿名內部類別中有非等效於 `final` 的變數，會直接報錯。

7.2.3 使用 enum 列舉常數

在 7.2.1 談過使用介面定義列舉常數之應用，當時定義了 play() 方法做示範：

```
...
    public static void play(int action) {
        out.println(
            switch(action) {
                case Action.STOP  -> "播放停止動畫";
                case Action.RIGHT -> "播放向右動畫";
                case Action.LEFT  -> "播放向左動畫";
                case Action.UP    -> "播放向上動畫";
                case Action.DOWN  -> "播放向下動畫";
                default           -> "不支援此動作";
            }
        );
    }
...
```

play() 的問題在於參數接受的是 int 型態，這表示可以傳入任何 int 值，因此不得已地使用 default，以處理執行時期傳入非定義範圍的 int 值。

對於列舉常數，建議使用 **enum** 語法來定義，直接來看範例：

Enum Action.java

```
package cc.openhome;

public enum Action {
    STOP, RIGHT, LEFT, UP, DOWN
}
```

這是使用 enum 定義列舉常數最簡單的例子，STOP、RIGHT、LEFT、UP、DOWN 常數是 Action 實例，來看看如何運用：

Enum Game.java

```
package cc.openhome;

import static java.lang.System.out;

public class Game {
    public static void main(String[] args) {
        play(Action.RIGHT); ← ❶ 只能傳入 Action 實例
        play(Action.UP);
    }
```

```
public static void play(Action action) {   ←── ❷宣告為 Action 型態
    out.println(
        switch(action) {                    ←── ❸列舉 Action 實例
            case STOP  -> "播放停止動畫";
            case RIGHT -> "播放向右動畫";
            case LEFT  -> "播放向左動畫";
            case UP    -> "播放向上動畫";
            case DOWN  -> "播放向下動畫";
        }
    );
}
}
```

在這個範例中，play() 方法的 action 參數宣告為 Action 型態❷，也就是只有 Action.STOP、Action.RIGHT、Action.LEFT、Action.UP、Action.DOWN 可以傳入❶，不若 7.2.1 中的 play() 方法，可以傳入任何 int 值，case 比對也只能列舉 Action 實例❸，**編譯器在編譯時期檢查是否列舉了全部案例**，因此不需要撰寫 default。

雖然 enum 列舉可搭配 switch 使用，不過在 3.2.2 最後曾經談過，若各個 case 的邏輯或層次變得複雜而難以閱讀時，就應考慮 switch 以外的其他設計，然而這需要對 enum 有更多認識，對初學者而言，知道以上 enum 的基本使用方式就夠了，更多 enum 細節會在第 18 章說明。

📖✐ 課後練習

實作題

1. 針對 5.1 設計的 CashCard 類別，老闆要你寫個 CashCardService 類別，其中有個 save() 方法，可以把每個 CashCard 實例的 number、balance 與 bonus 儲存下來，有個 load() 方法，可以指定卡號載入已儲存的 CashCard：
   ```
   public void save(CashCard cashCard)
   public CashCard load(String number)
   ```

   可是老闆也還沒決定要存為檔案？存到資料庫？或存到另一台電腦？你怎麼寫 CashCardService 呢？

   提示 ≫≫ 在網路上搜尋關鍵字「DAO」。

2. 假設今天要開發一個動畫編輯程式,每個畫面為影格(Frame),數個影格可組合為動畫清單(Play list),動畫清單也可由其他已完成動畫清單組成,也可在動畫清單與清單間加入個別影格,如何設計程式解決這個需求?

提示 》》 在網路上搜尋關鍵字「Composite 模式」。

例外處理

- 使用 try、catch 處理例外
- 認識例外繼承架構
- 認識 throw、throws 使用時機

- 運用 finally 關閉資源
- 使用自動關閉資源語法
- 認識 AutoCloseable 介面

8.1　語法與繼承架構

　　程式總有些意想不到的狀況引發錯誤，Java 中的錯誤也以物件方式呈現，錯誤會是 java.lang.Throwable 的子類別實例，若能捕捉包裝錯誤的物件，就有機會處理該錯誤，例如嘗試回復正常流程、進行日誌（Logging）記錄、以某種形式提醒使用者等。

8.1.1　使用 try、catch

　　來看一個簡單的程式，使用者可以連續輸入整數，最後輸入 0 結束後，會顯示輸入數的平均值：

```
TryCatch  Average.java
package cc.openhome;

import java.util.Scanner;

public class Average {
    public static void main(String[] args) {
        var console = new Scanner(System.in);
        var sum = 0.0;
        var count = 0;
        while(true) {
```

```
        var number = console.nextInt();
        if(number == 0) {
            break;
        }
        sum += number;
        count++;
    }
    System.out.printf("平均 %.2f%n", sum / count);
    }
}
```

若使用者正確地輸入每個整數，程式會顯示平均：

```
10 20 30 40 0
平均 25.00
```

如果使用者不小心輸入錯誤，就會出現奇怪的訊息，例如第三個數輸入 3o，而不是 30 的話：

```
10 20 3o 40 0
Exception in thread "main" java.util.InputMismatchException
    at java.base/java.util.Scanner.throwFor(Scanner.java:939)
    at java.base/java.util.Scanner.next(Scanner.java:1594)
    at java.base/java.util.Scanner.nextInt(Scanner.java:2258)
    at java.base/java.util.Scanner.nextInt(Scanner.java:2212)
    at TryCatch/cc.openhome.Average.main(Average.java:11)
```

這段錯誤訊息對除錯是很有價值的，不過先看到錯誤訊息的第一行：

```
Exception in thread "main" java.util.InputMismatchException
```

Scanner 物件的 nextInt()方法，可以將使用者輸入的字串剖析為 int 值，若出現 InputMismatchException 錯誤訊息，表示不符合 nextInt()方法預期的格式，因為 nextInt()方法預期的字串本身要代表數字。

錯誤會被包裹為物件，如果願意，可以**嘗試（try）執行程式並捕捉（catch）**錯誤物件後做些處理。例如：

TryCatch Average2.java

```
package cc.openhome;

import java.util.*;

public class Average2 {
    public static void main(String[] args) {
        try {
```

```
        var console = new Scanner(System.in);
        var sum = 0.0;
        var count = 0;
        while(true) {
            var number = console.nextInt();
            if(number == 0) {
                break;
            }
            sum += number;
            count++;
        }
        System.out.printf("平均 %.2f%n", sum / count);
    } catch (InputMismatchException ex) {
        System.out.println("必須輸入整數");
    }
  }
}
```

　　這邊使用了 **try**、**catch** 語法，JVM 會嘗試執行 **try** 區塊的程式碼，如果發生錯誤，執行流程會跳離錯誤發生點，然後比對 **catch** 括號中宣告的型態，是否符合被拋出的錯誤型態，如果是的話，就執行 **catch** 區塊的程式碼。

　　一個執行無誤的範例如下所示：

```
10 20 30 40 0
平均 25.00
```

　　範例中如果 nextInt() 發生 InputMismatchException，流程會跳到型態宣告為 InputMismatchException 的 catch 區塊，執行完 catch 區塊之後，沒有其他程式碼了，程式就結束了。一個執行時輸入有誤的示範如下：

```
10 20 3o 40 0
必須輸入整數
```

　　這示範了如何運用 try、catch，在錯誤發生時顯示友善的訊息。有時錯誤可以在捕捉處理之後，繼續程式正常執行流程。例如：

TryCatch　Average3.java

```
package cc.openhome;

import java.util.*;

public class Average3 {
    public static void main(String[] args) {
```

```
        var console = new Scanner(System.in);
        var sum = 0.0;
        var count = 0;
        while(true) {
            try {
                var number = console.nextInt();
                if(number == 0) {
                    break;
                }
                sum += number;
                count++;
            } catch (InputMismatchException ex) {
                System.out.printf("略過非整數輸入：%s%n", console.next());
            }
        }
        System.out.printf("平均 %.2f%n", sum / count);
    }
}
```

如果 nextInt() 發生了 InputMismatchException 錯誤，執行流程就會跳到 catch 區塊，執行完 catch 區塊之後，由於還在 while 迴圈中，也就可以繼續下個迴圈流程。

一個輸入錯誤時的結果如下，對於正確的整數輸入予以加總，對於錯誤的輸入會顯示錯誤訊息，最後顯示平均值：

```
10 20 3o 40 0
略過非整數輸入：3o
平均 23.33
```

不過就 Java 在例外處理的設計上，並不鼓勵捕捉 InputMismatchException，原因在介紹例外繼承架構時會說明。

8.1.2　例外繼承架構

在先前的 Average 範例中，雖然沒有撰寫 try、catch 語句，照樣可以編譯執行，初學者往往不理解的是，如果如下撰寫，編譯卻會錯誤？

```
public static void main(String[] args) {
    int ch = System.in.read();

}
```

Unhandled exception type IOException
2 quick fixes available:
Add throws declaration
Surround with try/catch
Press 'F2' for focus

圖 8.1　為什麼一定要處理 `java.io.IOException`？

　　要解決這個錯誤訊息有兩種方式，一是使用 try、catch 包裹 System.in.read()，二是在 main()方法宣告 throws java.io.IOException。簡單來說，System.in.read()其實有告知編譯器，呼叫它時可能發生錯誤，編譯器因此要求呼叫者要明確處理錯誤。例如，若如下撰寫就可以通過編譯：

```
try {
    int ch = System.in.read();
} catch(java.io.IOException ex) {
    ex.printStackTrace() ;
}
```

　　Average 範例與這邊的例子，程式都有可能發生錯誤，為什麼編譯器單單就只要求這邊的範例，一定要處理錯誤呢？要瞭解這個問題，得先瞭解那些錯誤物件的繼承架構：

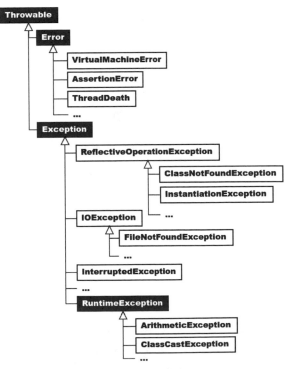

圖 8.2　`Throwable` 繼承架構圖

　　首先要瞭解錯誤會被包裝為物件，這些物件是可拋出的（稍後會介紹 throw 語法），因此錯誤相關類別會是 `java.lang.Throwable` 的子類別。

　　Throwable 定義了取得錯誤訊息、堆疊追蹤（Stack Trace）等方法，它有兩個子類別：`java.lang.Error` 與 `java.lang.Exception`。

　　Error 與其子類別實例代表嚴重系統錯誤，例如硬體層面錯誤、JVM 錯誤或記憶體不足等問題。雖然也可以用 try、catch 來處理 Error 物件，但並不建議，發生嚴重系統錯誤時，Java 應用程式本身是無力處理的。舉例來說，若 JVM 分配的記憶體不足，如何撰寫程式要求作業系統給予 JVM 更多記憶體呢？**Error 物件拋出時，基本上不用處理**，任其傳播至 JVM 為止，或者是最多留下日誌訊息，作為開發者除錯、修正程式時的線索。

提示 >>> 如果拋出了 Throwable 物件，而程式沒有任何 catch 捕捉到錯誤物件，最後 JVM 捕捉到的話，就是顯示錯誤物件提供的訊息，之後中斷程式。

　　程式設計本身的錯誤，建議使用 Exception 或其子類別實例來表現，因此通常稱錯誤處理為例外處理（Exception handling）。

　　單就語法與繼承架構上來說，如果某個方法宣告會拋出 Throwable 或子類別實例，只要不是屬於 **Error** 或 **java.lang.RuntimeException** 或其子類別實例，呼叫者就必須明確使用 try、catch 語法處理，或者在方法用 throws 宣告拋出例外，否則會編譯失敗。

　　例如，先前呼叫 System.in.read()時，in 其實是 System 的靜態成員，型態為 java.io.InputStream，若查詢 API 文件，可以看到 InputStream 的 read() 方法宣告為：

```
read

public abstract int read()
                 throws IOException
```

圖 8.3　**read()宣告會拋出 IOException**

　　從圖 8.3 可看到，IOException 是 Exception 的直接子類別，編譯器要求呼叫者明確使用語法處理。**Exception 或其子類別，但非屬於 RuntimeException 或其子物件，稱為受檢例外（Checked Exception）**，受誰檢查？受編譯器檢查！

受檢例外存在之目的，在於 API 設計者實作某方法時，某些條件下會引發錯誤，而且認為呼叫者有能力處理錯誤，因此宣告拋出受檢例外，要求編譯器提醒呼叫者明確處理錯誤，否則不可通過編譯。

`RuntimeException` 衍生出來的類別實例，代表 API 設計者實作某方法時，某些條件下會引發錯誤，而且認為應該在呼叫方法前做好檢查，以避免引發錯誤，命名為執行時期例外的原因在於，編譯器不會強制在語法上加以處理，亦稱為**非受檢例外（Unchecked Exception）**。

例如使用陣列時，若存取超出索引範圍就會拋出 `ArrayIndexOutOfBoundsException`，然而編譯器不強迫在語法上加以處理，這是因為 `ArrayIndexOutOfBoundsException` 是一種 `RuntimeException`，可以在 API 文件的開頭找到繼承架構圖：

Module java.base
Package java.lang

Class ArrayIndexOutOfBoundsException

java.lang.Object
　　java.lang.Throwable
　　　　java.lang.Exception
　　　　　　java.lang.RuntimeException
　　　　　　　　java.lang.IndexOutOfBoundsException
　　　　　　　　　　java.lang.ArrayIndexOutOfBoundsException

圖 8.4　`ArrayIndexOutOfBoundsException` 是一種 `RuntimeException`

例如 Average 範例，`InputMismatchException` 是一種 `RuntimeException`，編譯器不強迫在語法上加以處理：

Module java.base
Package java.util

Class InputMismatchException

java.lang.Object
　　java.lang.Throwable
　　　　java.lang.Exception
　　　　　　java.lang.RuntimeException
　　　　　　　　java.util.NoSuchElementException
　　　　　　　　　　java.util.InputMismatchException

圖 8.5　`InputMismatchException` 是一種 `RuntimeException`

Java 對於 RuntimeException 的態度是，這是因為呼叫方法前沒有做好前置檢查才會引發，客戶端應該修改程式，使得呼叫方法時不會發生錯誤，如果真要以 try、catch 處理，建議是日誌或呈現友善訊息，像是之前的 Average2 範例的作法就是個例子。

雖然有些小題大作，不過先前的 Average3 範例若要避免出現 InputMismatchException，應該是取得使用者的字串輸入之後，檢查是否為數字格式，若是再轉換為 int 整數，若格式不對就提醒使用者做正確格式輸入，例如：

TryCatch Average4.java

```java
package cc.openhome;

import java.util.Scanner;

public class Average4 {
    public static void main(String[] args) {
        var sum = 0.0;
        var count = 0;
        while(true) {
            var number = nextInt();
            if(number == 0) {
                break;
            }
            sum += number;
            count++;
        }
        System.out.printf("平均 %.2f%n", sum / count);
    }

    static Scanner console = new Scanner(System.in);

    static int nextInt() {
        var input = console.next();
        while(!input.matches("\\d+")) {
            System.out.println("請輸入數字");
            input = console.next();
        }
        return Integer.parseInt(input);
    }
}
```

上例的 `nextInt()` 方法中，使用 `Scanner` 的 `next()` 方法取得輸入的字串，若不是數字格式，會提示使用者輸入數字，`String` 的 `matches()` 方法中設定了 `"\\d+"`，這是規則表示式（Regular expression），表示字串會是一或多個代表數字的字元，若輸入字串符合規則表示式，`matches()` 會傳回 `true`，規則表示式會在第 15 章詳細說明。

除了瞭解 `Error` 與 `Exception` 的區別，以及 `Exception`、`RuntimeException` 的分別，使用 `try`、`catch` 捕捉例外物件時也要注意，**如果父類別例外定義在子類別例外之前，編譯會失敗**。例如：

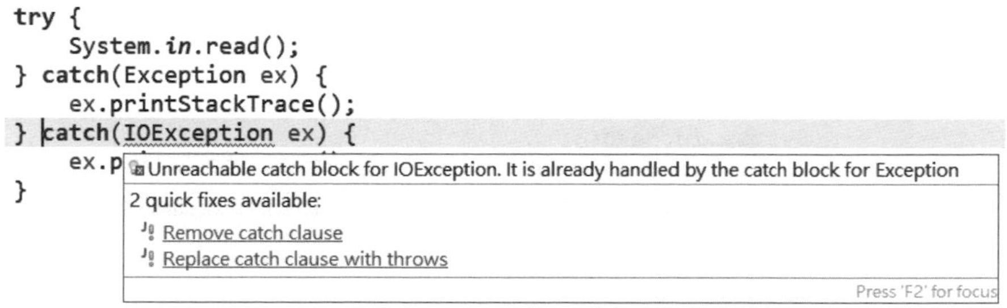

```
try {
    System.in.read();
} catch(Exception ex) {
    ex.printStackTrace();
} catch(IOException ex) {
    ex.p
```

Unreachable catch block for IOException. It is already handled by the catch block for Exception

2 quick fixes available:

　Remove catch clause
　Replace catch clause with throws

Press 'F2' for focus

圖 8.6　瞭解例外繼承架構是必要的

編譯失敗的原因在於，比對時會先符合父類別例外，捕捉子類別的定義是多餘的；要完成這個片段的編譯，必須更改例外捕捉的順序。例如：

```
try {
    System.in.read();
} catch(IOException ex) {
    ex.printStackTrace();
} catch(Exception ex) {
    ex.printStackTrace();
}
```

經常地，你會發現到數個型態的 `catch` 區塊做相同的事情，例如，某些例外都要輸出堆疊追蹤：

```
try {
    做一些事...
} catch(IOException e) {
    e.printStackTrace();
} catch(InterruptedException e) {
    e.printStackTrace();
} catch(ClassCastException e) {
    e.printStackTrace();
}
```

catch 例外後的區塊內容重複了，撰寫時不僅無趣且對維護沒有幫助，可以改用**多重捕捉（multi-cath）**：

```
try {
    做一些事...
} catch(IOException | InterruptedException | ClassCastException e) {
    e.printStackTrace();
}
```

這樣的撰寫方式簡潔許多，catch 區塊會在捕捉到 IOException、InterruptedException 或 ClassCastException 時執行，不過 catch 括號中列出的**例外不得有繼承關係**，否則會發生編譯錯誤，例如底下的範例，編譯器認為 Exception 可以涵蓋 IOException，你又何必列出 IOException 呢？

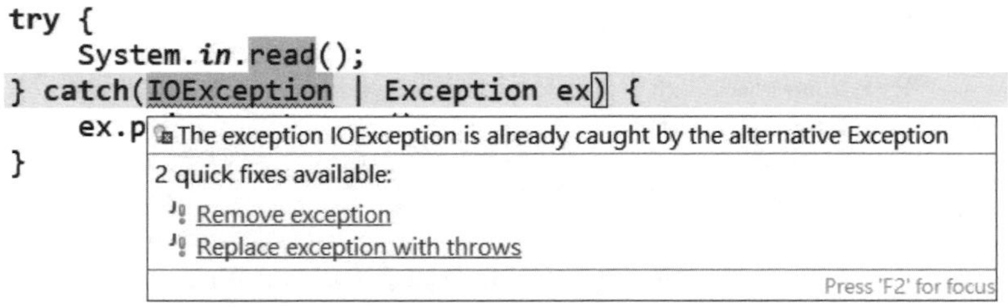

圖 8.7 多重捕捉時也得注意例外繼承架構

8.1.3 要抓還是要拋？

假設今天你要開發一個程式庫，有個功能是讀取純文字檔案，並以字串傳回檔案內容，你也許會這麼撰寫：

```
public class FileUtil {
    public static String readFile(String name) {
        var text = new StringBuilder();
        try {
            var console = new Scanner(new FileInputStream(name));
            while(console.hasNext()) {
                text.append(console.nextLine())
                    .append('\n');
            }
        } catch (FileNotFoundException ex) {
            ex.printStackTrace();
        }
        return text.toString();
    }
}
```

　　雖然還沒正式介紹如何存取檔案，不過 4.1.2 曾經談過，`Scanner` 建構時可以給予 `InputStream` 實例，而 `FileInputStream` 可指定檔名來開啟與讀取檔案，是 `InputStream` 的子類別，因此可作為 `Scanner` 建構之用。由於建構 `FileInputStream` 時會拋出 `FileNotFoundException`，你捕捉並在主控台顯示錯誤訊息。

　　主控台？等一下！老闆有說這個程式庫會用在文字模式嗎？如果這個程式庫是用在 Web 網站上，發生錯誤時顯示在主控台，Web 使用者怎麼會看得到？

　　你開發的是程式庫，例外發生時如何處理，程式庫的使用者才知道，直接 `catch` 寫死例外處理邏輯，在主控台輸出錯誤訊息的方式，並不符合需求。

　　如果方法設計流程中發生例外，而你設計時沒有充足資訊知道如何處理（例如不知道程式庫會用在什麼環境），那麼可以拋出例外，讓呼叫方法的客戶端來處理。例如：

```
public class FileUtil {
    public static String readFile(String name)
                                throws FileNotFoundException {
        var text = new StringBuilder();
        var console = new Scanner(new FileInputStream(name));
        while(console.hasNext()) {
            text.append(console.nextLine())
                .append('\n');
        }
        return text.toString();
    }
}
```

　　程式流程若會拋出受檢例外，而目前環境資訊不足以處理例外，無法使用 `try`、`catch` 處理時，可由方法的客戶端依呼叫的環境資訊處理。為了告訴編譯器這件事實，必須在方法上使用 **throws**，宣告方法會拋出的例外類型或父類型，編譯器才能通過編譯。

　　拋出受檢例外，表示你認為呼叫方法的客戶端有能力且應該處理例外，`throws` 宣告部分，會是 API 介面的一部分，客戶端不用查看原始碼，從 API 文件就能直接得知，該方法可能拋出哪些例外。

　　如果認為執行時期客戶端呼叫方法的時機不當，才會引發某個錯誤，希望客戶端準備好前置條件，再來呼叫方法，這時可以拋出非受檢例外，讓客戶端得知此情況，如果是非受檢例外，編譯器不會要求明確使用 try、catch 或在方法上宣告 throws，因為 Java 的設計哲學認為，**非受檢例外是程式設計不當引發的臭蟲，不應使用 try、catch 嘗試處理**，而應改善程式邏輯來避免引發錯誤。

實際上在例外發生時，可使用 try、catch 進行當時環境可行的例外處理，當時環境無法處理的部分，可以再度拋出例外，由呼叫方法的客戶端處理。如果想先處理部分事項再拋出，可以如下：

```
TryCatch  FileUtil.java

package cc.openhome;

import java.io.*;
import java.util.Scanner;

public class FileUtil {                                        ❶  宣告方法中會拋出例
    public static String readFile(String name)
                           throws FileNotFoundException {
        var text = new StringBuilder();
        try {
            var console = new Scanner(new FileInputStream(name));
            while(console.hasNext()) {
                text.append(console.nextLine())
                    .append('\n');
            }
        } catch (FileNotFoundException ex) {
            ex.printStackTrace();
            throw ex; ◄——— ❷   執行時拋出例外
        }
        return text.toString();
    }
}
```

在 catch 區塊進行部分錯誤處理之後，可以使用 **throw**（注意不是 throws）拋出例外❷，任何流程都可拋出例外，不一定要在 catch 區塊，拋出例外會跳離原有流程，可以拋出受檢或非受檢例外，如果拋出受檢例外，表示認為客戶端有能力且應處理例外，此時必須在方法上使用 throws 宣告❶，如果拋出非受檢例外，表示認為執行時期客戶端呼叫方法的時機出錯了，拋出例外是要求客戶端修正臭蟲再來呼叫方法，此時就不必使用 throws 宣告。

在繼承的場合，若父類別某方法宣告 throws 某些例外，子類別重新定義該方法時可以：

- 不宣告 throws 任何例外。
- 可 throws 父類別該方法宣告的某些例外。
- 可 throws 父類別該方法宣告例外之子類別。

但是不可以：

- throws 父類別方法未宣告的其他例外。
- throws 父類別方法宣告例外之父類別。

8.1.4　貼心還是造成麻煩？

例外處理的本意是，在程式錯誤發生時，能有明確方式通知 API 客戶端，讓客戶端採取進一步的動作修正錯誤，就撰寫本書的時間點來說，Java 仍是唯一採用受檢例外（Checked exception）的語言，這有兩個目的：一是文件化，受檢例外宣告會是 API 介面的一部分，客戶端只要查閱文件，就可以知道方法可能會引發哪些例外，並事先加以處理，而這是 API 設計者決定是否拋出受檢例外的考量之一，另一目的是提供編譯器資訊，以便編譯時期就能檢查出 API 客戶端是否有處理例外。

然而有些錯誤引發的例外，你根本無力處理，例如使用 JDBC 撰寫資料庫連線程式時，經常要處理的 java.sql.SQLException 是受檢例外，若例外發生原因是資料庫連線異常，或者根本是實體線路問題，無論如何都不可能使用 try、catch 處理吧！

8.1.3 中提到，錯誤發生的情境若無足夠資訊能處理例外，可以就現有資訊處理後重新拋出例外。你也許會這麼寫：

```
public Customer getCustomer(String id) throws SQLException {
    ...
}
```

看起來似乎沒有問題，然而假設此方法是在應用程式底層呼叫，在 SQLException 發生時，最好的方式是將例外傳播至使用者介面呈現，例如網頁應用程式發生錯誤時，將錯誤訊息顯示於網頁。

　　為了讓例外傳播，你也許會選擇在呼叫鏈的每個方法上都宣告 throws SQLException，然而先前假設的是，此方法的呼叫是在應用程式底層，這樣的做法也許會造成許多程式碼的修改，另一個問題是，也有可能你根本無權修改應用程式的其他部分，這樣的作法顯然行不通。

　　受檢例外本意良好，有助於開發者在編譯時期就注意到例外的可能性，然而應用程式規模增大時，會逐漸對維護造成麻煩，上述情況不一定是你自訂 API 時發生，也可能是底層導入了會拋出受檢例外的 API 而發生類似情況。

　　重新拋出例外時，除了將捕捉到的例外直接拋出，也可以考慮為應用程式自訂專屬例外類別，讓例外更能表現應用程式特有的錯誤資訊。自訂例外類別時，可以繼承 Throwable、Error 或 Exception 的相關子類別，通常建議繼承自 Exception 或其子類別，若不是繼承自 Error 或 RuntimeException，就會是受檢例外。

```
public class CustomizedException extends Exception { // 自訂受檢例外
    ...
}
```

　　錯誤發生時，若當時情境無足夠資訊處理例外，可以就現有資訊處理後，重新拋出例外，既然已經針對錯誤做了某些處理，也就可以考慮自訂例外，以更精確地表示出未處理的錯誤，若認為呼叫 API 的客戶端必須處理這類錯誤，就自訂受檢例外、填入適當錯誤訊息並重新拋出，並在方法上使用 throws 加以宣告，如果認為呼叫 API 的客戶端沒有準備好就呼叫了方法，才會造成還有未處理的錯誤，那就自訂非受檢例外、填入適當錯誤訊息並重新拋出。

```
public class CustomizedException extends RuntimeException { // 自訂非受檢例外
    ...
}
```

　　一個基本的例子是這樣的：

```
try {
    ....
} catch(SomeException ex) {
    // 做些可行的處理
    // 也許是 Logging 之類的

    // Checked 或 Unchecked？
    throw new CustomizedException("error message...");
}
```

　　類似地，若流程中要拋出例外，也要思考一下，這是客戶端可以處理的例外嗎？還是客戶端沒有準備好前置條件就呼叫方法，才引發的例外？

```
if(someCondition) {
    // Checked 或 Unchecked？
    throw new CustomizedException("error message");
}
```

　　無論如何，Java 採用了受檢例外的作法，未來標準 API 似乎也打算一直這麼區分下去，只是受檢例外讓開發人員無從選擇，編譯器必然強制要求處理，確實會在設計上造成麻煩，因而有些開發者設計程式庫時，會選擇完全使用非受檢例外，一些會封裝應用程式底層行為的框架，如 Spring 或 Hibernate，就選擇了讓例外體系是非受檢例外，例如 Spring 的 DataAccessException，或者是 Hibernate 3 以後的 HibernateException，它們選擇給予開發者較大彈性來面對例外（開發者也就需要更多的經驗才能掌握）。

　　隨著應用程式的演化，例外也可以考慮演化，也許一開始是設計為受檢例外，然而隨著應用程式堆疊的加深，受檢例外總要逐層往外宣告拋出造成麻煩時，這也許代表了，原先認為客戶端可處理的例外，每一層客戶端實際上都無力處理了，每層客戶端都無力處理的例外，也許該視為一種臭蟲，客戶端在呼叫時或許該準備好前置條件再行呼叫，以避免引發錯誤，這時將受檢例外演化為非受檢例外，也許就有其必要。

　　實際上確實有這類例子，Hibernate 3 之前的 HibernateException 是受檢例外，然而 Hibernate 3 以後的 HibernateException 變成了非受檢例外。

　　然而，即使不用面對受檢例外與非受檢例外的區別，開發者仍然必須思考，這是客戶端可以處理的例外嗎？還是客戶端沒有準備好前置條件就呼叫方法，才引發的例外？

8.1.5　認識堆疊追蹤

　　在多重的方法呼叫下，例外發生點可能在某方法之中，若想得知例外發生的根源，以及多重方法呼叫下例外的堆疊傳播，可以利用例外自動收集的**堆疊追蹤（Stack Trace）**取得相關資訊。

查看堆疊追蹤最簡單的方式，就是直接呼叫例外物件的 **printStackTrace()**。例如：

```
TryCatch StackTraceDemo.java
package cc.openhome;

public class StackTraceDemo {
    public static void main(String[] args) {
        try {
            c();
        } catch(NullPointerException ex) {
            ex.printStackTrace();
        }
    }

    static void c() {
        b();
    }

    static void b() {
        a();
    }

    static String a() {
        String text = null;
        return text.toUpperCase();
    }
}
```

這個範例程式中，c()方法呼叫 b()方法，b()呼叫 a()，而 a()會因 text 參考至 null，之後呼叫 toUpperCase()而引發 NullPointerException，假設事先不知道這個順序（也許是在使用程式庫），當例外發生而被捕捉後，可以呼叫 printStackTrace()在主控台顯示堆疊追蹤：

```
java.lang.NullPointerException
        at TryCatch/cc.openhome.StackTraceDemo.a(StackTraceDemo.java:22)
        at TryCatch/cc.openhome.StackTraceDemo.b(StackTraceDemo.java:17)
        at TryCatch/cc.openhome.StackTraceDemo.c(StackTraceDemo.java:13)
        at TryCatch/cc.openhome.StackTraceDemo.main(StackTraceDemo.java:6)
```

圖 8.8　例外堆疊追蹤

堆疊追蹤訊息顯示了例外類型，最頂層是例外的根源，接下來是呼叫方法的順序，程式碼行數是對應於當初的程式原始碼，如果使用 IDE，按下行數就會直接開啟原始碼，並跳至對應行數（如果原始碼存在的話）。printStackTrace()

還有接受 PrintStream、PrintWriter 的版本，可以將堆疊追蹤訊息以指定方式輸出至目的地（例如檔案）。

提示 >>> 編譯位元碼檔案時，預設會記錄原始碼行數資訊等作為除錯資訊；在使用 javac 編譯時指定 -g:none 引數，就不會記錄除錯資訊，編譯出來的位元碼檔案容量會比較小。

如果想取得個別的堆疊追蹤元素進行處理，可以使用 getStackTrace()，這會傳回 StackTraceElement 陣列，陣列中索引 0 為例外根源的相關資訊，之後為各方法呼叫中的資訊，可以使用 StackTraceElement 的 getClassName()、getFileName()、getLineNumber()、getMethodName()等方法取得對應的資訊。

提示 >>> Throwable 與 Thread 都定義了 getStackTrace()方法，可以使用 new Throwable()或 Thread.currentThread()取得 Throwable 或 Thread 實例後再呼叫 getStackTrace()方法，若要更便於走訪堆疊追蹤，可以使用 Stack-Walking API，這部分會在第 15 章再做進一步介紹。

要善用堆疊追蹤，前題是程式碼中不可有私吞例外的行為，例如在捕捉例外後什麼都不做：

```
try {
    ...
} catch(SomeException ex) {
    // 什麼也沒有，絕對不要這麼做！
}
```

這樣的程式碼會對應用程式維護造成嚴重傷害，因為例外訊息會完全中止，之後呼叫此片段程式碼的客戶端，完全不知道發生了什麼事，造成除錯異常困難，甚至找不出錯誤根源。

另一種對應用程式維護會有傷害的方式，就是**對例外做了不適當的處理，或顯示了不正確的資訊**。例如，有時由於某個例外階層下引發的例外類型很多：

```
try {
    ...
} catch(FileNotFoundException ex) {
    做一些處理
} catch(EOFException ex) {
    做一些處理
}
```

有些開發者為了省麻煩，會試圖使用 IOException 來捕捉全部，之後又因為經常找不到檔案寫成了這樣：

```
try {
    ...
} catch(IOException ex) {
    out.println("找不到檔案");
}
```

這類的程式碼在專案中還蠻常見的，假以時日自己或者是別人使用程式時，真的發生了 EOFException(或其他原因發生 IOException 或其子類型例外)，但錯誤訊息卻一直顯示找不到檔案，就會誤導了除錯的方向。

在使用 throw 重拋例外時，例外的追蹤堆疊起點，仍是例外的發生根源，而不是重拋例外的地方。例如：

TryCatch StackTraceDemo2.java

```
ppackage cc.openhome;

public class StackTraceDemo2 {
    public static void main(String[] args) {
        try {
            c();
        } catch(NullPointerException ex) {
            ex.printStackTrace();
        }
    }

    static void c() {
        try {
            b();
        } catch(NullPointerException ex) {
            ex.printStackTrace();
            throw ex;
        }

    }

    static void b() {
        a();
    }

    static String a() {
        String text = null;
        return text.toUpperCase();
    }
}
```

　　執行這個程式,會發生以下的例外堆疊訊息,可看到兩次都是顯示相同的堆疊訊息:

```
java.lang.NullPointerException
    at TryCatch/cc.openhome.StackTraceDemo2.a(StackTraceDemo2.java:28)
    at TryCatch/cc.openhome.StackTraceDemo2.b(StackTraceDemo2.java:23)
    at TryCatch/cc.openhome.StackTraceDemo2.c(StackTraceDemo2.java:14)
    at TryCatch/cc.openhome.StackTraceDemo2.main(StackTraceDemo2.java:6)
java.lang.NullPointerException
    at TryCatch/cc.openhome.StackTraceDemo2.a(StackTraceDemo2.java:28)
    at TryCatch/cc.openhome.StackTraceDemo2.b(StackTraceDemo2.java:23)
    at TryCatch/cc.openhome.StackTraceDemo2.c(StackTraceDemo2.java:14)
    at TryCatch/cc.openhome.StackTraceDemo2.main(StackTraceDemo2.java:6)
```

　　如 果 想 讓 例 外 堆 疊 起 點 為 重 拋 例 外 的 地 方 , 可 以 使 用 **fillInStackTrace()**,這個方法會重新裝填例外堆疊,將起點設為重拋例外的地方,並傳回 Throwable 物件。例如:

TryCatch StackTraceDemo3.java

```java
package cc.openhome;

public class StackTraceDemo3 {
    public static void main(String[] args) {
        try {
            c();
        } catch(NullPointerException ex) {
            ex.printStackTrace();
        }
    }

    static void c() {
        try {
            b();
        } catch(NullPointerException ex) {
            ex.printStackTrace();
            Throwable t = ex.fillInStackTrace();
            throw (NullPointerException) t;
        }
    }

    static void b() {
        a();
    }

    static String a() {
        String text = null;
```

```
        return text.toUpperCase();
    }
}
```

執行這個程式，會顯示以下的訊息，可看到第二次顯示堆疊追蹤的起點，就是重拋例外的起點：

```
java.lang.NullPointerException
    at TryCatch/cc.openhome.StackTraceDemo3.a(StackTraceDemo3.java:28)
    at TryCatch/cc.openhome.StackTraceDemo3.b(StackTraceDemo3.java:23)
    at TryCatch/cc.openhome.StackTraceDemo3.c(StackTraceDemo3.java:14)
    at TryCatch/cc.openhome.StackTraceDemo3.main(StackTraceDemo3.java:6)
java.lang.NullPointerException
    at TryCatch/cc.openhome.StackTraceDemo3.c(StackTraceDemo3.java:17)
    at TryCatch/cc.openhome.StackTraceDemo3.main(StackTraceDemo3.java:6)
```

8.1.6 關於 assert

若要求程式執行的某個時間點或某些情況下，必須處於某個狀態，否則視為嚴重錯誤，必須立即停止程式確認流程設計是否正確，這樣的需求稱為斷言（Assertion），斷言結果只有成立與否。

Java 提供 **assert** 語法，有兩種使用方式：

```
assert boolean_expression;
assert boolean_expression : detail_expression;
```

boolean_expression 若為 true，什麼事都不會發生，如果為 false，會發生 **java.lang.AssertionError**，此時若採取第二個語法，會顯示 detail_expression，如果 detail_expression 是個物件，會呼叫 toString()顯示文字描述結果。

預設執行程式時不會啟用斷言檢查，若要在執行時啟用斷言檢查，可以在執行 java 指令時，指定**-enableassertions** 或是**-ea** 引數。

那麼何時該使用斷言呢？一般有幾個建議：

- 斷言客戶端呼叫方法前，已經準備好某些前置條件。
- 斷言客戶端呼叫方法後，會有方法承諾的結果。
- 斷言物件某時間點的狀態。

- 使用斷言取代註解。

- 斷言程式流程中絕對不會執行到的程式碼部分。

以第 5 章的 CashCard 物件為例,來看看它的 charge() 方法原先設計如下:

```
...
    public void charge(int money) {
        if(money > 0) {
            if(money <= this.balance) {
                this.balance -= money;
            }
            else {
                out.println("錢不夠啦!");
            }
        }
        else {
            out.println("扣負數?這不是叫我儲值嗎?");
        }
    }
...
```

　　原先的設計在錯誤發生時,直接在主控台中顯示錯誤訊息,透過適當地將 charge() 方法的子流程封裝為方法呼叫,並將錯誤訊息以例外拋出,原程式可修改如下:

```
...
    public void charge(int money) throws InsufficientException {
        checkGreaterThanZero(money);
        checkBalance(money);
        this.balance -= money;

        // this.balance 不能是負數
    }

    private void checkGreaterThanZero(int money) {
        if(money < 0) {
            throw new IllegalArgumentException("扣負數?這不是叫我儲值嗎?");
        }
    }

    private void checkBalance(int money) throws InsufficientException {
        if(money > this.balance) {
            throw new InsufficientException("錢不夠啦!", this.balance);
        }
    }
...
```

提示 >>> CashCard 完整的程式修改，是本章的課後練習！

這邊假設餘額不足是種商務流程上可處理的錯誤，因此讓 InsufficientException 繼承自 Exception 成為受檢例外，要求客戶端呼叫時必須處理，而呼叫 charge() 方法時，本來就不該傳入負數，因此 checkGreaterThanZero() 會拋出非受檢的 IllegalArgumentException，這是種讓錯的程式看得出錯，藉由防禦式程式設計（Defensive programming）來實現速錯（Fail fast）概念。

提示 >>> 防禦式程式設計有些不好的名聲，不過並不是做了防禦式程式設計就不好，可以參考〈避免隱藏錯誤的防禦性設計[1]〉。

---

checkGreaterThanZero() 是種前置條件檢查，如果程式上線後就不需要這種檢查的話，可以用 assert 取代，並在開發階段使用 -ea 選項，程式上線後取消該選項，而 charge() 方法使用了註解來提示，方法呼叫後的物件狀態必定不能為負，這部分可以使用 assert 取代，會更有實質的效益：

```
...
    public void charge(int money) throws InsufficientException {
        assert money >= 0 : "扣負數？這不是叫我儲值嗎？";

        checkBalance(money);
        this.balance -= money;

        assert this.balance >= 0 : " this.balance 不能是負數";
    }

    private void checkBalance(int money) throws InsufficientException {
        if(money > this.balance) {
            throw new InsufficientException("錢不夠啦！", this.balance);
        }
    }
...
```

---

[1] 避免隱藏錯誤的防禦性設計：openhome.cc/Gossip/Programmer/DefensiveProgramming.html

　　另一個使用斷言的時機，像是 7.2.1 的 Game 類別中，若必定不能有 default 的狀況，也可以使用 assert 來取代：

```
...
    public static void play(int action) {
        switch(action) {
            case Action.STOP:
                out.println("播放停止動畫");
                break;
            case Action.RIGHT:
                out.println("播放向右動畫");
                break;
            case Action.LEFT:
                out.println("播放向左動畫");
                break;
            case Action.UP:
                out.println("播放向上動畫");
                break;
            case Action.DOWN:
                out.println("播放向下動畫");
                break;
            default:
                assert false : "非定義的常數";
        }
    }
...
```

　　開發人員使用 play() 時，一定要使用 Action 定義的列舉常數，如果不是，就有可能執行到 default，若此情況發生視為開發時期的嚴重錯誤，可以直接 assert false，表示此時必然斷言失敗。

> **注意 ⫸** 斷言是判定程式中的某執行點必然是否在某個狀態，不能當成像 if 之類的判斷式使用，assert 不應當做程式執行流程的一部分。

8.2　例外與資源管理

　　程式中因錯誤而拋出例外時，執行流程會中斷，拋出例外處之後的程式碼不會執行，如果程式開啟了相關資源，使用完畢後你是否考慮到關閉資源呢？若因錯誤而拋出例外，你的設計是否能正確地關閉資源呢？

8.2.1 使用 finally

老實說，8.1.3 撰寫的 FileUtil 範例並不是很正確，之後在學習輸入輸出時會談到，建構 FileInputStream 實例時就會開啟檔案，不使用時，應該呼叫 close() 關閉檔案。FileUtil 是透過 Scanner 搭配 FileInputStream 來讀取檔案，實際上 Scanner 物件有個 close() 方法，可以關閉 Scanner 相關資源與搭配的 FileInputStream。

那麼何時關閉資源呢？如下撰寫並不是很正確：

```
...
public static String readFile(String name) throws FileNotFoundException {
    var text = new StringBuilder();
    var console = new Scanner(new FileInputStream(name));
    while(console.hasNext()) {
        text.append(console.nextLine())
            .append('\n');
    }
    console.close();
    return text.toString();
}
...
```

如果 console.close() 前發生了例外，執行流程就會中斷，console.close() 就不會執行，Scanner 及搭配的 FileInputStream 就不會關閉。

你想要的是無論如何，**最後**一定要執行關閉資源，try、catch 語法可以搭配 **finally，無論 try 區塊是否發生例外，若撰寫了 finally 區塊，finally 區塊一定會執行**。例如：

TryCatchFinally FileUtil.java

```
package cc.openhome;

import java.io.*;
import java.util.Scanner;

public class FileUtil {
    public static String readFile(String name)
        throws FileNotFoundException {
        var text = new StringBuilder();
        Scanner console = null;
        try {
            console = new Scanner(new FileInputStream(name));
            while(console.hasNext()) {
```

```
                text.append(console.nextLine())
                    .append('\n');
            }
        } finally {
            if(console != null) {
                console.close();
            }
        }
        return text.toString();
    }
}
```

由於 finally 區塊一定會執行，這個範例中 console 原先是 null，若 FileInputStream 建構失敗，console 就還是 null，因此 finally 區塊必須先檢查 console 是否參考了物件，有的話才進一步呼叫 close()方法，否則 console 參考至 null 又打算呼叫 close()方法，會拋出 NullPointerException。

如果程式的流程先 return 了，而且也有寫 finally 區塊，那 finally 區塊會先執行完畢後，再將值傳回。例如，下面這個範例會先顯示「finally...」再顯示「1」：

TryCatchFinally FinallyDemo.java

```java
package cc.openhome;

public class FinallyDemo {
    public static void main(String[] args) {
        System.out.println(test(true));
    }

    static int test(boolean flag) {
        try {
            if(flag) {
                return 1;
            }
        } finally {
            System.out.println("finally...");
        }
        return 0;
    }
}
```

8.2.2 自動嘗試關閉資源

經常地，在使用 try、finally 嘗試關閉資源時，會發現程式撰寫的流程是類似的，就如先前 FileUtil 示範的，會先檢查 scanner 是否為 null，再呼叫 close() 方法關閉 Scanner，這種類似流程，可以使用**嘗試關閉資源**（**Try-with-resources**）語法來簡化：

TryCatchFinally　FileUtil2.java

```java
package cc.openhome;

import java.io.FileInputStream;
import java.io.FileNotFoundException;
import java.util.Scanner;

public class FileUtil2 {
    public static String readFile(String name)
                                        throws FileNotFoundException {
        var text = new StringBuilder();
        try(var console = new Scanner(new FileInputStream(name))) {
            while(console.hasNext()) {
                text.append(console.nextLine())
                    .append('\n');
            }
        }
        return text.toString();
    }
}
```

想嘗試自動關閉資源的物件，是撰寫在 try 的括號中，若無需 catch 任何例外，可以不用撰寫 catch，也不用撰寫 finally。

嘗試關閉資源（**Try-with-resources**）語法是編譯器蜜糖，嘗試反組譯觀察看看，有助於瞭解這個語法是否符合你的需求：

```java
...
public static String readFile(String name) throws FileNotFoundException {
    StringBuilder text = new StringBuilder();
    Scanner console = new Scanner(new FileInputStream(name));
    Throwable localThrowable2 = null;
    try {
        while (console.hasNext()) {
            text.append(console.nextLine())
                .append('\n');
        }
    } catch (Throwable localThrowable1) {        // 嘗試捕捉所有錯誤
        localThrowable2 = localThrowable1;
```

```
            throw localThrowable1;
        }
        finally {
            if (console != null) {   // 如果 console 參考至 Scanner 實例
                if (localThrowable2 != null) {      // 若先前有 catch 到其他例外
                    try {
                        console.close();            // 嘗試關閉 Scanner 實例
                    } catch (Throwable x2) {        // 萬一關閉時發生錯誤
                        localThrowable2.addSuppressed(x2);   // 在原例外物件中記錄
                    }
                } else {
                    console.close();    // 若先前沒有發生任何例外，就直接關閉 Scanner
                }
            }
        }
        return text.toString();
}
...
```

　　重要的部分，直接在程式碼中以註解方式說明了。**若例外被 catch 後的處理過程引發另一個例外，通常會拋出第一個例外做為回應**，addSuppressed() 方法是在 java.lang.Throwable 定義的方法，可將第二個例外記錄在第一個例外之中，與之相對應的是 **getSuppressed()** 方法，可傳回 Throwable[]，代表先前被 addSuppressed() 記錄的各個例外物件。

　　使用自動嘗試關閉資源語法時，也可以搭配 catch。例如也許想在發生 FileNotFoundException 時顯示堆疊追蹤訊息：

```
...
public static String readFile(String name) throws FileNotFoundException {
    var text = new StringBuilder();
    try(var console = new Scanner(new FileInputStream(name))) {
        while(console.hasNext()) {
            text.append(console.nextLine());
            text.append('\n');
        }
    } catch(FileNotFoundException ex) {
        ex.printStackTrace();
        throw ex;
    }
    return text.toString();
}
...
```

反組譯後可以看到，程式片段中粗體字部分，是產生在另一個 try、catch 區塊中：

```
...
public static String readFile(String name) throws FileNotFoundException {
    StringBuilder text = new StringBuilder();
    try(
        // 這個區塊中是自動嘗試關閉資源語法展開後的程式碼
        Scanner console = new Scanner(new FileInputStream(name));
        Throwable localThrowable2 = null;
        try {
            while (console.hasNext()) {
                text.append(console.nextLine())
                    .append('\n');
            }
        } catch (Throwable localThrowable1) {
            localThrowable2 = localThrowable1;
            throw localThrowable1;
        }
        finally {
            if (console != null) {
                if (localThrowable2 != null) {
                    try {
                        console.close();
                    } catch (Throwable x2) {
                        localThrowable2.addSuppressed(x2);
                    }
                } else {
                    console.close();
                }
            }
        }
    } catch(FileNotFoundException ex) {
        ex.printStackTrace();
        throw ex;
    }
    return text.toString();
}
...
```

自動嘗試關閉資源語法僅協助關閉資源，而非用於處理例外。從反組譯的程式碼中可以看到，**使用嘗試關閉資源語法時，不要試圖自行撰寫程式碼關閉資源**，這樣會造成重複呼叫 close() 方法，實際上語意也是如此，既然要自動關閉資源了，又何必自行撰寫程式碼來關閉呢？

　　使用嘗試關閉資源語法時，try 括號中參考至資源的變數，必須等效於 final，就可以通過編譯，例如以下的片段中，並沒有對 scanner 有重新指定的動作，try 可以直接對 scanner 進行自動資源關閉：

```
public static String readFile(Scanner scanner) {
    StringBuilder text = new StringBuilder();
    try(scanner) {
        while(scanner.hasNext()) {
            text.append(scanner.nextLine());
            text.append('\n');
        }
    }
    return text.toString();
}
```

8.2.3　java.lang.AutoCloseable 介面

　　嘗試關閉資源語法可套用的物件，必須實作 **java.lang.AutoCloseable** 介面，這可以在 API 文件上得知：

Module java.base

Package java.util

Class Scanner

java.lang.Object
　　java.util.Scanner

All Implemented Interfaces:

Closeable, AutoCloseable, Iterator<String>

圖 8.9　**Scanner 實作了 AutoCloseable**

　　AutoCloseable 僅定義了 close() 方法：

```
package java.lang;
public interface AutoCloseable {
    void close() throws Exception;
}
```

繼承 AutoCloseable 的子介面，或實作 AutoCloseable 的類別，可在 AutoCloseable 的 API 文件上查詢得知：

Module java.base
Package java.lang

Interface AutoCloseable

All Known Subinterfaces:

AsynchronousByteChannel, AsynchronousChannel, BaseStream<T,S>, ByteChannel, CachedRowSet, CallableStatement, Channel, Clip, Closeable, Connection, DataLine, DirectoryStream<T>, DoubleStream, EventStream, ExecutionControl, FilteredRowSet, GatheringByteChannel, ImageInputStream, ImageOutputStream, InterruptibleChannel, IntStream, JavaFileManager, JdbcRowSet, JMXConnector, JoinRowSet, Line, LongStream, MemorySegment, MidiDevice, MidiDeviceReceiver, MidiDeviceTransmitter, Mixer, ModuleReader, MulticastChannel, NetworkChannel, ObjectInput, ObjectOutput, Port, PreparedStatement, ReadableByteChannel, Receiver, ResultSet, RMIConnection, RowSet, ScatteringByteChannel, SecureDirectoryStream<T>, SeekableByteChannel, Sequencer, SourceDataLine, StandardJavaFileManager, Statement, Stream<T>, SyncResolver, Synthesizer, TargetDataLine, Transmitter, WatchService, WebRowSet, WritableByteChannel

All Known Implementing Classes:

AbstractInterruptibleChannel, AbstractSelectableChannel, AbstractSelector, AsynchronousFileChannel, AsynchronousServerSocketChannel, AsynchronousSocketChannel, AudioInputStream, BufferedInputStream, BufferedOutputStream, BufferedReader, BufferedWriter, ByteArrayInputStream, ByteArrayOutputStream, CharArrayReader, CharArrayWriter, CheckedInputStream, CheckedOutputStream, CipherInputStream, CipherOutputStream, DatagramChannel, DatagramSocket, DataInputStream, DataOutputStream, DeflaterInputStream, DeflaterOutputStream, DigestInputStream, DigestOutputStream,

圖 8.10　**AutoCloseable** 的子介面與實作類別

只要實作 AutoCloseable 介面，就可以套用嘗試關閉資源語法，以下是個簡單示範：

TryCatchFinally AutoClosableDemo.java

```java
package cc.openhome;

public class AutoClosableDemo {
    public static void main(String[] args) {
        try(var res = new Resource()) {
            res.doSome();
        } catch(Exception ex) {
            ex.printStackTrace();
        }
    }
}

class Resource implements AutoCloseable {
    void doSome() {
        System.out.println("做一些事");
    }

    @Override
    public void close() throws Exception {
```

```
        System.out.println("資源被關閉");
    }
}
```

執行結果如下：

```
做一些事
資源被關閉
```

　　嘗試關閉資源語法也可以關閉兩個以上的物件資源，只要以分號區隔。來看看以下的範例，哪個物件資源會先被關閉呢？

TryCatchFinally　AutoClosableDemo2.java

```java
package cc.openhome;

import static java.lang.System.out;

public class AutoClosableDemo2 {
    public static void main(String[] args) {
        try(var some = new ResourceSome();
            var other = new ResourceOther()) {
            some.doSome();
            other.doOther();
        } catch(Exception ex) {
            ex.printStackTrace();
        }
    }
}

class ResourceSome implements AutoCloseable {
    void doSome() {
        out.println("做一些事");
    }

    @Override
    public void close() throws Exception {
        out.println("資源 Some 被關閉");
    }
}

class ResourceOther implements AutoCloseable {
    void doOther() {
        out.println("做其他事");
    }

    @Override
```

```
    public void close() throws Exception {
        out.println("資源 Other 被關閉");
    }
}
```

在 `try` 的括號中，**越後面撰寫的物件資源會越早被關閉**。執行結果如下，`ResourceOther` 實例會先被關閉，然後再關閉 `ResourceSome` 實例：

```
做一些事
做其他事
資源 Other 被關閉
資源 Some 被關閉
```

課後練習

實作題

1. 在 5.2 設計的 `CashCard` 類別，`store()` 與 `charge()` 方法傳入負數時，錯誤訊息只顯示在文字模式下，這不是正確的方式，請修改 `store()` 與 `charge()` 方法傳入負數時，拋出 `IllegalArgumentException`。

2. 續上題，修改 `CashCard` 類別，在點數或餘額不足時，請拋出以下例外，其中 `number` 表示剩餘點數或餘額：

```
package cc.openhome.virtual;
public class InsufficientException extends Exception {
    private int remain;

    public InsufficientException(String message, int remain) {
        super(message);
        this.remain = remain;
    }

    public int getRemain() {
        return remain;
    }
}
```

3. 續上題，修改 `CashCard` 類別的 `store()` 與 `charge()` 方法，改以 `assert` 來斷言不能傳入負數。

Collection 與 Map

學習目標

- 認識 Collection 與 Map 架構
- 使用 Collection 與 Map 實作
- 簡介 Lambda 表示式
- 簡介泛型語法

9.1 使用 Collection 收集物件

程式中常有收集物件的需求，就目前為止，你學過的方式就是使用 Object 陣列，而 6.2.5 曾自行開發過 ArrayList 類別，封裝了自動增長 Object 陣列長度等行為。Java SE 其實就提供了數個收集物件的類別，不用重新打造類似的 API。

9.1.1 認識 Collection 架構

針對收集物件的需求，Java SE 提供了 Collection API，在使用之前，建議先瞭解其繼承與介面實作架構，才能知道該採用哪個類別，以及類別之間如何合作，而不會淪於死背 API 或抄寫範例的窘境，Collection API 介面繼承架構設計如下：

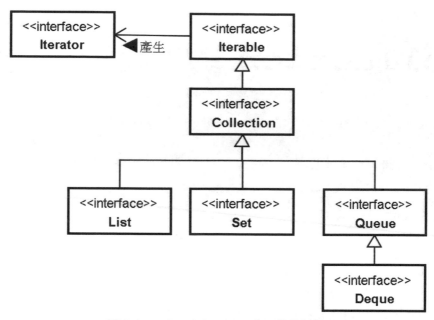

圖 9.1　**Collection** API 介面繼承架構

　　收集物件的行為，像是新增物件的 add()方法，移除物件的 remove()方法等，都定義在 **java.util.Collection**。既然可以收集物件，也要能逐一取得物件，這就是 **java.lang.Iterable** 定義的行為，它定義了 iterator()方法傳回 **java.util.Iterator** 實作物件，可以逐一取得收集之物件，詳細操作方式，稍後會做說明。

　　收集物件的共同行為定義在 Collection，然而收集物件時有不同的需求。**若希望收集時記錄各物件的索引順序，並可依索引取回物件**，這樣的行為定義在 **java.util.List** 介面。如果希望**收集的物件不重複，具有集合的行為**，則由 **java.util.Set** 定義。若希望**收集物件時可以佇列方式，收集的物件加入至尾端，取得物件時可以從前端**，可以使用 **java.util.Queue**。如果希望**可以對 Queue 的兩端進行加入、移除等操作**，可以使用 **java.util.Deque**。

　　收集物件時，會依需求使用不同的介面實作物件，舉例來說，如果想收集時具有索引順序，實作方式之一是使用陣列，而以陣列實作 List 的就是 java.util.ArrayList，如果查看 API 文件，會發現有以下繼承與實作架構：

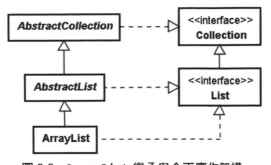

圖 9.2　**ArrayList 繼承與介面實作架構**

　　Java SE API 不僅提供許多實作類別，也考慮到自行擴充 API 的需求，以收集物件的基本行為來說，Java SE 提供 java.util.AbstractCollection 實作了 Collection 基本行為，java.util.AbstractList 實作了 List 基本行為，必要時，可以繼承 AbstractCollection 實作自己的 Collection，繼承 AbstractList 實作自己的 List，這會比直接實作 Collection 或 List 介面方便許多。

　　有時為了只表示感興趣的介面或類別，會簡化繼承與實作架構圖。例如：

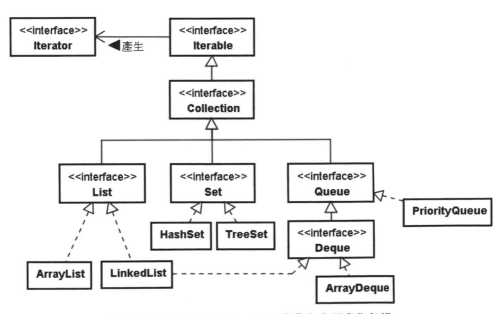

圖 9.3　**簡化後的 Collection 繼承與介面實作架構**

這樣的表示方式，可以更清楚地明瞭哪些類別實作了哪個介面、繼承了哪個類別，或哪些介面又繼承自哪個介面，至於詳細的繼承與實作架構，還是老話一句，可以查詢 API 文件。

9.1.2 具有索引的 **List**

List 是一種 Collection，收集物件並以索引方式保留收集的物件順序，實作類別之一是 **java.util.ArrayList**，實作原理大致如 6.2.5 的 ArrayList 範例。例如可用 java.util.ArrayList 改寫 6.2.5 的 Guest 類別，而作用相同：

Collection Guest.java

```java
package cc.openhome;

import java.util.*;
import static java.lang.System.out;

public class Guest {
    public static void main(String[] args) {
        var names = new ArrayList();     ◀━━ 使用 Java SE 的 ArrayList
        collectNameTo(names);
        out.println("訪客名單：");
        printUpperCase(names);
    }

    static void collectNameTo(List names) {
        var console = new Scanner(System.in);
        while(true) {
            out.print("訪客名稱：");
            var name = console.nextLine();
            if(name.equals("quit")) {
                break;
            }
            names.add(name);
        }
    }

    static void printUpperCase(List names) {
        for(var i = 0; i < names.size(); i++) {
            var name = (String) names.get(i);   ◀━━ 使用 get() 依索引取得物件
            out.println(name.toUpperCase());
        }
    }
}
```

若查看 API 文件，可發現 List 介面定義了 add()、remove()、set() 等依索引操作的方法。根據圖 9.3，**java.util.LinkedList** 也實作了 List 介面，可以將上面的範例中 ArrayList 換為 LinkedList，而結果不變，那麼什麼時候該用 ArrayList？何時該用 LinkedList 呢？

▶ ArrayList 特性

正如 6.2.5 自行開發的 ArrayList，**java.util.ArrayList 實作時，內部就是使用 Object 陣列來保存收集之物件**，是否使用 ArrayList，就等於考慮是否使用陣列的特性。

陣列在記憶體中是連續的線性空間，**使用索引隨機存取時速度快**，若操作上有這類需求，像是排序，就可使用 ArrayList，可得到較好的速度表現。

陣列在記憶體中是連續的線性空間，**若需要調整索引順序時，會有較差的表現**。例如在已收集 100 物件的 ArrayList 中，使用可指定索引的 add() 方法，將物件新增到索引 0 位置，那麼原先索引 0 的物件必須調整至索引 1、索引 1 的物件必須調整至索引 2、索引 2 的物件必須調整至索引 3...依此類推，使用 ArrayList 進行這類操作並不經濟。

陣列長度固定也是要考量的問題，在 ArrayList 內部陣列長度不夠時，會建立新陣列，並將舊陣列的參考指定給新陣列，這也是必需耗費時間與記憶體的操作，為此，**ArrayList 有個可指定容量（Capacity）的建構式**，若大致知道將收集的物件範圍，事先建立足夠長度的內部陣列，可以節省以上描述之成本。

▶ LinkedList 特性

LinkedList 在實作 List 介面時，採用了**鏈結（Link）**結構，若不是很瞭解何謂鏈結，可參考底下的 SimpleLinkedList 範例：

Collection SimpleLinkedList.java

```java
package cc.openhome;

public class SimpleLinkedList {
    private class Node {
        Node(Object o) {
            this.o = o;
        }
        Object o;
        Node next;
    }

    private Node first;

    public void add(Object elem) {
        var node = new Node(elem);
        if(first == null) {
            first = node;
        }
        else {
            append(node);
        }
    }

    private void append(Node node) {
        var last = first;
        while(last.next != null) {
            last = last.next;
        }
        last.next = node;
    }

    public int size() {
        var count = 0;
        var last = first;
        while(last != null) {
            last = last.next;
            count++;
        }
        return count;
    }

    public Object get(int index) {
        checkSize(index);
        return findElemOf(index);
    }

    private void checkSize(int index) throws IndexOutOfBoundsException {
        var size = size();
        if(index >= size) {
            throw new IndexOutOfBoundsException(
```

❶ 將收集的物件用 Node 封裝

❷ 第一個節點

❸ 新增 Node 封裝物件，並由上個 Node 的 next 參考

❹ 走訪所有 Node 並計數以取得長度

```
                    "Index: %d, Size: %d".formatted(index, size));
        }
    }

    private Object findElemOf(int index) {    ←── ❺ 走訪所有 Node 並計數以取得
        var count = 0;                             對應索引物件
        var last = first;
        while(count < index) {
            last = last.next;
            count++;
        }
        return last.o;
    }
}
```

在 SimpleLinkedList 內部使用 Node 封裝新增的物件❶，每次 add() 新增物件後，會形成以下的鏈狀結構❸：

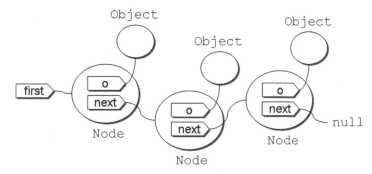

圖 9.4　利用鏈結來收集物件

每次 add() 物件時，才會建立新的 Node 來保存物件，**不會事先耗費記憶體**，若呼叫 size()❹，就從第一個物件❷，逐一參考下一個物件並計數，就可取得收集的物件長度。若想呼叫 get() 指定索引取得物件，從第一個物件，逐一參考下一個物件並計數，就可取得指定索引之物件❺。

可以看出，**想要指定索引隨機存取物件時**，鏈結方式都得使用從第一個元素，開始查找下一個元素的方式，**會比較沒有效率**，像排序就不適合使用鏈結實作的 List，想像一下，如果排序時，必須將索引 0 與索引 10000 的元素調換，效率會不會好呢？

鏈結的每個元素會參考下一個元素，這**有利於調整索引順序**，例如，若在已收集 100 物件的 SimpleLinkedList 中，實作可指定索引的 add() 方法，將物件新增到索引 0 位置，則概念上如下圖：

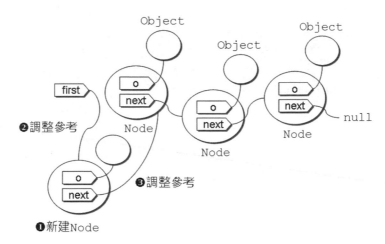

圖 9.5　調整索引順序所需動作較少

新增的物件會建立 Node 實例封裝❶，而 first（或上一節點的 next）重新參考至新建的 Node 物件❷，新建 Node 的 next 參考至下一 Node 物件❸。因此，**若收集物件時常會有變動索引的情況，也許考慮鏈結方式實作的 List 會比較好**，像是隨時會有客戶端登入、登出的客戶端 List，使用 LinkedList 會有較好的效率。

9.1.3　內容不重複的 Set

在收集過程中若有相同物件，就不再重複收集，若有這類需求，可以使用 Set 介面的實作物件。例如有個字串，當中有許多的英文單字，希望知道不重複的單字有幾個，可以如下撰寫程式：

```
Collection  WordCount.java
package cc.openhome;

import java.util.*;

public class WordCount {
    public static void main(String[] args) {
        var console = new Scanner(System.in);
```

```
        System.out.print("請輸入英文：");           ❶ 顯示收集的個數與字串
        var words = tokenSet(console.nextLine());
        System.out.printf("不重複單字有 %d 個：%s%n", words.size(), words);
    }

    static Set tokenSet(String line) {
        var tokens = line.split(" ");           ❷ 根據空白切割出字串
        return new HashSet(Arrays.asList(tokens));
    }
}                    ❸ 使用 HashSet 實作收集字串
```

String 的 split()方法，可以指定切割字串的方式，在這邊指定以空白切割，split()會傳回 String[]，包括切割的每個字串❷，接著將 String[]中的每個字串，加入 Set 的實作 HashSet 中❸，由於 Arrays.asList()方法傳回 List，而 List 是一種 Collection，可傳給 HashSet 接受 Collection 實例的建構式，Set 的特性是不重複，因此若有相同單字，不會再重複加入，最後只要呼叫 Set 的 size()方法，就可以知道收集的字串個數，HashSet 的 toString()實作，會包括收集的字串❶。一個執行的範例如下：

```
請輸入英文：This is a dog that is a cat where is the student
不重複單字有 9 個：[that, cat, is, student, a, the, where, dog, This]
```

再來看以下的範例：

Collection Students.java

```java
package cc.openhome;

import java.util.*;

class Student {
    private final String name;
    private final String number;

    Student(String name, String number) {
        this.name = name;
        this.number = number;
    }

    String name() {
        return this.name;
    }

    String number() {
        return this.number();
```

```
    }

    @Override
    public String toString()  {
        return "(%s, %s)".formatted(name, number);
    }
}

public class Students {
    public static void main(String[] args) {
        var students = new HashSet();
        students.add(new Student("Justin", "B835031"));
        students.add(new Student("Monica", "B835032"));
        students.add(new Student("Justin", "B835031"));
        System.out.println(students);
    }
}
```

程式中使用 HashSet 收集了 Student 物件，其中故意重複加入學生資料，然而在執行結果中看到，Set 沒有將重複的學生資料排除：

```
[(Monica, B835032), (Justin, B835031), (Justin, B835031)]
```

▶ hashCode()與 equals()

這是理所當然的結果，因為你沒有告訴 Set，什麼樣的 Student 實例才算是重複，以 HashSet 為例，會使用物件的 hashCode()與 equals()來判斷物件是否相同，HashSet 的實作概念是，在記憶體中開設空間，每個空間會有個雜湊編碼（Hash code）：

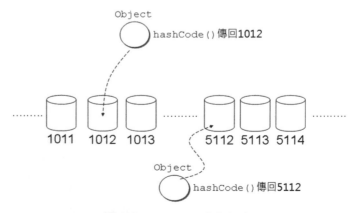

圖 9.6　HashSet 實作概念

這些空間稱為雜湊桶（Hash bucket），如果物件要加入 HashSet，會呼叫物件的 hashCode() 取得雜湊碼，並嘗試放入對應號碼的雜湊桶中，如果雜湊桶中沒物件就直接放入，如圖 9.6 所示；若雜湊桶中有物件呢？會再呼叫物件的 equals() 進行比較：

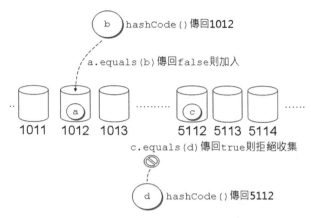

圖 9.7　根據 equals() 與 hashCode() 判斷要不要收集

若同一雜湊桶已有物件，呼叫該物件 equals() 與要加入的物件比較結果為 false，表示兩個物件非重複物件，可以收集，如果是 true，表示兩個物件是重複物件，不予收集。

事實上不只有 HashSet，**Java 中許多場合要判斷物件是否重複時，都會呼叫 hashCode() 與 equals() 方法**，因此規格書中建議，兩個方法要同時實作。以先前範例而言，若實作了 hashCode() 與 equals() 方法，重複的 Student 就不會被收集：

Collection　Students2.java

```java
package cc.openhome;

import java.util.*;

class Student2 {
    private final String name;
    private final String number;
    Student2(String name, String number) {
        this.name = name;
        this.number = number;
    }

    String name() {
```

```
            return this.name;
        }

        String number() {
            return this.number();
        }

        @Override
        public String toString()  {
            return "(%s, %s)".formatted(name, number);
        }

        // Eclipse 自動產生的 equals() 與 hashCode()
        // 就示範而言已經足夠了

        @Override
        public int hashCode() {
            final int prime = 31;
            int result = 1;
            result = prime * result + ((name == null) ? 0 : name.hashCode());
            result = prime * result + ((number == null) ? 0 : number.hashCode());
            return result;
        }

        @Override
        public boolean equals(Object obj) {
            if (this == obj)
                return true;
            if (obj == null)
                return false;
            if (getClass() != obj.getClass())
                return false;
            Student2 other = (Student2) obj;
            if (name == null) {
                if (other.name != null)
                    return false;
            } else if (!name.equals(other.name))
                return false;
            if (number == null) {
                if (other.number != null)
                    return false;
            } else if (!number.equals(other.number))
                return false;
            return true;
        }
    }

public class Students2 {
    public static void main(String[] args) {
```

```
        var students = new HashSet();
        students.add(new Student2("Justin", "B835031"));
        students.add(new Student2("Monica", "B835032"));
        students.add(new Student2("Justin", "B835031"));
        System.out.println(students);
    }
}
```

在這邊定義學生的姓名與學號相同，就是相同的 `Student` 物件，`hashCode()`
直接利用 `String` 的 `hashCode()` 再做運算（為 Eclipse 自動程式碼產生的結果）。
執行結果如下，可看出不再收集重複的 `Student2` 物件：

```
[(Justin, B835031), (Monica, B835032)]
```

◉ 初試 record 類別

方才示範的學生類別，`name` 與 `number` 是 `final`，實例建立後無法變動狀態，
只能透過 `name()`、`number()` 方法取值，通常這種類別，**只是純綷想將特定結構的
資料，以物件形式記錄下來，以便於後續在應用程式中傳遞，並且希望傳遞過程中
資料不能被變動，只能作為取值之用。**

像這類需求，在 Java 16 以後，可以使用 **record** 類別來定義。例如：

Collection　Students3.java
```
package cc.openhome;

import java.util.*;
// 使用 record 類別
record Student3(String name, String number) {}

public class Students3 {
    public static void main(String[] args) {
        var students = new HashSet();
        students.add(new Student3("Justin", "B835031"));
        students.add(new Student3("Monica", "B835032"));
        students.add(new Student3("Justin", "B835031"));
        System.out.println(students);
    }
}
```

在定義 `record` 類別時，不需要加上 `class` 關鍵字，類別名稱接著就是定義
`record` 類別的預設建構式，對於以上定義的學生類別　在語義上是在告訴其他

開發者（或未來閱讀程式碼的自己），這裡定義了學生，用來記錄學生的資料，資料是以 name 與 number 的順序構成，學生實例建立時指定的資料，就是實例唯一的狀態，除此之外沒有別的意涵了。

也就是說，定義 record 類別時指定的欄位名稱、順序，用來組成了資料的結構，編譯器預設會為指定的欄位名稱，生成 private final 的值域，以及同名的公開方法，就上例來說，就是會生成 name() 與 number() 方法，傳回對應的值域。

因為具有欄位名稱、順序、狀態不可變動等特性，編譯器就能自動生成 hashCode()、equals() 以及 toString() 等方法，如果**想要一個可記錄資料的資料載體，使用 record 類別來定義就非常方便**。以上範例執行結果如下，可看出沒有重複的物件，也使用了預設的 toString() 作為顯示之用：

```
[Student3[name=Justin, number=B835031], Student3[name=Monica,
number=B835032]]
```

不要天真地只將 record 類別，當成是可自動生成 hashCode()、equals()、toString() 等方法的語法糖，別忘了，record 類別的實例狀態無法變動，而且 record 類別不能實現繼承，相較於使用 class 定義類別，record 類別有一些限制，這是為了限制你，**定義資料載體時才使用 record 類別**。

必要時，record 類別可以定義實例方法或靜態方法或實作介面，由於 record 類別是用來定義資料載體，上頭定義的方法，基本上也會與承載的資料相關，像是資料的轉換、載入或儲存等，這之後適當章節會看到範例；至於 record 類別的更多細節，會留到第 18 章再來討論。

9.1.4　支援佇列操作的 Queue

若希望收集物件時使用佇列方式，收集的物件加入尾端，取得物件從前端，可以使用 **Queue** 介面的實作物件。Queue 繼承自 Collection，也具有 Collection 的 add()、remove()、element() 等方法，然而 Queue 定義了 **offer()、poll()** 與 **peek()** 等方法，最主要的差別之一在於，add()、remove()、element() 等操作失敗時會拋出例外，而 offer()、poll() 與 peek() 等操作失敗時會傳回特定值。

　　如果物件有實作 **Queue**，並打算以佇列方式使用，且佇列長度受限，**通常建議使用 offer()、poll() 與 peek() 等方法**。offer() 方法用來在佇列後端加入物件，成功會傳回 true，失敗傳回 false。poll() 方法用來取出佇列前端物件，若佇列為空則傳回 null。peek() 用來取得（但不取出）佇列前端物件，若佇列為空傳回 null。

　　先前提過 **LinkedList**，它不僅實作了 List 介面，**也實作了 Queue 的行為**，因此可將 LinkedList 當作佇列來使用。例如：

Collection　RequestQueue.java

```java
package cc.openhome;

import java.util.*;

interface Request {
    void execute();
}

public class RequestQueue {
    public static void main(String[] args) {
        var requests = new LinkedList();
        offerRequestTo(requests);
        process(requests);
    }

    static void offerRequestTo(Queue requests) {
        // 模擬將請求加入佇列
        for(var i = 1; i < 6; i++) {
            var request = new Request() {
                public void execute() {
                    System.out.printf("處理資料 %f%n", Math.random());
                }
            };
            requests.offer(request);
        }
    }
    // 處理佇列中的請求
    static void process(Queue requests) {
        while(requests.peek() != null) {
            var request = (Request) requests.poll();
            request.execute();
        }
    }
}
```

一個執行結果如下：

```
處理資料 0.302919
處理資料 0.616828
處理資料 0.589967
處理資料 0.475854
處理資料 0.274380
```

經常地，也會想對佇列的前端與尾端進行操作，在前端加入物件與取出物件，在尾端加入物件與取出物件，Queue 的子介面 **Deque** 定義了這類行為，Deque 定義 addFirst()、removeFirst()、getFirst()、addLast()、removeLast()、getLast()等方法，操作失敗時會拋出例外，而 offerFirst()、pollFirst()、peekFirst()、offerLast()、pollLast()、peekLast()等方法，操作失敗時會傳回特定值。

Queue 的行為與 Deque 的行為有所重複，有幾個操作是等義的：

表 9.1　Queue 與 Deque 等義方法

Queue 方法	Deque 等義方法
add()	addLast()
offer()	offerLast()
remove()	removeFirst()
poll()	pollFirst()
element()	getFirst()
peek()	peekFirst()

java.util.ArrayDeque 實作了 Deque 介面，以下範例使用 ArrayDeque 來實作容量有限的堆疊：

```
Collection Stack.java
```

```java
package cc.openhome;

import java.util.*;
import static java.lang.System.out;

public class Stack {
    private Deque elems = new ArrayDeque();
    private int capacity;

    public Stack(int capacity) {
        this.capacity = capacity;
```

```
    }

    public boolean push(Object elem) {
        if(isFull()) {
            return false;
        }
        return elems.offerLast(elem);
    }

    private boolean isFull() {
        return elems.size() + 1 > capacity;
    }

    public Object pop() {
        return elems.pollLast();
    }

    public Object peek() {
        return elems.peekLast();
    }

    public int size() {
        return elems.size();
    }

    public static void main(String[] args) {
        var stack = new Stack(5);
        stack.push("Justin");
        stack.push("Monica");
        stack.push("Irene");
        out.println(stack.pop());
        out.println(stack.pop());
        out.println(stack.pop());
    }
}
```

堆疊結構是先進後出，所以執行結果最後才顯示 Justin：

```
Irene
Monica
Justin
```

9.1.5　使用泛型

在使用 Collection 收集物件時，事先不會知道被收集物件之形態，因此內部實作時，使用 Object 來參考被收集之物件，取回物件時也是傳回 Object 型態，原理可參考 6.2.5 實作的 ArrayList，或 9.1.2 實作的 SimpleLinkedList。

由於取回物件時傳回 Object 型態，若想針對某類別定義的行為操作時，必須告訴編譯器，讓物件重新扮演該型態。例如：

```
var names = Arrays.asList("Justin", "Monica", "Irene") ;
var name = (String) names.get(0);
```

Collection 收集物件時，考慮到收集各種物件之需求，內部實作採用 Object 來參考物件，**執行時期物件實際的型態，編譯器不可能知道**，因此必須自行告訴編譯器，讓物件重新扮演為自己的型態。

Collection 可以收集各種物件，然而實務上 Collection 收集的會是同一類型物件（也不建議收集不同類型物件），例如整個 Collection 收集的都是字串物件，因此可使用泛型（Generics）語法，在設計 API 時指定類別或方法可支援泛型，讓 API 客戶端使用時更為方便，並得到編譯時期檢查。

以 6.2.5 自行實作的 ArrayList 為例，可加入泛型語法：

Collection ArrayList.java

```
package cc.openhome;

import java.util.Arrays;

public class ArrayList<E> {  ←——  ❶此類別支援泛型
    private Object[] elems;
    private int next;

    public ArrayList(int capacity) {
        elems = new Object[capacity];
    }

    public ArrayList() {
        this(16);
    }

    public void add(E e) {  ←——  ❷加入的物件必須是客戶端宣告的 E 型態
        if(next == elems.length) {
            elems = Arrays.copyOf(elems, elems.length * 2);
        }
        elems[next++] = e;
    }

    public E get(int index) {  ←——  ❸取回物件以客戶端宣告的 E 型態傳回
        return (E) elems[index];
    }
```

```
    public int size() {
        return next;
    }
}
```

請留意範例中粗體字部分，首先類別名稱旁出現角括號<E>，這表示此類別支援泛型❶，實際加入 ArrayList 的物件，會是客戶端宣告的 E 型態，E 只是**型態參數（Type parameter）**，表示 Element，若有助於理解程式碼，也可以用 T、K、V 等代號。

由於使用<E>定義型態，在需要編譯器檢查型態的地方，都可以使用 E，像是 add() 方法接收的物件型態是 E ❷，get() 方法中必須將物件轉換為 E 型態❸。

使用泛型語法，對 API 設計者會造成一些語法上的麻煩，然而對客戶端會多一些友善。例如：

```
...
ArrayList<String> names = new ArrayList<String>();
names.add("Justin");
names.add("Monica");
String name1 = names.get(0);
String name2 = names.get(1);
...
```

宣告與建立物件時，可使用角括號告知編譯器型態參數的實際型態，上例的 ArrayList 物件收集 String，也取回 String，不需自行使用括號指定型態。如果實際上加入 String 之外的物件，編譯器會檢查出這個錯誤：

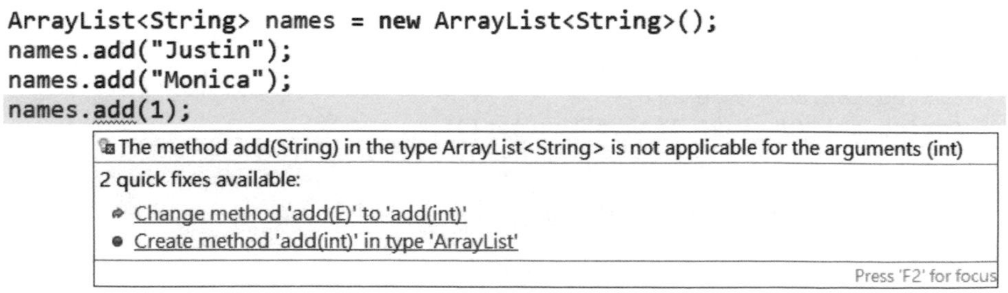

```
ArrayList<String> names = new ArrayList<String>();
names.add("Justin");
names.add("Monica");
names.add(1);
```

The method add(String) in the type ArrayList<String> is not applicable for the arguments (int)

2 quick fixes available:

- Change method 'add(E)' to 'add(int)'
- Create method 'add(int)' in type 'ArrayList'

Press 'F2' for focus

圖 9.8　編譯器會檢查加入的型態

Collection API 支援泛型語法，若在 API 文件上看到角括號與型態參數，表示支援泛型語法。例如：

```
Module java.base
Package java.util

Interface Collection<E>


Type Parameters:
E - the type of elements in this collection

All Superinterfaces:
Iterable<E>
```

圖 9.9　API 文件上的角括號代表支援泛型

這類 API 在運用時，若沒有指定型態參數實際型態，內部實作中出現型態參數的地方，會回歸為使用 Object 型態。

以使用 java.util.List 為例，若要指定型態參數，可以如下宣告：

```
...
List<String> words = new LinkedList<String>();
words.add("one");
String word = words.get(0);
...
```

泛型語法有一部分是編譯器蜜糖（一部分是記錄於位元碼中的資訊），若反組譯以上程式片段，可以看到展開為以下的寫法：

```
...
LinkedList linkedlist = new LinkedList();
linkedlist.add("one");
String s = (String) linkedlist.get(0);
...
```

正因為展開後會有粗體字部分的語法，以下會編譯錯誤：

```
List<String> words = new LinkedList<String>();
words.add("one");
Integer number = words.get(0); // 編譯錯誤
...
```

　　因編譯器試著展開程式碼後，實際上會如下，進一步就會發生編譯錯誤：

```
List words = new LinkedList();
words.add("one");
Integer number = (String) words.get(0); // 編譯錯誤
...
```

　　若介面支援泛型，在實作時也會比較方便，例如有個介面宣告若是如下：

```
...
public interface Comparator<T> {
    int compare(T o1, T o2);
    ...
}
```

　　這表示實作介面時若指定 T 實際型態，compare() 就可以直接套用 T 型態。
例如：

```
public class StringComparator implements Comparator<String> {
    @Override
    public int compare(String s1, String s2) {
        return -s1.compareTo(s2);
    }
}
```

　　如果不指定 T 實際型態，T 就回歸為使用 Object，就上例來說，實作上就
會囉嗦一些，例如：

```
public class StringComparator implements Comparator {
    @Override
    public int compare(Object o1, Object o2) {
        String s1 = (String) o1;
        String s2 = (String) o2;
        return -s1.compareTo(s2);
    }
}
```

　　再來看一下以下程式片段：

```
List<String> words = new LinkedList<String>();
```

　　會不會覺得有點囉嗦呢？宣告 words 已經使用 List<String> 告訴編譯器，
words 收集的物件會是 String 了，建構 LinkedList 時，還要用
LinkedList<String> 再寫一次呢？如果不想重複撰寫，可以如下撰寫：

```
List<String> words = new LinkedList<>();
```

若宣告參考時指定了型態，建構物件時若省略型態，那後者會根據前者來推論型態，就語法簡潔度上不無小補。

若是搭配 var 的話，可以如下撰寫：

```
var words = new LinkedList<String>();
```

這麼一來，words 會是 LinkedList<String>型態，角括號中的 String 別省略了，如果省略的話，編譯可以通過，然而，words 會推論為 LinkedList<Object>型態：

```
var words = new LinkedList<>(); // words 會是 LinkedList<Object>型態
```

也可以只在方法上定義泛型，最常見的是在靜態方法上定義泛型，例如，若原本有個 elemOf()方法如下：

```
public static Object elemOf(Object[] objs, int index) {
    return objs[index];
}
```

如果有個 String[]的 args 要傳給 elemOf()方法，取回索引 i 的 String 物件，那麼得這麼做：

```
var arg = (String) elemOf(args, i);
```

若能將 elemOf()設計為泛型方法，例如：

```
public static <T> T elemOf(T[] objs, int index) {
    return objs[index];
}
```

如果 elemOf()方法是定義在 Util 類別，就可以使用 Util.<String>elemOf()的方式，指定 T 的實際型態；若編譯器可以自動從程式碼中，推斷出 T 的實際型態，也可以不用自行指定 T 的型態。例如：

```
String arg = elemOf(args, i);
```

泛型語法還有許多細節，就初學而言，只要先知道以上的應用即可，更多泛型語法細節，將在第 18 章介紹。

提示 >>> 適當地使用泛型語法，語法上可以簡潔一些，編譯器也可以事先進行型態檢查，然而泛型語法可以用到很複雜（有人稱為魔幻，這是個貼切的形容詞），泛型的使用，不影響可讀性與維護性為主要考量。

9.1.6　簡介 Lambda 表示式

　　回顧一下 9.1.4 的 `RequestQueue` 範例，其中使用匿名類別語法實作 `Request` 介面並建立實例：

```
var request = new Request() {
    public void execute() {
        out.printf("處理資料 %f%n", Math.random());
    }
};
```

　　Request 介面只定義了一個方法，然而匿名類別語法顯得囉嗦，當這種情況發生時，可以使用 **Lambda 表示式（Expression）**如下撰寫：

```
Request request = () -> out.printf("處理資料 %f%n", Math.random());
```

　　相對於匿名類別來說，**Lambda 表示式省略了介面型態與方法名稱，->左邊是參數列，右邊是方法本體，**編譯器可以由 **Request request** 的宣告中得知語法上省略的介面資訊。

　　來看另一個例子，如果有個介面宣告如下：

```
public interface IntegerFunction {
    Integer apply(Integer i);
}
```

　　類似地，可以使用匿名類別來建立 `IntegerFunction` 的實例：

```
var doubleFunction = new IntegerFunction() {
    public Integer apply(Integer i) {
        return i * 2;
    }
};
```

　　然而語法上囉嗦，若改用 Lambda 表示式，寫法就簡潔多了：

```
IntegerFunction doubleFunction = (Integer i) -> i * 2;
```

　　編譯器可以從 `IntegerFunction doubleFunction` 得知，你實作並建立了 `IntegerFunction` 的實例，既然如此，編譯器應該也可以得知，參數 `i` 型態是 `Integer` 吧！沒錯，以下寫法也是可行的：

```
IntegerFunction doubleFunction = (i) -> i * 2;
```

編譯器具備**型態推斷（Type inference）**的能力，讓 Lambda 表示式可以更簡潔地撰寫；**若是單參數又不用寫出參數型態時，也可以省略參數列括號**，因此上式還可以寫為：

```
IntegerFunction doubleFunction = i -> i * 2;
```

在使用 Lambda 表示式，編譯器推斷型態時，可以用泛型宣告的型態作為資訊來源。例如有個介面宣告如下：

```
public interface Comparator<T> {
    int compare(T o1, T o2);
}
```

若以匿名類別語法來實作的話，會是長這樣：

```
Comparator<String> byLength = new Comparator<String>() {
    public int compare(String name1, String name2) {
        return name1.length() - name2.length();
    }
};
```

重複的資訊更多了，`Comparator`、`String` 與 `compare` 等都是重複資訊，雖然**定義匿名類別時，等號左邊指定了泛型的實際型態，右邊就可以省略型態宣告**：

```
Comparator<String> byLength = new Comparator<>() {
    public int compare(String name1, String name2) {
        return name1.length() - name2.length();
    }
};
```

或者是使用 var 簡化：

```
var byLength = new Comparator<String>() {
    public int compare(String name1, String name2) {
        return name1.length() - name2.length();
    }
};
```

不過，使用 Lambda 語法來實作，加上編譯器的型態推斷能力輔助，寫法還是最簡潔的：

```
Comparator<String> byLength =
    (name1, name2) -> name1.length() - name2.length();
```

　　結合到目前已介紹的 var、泛型與 Lambda 表示式，來改寫 9.1.4 的
RequestQueue 範例，看看會不會簡潔一些：

```
Collection  RequestQueue2.java

package cc.openhome;

import java.util.*;

interface Request2 {
    void execute();
}

public class RequestQueue2 {
    public static void main(String[] args) {
        var requests = new LinkedList<Request2>();
        offerRequestTo(requests);
        process(requests);
    }

    static void offerRequestTo(Queue<Request2> requests) {
        // 模擬將請求加入佇列
        for (var i = 1; i < 6; i++) {
            requests.offer(
                () -> System.out.printf("處理資料 %f%n", Math.random())
            );
        }
    }
    // 處理佇列中的請求
    static void process(Queue<Request2> requests) {
        while(requests.peek() != null) {
            var request = requests.poll();
            request.execute();
        }
    }
}
```

　　雖然不鼓勵使用 Lambda 表示式來寫複雜的演算，不過若流程較為複雜，
無法以一行 Lambda 表示式寫完時，可以使用區塊{}符號包括演算流程。例如：

```
Request request = () -> {
    out.printf("處理資料 %f%n", Math.random());
};
```

在 Lambda 表示式中使用區塊時，若方法必須傳回值，區塊中就必須使用 return。例如：

```
IntegerFunction doubleFunction = i -> {
    return i * 2;
}
```

這邊對於 Lambda 表示式只是簡介，只是 Lambda 特性的一小部分，第 12 章還會完整介紹 Lambda，即使如此，運用目前已習得的 Lambda 表示式，在撰寫 Collection 相關功能時，就能讓程式碼更有表達能力，更容易理解。

9.1.7 Iterable 與 Iterator

如果要寫個 forEach() 方法，顯示 List 收集的物件，也許你會這麼寫：

```
...
    static void forEach(List list) {
        var size = list.size();
        for(var i = 0; i < size; i++) {
            out.println(list.get(i));
        }
    }
...
```

這個方法適用於所有實作 List 介面的物件，例如 ArrayList、LinkedList 等。如果要讓寫個 forEach() 方法顯示 Set 收集的物件，你該怎麼寫呢？在查看過 Set 的 API 文件後，你發現有個 toArray() 方法，可以將 Set 收集的物件轉為 Object[] 傳回，因此你這麼撰寫：

```
...
    static void forEach(Set set) {
        for(var obj : set.toArray()) {
            out.println(obj);
        }
    }
...
```

這個方法適用於所有實作 Set 介面的物件，例如 HashSet、TreeSet 等。如果現在要實作一個 forEach() 方法，顯示 Queue 收集的物件，也許你會這麼寫：

```
...
    static void forEach(Queue queue) {
        while(queue.peek() != null) {
            out.println(queue.poll());
        }
```

```
    }
...
```

　　表面上看來好像正確，不過 Queue 的 poll() 方法會取出物件，在顯示 Queue 收集的物件之後，Queue 也空了，這並不是你想要的結果，怎麼辦呢？

　　無論是 List、Set、Queue 或是 Collection，都有個 **iterator()** 方法，傳回 **java.util.Iterator** 介面的實作物件，因為 iterator() 方法定義在 java.lang.Iterable 介面，它是 Collection 的父介面。

　　對於 Collection 的實作，可使用 **java.util.Iterator** 物件走訪其內部收集的物件，方式是透過 **hasNext()** 看看有無下個物件，若有的話，使用 **next()** 取得下個物件。因此，無論是 List、Set、Queue 或 Collection，都可使用以下的 forEach() 來顯示收集之物件：

```
...
    static void forEach(Iterable iterable) {
        var iterator = iterable.iterator();
        while(iterator.hasNext()) {
            out.println(iterator.next());
        }
    }
...
```

提示 >>> 　任何實作 Iterable 的物件，都可以使用這個 forEach() 方法，不一定要是 Collection，本章有個課後練習，將要求寫個 IterableString 類別，可以運用這個 forEach() 方法，逐一顯示字串中的 char。

　　先前看到增強式 for 迴圈運用在陣列，實際上，增強式 for 迴圈**可運用在實作 Iterable 介面的物件**，因此方才的 forEach() 方法，可以用增強式 for 迴圈來簡化：

Collection ForEach.java

```
package cc.openhome;

import java.util.*;

public class ForEach {
    public static void main(String[] args) {
        var names = Arrays.asList("Justin", "Monica", "Irene"); ❶
        forEach(names); ❷
        forEach(new HashSet(names)); ❸
        forEach(new ArrayDeque(names)); ❹
```

```
    }

    static void forEach(Iterable iterable) {
        for(var obj : iterable) {
            System.out.println(obj);
        }
    }
}
```

這邊使用了 **java.util.Arrays** 的 static 方法 **asList()**，這個方法接受不定長度引數，可將指定的引數收集為 List❶。List 是一種 Iterable，可以使用 forEach() 方法❷。HashSet 具有接受 Collection 的建構式，List 是一種 Collection，可用來建構 HashSet，而 Set 是一種 Iterable，可使用 forEach() 方法❸。同理，ArrayDeque 具有接受 Collection 的建構式，List 是一種 Collection，可用來建構 ArrayDeque，Deque 是一種 Iterable，可使用 forEach() 方法❹。

增強式 for 迴圈是編譯器蜜糖，運用在 Iterable 物件時會展開為：

```
private static void forEach(Iterable iterable) {
    Object o;
    for(Iterator i$ = iterable.iterator();
                 i$.hasNext();
                 System.out.println(o)) {
        o = i$.next();
    }
}
```

可以看到，還是呼叫了 iterator() 方法，運用傳回的 Iterator 物件，來迭代取得收集之物件。

Iterable 本身就定義了 forEach() 方法，可以迭代物件進行指定處理：

```
var names = Arrays.asList("Justin", "Monica", "Irene");
names.forEach(name -> out.println(name));
new HashSet(names).forEach(name -> out.println(name));
new ArrayDeque(names).forEach(name -> out.println(name));
```

Iterable 的 forEach() 方法接受 java.util.function.Consumer<T> 介面的實例，這個介面只定義一個 accept(T t) 方法，通常搭配 Lambda 表示式，讓程式碼撰寫上簡潔而易於閱讀。

提示 >>> Lambda 還可以進行方法參考（Method reference），讓程式碼更加簡潔：

```
var names = Arrays.asList("Justin", "Monica", "Irene");
names.forEach(out::println);
new HashSet(names).forEach(out::println);
new ArrayDeque(names).forEach(out::println);
```

方法參考等更多 Lambda 的細節，在第 12 章會詳細介紹。

9.1.8　Comparable 與 Comparator

在收集物件後進行排序是常用的動作，你不用實作排序演算法，java.util.Collections 提供 sort() 方法，由於必須有索引才能進行排序，Collections 的 sort() 方法接受 List 實作物件。例如：

```
jshell> var numbers = Arrays.asList(10, 2, 3, 1, 9, 15, 4);
numbers ==> [10, 2, 3, 1, 9, 15, 4]

jshell> Collections.sort(numbers);

jshell> numbers
numbers ==> [1, 2, 3, 4, 9, 10, 15]
```

如果是以下的範例呢？

Collection Sort.java

```
package cc.openhome;

import java.util.*;

record Customer(String id, String name, int age) {}

public class Sort {
    public static void main(String[] args) {
        var accounts = Arrays.asList(
                new Customer("X1234", "Justin", 46),
                new Customer("X5678", "Monica", 43),
                new Customer("X2468", "Irene", 13)
        );
        Collections.sort(accounts);        // 無法通過編譯
        System.out.println(accounts);
    }
}
```

　　你會發現編譯器無法通過編譯？就算將 var 改為 List<Account> 也不行，如果將 var 改為 List，雖然可以通過編譯，然而執行時會拋出 ClassCastException？

```
Exception in thread "main" java.lang.ClassCastException: class
cc.openhome.Customer cannot be cast to class java.lang.Comparable
...略
```

◉ 實作 Comparable

　　原因在於你沒告訴 Collections 的 sort() 方法，要根據 Customizer 的 id、name 還是 age 排序，那它要怎麼排？Collections 的 sort() 方法要求被排序的物件，必須實作 **java.lang.Comparable** 介面，這個介面有個 **compareTo()** 方法必須傳回大於 0、等於 0 或小於 0 的數，作用為何？直接來看如何針對帳戶餘額進行排序就可以瞭解：

Collection Sort2.java

```java
package cc.openhome;

import java.util.*;

record Customer2(String id, String name, int age)
                                    implements Comparable<Customer2> {
    @Override
    public int compareTo(Customer2 other) {
        return this.age - other.age;
    }
}

public class Sort2 {
    public static void main(String[] args) {
        var accounts = Arrays.asList(
                new Customer2("X1234", "Justin", 46),
                new Customer2("X5678", "Monica", 43),
                new Customer2("X2468", "Irene", 13)
        );
        Collections.sort(accounts);
        System.out.println(accounts);
    }
}
```

　　Collections 的 sort() 方法在比較 a 物件跟 b 物件時，會先令 a 物件扮演（Cast）為 Comparable，若物件沒實作 Comparable，就會拋出 ClassCastException，然後**呼叫 a.compareTo(b)**，如果 a 物件順序上小於 b 物件，**必須傳回小於 0 的值，若順序相等傳回 0，若順序上 a 大於 b 就傳回大於 0 的值**。因此，上面的範例，將會依年齡從小到大排列帳戶物件：

```
[Customer2[id=X2468, name=Irene, age=13], Customer2[id=X5678, name=Monica,
age=43], Customer2[id=X1234, name=Justin, age=46]]
```

　　為何先前的 Sort 類別中，可以直接對 Integer 進行排序呢？若查看 API 文件，可以發現 Integer 實作了 Comparable 介面：

```
public final class Integer
extends Number
implements Comparable<Integer>, Constable, ConstantDesc
```

圖 9.10　**Integer 實作了 Comparable 介面**

▶ 實作 Comparator

　　如果你的物件無法實作 Comparable 呢？可能是拿不到原始碼！或許是無法修改原始碼！舉例來說，String 本身實作 Comparable，可以如下排序：

```
jshell> var words = Arrays.asList("B", "X", "A", "M", "F", "W", "O");
words ==> [B, X, A, M, F, W, O]

jshell> Collections.sort(words);

jshell> words;
words ==> [A, B, F, M, O, W, X]
```

　　如果想令排序結果反過來呢？修改 String.java？這個方法不可行！繼承 String 後再重新定義 compareTo() 方法？也不可能，因為 String 宣告為 final，無法繼承。

　　Collections 的 sort() 方法有個重載版本，可接受 **java.util.Comparator** 介面的實作物件，如果使用這個版本，排序方式將根據 Comparator 的 **compare()** 定義來決定。例如：

```
Collection Sort3.java

package cc.openhome;

import java.util.*;

class StringComparator implements Comparator<String> {
    @Override
    public int compare(String s1, String s2) {
        return -s1.compareTo(s2);
    }
}

public class Sort3 {
    public static void main(String[] args) {
        var words = Arrays.asList("B", "X", "A", "M", "F", "W", "O");
        Collections.sort(words, new StringComparator());
        System.out.println(words);
    }
}
```

Comparator 的 compare()會傳入兩個物件，如果 o1 順序上小於 o2，必須傳回小於 0 的值，順序相等傳回 0，順序上 o1 大於 o2 就傳回大於 0 的值。在這個範例中，String 本身就是 Comparable，因此將 compareTo()傳回值乘上-1，就可以調換排列順序。執行結果如下：

```
[X, W, O, M, F, B, A]
```

在 Java 規範中，跟順序有關的行為，物件本身可以實作 Comparable，或者另行指定 Comparator 物件來指定如何排序。

例如，想針對陣列進行排序，可以使用 **java.util.Arrays** 的 **sort()**方法，如果查詢 API 文件，會發現該方法針對物件排序時有兩個版本，一個是收集在陣列中的物件必須是 Comparable（否則會拋出 ClassCastException），另一個版本可以傳入 Comparator 指定排序方式。

Set 的實作類別之一 **java.util.TreeSet**，不僅擁有收集不重複物件之能力，還可用紅黑樹結構來排序物件，條件就是收集的物件必須是 Comparable（否則會拋出 ClassCastException），或者是建構 TreeSet 時指定 Comparator 物件。

Queue 的實作類別 **java.util.PriorityQueue** 也是，收集至 PriorityQueue 的物件，會根據你指定的優先權，決定物件在佇列中的順序，優先權的指定，可以是物件本身為 Comparable（否則會拋出 ClassCastException），或者是建構 PriorityQueue 時指定 Comparator 物件。

對了！剛剛才簡介過 Lambda 語法，Comparator 介面需要實作的只有一個 compare() 方法，因此上面的範例可以使用 Lambda 語法讓它更簡潔一些：

```
jshell> var words = Arrays.asList("B", "X", "A", "M", "F", "W", "O");
words ==> [B, X, A, M, F, W, O]

jshell> Collections.sort(words, (s1, s2) -> -s1.compareTo(s2));

jshell> words;
words ==> [X, W, O, M, F, B, A]
```

List 有個 sort() 方法，可接受 Comparator 實例指定排序方式，因此還可以寫成：

```
jshell> var words = Arrays.asList("B", "X", "A", "M", "F", "W", "O");
words ==> [B, X, A, M, F, W, O]

jshell> words.sort((s1, s2) -> -s1.compareTo(s2));

jshell> words;
words ==> [X, W, O, M, F, B, A]
```

提示 >>> 如果只是想使用 String 的 compareTo() 方法，透過方法參考特性，還可以寫得更簡潔：
```
var words = Arrays.asList("B", "X", "A", "M", "F", "W", "O");
words.sort(String::compareTo);
```

來考慮一個更複雜的情況，若有個 List 某些索引處包括 null，現在打算讓 null 排在最前頭，之後依字串長度由大到小排序，那會怎麼寫？這樣嗎？

```
public class StrLengthInverseNullFirstComparator
                                implements Comparator<String> {
    @Override
    public int compare(String s1, String s2) {
        if(s1 == s2) {
            return 0;
        }
        if(s1 == null) {
            return -1;
        }
        if(s2 == null) {
            return 1;
```

```
        }
        if(s1.length() == s2.length()) {
            return 0;
        }
        if(s1.length() > s2.length()) {
            return -1;
        }
        return 1;
    }
}
```

不怎麼好讀,對吧!更別說為了表示這個比較器的作用,必須取個又臭又長的類別名稱!其實排序會有各式各樣的組合需求,Java SE 考量到這點,為排序加入了高階語義 API,例如 Comparator 有些靜態方法,可以讓程式碼寫來具有較高的可讀性。

以方才的需求為例,要建立對應的 Comparator 實例,可以如下撰寫:

```
Collection Sort4.java
package cc.openhome;

import java.util.*;
import static java.util.Comparator.*;

public class Sort6 {
    public static void main(String[] args) {
        var words = Arrays.asList(
                "B", "X", "A", "M", null ,"F", "W", "O", null);
        words.sort(nullsFirst(reverseOrder()));
        System.out.println(words);
    }
}
```

reverseOrder() 傳回的 Comparator,會反轉 Comparable 物件定義的順序,nullsFirst() 接受 Comparator,在其定義的順序上附加 null 排在最前頭的規則後,傳回新的 Comparator。程式執行結果如下:

```
[null, null, X, W, O, M, F, B, A]
```

在這邊也可以看到 import static 的適當運用,可讓程式碼表達本身操作意圖,相較於以下程式碼來說,應該是清楚許多:

```
words.sort(Comparator.nullsFirst(Comparator.reverseOrder()));
```

提示 >>> Comparator 還有不少方法可以使用，像是 comparing() 與 thenComparing() 等，要運用這些方法，得瞭解更多 Lambda 特性，像是位於 java.util.function 套件中 Function 等介面的意義，這會在第 12 章詳細介紹。

9.2　鍵值對應的 Map

就如同網路搜尋，根據關鍵字可找到對應的資料，程式設計中也常有這類需求，根據某個**鍵（Key）**來取得對應的**值（Value）**，你可以利用 **java.util.Map** 介面的實作物件來建立或收集鍵值對應資料，之後只要指定鍵，就可以取得相應的值。

9.2.1　常用 Map 實作類別

同樣地，在使用 Map 相關 API 前，先瞭解 Map 設計架構，對正確使用 API 會有幫助：

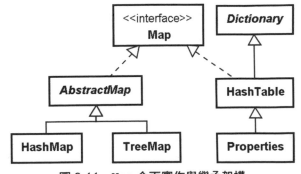

圖 9.11　**Map 介面實作與繼承架構**

常用的 Map 實作類別為 **java.util.HashMap** 與 **java.util.TreeMap**，它們繼承抽象類別 java.util.AbstractMap，而 java.util.Dictionary 與 java.util.HashTable 是從 JDK1.0 就遺留下來的 API，不建議直接使用，不過 HashTable 子類別 **java.util.Properties** 蠻常用的，因此這邊一併介紹。

▶ 使用 HashMap

Map 支援泛型語法，直接來看個使用 HashMap 的範例，可以根據指定的使用者名稱取得對應的訊息：

```java
package cc.openhome;

import java.util.*;
import static java.lang.System.out;

public class Messages {                          ❶ 以泛型語法指定鍵值型態
    public static void main(String[] args) {
        var messages = new HashMap<String, String>();
        messages.put("Justin", "Hello！Justin 的訊息！");
        messages.put("Monica", "給 Monica 的悄悄話！");    ❷ 建立鍵值對應
        messages.put("Irene", "Irene 的可愛貓喵喵叫！");

        var console = new Scanner(System.in);
        out.print("取得誰的訊息：");
        String message = messages.get(console.nextLine());
        out.println(message);
        out.println(messages);                   ❸ 指定鍵取回值
    }
}
```

Map Messages.java

建立 Map 實作物件時，可以使用泛型語法指定鍵與值的型態，在這邊鍵使用 String，值也使用 String 型態❶，要建立鍵值對應，可以使用 **put()** 方法，第一個引數是鍵，第二個引數是值❷，對於 Map 而言，鍵不會重複，**鍵是否重複是根據 hashCode() 與 equals() 判斷，作為鍵的物件必須實作 hashCode() 與 equals()**。若要指定鍵取回對應的值，則使用 **get()** 方法❸。一個執行結果如下：

```
取得誰的訊息：Monica
給 Monica 的悄悄話！
{Monica=給 Monica 的悄悄話！, Justin=Hello！Justin 的訊息！, Irene=Irene 的可愛貓喵喵叫！}
```

在 HashMap 中建立鍵值對應後，鍵是無序的，這可以在執行結果中看到，若想讓鍵以有序的方式儲存，可以使用 TreeMap。

使用 TreeMap

　　如果使用 TreeMap 建立鍵值對應，鍵的部分會排序，條件是作為鍵的物件必須實作 Comparable 介面，或是建構 TreeMap 時，指定實作 Comparator 介面的物件。例如：

Map Messages2.java

```java
package cc.openhome;

import java.util.*;

public class Messages2 {
    public static void main(String[] args) {
        var messages = new TreeMap<String, String>();
        messages.put("Justin", "Hello！Justin 的訊息！");
        messages.put("Monica", "給 Monica 的悄悄話！");
        messages.put("Irene", "Irene 的可愛貓喵喵叫！");
        System.out.println(messages);
    }
}
```

　　由於 String 實作了 Comparable 介面，可看到結果會是根據鍵來排序：

{Irene=Irene 的可愛貓喵喵叫！, Justin=Hello！Justin 的訊息！, Monica=給 Monica 的悄悄話！}

　　若想看到相反的排序結果，可以如下實作 Comparator：

Map Messages3.java

```java
package cc.openhome;

import java.util.*;

public class Messages3 {
    public static void main(String[] args) {
        var messages = new TreeMap<String, String>(
                        (s1, s2) -> -s1.compareTo(s2)
                    );

        messages.put("Justin", "Hello！Justin 的訊息！");
        messages.put("Monica", "給 Monica 的悄悄話！");
        messages.put("Irene", "Irene 的可愛貓喵喵叫！");
        System.out.println(messages);
    }
}
```

建構 `TreeMap` 時使用 Lambda 表示來指定 `Comparator` 實例，執行結果如下：

{Monica=給 Monica 的悄悄話！, Justin=Hello！Justin 的訊息！, Irene=Irene 的可愛貓喵喵叫！}

◎ 使用 Properties

`Properties` 類別繼承 `HashTable`，`HashTable` 實作了 `Map` 介面，因此具有 `Map` 的行為，雖然可以使用 `put()` 設定鍵值對應、`get()` 方法指定鍵取回值，不過常用 `Properties` 的 **setProperty()** 指定字串型態的鍵值，**getProperty()** 指定字串型態的鍵，取回字串型態的值，通常稱為屬性名稱與屬性值。例如：

```
var props = new Properties();
props.setProperty("username", "justin");
props.setProperty("password", "123456");
out.println(props.getProperty("username"));
out.println(props.getProperty("password"));
```

`Properties` 也可以從檔案中讀取屬性，例如若有個 .properties 檔案如下：

Map person.properties
```
# 使用者名稱與密碼
cc.openhome.username=justin
cc.openhome.password=123456
```

.properties 的 = 左邊設定屬性名稱，右邊設定屬性值。可以使用 `Properties` 的 **load()** 方法指定 `InputStream` 的實例，例如 `FileInputStream`，從檔案中載入屬性。例如：

Map LoadProperties.java
```
package cc.openhome;

import java.io.*;
import java.util.Properties;

public class LoadProperties {
    public static void main(String[] args) throws IOException {
        var props = new Properties();
        props.load(new FileInputStream(args[0]));
        System.out.println(props.getProperty("cc.openhome.username"));
        System.out.println(props.getProperty("cc.openhome.password"));
    }
}
```

　　load()方法執行完畢，會自動關閉 InputStream 實例。就上例而言，如果命令列引數指定了 person.properties 的位置，則執行結果如下：

```
justin
123456
```

　　除了可載入.properties 檔案之外，也可以使用 **loadFromXML()**方法載入.xml 檔案，檔案格式必須是：

```xml
<?xml version="1.0" encoding="UTF-8"?>
<!DOCTYPE properties SYSTEM "http://java.sun.com/dtd/properties.dtd">
<properties>
    <comment></comment>
    <entry key="cc.openhome.username">justin</entry>
    <entry key="cc.openhome.password">123456</entry>
</properties>
```

　　在使用 java 指令啟動 JVM 時，可以使用-D 指定系統屬性。例如：

```
> java -Dusername=justin -Dpassword=123456 LoadSystemProps
```

　　你可以使用 System 的 static 方法 **getProperties()**取得 Properties 實例，該實例包括了系統屬性。例如：

Map LoadSystemProps.java

```java
package cc.openhome;

public class LoadSystemProps {
    public static void main(String[] args) {
        var props = System.getProperties();
        System.out.println(props.getProperty("username"));
        System.out.println(props.getProperty("password"));
    }
}
```

　　System.getProperties()取回的 Properties 實例中，也包括了許多預設屬性，例如"java.version"可取得 JRE 版本，"java.class.path"可取得類別路徑等，詳細屬性可查閱 System.getProperties()的 API 文件說明。

getProperties

```
public static Properties getProperties()
```

Determines the current system properties. First, if there is a security manager, its **checkPropertiesAccess** method is called with no arguments. This may result in a security exception.

The current set of system properties for use by the **getProperty(String)** method is returned as a **Properties** object. If there is no current set of system properties, a set of system properties is first created and initialized. This set of system properties includes a value for each of the following keys unless the description of the associated value indicates that the value is optional.

Key	Description of Associated Value
java.version	Java Runtime Environment version, which may be interpreted as a Runtime.Version
java.version.date	Java Runtime Environment version date, in ISO-8601 YYYY-MM-DD format, which may be interpreted as a LocalDate
java.vendor	Java Runtime Environment vendor
java.vendor.url	Java vendor URL
java.vendor.version	Java vendor version (optional)
java.home	Java installation directory
java.vm.specification.version	Java Virtual Machine specification version, whose value is the feature element of the runtime version
java.vm.specification.vendor	Java Virtual Machine specification vendor

圖 9.12　預設的系統屬性

9.2.2　走訪 **Map** 鍵值

若想取得 Map 全部的鍵，或是想取得 Map 全部的值該怎麼做？Map 雖然與 Collection 沒有繼承上的關係，然而卻是可彼此搭配的 API。

如果想取得 Map 全部的鍵，可以呼叫 Map 的 **keySet()** 傳回 Set 物件，由於鍵是不重複的，用 Set 實作傳回是理所當然的作法，若想取得 Map 全部的值，可以使用 **values()** 傳回 Collection 物件。例如：

Map MapKeyValue.java

```java
package cc.openhome;

import java.util.*;
import static java.lang.System.out;

public class MapKeyValue {
    public static void main(String[] args) {
        var map = new HashMap<String, String>();
        map.put("one", "一");
        map.put("two", "二");
        map.put("three", "三");

        out.println("顯示鍵");
        // keySet()傳回 Set
```

```
    map.keySet().forEach(key -> out.println(key));

    out.println("顯示值");
    // values()傳回 Collection
    map.values().forEach(key -> out.println(key));
    }
}
```

記得前一節談到的，Set 或 Collection 都是一種 Iterable，可使用 forEach()
方法，或者如下使用增強式 for 迴圈語法：

```
static void foreach(Iterable<String> iterable) {
    for(var element : iterable) {
        out.println(element);
    }
}
```

上面這個範例採用 HashMap 實作，執行結果會是無序的：

```
顯示鍵
two
one
three
顯示值
二
一
三
```

如果將範例改用 TreeMap 實作，可以看出執行結果將依鍵排序：

```
顯示鍵
one
three
two
顯示值
一
三
二
```

若想同時取得 Map 的鍵與值，可以使用 **entrySet()** 方法，這會傳回一個 Set
物件，每個元素都是 **Map.Entry** 實例，可以呼叫 **getKey()** 取得鍵，呼叫 **getValue()**
取得值。例如：

Map MapKeyValue2.java

```java
package cc.openhome;

import java.util.*;

public class MapKeyValue2 {
    public static void main(String[] args) {
        var map = new TreeMap<String, String>();
        map.put("one", "一");
        map.put("two", "二");
        map.put("three", "三");
        foreach(map.entrySet());
    }

    static void foreach(Iterable<Map.Entry<String, String>> iterable) {
        for(Map.Entry<String, String> entry: iterable) {
            System.out.printf("(鍵 %s, 值 %s)%n",
                    entry.getKey(), entry.getValue());
        }
    }
}
```

這個範例採用了一些較精簡的語法，不過初學者可能看不太懂泛型語法的部分，泛型語法用到某個程度時，老實說可讀性並不好，撰寫程式還是得兼顧可讀性，上例的 for 迴圈中，Map.Entry<String, String>可以使用 var 來改善，或者使用以下範例，執行結果相同，但看來會更容易懂些：

Map MapKeyValue3.java

```java
package cc.openhome;

import java.util.*;

public class MapKeyValue3 {
    public static void main(String[] args) {
        var map = new TreeMap<String, String>();
        map.put("one", "一");
        map.put("two", "二");
        map.put("three", "三");
        map.forEach(
            (key, value) -> System.out.printf("(鍵 %s, 值 %s)%n", key, value)
        );
    }
}
```

　　Map 沒有繼承 Iterable，範例中看到的 forEach()方法是定義在 Map 介面，其接受 java.util.function.BiConsumer<T, U>介面實例，這個介面上只有一個抽象方法 void accept(T t, U u)必須實作，兩個參數分別接受每次迭代 Map 而得的鍵與值，結合 Lambda 表示式可獲得不錯的可讀性。兩個範例的執行結果都相同，如下所示：

```
(鍵 one, 值 一)
(鍵 three, 值 三)
(鍵 two, 值 二)
```

> 提示 >>> 除了 **forEach()**外，**Map** 還有一些好用的方法，可以進一步看看〈Map 便利的預設方法[1]〉。

9.3　不可變的 Collection 與 Map

　　Java 以物件導向為主要典範，近幾年來，函數式程式設計（Functional programming）典範越來越受到重視，Java 也吸納了函數式設計的一些概念，先前的 Lambda 表示式就是其中之一，在這一節中，會來看看不可變（Immutable）的 Collection 與 Map，實際上，不可變（Immutability）也是函數式設計的概念之一。

9.3.1　淺談不可變特性

　　不可變（Immutability）是函數式程式設計的基本特性之一，若試著去瞭解函數式程式設計，會看到有不少說法是這麼描述：「純函數式語言中的變數是不可變的。」是這樣的嗎？基本上沒錯，在純函數式語言中（像是 Haskell），當你說 x = 1，就無法再修改它的值，x 就是 1，1 的名稱（而不是變數）就是 x，不會再是其他的東西，實際上，在純函數式語言中，並沒有變數的概念存在。

---

[1]　Map 便利的預設方法：openhome.cc/Gossip/CodeData/JDK8/Map.html

Java 並非以函數式為主要典範，一開始沒有不可變的概念與特性，在 Java 中想使用變數來模仿不可變特性，通常會為變數加上 `final` 修飾，然後試圖在這樣的限制之上，將程式目的實現出來。

談到不可變特性，就會相對應地談到**副作用（Side effect）**，一個具有副作用的方法會改變物件狀態。

例如 `Collections` 的 `sort()` 方法，會調整 `List` 實例的元素順序，這就使得 `List` 實例的狀態改變，因而 `sort()` 方法是有副作用的方法，而 `List` 本身的 `add()` 方法，會增加內含元素的數量，這就使得 `List` 實例的狀態改變，因而 `List` 本身的 `add()` 方法是有副作用的方法；如果有個靜態方法接受 `List`，並在過程中改變了 `List` 的狀態，那該靜態方法是個有副作用的靜態方法。

應用程式在運行期間，系統本身的狀態會不斷變化，而系統狀態是由許多物件狀態組成，如果程式語言本身有變數的概念，在撰寫時就容易調整變數值，也就容易調整物件狀態，也就易於變更整個系統狀態。

然而，副作用是個雙面刃，在設計不良的系統中，若沒有適當地控管副作用，追蹤物件狀態會越來越困難，最後難以掌握系統狀態，常見的問題是除錯困難，難以追查系統發生錯誤的原因，更可怕的是，明明知道程式應該是寫錯了，系統卻能正常運作，只能擔憂著哪天踏到裏頭的地雷而爆出系統大洞。

如果變數不可變，設計出來的方法就不會有副作用，物件狀態也不可變，不可變物件（Immutable object）有許多好處，像是作為引數傳遞時，不用擔心狀態會被變更，在並行（Concurrent）程式設計時，不用擔心執行緒共用競爭的問題；在面對資料處理問題若需要一些 `Collection` 物件，像是有序的 `List`、收集不重複物件的 `Set` 等，如果這些物件不可變，那麼就有可能共用資料結構，達到節省時間及空間之目的。

Java 畢竟不是以函數式為主要典範，最初設計 `Collection` 框架時，並沒有為不可變物件設計專用型態，看看 `Collection` 介面就知道了，那些 `add()`、`remove()` 等方法就直接定義在上頭。有趣的是，在〈 Collections Framework

Overview[2]〉談到了，有些方法操作都是選用的（Optional），**若不打算提供實作的方法，可以丟出 `UnsupportedOperationException`，而實作物件必須在文件上指明，支援哪些操作。**

雖然 Java 不是以函數式為主要典範，然而有時在設計上，為了限制副作用的發生，會希望某些物件具有不可變的特性，以便易於掌握物件狀態，從而易於掌握系統某些部分的狀態。

9.3.2　Collections 的 unmodifiableXXX() 方法

若有個 Collection 或 Map 已收集了一些元素，現在打算傳遞這個物件，而且不希望拿到此物件的任何一方對它做出修改（Modify），方式之一是使用 Collections 提供的 unmodifiableXXX() 方法，這類方法會傳回一個不可修改的物件，若只是取得元素是沒問題，如果呼叫了有副作用的 add()、remove() 等方法，會丟出 UnsupportedOperationException，例如：

```
jshell> var names = new ArrayList<String>();
names ==> []

jshell> names.add("Monica");
$2 ==> true

jshell> names.add("Justin");
$3 ==> true

jshell> var unmodifiableNames = Collections.unmodifiableList(names);
unmodifiableNames ==> [Monica, Justin]

jshell> unmodifiableNames.get(0);
$5 ==> "Monica"

jshell> unmodifiableNames.add("Irene");
|   Exception java.lang.UnsupportedOperationException
|        at Collections$UnmodifiableCollection.add (Collections.java:1062)
|        at (#3:1)
```

2　Collections Framework Overview：bit.ly/2J7hmb9

不過現今並不建議使用這組方法，原因在於 unmodifiableXXX() 方法**傳回的物件只是無法修改（Unmodifiable），也就是僅僅不支援修改操作罷了**，這是什麼意思？以上面的程式片段來說，如果直接呼叫 names.add("Irene")，unmodifiableNames 的內容也就跟著變動了：

```
jshell> names.add("Irene");
$7 ==> true

jshell> unmodifiableNames;
unmodifiableNames ==> [Monica, Justin, Irene]
```

這是因為 get()、containsAll() 等方法，只是單純地將操作委託給 unmodifiableXXX() 接收之物件（而 add() 等方法直接撰寫 throw new UnsupportedOperationException()），例如 unmodifiableCollection() 方法的實作是這樣的：

```
public static <T> Collection<T> unmodifiableCollection(Collection<? extends
T> c) {
    return new UnmodifiableCollection<>(c);
}

static class UnmodifiableCollection<E> implements Collection<E>,
Serializable {
    private static final long serialVersionUID = 1820017752578914078L;

    final Collection<? extends E> c;

    UnmodifiableCollection(Collection<? extends E> c) {
        if (c==null)
            throw new NullPointerException();
        this.c = c;
    }
    略...
    public boolean add(E e) {
        throw new UnsupportedOperationException();
    }
    public boolean remove(Object o) {
        throw new UnsupportedOperationException();
    }

    public boolean containsAll(Collection<?> coll) {
        return c.containsAll(coll);
    }
    略...
}
```

Collections 的 unmodifiableXXX() 方法並沒有保證不可變，畢竟名稱上也指出了，傳回的物件是不可修改，而非不可變動。無論這是否在玩文字遊戲，如果想要不可變特性，使用 Collections 的 unmodifiableXXX() 傳回的物件，顯然是有所不足。

9.3.3　**List、Set、Map 的 of() 方法**

List、Set、Map 等都提供了 of() 方法，表面上看來，似乎只是建立 List、Set、Map 實例的便捷方法，例如：

```
jshell> var nameLt = List.of("Justin", "Monica");
nameLt ==> [Justin, Monica]

jshell> var nameSet = Set.of("Justin", "Monica");
nameSet ==> [Monica, Justin]

jshell> var scoreMap = Map.of("Justin", 95, "Monica", 100);
scoreMap ==> {Justin=95, Monica=100}
```

比較特別的是 Map.of()，它是採取 Map.of(K1, V1, K2, V2) 的方式建立，也就是鍵、值、鍵、值的方式來指定。**List、Set、Map 的 of() 方法會建立不可變物件，不能對它們呼叫有副作用的方法，否則會拋出 UnsupportedOperationException**，例如：

```
jshell> nameLt.add("Irene");
|  Exception java.lang.UnsupportedOperationException
|        at ImmutableCollections.uoe (ImmutableCollections.java:73)
|        at ImmutableCollections$AbstractImmutableCollection.add
(ImmutableCollections.java:77)
|        at (#5:1)

jshell> nameSet.add("Irene");
|  Exception java.lang.UnsupportedOperationException
|        at ImmutableCollections.uoe (ImmutableCollections.java:73)
|        at ImmutableCollections$AbstractImmutableCollection.add
(ImmutableCollections.java:77)
|        at (#7:1)

jshell> scoreMap.put("Irene", 100);
|  Exception java.lang.UnsupportedOperationException
|        at ImmutableCollections.uoe (ImmutableCollections.java:73)
|        at ImmutableCollections$AbstractImmutableMap.put
(ImmutableCollections.java:866)
|        at (#9:1)
```

那麼它們可以避免方才 Collections 的 unmodifiableXXX() 提到之問題嗎？這些 of() 方法多數都是採可變長度引數的方式定義，而且重載了多個不同參數個數的版本，以 List 的 of() 方法為例：

static <E> List<E>	of()	Returns an unmodifiable list containing zero elements.
static <E> List<E>	of(E e1)	Returns an unmodifiable list containing one element.
static <E> List<E>	of(E... elements)	Returns an unmodifiable list containing an arbitrary num
static <E> List<E>	of(E e1, E e2)	Returns an unmodifiable list containing two elements.
static <E> List<E>	of(E e1, E e2, E e3)	Returns an unmodifiable list containing three elements.
static <E> List<E>	of(E e1, E e2, E e3, E e4)	Returns an unmodifiable list containing four elements.
static <E> List<E>	of(E e1, E e2, E e3, E e4, E e5)	Returns an unmodifiable list containing five elements.
static <E> List<E>	of(E e1, E e2, E e3, E e4, E e5, E e6)	Returns an unmodifiable list containing six elements.

圖 9.13　List 的 of() 方法

在引數少於 10 個的情況下，會使用對應個數的 of() 版本，因而不會有參考原 List 實例的問題，至於那個 of(E… elements) 版本，內部並不直接參考原本 elements 參考的實例，而是建立一個新陣列，然後對 elements 的元素逐一淺層複製，底下列出 JDK 中的原始碼實作片段以便瞭解：

```
ListN(E... input) {
    // copy and check manually to avoid TOCTOU
    @SuppressWarnings("unchecked")
    E[] tmp = (E[])new Object[input.length]; // implicit nullcheck of input
    for (int i = 0; i < input.length; i++) {
        tmp[i] = Objects.requireNonNull(input[i]);
    }
    this.elements = tmp;
}
```

因此在資料結構上，就算對該版本的 of() 方法直接傳入陣列，也不會有參考至原 elements 參考之陣列的疑慮，從而更進一步支援了不可變特性；然而因為是元素是淺層複製，若直接變更了元素的狀態，of() 方法傳回的物件還是會反應出對應的狀態變更。例如：

```
jshell> class Student {
   ...>       String name;
   ...> }
|  created class Student
```

```
jshell> var student = new Student();
student ==> Student@cb644e

jshell> student.name = "Justin";
$3 ==> "Justin"

jshell> var students = List.of(student);
students ==> [Student@cb644e]

jshell> students.get(0).name;
$5 ==> "Justin"

jshell> student.name = "Monica";
$6 ==> "Monica"

jshell> students.get(0).name;
$7 ==> "Monica"
```

以上面的程式片段來說，如果想要更進一步的不可變特性，應該令 Student 類別在定義時也支援不可變特性，如此一來，使用 List.of() 方法才有意義，例如，將值域設為 final：

```
jshell> class Student {
   ...>      final String name;
   ...>      Student(String name) {
   ...>          this.name = name;
   ...>      }
   ...> }
|  created class Student

jshell> var student = new Student("Justin");
student ==> Student@cb644e

jshell> var students = List.of(student);
students ==> [Student@cb644e]
```

如果 Student 的職責，只是記錄資料的資料載體，也可以使用 record 類別定義，因為 record 類別的實例狀態不可變動：

```
jshell> record Student(String name) {}
|  created record Student

jshell> var student = new Student("Justin");
student ==> Student[name=Justin]

jshell> var students = List.of(student);
students ==> [Student[name=Justin]]
```

你也許會想到先前使用過的 `Arrays.asList()` 方法，似乎與 `List.of()` 方法很像，`Arrays.asList()` 方法傳回的物件長度固定，確實也是無法修改，由於方法定義時使用不定長度引數，也可以直接指定陣列作為引數，這就會引發類似的問題：

```
jshell> String[] names = {"Justin", "Monica"};
names ==> String[2] { "Justin", "Monica" }

jshell> var nameLt = Arrays.asList(names);
nameLt ==> [Justin, Monica]

jshell> names[0] = "Irene";
$3 ==> "Irene"

jshell> nameLt;
nameLt ==> [Irene, Monica]
```

會發生這個問題的理由類似，`Arrays.asList()` 傳回的物件，內部參考了 `names` 參考之物件（你可以試著查看 `Arrays.java` 的原始碼實作來驗證）；若需要的是不可變物件，而不是無法修改的物件，建議改用 `List.of()`，而不是使用 `Arrays.asList()`。

📖 課後練習

實作題

1. 嘗試寫個 `IterableString` 類別，可指定字串建構 `IterableString` 實例，讓該實例可使用增強式 for 迴圈，或者是本身的 `forEach()` 方法，逐一取出字串中的字元。

2. 如果有個字串陣列如下：

   ```
   String[] words = {"RADAR","WARTER START","MILK KLIM","RESERVERED","IWI"};
   ```

   請撰寫程式，判斷字串陣列中有哪些字串，從前面看的字元順序，與從後面看的字元順序是相同的。

   提示 》》 可使用 `Deque`。

輸入輸出 10

- 瞭解串流與輸入輸出
- 認識 InputStream、OutputStream 繼承架構

- 認識 Reader、Writer 繼承架構
- 使用輸入輸出裝飾器

10.1　InputStream 與 OutputStream

想活用輸入輸出 API，要先瞭解 Java 如何以串流（Stream）抽象化輸入輸出觀念，以及 InputStream、OutputStream 繼承架構，如此一來，無論是標準輸入輸出、檔案輸入輸出、網路輸入輸出、資料庫輸入輸出...都可用一致的模式進行操作。

10.1.1　串流設計觀念

Java 將輸入輸出抽象化為串流，資料有來源及目的地，銜接兩者的是串流物件。比喻來說，資料就好比水，串流好比水管，藉由水管的銜接，水由一端流向另一端。

圖 10.1　串流銜接來源與目的地

從應用程式角度來看，若要將資料從來源取出，可以使用**輸入串流**，如果要將資料寫入目的地，可以使用**輸出串流**。在 Java 中，輸入串流代表物件為 **java.io.InputStream** 實例，輸出串流代表物件為 **java.io.OutputStream** 實例。無論資料來源或目的地為何，只要設法取得 InputStream 或 OutputStream 實例，接下來操作輸入輸出的方式就一致了，無需理會來源或目的地的真正形式。

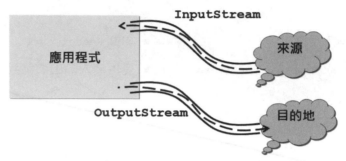

圖 10.2　從應用程式看 InputStream 與 OutputStream

來源與目的地都不知道的情況下，如何撰寫程式？舉例而言，可以設計一個通用的 dump() 方法：

```java
package cc.openhome;

import java.io.*;
                                        ❶ 資料來源與目的地
public class IO {
    public static void dump(InputStream src, OutputStream dest)
                        throws IOException {    ❷ 客戶端要處理例外
        try (src; dest) {    ❸ 嘗試自動關閉資源
            var data = new byte[1024];    ❹ 儲存讀入的資料
            var length = 0;
            while((length = src.read(data)) != -1) {    ❺ 讀取資料
                dest.write(data, 0, length);    ❻ 寫出資料
            }
        }
    }
}
```

dump() 方法接受 InputStream 與 OutputStream 實例，分別代表讀取資料的來源，以及輸出資料的目的地❶，在進行 InputStream 與 OutputStream 的相關操作時若發生錯誤，會拋出 java.io.IOException 例外，在這邊於 dump() 方法上宣告 throws，由呼叫 dump() 方法的客戶端處理❷。

提示 ❯❯❯ 　許多 I/O 操作都會聲明拋出 IOException，若想考慮捕捉後轉為執行時期例
　　　　外，可以使用 java.io.UncheckedIOException，這個例外繼承了
　　　　RuntimeException。

　　在不使用 InputStream 與 OutputStream 時，必須使用 **close()** 方法關閉串
流，由於 InputStream 與 OutputStream 實作了 **java.io.Closeable** 介面，其父
介面為 **java.lang.AutoCloseable** 介面，可使用嘗試自動關閉資源語法❸。

　　每次從 InputStream 讀入的資料，會先存入 byte 陣列❹，InputStream 的
read() 方法，會嘗試讀入 byte 陣列長度的資料，並傳回實際讀入的位元組，只
要不是-1，就表示讀取到資料❺。可以使用 OutputStream 的 **write()** 方法，指
定要寫出的 byte 陣列、初始索引與資料長度❻。

　　那麼這個 dump() 方法的來源是什麼？不知道！目的地呢？也不知道！
dump() 方法沒有限定來源或目的地真實形式，而是依賴於抽象的 InputStream、
OutputStream。如果要將某檔案讀入並另存為另一檔案，可以這麼使用：

Stream Copy.java

```
package cc.openhome;

import java.io.*;

public class Copy {
    public static void main(String[] args) throws IOException {
        IO.dump(
            new FileInputStream(args[0]),
            new FileOutputStream(args[1])
        );
    }
}
```

　　這個程式可以由命令列引數指定讀取的檔案來源與寫出的目的地；稍後就
會介紹串流繼承架構，FileInputStream 是 InputStream 的子類別，用於銜接檔
案以讀入資料，FileOutputStream 是 OutputStream 的子類別，用於銜接檔案以
寫出資料。

　　若要從 HTTP 伺服器讀取某網頁，並另存為檔案，也可以使用這邊設計的
dump() 方法。例如：

```
Stream Download.java

package cc.openhome;

import java.io.*;
import java.net.URI;
import java.net.http.HttpClient;
import java.net.http.HttpRequest;
import java.net.http.HttpResponse.BodyHandlers;

public class Download {
    public static InputStream openStream(String uri) throws Exception {
        // Java 11 新增的 HttpClient API
        return HttpClient
                .newHttpClient()
                .send(
                    HttpRequest.newBuilder(URI.create(uri)).build(),
                    BodyHandlers.ofInputStream()
                )
                .body();
    }

    public static void main(String[] args) throws Exception {
        var src = openStream(args[0]);
        var dest = new FileOutputStream(args[1]);
        IO.dump(src, dest);
    }
}
```

雖然要到第 15 章，才會介紹 Java 11 新增的 HTTP Client API，不過這邊的重點在於 openStream() 可以指定 HTTP 網址，在 HTTP 請求後取得回應，傳回 InputStream，接著就可以從中讀取回應本體內容，因為是 InputStream，也就可以使用 dump() 方法做進一步處理。

因為 HTTP Client API 位於 java.net.http 模組，你必須在 module-info.java 使用 requires 宣告依賴的模組：

```
Stream module-info.java

module Stream {
    requires java.net.http;
}
```

無論來源或目的地實體形式為何，只要想辦法取得 InputStream 或 OutputStream，接下來都是呼叫 InputStream 或 OutputStream 的相關方法。例如使用 java.net.ServerSocket 接受客戶端連線的例子：

```
ServerSocket server = null;
Socket client = null;
try {
    server = new ServerSocket(port);
    while(true) {
        client = server.accept();
        var input = client.getInputStream();
        var output = client.getOutputStream();
        // 接下來就是操作 InputStream、OutputStream 實例了...
        ...
    }
}
catch(IOException ex) {
    ....
}
```

如果將來你學到 Servlet，想將檔案輸出至瀏覽器，也會有類似的操作：

```
response.setContentType("application/pdf");
InputStream in = this.getServletContext()
                    .getResourceAsStream("/WEB-INF/jdbc.pdf");
OutputStream out = response.getOutputStream();
byte[] data = new byte[1024];
int length;
while((length = in.read(data)) != -1) {
    out.write(data, 0, length);
}
```

10.1.2　串流繼承架構

在瞭解串流抽象化資料來源與目的地的概念後，接下來要搞清楚
InputStream、OutputStream 繼承架構。首先看到 InputStream 的常用類別繼承
架構：

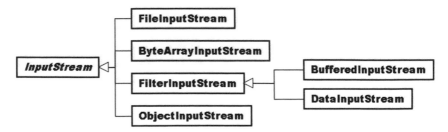

圖 10.3　InputStream 常用類別繼承架構

再來看到 OutputStream 的常用類別繼承架構：

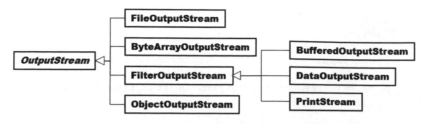

圖 10.4　OutputStream 常用類別繼承架構

瞭解 InputStream 與 OutputStream 類別繼承架構之後，再來逐步說明相關類別的使用方式：

◉ 標準輸入輸出

還記得 **System.in** 與 **System.out** 嗎？查看 API 文件的話，會發現它們分別是 **InputStream** 與 **PrintStream** 的實例，分別代表**標準輸入（Standard input）**與**標準輸出（Standard output）**，以個人電腦而言，通常對應至文字模式中的輸入與輸出。

以 System.in 而言，因為文字模式下通常是取得整行使用者輸入，因此較少直接操作 InputStream 相關方法，而是如先前章節使用 java.util.Scanner 包裹 System.in，你操作 Scanner 相關方法，而 Scanner 操控 System.in 取得資料，並轉換為想要的資料型態。

可以使用 System 的 **setIn()** 方法指定 InputStream 實例，重新指定標準輸入來源。例如底下範例，故意將標準輸入指定為 FileInputStream，可以讀取指定檔案並顯示在文字模式：

Stream StandardIn.java

```
package cc.openhome;

import java.io.*;
import java.util.*;

public class StandardIn {
    public static void main(String[] args) throws IOException {
        System.setIn(new FileInputStream(args[0]));
        try(var file = new Scanner(System.in)) {
```

```
        while(file.hasNextLine()) {
            System.out.println(file.nextLine());
        }
    }
}
}
```

System.out 為 PrintStream 實例,從圖 10.4 來看,它是一種 OutputStream,若要將 10.1.1 的 Download 範例改為輸出至標準輸出,也可以這麼寫:

```
...
var url = new URL(args[0]);
var src = url.openStream();
IO.dump(src, System.out);
...
```

標準輸出可以重新導向至檔案,只要執行程式時使用>將輸出結果導向至指定的檔案,例如若 Hello 類別執行了 System.out.println("HelloWorld"):

```
> java Hello > Hello.txt
```

那麼上面的指令執行方式,會將"HelloWorld"導向至 Hello.txt 檔案,而不會顯示在文字模式,如果使用>>則是附加訊息。可以使用 System 的 **setOut()** 方法指定 PrintStream 實例,將結果輸出至指定的目的地。例如故意將標準輸出指定至檔案:

Stream StandardOut.java

```java
package cc.openhome;

import java.io.*;

public class StandardOut {
    public static void main(String[] args) throws IOException {
        try(var file = new PrintStream(new FileOutputStream(args[0]))) {
            System.setOut(file);
            System.out.println("HelloWorld");
        }
    }
}
```

PrintStream 接受 OutputStream 實例,這個範例用 PrintStream 包裹 FileOutputStream,你操作 PrintStream 相關方法,PrintStream 會代為操作 FileOutputStream。

除了 System.in 與 System.out 之外，還有個 **System.err**，為 PrintStream 實例，稱為標準錯誤輸出串流，它是用來顯示錯誤訊息，例如在文字模式下，System.out 輸出的訊息可以使用>或>>重新導向至檔案，但 System.err 輸出的訊息無法重新導向，然而可以使用 **System.setErr()** 指定 PrintStream，重新指定標準錯誤輸出串流。

▶ FileInputStream 與 FileOutputStream

FileInputStream 是 InputStream 的子類，可以指定檔案名稱建構實例，一旦建構檔案就開啟，接著就可用來讀取資料。FileOutputStream 是 OutputStream 的子類，可以指定檔案名稱建構實例，一旦建構檔案就開啟，接著就可以用來寫出資料，無論是 FileInputStream 或 FileOutputStream，不使用時都要 **close()** 關閉檔案。

FileInputStream 實作了 InputStream 的 read() 抽象方法，可從檔案讀取資料，FileOutputStream 實作了 OutputStream 的 write() 抽象方法，可寫出資料至檔案，先前的 IO.dump() 方法已示範過 read() 與 write() 方法。

FileInputStream、FileOutputStream 在讀取、寫入檔案時，是以位元組為單位，通常會使用一些高階類別加以包裹，進行一些高階操作，像是先前示範過的 Scanner 與 PrintStream 類別等，之後還會看到更多包裹 InputStream、OutpuStream 的類別，它們也可以用來包裹 FileInputStream、FileOutputStream。

▶ ByteArrayInputStream 與 ByteArrayOutputStream

ByteArrayInputStream 是 InputStream 的子類，可以指定 byte 陣列建構實例，建構之後可將 byte 陣列當作資料來源讀取，ByteArrayOutputStream 是 OutputStream 的子類，可以將 byte 陣列作為寫出資料目的地，輸出完成後，可使用 toByteArray() 取得結果 byte 陣列。

ByteArrayInputStream 實作了 InputStream 的 read() 抽象方法，可從 byte 陣列中讀取資料，ByteArrayOutputStream 實作了 OutputStream 的 write() 抽象方法，可寫出資料至 byte 陣列。先前的 IO.dump() 方法中示範過的 read() 與 write() 方法，就是 ByteArrayInputStream、ByteArrayOutputStream 的操作範例，畢竟它們都是 InputStream、OutputStream 的子類別。

10.1.3　串流處理裝飾器

InputStream、OutputStream 提供串流基本操作，若想為輸入輸出的資料做加工處理，可以使用包裹器類別，先前示範過的 Scanner 類別就是包裹器，其接受 InputStream 實例，你操作 Scanner 包裹器相關方法，Scanner 會實際操作包裹的 InputStream 取得資料，並轉換為想要的資料型態。

InputStream、OutputStream 的一些子類別也具有包裹器的作用，這些子類別建構時，可以接受 InputStream、OutputStream 實例，先前介紹的 PrintStream 就是實際例子，你操作 PrintStream 的 print()、println() 等方法，PrintStream 會自動轉換為 byte 陣列資料，利用包裹的 OutputStream 進行輸出。

常用的包裹器有具備緩衝區作用的 BufferedInputStream、BufferedOutputStream，具備資料轉換處理作用的 DataInputStream、DataOutputStream，具備物件序列化能力的 ObjectInputStream、ObjectOutputStream 等。

這些類別本身並沒有改變 InputStream、OutputStream 的行為，只不過在 InputStream 取得資料之後，再做一些加工處理，或者是要輸出時做一些加工處理，再交由 OutputStream 真正進行輸出，因此又稱為裝飾器（Decorator），就像照片本身裝上華麗外框，就可以讓照片感覺更為華麗，或有點像小水管銜接大水管，例如小水管（InputStream）讀入資料，再由大水管（例如 BufferedInputStream）增加緩衝功能：

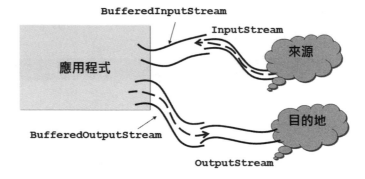

圖 10.5　裝飾器提供高階操作

底下介紹幾個常用的串流裝飾器類別：

▶ BufferedInputStream 與 BufferedOutputStream

在先前 IO.dump() 方法中，每次呼叫 InputStream 的 read() 方法，都會直接向來源要求資料，每次呼叫 OutputStream 的 write() 方法時，都會直接將資料寫到目的地，這並不是有效率的方式。

以檔案存取為例，如果傳入 IO.dump() 的是 FileInputStream、FileOutputStream 實例，每次 read() 時都會要求讀取硬碟，每次 write() 都會要求寫入硬碟，這會花費許多時間在硬碟定位上。

如果 InputStream 每次 read()，可以讀取多一點資料至記憶體緩衝區，後續呼叫 read() 時，先看看緩衝區是否還有資料，如果有就從緩衝區讀取，沒有再從來源讀取資料至緩衝區，藉由減少從來源直接讀取資料，對讀取效率會有幫助（畢竟記憶體的存取速度較快）。

如果 OutputStream 每次 write() 時，可將資料寫入記憶體中的緩衝區，緩衝區滿了再將其中資料寫入目的地，減少對目的地寫入次數，對寫入效率會有幫助。

BufferedInputStream 與 BufferedOutputStream 提供緩衝區功能，建構 BufferedInputStream、BufferedOutputStream 必須提供 InputStream、OutputStream 進行包裹，可以使用預設或自訂緩衝區大小。

BufferedInputStream 與 BufferedOutputStream 主要於內部提供緩衝區功能，操作上與 InputStream、OutputStream 沒有太大差別。例如改寫先前的 IO.dump() 為 BufferedIO.dump() 方法：

Stream BufferedIO.java

```
package cc.openhome;

import java.io.*;

public class BufferedIO {
    public static void dump(InputStream src, OutputStream dest)
                            throws IOException {
        try(var input = new BufferedInputStream(src);
            var output = new BufferedOutputStream(dest)) {
            var data = new byte[1024];
            var length = 0;
            while ((length = input.read(data)) != -1) {
```

```
                output.write(data, 0, length);
            }
        }
    }
}
```

◉ DataInputStream 與 DataOutputStream

　　DataInputStream 、 DataOutputStream 用 來 裝 飾 InputStream 、 OutputStream，DataInputStream、DataOutputStream 提供讀取、寫入基本型態的方法，像是讀寫 int、double、 boolean 等方法，這些方法會在指定的型態與位元組間轉換，不用親自做位元組與型態轉換的動作。

　　來看個實際使用 DataInputStream、DataOutputStream 的例子，底下的 Member 類別可以呼叫 save()，儲存 Member 實例本身的資料，檔名為 Member 的會員號碼，呼叫 Member.load()指定會員號碼，可以讀取檔案中的會員資料，封裝為 Member 實例並傳回：

Stream Member.java

```
package cc.openhome;

import java.io.*;

record Member(String id, String name, int age) {
    public void save() throws IOException {
        try(var output = new DataOutputStream(new FileOutputStream(id))) {
            output.writeUTF(id);
            output.writeUTF(name);
            output.writeInt(age);
        }
    }

    public void save() throws IOException {
        try(var output = new DataOutputStream(
                            new FileOutputStream(id))) {
            output.writeUTF(id);
            output.writeUTF(name);
            output.writeInt(age);
        }
    }

    public static Member load(String id) throws IOException {

        try(var input = new DataInputStream(new FileInputStream(id))) {
```

❶ 建立 DataOutputStream 包裹 FileOutputStream

❷ 根據不同的型態呼叫 writeXXX()方法

❸ 建立 DataInputStream 包裹 FileInputStream

```
            return new Member(
                    input.readUTF(), input.readUTF(), input.readInt());
        }
    }
}
```

❹ 根據不同的型態呼叫 readXXX() 方法

這邊使用了 9.1.3 談過的 record 類別，將 Member 作為資料載體，並定義了資料的載入與儲存方法。

在 save() 方法中，使用 DataOutputStream 包裹 FileOutputStream❶，儲存 Member 實例時，會使用 writeUTF()、writeInt() 方法，分別儲存字串與 int 型態❷。在 load() 方法中，使用 DataInputStream 包裹 FileInputStream❸，並呼叫 readUTF()、readInt() 分別讀入字串、int 型態❹。底下是個使用 Member 類別的例子：

Stream MemberDemo.java

```java
package cc.openhome;

import java.io.IOException;
import static java.lang.System.out;

public class MemberDemo {
    public static void main(String[] args) throws IOException {
        Member[] members = {
            new Member("B1234", "Justin", 90),
            new Member("B5678", "Monica", 95),
            new Member("B9876", "Irene", 88)
        };
        for(var member : members) {
            member.save();
        }
        out.println(Member.load("B1234"));
        out.println(Member.load("B5678"));
        out.println(Member.load("B9876"));
    }
}
```

範例中準備了三個 Member 實例，分別儲存為檔案後再讀取回來，執行結果如下：

```
Member[id=B1234, name=Justin, age=90]
Member[id=B5678, name=Monica, age=95]
Member[id=B9876, name=Irene, age=88]
```

▶ **ObjectInputStream 與 ObjectOutputStream**

先前的範例是取得 Member 的 number、name、age 資料進行儲存，讀回時也是先取得 number、name、age 資料，再用來建構 Member 實例，實際上，也可以將記憶體中的物件整個儲存，之後再讀入還原為物件，這可以使用 ObjectInputStream、ObjectOutputStream 裝飾 InputStream、OutputStream 來完成這項工作。

ObjectInputStream 提供 **readObject()** 方法將資料讀入為物件，而 ObjectOutputStream 提供 **writeObject()** 方法將物件寫至目的地，可以被這兩個方法處理的物件，必須實作 **java.io.Serializable** 介面，這個介面並沒有定義任何方法，只是作為標示之用，表示這個物件是可以序列化的（Serializable）。

底下這個範例改寫前一個範例，使用 ObjectInputStream、ObjectOutputStream 來儲存、讀入資料：

Stream Member2.java

```java
package cc.openhome;

import java.io.*;                                    ❶實作 Serializable

record Member2(String id, String name, int age) implements Serializable {

                                         ❷建立 DataOutputStream 包裹
    public void save() throws IOException {      FileOutputStream
        try(var output = new ObjectOutputStream(  ◄─┘
                            new FileOutputStream(id))) {
            output.writeObject(this);  ◄── ❸呼叫 writeObject()方法寫入物件
        }
    }

    public static Member2 load(String id)
                    throws IOException, ClassNotFoundException {

                                         ❹建立 DataInputStream 包裹
                                            FileInputStream
        try(var input = new ObjectInputStream(  ◄─┘
                            new FileInputStream(id))) {
            return (Member2) input.readObject();
        }                       ▲
    }                           └── ❺呼叫 readObject()方法讀入物件
}
```

為了能夠直接讀、寫物件，Member2 實作了 Serializable❶，在儲存物件時，使用 ObjectOutputStream 包裹 FileOutputStream❷，ObjectOutputStream 的 writeObject()處理記憶體的物件資料，再交給 FileOutputStream 寫至檔案❸。在讀入物件時，使用 ObjectInputStream 包裹 FileInputStream❹，在 readObject()時，會用 FileInputStream 讀入位元組資料，再交給 ObjectInputStream 處理，還原為 Member2 實例❺。

底下的程式用來測試 Member2 類別，是否可正確寫出與讀入物件，執行結果與 MemberDemo 是相同的：

Stream Member2Demo.java

```java
package cc.openhome;

import static java.lang.System.out;

public class Member2Demo {
    public static void main(String[] args) throws Exception {
        Member2[] members = {new Member2("B1234", "Justin", 90),
                             new Member2("B5678", "Monica", 95),
                             new Member2("B9876", "Irene", 88)};
        for(var member : members) {
            member.save();
        }
        out.println(Member2.load("B1234"));
        out.println(Member2.load("B5678"));
        out.println(Member2.load("B9876"));
    }
}
```

如果在進行物件序列化時，某些資料成員不希望被寫入，可以標上 **transient** 關鍵字。

10.2 字元處理類別

InputStream、OutputStream 是用來讀入與寫出位元組資料，若要處理字元資料，使用 InputStream、OutputStream 就得對照編碼表，在字元與位元組之間轉換做轉換；Java SE API 提供相關輸入輸出字元處理類別，不用親自進行位元組與字元編碼轉換的枯燥工作。

10.2.1　Reader 與 Writer 繼承架構

　　針對字元資料的讀取，Java SE 提供 **java.io.Reader** 類別，抽象化了字元資料讀入的來源。針對字元資料的寫入，提供了 **java.io.Writer** 類別，抽象化了資料寫出的目的地。

　　舉例來說，若想從來源讀入字元資料，或將字元資料寫至目的地，都可以使用底下的 CharUtil.dump()方法：

```
Stream CharUtil.java

package cc.openhome;

import java.io.*;                          ❶ 資料來源與目的地      ❷ 客戶端要處理例外

public class CharUtil {
    public static void dump(Reader src, Writer dest) throws IOException {
        try(src; dest) {      ◄── ❸ 嘗試自動關閉資源
            var data = new char[1024];      ◄── ❹ 儲存讀入的資料
            var length = 0;
            while((length = src.read(data)) != -1) {   ◄── ❺ 讀取資料
                dest.write(data, 0, length);   ◄── ❻ 寫出資料
            }
        }
    }
}
```

　　dump()方法接受 Reader 與 Writer 實例，分別代表讀取資料的來源，以及輸出資料的目的地 ❶，在進行 Reader 與 Writer 操作時若發生錯誤，會拋出 IOException 例外，這邊於 dump()方法宣告 throws，由呼叫 dump()方法的客戶端處理 ❷。

　　在不使用 Reader 與 Writer 時，必須使用 **close()**關閉串流，由於 Reader 與 Writer 實作了 **Closeable** 介面，其父介面為 **AutoCloseable** 介面，可使用嘗試自動關閉資源語法 ❸。

　　每次從 Reader 讀入的資料，都會先存入 char 陣列中 ❹，Reader 的 **read()** 方法，每次嘗試讀入 char 陣列長度的資料，並傳回實際讀入的字元數，只要不是-1，就表示讀取到字元 ❺。可以使用 Writer 的 **write()**方法，指定要寫出的 char 陣列、初始索引與資料長度 ❻。

同樣地，先瞭解 Reader、Writer 繼承架構，有利於 API 的靈活運用，首先看到 Reader 繼承架構：

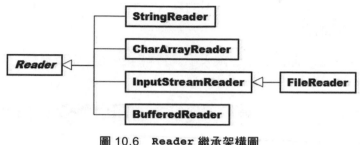

圖 10.6　Reader 繼承架構圖

上圖列出常用的 Reader 子類別，再來看看 Writer 常用類別繼承架構圖：

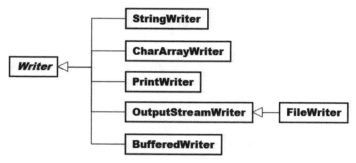

圖 10.7　Writer 繼承架構圖

從圖 10.6 與 10.7 得知，FileReader 是一種 Reader，主要用於讀取檔案並將讀到的資料轉換為字元，StringWriter 是一種 Writer，可以將字元資料寫至 StringWriter，使用 toString() 方法取得的字串，包含了寫入的字元資料。

因此，若要使用 CharUtil.dump() 讀入檔案、轉為字串並顯示在文字模式中，可以如下：

```
Stream CharUtilDemo.java
package cc.openhome;

import java.io.*;

public class CharUtilDemo {
    public static void main(String[] args) throws IOException {
        var reader = new FileReader(args[0]);
        var writer = new StringWriter();
```

```
            CharUtil.dump(reader, writer);
            System.out.println(writer.toString());
        }
    }
}
```

如果執行 `CharUtilDemo` 時，在命令列引數指定檔案位置，而檔案內容是字元資料，就可以在文字模式中看到檔案的文字內容。

稍微解釋一下常用的 `Reader`、`Writer` 子類別。`StringReader` 可以將字串包裹，當作讀取來源，`StringWriter` 可以作為寫入目的地，最後用 `toString()` 取得寫入的字元組成的字串。`CharArrayReader`、`CharArrayWriter` 類似，將 `char` 陣列當作讀取來源以及寫入目的地。

`FileReader`、`FileWriter` 可以對檔案做讀取與寫入，讀取或寫入時**預設會使用作業系統預設編碼來做字元轉換**，也就是說，如果作業系統預設編碼是 MS950，`FileReader`、`FileWriter` 會以 MS950 對「純文字檔案」做讀取、寫入的動作，如果作業系統預設編碼是 UTF-8，`FileReader`、`FileWriter` 就使用 UTF-8。

在啟動 JVM 時，可以指定 **-Dfile.encoding** 來指定 `FileReader`、`FileWriter` 使用的編碼。例如指定使用 UTF-8：

```
> java -Dfile.encoding=UTF-8 cc.openhome.CharUtil sample.txt
```

`FileReader`、`FileWriter` 沒有可以指定編碼的方法，如果撰寫程式時想指定編碼，可以使用 `InpuStreamReader`、`OutputStreamWriter`，這兩個類別是作為裝飾器，會在接下來的字元處理裝飾器一併說明。

10.2.2　字元處理裝飾器

如同 `InputStream`、`OutputStream` 有些裝飾器類別，可以對 `InputStream`、`OutputStream` 包裹增加額外功能，`Reader`、`Writer` 也有些裝飾器類別。以下介紹常用的字元處理裝飾器類別。

▶ **InputStreamReader 與 OutputStreamWriter**

若串流處理的位元組資料，實際上代表字元編碼資料，而你想將這些位元組資料轉換為對應的編碼字元，可以使用 `InputStreamReader`、`OutputStreamWriter` 包裹串流資料。

在建立 InputStreamReader 與 OutputStreamWriter 時，可以指定編碼，如果沒有指定編碼，會使用 JVM 啟動時獲取的預設編碼。底下將 CharUtil 的 dump() 改寫，提供可指定編碼的 dump() 方法：

Stream CharUtil2.java

```java
package cc.openhome;

import java.io.*;

public class CharUtil2 {
    public static void dump(Reader src, Writer dest) throws IOException {
        try(src; dest) {
            var data = new char[1024];
            var length = 0;
            while((length = src.read(data)) != -1) {
                d.write(data, 0, length);
            }
        }
    }

    public static void dump(InputStream src, OutputStream dest,
                            String charset) throws IOException {
        dump(
            new InputStreamReader(src, charset),
            new OutputStreamWriter(dest, charset)
        );
    }

    // 採用預設編碼
    public static void dump(InputStream src, OutputStream dest)
                            throws IOException {
        dump(src, dest, System.getProperty("file.encoding"));
    }
}
```

若想以 UTF-8 處理字元資料，例如讀取 UTF-8 的 Main.java 文字檔案，並另存為 UTF-8 的 Main.txt 文字檔案，可以如下：

```java
CharUtil2.dump(
    new FileInputStream("Main.java"),
    new FileOutputStream("Main.txt"),
    "UTF-8"
);
```

▶ **BufferedReader 與 BufferedWriter**

正如 BufferedInputStream、BufferedOutputStream 為 InputStream、OutputStream 提供緩衝區作用，以改進輸入輸出的效率，BufferedReader、

BufferedWriter 可為 Reader、Writer 提供緩衝區，在處理字元輸入輸出時，效率上會有所幫助。

　　舉個使用 BufferedReader 的例子，若想以行為單位來讀取文字檔案，可以如下撰寫：

```
BufferedReader reader =
    new BufferedReader(
        new InputStreamReader(new FileInputStream(fileName))
    );
String line = reader.readLine();
```

　　建構 BufferedReader 時要指定 Reader，可以指定或採用預設緩衝區大小，就 API 的使用而言，FileInputStream 是 InputStream 實例，可以指定給 InputStreamReader 建構，InputStreamReader 是一種 Reader，可指定給 BufferedReader 建構。

　　就裝飾器的作用而言，InputStreamReader 將 FileInputStream 讀入的位元組資料做編碼轉換，而 BufferedReader 將編碼轉換後的資料做緩衝處理，以增加讀取效率，BufferedReader 的 **readLine()** 方法，可以讀取一行資料（以換行字元為依據）並以字串傳回，傳回的字串不包括換行字元。

▶ PrintWriter

　　PrintWriter 與 PrintStream 使用上類似，不過除了可以對 OutptStream 包裹，PrintWriter 還能包裹 Writer，提供 print()、println()、format() 等方法。

📖✐ 課後練習

實作題

1. 在例外發生時，可以使用例外物件的 printStackTrace() 顯示堆疊追蹤，如何改寫以下程式，使得例外發生時，可將堆疊追蹤附加至 UTF-8 編碼的 exception.log 檔案：

```java
package cc.openhome;

import java.io.*;

public class Exercise1 {
    public static void dump(InputStream src, OutputStream dest)
                                throws IOException {
        try(src; dest) {
            var data = new byte[1024];
            var length = 0;
            while((length = src.read(data)) != -1) {
                dest.write(data, 0, length);
            }
        }
    }
}
```

2. 請撰寫程式，可將任何編碼的文字檔案讀入，指定檔名轉存為 UTF-8 的文字檔案。

3. 試著撰寫一個 FileUtil 類別，其中包括 open() 方法，包括了處理 FileInputStream 實例建立、close() 方法呼叫，以及將 IOException 包裹為 java.io.UncheckedIOException 實例並重新拋出的程式流程。FileUtil 的 open() 方法應該要能如下使用：

```java
package cc.openhome;

import java.util.Scanner;
import static cc.openhome.FileUtil.open;

public class Exercise3 {
    public static void main(String[] args) {
        open(args[0], fileInputStream -> {
            var file = new Scanner(fileInputStream);
            while(file.hasNextLine()) {
                System.out.println(file.nextLine());
            }
        });
    }
}
```

執行緒與並行 API

11

CHAPTER

學習目標

- 認識 Thread 與 Runnable
- 使用 synchronized
- 使用 wait()、notify()、notifyAll()

- 運用高階並行 API

11.1 執行緒

目前為止介紹過的範例都是單執行緒程式，也就是啟動程式後，從 main() 開始至結束只有一個流程，然而有時候程式需要多個流程，設計方式之一是透過多執行緒（Multi-thread）。

11.1.1 簡介執行緒

若要寫個龜兔賽跑遊戲，賽程長度為 10 步，每秒鐘烏龜前進一步，兔子可能前進兩步或睡覺，那該怎麼設計呢？以目前學過的單執行緒程式來說，你可能會如下設計：

```
Thread TortoiseHareRace.java
package cc.openhome;

import static java.lang.System.out;

public class TortoiseHareRace {
    public static void main(String[] args) {
        boolean[] flags = {true, false};
        var totalStep = 10;
        var tortoiseStep = 0;
        var hareStep = 0;
```

```
        out.println("龜兔賽跑開始...");
        while(tortoiseStep < totalStep && hareStep < totalStep) {
            tortoiseStep++;    ◄── ❶烏龜走一步
            out.printf("烏龜跑了 %d 步...%n", tortoiseStep);
            var isHareSleep = flags[((int) (Math.random() * 10)) % 2];
            if(isHareSleep) {                                    ↑
                out.println("兔子睡著了 zzzz");      ❷隨機睡覺
            } else {
                hareStep += 2;    ◄── ❸兔子走兩步
                out.printf("兔子跑了 %d 步...%n", hareStep);
            }
        }
    }
}
```

這個程式只有一個流程，也就是從 main() 開始至結束的流程。tortoiseStep 遞增 1 表示烏龜走一步❶，兔子可能隨機睡覺❷，若不是睡覺就將 hareStep 遞增 2，表示兔子走兩步❸，只要烏龜或兔子其中一個走完 10 步就離開迴圈，表示比賽結束。

由於程式只有一個流程，只能將烏龜與兔子的行為混雜在流程中撰寫，而且為什麼每次都先遞增烏龜再遞增兔子步數呢？這樣對兔子不公平啊！如果程式執行時可以有兩個流程，一個是烏龜流程，一個兔子流程，程式邏輯會比較清楚。

若想在 main() 以外獨立設計流程，可以撰寫類別實作 **java.lang.Runnable** 介面，流程的進入點是 **run()** 方法。例如可以如下設計烏龜的流程：

Thread Tortoise.java

```
package cc.openhome;

public class Tortoise implements Runnable {
    private int totalStep;
    private int step;

    public Tortoise(int totalStep) {
        this.totalStep = totalStep;
    }

    @Override
    public void run() {
        while(step < totalStep) {
            step++;
            System.out.printf("烏龜跑了 %d 步...%n", step);
```

```
        }
    }
}
```

在 Tortoise 類別中，烏龜的流程會從 run() 開始，烏龜只要負責每秒走一步就可以了，不會混雜兔子的流程。同樣地，可以如下設計兔子的流程：

```
Thread Hare.java
package cc.openhome;

public class Hare implements Runnable {
    private boolean[] flags = {true, false};
    private int totalStep;
    private int step;

    public Hare(int totalStep) {
        this.totalStep = totalStep;
    }

    @Override
    public void run() {
        while(step < totalStep) {
            var isHareSleep = flags[((int) (Math.random() * 10)) % 2];
            if(isHareSleep) {
                System.out.println("兔子睡著了 zzzz");
            } else {
                step += 2;
                System.out.printf("兔子跑了 %d 步...%n", step);
            }
        }
    }
}
```

在 Hare 類別中，兔子的流程會從 run() 開始，兔子只要負責每秒睡覺或走兩步就可以了，不會混雜烏龜的流程。

從 main() 開始的流程會由**主執行緒（Main thread）**執行，那麼方才設計的 Tortoise 與 Hare，run() 方法定義的流程該由誰執行呢？**可以建構 Thread 實例來執行 Runnable 實例定義的 run() 方法**。例如：

```
Thread TortoiseHareRace2.java
package cc.openhome;

public class TortoiseHareRace2 {
    public static void main(String[] args) {
```

```
        var tortoise = new Tortoise(10);
        var hare = new Hare(10);
        var tortoiseThread = new Thread(tortoise);
        var hareThread = new Thread(hare);
        tortoiseThread.start();
        hareThread.start();
    }
}
```

在這個程式中，主執行緒執行 main() 定義的流程，main() 的流程中建立了 tortoiseThread 與 hareThread 兩個執行緒，這兩個執行緒會分別執行 Tortoise 與 Hare 的 run() 定義的流程，要啟動執行緒執行指定流程，必須呼叫 Thread 實例的 **start()** 方法。一個執行的範如下所示：

```
烏龜跑了 1 步...
兔子睡著了 zzzz
烏龜跑了 2 步...
兔子跑了 2 步...
烏龜跑了 3 步...
兔子跑了 4 步...
烏龜跑了 4 步...
兔子睡著了 zzzz
烏龜跑了 5 步...
兔子睡著了 zzzz
烏龜跑了 6 步...
兔子睡著了 zzzz
烏龜跑了 7 步...
兔子跑了 6 步...
烏龜跑了 8 步...
兔子跑了 8 步...
烏龜跑了 9 步...
兔子睡著了 zzzz
烏龜跑了 10 步...
兔子跑了 10 步...
```

11.1.2　Thread 與 Runnable

從開發者的角度來看，JVM 是台虛擬電腦，預設只安裝一顆稱為主執行緒的 CPU，可執行 main() 定義的執行流程，如果想為 JVM 加裝 CPU，就是建構 Thread 實例，要啟動加裝的 CPU 是呼叫 Thread 實例的 start() 方法。加裝的 CPU 執行流程可以定義在 Runnable 介面的 run() 方法。

提示 ⟫⟫ 實際上 JVM 啟動後，不只有一個主執行緒，還會有垃圾收集、記憶體管理等執
行緒，不過這是底層機制，就撰寫程式的角度來看，預設只有主執行緒。

除了將流程定義在 **Runnable** 的 **run()** 方法，另一個方式是繼承 **Thread** 類別，
並重新定義 **run()** 方法。先前的龜兔賽跑也可以改寫為以下：

```
public class TortoiseThread extends Thread {
    ...與 Tortoise 相同，故略....

    @Override
    public void run() {
        ...與 Tortoise 相同，故略....
    }
}

public class HareThread extends Thread {
    ...與 Hare 相同，故略....

    @Override
    public void run() {
        ...與 Hare 相同，故略....
    }
}
```

這兩個類別繼承 Thread 重新定義 run() 方法，可以於 main() 主流程中，如
下撰寫程式啟動執行緒：

```
new TortoiseThread(10).start();
new HareThread(10).start();
```

實際上 Thread 類別本身也實作了 Runnable 介面，而 run() 方法的實作如下：

```
...
    @Override
    public void run() {
        if (target != null) {
            target.run();
        }
    }
...
```

呼叫 Thread 實例的 start() 方法後，會執行以上定義的 run() 方法，若建構
Thread 時指定 Runnable 實例，就會由 target 參考，因此若直接繼承 Thread 並
重新定義 run() 方法，也可以執行其中流程。

那麼實作 Runnable 好呢？還是繼承 Thread 於 run() 定義流程？**實作 Runnable 較有彈性，因為類別還有機會繼承其他類別。若繼承了 Thread，那該類別就是一種 Thread。**

建構 Thread 時可接受 Runnable 實例，在某些必須以匿名類別語法建構 Thread 的場合，可以考慮用 Lambda 表示式實作 Runnable。例如若有個 Thread 的建立如下：

```
var someThread = new Thread() {
    public void run() {
        // 方法實作內容…
    }
};
```

可以改為以下較簡潔的方式實作：

```
var someThread = new Thread(() -> {
    // 方法實作內容…
});
```

11.1.3 執行緒生命週期

執行緒生命週期頗為複雜，底下從最簡單的開始介紹：

◉ Daemon 執行緒

如果主執行緒中啟動了其他執行緒，預設會等待被啟動的執行緒都執行完 run() 方法才停止 JVM。若有 Thread 被標示為 Daemon 執行緒，在非 Daemon 執行緒都結束時，JVM 就會終止。

可以使用 **setDaemon(true)** 設定執行緒為 Daemon 執行緒，以下是個簡單示範，可以試著移除呼叫 setDaemon() 該行的註解，看看執行前後的差異為何：

Thread DaemonDemo.java

```
package cc.openhome;

public class DaemonDemo {

    public static void main(String[] args) {
        var thread = new Thread(() -> {
            while (true) {
                System.out.println("Orz");
            }
```

```
        });
        // thread.setDaemon(true);
        thread.start();
    }
}
```

若沒有使用 setDaemon(true)，程式會不斷地顯示"Orz"而不終止；使用 **isDaemon()**方法可判斷執行緒是否為 Daemon 執行緒。

預設從 Daemon 執行緒產生的執行緒也是 Daemon 執行緒，因為基本上由一個背景服務執行緒衍生出來的執行緒，也應該是為了在背景服務而存在，在產生它的執行緒停止時，也應該隨之停止。

▶ Thread 基本狀態圖

呼叫 Thread 實例 start()方法後，執行緒可能處於**可執行（Runnable）**、**被阻斷（Blocked）**、**執行中（Running）**，狀態間的轉移如下圖所示：

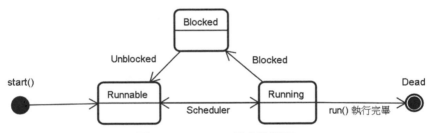

圖 11.1　**Thread** 基本狀態圖

實例化 Thread 並執行 start()之後，執行緒進入 Runnable 狀態，此時執行緒尚未執行 run()方法，必須等待排班器（Scheduler）排入 CPU 執行，才會執行 run()方法而進入 Running 狀態。執行緒看起來像是同時執行，然而事實上同一時間點，一個 CPU 只能執行一個執行緒，只是 CPU 會不斷切換執行緒，且切換動作很快，才會看來像是同時執行。

執行緒有其優先權，可使用 Thread 的 **setPriority()**方法設定優先權，可設為 1（**Thread.MIN_PRIORITY**）到 10（**Thread.MAX_PRIORITY**），預設是 5（**Thread.NORM_PRIORITY**），數字越大排班器越優先排入 CPU，若優先權相同，則輪流執行（Round-robin）。

有幾種狀況會讓執行緒進入 Blocked 狀態，例如呼叫 `Thread.sleep()`方法，會讓執行緒進入 Blocked（其他還有進入 `synchronized` 前競爭物件鎖定的阻斷、呼叫 `wait()`的阻斷等，之後就會介紹）；等待輸入輸出完成也會進入 Blocked，**運用多執行緒，當某執行緒進入 Blocked，讓另一執行緒排入 CPU（成為 Running 狀態），避免 CPU 空閒下來，經常是改進效能的方式之一。**

例如以下這個程式，可以指定網址下載網頁，來看看不使用執行緒時花費的時間：

Thread Download.java

```java
package cc.openhome;

import java.net.URI;
import java.net.http.HttpClient;
import java.net.http.HttpRequest;
import java.net.http.HttpResponse.BodyHandlers;
import java.io.*;

public class Download {
    public static void main(String[] args) throws Exception {
        String[] urls = {
            "https://openhome.cc/Gossip/Encoding/",
            "https://openhome.cc/Gossip/Scala/",
            "https://openhome.cc/Gossip/JavaScript/",
            "https://openhome.cc/Gossip/Python/"
        };

        String[] fileNames = {
            "Encoding.html",
            "Scala.html",
            "JavaScript.html",
            "Python.html"
        };

        for(var i = 0; i < urls.length; i++) {
            dump(openStream(urls[i]),
                new FileOutputStream(fileNames[i]));
        }
    }

    static InputStream openStream(String uri) throws Exception {
        return HttpClient
                .newHttpClient()
                .send(
                    HttpRequest.newBuilder(URI.create(uri)).build(),
                    BodyHandlers.ofInputStream()
                )
```

```
                    .body();
    }

    static void dump(InputStream src, OutputStream dest)
                            throws IOException {
        try(src; dest) {
            var data = new byte[1024];
            var length = 0;
            while((length = src.read(data)) != -1) {
                dest.write(data, 0, length);
            }
        }
    }
}
```

這個程式每次迭代時，會以指定網址開啟網路連結、進行 HTTP 請求，然後再寫入檔案等，在等待網路連結、HTTP 協定時很耗時（也就是進入 Blocked 的時間較長），第一個網頁下載完後，再下載第二個網頁，接著才是第三個、第四個。可以先執行看看以上程式，看看你的電腦與網路環境中會耗時多久。

如果可以第一個網頁在等待網路連結、HTTP 協定時，就進行第二個、第三個、第四個網路連結的開啟，那效率會改進很多。例如：

Thread Download2.java

```
package cc.openhome;

import java.net.URL;
import java.io.*;

public class Download2 {

    public static void main(String[] args) {
        String[] urls = {
            "https://openhome.cc/Gossip/Encoding/",
            "https://openhome.cc/Gossip/Scala/",
            "https://openhome.cc/Gossip/JavaScript/",
            "https://openhome.cc/Gossip/Python/"
        };

        String[] fileNames = {
            "Encoding.html",
            "Scala.html",
            "JavaScript.html",
            "Python.html"
        };

        for (var i = 0; i < urls.length; i++) {
```

```
        var index = i;
        new Thread(() -> {
            try {
                dump(openStream(urls[index]),
                    new FileOutputStream(fileNames[index]));
            } catch(Exception ex) {
                throw new RuntimeException(ex);
            }
        }).start();
    }
}

...同前一個範例,故略...
}
```

這次的範例每次迭代時,會建立新 Thread 並啟動,以進行網頁下載,你可以執行看看與前一範例的差別有多少,這個範例花費的時間會明顯少很多。

執行緒因輸入輸出進入 Blocked 狀態後,在完成輸入輸出後,會回到 Runnable 狀態,等待排班器排入執行(Running 狀態)。進入 Blocked 狀態的執行緒,可以由另一個執行緒呼叫該執行緒的 interrupt() 方法,讓它離開 Blocked 狀態。

舉例來說,使用 **Thread.sleep()** 會讓執行緒進入 Blocked 狀態,若此時有其他執行緒呼叫該執行緒的 interrupt() 方法,會拋出 InterruptedException 例外物件,這是讓執行緒「醒過來」的方式。以下是個簡單示範:

Thread InterruptedDemo.java

```
package cc.openhome;

public class InterruptedDemo {
    public static void main(String[] args) {
        var thread = new Thread() {
            @Override
            public void run() {
                try {
                    Thread.sleep(99999);
                } catch(InterruptedException ex) {
                    System.out.println("我醒了 XD");
                    throw new RuntimeException(ex);
                }
            }
        };
        thread.start();
```

```
        thread.interrupt(); // 主執行緒呼叫 thread 的 interrupt()
    }
}
```

執行結果：

```
Exception in thread "Thread-0" java.lang.RuntimeException:
java.lang.InterruptedException: sleep interrupted
    at Thread/cc.openhome.InterruptedDemo.lambda$0(InterruptedDemo.java:11)
    at java.base/java.lang.Thread.run(Thread.java:832)
Caused by: java.lang.InterruptedException: sleep interrupted
    at java.base/java.lang.Thread.sleep(Native Method)
    at Thread/cc.openhome.InterruptedDemo.lambda$0(InterruptedDemo.java:8)
    ... 1 more
```

> **注意 >>>** InterruptedException 設計為可處理的受檢例外，捕捉後必須思考執行緒是
> 因哪些條件被迫中斷，才會離開 Blocked 狀態，這時要思考該做哪些收尾動作，
> 像是清除執行緒使用的資源之類，各種情境下的處理方式，絕對不要將之私
> 吞，什麼都不處理。

▶ 安插執行緒

　　如果 A 執行緒正在運行，流程中允許 B 執行緒加入，等 B 執行緒執行完再
繼續 A 執行緒流程，可以使用 **join()** 方法完成這項需求。這就好比你手上有份
工作正在進行，老闆安插另一工作要求先做好，然後你再進行原本的工作。

　　當執行緒使用 join() 加入至另一執行緒時，另一執行緒會等待被加入的執
行緒工作完畢，然後再繼續它的流程，join() 表示將執行緒加入，成為另一執
行緒的流程。

Thread JoinDemo.java

```java
package cc.openhome;

import static java.lang.System.out;

public class JoinDemo {
    public static void main(String[] args) throws InterruptedException {
        out.println("Main thread 開始...");

        var threadB = new Thread(() -> {
            out.println("Thread B 開始...");
            for(var i = 0; i < 5; i++) {
```

```
            out.println("Thread B 執行...");
        }
        out.println("Thread B 將結束...");
    });

    threadB.start();
    threadB.join(); // Thread B 加入 Main thread 流程

    out.println("Main thread 將結束...");
    }
}
```

程式啟動後主執行緒就開始，在主執行緒新建 threadB，並在啟動 threadB 後，加入（join()）主執行緒流程，threadB 會先執行完畢，主執行緒才會再繼續原本流程，執行結果如下：

```
Main thread 開始...
Thread B 開始...
Thread B 執行...
Thread B 執行...
Thread B 執行...
Thread B 執行...
Thread B 執行...
Thread B 將結束...
Main thread 將結束...
```

如果 threadB 沒有使用 join()加入主執行緒流程，最後一行顯示"Main thread 將結束..."的陳述會先執行完畢。

有時候加入的執行緒可能處理很久，若不想無止境地等待它執行完畢，可在 join()時指定時間，例如 join(10000)，這表示加入成為流程的執行緒至多可處理 10000 毫秒，也就是 10 秒，若還沒執行完就不理它了，目前執行緒可繼續執行原本流程。

◉ 停止執行緒

執行緒完成 run()方法後，會進入 Dead 狀態，進入 Dead（或已經呼叫過 start()方法）的執行緒不可呼叫 start()方法，否則會拋出 IllegalThreadStateException。

Thread 類別定義了 stop()方法，不過被標示為 Deprecated，被標示為 Deprecated 的 API，表示過去確實存在，後來因為會引發某些問題，為了確保向前相容性，這些 API 尚未直接剔除，然而不建議新撰寫的程式再使用它。

---

stop

```
@Deprecated(since="1.2")
public final void stop()
```

Deprecated.
*This method is inherently unsafe. Stopping a thread with Thread.stop causes it to unlock all of the monitors that it has locked (as a natural consequence of the unchecked **ThreadDeath** exception propagating up the stack). If any of the objects previously protected by these monitors were in an inconsistent state, the damaged objects become visible to other threads, potentially resulting in arbitrary behavior. Many uses of **stop** should be replaced by code that simply modifies some variable to indicate that the target thread should stop running. The target thread should check this variable regularly, and return from its run method in an orderly fashion if the variable indicates that it is to stop running. If the target thread waits for long periods (on a condition variable, for example), the **interrupt** method should be used to interrupt the wait. For more information, see Why are Thread.stop, Thread.suspend and Thread.resume Deprecated?.*

圖 11.2　被標示為 Deprecated 的 API 不建議使用

如果使用了被標示為 Deprecated 的 API，編譯器會提出警告，而在 IDE 中，通常會出現刪除線表示不建議使用，例如在 Eclipse 中的樣式為：

threadB.~~stop~~();

圖 11.3　被標示為 Deprecated 的 API 會特別顯示

直接呼叫 Thread 的 stop()方法，將不理會你設定的釋放、取得鎖定流程，執行緒會直接釋放已鎖定物件（鎖定的觀念稍後會談到），這有可能使物件陷入無法預期的狀態。除了 stop()方法外，Thread 的 resume()、suspend()、destroy() 等 方 法 也 不 建 議 再 使 用，可 參 考〈 Java Thread Primitive Deprecation[1]〉的說明。

---

[1]　Java Thread Primitive Deprecation：bit.ly/31p0skU

如果要停止執行緒，最好自行實作，讓執行緒跑完應有的流程，而非呼叫 **Thread** 的 **stop()** 方法。例如，若有個執行緒會在無窮迴圈中進行某動作，那麼停止執行緒的方式，就是讓它有機會離開無窮迴圈：

```java
public class Some implements Runnable {
    private boolean isContinue = true;
    ...
    public void stop() {
        isContinue = false;
    }

    public void run() {
        while(isContinue) {
            ...
        }
    }
}
```

在這個程式片段中，執行緒執行了 run() 方法，就會進入 while 迴圈，若停止執行緒，就是呼叫 Some 的 stop()，這會將 isContinue 設為 false，在跑完此次 while 迴圈，下次 while 條件測試為 false 會離開迴圈，執行完 run() 方法，執行緒才進入 Dead 狀態。

因此不只停止執行緒必須自行根據條件實作，執行緒的暫停、重啟，也必須視需求實作，而不是直接呼叫 suspend()、resume() 等方法。

11.1.4　關於 **ThreadGroup**

執行緒都屬於某**執行緒群組（ThreadGroup）**。若在 main() 主流程中產生執行緒，該執行緒會屬於 **main** 執行緒群組。可以使用以下程式片段取得目前執行緒所屬執行緒群組名稱：

```java
Thread.currentThread().getThreadGroup().getName();
```

執行緒產生時，都會歸入某執行緒群組，這視執行緒是在哪個群組產生，若沒有指定，會歸入產生該子執行緒的執行緒群組，也可以自行指定執行緒群組，執行緒一旦歸入某群組，就無法更換群組。

java.lang.ThreadGroup 類別正如其名，可以管理群組中的執行緒，可以使用以下方式產生群組，並在產生執行緒時指定所屬群組：

```
var group1 = new ThreadGroup("group1");
var group2 = new ThreadGroup("group2");
var thread1 = new Thread(group1, "group1's member");
var thread2 = new Thread(group2, "group2's member");
```

ThreadGroup 的某些方法，可以對群組中的執行緒產生作用。例如 **interrupt()**方法可中斷群組中的執行緒，**setMaxPriority()**方法可以設定群組中執行緒的最大優先權（本來就擁有更高優先權的執行緒不受影響）。

若想一次取得群組中全部的執行緒，可以使用 **enumerate()**方法。例如：

```
var threads = new Thread[threadGroup1.activeCount()];
threadGroup1.enumerate(threads);
```

activeCount()方法可取得群組的執行緒數量，enumerate()方法要傳入 Thread 陣列，每個陣列索引會參考至群組中的各個執行緒物件。

ThreadGroup 有個 **uncaughtException()**方法，群組中某個執行緒發生例外而未捕捉時，JVM 會呼叫此方法進行處理，若 ThreadGroup 有父 ThreadGroup，就會呼叫父 ThreadGroup 的 **uncaughtException()**方法，否則會看看例外類型，若是 ThreadDeath 實例就什麼都不做，如果不是，會呼叫例外的 printStrackTrace()。如果要定義 ThreadGroup 中執行緒的例外處理行為，可以重新定義此方法。例如：

Thread ThreadGroupDemo.java

```
package cc.openhome;

public class ThreadGroupDemo {

    public static void main(String[] args) {
        var group = new ThreadGroup("group") {
            @Override
            public void uncaughtException(
                            Thread thread, Throwable throwable) {
                System.out.printf("%s: %s%n",
                    thread.getName(), throwable.getMessage());
            }
        };

        var thread = new Thread(group, () -> {
            throw new RuntimeException("測試例外");
        });
```

```
        thread.start();
    }
}
```

`uncaughtException()`方法第一個參數可取得發生例外的執行緒實例，第二個參數可取得例外物件，範例中顯示了執行緒的名稱及例外訊息，結果如下所示：

Thread-0: 測試例外

如果 ThreadGroup 中的執行緒發生例外時，**uncaughtException()**方法處理順序是：

- 如果 ThreadGroup 有父 ThreadGroup，會呼叫父 ThreadGroup 的 **uncaughtException()**方法。

- 否則，看看是否使用 **Thread.setDefaultUncaughtExceptionHandler()** 方法設定 **Thread.UncaughtExceptionHandler** 實例，有的話就會呼叫其 uncaughtException()方法。

- 否則，看看例外是否為 ThreadDeath 實例，若「是」什麼都不做，若「否」會呼叫例外的 printStackTrace()。

未捕捉例外的處理順序是，執行緒 setUncaughtExceptionHandler()設定的 Thread.UncaughtExceptionHandler、ThreadGroup.uncaughtException()，再來是預設的 Thread.UncaughtExceptionHandler。

對於執行緒本身未捕捉的例外，自行指定處理方式的例子如下：

Thread ThreadGroupDemo2.java

```java
package cc.openhome;

public class ThreadGroupDemo2 {

    public static void main(String[] args) {
        var group = new ThreadGroup("group");

        var thread1 = new Thread(group, () -> {
            throw new RuntimeException("thread1 測試例外");
        });
        thread1.setUncaughtExceptionHandler((thread, throwable) -> {
            System.out.printf("%s: %s%n",
                    thread.getName(), throwable.getMessage());
        });
```

```
        var thread2 = new Thread(group, () -> {
            throw new RuntimeException("thread2 測試例外");
        });

        thread1.start();
        thread2.start();
    }
}
```

在這個範例中，thread1、thread2 屬於同一個 ThreadGroup，thread1 設定
了 Thread.UncaughtExceptionHandler 實 例，因 此 未 捕 捉 的 例 外 會 以
Thread.UncaughtExceptionHandler 定 義 的 方 式 處 理，thread2 沒 有 設 定
Thread.UncaughtExceptionHandler 實例，因此由 ThreadGroup 預設的第三個處
理方式，顯示堆疊追蹤。執行結果如下：

```
Exception in thread "Thread-1" java.lang.RuntimeException: thread2 測試例外
    at Thread/cc.openhome.ThreadGroupDemo2.lambda$2(ThreadGroupDemo2.java:17)
    at java.base/java.lang.Thread.run(Thread.java:832)
Thread-0: thread1 測試例外
```

11.1.5　**synchronized 與 volatile**

還記得 6.2.5 曾經開發過 ArrayList 類別嗎？它只用於主執行緒時，沒有什
麼問題。若有兩個以上的執行緒同時使用它會如何？例如：

Thread ArrayListDemo.java

```
package cc.openhome;

public class ArrayListDemo {
    public static void main(String[] args) {
        var list = new ArrayList();
        var thread1 = new Thread(() -> {
            while(true) {
                list.add(1);
            }
        });

        var thread2 = new Thread(() -> {
            while(true) {
                list.add(2);
            }
        });
```

```
        thread1.start();
        thread2.start();
    }
}
```

這個範例建立兩個執行緒，分別對同一 ArrayList 實例進行 add()，若嘗試執行程式，「有可能」會發生 ArrayIndexOutOfBoundsException 例外：

```
Exception in thread "Thread-0" Exception in thread "Thread-1"
java.lang.ArrayIndexOutOfBoundsException: Index 69 out of bounds for length
64
    at Thread/cc.openhome.ArrayList.add(ArrayList.java:21)
    at Thread/cc.openhome.ArrayListDemo.lambda$0(ArrayListDemo.java:9)
    at java.base/java.lang.Thread.run(Thread.java:832)
```

這是機率問題，發生或不發生都有可能，若不是發生 ArrayIndexOutOfBoundsException 例外，最後會因陣列長度過長，JVM 分配的記憶體不夠而發生 java.lang.OutOfMemoryError，這邊將焦點放在為何會發生 ArrayIndexOutOfBoundsException 例外。來看到 ArrayList 的 add() 方法片段：

```
...
    public void add(Object o) {
        if(next == elems.length) {
            elems = Arrays.copyOf(elems, elems.length * 2);
        }
        elems[next++] = o;
    }
...
```

若某執行緒呼叫了 add()，此時 next 剛好等於內部陣列長度，應該建立新陣列並完成元素複製動作後，再於新陣列中參考新 add() 的元素，接著遞增 next，這個流程應該一氣呵成。

若有 thread1、thread2 執行緒會呼叫 add() 方法，假設 thread1 執行 add() 已經到了 list[next++] = o 該行，此時 CPU 排班器將 thread1 置回 Runnable 狀態，將 thread2 置入 Running 狀態，而 thread2 執行 add() 已完成 list[next++] = o 該行之執行，此時 next 剛好等於陣列長度，若此時 CPU 排班器將 thread2 置回 Runnable 狀態，將 thread1 置入 Running 狀態，於是 thread1 開始 list[next++] = o 該行，因為 next 剛好等於陣列長度，結果就發生 ArrayIndexOutOfBoundsException。

這就是多個執行緒存取相同資源時引發的**競速情況（Race condition）**，以此例而言，因為 thread1、thread2 會同時存取 next，使得 next 在巧合情況下，脫離原本應控管的條件，像 ArrayList 這樣的類別，並非**執行緒安全（Thread-safe）**的類別。

使用 synchronized

該怎麼解決呢？可以在 add() 等方法加上 **synchronized** 關鍵字。例如：

```
...
    public synchronized void add(Object o) {
        if(next == elems.length) {
            elems = Arrays.copyOf(elems, elems.length * 2);
        }
        elems[next++] = o;
    }
...
```

在加上 synchronized 關鍵字後，再度執行先前範例，就不會看到 ArrayIndexOutOfBoundsException 了，原因為何？

每個物件都會有個**內部鎖（Intrinsic lock）**，或稱為**監控鎖（Monitor lock）**。被標示為 synchronized 的區塊會被監控，任何執行緒要執行 synchronized 區塊，都必須先取得物件的內部鎖，若 A 執行緒已取得內部鎖開始執行 synchronized 區塊，B 執行緒也想執行 synchronized 區塊，會因無法取得物件的內部鎖而進入等待鎖的狀態，直到 A 執行緒釋放內部鎖（例如執行完 synchronized 區塊），B 執行緒才有機會取得內部鎖而執行 synchronized 區塊。

若在方法標示 synchronized，執行方法必須取得該實例的內部鎖。一旦 add() 方法加上 synchronized，thread1 呼叫 add() 時，就要取得物件的內部鎖，若此時 thread2 也想呼叫 add() 方法，會因無法取得內部鎖而進入等待鎖定狀態，thread1 執行完 add() 離開 synchronized 區塊釋放內部鎖，thread2 在取得內部鎖後，才可以呼叫 add() 方法。簡單來說，這就確保某執行緒可完整執行 add() 定義的流程，從而避免了 ArrayIndexOutOfBoundsException 發生。

先前在說明圖 11.1 中 Blocked 狀態時，是以 Thread.sleep() 與輸入輸出為例，實際上等待物件的內部鎖時，也會進入 Blocked 狀態：

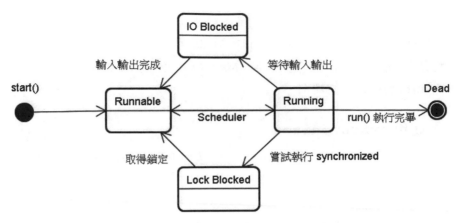

圖 11.4　加上鎖定條件的執行緒狀態圖

執行緒若因嘗試執行 synchronized 區塊而進入 Blocked，在取得內部鎖之後，會先回到 Runnable 狀態，等待 CPU 排班器排入 Running 狀態。

synchronized 不只可宣告在方法上，也可作為陳述句使用。例如：

```
...
    public void add(Object o) {
        synchronized(this) {
            if(next == list.length) {
                list = Arrays.copyOf(list, list.length * 2);
            }
            list[next++] = o;
        }
    }
...
```

這個程式片段的意思就是，**在執行緒要執行 synchronized 區塊時，必須取得括號中指定物件的內部鎖**。此語法目的之一，可應用於不想鎖定整個方法，而只想鎖定會發生競速狀況的區塊，在執行完區塊後執行緒就釋放內部鎖，其他執行緒就有機會再競爭內部鎖，相較於將整個方法宣告為 synchronized 來說，會比較有效率。

由於這個語法可指定取得內部鎖的物件來源，對於本身設計時沒有考慮競速問題的 API 來說，也可以如下撰寫：

```
...
var list = new ArrayList();
var thread1 = new Thread(() -> {
    while(true){
        synchronized(list) {
```

```
                list.add(1);
            }
        }
});

var thread2 = new Thread(() -> {
    while(true) {
        synchronized(list) {
            list.add(2);
        }
    }
});
...
```

如果 ArrayList 的 add() 方法本身沒有標示 synchronized，如上撰寫的話，
每次要執行粗體字區塊時，必須取得 list 物件的內部鎖，也就能確保 add() 執
行完成，避免 thread1、thread2 同時呼叫 add() 方法而引發競速問題。

第 9 章介紹過的 Collection 與 Map，都不是執行緒安全，你可以使用
Collections 的 synchronizedCollection() 、 synchronizedList() 、
synchronizedSet() 、 synchronizedMap() 等 方 法 ， 這 些 方 法 會 將 傳 入 的
Collection、List、Set、Map 實例包裹，傳回執行緒安全的物件。例如，以下
的 List 操作：

```
var list = new ArrayList<String>();
synchronized(list) {
    ...
    list.add("...");
}
...
synchronized(list) {
    ...
    list.remove("...");
}
```

可以如下加以簡化：

```
var list = Collections.synchronizedList(new ArrayList<String>());
...
list.add("...");
...
list.remove("...");
```

使用 synchronized 陳述句，可以做到更細部控制，例如提供不同物件作為鎖定來源：

```java
public class Material {
    private int data1 = 0;
    private int data2 = 0;
    private Object lock1 = new Object();
    private Object lock2 = new Object();

    public void doSome() {
        ...
        synchronized(lock1) {
            ...
            data1++;
            ...
        }
        ...
    }

    public void doOther() {
        ...
        synchronized(lock2) {
            ...
            data2--;
            ...
        }
        ...
    }
}
```

在這邊想避免 doSome() 中，同時被兩個以上執行緒執行 synchronized 區塊，或是 doOther() 中，被兩個以上的執行緒同時執行 synchronized 區塊，但 data1 與 data2 並不同時出現在兩個方法中，因此有執行緒執行 doSome()，而另一執行緒執行 doOther() 時，並不會引發共用存取問題，此時分別提供不同物件作為鎖定來源，就不會導致 doSome() 中 synchronized 被執行緒存取時，doOther() 中 synchronized 被另一個執行緒試圖存取時引發的阻斷延遲。

synchronized 提供的是**可重入同步（Reentrant Synchronization）**，也就是執行緒取得某物件的內部鎖後，若執行過程中又要執行 synchronized，若嘗試取得執行緒的物件來源為同一個，就可以直接執行。

由於執行緒無法取得鎖定時會造成阻斷，不正確地使用 synchronized 可能造成效能低落，另一問題則是**死結（Dead lock）**，例如有些資源在多執行緒下彼此交叉取用，就有可能造成死結，以下是個簡單的例子：

Thread DeadLockDemo.java

```java
package cc.openhome;

class Resource {
    private String name;
    private int resource;

    Resource(String name, int resource) {
        this.name = name;
        this.resource = resource;
    }

    String getName() {
        return name;
    }

    synchronized int doSome() {
        return ++resource;
    }

    synchronized void cooperate(Resource resource) {
        resource.doSome();
        System.out.printf("%s 整合 %s 的資源%n",
                        this.name, resource.getName());
    }
}

public class DeadLockDemo {
    public static void main(String[] args) {
        var resource1 = new Resource("resource1", 10);
        var resource2 = new Resource("resource2", 20);

        var thread1 = new Thread(() -> {
            for(var i = 0; i < 10; i++) {
                resource1.cooperate(resource2);
            }
        });
        var thread2 = new Thread(() -> {
            for(var i = 0; i < 10; i++) {
                resource2.cooperate(resource1);
            }
        });

        thread1.start();
        thread2.start();
    }
}
```

上面這個程式會不會發生死結，也是機率問題，你可以嘗試執行看看，有時程式可順利執行完成，有時程式會整個停頓。

會發生死結的原因在於，thread1 呼叫 resource1.cooperate(resource2) 時，會取得 resource1 的內部鎖，若此時 thread2 正好也呼叫 resource2.cooperate(resource1)時，會取得 resource2 的內部鎖，湊巧 thread1 現在打算運用傳入的 resource2 呼叫 doSome()，理應取得 resource2 的內部鎖，但是 thread2 拿走了，於是 thread1 進入阻斷，而 thread2 也打算運用傳入的 resource1 呼叫 doSome()，理應取得 resource1 的內部鎖，但是 thread1 取走了，於是 thread2 也進入等待。

若要更簡單地解釋這個範例為何有時會死結，就是偶而會發生兩個執行緒，都處於「你不放開 resource1 的內部鎖，我就不放開 resource2 的內部鎖」狀態，Java 在死結發生時無法自行解除，因此設計多執行緒時，應避免死結發生的可能性。

▶ 使用 volatile

synchronized 要求達到被標示區塊的**互斥性（Mutual exclusion）**與**可見性（Visibility）**，互斥性是指 synchronized 區塊只允許一個執行緒，可見性是指上一執行緒離開 synchronized 區塊後，另一執行緒看到的，會是上一執行緒對於該區塊涉及的變數、物件狀態修改結果。

提示 ⟩⟩⟩ volatile 的觀念比較進階，初學者可以略過。

對於可見性的要求，有時會想要達到變數範圍，而不是區塊範圍。在這之前要先知道的是，基於效率，執行緒可以將變數的值，快取於自己的記憶體空間中，完成操作後，再對變數進行更新，問題在於快取的時機不一定，若有多個執行緒會存取某個變數，有可能發生變數值已更新，然而某些執行緒還在使用快取值。

由於這個行為是在記憶體中進行，快取的時機也無法預期，想以可視方式來示範這個情況並不容易，以下是比較接近且能用可視方式呈現需求的範例：

Thread Variable1Test.java

```java
package cc.openhome;

class Variable1 {
    static int i = 0;
    static int j = 0;

    static void increment() {
        i++;
        System.out.printf("thread1 變更了 i：%d%n", i);
    }

    static void showChanged() {
        if(i != j) {
            j = i;
            System.out.printf("i 變更了：%d%n", i);
        }
    }
}

public class Variable1Test {
    public static void main(String[] args) {
        var thread1 = new Thread(() -> {
            while(true) {
                // 模擬每隔一段時間更新
                try {
                    Thread.sleep(1000);
                } catch (InterruptedException e) {
                    e.printStackTrace();
                }
                Variable1.increment();
            }
        });
        var thread2 = new Thread(() -> {
            while(true) {
                Variable1.showChanged();
            }
        });

        thread1.start();
        thread2.start();
    }
}
```

　　thread1 會每隔一段時間呼叫 Variable1.increment() 來更新 i，thread2 會呼叫 Variable1.showChanged()，如果 i 不等於 j，就會更新 j，並顯示 i 已變更，就我使用的 JDK 來說，若更新 i 不頻繁，thread2 會快取 i 值，因而你可能只會看到「thread1 變更了 i」，卻沒有或很少看到「i 變更了」：

```
thread1 變更了 i：1
thread1 變更了 i：2
thread1 變更了 i：3
thread1 變更了 i：4
thread1 變更了 i：5
thread1 變更了 i：6
thread1 變更了 i：7
thread1 變更了 i：8
略...
```

　　這是因為 i 的值被 thread2 快取了，想避免被快取有幾個方式，像是增加 thread1 更新 i 的頻率、降低 thread2 讀取 i 的頻率，或者是在 increment() 與 showChanged() 方法標示 synchronized：

Thread Variable2Test.java

```java
package cc.openhome;

class Variable2 {
    static int i = 0;
    static int j = 0;

    static synchronized void increment() {
        i++;
        System.out.printf("thread1 變更了 i：%d%n", i);
    }

    static synchronized void showChanged() {
        if(i != j) {
            j = i;
            System.out.printf("i 變更了：%d%n", i);
        }
    }
}

public class Variable2Test {
    public static void main(String[] args) {
        var thread1 = new Thread(() -> {
            while(true) {
                // 模擬每隔一段時間更新
                try {
                    Thread.sleep(1000);
                } catch (InterruptedException e) {
                    e.printStackTrace();
                }
                Variable2.increment();
            }
        });
        var thread2 = new Thread(() -> {
            while(true) {
```

```
                    Variable2.showChanged();
                }
        });

        thread1.start();
        thread2.start();
    }
}
```

synchronized 要求達到被標示區塊的互斥性與可見性，因此 thread1 對 i 的變更，thread2 也就能看到了：

```
thread1 變更了 i：1
i 變更了：1
thread1 變更了 i：2
i 變更了：2
thread1 變更了 i：3
i 變更了：3
thread1 變更了 i：4
i 變更了：4
thread1 變更了 i：5
i 變更了：5
thread1 變更了 i：6
i 變更了：6
略...
```

　　雖然這邊看到的結果，是 thread1 更新，thread2 就會顯示更新，不過這是因為 Thread.sleep(1000) 的關係，若執行緒切換很快，可能就不會有這種順序關係，而且這邊的重點不在於順序，而是 thread2 能看到 thread1 對變數的更新。

　　然而 synchronized 要求達到被標示區塊的互斥性與可見性，如果你要求的並非區塊範圍的可見性，只是想要 i 被變更時，另一個執行緒也能看到的話，synchronized 就不是適合的方案，因為 synchronized 會進行物件鎖定，可能造成執行效率的問題。

　　若要改進效率，可以在變數上宣告 **volatile**，表示變數是不穩定、易變的，被標示為 volatile 的變數，不允許執行緒快取，這保證了變數的可見性，若有執行緒變動了變數值，另一執行緒必然能看到變更。舉例來說，若將先前範例的 i 宣告為 volatile：

Thread Variable3Test.java

```java
package cc.openhome;

class Variable3 {
    static volatile int i = 0;
    static int j = 0;

    static void increment() {
        i++;
        System.out.printf("thread1 變更了 i：%d%n", i);
    }

    static void showChanged() {
        if(i != j) {
            j = i;
            System.out.printf("i 變更了：%d%n", i);
        }
    }
}

public class Variable3Test {
    public static void main(String[] args) {
        var thread1 = new Thread(() -> {
            while(true) {
                // 模擬每隔一段時間更新
                try {
                    Thread.sleep(1000);
                } catch (InterruptedException e) {
                    e.printStackTrace();
                }
                Variable3.increment();
            }
        });
        var thread2 = new Thread(() -> {
            while(true) {
                Variable3.showChanged();
            }
        });

        thread1.start();
        thread2.start();
    }
}
```

由於的 i 宣告為 volatile，執行時可看到 thread1 的變更，thread2 可見了：

```
i 變更了：1
thread1 變更了 i：1
thread1 變更了 i：2
i 變更了：2
i 變更了：3
thread1 變更了 i：3
i 變更了：4
thread1 變更了 i：4
i 變更了：5
thread1 變更了 i：5
略...
```

顯示順序上可能略有錯亂，這是因為沒有使用 synchronized 又發生執行緒切換的關係，顯示只是這個範例為了便於觀察 volatile 的作用罷了，顯示順序並不是這個範例的重點，而是 thread2 能看到 thread1 對變數的更新。

由這三個範例可見，**volatile 保證的是單一變數的可見性**，執行緒對變數的存取會在共享記憶體進行，不會快取變數，執行緒對共享記憶體中變數的存取，另一執行緒一定看得到。

以下是個 volatile 的實際應用：

```
public class Some implements Runnable {
    private volatile boolean isContinue = true;
    ...
    public void stop() {
        isContinue = false;
    }

    public void run() {
        while(isContinue) {
            ...
        }
    }
}
```

若有 thread1 執行緒正在執行 Some 實例 run()的 while 迴圈，你不希望 thread1 因快取了 isContinue，使得 thread2 呼叫 stop()方法設定 isContinue 為 false，而 thread1 無法即時於下次 while 條件檢查時，看到 thread2 對 isContinue 的變更，就可以將 isContinue 標示為 volatile。

> 提示 >>> 〈Managing volatility[2]〉是關於 volatile 更進階的介紹，也有幾個正確使用
> volatile，以及不正確使用 volatile 的例子。

java.util.concurrent.atomic 套件

如果想保證變數的可見性，java.util.concurrent.atomic 套件提供了一些原子性（automic）類別可以使用，原子性是指進行一些運算時，保證其過程不被分割，例如 AtomicInteger，可保證變數的可見性，也保證遞增、遞減運算過程不被分割。先前的範例也可使用 AtomicInteger：

Thread Variable4Test.java

```java
package cc.openhome;

import java.util.concurrent.atomic.AtomicInteger;

class Variable4 {
    // 指定整數初值，建立 AtomicInteger 實例
    static AtomicInteger i = new AtomicInteger(0);
    static int j = 0;

    static void increment() {
        // 遞增並取得整數值
        System.out.printf("thread1 變更了 i：%d%n", i.incrementAndGet());
    }

    static void showChanged() {
        // 取得整數值
        if(i.get() != j) {
            j = i.get();
            System.out.printf("i 變更了：%d%n", j);
        }
    }
}

public class Variable4Test {
    public static void main(String[] args) {
        var thread1 = new Thread(() -> {
            while(true) {
                // 模擬每隔一段時間更新
                try {
                    Thread.sleep(1000);
```

---

[2] Managing volatility：www.ibm.com/developerworks/java/library/j-jtp06197

```
            } catch (InterruptedException e) {
                e.printStackTrace();
            }
            Variable4.increment();
        }
    });
    var thread2 = new Thread(() -> {
        while(true) {
            Variable4.showChanged();
        }
    });

    thread1.start();
    thread2.start();
    }
}
```

有興趣的話，可以看看 AtomicInteger 的原始碼，其中就在變數上宣告了 volatile，因此範例中的 thread2 能看到 thread1 對變數的更新。

11.1.6　等待與通知

wait()、**notify()** 與 **notifyAll()** 是 Object 定義的方法，可以控制執行緒釋放物件的內部鎖，或者通知執行緒參與內部鎖的競爭。

先前談過，執行緒要進入 synchronized 範圍前，要先取得指定物件的內部鎖，執行 synchronized 的程式碼期間，若呼叫物件的 wait() 方法，執行緒會釋放內部鎖，進入物件**等待集（Wait set）**而處於阻斷狀態，其他執行緒可以競爭內部鎖，取得內部鎖的執行緒可以執行 synchronized 的程式碼。

放在等待集的執行緒不會參與 CPU 排班，wait() 可以指定等待時間，時間到後執行緒會再度加入排班，若指定時間 0 或不指定，執行緒會持續等待，直到被中斷（呼叫 interrupt()）或是告知（notify()）可以參與排班。

若呼叫物件的 notify()，會從該物件等待集**隨機通知一個執行緒**加入排班，再度執行 synchronized 前，被通知的執行緒會與其他執行緒競爭內部鎖；若呼叫 notifyAll()，會通知等待集中**全部的執行緒**參與排班，這些執行緒會與其他執行緒競爭內部鎖。

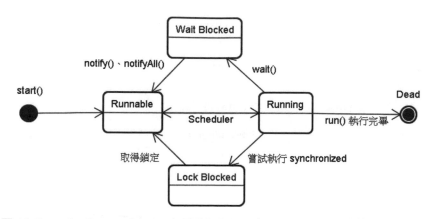

圖 11.5　`wait()`、`notify()`、`notifyAll()`與 `synchronized` 執行緒狀態圖

簡單地說，執行緒呼叫物件 `wait()` 方法時，會釋放內部鎖並等待通知，或是等待指定時間，直到被 `notify()` 或時間到時，試著競爭內部鎖，若取得了內部鎖，就從先前呼叫 `wait()` 處繼續執行。

這就好比你請櫃檯做事，做到一半時櫃檯人員請你到等待區等候通知（或等候 1 分鐘之類的），在你被通知（或時間到時），櫃檯人員才會繼續為你服務。如果有多人同時等待，呼叫 `notifyAll()` 就相當於通知等待區所有人，看誰先搶到櫃檯第一名，就先處理誰的工作。

`wait()`、`notify()` 或 `notifyAll()` 應用的範例之一，就是生產者與消費者。生產者會將產品交給店員，消費者從店員處取走產品，店員只能儲存固定數量產品。若生產者速度較快，店員可儲存產品的量已滿，店員叫生產者等一下（wait），若有空位放產品再通知（notify）生產者繼續生產；如果消費者速度較快，店中產品消費一空，店員告訴消費者等一下（wait），店中有產品了再通知（notify）消費者前來消費。

來看個範例實作，假設生產者每次生產一個正整數交給店員：

Thread Producer.java

```java
package cc.openhome;

public class Producer implements Runnable {
    private Clerk clerk;

    public Producer(Clerk clerk) {
        this.clerk = clerk;
    }
```

```java
public void run() {                              ❶產生 1 到 10 的整數
    System.out.println("生產者開始生產整數......");
    for(var product = 1; product <= 10; product++) {
        try {
            clerk.setProduct(product);   ◀── ❷將產品交給店員
        } catch (InterruptedException ex) {
            throw new RuntimeException(ex);
        }
    }
}
}
```

　　程式中使用 for 迴圈產生 1 到 10 的整數❶，Clerk 代表店員，可透過 setProduct()方法，將生產的整數設給店員❷。

　　消費者從店員處取走整數：

Thread Consumer.java

```java
package cc.openhome;

public class Consumer implements Runnable {
    private Clerk clerk;

    public Consumer(Clerk clerk) {
        this.clerk = clerk;
    }

    public void run() {
        System.out.println("消費者開始消耗整數......");
        for(var i = 1; i <= 10; i++) {  ◀── ❶消費 10 次整數
            try {
                clerk.getProduct();   ◀── ❷從店員取走產品
            } catch (InterruptedException ex) {
                throw new RuntimeException(ex);
            }
        }
    }
}
```

　　程式中使用 for 迴圈來消費 10 次整數❶，可透過 Clerk 的 getProduct()方法，從店員身上取走整數❷。

由於店員只能持有一個整數，必須盡到要求等待與通知的職責：

```
Thread Clerk.java
```

```java
package cc.openhome;

public class Clerk {
    private final int EMPTY = 0;
    private int product = EMPTY;    ◀── ❶ 只持有一個產品，EMPTY 表示沒有產品

    public synchronized void setProduct(int product)
                                    throws InterruptedException {
        waitIfFull();        ◀── ❷ 看看店員有沒有空間收產品，沒有的話就稍侯
        this.product = product; ◀── ❸ 店員收貨
        System.out.printf("生產者設定 (%d)%n", this.product);
        notify();  ◀── ❹ 通知等待集合中的執行緒（例如消費者）
    }

    private synchronized void waitIfFull() throws InterruptedException {
        while(this.product != EMPTY) {
            wait();
        }
    }

    public synchronized int getProduct() throws InterruptedException {
        waitIfEmpty();    ◀── ❺ 看看目前店員有沒有貨，沒有的話就稍侯
        var p = this.product;  ◀── ❻ 準備交貨
        this.product = EMPTY;  ◀── ❼ 表示貨品被取走
        System.out.printf("消費者取走 (%d)%n", p);
        notify();  ◀── ❽ 通知等待集合中的執行緒（例如生產者）
        return p;  ◀── ❾ 交貨了
    }

    private synchronized void waitIfEmpty() throws InterruptedException {
        while(this.product == EMPTY) {
            wait();
        }
    }
}
```

Clerk 只能持有一個整數，EMPTY 表示目前沒有產品❶，若 Producer 呼叫了 setProduct()，此時不會進入 while 迴圈，因此設定 Clerk 的 product 為指定的整數❸，此時等待集中沒有執行緒，因此呼叫 notify()沒有作用 ❹，假設 Producer 再次呼叫 setProduct()，waitIfFull()方法中若 Clerk 的 product 不為 EMPTY，表示店員無法收貨，於是進入 while 迴圈，執行了 wait()❷，Producer 釋放鎖定，進入物件等待集。

假設 Consumer 呼叫 getProduct()，由於 Clerk 的 product 不為 EMPTY，不會進入 while 迴圈，於是 Clerk 準備交貨❻，並將 product 設為 EMPTY❼，表示貨品被取走，接著呼叫 notify() 通知等待集中的執行緒，可以參與鎖定競爭❽，最後將 p 傳回並釋放鎖定❾，若 Consumer 又呼叫了 getProduct()，waitIfEmpty() 中若 Clerk 的 product 為 EMPTY，表示沒有產品，於是進入 while 迴圈，執行 wait() 後釋放內部鎖，進入物件等待集❺，若此時 Producer 取得內部鎖，於是從 setProduct() 中 wait() 處繼續執行。

注意 ❯❯❯　多個 Producer、Consumer 同時呼叫 Clerk 的 getProduct()、setProduct()，而 wait() 沒有放在條件式成立的迴圈中執行會如何呢？Java 規格書中說明，執行緒有可能在未經 notify()、interrupt() 或逾時情況下私自甦醒（Spurious wakeup），應用程式應考量這種情況，wait() 一定要在條件式成立的迴圈中執行。

可以使用以下的程式來示範 Producer、Consumer 與 Clerk：

Thread ProducerConsumerDemo.java

```java
package cc.openhome;

public class ProducerConsumerDemo {
    public static void main(String[] args) {
        var clerk = new Clerk();
        new Thread(new Producer(clerk)).start();
        new Thread(new Consumer(clerk)).start();
    }
}
```

生產者會生產 10 個整數，消費者會消耗 10 個整數，生產與消費的速度不一，由於店員處只能放置一個整數，只能每生產一個才消耗一個：

```
生產者開始生產整數......
消費者開始消耗整數......
生產者設定 (1)
消費者取走 (1)
生產者設定 (2)
消費者取走 (2)
生產者設定 (3)
消費者取走 (3)
生產者設定 (4)
消費者取走 (4)
生產者設定 (5)
```

```
消費者取走 (5)
生產者設定 (6)
消費者取走 (6)
生產者設定 (7)
消費者取走 (7)
生產者設定 (8)
消費者取走 (8)
生產者設定 (9)
消費者取走 (9)
生產者設定 (10)
消費者取走 (10)
```

11.2 並行 API

使用 Thread 建立多執行緒程式，必須親自處理 synchronized、物件鎖定、wait()、notify()、notifyAll()等細節，如果需要的是執行緒池、讀寫鎖等高階操作，可使用 **java.util.concurrent** 套件建立更穩固的並行應用程式。

11.2.1 Lock、ReadWriteLock 與 Condition

synchronized 要求執行緒必須取得物件的內部鎖，才可執行標示的區塊範圍，未取得內部鎖的執行緒會被阻斷，若希望的功能是執行緒可嘗試取得鎖定，無法取得鎖定時就先做其他事，直接使用 synchronized 必須透過一些設計才可完成這個需求，若要搭配 wait()、notify()、notifyAll()等方法，在設計上會更為複雜。

java.util.concurrent.locks 套件提供 **Lock**、**ReadWriteLock**、**Condition** 介面以及相關實作類別，可以提供類似 synchronized、wait()、notify()、notifyAll()的作用，以及更多高階功能。

◎ 使用 Lock

Lock 介面主要實作類別之一為 **ReentrantLock**，可以達到 synchronized 的作用，也提供了額外功能。先來看如何使用 ReentrantLock 改寫 9.1.5 的 ArrayList 為執行緒安全類別：

Concurrency ArrayList.java

```java
package cc.openhome;

import java.util.Arrays;
import java.util.concurrent.locks.*;

public class ArrayList<E> {
    private Lock lock = new ReentrantLock();      ❶ 使用 ReentrantLock
    private Object[] elems;
    private int next;

    public ArrayList(int capacity) {
        elems = new Object[capacity];
    }

    public ArrayList() {
        this(16);
    }

    public void add(E elem) {
        lock.lock();      ❷ 進行鎖定
        try {
            if (next == elems.length) {
                elems = Arrays.copyOf(elems, elems.length * 2);
            }
            elems[next++] = elem;
        } finally {
            lock.unlock();      ❸ 解除鎖定
        }
    }

    public E get(int index) {
        lock.lock();
        try {
            return (E) elems[index];
        } finally {
            lock.unlock();
        }
    }

    public int size() {
        lock.lock();
        try {
            return next;
        } finally {
            lock.unlock();
        }
    }
}
```

　　若有執行緒以 `ReentrantLock` 物件鎖定，同一執行緒可以用同一 `ReentrantLock` 實例再次進行鎖定❶，想以 Lock 物件進行鎖定，可以呼叫 `lock()` 方法❷，只有取得 Lock 內部鎖的執行緒，才可以執行程式碼，要解除鎖定，可以呼叫 Lock 物件的 `unlock()`❸。

> **注意 ≫** 為了避免呼叫 Lock 物件的 `lock()` 後，後續執行流程丟出例外而無法解除鎖定，一定要在 `finally` 呼叫 Lock 物件的 `unlock()` 方法。

　　Lock 介面還定義了 **`tryLock()`** 方法，執行緒呼叫 `tryLock()`，若能取得鎖定會傳回 `true`，無法取得鎖定時不會發生阻斷，而是傳回 `false`。來試著使用 `tryLock()` 解決 11.1.5 中 `DeadLockDemo` 的死結問題：

Concurrency NoDeadLockDemo.java

```java
package cc.openhome;

import java.util.concurrent.locks.*;

class Resource {
    private ReentrantLock lock = new ReentrantLock();
    private String name;

    Resource(String name) {
        this.name = name;
    }

    void cooperate(Resource res) {
        while (true) {
            try {
                if(lockMeAnd(res)) {
                    System.out.printf("%s 整合 %s 的資源%n",
                                        this.name, res.name);
                    break;
                }
            } finally {
                unLockMeAnd(res);
            }
        }
    }

    private boolean lockMeAnd(Resource res) {
        return this.lock.tryLock() && res.lock.tryLock();
    }

    private void unLockMeAnd(Resource res) {
        if(this.lock.isHeldByCurrentThread()) {
```

❶ 取得目前與傳入的 Resource 之 Lock 鎖定

❷ 如果兩個 Resource 的 Lock 都取得鎖定，才執行資源整合

❸ 資源整合成功，離開迴圈

❹ 解除目前與傳入的 Resource 之 Lock 鎖定

```
                this.lock.unlock();
            }
            if(res.lock.isHeldByCurrentThread()) {
                res.lock.unlock();
            }
        }
    }
}
public class NoDeadLockDemo {
    public static void main(String[] args) {
        var res1 = new Resource("resource1");
        var res2 = new Resource("resource2");

        var thread1 = new Thread(() -> {
            for(var i = 0; i < 10; i++) {
                res1.cooperate(res2);
            }
        });
        var thread2 = new Thread(() -> {
            for(var i = 0; i < 10; i++) {
                res2.cooperate(res1);
            }
        });

        thread1.start();
        thread2.start();
    }
}
```

　　先前 DeadLockDemo 會發生死結，是因為兩個執行緒在執行 cooperate()方法取得目前 Resource 鎖定後，嘗試呼叫另一 Resource 的 doSome()，因無法取得另一 Resource 的內部鎖而阻斷，也就是說，執行緒因無法同時取得兩個 Resource 的內部鎖而阻斷，既然如此，就在無法同時取得兩個 Resource 的內部鎖時，乾脆地釋放已取得的內部鎖，藉此避免死結問題。

　　改寫後的 cooperate()會在 while 迴圈中，執行 lockMeAnd(res) ❶，在該方法使用目前 Resource 的 Lock 的 tryLock()嘗試取得鎖定，以及被傳入 Resource 的 Lock 的 tryLock()嘗試取得內部鎖，只有在兩次 tryLock()傳回值都是 true，也就是兩個 Resource 都取得內部鎖後，才進行資源整合❷並離開 while 迴圈❸，無論哪個 tryLock()成功，都要在 finally 呼叫 unLockMeAnd(res) ❹，在該方法中測試並解除鎖定。

◉ 使用 ReadWriteLock

前面設計了執行緒安全的 ArrayList，若有兩個執行緒都想呼叫 get() 與 size() 方法，由於鎖定的關係，其中一個執行緒只能等待另一執行緒解除內部鎖，無法兩個執行緒同時呼叫 get() 與 size()，然而這兩個方法只是讀取物件狀態，並沒有變更物件狀態，若只是讀取操作，可允許執行緒同時並行的話，對讀取效率會有所改善。

ReadWriteLock 介面定義了讀取鎖定與寫入鎖定行為，可以使用 **readLock()**、**writeLock()** 方法傳回 Lock 實作物件。**ReentrantReadWriteLock** 是 ReadWriteLock 介面的主要實作類別，readLock() 方法會傳回 **ReentrantReadWriteLock.ReadLock** 實例，writeLock() 方法會傳回 **ReentrantReadWriteLock.WriteLock** 實例。

ReentrantReadWriteLock.ReadLock 實作了 Lock 介面，呼叫其 lock() 方法時，若沒有 ReentrantReadWriteLock.WriteLock 實例呼叫過 lock() 方法，也就是**沒有任何寫入鎖定時，才能取得讀取鎖定**。

ReentrantReadWriteLock.WriteLock 實作了 Lock 介面，呼叫其 lock() 方法時，若沒有 ReentrantReadWriteLock.ReadLock 或 ReentrantReadWriteLock.WriteLock 實例呼叫過 lock() 方法，也就是**沒有任何讀取或寫入鎖定時，才能取得寫入鎖定**。

例如，可使用 ReadWriteLock 改寫先前的 ArrayList，改進讀取效率：

Concurrency ArrayList2.java

```java
package cc.openhome;

import java.util.Arrays;
import java.util.concurrent.locks.*;          ❶ 使用 ReadWriteLock
                                                   ↓
public class ArrayList2<E> {
    private ReadWriteLock lock = new ReentrantReadWriteLock();
    private Object[] elems;
    private int next;

    public ArrayList2(int capacity) {
        elems = new Object[capacity];
    }

    public ArrayList2() {
        this(16);
    }
```

```java
public void add(E elem) {
    lock.writeLock().lock();    ◀── ❷取得寫入鎖定
    try {
        if(next == elems.length) {
            elems = Arrays.copyOf(elems, elems.length * 2);
        }
        elems[next++] = elem;
    } finally {
        lock.writeLock().unlock();   ◀── ❸解除寫入鎖定
    }
}

public E get(int index) {
    lock.readLock().lock();
    try {
        return (E) elems[index];
    } finally {
        lock.readLock().unlock();
    }
}

public int size() {
    lock.readLock().lock();    ◀── ❹取得讀取鎖定
    try {
        return next;
    } finally {
        lock.readLock().unlock();   ◀── ❺解除讀取鎖定
    }
}
}
```

這次在 ArrayList 中使用 ReadWriteLock❶，若有執行緒呼叫 add()方法進行寫入操作時，先取得寫入鎖定❷，若有其他執行緒想再次取得寫入鎖定或讀取鎖定，必須等待此次寫入鎖定解除，記得在 finally 解除寫入鎖定❸。

若有執行緒呼叫 get()方法打算進行讀取操作時，先取得讀取鎖定❹，其他執行緒後續也可再取得讀取鎖定（例如有執行緒打算再呼叫 get()或 size()方法），然而若有執行緒打算取得寫入鎖定，必須等待全部的讀取鎖定解除，記得要在 finally 解除讀取鎖定❺。

如此設計之後，若執行緒多是在呼叫 get()或 size()方法，就比較不會因等待鎖定而進入阻斷狀態，可以增加讀取效率。

⊙ 使用 StampedLock

ReadWriteLock 在沒有任何讀取或寫入鎖定時，才可以取得寫入鎖定，這可用於實現**悲觀讀取（Pessimistic Reading）**，如果執行緒進行讀取時，經常可能有另一執行緒有寫入需求，為了維持資料一致，ReadWriteLock 的讀取鎖定就可派上用場。

然而，如果讀取執行緒很多，寫入執行緒甚少的情況下，使用 ReadWriteLock 可能會使得寫入執行緒遭受**飢餓（Starvation）問題**，也就是寫入執行緒可能遲遲無法競爭到內部鎖，而一直處於等待狀態。

StampedLock 類別可支援**樂觀讀取（Optimistic Reading）**實作，也就是若讀取執行緒很多，寫入執行緒甚少的情況下，你可以樂觀地認為，寫入與讀取同時發生的機會甚少，因此不悲觀地使用完全的讀取鎖定，程式可以查看資料讀取之後，是否遭到寫入執行緒的變更，再採取後續的措施（重新讀取變更後的資料，或者是拋出例外）。

假設之前的 ArrayList 範例，會用於讀取執行緒多而寫入執行緒少的情境，而你想實作樂觀讀取，就可以使用 **StampedLock** 類別：

Concurrency ArrayList3.java

```java
package cc.openhome;

import java.util.Arrays;
import java.util.concurrent.locks.*;

public class ArrayList3<E> {
    private StampedLock lock = new StampedLock(); ←❶ 使用 StampedLock
    private Object[] elems;
    private int next;

    public ArrayList3(int capacity) {
        elems = new Object[capacity];
    }

    public ArrayList3() {
        this(16);
    }

    public void add(E elem) {
        var stamp = lock.writeLock(); ←── ❷ 取得寫入鎖定
        try {
            if(next == elems.length) {
```

```
                elems = Arrays.copyOf(elems, elems.length * 2);
            }
            elems[next++] = elem;
        } finally {
            lock.unlockWrite(stamp);    ◀──── ❸ 解除寫入鎖定
        }
    }

    public E get(int index) {
        var stamp = lock.tryOptimisticRead();    ◀──── ❹ 試著樂觀讀取鎖定
        var elem = elems[index];
        if(!lock.validate(stamp)) {    ◀──── ❺ 查詢是否有排他的鎖定
            stamp = lock.readLock();    ◀──── ❻ 真正的讀取鎖定
            try {
                elem = elems[index];
            } finally {
                lock.unlockRead(stamp);    ◀──── ❼ 解除讀取鎖定
            }
        }
        return (E) elem;
    }

    public int size() {
        var stamp = lock.tryOptimisticRead();
        var size = next;
        if(!lock.validate(stamp)) {
            stamp = lock.readLock();
            try {
                size = next;
            } finally {
                lock.unlockRead(stamp);
            }
        }
        return size;
    }
}
```

範例中使用了 StampedLock❶，可以使用 writeLock() 方法取得寫入鎖定，這會傳回 long 整數代表**鎖定戳記（Stamp）**❷，可用於解除鎖定❸或透過 tryConvertToXXX() 方法轉換為其他鎖定。

在範例 get() 中示範了一種樂觀讀取的實作方式，**tryOptimisticRead()** 不會真正執行讀取鎖定，而是傳回鎖定戳記❹，如果有其他排他性鎖定的話，戳記會是 0，範例接著將資料暫讀出至區域變數，**validate()** 方法用來驗證戳記是不是被其他排他性鎖定取得了❺，如果是的話就傳回 false，如果戳記是 0 也會傳回 false。如果 if 驗證出戳記被其他排他性鎖定取得，重新使用 **readLock()**

做真正的讀取鎖定❻，並在鎖定時更新區域變數，而後解除讀取鎖定❼，如 if 驗證條件不成立，只要直接傳回區域變數的值。範例中的 size() 方法也是類似的實作方式。

> **注意 ≫≫** 在 validate() 後發生寫入而傳回結果不一致是有可能的，如果在意這樣的不一致，應當採用完全的鎖定。

> **提示 ≫≫** 〈 StampedLock Idioms[3] 〉比較了 synchronized、volatile、ReentrantLock、ReadWriteLock、StampedLock 等同步鎖定機制。

▶ 使用 Condition

Condition 介面用來搭配 Lock，最基本用法就是達到 Object 的 wait()、notify()、notifyAll() 方法之作用，先來看看如何使用 Lock 與 Condition 改寫 11.1.6 生產者、消費者範例中的 Clerk 類別：

Concurrency Clerk.java

```java
package cc.openhome;

import java.util.concurrent.locks.Condition;
import java.util.concurrent.locks.Lock;
import java.util.concurrent.locks.ReentrantLock;

public class Clerk {
    private final int EMPTY = 0;
    private int product = EMPTY;                      ❶建立 Condition 物件
    private Lock lock = new ReentrantLock();
    private Condition condition = lock.newCondition();

    public void setProduct(int product) throws InterruptedException {
        lock.lock();
        try {
            waitIfFull();
            this.product = product;
            System.out.printf("生產者設定 (%d)%n", this.product);
            condition.signal();    ◀── ❷用 Condition 的 signal() 取代
        } finally {                        Object 的 notify()
            lock.unlock();
```

---

3 StampedLock Idioms：javaspecialists.eu/archive/Issue215.html

```
        }
    }

    private void waitIfFull() throws InterruptedException {
        while(this.product != EMPTY) {
            condition.await();    ◀──────❸用 Condition 的 await()取
        }                                     代 Object 的 wait()
    }

    public int getProduct() throws InterruptedException {
        lock.lock();
        try {
            waitIfEmpty();
            var p = this.product;
            this.product = EMPTY;
            System.out.printf("消費者取走 (%d)%n", p);
            condition.signal();
            return p;
        } finally {
            lock.unlock();
        }
    }

    private void waitIfEmpty() throws InterruptedException {
        while(this.product == EMPTY) {
            condition.await();
        }
    }
}
```

　　可以呼叫 Lock 的 **newCondition()**取得 Condition 實作物件 ❶，呼叫 Condition 的 **await()**會使執行緒進入 Condition 的等待集 ❸，要通知等待集中的一個執行緒，可以呼叫 **signal()**方法 ❷，若要通知等待集中全部的執行緒，可以呼叫 **signalAll()**方法，Condition 的 await()、signal()、signalAll()方法，可視為 Object 的 wait()、notify()、notifyAll()方法之對應。

　　事實上，11.1.6 的 Clerk 物件呼叫 wait()時，無論是生產者或消費者執行緒，都會進入 Cleck 物件的等待集，在多個生產者、消費者執行緒的情況下，等待集會有生產者與消費者執行緒，呼叫 notify()時，有可能通知到生產者執行緒，也有可能通知到消費者執行緒，若現在消費者執行緒取走產品後，Clerk 沒有產品了，而消費者最後 notify()時，實際又通知到消費者執行緒，只是讓消費者執行緒再度執行 wait()，而重複進出等待集。

事實上，一個 Condition 物件代表有一個等待集，可以重複呼叫 Lock 的 newCondition()，取得多個 Condition 實例，這代表可以有多個等待集。上面改寫的 Clerk 類別，因為使用了一個 Condition，也就只有一個等待集，作用將類似 11.1.6 的 Clerk 類別。若可以有兩個等待集，一個是給生產者執行緒用，一個給消費者執行緒用，生產者只通知消費者等待集，消費者只通知生產者等待集，會比較有效率。例如：

Concurrency Clerk2.java

```java
package cc.openhome;

import java.util.concurrent.locks.Condition;
import java.util.concurrent.locks.Lock;
import java.util.concurrent.locks.ReentrantLock;

public class Clerk2 {
    private final int EMPTY = 0;
    private int product = EMPTY;
    private Lock lock = new ReentrantLock();
    private Condition producerCond = lock.newCondition();    ❶ 擁有生產者等待集
    private Condition consumerCond = lock.newCondition();    ❷ 擁有消費者等待集

    public void setProduct(int product) throws InterruptedException {
        lock.lock();
        try {
            waitIfFull();
            this.product = product;
            System.out.printf("生產者設定 (%d)%n", this.product);
            consumerCond.signal();    ◄── ❸ 通知消費者等待集合中的消費者執行緒
        } finally {
            lock.unlock();
        }
    }

    private void waitIfFull() throws InterruptedException {
        while(this.product != EMPTY) {
            producerCond.await();    ◄── ❹ 至生產者等待集合等待
        }
    }

    public int getProduct() throws InterruptedException {
        lock.lock();
        try {
            waitIfEmpty();
            var p = this.product;
            this.product = EMPTY;
```

```
            System.out.printf("消費者取走 (%d)%n", p);
            producerCond.signal();  ◀── ❺通知生產者等待集中的生產執行緒
            return p;
        } finally {
            lock.unlock();
        }
    }

    private void waitIfEmpty() throws InterruptedException {
        while(this.product == EMPTY) {
            consumerCond.await();  ◀── ❻至消費者等待集等待
        }
    }
}
```

在這個範例中，分別為生產者執行緒與消費者執行緒建立了 Condition 物件，這表示可擁有兩個等待集，一個給生產者執行緒用，一個給消費者執行緒用❶❷。如果 Clerk2 無法收東西了，那就請生產者執行緒至生產者等待集中等待❹，而生產者執行緒設定產品後，會通知消費者等待集中的執行緒❸。反之，消費者執行緒會至消費者等待集中等待❻，通知的對象是生產者等待集中的執行緒❺。

11.2.2　使用 Executor

Runnable 用來定義可執行流程（以及執行過程中必要之資源），Thread 用來執行 Runnable，兩者結合的基本作法正如先前介紹的，將 Runnable 指定給 Thread 建構之用，並呼叫 start()開始執行。

Thread 的建立與系統資源有關，如何建立 Thread、是否重用 Thread、何時銷毀 Thread、Runnable 何時排定給 Thread 執行，這些都是複雜議題，為此，從 JDK5 開始，定義了 **java.util.concurrent.Executor** 介面，目的在將 Runnable 的指定與執行分離，Executor 介面只定義了一個 **execute()**方法：

```
package java.util.concurrent;
public interface Executor {
    void execute(Runnable command);
}
```

單看這個方法，不會知道被指定的 `Runnable` 如何執行。例如，可以將 11.1.2
的 `Download` 與 `Download2` 行為封裝起來：

Concurrency Pages.java

```java
package cc.openhome;

import java.net.URI;
import java.net.http.HttpClient;
import java.net.http.HttpRequest;
import java.net.http.HttpResponse.BodyHandlers;
import java.util.concurrent.*;
import java.io.*;

public class Pages {
    private String[] urls;
    private String[] fileNames;
    private Executor executor;

    public Pages(String[] urls, String[] fileNames, Executor executor) {
        this.urls = urls;
        this.fileNames = fileNames;
        this.executor = executor;
    }

    public void download() {
        for(var i = 0; i < urls.length; i++) {
            var url = urls[i];
            var fileName = fileNames[i];
            executor.execute(() -> {
                try {
                    dump(openStream(url), new FileOutputStream(fileName));
                } catch (Exception ex) {
                    throw new RuntimeException(ex);
                }
            });
        }
    }

    private InputStream openStream(String uri) throws Exception {
        return HttpClient
                .newHttpClient()
                .send(
                    HttpRequest.newBuilder(URI.create(uri)).build(),
                    BodyHandlers.ofInputStream()
                )
                .body();
    }
```

```
    private void dump(InputStream src, OutputStream dest)
                                         throws IOException {
        try(src; dest) {
            var data = new byte[1024];
            var length = 0;
            while((length = src.read(data)) != -1) {
                dest.write(data, 0, length);
            }
        }
    }
}
```

單看這個 Pages 類別，不會知道實際上 Executor 如何執行給定的 Runnable 物件，如何執行要看 Executor 的實作類別如何定義，也許你定義了一個 DirectExecutor，單純呼叫傳入 execute() 方法的 Runnable 物件之 run() 方法：

Concurrency DirectExecutor.java

```
package cc.openhome;

import java.util.concurrent.Executor;

public class DirectExecutor implements Executor {
    public void execute(Runnable r) {
        r.run();
    }
}
```

如果如下使用 Pages 與 DirectExecutor：

Concurrency Download.java

```
package cc.openhome;

public class Download {
    public static void main(String[] args) {
        String[] urls = {
            "https://openhome.cc/Gossip/Encoding/",
            "https://openhome.cc/Gossip/Scala/",
            "https://openhome.cc/Gossip/JavaScript/",
            "https://openhome.cc/Gossip/Python/"
        };

        String[] fileNames = {
            "Encoding.html",
            "Scala.html",
            "JavaScript.html",
            "Python.html"
        };
```

```
        new Pages(urls, fileNames, new DirectExecutor()).download();
    }
}
```

　　那就是只由主執行緒逐一執行指定的每個頁面下載。若定義一個 ThreadPerTaskExecutor：

Concurrency ThreadPerTaskExecutor.java

```
package cc.openhome;

import java.util.concurrent.Executor;

public class ThreadPerTaskExecutor implements Executor {
    public void execute(Runnable r) {
        new Thread(r).start();
    }
}
```

　　對於每個傳入的 Runnable 物件，會建立 Thread 實例並 start() 執行。若如下使用 Pages 與 ThreadPerTaskExecutor：

Concurrency Download2.java

```
package cc.openhome;

public class Download2 {
    public static void main(String[] args) throws Exception {
        ...這部分與 Download 相同，故略...
        new Pages(urls, fileNames,
                new ThreadPerTaskExecutor()).download();
    }
}
```

　　針對每個網頁，就會啟動一個執行緒來進行下載。或許你會想到，若要下載的頁面很多，每次建立執行緒下載頁面完後，就丟棄該執行緒過於浪費系統資源，也許你會想實作具有執行緒池（Thread pool）的 Executor，建立可重複使用的執行緒，在執行緒完成 Runnable 的 run() 方法之後，將該執行緒放回池中等待重複使用，這是可行的，不過不用親自實作，因為標準 API 提供了介面與實作類別，可達到此類需求，在這之前，先來看看 Executor 的 API 架構：

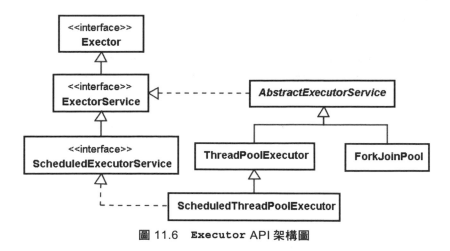

圖 11.6　**Executor** API 架構圖

使用 **ThreadPoolExecutor**

在標準 API 中，像執行緒池這類服務的行為，定義在 Executor 的子介面 **java.util.concurrent.ExecutorService**，通用的 ExecutorService 由抽象類別 AbstractExecutorService 實作，若需要執行緒池的功能，可以使用其子類別 **java.util.concurrent.ThreadPoolExecutor**，根據不同的執行緒池需求，ThreadPoolExecutor 擁有數種不同建構式可供使用，不過通常會使用 **java.util.concurrent.Executors** 的 **newCachedThreadPool()**、**newFixedThread Pool()**靜態方法來建構 **ThreadPoolExecutor** 實例，程式看來較為清楚且方便。

Executors.newCachedThreadPool()傳回的 ThreadPoolExecutor 實例，會在必要時建立執行緒，Runnable 可能執行在新建的執行緒，或既有被拿來重複使用的執行緒，newFixedThreadPool()可指定在池中建立固定數量的執行緒，這兩個方法也都有接受 **java.util.concurrent.ThreadFactory** 的版本，可以在 ThreadFactory 的 **newThread()**方法中，實作如何建立 Thread 實例。

例如，可使用 ThreadPoolExecutor 搭配先前的 Pages 使用：

Concurrency Download3.java

```
package cc.openhome;

import java.util.concurrent.Executors;

public class Download3 {
```

```
public static void main(String[] args) {
    ...這部分與 Download 相同,故略...

    var executorService = Executors.newCachedThreadPool();
    new Pages(urls, fileNames, executorService).download();
    executorService.shutdown();
}
}
```

ExecutorService 的 **shutdown()** 方法,會在指定執行的 Runnable 都完成後,將 ExecutorService 關閉(在這邊就是關閉 ThreadPoolExecutor),另一個 **shutdownNow()** 方法,可以立即關閉 ExecutorService,尚未被執行的 Runnable 物件,會以 List<Runnable> 傳回。

ExecutorService 還定義了 **submit()**、**invokeAll()**、**invokeAny()** 等方法,這些方法中出現了 **java.util.concurrent.Future**、**java.util.concurrent. Callable** 介面,先來看看這兩個介面與相關 API 的架構:

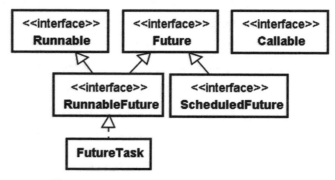

圖 11.7　**Future** 與 **Callable** API 架構圖

你可能有過這類對話的經驗:「老闆,我要一份蚵仔煎,待會來拿!」這也描述了 **Future 定義的行為,就是讓你在未來取得結果。** 可以將想執行的工作交給 Future,Future 會使用另一執行緒來進行工作,你就可以先忙別的事去,過些時候,再呼叫 Future 的 **get()** 取得結果,如果結果已經產生,get() 會直接返回,否則會進入阻斷直到結果傳回,get() 的另一版本可以指定等待結果的時間,若指定時間到結果還沒產生,就會丟出 **java.util.concurrent. TimeoutException**,也可以使用 Future 的 **isDone()** 方法,看看結果是否產生。

　　Future 經常與 Callable 搭配使用，Callable 的作用與 Runnable 類似，可定義想執行的流程，不過 Runnable 的 run() 方法無法傳回值，也無法拋出受檢例外（Checked exception），然而 Callable 的 call() 方法可以傳回值，也可以拋出受檢例外：

```
package java.util.concurrent;
public interface Callable<V> {
    V call() throws Exception;
}
```

　　java.util.concurrent.FutureTask 是 Future 的實作類別，建構時可傳入 Callable 實作物件指定執行的內容。來舉個 Future 與 Callable 運用的實例：

Concurrency FutureCallableDemo.java

```
package cc.openhome;

import java.util.concurrent.*;
import static java.lang.System.*;

public class FutureCallableDemo {
    static long fibonacci(long n) {
        if(n <= 1) {
            return n;
        }
        return fibonacci(n - 1) + fibonacci(n - 2);
    }

    public static void main(String[] args) throws Exception {
        var the30thFibFuture =
                new FutureTask<Long>(() -> fibonacci(30));

        out.println("老闆，我要第 30 個費式數，待會來拿...");

        new Thread(the30thFibFuture).start();
        while(!the30thFibFuture.isDone()) {
            out.println("忙別的事去...");
        }

        out.printf("第 30 個費式數：%d%n", the30thFibFuture.get());
    }
}
```

由於 `FutureTask` 也實作了 `Runnable` 介面（`RunnableFuture` 的父介面），可以指定給 `Thread` 建構之用。範例的執行結果如下：

```
老闆，我要第 30 個費式數，待會來拿...
忙別的事去...
第 30 個費式數：832040
```

> **提示 ›››** 關於費式數，可以參考〈費式數列[4]〉。

如果你的流程已定義在某個 `Runnable` 物件，`FutureTask` 建構時也有接受 `Runnable` 的版本，並可指定一個物件在呼叫 `get()` 時傳回（運算結束後）。

回頭看看 `ExecutorService` 的 `submit()` 方法，它可以接受 `Callable` 物件，呼叫後傳回的 `Future` 物件，可用於稍後取得運算結果。例如改寫以上的範例為使用 `ExecutorService` 的版本：

Concurrency FutureCallableDemo2.java

```java
package cc.openhome;

import java.util.concurrent.*;
import static java.lang.System.*;

public class FutureCallableDemo2 {
    static long fibonacci(long n) {
        if(n <= 1) {
            return n;
        }
        return fibonacci(n - 1) + fibonacci(n - 2);
    }

    public static void main(String[] args) throws Exception {
        var service = Executors.newCachedThreadPool();

        out.println("老闆，我要第 30 個費式數，待會來拿...");

        var the30thFibFuture = service.submit(() -> fibonacci(30));
        while(!the30thFibFuture.isDone()) {
            out.println("忙別的事去...");
        }
```

---

[4] 費式數列：openhome.cc/zh-tw/algorithm/basics/fibonacci/

```
        out.printf("第 30 個費式數：%d%n", the30thFibFuture.get());
    }
}
```

範例的執行結果與前一範例相同。如果有多個 Callable，可以先收集於 Collection，然後呼叫 ExecutorService 的 invokeAll()，這會以 List<Future<T>>傳回與 Callable 相關聯的 Future 物件。如果有多個 Callable，只要有一個執行完成就可以，那可以先收集於 Collection，然後呼叫 ExecutorService 的 invokeAny()，只要 Collection 其中一個 Callable 完成，invokeAny()就會傳回該 Callable 的執行結果。

◉ 使用 ScheduledThreadPoolExecutor

ScheduledExecutorService 為 ExecutorService 的子介面，可以進行工作排程；**schedule()**方法用來排定 Runnable 或 Callable 實例延遲多久後執行一次，並傳回 Future 子介面 **ScheduledFuture** 的實例；對於重複性的執行，可使用 **scheduleWithFixedDelay()**與 **scheduleAtFixedRate()**方法。

在一個執行緒只排定一個 Runnable 實例的情況下，scheduleWithFixedDelay()方法可排定延遲多久首次執行 Runnable，執行完 Runnable 會排定延遲多久後再度執行，由於是以上次 Runnable 完成執行後的時間為準，執行時間就是排定時間。

scheduleAtFixedRate()可指定延遲多久首次執行 Runnable，同時依指定週期排定每次執行 Runnable 的時間，若上一次 Runnable 執行時間未超過指定週期，執行時間就是排定時間，如果上次 Runnable 執行時間超過指定週期，上次 Runnable 執行完後，會立即執行下次 Runnable（執行時間就會晚於排定時間）。

不管是 scheduleWithFixedDelay()與 scheduleAtFixedRate()，上次排定的工作拋出例外，不會影響下次排程的進行。

ScheduledExecutorService 的實作類別 **ScheduledTreadPoolExecutor** 為 ThreadPoolExecutor 的子類別，具有執行緒池與排程功能。可以使用 Executors 的 **newScheduledThreadPool()** 方法指定傳回內建多少個執行緒的 ScheduledTreadPoolExecutor；使用 **newSingleThreadScheduledExecutor()**則可使用單一執行緒執行排定的工作。

以下範例示範 newSingleThreadScheduledExecutor() 傳回的 ScheduledExecutorService，在排定一個 Runnable 的情況下，scheduleWithFixedDelay() 執行的時間點：

Concurrency ScheduledExecutorServiceDemo.java

```java
package cc.openhome;

import java.util.concurrent.*;

public class ScheduledExecutorServiceDemo {
    public static void main(String[] args) {
        var service = Executors.newSingleThreadScheduledExecutor();

        service.scheduleWithFixedDelay(
                () -> {
                    System.out.println(new java.util.Date());
                    try {
                        Thread.sleep(2000); // 假設這個工作會進行兩秒
                    } catch (InterruptedException ex) {
                        throw new RuntimeException(ex);
                    }
                }, 2000, 1000, TimeUnit.MILLISECONDS);
    }
}
```

java.util.Date 建構時，會取得當時系統時間。每次工作會執行 2 秒，而後延遲 1 秒，因此看到的時間顯示總共是 3 秒為一個間隔：

```
Wed Dec 08 15:36:07 CST 2021
Wed Dec 08 15:36:10 CST 2021
Wed Dec 08 15:36:13 CST 2021
Wed Dec 08 15:36:17 CST 2021
Wed Dec 08 15:36:20 CST 2021
```

如果把以上範例的 scheduleWithFixedDelay() 換為 scheduleAtFixedRate()，每次排定的執行週期雖然為 1 秒，但由於每次工作執行實際上為 2 秒，會超過排定週期，上一次執行完工作後，就會立即執行下一次工作，結果就是時間顯示為 2 秒一個間隔：

```
Wed Dec 08 15:36:54 CST 2021
Wed Dec 08 15:36:56 CST 2021
Wed Dec 08 15:36:58 CST 2021
Wed Dec 08 15:37:00 CST 2021
Wed Dec 08 15:37:02 CST 2021
```

如果再把 Thread.sleep(2000)改為 Thread.sleep(500)，由於每次工作執行不會超過排定週期，時間顯示會是 1 秒一個間隔：

```
Wed Dec 08 15:37:34 CST 2021
Wed Dec 08 15:37:36 CST 2021
Wed Dec 08 15:37:37 CST 2021
Wed Dec 08 15:37:37 CST 2021
Wed Dec 08 15:37:38 CST 2021
```

提示 >>> 這三個範例如果排定的 Runnable 超過兩個以上會如何呢？如果再改用 Executors 的 newScheduledThreadPool()方法，建立內建多個執行緒的執行緒池，執行結果又會如何呢？為了不影響多個排定工作的執行時間，可建立內建足夠數量的執行緒。

11.2.3　簡介並行 Collection

在 java.util.concurrent 套件中，提供了一些支援並行操作的 Collection 子介面與實作類別，以下簡介一些常用的介面與類別。

如果使用第 9 章介紹過的 List 實作，由於它們並非執行緒安全類別，為了使用迭代器時，不受另一執行緒寫入操作的影響，必須做類似以下的動作：

```
var list = new ArrayList();
...
synchornized(list) {
    var iterator = list.iterator();
    while(iterator.hasNext()) {
        ...
    }
}
```

使用 Collections.synchronizedList()並非就不用如此操作，它傳回的實例保證的是 List 操作時的執行緒安全，而非保證傳回的 Iterator 操作時的執行緒安全，因此使用迭代器操作時，仍得類似以下實作：

```
var list = Collections.synchronizedList(new ArrayList());
...
synchornized(list) {
    var iterator = list.iterator();
    while(iterator.hasNext()) {
        ...
    }
}
```

提示 >>> 別忘了增強式 for 迴圈語法使用在 Collection 時，底層也是使用迭代器，在多執行緒存取下，也得類似以下寫法：

```
var list = Collections.synchronizedList(new ArrayList());
...
synchronized(list) {
    for(var o : list) {
        ...
    }
}
```

CopyOnWriteArrayList 實作了 List 介面，這個類別的實例在寫入操作時（例如 add()、set()等），內部會建立新陣列，並複製原有陣列索引的參考，然後在新陣列上進行寫入操作，寫入完成後，再將內部原參考舊陣列的變數參考至新陣列。

對寫入而言，這是個很耗資源的設計，然而在使用迭代器時，寫入不會影響迭代器已參考的物件，對於一個鮮少進行寫入操作，而使用迭代器頻繁的情境下，可以使用 CopyOnWriteArrayList 提高迭代器操作的效率。

CopyOnWriteArraySet 實作了 Set 介面，內部使用 CopyOnWriteArrayList 來完成 Set 的各種操作，因此一些特性與 CopyOnWriteArrayList 是相同的，例如寫入操作時會建立新陣列、複製索引參考而較耗成本，但在使用迭代器操作時會有較好的效率，適用於一個鮮少進行寫入操作，而使用迭代器頻繁的情境。

BlockingQueue 是 Queue 的子介面，新定義了 **put()** 與 **take()** 等方法，執行緒若呼叫 put()方法，在佇列已滿的情況下會被阻斷，執行緒若呼叫 take()方法，在佇列為空的情況下會被阻斷。有了這個特性，11.1.6 生產者與消費者的範例，就不用自行設計 Clerk 類別，可以直接使用 BlockingQueue。例如 Producer 可以改為以下：

Concurrency Producer3.java

```
package cc.openhome;

import java.util.concurrent.BlockingQueue;

public class Producer3 implements Runnable {
    private BlockingQueue<Integer> productQueue;

    public Producer3(BlockingQueue<Integer> productQueue) {
        this.productQueue = productQueue;
```

```
    }

    public void run() {
        System.out.println("生產者開始生產整數......");
        for(var product = 1; product <= 10; product++) {
            try {
                productQueue.put(product);
                System.out.printf("生產者提供整數 (%d)%n", product);
            } catch (InterruptedException ex) {
                throw new RuntimeException(ex);
            }
        }
    }
}
```

Consumer3 可以改為以下：

Concurrency Consumer3.java

```
package cc.openhome;

import java.util.concurrent.BlockingQueue;

public class Consumer3 implements Runnable {
    private BlockingQueue<Integer> productQueue;

    public Consumer3(BlockingQueue<Integer> productQueue) {
        this.productQueue = productQueue;
    }

    public void run() {
        System.out.println("消費者開始消耗整數......");
        for(var i = 1; i <= 10; i++) {
            try {
                var product = productQueue.take();
                System.out.printf("消費者消費整數 (%d)%n", product);
            } catch (InterruptedException ex) {
                throw new RuntimeException(ex);
            }
        }
    }
}
```

可以使用 BlockingQueue 的實作 **ArrayBlockingQueue** 類別，如此就不用處理麻煩的 wait()、notify() 等流程。例如：

```
Concurrency ProducerConsumerDemo3.java
```
```java
package cc.openhome;

import java.util.concurrent.*;

public class ProducerConsumerDemo3 {
    public static void main(String[] args) {
        var queue = new ArrayBlockingQueue<Integer>(1); // 容量為 1
        new Thread(new Producer3(queue)).start();
        new Thread(new Consumer3(queue)).start();
    }
}
```

BlockingQueue 還有其他實作，以及 BlockingQueue 子介面及相關實作類別，可以查看 API 文件來得知實作原理與相關使用。

ConcurrentMap 是 Map 的子介面，其定義了 putIfAbsent()、remove() 與 replace() 等方法，這些方法都是原子（Atomic）操作。putIfAbsent() 在鍵物件不存在 ConcurrentMap 中時，才可置入鍵／值物件，否則傳回鍵對應的值物件，也就是相當於自行在 synchronized 中進行以下動作：

```java
if (!map.containsKey(key)) {
    return map.put(key, value);
} else {
    return map.get(key);
}
```

remove() 只有在鍵物件存在，且對應的值物件等於指定的值物件，才將鍵／值物件移除，也就是相當於自行在 synchronized 中進行以下動作：

```java
if (map.containsKey(key) && map.get(key).equals(value)) {
    map.remove(key);
    return true;
} else return false;
```

replace() 有兩個版本，其中一個版本是只有在鍵物件存在，且對應的值物件等於指定的值物件，才將值物件置換，也就是相當於自行在 synchronized 中進行以下動作：

```java
if (map.containsKey(key) && map.get(key).equals(oldValue)) {
    map.put(key, newValue);
    return true;
} else return false;
```

　　另外一個版本是在鍵物件存在時，將值物件置換，也就是相當於自行在 synchronized 中進行以下動作：

```
if (map.containsKey(key)) {
    return map.put(key, value);
} else return null;
```

　　ConcurrentHashMap 是 ConcurrentMap 的實作類別，ConcurrentNavigableMap 是 ConcurrentMap 子介面，其實作類別為 **ConcurrentSkipListMap**，可視為支援並行操作的 TreeMap 版本，可以查看 API 文件來得知相關使用方式與實作原理。

> 提示 ⟫⟫ ConcurrentHashMap 中 **putIfAbsent()**、**remove()** 與 **replace()** 等的說明，可以參考〈Map 便利的預設方法[5]〉。

📖 課後練習

實作題

1. 如果有個執行緒池，可以分配執行緒來執行 Request 實作物件的 execute() 方法，執行完後該執行緒類別必須能重複使用，該執行緒類別如何設計呢？假設 Request 介面定義如下：

```
public interface Request {
    void execute();
}
```

---

[5]　Map 便利的預設方法：openhome.cc/Gossip/CodeData/JDK8/Map.html

Lambda

12

CHAPTER

學習目標

- 認識 Lambda 語法
- 運用方法參考
- 瞭解介面預設方法
- 善用 Functional 與 Stream API
- Lambda、平行化與非同步處理

12.1　認識 Lambda 語法

第 9 章曾經看過 Lambda 語法的簡介，之後相關的範例，也適當地運用 Lambda 語法來取得程式碼的簡潔與表達性，不過，那並非 Lambda 專案的全部，在這一章，會來完整地認識、善用 Lambda。

12.1.1　Lambda 語法概覽

在 9.1.6 簡介過 Lambda 語法，不過，基於主題的完整性，這邊會從頭開始介紹。先來看個簡化匿名類別的場合，舉例而言，若打算將使用者名稱依長度排序，可以如下撰寫程式：

```
String[] names = {"Justin", "caterpillar", "Bush"};
Arrays.sort(names, new Comparator<String>() {
    public int compare(String name1, String name2) {
        return name1.length() - name2.length();
    }
});
```

Arrays 的 sort() 方法可用來排序，不過得告訴它元素比較時順序為何，可以實作 java.util.Comparator 來說明這件事，然而匿名類別的語法有些冗長，也許你曾經看過 9.1.6 的內容了，不過先別急著使用 Lambda 語法，如果想稍微改變一下 Arrays.sort() 該行的可讀性，還是可以如下：

```
Comparator<String> byLength = new Comparator<String>() {
    public int compare(String name1, String name2) {
        return name1.length() - name2.length();
    }
};

String[] names = {"Justin", "caterpillar", "Bush"};
Arrays.sort(names, byLength);
```

　　透過變數 byLength，確實可以讓排序意圖清楚許多，只是實作 Comparator 的匿名類別依舊冗長，可以使用 Lambda 特性來簡化程式碼，例如，宣告 byLength 時已經寫過 Comparator<String>，為什麼實作匿名類別時又得寫一次 Comparator<String>？若使用 Lambda 表示式，可以寫為：

```
Comparator<String> byLength =
    (String name1, String name2) -> name1.length() - name2.length();
```

　　重複的 Comparator<String>資訊從等號右邊去除了，原本的匿名類別只有一個方法要實作，因此在使用 Lambda 表示式時，從等號左邊的 Comparator<String> 宣告就可以知道，Lambda 表示式要實作 Comparator<String>的 compare()方法。

　　仔細看看，既然宣告變數時使用了 Comparator<String>，為什麼 Lambda 表示式的參數又得宣告 String？確實不用，編譯器可以從 byLength 變數的宣告型態，推斷 name1 與 name2 的型態，因此可以再簡化為：

```
Comparator<String> byLength =
    (name1, name2) -> name1.length() - name2.length();
```

　　var 語法可以自動推斷變數型態，Lambda 也可以在前後文資訊足夠的情況下，自動推斷參數型態，JDK11 以後可以寫成這樣：

```
Comparator<String> byLength =
    (var name1, var name2) -> name1.length() - name2.length();
```

　　等號右邊的表示式夠簡短了，不如直接放到 Arrays 的 sort()方法：

Lambda LambdaDemo.java

```
package cc.openhome;

import java.util.Arrays;

public class LambdaDemo {
    public static void main(String[] args) {
        String[] names = {"Justin", "caterpillar", "Bush"};
```

```
        Arrays.sort(names,
                    (name1, name2) -> name1.length() - name2.length());
        System.out.println(Arrays.toString(names));
    }
}
```

　　編譯器能從 names 推斷，sort()第二個參數型態是 Comparator<String>，因而 name1 與 name2 不用宣告型態；跟一開始的匿名類別寫法相比較，這邊的程式碼簡潔許多，那麼，Lambda 只是匿名類別的語法蜜糖嗎？不！還有許多細節會在後續介紹，現在只是先集中在重複資訊的去除與可讀性的改善。

　　如果不少地方都有依字串長度排序的需求，你會怎麼做？若是同一方法內，那麼就像先前用個 byName 區域變數，如果類別多個方法要共用，就用個 byName 的資料成員，byName 參考的實例沒有狀態問題，因而適合宣告為 static，若要在多個類別間共用，就設為 public static 如何？例如：

Lambda StringOrder.java

```java
package cc.openhome;

public class StringOrder {
    public static int byLength(String s1, String s2) {
        return s1.length() - s2.length();
    }

    public static int byLexicography(String s1, String s2) {
        return s1.compareTo(s2);
    }

    public static int byLexicographyIgnoreCase(String s1, String s2) {
        return s1.compareToIgnoreCase(s2);
    }
}
```

　　這次你聰明一些，將字串排序時可能的方式都定義出來了，原本依名稱長度排序就可以改寫為：

```java
String[] names = {"Justin", "caterpillar", "Bush"};
Arrays.sort(names, (name1, name2) -> StringOrder.byLength(name1, name2));
```

　　也許你發現了，除了方法名稱之外，byLength 方法的簽署與 Comparator 的 compare()方法相同，你只是在 Lambda 運算式中，將參數 s1 與 s2 傳給 byLength 方法，這感覺是重複操作？可以直接重用 byLength 方法不是更好嗎？**方法參考（Method reference）**可以達到這個目的：

```
Lambda StringOrderDemo.java
package cc.openhome;

import java.util.Arrays;

public class StringOrderDemo {
    public static void main(String[] args) {
        String[] names = {"Justin", "caterpillar", "Bush"};
        Arrays.sort(names, StringOrder::byLength);
        System.out.println(Arrays.toString(names));
    }
}
```

　　方法參考的特性，在重用既有 API 上扮演了重要角色。**重用既有方法實作，可避免到處寫下 Lambda 運算式**。上面的例子是運用方法參考的方式之一，也就是參考了既有的 static 方法。

　　來看看另一個需求，若想依字典順序排序名稱呢？因為已經定義了 StringOrder，也許你會這麼撰寫：

```
String[] names = {"Justin", "caterpillar", "Bush"};
Arrays.sort(names, StringOrder::byLexicography);
```

　　嗯！？仔細看看，StringOrder 的 byLexicography() 方法實作中，只是呼叫 String 的 compareTo() 方法，也就是將第一個參數 s1 作為 compareTo() 的接受者，第二個參數 s2 作 compareTo() 方法的參數，在這種情況下，可以直接參考 String 類別的 compareTo 方法，例如：

```
Lambda StringDemo.java
package cc.openhome;

import java.util.Arrays;

public class StringDemo {
    public static void main(String[] args) {
        String[] names = {"Justin", "caterpillar", "Bush"};
        Arrays.sort(names, String::compareTo);
        System.out.println(Arrays.toString(names));
    }
}
```

　　類似地，想對名稱按照字典順序排序，但忽略大小寫差異，也不用再透過 StringOrder 的 static 方法了，只要直接參考 String 的 compareToIgnoreCase()：

```
String[] names = {"Justin", "caterpillar", "Bush"};
Arrays.sort(names, String::compareToIgnoreCase);
```

　　方法參考不僅避免了重複撰寫 Lambda 運算式，還能讓程式碼更為清楚。這邊只是初嘗 Lambda 的甜頭，關於 Lambda 的更多細節，後續會繼續探討。

12.1.2　Lambda 表示式與函式介面

　　先前看過 Lambda 的幾個應用範例，接下來得瞭解一些細節了。首先，你得知道以下的程式碼：

```
Comparator<String> byLength =
    (String name1, String name2) -> name1.length() - name2.length();
```

　　可以拆開為兩部分，等號右邊是 **Lambda 表示式（Expression）**，等號左邊是作為 Lambda 表示式的**目標型態（Target type）**。先來看看等號右邊的 Lambda 表示式：

```
(String name1, String name2) -> name1.length() - name2.length()
```

　　這個 Lambda 表示式表示接受兩個參數 name1、name2，參數都是 String 型態，目前->右邊定義了會傳回結果的運算式，若運算比較複雜，必須使用多行陳述，可以加入{}定義區塊，如果有傳回值，必須加上 return，例如：

```
(String name1, String name2) -> {
    String name1 = name1.trim();
    String name2 = name2.trim();
    ...
    return name1.length() - name2.length();
}
```

　　區塊可以由數個陳述句組成，然而不建議如此使用。運用 Lambda 表示式時，儘量使用簡單的運算式，若實作較為複雜，可以考慮方法參考等其他方式。

　　Lambda 表示式若不接受任何參數，也必須寫下括號。例如：

```
() -> "Justin"                // 不接受參數，傳回字串
() -> System.out.println()    // 不接受參數，沒有傳回值
```

　　在編譯器可推斷類型的情況下，Lambda 表示式的參數型態可以不寫。例如以下範例可以從 Comparator<String>推斷出 name1 與 name2 的型態是 String，就不用寫出參數型態：

```
Comparator<String> byLength =
    (name1, name2) -> name1.length() - name2.length();
```

Lambda 表示式不代表任何型態的實例，同一個 Lambda 表示式，可表示不同目標型態的物件實作，舉例而言，上面範例中(name1, name2) -> name1.length() - name2.length()，用來表示 Comparator<String>的實作，如果定義了一個介面：

```
public interface Func<P, R> {
    R apply(P p1, P p2);
}
```

那麼同樣是(name1, name2) -> name1.length() - name2.length()表示式，在以下的程式碼：

```
Func<String, Integer> func =
    (name1, name2) -> name1.length() - name2.length();
```

就是用來表示目標型態 Func<String, Integer>的實作，這個例子也示範了如何定義 Lambda 表示式的目標型態，Lambda 是基於 interface 語法定義**函式介面（Functional interface）**，作為 Lambda 表示式的目標型態。**函式介面只定義一個抽象方法**，像是標準 API 的 Runnable、Callable、Comparator 等，都只定義了一個方法。

```
public interface Runnable {
    void run();
}

public interface Callable<V> {
    V call() throws Exception;
}

public interface Comparator<T> {
    int compare(T o1, T o2);
}
```

在介面只有一個方法要實作，只想關心參數及實作本體，不想理會類別與方法名稱的場合，像是 12.1.1 以匿名類別實作的例子：

```
Arrays.sort(names, new Comparator<String>() {
    public int compare(String name1, String name2) {
        return name1.length() - name2.length();
    }
});
```

就這個程式碼片段而言，關心的只是怎麼比較兩個元素，這類場合下，使用 Lambda 表示式，更能專注在程式碼的意圖：

```
Arrays.sort(names, (name1, name2) -> name1.length() - name2.length());
```

Lambda 表示式只關心方法簽署的參數與回傳定義，然而忽略方法名稱。若函式介面定義的方法只接受一個參數，例如：

```
public interface Func {
    public void apply(String s);
}
```

在撰寫 Lambda 運算式時，若編譯器可推斷型態，本來可以寫為：

```
Func func = (s) -> out.println(s);
```

這時括號就是多餘的了，可以省略寫為：

```
Func func = s -> out.println(s);
```

函式介面是只定義一個方法的介面，不過有時難以直接分辨介面是否為函式介面，例如稍後就會看到，**介面可以定義預設方法（Default method）**，而介面可能繼承其他介面、重新定義了某些方法等，這些都會使得確認介面是否為函式介面更為困難。若要編譯器幫忙檢查是否定義了函式介面，可以使用 **@FunctionalInterface**：

```
@FunctionalInterface
public interface Func<P, R> {
    R apply(P p);
}
```

若介面使用@FunctinalInterface 標註，然而並非函式介面的話，會引發編譯錯誤。例如以下這個介面：

```
@FunctionalInterface
public interface Function<P, R> {
    R call(P p);
    R call(P p1, P p2);
}
```

編譯器會對此介面產生以下編譯錯誤：

```
@FunctionalInterface
^
   Function is not a functional interface
     multiple non-overriding abstract methods found in interface Function
1 error
```

12.1.3 Lambda 遇上 this 與 final

Lambda 表示式不是匿名類別的語法蜜糖，若將它當作語法蜜糖，在處理 this 參考對象時，就會覺得困惑。來看一下接下來的程式，其中使用了匿名類別，先想想看結果會如何顯示？

Lambda ThisDemo.java

```java
package cc.openhome;

import static java.lang.System.out;

class Hello {
    Runnable r1 = new Runnable() {
        public void run() {
            out.println(this);
        }
    };

    Runnable r2 = new Runnable() {
        public void run() {
            out.println(toString());
        }
    };

    public String toString() {
        return "Hello, world!";
    }
}

public class ThisDemo {
    public static void main(String[] args) {
        var hello = new Hello();
        hello.r1.run();
        hello.r2.run();
    }
}
```

你認為執行結果會顯示"Hello, World!"嗎？看來並不是：

```
cc.openhome.Hello$1@2dda6444
cc.openhome.Hello$2@5e9f23b4
```

在這個範例中，this 參考對象以及 toString()（也就是 this.toString()）的接受者，都是匿名類別建立的實例，也就是 Runnable 實例，由於沒有定義 Runnable 的 toString()，顯示結果是 Object 預設的 toString()傳回字串。再來看看接下來的程式，它會顯示什麼？

Lambda ThisDemo2.java

```java
package cc.openhome;

import static java.lang.System.out;

class Hello2 {
    Runnable r1 = () -> out.println(this);
    Runnable r2 = () -> out.println(toString());

    public String toString() {
        return "Hello, world!";
    }
}

public class ThisDemo2 {
    public static void main(String[] args) {
        var hello = new Hello2();
        hello.r1.run();
        hello.r2.run();
    }
}
```

如果 Lambda 表示式只是匿名類別的語法蜜糖，那麼結果也該是顯示 cc.openhome.Hello$1@2dda6444 與 cc.openhome.Hello$2@5e9f23b4 之類的訊息，然而執行結果會顯示兩次"Hello, World!"。

Lambda 表示式本體中 this 參考對象以及 toString()（也就是 this.toString()）的接受者，是來自 Lambda 的周圍環境（Context），也就是看 Lambda 表示式是在哪個名稱範疇（Scope），就能參考該範疇內的名稱，像是變數或方法。

在上面的範例中，因為是 Hello 類別包圍了 Lambda 表示式，Lambda 表示式參考了類別範疇中的名稱，範例中定義了 Hello 類別 toString()傳回"Hello, world!"字串，執行時才會顯示兩次"Hello, world!"。

Lambda 表示式捕獲的區域變數，必須是 `final` 或等效於 `final`，例如以下的 names 變數可以被 Lambda 表示式捕捉：

```
String[] names = {"Justin", "Monica", "Irene"};
Runnable runnable = () -> {
    for(String name : names) {
        out.println(name);
    }
};
```

這表示 Lambda 表示式中不能修改捕獲的區域變數值，因為 Java 採用 Lambda 的理由之一，是想支援並行程式設計，Lambda 表示式捕獲的區域變數若可變動值，也就表示並行時必須處理同步鎖定問題，Java 透過禁止 Lambda 表示式修改區域變數值，來避免這類的問題。

12.1.4 方法與建構式參考

臨時為函式介面定義實作時，Lambda 表示式很方便，然而有時候會發現，某些靜態方法的本體實作流程，與自行定義的 Lambda 表示式相同，Java 考慮到這種狀況，Lambda 表示式只是定義函式介面實作的一種方式，**只要靜態方法的方法簽署中，參數與傳回值定義相同，也可以使用靜態方法來定義函式介面實作。**

舉例來說，在 12.1.1 曾定義過以下程式碼：

```
package cc.openhome;

public class StringOrder {
    public static int byLength(String s1, String s2) {
        return s1.length() - s2.length();
    }
    ...
}
```

若想定義 Comparator<String>的實作，必須實作 int compare(String s1, String s2)方法，你可以使用 Lambda 表示式定義：

```
Comparator<String> byLength = (s1, s2) -> s1.length() - s2.length();
```

然而仔細觀察，StringOrder 的靜態方法 byLength 之參數、傳回值，與 Comparator<String>的 int compare(String s1, String s2)之參數、傳回值相同，你可以讓函式介面的實作，參考 StringOrder 的靜態方法 byLength：

```
Comparator<String> byLength = StringOrder::byLength;
```

這特性稱為**方法參考（Method references）**，可以**避免到處寫下 Lambda 表示式，儘量運用既有的 API 實作，也可以改善可讀性**，在 12.1.1 就探討過，與其寫下…

```
String[] names = {"Justin", "caterpillar", "Bush"};
Arrays.sort(names, (name1, name2) -> name1.length() - name2.length());
```

不如如下撰寫比較清楚：

```
String[] names = {"Justin", "caterpillar", "Bush"};
Arrays.sort(names, StringOrder::byLength);
```

函式介面實作可以參考靜態方法之外，還可以參考特定物件的實例方法。例如，在 9.1.7 看過，Iterable 有 forEach() 方法，可以迭代物件進行指定處理：

```
var names = List.of("Justin", "Monica", "Irene");
names.forEach(name -> out.println(name));
new HashSet(names).forEach(name -> out.println(name));
new ArrayDeque(names).forEach(name -> out.println(name));
```

發現了嗎？寫了三個重複的 Lambda 表示式，forEach() 接受 java.util.function.Consumer 介面的實例，Consumer 定義了 void accept(T t) 方法，out 是 PrintStream 實例，println() 其實是 out 實例的方法，println() 的方法簽署與 accept() 方法相同，你可以直接參考 out 的 println() 方法：

```
var names = List.of("Justin", "Monica", "Irene");
names.forEach(out::println);
new HashSet(names).forEach(out::println);
new ArrayDeque(names).forEach(out::println);
```

函式介面實作也可以參考類別定義的非靜態方法，函式介面會試圖用第一個參數作為方法接收者。舉例而言：

```
Comparator<String> naturalOrder = String::compareTo;
```

雖然 Comparator<String>的 int compare(String s1, String s2)方法必須有兩個參數，然而在以上的方法參考中，會試圖用第一個參數 s1 作為 compareTo() 的方法接收者，s2 作為方法的參數，也就是 s1.compareTo(s2)，實際的應用在 12.1.1 看過：

```
String[] names = {"Justin", "caterpillar", "Bush"};
Arrays.sort(names, String::compareTo);
...
Arrays.sort(names, String::compareToIgnoreCase);
```

　　方法參考可重用既有 API 的方法定義，**建構式參考（Constructor references）則可重用既有 API 的類別建構式**。你也許會發出疑問：「建構式？他們有傳回值型態嗎？」建構式語法不用指定傳回型態，然而隱含著傳回值型態，也就是類別本身。

　　來看看參考建構式的情境之一，若定義了 `map()` 方法如下：

```
static <T, R> List<R> map(List<T> list, Function<T, R> mapper) {
    var mapped = new ArrayList<R>();
    for(var i = 0; i < list.size(); i++) {
        mapped.add(mapper.apply(list.get(i)));
    }
    return mapped;
}
```

　　其中使用了 `java.util.function.Function` 介面，這個介面定義了一個 `R apply(T t)` 方法，`map()` 方法接受 `Function` 實例，用來指定如何將 `T` 轉換為 `R`，你也許想將使用者名稱轉為 `Person` 實例：

```
var names = List.of(args);   // args 是命令列引數
var persons = map(names, name -> new Person(name));
```

　　上例中的 Lambda 表示式，只是使用 `name` 呼叫 `Person` 建構式，不如就直接參考 `Person` 的建構式吧！

Lambda MethodReferenceDemo.java

```
package cc.openhome;

import static java.lang.System.out;
import java.util.*;
import java.util.function.Function;

record Person(String name) {}

public class MethodReferenceDemo {
    static <P, R> List<R> map(List<P> list, Function<P, R> mapper) {
        var mapped = new ArrayList<R>();
        for(var i = 0; i < list.size(); i++) {
            mapped.add(mapper.apply(list.get(i)));
        }
        return mapped;
    }

    public static void main(String[] args) {
        var names = List.of(args);
        var persons = map(names, Person::new);
```

```
        persons.forEach(out::println);
    }
}
```

　　如果類別有多個建構式，會使用函式介面的方法簽署來比對，找出對應的
建構式。這個範例也示範了方才介紹的方法參考，forEach()接受 Consumer 實
例，而 Consumer 實作直接參考了 System.out 的 println()方法。

12.1.5　介面預設方法

　　介面定義時可以有預設實作，或者稱為**預設方法（Default methods）**。預
設方法的實例之一，就是定義在 Iterable 介面的 forEach()方法：

```
package java.lang;

import java.util.Iterator;
import java.util.Objects;
import java.util.function.Consumer;

public interface Iterable<T> {
    Iterator<T> iterator();
    default void forEach(Consumer<? super T> action) {
        Objects.requireNonNull(action);
        for (T t : this) {
            action.accept(t);
        }
    }
}
```

　　預設方法使用 default 關鍵字修飾，預設權限為 public，forEach()是預設方
法，而 iterator()方法沒有實作，Iterable 實作類別要實作 iterator()方法，
API 客戶端就可以直接使用 forEach()方法。例如，可以如下撰寫程式碼：

```
var names = List.of("Justin", "caterpillar", "Monica");
names.forEach(out::println);
```

　　預設方法令介面看來像是有抽象方法的抽象類別，然而因為介面本身不能
定義資料成員，**預設方法的實作中無法直接使用資料成員**。

　　預設方法也給了**共用相同實作**的方便性。例如，可以如下定義自己的
Comparable 介面：

```
public interface Comparable<T> {
    int compareTo(T that);
```

```
    default boolean lessThan(T that) {
        return compareTo(that) < 0;
    }
    default boolean lessOrEquals(T that) {
        return compareTo(that) <= 0;
    }
    default boolean greaterThan(T that) {
        return compareTo(that) > 0;
    }
    ...
}
```

若有個 Ball 類別想實作這個 Comparable 介面，只需要實作 compareTo() 方法：

```
public class Ball implements Comparable<Ball> {
    private int radius;
    ...
    public int compareTo(Ball that) {
        return this.radius - that.radius;
    }
}
```

這麼一來，每個 Ball 實例就會擁有 Comparable 定義的預設方法。因為類別可以實作多個介面，運用預設方法，就可以在某介面定義可共用的操作，若有個類別需要某些可共用操作，只需要實作相關介面，就可以混入（Mixin）這些共用的操作了。

在實作預設方法時，可能會將演算法定義為更小的流程，而這些流程不用公開，基於此需求，**介面可以定義 private 方法**，可被預設方法呼叫，然而不用加上 default 修飾。例如：

```
public interface Some {
    default void doIt() {
        subMethod1();
        subMethod2();
    }
    private void subMethod1() {
        // 私有實作...
    }
    private void subMethod2() {
        // 私有實作...
    }

}
```

▶ 辨別方法的實作版本

　　介面沒有實作時，判斷方法來源時會單純許多，為介面定義預設實作，可引入更強大的威力，然極也引入更多的複雜度，你得留意採用的是哪個預設方法。

　　介面也可以被繼承，而抽象方法或預設方法都會繼承下來，**子介面再以抽象方法重新定義父介面已定義的抽象方法，通常是為了文件化**，這是常見的實踐（Practice），因為沒有實作，也就沒有辨別實作版本的問題。

　　若介面定義了預設方法，辨別實作版本時有許多需要注意的地方。例如，父介面的抽象方法，在子介面中可以用預設方法實作，父介面的預設方法，在子介面中可以被重新定義。

　　若父介面有個預設方法，子介面再度宣告與父介面相同的方法簽署，但沒有寫出 default，也就是沒有方法實作，子介面就是重新定義該方法為抽象方法了。例如，也許會自定義一個 BiIterable：

```
import java.util.Iterator;
import java.util.function.Consumer;

public interface BiIterable<T> extends Iterable<T> {
    Iterator<T> iterator();
    void forEach(Consumer<? super T> action);
    ...
}
```

　　在上面的例子中，BiIterable 的 forEach() 方法就沒有實作了，實作 BiIterable 的類別，就必須實作 forEach() 方法。

　　若有兩個父介面定義了相同方法簽署的預設方法，就會引發衝突。例如，假設 Part 與 Canvas 介面都定義了 default 的 draw() 方法，而 Lego 介面繼承 Part、Canvas 時，沒有重新定義 draw()，就會發生編譯錯誤。

　　解決的方式是明確重新定義 draw()，無論是重新定義為抽象或預設方法，若重新定義為預設方法時，想明確呼叫某個父介面的 draw() 方法，必須使用介面名稱與 super 明確指定，例如：

```
public interface Lego extends Part, Canvas {
    default void draw() {
        Part.super.draw();
    }
}
```

如果類別實作的兩個介面擁有相同的父介面，其中一個介面重新定義了父介面的預設方法，而另一個介面沒有，那麼實作類別會採用重新定義的版本。例如，若自定義一個 LinkedList 如下：

```
class LinkedList<E> implements List<E>, Queue<E>
```

若 List 與 Queue 的父介面 Collection 定義了 removeAll() 預設方法，List 繼承 Collection 後重新以預設方法定義了 removeAll()，Queue 繼承 Collection 後，沒有重新定義 removeAll() 方法，那麼 LinkedList 採用的版本，就是 List 的 removeAll() 預設方法，而不是 Collection 中的 removeAll() 預設方法。

若子類別繼承了父類別又實作了某介面，而父類別的方法與介面中的預設方法具有相同方法簽署，就採用父類別的方法定義。

簡單來說，類別的定義優先於介面的定義，若有重新定義，就以重新定義為主，必要時使用介面與 super 指定預設方法。

介面可以定義靜態方法，9.1.8 使用到的 nullsFirst()、reverseOrder() 等方法，就是定義在 Comparator 介面的靜態方法。

介面的公開靜態方法，演算流程可能被拆解為數個小流程，定義於其他靜態方法中，若這些方法不用公開給外界，可以定義為 private 的靜態方法。

◎ 回顧 Iterable、Iterator、Comparator

來看看標準 API 中具有預設方法的介面，其中一個在 9.1.7 看過，也就是 Iterable 介面，定義了 forEach() 預設方法：

```
...
public interface Iterable<T> {
    ...
    default void forEach(Consumer<? super T> action) {
        Objects.requireNonNull(action);
        for (T t : this) {
            action.accept(t);
        }
    }
    ...
}
```

　　之前的範例看過 forEach() 的應用了，也就是將收集的物件逐一迭代，不用再透過 Iterator 實例進行外部迭代。Iterator 也有個 forEachRemaining() 的預設實作，可用來迭代剩餘元素：

```
...
public interface Iterator<E> {
    ...
    default void forEachRemaining(Consumer<? super E> action) {
        Objects.requireNonNull(action);
        while (hasNext())
            action.accept(next());
    }
}
```

　　在 9.1.8 談過 Comparator，當時使用過 nullsFirst()、reverseOrder() 等靜態方法，Comparator 也定義了一些預設方法，像是 thenComparing() 方法，可以從既有的 Comparator 實例，組合出複合比較條件的 Comparator 實例。例如，若想先依客戶的姓氏來排，若姓氏相同再依字來排，如果姓名都相同，再依居住地的郵遞區號來排，你可以如下建立 Comparator：

Lambda CustomerDemo.java

```
package cc.openhome;

import static java.lang.System.out;
import java.util.*;
import static java.util.Comparator.comparing;

public class CustomerDemo {
    public static void main(String[] args) {
        var customers = Arrays.asList(
                new Customer("Justin", "Lin", 804),
                new Customer("Monica", "Huang", 804),
                new Customer("Irene", "Lin", 804)
        );

        var byLastName = comparing(Customer::lastName);

        customers.sort(
            byLastName
              .thenComparing(Customer::firstName)
              .thenComparing(Customer::zipCode)
        );

        customers.forEach(out::println);
    }
}

record Customer(String firstName, String lastName, Integer zipCode) {}
```

Comparator 實例呼叫 thenComparing() 方法，會傳回新的 Comparator 實例，也就可以再次呼叫 thenComparing() 方法，組合出想要的排序方式。程式的執行結果如下：

```
Customer[firstName=Monica, lastName=Huang, zipCode=804]
Customer[firstName=Irene, lastName=Lin, zipCode=804]
Customer[firstName=Justin, lastName=Lin, zipCode=804]
```

12.2 Functional 與 Stream API

Lambda 專案包含可相輔相成的 API，主要座落於 **java.util.function** 與 **java.util.stream** 套件，瞭解並善用這些 API，才能發揮 Lambda 的威力。

12.2.1 使用 Optional 取代 null

在談到 java.util.Optional 類別的使用之前，必須先引用一下 Java Collection API 及 JSR166 參與者 Doug Lea 的話：

"Null sucks."

圖靈獎得主、快速排序發明者 Tony Hoare，在 QCon London 2009 主講〈Null References: The Billion Dollar Mistake[1]〉場次時也談到 null：

"I call it my billion-dollar mistake."

Java 開發者經常會與 **NullPointerException** 奮戰，若有個變數參考至 null，透過該變數進行操作，就會引發 NullPointerException。

null 的根本問題在於語意含糊不清，就字面來說，null 可以是「不存在」、「沒有」、「無」或「空」等概念，在應用時也就常令人感到模稜兩可，讓開發者有了各自解釋空間，當開發者想到「嘿！這邊是空的…」就直接放個 null，或者是想到「嗯！沒什麼東西可以傳回…」就不假思索地傳回 null，然後使用者就總是忘了檢查 null，引發各種可能的錯誤。

---

[1] The Billion Dollar Mistake：www.youtube.com/watch?v=ybrQvs4x0Ps

　　由於 null 根本問題在於含糊而不明確，要避免使用 null 的方式，就是確認使用 null 的時機與目的，並使用明確語義。開發者從方法傳回 null，代表著客戶端必須檢查是否為 null，若是 null，常見的處理方式之一是使用預設值，以便後續程式繼續執行。舉個例子來說：

```
public static void main(String[] args) {
    var nickName = findNickName("Duke");
    if (nickName == null) {
        nickName = "Openhome Reader";
    }
    out.println(nickName);
}

static String findNickName(String name) {
    // 假裝的鍵值資料庫
    var nickNames = Map.of(
        "Justin", "caterpillar",
        "Monica", "momor",
        "Irene", "hamimi"
    );
    return nickNames.get(name); // 鍵不存在時會傳回 null
}
```

　　在上面的程式中，如果呼叫 findNickName() 時忘了檢查傳回值，執行結果會顯示 null，在這個簡單的例子中不會怎樣，只是顯示結果令人困惑罷了；然而若後續的執行流程涉及重要的結果，程式快樂地繼續執行下去，錯誤可能到某個執行環節才會發生，造成不可預期的結果。

　　可以修改 findNickName() 傳回 Optional<String> 實例，而不是傳回 null，**方法若傳回 Optional 實例，表示該實例可能包裹也可能不包裹值**。有幾個靜態方法可以建立 Optional 實例，使用 **of()** 方法可以指定非 null 值建立 Optional 實例，使用 **empty()** 方法能建立不包裹值的 Optional 實例。例如，可使用 Optional 改寫上頭的 findNickName() 方法：

```
static Optional<String> findNickName(String name) {
    var nickNames = Map.of(
        "Justin", "caterpillar",
        "Monica", "momor",
        "Irene", "hamimi"
    );
    var nickName = nickNames.get(name);
    return nickName == null ? Optional.empty() : Optional.of(nickName);
}
```

因為 findNickName() 傳回 Optional 實例，語義上表示有或沒有值，客戶端就要意識到必須進行檢查，若不檢查就直接呼叫 Optional 的 get() 方法：

```
var nickName = findNickName("Duke").get();
out.println(nickName);
```

這會直接拋出 **java.util.NoSuchElementException**，以實現**速錯（Fail fast）** 的概念，讓開發者可以立即發現錯誤，並瞭解到必須使用程式碼檢查，可能的檢查方式之一是：

```
var nickOptional = findNickName("Duke");
var nickName = "Openhome Reader";
if(nickOptional.isPresent()) {
    nickName = nickOptional.get();
}
out.println(nickName);
```

不過這看來有點囉嗦，較好的方式之一是使用 orElse() 方法，指定值不存在時的替代值：

```
var nickOptional = findNickName("Duke");
out.println(nickOptional.orElse("Openhome Reader"));
```

過去許多程式庫中使用了 null，這些程式庫無法說改就改，可使用 Optional 的 **ofNullable()** 來銜接程式庫會傳回 null 的方法，使用 ofNullable() 方法時，若指定了非 null 值就會呼叫 of() 方法，指定了 null 值就會呼叫 empty() 方法。例如，先前的 findNickName() 方法可以更簡潔地修改為：

```
static Optional<String> findNickName(String name) {
    var nickNames = Map.of(
        "Justin", "caterpillar",
        "Monica", "momor",
        "Irene", "hamimi"
    );
    return Optional.ofNullable(nickNames.get(name));
}
```

Optional 還有更高階的 map() 與 flatMap() 方法，這稍後會解釋，在這之前，得先認識一下 java.util.function 套件的函式介面。

12.2.2　標準 API 的函式介面

Lambda 表示式的目標型態要看函式介面而定，雖然可以自行定義函式介面，然而對於幾種常用的函式行為，**標準 API 已經定義了通用的函式介面**，可以先基於通用的函式介面撰寫程式，必要時才考慮自訂函式介面。

java.util.function 套件包含通用函式介面，就行為來說，可以分為 Consumer、Function、Predicate 與 Supplier 四個類型。

◉ Consumer 函式介面

如果需要的行為是接受一個引數，處理後不傳回值，就可以使用 Consumer 介面，它的定義是：

```java
package java.util.function;

import java.util.Objects;

@FunctionalInterface
public interface Consumer<T> {
    void accept(T t);
    ...
}
```

接受 Consumer 的方法之一是 Iterable 的 forEach 方法：

```java
default void forEach(Consumer<? super T> action) {
    Objects.requireNonNull(action);
    for (T t : this) {
        action.accept(t);
    }
}
```

既然是接受引數而沒有傳回值，那就是純綷消耗引數，這也就是命名為 Consumer 的原因，這表示 accept() 執行時會有副作用（Side effect），像是改變物件狀態、輸入輸出等，例如，使用 System.out 的 println()：

```java
List.of("Justin", "Monica", "Irene").forEach(out::println);
```

Consumer 介面接受物件實例作為引數，對於基本型態 int、long、double，另外有 IntConsumer、LongConsumer、DoubleConsumer 三個函式介面；BiConsumer 接受兩個物件作為引數的介面，另外還有 ObjIntConsumer、ObjLongConsumer、

ObjDoubleConsumer，它們的第一個參數接受物件，第二個參數分別接受 int、long 與 double。

▶ Function 函式介面

如果需要接受一個引數，執行後傳回結果，可以使用 Function 介面，它的定義是：

```
package java.util.function;

import java.util.Objects;

@FunctionalInterface
public interface Function<T, R> {
    R apply(T t);
    ...
}
```

這行為就像數學函數 y=f(x)，給予 x 值計算 y 值的概念，應用之一曾在 12.1.4 的 MethodReferenceDemo 範例看過，該範例 map() 方法接受 Function 實例，將值轉換為另一個值。

Function 子介面為 UnaryOperator，參數與傳回值都是相同型態，雖然 Java 不支援運算子重載，不過這個命名概念源自於某些語言中，運算子也是函數的概念：

```
@FunctionalInterface
public interface UnaryOperator<T> extends Function<T,T>
```

對於基本型態的函式轉換，有 IntFunction、LongFunction、Double Function、IntToDoubleFunction、IntToLongFunction、LongToDoubleFunction、LongToIntFunction、DoubleToIntFunction、DoubleToLongFunction 等函式介面，看看它們的名稱或 API 文件，作用應該都一目瞭然。

若需要接受兩個引數、傳回一個結果，可以使用 BiFunction：

```
package java.util.function;

import java.util.Objects;

@FunctionalInterface
public interface BiFunction<T, U, R> {
    R apply(T t, U u);
```

```
    ...
}
```

　　類似地，BinaryOperator 是 BiFunction 的子介面，兩個參數與傳回值都是相同型態；對於基本型態，也有些對應的函式介面，只要是 BiFunction 或是 BinaryOperator 名稱結尾的，都是這類函式介面，可以直接查詢 API 來瞭解。

◎ Predicate 函式介面

　　如果接受一個引數、傳回 boolean 值，也就是根據傳入的引數，論斷真假的行為，可以使用 Predicate 函式介面，其定義為：

```
package java.util.function;

import java.util.Objects;

@FunctionalInterface
public interface Predicate<T> {
    boolean test(T t);
    ...
}
```

　　舉例來說，若有個存放檔案名稱的 String 陣列 fileNames，想知道副檔名為.txt 的元素有幾個，可以如下：

```
var count = Stream.of(fileNames)
                  .filter(name -> name.endsWith("txt"))
                  .count();
```

　　之後還會詳細介紹 Stream，此實例的 filter()方法接受 Predicate 實例，fileNames 的元素，會流入 Predicate 的 test()方法，方法傳回 true 或 false 判斷是否保留，只有保留下來的元素，才會流入 filter()傳回的 Stream，透過 count()可以取得保留而流過來的元素有幾個。

　　類似地，BiPredicate 接受兩個引數，傳回 boolean 值，基本型態對應的函式介面，則有 IntPredicate、LongPredicate、DoublePredicate。

◎ Supplier 函式介面

　　若需要的行為是不接受任何引數就傳回值，可以使用 Supplier 函式介面：

```
package java.util.function;
```

```
@FunctionalInterface
public interface Supplier<T> {
    T get();
}
```

不接受引數就能傳回值，代表 Supplier 實例本身有副作用，會是個生產者、工廠、產生器之類的角色，像是提供容器、固定值、某時間點某物的狀態、外部輸入、按需（On-demand）索取的（昂貴）運算等。

舉例而言，稍後就會介紹的 Stream 介面，定義有 collect() 方法，有個版本就接受 Supplier 實例，Supplier 在必要時產生容器，以便 collect() 收集物件。

```
collect

<R> R collect(Supplier<R> supplier,
              BiConsumer<R,? super T> accumulator,
              BiConsumer<R,R> combiner)
```

圖 12.1　Stream 介面的 collect() 方法

至於 BooleanSupplier、DoubleSupplier、IntSupplier、LongSupplier，可以直接查詢一下 API，就能瞭解其作用。

12.2.3　使用 Stream 進行管線操作

在正式瞭解 Stream 介面之前，先來看一個程式片段：

```
var fileName = args[0];   // args 是命令列引數
var prefix = args[1];
var firstMatchdLine = "no matched line";
for(var line : Files.readAllLines(Paths.get(fileName))) {
    if(line.startsWith(prefix)) {
        firstMatchdLine = line;
        break;
    }
}
out.println(firstMatchdLine);
```

程式中使用了 java.nio.file 的 Files 與 Paths 類別，是第 14 章會介紹到的 NIO2 標準類別，get() 方法傳回 Path 實例，代表指定的路徑，readAllLines() 方法讀取檔案全部內容，並以換行為依據，將每行內容收集在 List<String> 後傳回，程式會找到第一個符合條件的行，然後離開迴圈。

這類的需求，建議改用以下的程式來完成：

```
Lambda LineStartsWith.java
```

```java
package cc.openhome;

import java.io.IOException;
import java.nio.file.Files;
import java.nio.file.Paths;

public class LineStartsWith {
    public static void main(String[] args) throws IOException {
        var fileName = args[0];
        var prefix = args[1];
        var maybeMatched = Files.lines(Paths.get(fileName))
                                .filter(line -> line.startsWith(prefix))
                                .findFirst();
        System.out.println(maybeMatched.orElse("no matched line"));
    }
}
```

最大差別是沒有使用 for 迴圈與 if 判斷式，並使用**管線（Pipeline）操作風格**，效能上也有差異，若讀取的檔案很大，第二個程式片段會比第一個程式片段來得有效率。

Files 的 lines() 方法，會傳回 **java.util.stream.Stream** 實例，就這個例子來說就是 Stream<String>，使用 Stream 的 filter() 方法會留下符合條件的元素，findFirst() 方法會嘗試取得留下的元素中第一個，當然可能沒有留下任何元素，因此傳回 Optional<String> 實例。

效能的差異在於，第一個程式片段的 Files.readAllLines() 方法傳回的是 List<String> 實例，包括檔案中全部的文字行，若第一行就符合指定條件了，那後續的行讀取就是多餘的；第二個程式片段的 lines() 方法不會馬上讀取檔案內容，filter() 也不會馬上進行過濾，而是會在呼叫 findFirst() 時，才會驅動 filter() 執行，此時才會要求 lines() 傳回的 Stream 進行第一行讀取，若第一行就符合，那後續的行就不會再讀取，效率差異就在於此。

能夠達到這類**惰性求值（Lazy evaluation）**的效果，也就是需要資料時，findFirst() 要求 filter()，而 filter() 才要求讀取檔案下一行，這種你需要我再給的行為，背後功臣就是 Stream 實例。

　　第一個程式片段在行為上，是取得 List 傳回的 Iterator，以搭配 for 迴圈進行**外部迭代（External iteration）**，第二個程式片段是將迭代行為隱藏在 lines()、filter() 與 findFirst() 方法，稱為**內部迭代（Internal iteration）**，因為內部迭代行為被隱藏了，也就有許多實現效率的可能性。

　　Stream 的頂層父介面是 AutoCloseable，而 Stream 的直接父介面 java.util.stream.BaseStream 的 close() 實作了 close() 方法，然而**絕大多數的 Stream 不需要呼叫 close() 方法，除了一些 I/O 操作之外，例如 Files.lines()、Files.list() 與 Files.walk() 方法，建議這類操作可以搭配嘗試關閉資源（try-with-resource）語法**。

　　Stream API 使用管線操作風格，一個管線基本上包括了幾個部分：

- 來源（Source）
- 零或多個中介操作（Intermediate operation）
- 一個最終操作（Terminal operation）

　　來源可能是檔案、陣列、群集、產生器（Generator）等，在這個例子就是指定的檔案。中介操作又稱**聚合操作（Aggregate operation）**，這些操作呼叫時，不會立即進行手邊的資料處理，它們很**懶惰（Lazy）**，只在後續中介操作要求資料時，才會處理下一筆資料，像是第二個程式片段的 filter() 方法。最終操作是最後真正需要結果的操作，會要求之前懶惰的中介操作開始動手。

　　這就是 Stream API 被命名為 Stream 的原因，Stream 實例銜接了來源，中介操作方法會傳回 Stream 實例，然而不會馬上處理資料，每個中介操作後的 Stream 實例會串聯在一起，Stream 的最終操作方法，會傳回真正需要的結果，最終操作方法會引發先前中介操作時，串連在一起的 Stream 實例進行資料處理。

　　從來源取得資料進行運算，以求得最終結果，是程式設計時經常進行的動作，不少具有來源概念的 API，都增加了傳回 Stream 的方法，除了這邊看到的 Files，還可以使用 Stream 的靜態方法建立 Stream 實例，像是 of() 方法，對於陣列，也可以使用 Arrays 的 stream() 方法建立 Stream 實例。

　　Collection 也是個例子，其定義了 stream() 方法傳回 Stream 實例，只要是 Collection 都可以進行中介操作。例如，原本有個程式片段：

```
List<Player> players = ...;
```

```
List<String> names = new ArrayList<>();
for(Player player : players) {
    if(player.age() > 15) {
        names.add(player.name().toUpperCase());
    }
}
for(String name : names) {
    System.out.println(name);
}
```

可以使用 Stream API 改為以下的風格：

Lambda PlayerDemo.java

```
package cc.openhome;

import static java.lang.System.out;
import java.util.List;
import static java.util.stream.Collectors.toList;

public class PlayerDemo {
    public static void main(String[] args) {
        var players = List.of(
                new Player("Justin", 39),
                new Player("Monica", 36),
                new Player("Irene", 6)
        );
        players.stream()
                .filter(player -> player.age() > 15)
                .map(Player::name)
                .map(String::toUpperCase)
                .collect(toList())
                .forEach(out::println);
    }
}

record Player(String name, Integer age) {}
```

　　每個中介操作隱藏了細節，除了隱含效率改進的空間，也鼓勵開發者多利用這類風格，以避免撰寫一些重複流程，或思考目前的複雜演算中，實際上會是由哪些小任務完成。

　　例如，如果程式在 for 迴圈中使用了 if：

```
for(var player : players) {
    if(player.age() > 15) {
        // 這是下一個小任務
    }
}
```

也許就有改用 `filter()` 方法的可能性：

```
players.stream()
      .filter(player -> player.age() > 15)
      ... // 接下來的中介或最終操作
```

如果程式在 `for` 迴圈中從一個型態對應至另一型態：

```
for(var player: players) {
    var upperCase = player.name().toUpperCase();
    ...下一個小任務
}
```

也許就有改用 `map()` 方法的可能性：

```
players.stream()
      .map(Player::name)
      .map(String::toUpperCase)
      ...下一個小任務
```

for 迴圈若滲雜了許多小任務，會使 for 迴圈中的程式碼艱澀難懂，辨識出這些小任務，運用中介操作，形成管線化操作風格，就能增加程式碼閱讀時的流暢性。

`Stream` 的直接父介面為 `BaseStream`，而 `BaseStream` 還有 `DoubleStream`、`IntStream` 與 `LongStream` 這三個用於基本型態操作的子介面。

Stream 只能迭代一次，重複對 `Stream` 進行迭代，會引發 `IllegalStateException`。

12.2.4 進行 Stream 的 reduce 與 collect

從一組數據依條件求得一個數，或將一組數據依條件收集至另一容器，程式設計中不少地方都存在這類需求，使用迴圈解決這類需求，也是許多開發者最常採用的動作。舉例來說，求得一組員工的男性平均年齡：

```
List<Employee> employees = ...;
var sum = 0;
for(var employee : employees) {
    if(employee.gender() == Gender.MALE) {
        sum += employee.age();
    }
}
var average = sum / employees.size();
```

迴圈中有過濾的動作，若要求得一組員工的男性最大年齡，可能常見這樣撰寫：

```
var max = 0;
for(var employee : employees) {
    if(employee.gender() == Gender.MALE) {
        if(employee.age() > max) {
            max = employee.age();
        }
    }
}
```

迴圈中也有過濾的動作，**這類需求存在類似的流程，而你也不斷重複撰寫著類似流程，而且從閱讀程式碼角度來看，無法一眼察覺程式意圖**，你可以改寫為：

Lambda EmployeeDemo.java

```
package cc.openhome;

import static java.lang.System.out;
import java.util.List;

public class EmployeeDemo {
    public static void main(String[] args) {
        var employees = List.of(
                new Employee("Justin", 39, Gender.MALE),
                new Employee("Monica", 36, Gender.FEMALE),
                new Employee("Irene", 6, Gender.FEMALE)
        );

        var sum = employees.stream()
                .filter(employee -> employee.gender() == Gender.MALE)
                .mapToInt(Employee::age)
                .sum();

        var average = employees.stream()
                .filter(employee -> employee.gender() == Gender.MALE)
                .mapToInt(Employee::age)
                .average()
                .getAsDouble();

        var max = employees.stream()
                .filter(employee -> employee.gender() == Gender.MALE)
                .mapToInt(Employee::age)
                .max()
                .getAsInt();

        List.of(sum, average, max).forEach(out::println);
```

```
    }
}

enum Gender { FEMALE, MALE }

record Employee(String name, Integer age, Gender gender) {}
```

除此之外，`IntStream` 也提供了 `sum()`、`average()`、`max()`、`min()` 等方法，那麼若有其他的計算需求呢？

◉ 使用 reduce() 方法

觀察先前的迴圈結構，實際上有個步驟都是將一組數據逐步削減，然而透過指定運算以取得結果的流程，標準 API 將這個流程通用化，定義了 **reduce()** 方法。例如，以上三個流程，也可以使用 `reduce()` 重新撰寫如下：

Lambda EmployeeDemo2.java

```java
package cc.openhome;

import static java.lang.System.out;
import java.util.List;

public class EmployeeDemo2 {
    public static void main(String[] args) {
        var employees = List.of(
            new Employee2("Justin", 39, Gender2.MALE),
            new Employee2("Monica", 36, Gender2.FEMALE),
            new Employee2("Irene", 6, Gender2.FEMALE)
        );

        var sum = employees.stream()
            .filter(employee -> employee.gender() == Gender2.MALE)
            .mapToInt(Employee2::age)
            .reduce((total, age) ->  total + age)
            .getAsInt();

        var males = employees.stream()
            .filter(employee -> employee.gender() == Gender2.MALE)
            .count();

        var average = employees.stream()
            .filter(employee -> employee.gender() == Gender2.MALE)
            .mapToInt(Employee2::age)
            .reduce((total, age) ->  total + age)
            .getAsInt() / males;
```

```
        var max = employees.stream()
            .filter(employee -> employee.gender() == Gender2.MALE)
            .mapToInt(Employee2::age)
            .reduce(0, (currMax, age) -> age > currMax ? age : currMax);

        List.of(sum, average, max).forEach(out::println);
    }
}

enum Gender2 { FEMALE, MALE }

record Employee2(String name, Integer age, Gender2 gender) {}
```

設定給 reduce() 的 Lambda 表示式，必須接受兩個引數，第一個引數是走訪該組數據前一元素後的運算結果，第二個引數為目前走訪元素，Lambda 表示式本體就是你原先在迴圈中進行的運算。

reduce() 若沒有指定初值（嚴格來說是恒等值，見 API 文件），會試著使用該組數據中第一個元素，作為首次呼叫 Lambda 表示式時的第一個引數值；考量到數據組可能為空，因此 reduce() 不指定初值的版本，會傳回 OptionalInt（非基本型態數據組，則會傳回 Optional）。

◉ 使用 collect() 方法

若想將男性員工收集至另一個 List<Employee> 呢？可以使用 Stream 的 collect() 方法，最簡單的方式就是：

```
List<Employee> males = employees.stream()
        .filter(employee -> employee.gender() == Gender.MALE)
        // toList() 是 java.util.stream.Collectors 的靜態方法
        .collect(toList());
```

在 12.2.3 的 PlayDemo 範例也看過 toList() 的使用，Collectors 的 toList() 方法不是傳回 List，而是 java.util.stream.Collector 實例，Collector 主要的四個方法是：**supplier()** 傳回 Supplier，定義如何建立新容器（用來收集物件）；**accumulator()** 傳回 BiConsumer，定義如何使用容器收集物件；**combiner()** 傳回 BinaryOperator，定義若有兩個容器時，如何合併為一個容器；**finisher()** 傳回 Function，選擇性地定義收集了物件的容器如何轉換。

來看看 Stream 的 collect() 方法另一版本，有助於瞭解 Collector 這幾個方法的使用，以下程式片段與上面的 collect() 範例結果是相同的：

```java
List<Employee> males = persons.stream()
                .filter(employee -> employee.gender() == Gender.MALE)
                .collect(
                    () -> new ArrayList<>(),
                    (maleLt, employee) -> maleLt.add(employee),
                    (maleLt1, maleLt2) -> maleLt1.addAll(maleLt2)
                );
```

當 `collect()` 需要收集物件時，會使用第一個 Lambda 取得容器物件，這相當於 `Collector` 的 `supplier()` 之作用，第二個 Lambda 定義了如何收集物件，也就相當於 `Collector` 的 `accumulator()` 之作用，在使用具有平行處理能力的 `Stream` 時，有可能使用多個容器對原數據組進行分而治之（Divide and conquer），每個小任務完成時，該如何合併，就是第三個 Lambda 要定義的，喔！別忘了可以用方法參考，因此上面可以寫成以下比較簡潔：

```java
List<Employee> males = employees.stream()
                .filter(employee -> employee.gender() == Gender.MALE)
                .collect(ArrayList::new, ArrayList::add, ArrayList::addAll);
```

使用這個版本的 `collect()` 需要處理比較多的細節，你可以先看看 `Collectors` 提供了哪些 `Collector` 實作，像是收集為 `List` 的需求，可以如先前使用 `toList()` 取得現成的 `Collector` 實作物件，或者若想依性別分組，可以使用 `Collectors` 的 `groupingBy()` 方法，告訴它要用哪個值作為分組鍵（Key），最後傳回的 `Map` 結果會收集了結果的 `List` 作為值（Value）：

```java
Map<Gender, List<Employee>> males = employees.stream()
                .collect(
                    groupingBy(Employee::gender));
```

有的方法也兼具另一種流暢風格，例如，想在依性別分組之後，各取得姓名作為最後結果，那可以如下撰寫：

```java
Map<Gender, List<String>> males = employees.stream()
                .collect(
                    groupingBy(Employee::gender,
                        mapping(Employee::name, toList()))
                );
```

例如，想在依性別分組之後，各取得男女年齡加總，那可以如下撰寫：

```java
Map<Gender, Integer> males = employees.stream()
                .collect(
                    groupingBy(Employee::gender,
                        reducing(0, Employee::age, Integer::sum))
                );
```

若想求得各性別的平均年齡，Collectors 有個 averagingInt() 方法可以使用：

```
Map<Gender, Double> males = employees.stream()
                  .collect(
                      groupingBy(Employee::gender,
                          averagingInt(Employee::age))
                  );
```

Collectors 有個 joining() 靜態方法，若在管線化操作後，想進行字串的連結，可以使用類似以下方式：

```
List<Customer> customers = ...;
String joinedFirstNames = customers.stream()
                          .map(Customer::firstName)
                          .collect(joining(", "));
```

順便一提，若只想指定字串間以逗號進行連結，可以使用 String 的 join() 靜態方法。例如：

```
String message = String.join("-", "Java", "is", "cool"); // 產生 "Java-is-cool"
```

join() 接受 CharSequence 實作物件，String 是其中之一，類似地，若有一組實作了 CharSequence 的物件，想將它們傳回的字串描述，以指定字串連結，可使用另一版本的 join() 達到需求。例如：

```
List<String> strs = List.of("Java", "is", "Cool");
String message = String.join("-", strs); // 產生 "Java-is-cool"
```

不僅 List，這個版本的 join() 也可接受 Iterable 實作物件，因此 Set 等都可以使用 join() 方法。上頭的範例實際上只收集字串，對於這類需求，可以使用 StringJoiner 類別。例如：

```
var joiner = new StringJoiner("-");
var message = joiner.add("Java")
                    .add("is")
                    .add("cool")
                    .toString();  // 產生 "Java-is-cool"
```

Collectors 的 filtering() 方法，可指定過濾條件並傳回 Collector 實例，filtering() 方法可用來減少管線操作層次，或建立可重用的 Collector，例如原先有個操作：

```
List<Employee> males = employees.stream()
    .filter(employee -> employee.gender() == Gender.MALE)
    .collect(toList());
```

若改用 filtering() 方法，可以如下：

```
List<Employee> males = employees.stream()
    .collect(filtering(
        employee -> employee.gender() == Gender.MALE, toList())
    );
```

12.2.5 關於 flatMap() 方法

程式設計中經常會出現巢狀的流程，就結構來看各層運算往往極為類似，只是運算結果的型態不同，很難抽取流程重用。舉例來說，若方法可能傳回 null，你也許會設計出如下的流程：

```
var company = order.findCompany();
if(company != null) {
    var address = company.findAddress();
    if(address != null) {
        return address;
    }
}
return "n.a.";
```

巢狀的層次可能還會更深，像是 …

```
var company = order.findCompany();
if(company != null) {
    var address = company.findAddress();
    if(address != null) {
        var city = address.findCity();
        if(city != null) {
            ....
        }
    }
}
return "n.a.";
```

巢狀的層次不深時，也許程式碼看來還算直覺，然後層次加深之後，就容易迷失在層次之中，雖然各層都是判斷值是否為 null，不過因為型態不同，似乎不易於抽取流程重用。

就 12.2.1 的說明，方法可能沒有值時，不建議使用 null，若能修改 findCompany() 傳回 Optional<Company>、findAddress() 傳回 Optional<String>，那一開始的程式片段可以先改為：

```
var addr = "n.a.";
var company = order.findCompany();
```

```
if(company.isPresent()) {
    var address = company.get().findAddress();
    if(address.isPresent()) {
        addr = address.get();
    }
}
return addr;
```

　　看來好像沒有高明到哪去，不過至少每層都是 Optional 型態了，而且都採用了 isPresent() 判斷，並將 Optional<T>轉換為 Optional<U>。

　　若將 Optional<T>轉換為 Optional<U>的方式可由外部指定，就可以重用 isPresent() 的判斷了，實際上 Optional 有個 flatMap() 方法，已經寫好這個邏輯了：

```
public<U> Optional<U> flatMap(Function<? super T, Optional<U>> mapper) {
    Objects.requireNonNull(mapper);
    if (!isPresent())
        return empty();
    else {
        return Objects.requireNonNull(mapper.apply(value));
    }
}
```

　　因此，可以如下使用 Optional 的 **flatMap()**方法：

```
return order.findCompany()
            .flatMap(Company::findAddress)
            .orElse("n.a.");
```

　　如果層次不深，也許看不出使用 flatMap() 的好處，然而層次加深，好處就顯而易見了，例如一開始第二個程式片段，改寫為以下就清楚多了…

```
return order.findCompany()
            .flatMap(Company::findAddress)
            .flatMap(Address::findCity)
            .orElse("n.a.");
```

　　Optional 的 flatMap() 名稱令人困惑，可從 Optional<T>呼叫 flatMap()後會得到 Optional<U>來想像一下，**flatMap()對目前盒子內含值進行運算，結果交給 Lambda 表示式轉換至新盒子**，以便進入下個運算情境，flat 是平坦化的意思，就 Optional 而言，flatMap() 的意義就是，對 Optional 內含值進行 null 判斷的運算，有值就套用 Lambda 表示式映射，以便進入下個 null 判斷的運算。

因此使用者可以只指定感興趣的運算，從而突顯程式碼的意圖，又可流暢地撰寫程式碼，**避免巢狀的運算流程**。

若沒辦法修改 findCompany()、findAddress()、findCity() 等傳回 Optional 型態怎麼辦？Optional 有個 **map()** 方法，例如，若參數 order 是 Order 型態，有 null 的可能性，findCompany()、findAddress()、findCity() 等的傳回型態各是 Company、Address、City，也都有可能傳回 null，那麼就可以這麼做：

```
return Optional.ofNullable(order)
            .map(Order::findCompany)
            .map(Company::findAddress)
            .map(Address::findCity)
            .orElse("n.a.");
```

與 flatMap() 的差別在於，map() 方法實作中，對 mapper.apply(value) 的結果使用了 Optional.ofNullable() 方法（flatMap() 中使用的是 Objects.requireNonNull()），因此可持續處理 null 的情況：

```
public<U> Optional<U> map(Function<? super T, ? extends U> mapper) {
    Objects.requireNonNull(mapper);
    if (!isPresent())
        return empty();
    else {
        return Optional.ofNullable(mapper.apply(value));
    }
}
```

如果之前的 Order 有個 lineItems() 方法，可取得訂單中的產品項目 List<LineItem>，且想取得 LineItem 的名稱時，可以透過 name() 取得，若有個 List<Order>，想取得全部產品項目的名稱會怎麼寫？你可能會馬上想到使用迴圈…

```
var itemNames = new ArrayList<String>();
for(var order : orders) {
    for(var lineItem : order.lineItems()) {
        itemNames.add(lineItem.name());
    }
}
```

層次不深時這樣寫可讀性還可以，不過若層次加深，例如，想進一步取得 LineItem 的贈品名稱，又得多一層 for 迴圈，若是持續加深這類層次，程式碼就會迅速地失去可讀性。

可以用 List 的 stream() 方法取得 Stream，接著運用 flatMap() 方法改寫：

```
List<String> itemNames = orders.stream()
        .flatMap(order -> order.lineItems().stream())
        .map(LineItem::name)
        .collect(toList());
```

就程式碼閱讀來說，第一個 stream() 方法傳回 Stream<Order>，緊接著的 flatMap() 傳回 Stream<LineItem>，若將 Stream<Order> 看成盒子，盒中會有一組 Order，flatMap() 逐一取得 Order，Lambda 將 Order 轉換為 Stream<LineItem>，flatMap() 執行後的傳回值是 Stream<LineItem>，後續可以再逐一取得 LineItem，就上例而言，是再透過 name() 取得名稱。

如果想進一步透過 LineItem 取得複數的贈品呢？可以如下：

```
List<String> itemNames = orders.stream()
        .flatMap(order -> order.lineItems().stream())
        .flatMap(lineItem -> lineItem.premiums().stream())
        .map(Premium::name)
        .collect(toList());
```

基本上，若能瞭解 Optional、Stream（或其他型態）的 flatMap() 方法，就是對目前盒子內含值進行運算，結果交給 Lambda 表示式轉換至新盒子，以便進入下個運算情境，在撰寫與閱讀程式碼時，忽略掉 flatMap 這個名稱，就能比較清楚程式碼的意圖。

提示 ⟫⟫　flatMap() 方法的概念，來自於函數程式設計（Functional Programming）中的單子（Monad[2]）概念。

Collectors 的 flatMapping() 方法，可指定 flatMap 操作並傳回 Collector 實例，flatMapping() 方法用來減少管線操作層次，或者建立可重用的 Collector，例如原先有個操作：

```
List<String> addressLt = customers.stream()
        .flatMap(customer -> customer.addressList().stream())
        .collect(toList());
```

2　Monad：openhome.cc/zh-tw/tags/monad/

若改用 flatMapping() 方法，可以如下：

```
List<String> addressLt = customers.stream()
    .collect(flatMapping(
        customer -> customer.addressList().stream(), toList())
    );
```

12.2.6　Stream 相關 API

許多 API 都可以取得 Stream 實例。舉例來說，若想對陣列進行管線化操作，方式之一是使用 Arrays 的 asList() 或 List 的 of() 方法傳回 List，之後呼叫 stream() 取得 Stream 實例，另一方式是使用 Arrays 的 **stream()** 方法，它可以指定陣列後傳回 Stream 實例。

Stream、IntStream、DoubleStream 等都有 **of()** 靜態方法，可以使用可變長度引數方式指定元素，各可傳回 Stream、IntStream、DoubleStream 實例，它們也各有 **generate()** 與 **iterate()** 靜態方法，可分別建立 Stream、IntStream、DoubleStream 實例。

若想產生整數範圍，IntStream 有 **range()** 與 **rangeClosed()** 方法，它們傳回 IntStream 實例，range() 與 rangeClosed() 方法的差別在於，後者傳回的範圍，會包括第二個參數指定的值。例如，如果原先這麼撰寫：

```
for(var i = 0 ; i < 10000 ; i++) {
    out.println(i);
}
```

可以改使用 range() 如下撰寫：

```
range(0, 10000).forEach(out::println);
```

CharSequence 的 **chars()** 與 **codePoints()** 方法，都是傳回 IntStream，前者代表一串 char 的整數值，後者代表一串字元的碼點（Code point）。例如：

```
IntStream charStream = "Justin".chars();
IntStream codeStream = "Justin".codePoints();
```

若需要產生亂數，在 java.lang.Math 有個 random() 靜態方法，若要產生一串亂數，可以使用 java.util.Random 類別，來看實際的例子：

```
var random = new Random();
DoubleStream doubleStream = random.doubles();    // 0 到 1 間的隨機浮點數
IntStream intStream = random.ints(0, 100);      // 0 到 100 間的隨機整數
```

12.2.7　活用 Optional 與 Stream

　　若對於 Optional 與 Stream 使用上已經得心應手,可以考慮採用接下來要介紹的這些 API,讓程式的撰寫更為便捷。

◉ 活用 Optional

　　來看個程式片段,若 findNickName() 會傳回 Optional<String>:

```
var nickOptional = findNickName("Duke");
if(nickOptional.isPresent()) {
    var nickName = nickOptional.get();
    out.printf("Hello, %s%n", nickName);
} else {
    out.println("Hello, Guest");
}
```

　　類似的流程,你可能撰寫過許多次了,其實可以直接寫為:

```
findNickName("Duke").ifPresentOrElse(
    nickName -> out.printf("Hello, %s%n", nickName),
    () -> out.println("Hello, Guest")
);
```

　　若傳回的 Optional 實例呼叫 isPresent() 傳回 true,會執行第一個 Lambda 表示式,否則執行第二個 Lambda 表示式。

　　隨著許多地方都採用了 Optional,就會開始考慮到 API 銜接的問題,例如,若 findNickName() 與 findDefaultName() 都傳回 Optional<String>,而你曾經定義過這類的方法:

```
public Optional<String> findDisplayName(String username) {
    var nickOptional = findNickName(username);
    if(nickOptional.isPresent()) {
        return nickOptional;
    } else {
        return findDefaultName(username);
    }
}
```

　　像這類需求,可以改寫為底下:

```
public Optional<String> findDisplayName(String username) {
    return findNickName(username).or(
        () -> findDefaultName(username)
    );
}
```

由於某些原因，你可能會使用一組名稱來呼叫 findNickName()，例如：

```java
public Stream<String> availableNickNames(List<String> usernames) {
    return usernames.stream()
                    .map(username -> findNickName(username))
                    .filter(opt -> opt.isPresent())
                    .map(opt -> opt.get());
}
```

availableNickNames() 會用來取得使用者的暱稱清單，由於 findNickName() 傳回 Optional<String>，map(username -> findNickName(username)) 傳回型態會是 Stream<Optional<String>>，因此 filter(opt -> opt.isPresent()) 就只留下有設定的暱稱，傳回型態也是 Stream<Optional<String>>，然而 availableNickNames() 最後必須傳回 Stream<String>，因此再使用一次 map(opt -> opt.get()) 傳回 Stream<String>。

可以直接改用 Optional 的 stream() 方法，並搭配 Stream 的 flatMap() 來簡化以上程式撰寫，底下片段也使用了方法參考讓程式更簡潔：

```java
public Stream<String> availableNickNames(List<String> usernames) {
    return usernames.stream()
                    .map(this::findNickName)
                    .flatMap(Optional::stream);
}
```

map(this::findNickName)) 傳回 Stream<Optional<String>>，記得嗎？Stream<T> 的 flatMap() 會從 Stream<T> 逐一取得內含的 T，就上例而言就是從 Stream<Optional<String>> 取得 Optional<String>，而 flatMap() 接受的 Lambda 表示式必須傳回 Stream<T>，就上例而言，Lambda 表示式必須傳回 Stream<Optional<String>>，Optional<String> 的 stream() 方法就是傳回 Stream<Optional<String>> 型態，而 Optional 的 stream() 也做了 isPresent() 檢查。

◎ 活用 Stream

如果 order 有個 findCompany() 方法傳回型態為 Company，你想在傳回的 Company 實例上呼叫 emailList()，以便取得聯絡用的郵件清單，然而 findCompany() 可能傳回 null，因此你也許會撰寫出以下的程式：

```
var company = order.findCompany();
Stream<String> emails = company == null
    ? Stream.empty()
    : company.emailList().stream();
```

OK！因為你已經很熟悉 Optional 的運用了，看到 null 檢查，會想修改為以下的版本：

```
Stream<String> emails =
    Optional.of(order.findCompany())
            .map(company -> company.emailList().stream())
            .orElse(Stream.empty());
```

可以使用 Stream.ofNullable() 進一步簡化程式：

```
Stream<String> emails =
    Sream.ofNullable(order.findCompany())
        .flatMap(company -> company.emailList().stream());
```

Stream 有個接受單一引數的版本 of()，若傳入 null 會拋出 NullPointerException，而 Stream.ofNullable() 若接受 null，會傳回空的 Stream（呼叫 Stream.empty()），否則使用 Stream.of() 建立內含單一元素的 Stream 實例，如此就不用透過 Optional.ofNullable() 來銜接 API 了。

Stream 有個 iterate() 版本，若試著運行底下程式，會從 x 為 4 開始迭代：

```
Stream.iterate(4, x -> x + 1).forEach(out::println);
```

4 是 x 的初始值，Lambda 表示式的運算結果會成為下個 x 值，因而會看到數字不斷地遞增顯示，若想設定迭代中止的條件，可使用另一個 iterate() 版本：

```
jshell> import static java.lang.System.out;

jshell> Stream.iterate(4, x -> x < 10, x -> x + 1).forEach(out::println);
4
5
6
7
8
9
```

另外還有 takeWhile() 與 dropWhile() 方法，takeWhile() 保留符合條件的元素，直到遇到第一個不符合的元素就終止，dropWhile() 相反，會丟棄條件符合的元素，直到遇到第一個不符合的元素，例如：

```
jshell> Stream.of(1, 2, 3, 2).takeWhile(x -> x<3).forEach(out::println);
1
2

jshell> Stream.of(1, 2, 3, 2).dropWhile(x -> x<3).forEach(out::println);
3
2
```

12.3 Lambda、平行化與非同步處理

引入 Lambda 的目的之一，是為了讓開發者撰寫平行程式更為簡便，然而想獲得便利性的前提是，開發者在設計上必須有分而之治的概念，這一節會簡介利用 Lambda 時必須有哪些考量，才能在有平行設計需求時，擁有平行處理的能力。

12.3.1 Stream 與平行化

在 12.2.4 提過：「Collector 的 accumulator() 之作用，在使用具有平行處理能力的 Stream 時...」嗯？這表示 Stream 有辦法進行平行處理？是的，只要設計適當，想獲得平行處理能力可以說很簡單，例如這段程式碼：

```
List<Person> males = persons.stream()
        .filter(person -> person.gender() == Person.Gender.MALE)
        .collect(ArrayList::new, ArrayList::add, ArrayList::addAll);
```

只要將 stream() 改成 **parallelStream()**，就可能擁有平行處理之能力：

```
List<Person> males = persons.parallelStream()
        .filter(person -> person.gender() == Person.Gender.MALE)
        .collect(ArrayList::new, ArrayList::add, ArrayList::addAll);
```

Collection 的 parallelStream() 方法，傳回的 Stream 實例在實作時，會在可能的情況下進行平行處理，**Java 在 API 的設計上，希望你進行平行處理時，能有明確的語義**，這也就是為何有 stream() 與 parallelStream() 這兩個方法，前者代表循序（Serial）處理，後者代表平行處理，想知道 Stream 實例是否為平行處理類型，可以呼叫 **isParallel()** 來得知。

只不過，並非將 stream() 方法改成 parallelStream()，就能無痛擁有平行處理能力，天下沒有白吃的午餐，還是得留意一些設計上的問題。

◎ 留意平行處理時的順序需求

使用了 parallelStream()，不代表就會平行處理而使得執行必然變快，**必須思考處理過程是否能分而治之後合併結果**；類似地，Collectors 有 groupingBy() 與 **groupingByConcurrent()** 兩個方法，前者代表循序處理，後者代表平行處理，例如原先有段程式：

```
Map<Person.Gender, List<Person>> males = persons.stream()
                  .collect(
                       groupingBy(Person::gender));
```

如果處理過程能分而治之後合併結果，可以試著改為底下，看看是否有效能上的改進：

```
Map<Person.Gender, List<Person>> males = persons.parallelStream()
                  .collect(
                       groupingByConcurrent(Person::gender));
```

Stream 實例若具有平行處理能力，處理過程會試著分而治之，也就是將任務切割為小任務，每個小任務都是個管線化操作，因此像以下的程式片段：

```
jshell> import static java.lang.System.out;

jshell> List<Integer> numbers = List.of(1, 2, 3, 4, 5, 6, 7, 8, 9);
numbers ==> [1, 2, 3, 4, 5, 6, 7, 8, 9]

jshell> numbers.parallelStream().forEach(out::println);
6
5
8
9
7
3
4
1
2
```

可以看到顯示順序不一定會是 1、2、3、4、5、6、7、8、9，可能是任意順序，就 forEach() 這個終結操作來說，如果於平行處理時，希望最後順序是照著 Stream 來源的順序，可以呼叫 **forEachOrdered()**。例如：

```
jshell> numbers.parallelStream().forEachOrdered(out::println);
1
2
3
4
```

```
5
6
7
8
9
```

在管線操作時，若 forEachOrdered() 前有其他中介操作（例如 filter()），會試著平行化處理，而最終 forEachOrdered() 會以來源順序處理，為了能有順序上的保證，先執行完成的小任務就必須**等待**其他小任務完成，結果就是，**使用 forEachOrdered() 這類有序處理時，可能會失去平行化的部分（甚至全部）優勢，有些中介操作亦可能發生類似情況，例如 sorted() 方法**。

使用 Stream 的 reduce() 與 collect() 時，平行處理時也得留意順序，**API 文件基本上會記載終結操作時是否依來源順序**，reduce() 基本上是按照來源順序，而 collect() 得視給予的 Collector 而定，在以下兩個例子，collect() 都是依照來源順序處理：

```
List<Person> males = persons.parallelStream()
                .filter(person -> person.gender() == Gender.MALE)
                .collect(ArrayList::new, ArrayList::add, ArrayList::addAll);

List<Person> males = persons.parallelStream()
                  .filter(person -> person.gender() == Gender.MALE)
                  .collect(toList());
```

在 collect() 操作時若想有平行效果，必須符合以下三個條件：

- Stream 必須有平行處理能力。

- Collector 必須有 Collector.Characteristics.CONCURRENT 特性。

- Stream 是無序的（Unordered）或者 Collector 具有 Collector.Characteristics.UNORDERED 特性。

想知道 Collector 是否具備 Collector.Characteristics.UNORDERED 或 Collector.Characteristics.CONCURRENT 特性，可以呼叫 Collector 的 **characteristics()** 方法，平行處理的 Stream 基本上是無序的，若不放心，可以呼叫 Stream 的 **unordered()** 方法。

Colllector 具有 CONCURRENT 與 UNORDERED 特性的例子之一，是 Collectors 的 **groupingByConcurrent()** 方法傳回的實例，在最後順序不重要時，使用 groupingByConcurrent() 來取代 groupingBy() 方法，對效能可能有助益。

▶ 不要干擾 Stream 來源

想善用 API 提供的平行處理能力，資料處理過程要能分而治之，而後將各個小任務的結果合併，這表示 **API 在處理小任務時，不應該進行干擾**，例如：

```
numbers.parallelStream()
      .filter(number -> {
          numbers.add(7);
          return number > 5;
      })
      .forEachOrdered(out::println);
```

無論基於哪種理由，這類對來源資料的干擾都令人困惑，執行時期這類干擾會引發 ConcurrentModifiedException。

▶ 一次做一件事

Java 提供高階語義的管線化 API，在可能的情況下提供平行處理能力，目的之一是希望你**思考目前任務是由哪些小任務組成**，你可能基於（自我想像的）效能增進考量，在迴圈中執行了多個任務，因而令程式變得複雜，現在使用高階 API，就要避免這麼做。

例如，在寫 for 迴圈時，你可能會順便做些動作，像是過濾、顯示元素的同時，對元素進行運算、收集在另一清單：

```
var numbers = List.of(1, 2, 3, 4, 5, 6, 7, 8, 9);
var added10s = new ArrayList<Integer>();

for(var number : numbers) {
    if(number > 5) {
        added10s.add(number + 10);
        out.println(number);
    }
}
```

使用高階語義的管線化 API 重構（Refactor）程式碼時，記得一次只做一件事：

```
var numbers = List.of(1, 2, 3, 4, 5, 6, 7, 8, 9);

var biggerThan5s = numbers.stream()
                          .filter(number -> number > 5)
                          .collect(toList());

biggerThan5s.forEach(out::println);
```

```
var added10s = biggerThan5s.stream()
                           .map(number -> number + 10)
                           .collect(toList());
```

避免寫出以下的程式：

```
var numbers = List.of(1, 2, 3, 4, 5, 6, 7, 8, 9);
var added10s = new ArrayList<Integer>();

numbers.stream()
       .filter(number -> {
           var isBiggerThan5 = number > 5;
           if(isBiggerThan5) {
               added10s.add(number + 10);
           }
           return isBiggerThan5;
       })
       .forEach(out::println);
```

這樣的程式不僅不易理解，若試圖進行平行化處理時：

```
var numbers = List.of(1, 2, 3, 4, 5, 6, 7, 8, 9);
var added10s = new ArrayList<>();

numbers.parallelStream()
       .filter(number -> {
           var isBiggerThan5 = number > 5;
           if(isBiggerThan5) {
               added10s.add(number + 10);
           }
           return isBiggerThan5;
       })
       .forEachOrdered(out::println);
```

就會發現，added10s 順序並不照著 numbers 的順序，然而一次處理一個任務的版本，可以簡單地改為平行化版本，又沒有順序問題：

```
var numbers = List.of(1, 2, 3, 4, 5, 6, 7, 8, 9);

var biggerThan5s = numbers.parallelStream()
                          .filter(number -> number > 5)
                          .collect(toList());

biggerThan5s.forEach(out::println);

var added10s = biggerThan5s.parallelStream()
                           .map(number -> number + 10)
                           .collect(toList());
```

12.3.2　**Arrays** 與平行化

針對超長陣列的平行化操作，可以使用 Arrays 的 **parallelPrefix()**、**parallelSetAll()** 與 **parallelSort()** 方法，它們都有多個重載版本。

parallelPrefix() 方法可以指定 XXXBinaryOperator 實例，執行類似 Stream 的 reduce() 過程，XXXBinaryOperator 的 applyXXX() 方法第一個參數，接受前次運算結果，第二個參數接受陣列迭代的元素。例如：

```
int[] arrs = {1, 2, 3, 4, 5};
Arrays.parallelPrefix(arrs, (left, right) -> left + right);
out.println(Arrays.toString(arrs)); // [1, 3, 6, 10, 15]
```

parallelSetAll() 可進行陣列初始化或重設各索引元素，可指定 XXXFunction 或 IntUnaryOperator，每次會代入索引值，你指定該索引位置之元素。例如：

```
var arrs = new int[10000000];
Arrays.parallelSetAll(arrs, index -> -1);
```

parallelSort() 可以將指定的陣列分為子陣列，以平行化方式分別排序，然後再進行合併排序，陣列元素必須實作 Comparable，或是對 parallelSort() 指定 Comparator。

12.3.3　**CompletableFuture** 非同步處理

若要非同步（Asynchronous）讀取文字檔案，在檔案讀取完後做某些事，利用 11.2.2 的內容，可以使用 ExecutorService 來 submit() 一個 Runnable 物件，像是類似以下的流程：

```
public static Future readFileAsync(String file, Consumer<String> success,
                Consumer<IOException> fail, ExecutorService service) {
    return service.submit(() -> {
        try {
            success.accept(
                new String(Files.readAllBytes(Paths.get(file))));
        } catch (IOException ex) {
            fail.accept(ex);
        }
    });
}
```

這麼一來，就可使用以下非同步的風格來讀取文字檔案：

```
readFileAsync(args[0],
    content -> out.println(content),    // 成功處理
    ex -> ex.printStackTrace(),         // 失敗處理
    Executors.newFixedThreadPool(10)
);
```

讀取檔案、`out.println(content)` 與 `ex.printStackTrace()` 會在同一執行緒進行，若想在不同執行緒，得再額外做些設計；另一方面，這種非同步操作的**回呼（Callback）**風格，在每次回呼中若又進行非同步操作及回呼，很容易寫出**回呼地獄（Callback hell）**，造成可讀性不佳。

例如若有個類似 `readFileAsync()` 風格的非同步 `processContentAsync()` 方法，用來繼續處理 `readFileAsync()` 讀取的檔案內容，就會撰寫出以下的程式碼：

```
readFileAsync(args[0],
    content -> processContentAsync(content,
                processedContent -> out.println(processedContent),
                ex -> ex.printStackTrace(), service),
    ex -> ex.printStackTrace(), service);
```

▶ CompletableFuture 基礎

可以使用 **java.util.concurrent.CompletableFuture** 來處理非同步處理的組合，例如：

Lambda Async.java

```java
package cc.openhome;

import java.io.*;
import static java.lang.System.out;
import java.nio.file.*;
import java.util.concurrent.*;

public class Async {
    public static CompletableFuture<String> readFileAsync(
                    String file, ExecutorService service) {
        return CompletableFuture.supplyAsync(() -> {
            try {
                return new String(Files.readAllBytes(Paths.get(file)));
            } catch(IOException ex) {
                throw new UncheckedException(ex);
            }
        }, service);
    }
```

```
public static void main(String[] args) throws Exception {
    var poolService = Executors.newFixedThreadPool(10);

    readFileAsync(args[0], poolService).whenComplete((ok, ex) -> {
        Optional.ofNullable(ex)
                .ifPresentOrElse(
                    Throwable::printStackTrace,
                    () -> out.println(ok)
                );
    }).join(); // 避免 main 執行緒在任務完成前就關閉 ExecutorService

    poolService.shutdown();
}
}
```

CompletableFuture 的靜態方法 **supplyAsync()** 接受 Supplier 實例，可指定非同步執行任務，上面的範例會由指定的 Executor 中某個執行緒來執行，supplyAsync() 另一版本不用指定 Executor 實例，非同步任務將由 ForkJoinPool.commonPool() 傳回的 ForkJoinPool 中某執行緒來執行。

supplyAsync() 會傳回 CompletableFuture 實例，可以呼叫 **whenComplete()** 以 BiConsumer 實例指定任務完成時的處理方式，第一個參數是 Supplier 的傳回值，若有例外發生會指定給第二個參數，範例中使用了 Optional 的 ifPresentOrElse() 方法；想在任務完成後繼續非同步地處理，可以使用 **whenCompleteAsync()** 方法。

若第一個 CompletableFuture 任務完成後，想繼續以非同步方式處理結果，可以使用 **thenApplyAsync()**。例如：

```
readFileAsync(args[0], poolService)
    .thenApplyAsync(String::toUpperCase)
    .whenComplete((ok, ex) -> {
        Optional.ofNullable(ex)
                .ifPresentOrElse(
                    Throwable::printStackTrace,
                    () -> out.println(ok)
                );
    });
```

CompletableFuture 實例的方法，基本上都有同步與非同步兩個版本，可以用 Async 後置名稱來區分，例如，thenApplyAsync() 的同步版本就是 **thenApply()** 方法。

之前介紹過 Optional 與 Stream 各定義有 map() 方法，可指定 Optional 或 Stream 的值 T 如何映射為值 U，然後傳回新的 Optional 或 Stream，**CompletableFuture 的 thenApply()（以及非同步的 thenApply()版本）就類似 Optional 或 Stream 的 map()**，可指定前一個 CompletableFuture 處理後的結果 T 如何映射為值 U，然後傳回新的 CompletableFuture。

之前也談過 Optional 與 Stream 各定義有 flatMap() 方法，可指定 Optional 或 Stream 的值 T 與 Optional<U>、Stream<U>間的關係，**CompletableFuture 也有個 thenCompose()（以及非同步的 thenComposeAsnyc()版本），作用就類似 flatMap()**，指定前一 CompletableFuture 處理後的結果 T 映射為值 CompletableFuture<U>。

舉例來說，想在 readFileAsync() 傳回的 CompletableFuture<String>處理完後，繼續組合 processContentAsync() 方法傳回 CompletableFuture<String>，就可以如下撰寫：

```
readFileAsync(args[0], poolService)
    .thenCompose(content -> processContentAsync(content, poolService))
    .whenComplete((ok, ex) -> {
        Optional.ofNullable(ex)
                .ifPresentOrElse(
                    Throwable::printStackTrace,
                    () -> out.println(ok)
                );
    });
```

◉ CompletableFuture 進階

使用 CompletableFuture 時，若想延遲執行任務，可使用 static 的 delayedExecutor() 方法：

```
public static Executor delayedExecutor(
    long delay, TimeUnit unit)
public static Executor delayedExecutor(
    long delay, TimeUnit unit, Executor executor)
```

兩個方法都傳回 Executor 實例，第一個方法會在指定的時間延遲之後，才將任務發送給預設的 Executor，而第二個方法會在指定的時間延遲之後，才將任務發送給指定的 Executor，TimeUnit 是位於 java.util.concurrent.TimeUnit 的列舉型態，包含了 SECONDS、MINUTES 等列舉成員。例如：

```
...
future.completeAsync(
    () -> "Orz",
    CompletableFuture.delayedExecutor(3, TimeUnit.SECONDS)
  )
  .whenComplete((ok, ex) -> out.println(ok));

...
```

　　在這個程式片段中還示範了 completeAsync() 方法（它也有另一個使用預設 Executor 的版本），這個方法第一個 Suppiler 引數的傳回值，會作為 CompletableFuture 任務執行結果，由於使用了 delayedExecutor()，上面的程式片段中，completeAsync() 會在延遲 3 秒後才完成任務。

　　若是使用 orTimeout() 方法，當任務執行超過指定的時間，會拋出 java.util.concurrent.TimeoutException：

```
public CompletableFuture<T> orTimeout(long timeout, TimeUnit unit)
```

　　例如，先前的 Async 範例中，若想在讀取時間超過 3 秒後拋出 TimeException，可以修改如下：

```
...
    readFileAsync(args[0], poolService)
        .orTimeOut(3, TimeUnit.SECONDS)
        .whenComplete((ok, ex) -> {
            Optional.ofNullable(ex)
                    .ifPresentOrElse(
                        Throwable::printStackTrace,
                        () -> out.println(ok)
                    );
    }).join();
...
```

　　也可以使用 completeOnTimeOut() 指定超時發生時的任務完成結果：

```
...
    readFileAsync(args[0], poolService)
        .completeOnTimeOut("TimeOut Happens", 3, TimeUnit.SECONDS)
        .whenComplete((ok, ex) -> {
            Optional.ofNullable(ex)
                    .ifPresentOrElse(
                        Throwable::printStackTrace,
                        () -> out.println(ok)
                    );
    }).join();
...
```

提示 >>> CompletableFuture 還有許多方法可以使用，有興趣的話，除了參考 API 文件，還可以看看〈Java 8: Definitive guide to CompletableFuture[3]〉、〈Java 9 CompletableFuture API Improvements[4]〉。

非同步處理的領域中，還發展出 Reactive Programming 典範，Java 規範了 Flow API 來支援，HttpClient API 為其實作品，第 15 章會加以介紹。

課後練習

實作題

1. 請使用 9.1.5 中定義的 ArrayList，在其上增加 filter()、map()、reduce() 與 forEach() 方法，使得 ArrayList 實例可以進行如下操作：

```
var numbers = new ArrayList<Integer>();
...使用 add()新增 Integer 元素
numbers.filter(n -> n > 5).forEach(out::println);
numbers.map(n -> n * 2).forEach(out::println);
out.println(numbers.reduce((total, n) -> total + n).orElse(0));
```

---

[3]
Java 8: Definitive guide to CompletableFuture：bit.ly/2Uz5Coq
[4]
Java 9 CompletableFuture API Improvements：bit.ly/2UP60hD

時間與日期 13

學習目標

- 建立時間與日期的認知
- 使用新時間日期 API
- 區分機器與人類時間概念

13.1　認識時間與日期

在正式認識 Java 提供哪些時間處理 API 前,得先來瞭解一些時間、日期的時空歷史等議題,如此才會知道,時間日期是個很複雜的議題,而使用程式來處理時間日期,也不單只是使用 API 的問題。

13.1.1　時間的度量

想度量時間,得先有個時間基準,大多數人知道格林威治(Greenwich)時間,那麼就先從這個時間基準開始認識。

▶ 格林威治標準時間

格林威治標準時間(Greenwich Mean Time),經常簡稱 **GMT 時間**,一開始是參考格林威治皇家天文台的標準太陽時間,格林威治標準時間的正午是太陽抵達天空最高點之時,由於後面將述及的一些源由,**GMT 時間常不嚴謹(且有爭議性)地當成是 UTC 時間**。

GMT 透過觀察太陽而得，然而地球公轉軌道為橢圓形且速度不一，本身自轉亦緩慢減速中，因而會有越來越大的時間誤差，現在 GMT 已不作為標準時間使用。

◎ 世界時

世界時（Universal Time, UT）是藉由觀測遠方星體跨過子午線（meridian）而得，這會比觀察太陽來得準確一些，西元 1935 年，International Astronomical Union 建議使用更精確的 UT 來取代 GMT，**在 1972 年導入 UTC 之前，GMT 與 UT 是相同的。**

◎ 國際原子時

雖然觀察遠方星體會比觀察太陽來得精確，不過 UT 仍受地球自轉速度影響而有誤差。**1967 年定義的國際原子時（International Atomic Time, TAI），將秒的國際單位（International System of Units, SI）定義為銫（caesium）原子輻射振動 9192631770 個週期耗費的時間，時間從 UT 的 1958 年開始同步。**

◎ 世界協調時間

基於銫原子振動定義的秒長是固定的，然而地球自轉越來越慢，這會使得 TAI 時間持續超前基於地球自轉的 UT 系列時間，為了 TAI 與 UT 時間不要差距過大，提出了折衷修正版本的世界協調時間（Coordinated Universal Time），常簡稱為 **UTC**。

UTC 經過了幾次的時間修正，為了簡化日後對時間的修正，**1972 年 UTC 採用了閏秒（leap second）修正**（1 January 1972 00:00:00 UTC 實際上為 1 January 1972 00:00:10 TAI），確保 UTC 與 UT 相差不會超過 0.9 秒，加入閏秒的時間通常在 6 月底或 12 月底，由巴黎的 International Earth Rotation and Reference Systems Service 決定何時加入閏秒。

在撰寫本章的這個時間點，最近一次的閏秒修正為 2016 年 12 月 31 日，為第 27 次閏秒修正，當時 TAI 已超前 UTC 有 37 秒之長。

◉ Unix 時間

Unix 系統的時間表示法，定義為 **UTC 時間 1970 年（Unix 元年）1 月 1 日 00:00:00 為起點而經過的秒數**，不考慮閏秒修正，用以表達時間軸上某一**瞬間（instant）**。

◉ epoch

某個特定時代的開始，時間軸上某一瞬間。例如 Unix epoch 選為 UTC 時間 1970 年 1 月 1 日 00:00:00，不少發源於 Unix 的系統、平臺、軟體等，都選擇這個時間作為時間表示法的起算點，例如稍後要介紹的 `java.util.Date` 封裝的時間資訊，就是 January 1, 1970, 00:00:00 GMT（實際上是 UTC）經過的毫秒數，可以簡稱它為 epoch 毫秒數。

提示 ⟫⟫ 以上是關於時間日期的重要整理，足以瞭解後續 API 該如何使用，有機會的話，你應該在維基百科上詳細認識時間與日期。

以上說明有幾個重點：

- 就算標註為 GMT（無論是文件說明，或者是 API 的日期時間字串描述），實際上談到時間指的是 UTC 時間。

- 秒的單位定義是基於 TAI，也就是銫原子輻射振動次數。

- UTC 考量了地球自轉越來越慢而有閏秒修正，確保 UTC 與 UT 相差不超過 0.9 秒。最近一次的閏秒修正為 2016 年 12 月 31 日。

- Unix 時間是 1970 年 1 月 1 日 00:00:00 為起點而經過的秒數，不考慮閏秒，不少發源於 Unix 的系統、平臺、軟體等，都選擇這個時間作為時間表示法的起算點。

13.1.2　年曆簡介

度量時間是一回事，表達日期又是另一回事，前面談到時間起點，都是使用公曆，中文世界常稱為陽曆或西曆，然而在談公曆前，得稍微往前談一下其他曆法。

◉ 儒略曆

儒略曆（Julian calendar） 是現今西曆的前身，用來取代羅馬曆（Roman calendar），於西元前 46 年被 Julius Caesar 採納，西元前 45 年實行，約於西元 4 年至 1582 年之間廣為各地採用。**儒略曆修正羅馬曆隔三年設置一閏年的錯誤，改採四年一閏。**

◉ 格里高利曆

格里高利曆（Gregorian calendar） 改革了儒略曆，由教宗 Pope Gregory XIII 於 1582 年頒行，**將儒略曆 1582 年 10 月 4 日星期四的隔天，訂為格里高利曆 1582 年 10 月 15 日星期五。**

不過**各國改曆時間並不相同**，像英國、大英帝國（包含現今美國東部）改曆時間是在 1752 年 9 月初，因此在 Unix/Linux 中查詢 1752 年月曆，會發現 9 月平白少了 11 天。

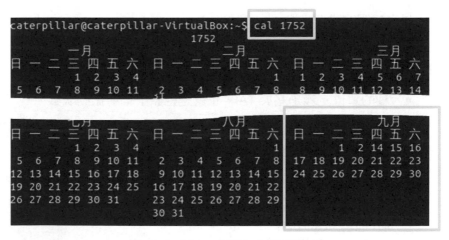

圖 13.1 Linux 中查詢 1752 年月曆

◉ Java 年曆系統

在討論時間日期 API 應用場合，你可能會看過 ISO8601，**ISO8601 並非年曆系統，而是時間日期表示方法的標準**，定義了 yyyy-mm-ddTHH:MM:SS.SSS、 yyyy-dddTHH:MM:SS.SSS、yyyy-Www-dTHH:MM:SS.SSS 等標準格式，**用以統一時間日期的資料交換格式。**

Java 的新日期時間 API 基於 ISO8601 格式，定義了自己的年曆系統，大部分與格里高利曆相同，因而有些處理時間日期資料的程式或 API，為了符合時間日期資料交換格式的標準，會採用 ISO8601 表示時間日期。不過表示方式上還是有些微差別，例如 **Java 定義中，19 世紀是指 1900 至 1999 年（包含該年），而格里高利曆的 19 世紀是指 1801 年至 1900 年（包含該年）。**

13.1.3　認識時區

在時間日期的議題中，時區（Time zones）也許是最複雜的，每個地區的標準時間各不相同，因為這牽涉到地理、法律、經濟、社會甚至政治等問題。

從地理上來說，地球是圓的，基本上一邊白天另一邊就是夜晚，為了讓人們對時間的認知符合作息，因而設置了 **UTC 偏移（offset）**，大致上來說，經度每 15 度偏移一小時，考量了 UTC 偏移的時間在表示上，通常會標識 Z 符號。

不過有些國家領土橫跨的經度很大，一個國家有多個時間反而造成困擾，不一定採取每 15 度偏移一小時的作法，像美國僅有四個時區，而中國、印度只採單一時區。

除了時區考量之外，有些高緯度國家，夏季、冬季日照時間差異很大，為了節省能源會儘量利用夏季日照，因而實施**日光節約時間（Daylight saving time）**，也稱**夏季時間（Summer time）**，基本上就是在實施的第一天，讓白天時間增加一小時，而最後一天結束後再調回一小時。

臺灣也曾實施過日光節約時間，後來因為效益不大而取消，臺灣現在許多開發者多半不知道日光節約時間，週而會因此而踩到誤區。舉例來說，臺灣 1975 年 3 月 31 日 23 時 59 分 59 秒的下一秒，是從 1975 年 4 月 1 日 1 時 0 分 0 秒開始。

> 提示 »» 既然時區會牽涉到地理、法律、經濟、社會甚至政治等問題,這也表示隨著時間的推進,不同時區的定義就得修正,像是某國家後來決定取消日光節約時間之類的,像 JDK 的時區資訊,會隨著不同版本的 JDK 出貨而更新,你也可以透過 Java SE TZUpdater[1] 來進行更新。

如果想認真面對時間日期處理,認識以上的基本資訊是必要的,至少你應該知道,**一年的毫秒數絕不是單純的 365 * 24 * 60 * 60 * 1000**,更不應該基於這類錯誤的觀念來進行時間日期運算。

13.2 認識 Date 與 Calendar

請不要使用 `java.util.Date` 與 `java.util.Calendar` 等 API!這一節會談論它們的原因是,讓你知道 Data、Calendar 有什麼問題,這對如何善用 13.3 要介紹的日期與時間處理 API 會有幫助,如果既存系統中發現了 Data、Calendar,可以的話請換掉它們。

13.2.1 時間軸上瞬間的 Date

若想取得系統時間,方式之一是使用 **`System.currentTimeMillis()`方法**,傳回的是 long 型態整數,代表 1970 年 1 月 1 日 0 時 0 分 0 秒 0 毫秒至今經過的毫秒數,時間起點與先前談到的 Unix 時間起點相同,以此方法取得的是**機器的時間觀點**,代表著時間軸上某一瞬間,然而這一長串 epoch 毫秒數不是**人類的時間觀點**,對人類沒有閱讀上的意義。有人會使用 **Date** 實例來取得系統時間,不過 **Date** 也是偏向機器的時間觀點。例如:

DateCalendar DateDemo.java

```java
package cc.openhome;

import java.util.*;
import static java.lang.System.*;

public class DateDemo {
    public static void main(String[] args) {
```

---

[1] Java SE TZUpdater:bit.ly/3bFXzMf

```
        var date1 = new Date(currentTimeMillis());
        var date2 = new Date();

        out.println(date1.getTime());
        out.println(date2.getTime());
    }
}
```

　　Date 有兩個建構式，其一可指定 epoch 毫秒數建構，另一個為無引數建構式，內部亦是使用 System.currentTimeMillis()取得 epoch 毫秒數，呼叫 **getTime()**可取得內部保存的 epoch 毫秒數值。範例執行結果如下：

```
1585728589057
1585728589057
```

　　Date 類別是從 JDK1.0 就存在的 API，除了範例中使用的兩個建構式外，其他版本的建構式都已廢除，除此之外，getTime()之外的 getXXX()方法都廢棄了，而 **setTime()**（用來設置 epoch 毫秒數）之外的 setXXX()方法也都廢棄了，**Date 實例現今只能用來代表時間軸上的某一瞬間**，也就是 1970 年 1 月 1 日 0 時 0 分 0 秒至某時間點經過的毫秒數。

　　Date 的 toString()雖然可依內含的 epoch 毫秒數，傳回人類可讀的字串時間格式 dow mon dd hh:mm:ss zzz yyyy，分別是星期（dow）、月（mon）、日（dd）、時（hh）、分（mm）、秒（ss）、時區（zzz）與西元年（yyyy），不過無法改變這個格式，因為 Date 實例的時區無法變換，**不應該使用 toString() 來取得年月日等欄位資訊，toLocaleString()、toGMTString()方法也早已廢棄**。

　　透過 Date 的 getTime()可以取得 epoch 毫秒數值，然而，**請不要基於毫秒 數來處理年、月、日之類的計算問題**。例如：

DateCalendar HowOld.java

```
package cc.openhome;

import java.util.*;
import java.text.*;

public class HowOld {
    public static void main(String[] args) throws Exception {
        System.out.print("輸入出生年月日（yyyy-mm-dd）：");
        var dateFormat = new SimpleDateFormat("yyyy-mm-dd");
        var birthDate = dateFormat.parse(
                new Scanner(System.in).nextLine());
```

```
        var currentDate = new Date();
        var life = currentDate.getTime() - birthDate.getTime();
        System.out.println("你今年的歲數為：" +
                (life / (365 * 24 * 60 * 60 * 1000L)));
    }
}
```

這個程式可讓使用者以 "yyyy-mm-dd" 的格式輸入出生年月日，使用 DateFormat 的 parse() 方法，可以將輸入字串剖析為 Date。

如果想知道目前歲數多少，不少初學者會如上 new Date() 取得目前時間，呼叫兩個 Date 實例的 getTime() 後相減，就是至今存活的毫秒數，與一年的毫秒數相除，看起來像是算出使用者的歲數了。執行結果如下：

```
輸入出生年月日（yyyy-mm-dd）：1975-12-31
你今年的歲數為：46
```

不過！如 3.1 節結束前說到的，一年的毫秒數並不是如這個範例，可以單純地使用 365 * 24 * 60 * 60 * 1000 計算出來，**不應該這樣計算使用者歲數**，實際上算出來的歲數也可能是錯的，例如撰寫這段的時間點是 2021/12/17，因為還沒過 12/20，應該還是 45 歲而已。

13.2.2　處理時間日期的 `Calendar`

Date 建議只作為時間軸上的瞬時代表，若想取得某時間日期資訊，或者是對時間日期進行運算，過去是使用 Calendar 實例，這是個從 JDK1.1 就存在的 API。

Calendar 是抽象類別，java.util.GregorianCalendar 是其子類別，實作了儒略曆與格里高利曆的混合曆，透過 Calendar 的 getInstance() 取得的 Calendar 實例，預設就是取得 GregorianCalendar 實例。例如：

```
jshell> var calendar = Calendar.getInstance();
calendar ==> java.util.GregorianCalendar[time=1639733156133,ar ...
SET=28800000,DST_OFFSET=0]
```

取得 Calendar 實例後，可以使用 getTime() 取得 Date 實例，如果想要取得年月日等日期時間欄位，可以使用 get() 方法並指定 Calendar 上的欄位列舉常數。例如，想取得年、月、日欄位的話：

```
jshell> calendar.get(Calendar.YEAR);
$2 ==> 2021

jshell> calendar.get(Calendar.MONTH);
$3 ==> 11

jshell> calendar.get(Calendar.DATE);
$4 ==> 17
```

　　實際上撰寫這個範例的時間是 2021/12/17，然而 calendar.get(Calendar.MONTH) 取得的數字是 11，這是怎麼回事？這個數字其實是對應至 Calendar 在月份上的列舉值，而列舉值的一月是從 0 數字開始：

```
public final static int JANUARY = 0;
public final static int FEBRUARY = 1;
public final static int MARCH = 2;
public final static int APRIL = 3;
public final static int MAY = 4;
public final static int JUNE = 5;
public final static int JULY = 6;
public final static int AUGUST = 7;
public final static int SEPTEMBER = 8;
public final static int OCTOBER = 9;
public final static int NOVEMBER = 10;
public final static int DECEMBER = 11;
```

　　若要設定時間日期等欄位，不要對 Date 設定，應該使用 Calendar，同樣地，月份的部分請使用列舉常數設定。例如：

```
jshell> var calendar = Calendar.getInstance();
calendar ==> java.util.GregorianCalendar[time=1639733256304,ar ...
SET=28800000,DST_OFFSET=0]

jshell> calendar.set(2021, Calendar.OCTOBER, 10);

jshell> calendar.get(Calendar.YEAR);
$3 ==> 2021

jshell> calendar.get(Calendar.MONTH);
$4 ==> 9

jshell> calendar.get(Calendar.DATE);
$5 ==> 10
```

　　列舉值的一月是從 0 數字開始，**對開發者而言十分地不直覺，在計算時間時也不方便**。例如，透過 add() 方法來改變 Calendar 的時間：

```
calendar.add(Calendar.MONTH, 1);    // Calendar 的時間加 1 個月
calendar.add(Calendar.HOUR, 3);     // Calendar 的時間加 3 小時
calendar.add(Calendar.YEAR, -2);    // Calendar 的時間減 2 年
calendar.add(Calendar.DATE, 3);     // Calendar 的時間加 3 天
```

　　若打算只針對日期中某個欄位加減，可以使用 roll() 方法，例如：

```
calendar.roll(Calendar.DATE, 1);    // 只對日欄位加 1
```

　　顯然地，Calendar 計算時間的方法，像是 add() 或 roll()，**會改變 Calendar 的狀態**，在傳遞 Calendar 實例時，你得留意 Calendar 的狀態是否被改變了。

　　例如，想比較兩個 Calendar 的時間日期先後，可以使用 after() 或 before() 方法。這邊先回顧一下剛剛看到的 HowOld 範例，當時談到，單純地使用 365 * 24 * 60 * 60 * 1000 當作一年的毫秒數並用來計算歲數是不對的，若是使用 Calendar 的相關操作，可以如下：

DateCalendar CalendarUtil.java

```java
package cc.openhome;

import static java.lang.System.out;
import java.util.Calendar;

public class CalendarUtil {
    public static void main(String[] args) {
        var birth = Calendar.getInstance();
        birth.set(1975, Calendar.DECEMBER, 31);
        var now = Calendar.getInstance();
        out.printf("歲數：%d%n", yearsBetween(birth, now));
        out.printf("天數：%d%n", daysBetween(birth, now));
    }

    public static long yearsBetween(Calendar begin, Calendar end) {
        var calendar = (Calendar) begin.clone();
        var years = 0;
        while(calendar.before(end)) {
            calendar.add(Calendar.YEAR, 1);
            years++;
        }
        return years - 1;
    }
```

```
public static long daysBetween(Calendar begin, Calendar end) {
    var calendar = (Calendar) begin.clone();
    var days = 0;
    while (calendar.before(end)) {
        calendar.add(Calendar.DATE, 1);
        days++;
    }
    return days - 1;
}
```

若要在 Calendar 實例上進行 add() 之類的操作，記得這操作會修改 Calendar 實例本身，為了避免呼叫 yearsBetween()、daysBetween() 之後傳入的 Calendar 引數被修改，兩個方法中都對第一個引數進行了 clone() 複製物件的動作。執行結果如下：

```
歲數：45
天數：16788
```

13.3　新時間日期 API

Date 實例並非代表日期，最接近的概念是時間軸上特定的一瞬間，時間精度是毫秒，也就是 UTC 時間 1970 年 1 月 1 日 0 時 0 分 0 毫秒至某個特定瞬時的毫秒差，Date 的 setTime() 方法沒有被廢棄，也就是說，Date 狀態是可變的，若在 API 間傳遞它希望它狀態別改變，就得祈禱 API 別去動它。

Calendar 提供了一些計算日期時間的方法，不過，使用 Calendar 太麻煩，YEAR、MONTH、DAY_OF_MONTH、HOUR 等列舉常數不直覺，Calendar 狀態可變也會造成問題。

想在 Java 中處理時間與日期，請使用**新時間日期處理 API**，規格書為 **JSR310**，可以在處理時間上更加簡便。

提示 >>>　新日期時間 API 的「新」，是相對於 Date、Calendar 而言，新日期時間 API 是在 Java 8 成為標準 API。

13.3.1 機器時間觀點的 API

Date 名稱上看來像是人類的時間概念，**實際卻是機器的時間概念**，混淆機器與人類時間觀點會引發問題，例如日光節約時間方面的計算問題。例如先前談過，臺灣早期實施過日光節約時間，若開發者不知道這個事實，會認為臺灣時間 1975 年 3 月 31 日 23 時 59 分 59 秒的下一秒，會是臺灣時間 1975 年 4 月 1 日 **1 時 0 分 0 秒**，若試著如下撰寫程式：

```
jshell> var calendar = Calendar.getInstance();
calendar ==> java.util.GregorianCalendar[time=1585732737971,ar ...
SET=28800000,DST_OFFSET=0]

jshell> calendar.set(1975, Calendar.MARCH, 31, 23, 59, 59);

jshell> calendar.getTime();
$3 ==> Mon Mar 31 23:59:59 CST 1975

jshell> calendar.add(Calendar.SECOND, 1);      // 增加一秒

jshell> calendar.getTime();
$5 ==> Tue Apr 01 01:00:00 CDT 1975
```

Calendar 的 getTime() 傳回 Date 實例，如果系統設置為臺灣時區，toString() 傳回的字串描述會是 "Tue Apr 01 **01:00:00** CDT 1975"，而不是 "Tue Apr 01 **00:00:00** CDT 1975"。

由於臺灣已經不實施日光節約時間很久了，許多開發者並不知道過去有過日光節約時間，在取得 Date 實例後，**被名稱 Date 誤導它們代表日期**，卻看到顯示為 "Tue Apr 01 01:00:00 CDT 1975" 時，就會感到困惑。

就如先前談過的，**不應該使用 Date 實例的 toString() 來得知人類觀點的時間資訊，Date 實例只代表機器觀點的時間資訊**，真正可靠的資訊只有內含的 epoch 毫秒數。如果取得 Date 實例，下一步該獲取的資訊只能是透過 Date 的 getTime() 取得 epoch 毫秒數，這樣就不會混淆。例如以下範例很正確地可以看出，165513599154 下一秒就是 165513600154：

```
jshell> var calendar = Calendar.getInstance();
calendar ==> java.util.GregorianCalendar[time=1585732877974,ar ...
SET=28800000,DST_OFFSET=0]

jshell> calendar.set(1975, Calendar.MARCH, 31, 23, 59, 59);
```

```
jshell> calendar.getTime().getTime();
$3 ==> 165513599154

jshell> calendar.add(Calendar.SECOND, 1);      // 增加一秒

jshell> calendar.getTime().getTime();
$5 ==> 165513600154
```

　　新時間日期處理 API，**清楚地區隔機器對時間的概念、人類對時間的概念，讓機器與人類對時間概念的界線變得分明。**新時間日期處理 API 的主要套件是 **`java.time`。對於機器相關的時間概念，設計了 `Instant` 類別，代表 Java epoch（1970 年 1 月 1 日）以後的某個時間點歷經的毫秒數，精確度是毫秒，但可添加奈秒（nanosecond）精度的修正數值。**

提示 ›››　為了避免時間定義上的模糊，JSR310 定義了自己的時間度量（Time-scale），像是 Java epoch、年曆上的一天是 86400 秒等，可以在 Instant 的 API 文件查詢得知 JSR310 如何定義時間的度量方式。

　　可以使用 `Instant` 的靜態方法 **`now()`**取得 `Instant` 實例，**`ofEpochMilli()`**可以指定 Java epoch 毫秒數，**`ofEpochSecond()`**可以指定秒數，在取得 `Instant` 實例後，可以使用 **`plusSeconds()`**、**`plusMillis()`**、**`plusNanos()`**、**`minusSeconds()`**、**`minusMillis()`**、**`minusNanos()`**來做時間軸上的運算，`Instant` 實例本身無法變動，這些操作會傳回新的 `Instant` 實例，代表運算後的瞬時。

　　在新舊 API 相容上，若取得了 `Date` 實例，而想改用 `Instant`，可以呼叫 `Date` 實例的 **`toInstant()`**方法來取得，如果有個 `Instant` 實例，可以使用 `Date` 的靜態方法 **`from()`**轉為 `Date`。

提示 ›››　如果訪客在留言版留下訊息，該怎麼記錄訊息建立的時間呢？要用機器的時間觀點？還是人類的時間觀點？可以參考一下〈Java 8 LocalDateTime vs Instant[2]〉中的經驗（稍後就會介紹 LocalDateTime）。

2　Java 8 LocalDateTime vs Instant：bit.ly/2X0sGhq

13.3.2 人類時間觀點的 API

人類在時間的表達上有時只需要日期、有時只需要時間,有時會同時表達日期與時間,而且通常不會特別聲明時區,也很少在意日光節約時間,可能只會提及年、月、年月、月日等,簡而言之,**人類在時間概念的表達大多是籠統、片段的資訊。**

▶ **LocalDateTime、LocalDate、LocalTime**

對於片段的日期時間,新時間與日期 API 有 **LocalDateTime**(包括日期與時間)、**LocalDate**(只有日期)、**LocalTime**(只有時間)等類別來定義,這些類別基於 ISO-8601 標準,**是不具時區的時間與日期定義。**

LocalDateTime、LocalDate、LocalTime 等類別名稱開頭為 Local,表示它**們只是對本地時間的描述**,不會有時區資訊,然而對時間是否合理會有基本的判斷,例如,LocalDate 若設定了不存在的日期,例如 LocalDate.of(2019, 2, 29) 因為 2019 年並非閏年,會拋出 **DateTimeException**,由於不帶時區資訊,對於 LocalDateTime.of(1975, 4, 1, 0, 0, 0),程式無從判斷該時間是否存在,就不會拋出 DateTimeException。

▶ **ZonedDateTime、OffsetDateTime**

如果時間日期需要帶有時區,可以基於 LocalDateTime、LocalDate、LocalTime 等來補齊缺少的資訊:

```
DateCalendar ZonedDateTimeDemo.java
```

```java
package cc.openhome;

import static java.lang.System.out;
import java.time.*;

public class ZonedDateTimeDemo {
    public static void main(String[] args) {
        var localTime = LocalTime.of(0, 0, 0);
        var localDate = LocalDate.of(1975, 4, 1);
        var zonedDateTime = ZonedDateTime.of(
                localDate, localTime, ZoneId.of("Asia/Taipei"));

        out.println(zonedDateTime);
```

```
        out.println(zonedDateTime.toEpochSecond());
        out.println(zonedDateTime.toInstant().toEpochMilli());
    }
}
```

可以從執行結果看到，補上時區資訊後，若組合後的時間不存在，**ZonedDateTime** 會自動校正，不會拋出例外：

```
1975-04-01T01:00+09:00[Asia/Taipei]
165513600
165513600000
```

> **提示 ›››** 使用者自行設定的時間，可以使用 LocalDate、LocalTime、LocalDateTime
> 來表示，為了避免使用者設定了不存在的時間，建議操作介面上，可以使用日
> 期時間選擇器（DateTime picker）元件，只顯示存在的時間讓使用者選取。

在新時間與日期 API 中，UTC 偏移量與時區的概念是分開的。`OffsetDateTime` 單純代表 UTC 偏移量，使用 ISO-8601，如果有 `LocalDateTime`、`LocalDate`、`LocalTime`，也可以在分別補齊必要資訊後，取得 UTC 偏移量：

```
var nowDate = LocalDate.now();
var nowTime = LocalTime.now();
var offsetDateTime =
        OffsetDateTime.of(nowDate, nowTime, ZoneOffset.UTC);
```

`ZonedDateTime` 與 `OffsetDateTime` 間可以透過 `toXXX()` 方法互轉，`Instant` 透過 **atZone()** 與 **atOffset()** 轉為 `ZonedDateTime` 與 `OffsetDateTime`，`ZonedDateTime` 與 `OffsetDateTime` 可以透過 **toInstant()** 取得 `Instant`，`ZonedDateTime` 與 `OffsetDateTime` 有 **toLocalDate()**、**toLocalTime()**、**toLocalDateTime()** 方法可以取得 `LocalDate`、`LocalTime` 與 `LocalDateTime`。

▶ Year、YearMonth、Month、MonthDay

若只想表示 2019 年，可以使用 `Year`，如果想表示 2019/5，可以使用 `YearMonth`，若只想表示 5 月，可以使用 `Month`，如果想表示 5/4，可以使用 `MonthDay`，其中 `Month` 是 `enum` 型態；**如果想取得代表月份的數字，不要使用 ordinal() 方法**，`ordinal()` 是 `enum` 在定義時的順序，從 0 開始，**想取得代表月份的數字，請透過 getValue() 方法**。

DateCalendar MonthDemo.java

```java
package cc.openhome;

import static java.lang.System.out;
import java.time.Month;

public class MonthDemo {
    public static void main(String[] args) {
        for(Month month : Month.values()) {
            out.printf("original: %d\tvalue: %d\t%s%n",
                    month.ordinal(), month.getValue(), month);
        }
    }
}
```

執行結果如下：

```
original: 0    value: 1     JANUARY
original: 1    value: 2     FEBRUARY
original: 2    value: 3     MARCH
original: 3    value: 4     APRIL
original: 4    value: 5     MAY
original: 5    value: 6     JUNE
original: 6    value: 7     JULY
original: 7    value: 8     AUGUST
original: 8    value: 9     SEPTEMBER
original: 9    value: 10    OCTOBER
original: 10   value: 11    NOVEMBER
original: 11   value: 12    DECEMBER
```

提示 >>> 在人類時間觀點的 API 這節介紹到的類別，都有個 now() 方法，若不指定任何引數，會使用預設的 Clock 物件，它會以預設時區的系統時鐘取得目前時間；必要時可以將自定義的 Clock 物件指定給 now()，就會根據給定的時鐘產生目前時間，詳情可參考 Clock 的 API 文件。

13.3.3 對時間的運算

若要知道某日起加上 5 天、6 個月、3 週後會的日期時間是什麼，並使用指定的格式輸出。使用 Calendar 的話，會需要如下的計算：

```java
var calendar = Calendar.getInstance();
calendar.set(1975, Calendar.MAY, 26, 0, 0, 0);
calendar.add(Calendar.DAY_OF_MONTH, 5);
calendar.add(Calendar.MONTH, 6);
calendar.add(Calendar.WEEK_OF_MONTH, 3);
```

```
var df = new SimpleDateFormat("E MM/dd/yyyy");
out.println(df.format(calendar.getTime()));
```

TemporalAmount

新日期時間處理實現了流暢 API（Fluent API）的概念，寫來會輕鬆且流暢易讀：

```
out.println(
    LocalDate.of(1975, 5, 26)
            .plusDays(5)
            .plusMonths(6)
            .plusWeeks(3)
            .format(ofPattern("E MM/dd/yyyy"))
);
```

提示 >>> 有關流暢 API 的概念，可以參考〈寫一手流暢的 API[3]〉。

　　其中 ofPattern() 是 **java.time.format.DateTimeFormatter** 的靜態方法，可以查看 API 文件瞭解格式化的方式。LocalDate 的 plusDays()、plusMonths()、plusWeeks() 只是時間運算時一些常用的指定方法，當然，時間運算的需求很多，這邊不可能列出全部的 plusXXX() 方法，**對於時間計量，新時間與日期 API 以類別 Duration 來定義**，可用於計量天、時、分、秒的時間差，精度調整可達奈秒等級，而秒的最大值可以是 long 型態最大值。**對於年、月、星期、日的日期差，則使用類別 Period 定義**。例如，上例可以改為：

```
out.println(
    LocalDate.of(1975, 5, 26)
            .plus(ofDays(5))
            .plus(ofMonths(6))
            .plus(ofWeeks(3))
            .format(ofPattern("E MM/dd/yyyy"))
);
```

　　其中 ofDays()、ofMonths()、ofWeeks() 是 Period 的靜態方法，它們會傳回 Period 實例，**plus()** 方法接受 **java.time.temporal.TemporalAmount** 實例，而

---

[3] 寫一手流暢的 API：openhome.cc/Gossip/Programmer/FluentAPI.html

Period 與 Duration 就是 TemporalAmount 的實作類別，因此 plus() 方法也可接受 Duration 實例。

先前看過的 HowOld 範例，也可使用新時間與日期 API 改寫如下：

DateCalendar HowOld2.java

```java
package cc.openhome;

import java.time.*;
import java.util.Scanner;
import static java.lang.System.out;

public class HowOld2 {
    public static void main(String[] args) {
        out.print("輸入出生年月日（yyyy-mm-dd）：");
        var birth = LocalDate.parse(new Scanner(System.in).nextLine());
        var now = LocalDate.now();
        var period = Period.between(birth, now);
        out.printf("你活了 %d 年 %d 月 %d 日%n",
                period.getYears(), period.getMonths(), period.getDays());
    }
}
```

這次不只計算歲數，也計算了月數與日數，即使如此，整個程式仍非常簡潔，執行的範例之一如下：

```
輸入出生年月日（yyyy-mm-dd）：1975-12-31
你活了 45 年 11 月 23 日
```

提示 ⟫⟫ Period 與 Duration 乍看有些難以區別，簡單來說，Period 是日期差，between() 方法只接受 LocalDate，不能表示比「日」更小的單位； Duration 是時間差，between() 可以接受 Temporal 實作物件（馬上就會介紹），也就是說可以用 LocalDate、LocalTime、LocalDateTime 來計算 Duration，不能表示比「天」更大的單位。

◉ TemporalUnit

plus() 方法另一重載版本，接受 **java.time.temporal.TemporalUnit** 實例，**java.time.temporal.ChronoUnit** 是 TemporalUnit 實作類別，使用 enum 實作，因此，上例也可使用以下方式實作，就閱讀上會更符合人類的習慣：

```
out.println(
    LocalDate.of(1975, 5, 26)
            .plus(5, DAYS)
            .plus(6, MONTHS)
            .plus(3, WEEKS)
            .format(ofPattern("E MM/dd/yyyy"))
);
```

TemporalUnit 定義了 between() 等方法，例如，使用實作類別 ChronoUnit 的列舉來實作之前的 CalendarUtil 範例，就非常的方便：

```
var birth = LocalDate.of(1975, 5, 26);
var now = LocalDate.now();
out.printf("歲數：%d%n", ChronoUnit.YEARS.between(birth, now));
out.printf("天數：%d%n", ChronoUnit.DAYS.between(birth, now));
```

▶ Temporal

新日期時間 API 將時間運算行為抽取出來獨立定義，放置在 **java.time.temporal 套件，這是基於 API 實作彈性上的考量**，與人類時間或機器時間概念無關，方才看過的 Instant、LocalDate、LocalDateTime、LocalTime、OffsetDateTime、ZonedDateTime 等類別，都實作了 **Temporal** 介面。

Module java.base
Package java.time.temporal

Interface Temporal

All Superinterfaces:
TemporalAccessor

All Known Subinterfaces:
ChronoLocalDate, ChronoLocalDateTime<D>, ChronoZonedDateTime<D>

All Known Implementing Classes:
HijrahDate, Instant, JapaneseDate, LocalDate, LocalDateTime, LocalTime, MinguoDate, OffsetDateTime, OffsetTime, ThaiBuddhistDate, Year, YearMonth, ZonedDateTime

---

圖 13.2　**Temporal** 介面與實作類別

方才看到的 plus() 方法是定義在 Temporal 介面上，相對於 plus()，也有兩個重載版本的 minus() 方法：

- plus(TemporalAmount amount)

- plus(long amountToAdd, TemporalUnit unit)

- minus(TemporalAmount amount)

- minus(long amountToSubtract, TemporalUnit unit)

提示 >>> 如果需要更複雜的調整，可以使用 with(TemporalAdjuster adjuster)，細節可參考 TemporalAdjuster 的 API 文件。

▶ TemporalAccessor

TemporalAccessor 定義了時間物件（像是日期、時間、偏移量等）**唯讀**操作，Temporal 是 TemporalAccessor 子介面，增加了對時間的處理操作，像是 plus()、minus()、with() 等方法；之前看過的 MonthDay 是唯讀的，也就是僅實作了 TemporalAccessor 介面，為什麼呢？在 MonthDay 的 API 文件 有說明，因為有閏年問題，在缺少「年」的資訊下，如果 MonthDay 可進行 plus() 操作，那麼 2 月 28 日加一天會是 2 月 29 日或是 3 月 1 日就無法定義了。

13.3.4 年曆系統設計

13.1.2 談過，新日期時間 API 基於 ISO8601 格式，定義了自己的年曆系統，如果需要其他年曆系統呢？開發者要使用實作 **java.time.chrono.Chronology** 介面的類別。

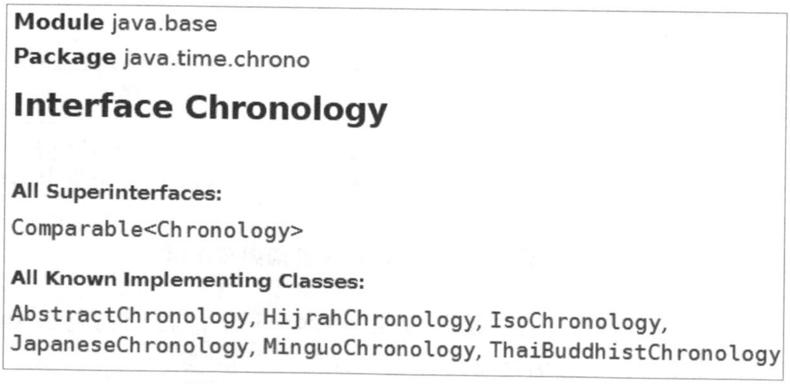

Module java.base
Package java.time.chrono

Interface Chronology

All Superinterfaces:
Comparable<Chronology>

All Known Implementing Classes:
AbstractChronology, HijrahChronology, IsoChronology,
JapaneseChronology, MinguoChronology, ThaiBuddhistChronology

圖 13.3　**Chronology** 介面與實作類別

　　其中 `MinguoChronology` 就是中華民國年曆,是臺灣通行的年曆系統,與之搭配的主要類別是 `MinguoDate`,實作了 Temporal、TemporalAdjuster 與 `java.time.chrono.ChronoLocalDate` 介面,先前介紹過的 LocalDate 類別也實作了 ChronoLocalDate 介面。來看個簡單的範例,將西元年月日轉換為民國年月日:

```
jshell> import java.time.LocalDate;

jshell> import java.time.chrono.MinguoDate;

jshell> var birth = LocalDate.of(1975, 5, 26);
birth ==> 1975-05-26

jshell> var mingoBirth = MinguoDate.from(birth);
mingoBirth ==> Minguo ROC 64-05-26
```

　　若想同時表示民國日期與時間,可以如下取得 `ChronoLocalDateTime<MinguoDate>`:

```
jshell> import java.time.LocalTime;

jshell> import java.time.chrono.MinguoDate;

jshell> MinguoDate.of(64, 5, 1).atTime(LocalTime.of(3, 30, 0));
$3 ==> Minguo ROC 64-05-01T03:30
```

　　實際上,先前介紹過的 LocalDateTime,也實作了 ChronoLocalDateTime 介面,想瞭解如何自定義年曆系統,從 MinguoChronology 的原始碼中研究,是個不錯的起點。

提示 ❯❯❯ Java 官方教學文件《Java Tutorial》中的〈Standard Calendar [4]〉也對 Java 時間與日期處理做了不錯的介紹,可以參考看看。

---

[4] Standard Calendar:docs.oracle.com/javase/tutorial/datetime/iso/

📖 課後練習

實作題

1. 使用新時間日期 API 撰寫程式如下顯示月曆：

NIO 與 NIO2

- 認識 NIO
- 使用 Channel 與 Buffer
- 使用 NIO2 檔案系統

14.1 認識 NIO

第 10 章介紹的 InputStream、OutputStream、Reader、Writer 得面對位元組、字元進行低階輸入輸出,對於高階輸入輸出處理,可以使用 NIO（New IO）或 NIO2,認識與善用這些高階輸入輸出 API,對於輸入輸出的處理效率會有很大幫助。

14.1.1 NIO 概觀

InputStream、OutputStream 是以位元組為單位的低層次處理,雖然面對位元組陣列,不過程式撰寫上,多半是對資料區塊進行處理。例如,在 10.1.1 看過的 dump() 方法,是整塊資料讀入後又整塊寫出,然而你必須面對 byte[],必須記錄讀取的位元組數,必須指定寫出的 byte[] 起點與位元組數:

```
public static void dump(InputStream src, OutputStream dest)
                    throws IOException {
    try (src; dest) {
        var data = new byte[1024];
        var length = 0;
        while((length = src.read(data)) != -1) {
            dest.write(data, 0, length);
        }
    }
}
```

　　雖然 java.io 套件也有些裝飾（Decorator）類別，像是 DataInputStream、DataOutputStream、BufferedReader 與 BufferedWriter 等，不過，若只要對位元組或字元組中感興趣的區塊處理，這些類別不見得適合，必須自行撰寫 API 或尋找相關程式庫來處理索引、標記等細節。

　　相對於使用 InputStream、OutputStream 來銜接資料來源與目的地，NIO 使用頻道（Channel）來銜接資料節點，在處理資料時，NIO 可以設定緩衝區（Buffer）容量，在緩衝區中標記感興趣的資料區塊，像是標記讀取位置、資料有效位置，對於這些區塊標記，提供了 clear()、rewind()、flip()、compact() 等高階操作。舉例來說，上面的 dump() 方法，若使用 NIO 的話，可以如下撰寫：

```
public static void dump(ReadableByteChannel src, WritableByteChannel dest)
                        throws IOException {
    var buffer = ByteBuffer.allocate(1024);
    try(src; dest) {
        while(src.read(buffer) != -1) {
            buffer.flip();
            dest.write(buffer);
            buffer.clear();
        }
    }
}
```

　　稍後馬上會說明 API 的細節，現階段可以先瞭解的是，在這段程式示範中，只要確認有將資料從 Channel 中讀入 Buffer（read() 方法不傳回-1），使用高階 filp() 方法標記 Buffer 中讀入資料的所在區塊，然後將 Buffer 的資料寫到另一個 Channel，最後使用 clear() 方法清除 Buffer 中的標記，這個過程中，不用接觸 byte[] 的相關細節。

> **提示 ＞＞＞** NIO 包含了許多觀念，然而認識 Channel 與 Buffer 是使用 NIO 的起點，也是這一節的重點，完整的 NIO 功能說明，像是 Selector 的使用，可以參考 NIO 專書的介紹。

14.1.2　Channel 架構與操作

　　Channel 相關介面與類別，是座落在 **java.nio.channels** 套件，**Channel** 介面是 AutoCloseable 的子介面，可搭配嘗試關閉資源語法，Channel 介面主要新

增了 **isOpen()** 方法，用來確認 Channel 是否開啟，對 NIO 入門來說，可以先認識以下的 Channel 繼承架構：

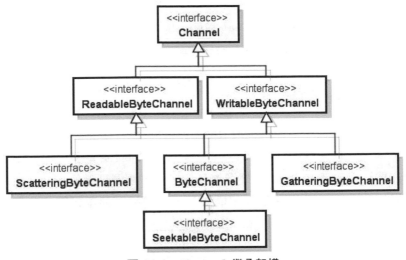

圖 14.1　**Channel 繼承架構**

ReadableByteChannel 定義了 **read()** 方法，負責將 ReadableByteChannel 的資料讀至 ByteBuffer，**WritableByteChannel** 定義了 **write()** 方法，負責將 ByteBuffer 的資料寫到 WritableByteChannel，ScatteringByteChannel 定義的 read() 方法，可以將 ScatteringByteChannel 分配到 ByteBuffer 陣列，GatheringByteChannel 定義的 write() 方法，可以將 ByteBuffer 陣列的資料寫到 GatheringByteChannel。

ByteChannel 沒有定義任何方法，單純繼承了 ReadableByteChannel 與 WritableByteChannel 的行為，ByteChannel 的子介面 SeekableByteChannel，可以讀取與改變下一個要存取資料的位置。

在 API 文件上可以看到 Channel 的實作類別，不過都是抽象類別，不能直接實例化，想取得 Channel 的實作物件，可使用 **Channels** 類別，上頭定義了靜態方法 **newChannel()**，可以從 InputStream、OutputStream 分別建立 ReadableByteChannel、WritableByteChannel，有些 InputStream、OutputStream 實例本身也有方法可以取得 Channel 實例。

舉例來說，FileInputStream、FileOutputStream 都有 getChannel()方法，可以分別取得 FileChannel 實例（實作了 SeekableByteChannel、GatheringByteChannel, ScatteringByteChannel 介面）。

如果已經有相關的 Channel 實例，也可透過 Channels 其他 newXXX()靜態方法，取得 InputStream、OutputStream、Reader、Writer 實例。

14.1.3 **Buffer** 架構與操作

在 NIO 設計中，資料是在 **java.nio.Buffer** 處理，Buffer 是抽象類別，定義了 clear()、flip()、reset()、rewind()等針對資料區塊的高階操作，這類操作傳回型態都是 Buffer 實例本身，在需要連續高階操作時，可以形成管線操作風格，Buffer 的類別繼承架構如下，它們都是抽象類別：

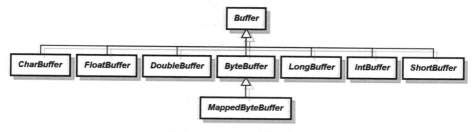

圖 14.2 **Buffer** 繼承架構

◉ 容量、界限與存取位置

根據不同的資料型態處理需求，可以選擇不同的 Buffer 子類別，然而它們都是抽象類別，不能直接實例化，Buffer 的直接子類別都有 allocate()靜態方法，可以指定 Buffer **容量（Capacity）**，若是 ByteBuffer，容量是指內部使用的 byte[]長度，如果是 CharBuffer，容量是指 char[]長度，若是 FloatBuffer，容量是指 float[]長度，依此類推。

Buffer 的容量大小可使用 **capacity()**方法取得，若想取得 Buffer 內部的陣列，可以使用 **array()**方法，如果有個陣列想轉為某 Buffer 子類實例，每個 Buffer 子類別實例都有 **wrap()**靜態方法提供這項服務。

　　若使用 ByteBuffer，它上頭有個 **allocateDirect()** 方法，相較於 allocate() 方法配置的記憶體是由 JVM 管理，allocateDirect() 會利用作業系統的原生 I/O 操作，試著避免 JVM 的中介轉接，理論上會比 allocate() 配置的記憶體來得有效率。

　　不過 allocateDirect() 在配置記憶體時，會耗用較多系統資源，建議只用在大型、存活長的 ByteBuffer 物件，並能觀察出明顯效能差異的場合，想知道 Buffer 是否為直接配置，可以透過 **isDirect()** 得知。

　　Buffer 是個容器，填裝的資料不會超過它的容量，實際可讀取或寫入的資料**界限（Limit）**索引值，可以由 **limit()** 方法得知或設定。舉例來說，容量為 1024 位元組的 ByteBuffer， ReadableByteChannel 對其寫入了 512 位元組，那麼 limit() 應該設為 512，至於下個可讀取資料的**位置（Position）**索引值，可以使用 **position()** 方法得知或設定。

◉ clear()、flip() 與 rewind()

　　Buffer 的操作可以先從 **clear()**、**flip()** 與 **rewind()** 開始認識，當緩衝區剛被配置或呼叫 clear() 方法後，limit() 會等於 capacity()，position() 會是 0，例如配置了容量為 32 位元組的 ByteBuffer 時，內部的位元組陣列容量、資料界限與可讀寫位置分別是：

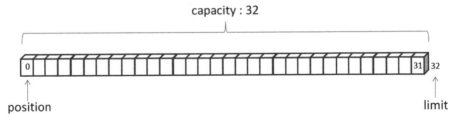

圖 14.3　ByteBuffer 初建立或呼叫 clear()

　　若 ReadableByteChannel 對 BufferBuffer 寫入了 16 個位元組，那麼 position() 就是 16：

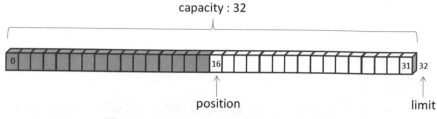

圖 14.4　**ByteBuffer** 被寫入了 16 位元組

現在若要對 ByteBuffer 中已寫入的 16 位元組進行讀取，position 必須設回 0，為了不讀取到索引 16，limit 必須設為 16，雖然可以使用 buffer.position(0).limit(16)來完成這項任務，不過，可以直接呼叫 flip() 方法，它會將 limit 值設為 position 目前值，而 position 設為 0。

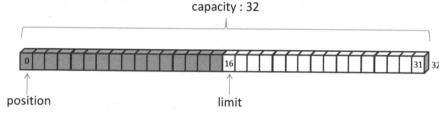

圖 14.5　**ByteBuffer** 呼叫了 **flip()** 方法

這也就是為什麼 14.1.1 一開始的 NIO 程式示範片段，會使用 flip() 方法的原因，以下是個完整的範例：

```
NIO NIOUtil.java
package cc.openhome;

import java.io.*;
import java.nio.ByteBuffer;
import java.nio.channels.*;

import java.net.*;
import java.net.http.*;
import java.net.http.HttpResponse.BodyHandlers;

public class NIOUtil {
    public static InputStream openStream(String uri) throws Exception {
        // Java 11 新增的 HttpClient API
        return HttpClient
                .newHttpClient()
                .send(
                    HttpRequest.newBuilder(URI.create(uri)).build(),
```

```
                          BodyHandlers.ofInputStream()
                  )
                  .body();
    }

    public static void dump(ReadableByteChannel src,
                            WritableByteChannel dest) throws IOException {
        var buffer = ByteBuffer.allocate(1024);
        try(src; dest) {
            while(src.read(buffer) != -1) {
                buffer.flip();
                dest.write(buffer);
                buffer.clear();
            }
        }
    }

    // 測試用的 main
    public static void main(String[] args) throws Exception {
        var src = Channels.newChannel(openStream("https://openhome.cc"));
        try(var in = new FileOutputStream("index.html")) {
            NIOUtil.dump(src, in.getChannel());
        }
    }
}
```

這個程式可以從我的網站下載首頁，並自動在工作資料夾下存為 index.html，在 dump()方法中，destCH.write(buffer)將 buffer 中 position 至 limit 前的資料寫到 WritableByteChannel，最後 position 會等於 limit，因此呼叫 clear()將 position 設為 0，limit 設為等於容量的值，以便下個迴圈，讓 ReadableByteChannel 將資料寫到 buffer 中。

呼叫 rewind()方法的話，會將 position 設為 0，而 limit 不變，這個方法通常用在想重複讀取 Buffer 中某段資料時，作用相當於單獨呼叫 Buffer 的 position(0)方法。

◉ mark()、reset()、remaining()

Buffer 有個 **mark()**方法，可以在目前 position 標記，在存取 Buffer 之後，若呼叫 **reset()**方法，會將 position 設回被 mark()標記的位置。position 與 limit 之間的為剩餘可存取的資料，可以使用 **remaining()**方法得知還有多少長度，使用 **hasRemaining()**可以測試是否還有剩餘可存取的資料。

14.2 NIO2 檔案系統

NIO2 檔案系統 API 在 `java.nio.file`、 `java.nio.file.attribute` 與 `java.nio.file.spi` 套件,提供了存取預設檔案系統、輸入輸出的 API,既可簡化現有檔案輸入輸出操作,也增加許多過去沒有的檔案系統存取功能。

14.2.1 NIO2 架構

現今存在著各式各樣檔案系統,不同檔案系統會提供不同的存取方式、檔案屬性、權限控制等操作,若針對特定檔案系統撰寫特定程式,不僅撰寫方式沒有標準,針對特定功能撰寫程式,也會增加開發者負擔。

NIO2 檔案系統 API 提供一組標準介面與類別,應用程式開發者只要基於標準介面與類別進行檔案系統操作,底層實際如何實作檔案系統操作,是由檔案系統提供者負責(由廠商實作)。

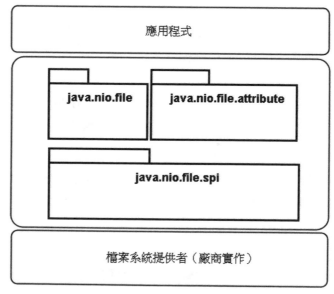

圖 14.6　NIO2 檔案系統 API 架構

應用程式開發者主要使用 java.nio.file 與 java.nio.file.attribute,套件中必須實作的抽象類別或介面,由檔案系統提供者實作,應用程式開發者無需擔心底層實際如何存取檔案系統；通常只有檔案系統提供者才需關心 java.nio.file.spi 套件。

　　NIO2 檔案系統的中心是 **java.nio.file.spi.FileSystemProvider**，本身為抽象類別，是檔案系統提供者才要實作的類別，作用是產生 java.nio.file 與 java.nio.file.attribute 中各種抽象類別或介面的實作物件。

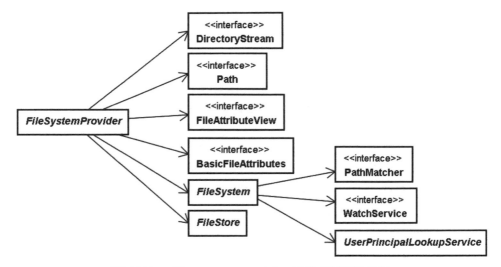

圖 14.7　**FileSystemProvider 產生各種實作物件**

　　對應用程式開發者而言，只要知道有 FileSystemProvider 的存在即可。應用程式開發者可以透過 java.nio.file 套件 **FileSystems**、**Paths**、**Files** 等類別的靜態方法，取得相關實作物件或進行各種檔案系統操作，這些靜態方法內部會運用 FileSystemProvider 取得實作物件，完成應有的操作。

　　例如，透過 **FileSystems.getDefault()**，取得 **java.nio.file.FileSystem** 實作物件：

```
FileSystem fileSystem = FileSystems.getDefault();
```

　　FileSystems.getDefault() 內部會使用 FileSystemProvider 實作物件的 getFileSystem() 方法，取得預設的 FileSystem 實作物件。可以使用系統屬性 "java.nio.file.spi.DefaultFileSystemProvider" 指 定 其 他 廠 商 的 FileSystemProvider 實作類別名稱，就會使用指定的 FileSystemProvider 實作。

一旦更換 FileSystemProvider 實作，透過 FileSystems.getDefault()，就會取得該廠商的 FileSystem 實作物件，**FileSystems**、**Paths**、**Files** 等類別靜態方法使用到的實作物件，也會一併更換為該廠商的實作物件。

14.2.2 操作路徑

操作檔案前得先指出檔案路徑，Path 實例是在 JVM 中路徑的代表物件，也是 NIO2 檔案系統 API 操作的起點，NIO2 檔案系統 API 有許多操作，都必須使用 **Path** 指定路徑。

> **提示 >>>** JDK1.0 就存在的 java.io.File 也可以指定路徑，不過功能有限，有著各平台上的行為不一致等問題，Java SE 提供將 File 轉換為 Path 的 API，可參考〈Legacy File I/O Code[1]〉。

想取得 Path 實例，可以使用 **Paths.get()** 方法，最基本的使用方式，就是使用字串路徑，可使用相對路徑或絕對路徑。例如：

```
var workspacePath = Paths.get("C:\\workspace");    // Windows 絕對路徑
var booksPath = Paths.get("Desktop\\books");        // Windows 相對路徑
var path = Paths.get(args[0]);
```

Paths.get() 的第二個參數接受不定長度引數，因此可指定起始路徑，之後的路徑分段指定。例如以下可指定使用者資料夾下的 Documents\Downloads：

```
Path path = Paths.get(
    System.getProperty("user.home"), "Documents", "Downloads");
```

如果使用者資料夾是 C:\Users\Justin，那麼以上 Path 實例代表的路徑就是 C:\Users\Justin\Documents\Downloads。

Path 實例僅代表路徑資訊，該路徑實際對應的檔案或資料夾（也是一種檔案）不一定存在。Path 提供一些方法取得路徑的各種資訊。例如：

---

[1] Legacy File I/O Code：docs.oracle.com/javase/tutorial/essential/io/legacy.html

第 14 章 NIO 與 NIO2 | 14-11

NIO2 PathDemo.java

```java
package cc.openhome;

import java.nio.file.*;
import static java.lang.System.out;

public class PathDemo {
    public static void main(String[] args) {
        var path = Paths.get(
                System.getProperty("user.home"), "Documents", "Downloads");
        out.printf("toString: %s%n", path.toString());
        out.printf("getFileName: %s%n", path.getFileName());
        out.printf("getName(0): %s%n", path.getName(0));
        out.printf("getNameCount: %d%n", path.getNameCount());
        out.printf("subpath(0,2): %s%n", path.subpath(0, 2));
        out.printf("getParent: %s%n", path.getParent());
        out.printf("getRoot: %s%n", path.getRoot());
    }
}
```

　　路徑元素計數是以資料夾為單位，最上層資料夾為索引 0，在 Windows 的執行結果如下所示：

```
toString: C:\Users\Justin\Documents\Downloads
getFileName: Downloads
getName(0): Users
getNameCount: 4
subpath(0,2): Users\Justin
getParent: C:\Users\Justin\Documents
getRoot: C:\
```

　　Path 實作了 Iterable 介面，若要循序取得 Path 中分段的路徑資訊，可以使用增強式 for 迴圈語法或 forEach()方法。例如：

```java
var path = Paths.get(
    System.getProperty("user.home"), "Documents", "Downloads");
path.forEach(out::println);
```

　　路徑若有冗餘資訊，可以使用 **normalize()**方法移除。

　　例如對於代表 C:\Users\Justin\.\Documents\Downloads 或 C:\Users\Monica\..\Justin\Documents\Downloads 的 Path 實例，以下片段都傳回代表 C:\Users\Justin\Documents\Downloads 的 Path 實例：

```java
var path1 = Paths.get(
    "C:\\Users\\Justin\\.\\Documents\\Downloads").normalize();
```

```
var path2 = Paths.get(
    "C:\\Users\\Monica\\..\\Justin\\Documents\\Downloads").normalize();
```

Path 的 **toAbsolutePath()** 方法可將（相對路徑）Path 轉為絕對路徑 Path；若路徑是符號連結（Symbolic link），**toRealPath()** 可轉換為真正的路徑，若是相對路徑則轉換為絕對路徑，若路徑有冗餘資訊也會移除。

路徑與路徑可以使用 **resolve()** 結合。例如以下最後得到代表 C:\Users\Justin 的 Path 實例：

```
var path1 = Paths.get("C:\\Users");
var path2 = Paths.get("Justin");
var path3 = path1.resolve(path2);
```

如果有兩個路徑，想知道如何從一個路徑切換至另一路徑，可以使用 **relativize()** 方法。例如：

```
var p1 = Paths.get(System.getProperty("user.home"),
                   "Documents", "Downloads");
var p2 = Paths.get("C:\\workspace");
var p1ToP2 = p1.relativize(p2);
out.println(p1ToP2);          // 顯示..\..\..\..\workspace
```

可以使用 **equals()** 方法比較兩個 Path 實例的路徑是否相同，使用 **startsWith()** 比較路徑起始是否相同，使用 **endsWith()** 比較路徑結尾是否相同。如果檔案系統支援符號連結，兩個路徑不同的 Path 實例，有可能是指向同一檔案，可以使用 **Files.isSameFile()** 測試看看是否如此。

> **提示 ❯❯❯**　執行 Files.isSameFile() 時，若兩個 Path 的 equals() 是 true 就傳回 true，不會確認檔案是否存在。

若想確定 Path 代表的路徑，檔案實際上是否存在，可以使用 **Files.exists()** 或 **Files.notExists()**。Files.exists() 僅在檔案存在時傳回 true，若檔案不存在或無法確認存在與否（例如沒有權限存取檔案）傳回 false。Files.notExists() 會在檔案不存在時傳回 true，如果檔案存在或無法確認存在與否則傳回 false。

對於檔案的基本屬性，可以使用 Files 的 **isExecutable()**、**isHidden()**、**isReadable()**、**isRegularFile()**、**isSymbolicLink()**、**isWritable()** 等方法來得知，如果需要更多檔案屬性資訊，必須透過 BasicFileAttributes 或搭配 FileAttributeView 來取得。

14.2.3　屬性讀取與設定

NIO 可以透過 **BasicFileAttributes**、**DosFileAttributes**、**PosixFileAttributes**，針對不同檔案系統取得支援的屬性資訊。

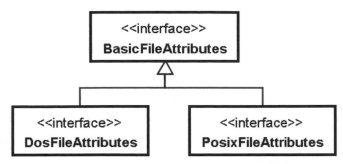

圖 14.8　BasicFileAttributes 介面繼承架構

BasicFileAttributes 可取得各檔案系統都支援的屬性，可以透過 **Files.readAttributes()** 取得 BasicFileAttributes 實例。

NIO2 BasicFileAttributesDemo.java

```java
package cc.openhome;

import java.io.IOException;
import static java.lang.System.out;
import java.nio.file.*;
import java.nio.file.attribute.BasicFileAttributes;

public class BasicFileAttributesDemo {
    public static void main(String[] args) throws IOException {
        var file = Paths.get("C:\\Windows");
        BasicFileAttributes attrs =
                Files.readAttributes(file, BasicFileAttributes.class);
        out.printf("creationTime: %s%n", attrs.creationTime());
        out.printf("lastAccessTime: %s%n",  attrs.lastAccessTime());
        out.printf("lastModifiedTime: %s%n", attrs.lastModifiedTime());
        out.printf("isDirectory: %b%n", attrs.isDirectory());
        out.printf("isOther: %b%n", attrs.isOther());
        out.printf("isRegularFile: %b%n",  attrs.isRegularFile());
        out.printf("isSymbolicLink: %b%n", attrs.isSymbolicLink());
        out.printf("size: %d%n", attrs.size());
    }
}
```

執行結果如下所示：

```
creationTime: 2019-12-07T09:03:44.5394998Z
lastAccessTime: 2021-12-27T08:09:23.7113677Z
lastModifiedTime: 2021-12-24T09:45:42.2794106Z
isDirectory: true
isOther: false
isRegularFile: false
isSymbolicLink: false
size: 28672
```

creationTime()、**lastAccessTime()**、**lastModifiedTime()** 傳回的是 **FileTime** 實例，也可透過 **Files.getLastModifiedTime()** 取得最後修改時間；若想設定最後修改時間，可以透過 **Files.setLastModifiedTime()** 指定代表修改時間的 **FileTime** 實例：

```
var currentTimeMillis = System.currentTimeMillis();
var fileTime = FileTime.fromMillis(currentTimeMillis);
Files.setLastModifiedTime(
    Paths.get("C:\\workspace\\Main.java"), fileTime);
```

Files.setLastModifiedTime() 只是個簡便方法，屬性設定主要可透過 **Files.setAttribute()** 方法。例如設定檔案為隱藏：

```
Files.setAttribute(Paths.get(args[0]), "dos:hidden", true);
```

Files.setAttribute() 第二個引數必須指定 **FileAttributeView** 子介面規範的名稱，格式為 **[view-name:]attribute-name**。view-name 可以從 **FileAttributeView** 子介面實作物件的 **name()** 方法取得（亦可查看 API 文件），如果省略就預設為 "basic"，**attribute-name** 可在 FileAttributeView 各子介面的 API 文件中查詢。例如同樣設定最後修改時間，改用 Files.setAttribute() 可以如下撰寫：

```
var currentTimeMillis = System.currentTimeMillis();
var fileTime = FileTime.fromMillis(currentTimeMillis);
Files.setAttribute(
    Paths.get("C:\\workspace\\Main.java"),
            "basic:lastModifiedTime", fileTime);
```

類似地，可以透過 **Files.getAttribute()** 方法取得各種檔案屬性，使用方式類似 setAttribute()，也可透過 **Files.readAttributes()** 另一版本取得 Map<String, Object> 物件，鍵部分指定屬性名稱，就可以取得屬性值。例如：

```
var attrs = Files.readAttributes(
        Paths.get(args[0]), " size,lastModifiedTime,lastAccessTime");
```

DosFileAttributes 繼承 BasicFileAttributes，新增了 **isArchive()**、**isHidden()**、**isReadOnly()**、**isSystem()** 等方法，可以如下取得 DosFileAttributes 實例：

```
var file = Paths.get(args[0]);
var attrs = Files.readAttributes(file, DosFileAttributes.class);
```

PosixFileAttributes 繼承 BasicFileAttributes，新增了 **owner()**、**group()** 方法，可取得 UserPrincipal（java.security.Principal 子介面）、GroupPrincipal(UserPrincipal 子介面)實例，可分別取得檔案的群組（Group）與擁有者（Owner）資訊；**permissions()** 會以 Set 傳回 Enum 型態的 PosixFilePermission 實例，代表檔案擁有者、群組與其他使用者之讀寫權限資訊。

> 提示 >>> 說明 Posix 屬性與權限已超出本書範圍，可在網路上搜尋到不少資料，如果你已瞭解何謂 Posix，可進一步在〈POSIX File Permissions[2]〉瞭解如何以 NIO2 檔案系統 API 設定 Posix 相關屬性。

如果想取得儲存裝置本身的資訊，可以利用 **Files.getFileStore()** 方法取得指定路徑的 **FileStore** 實例，或透過 FileSystem 的 **getFileStores()** 方法取得所有儲存裝置的 FileStore 實例。以下利用 FileStore 計算磁碟使用率的範例：

NIO2 Disk.java

```
package cc.openhome;

import java.io.IOException;
import static java.lang.System.out;
import java.nio.file.*;
import java.text.DecimalFormat;

public class Disk {
    public static void main(String[] args) throws IOException {
        if(args.length == 0) {
            var fileSystem = FileSystems.getDefault();
```

---

[2] POSIX File Permissions：bit.ly/3aN1o2e

```
            for (var fileStore: fileSystem.getFileStores()) {
                print(fileStore);
            }
        }
        else {
            for(var file: args) {
                var fileStore = Files.getFileStore(Paths.get(file));
                print(fileStore);
            }
        }
    }

    public static void print(FileStore store) throws IOException {
        var total = store.getTotalSpace();
        var used = store.getTotalSpace() - store.getUnallocatedSpace();
        var usable = store.getUsableSpace();
        var formatter = new DecimalFormat("#,###,###");
        out.println(store.toString());
        out.printf("\t- 總容量\t%s\t 位元組%n", formatter.format(total));
        out.printf("\t- 可用空間\t%s\t 位元組%n", formatter.format(used));
        out.printf("\t- 已用空間\t%s\t 位元組%n", formatter.format(usable));
    }
}
```

FileSystem 的 **getFileStores()** 方法，會以 Iterable<FileStore> 傳回儲存裝置的 FileStore 物件。一個參考的執行結果如下所示：

```
OS (C:)
    - 總容量      127,221,624,832        位元組
    - 可用空間    56,206,708,736         位元組
    - 已用空間    71,014,916,096         位元組
DATA (D:)
    - 總容量      1,000,203,087,872      位元組
    - 可用空間    36,868,411,392         位元組
    - 已用空間    963,334,676,480        位元組
```

14.2.4 操作檔案與資料夾

如果想刪除 Path 代表的檔案或資料夾，可使用 **Files.delete()** 方法，若檔案不存在，會拋出 **NoSuchFileException**，若因資料夾不為空而無法刪除檔案，會拋出 **DirectoryNotEmptyException**。使用 **Files.deleteIfExists()** 方法可以刪除檔案，此方法在檔案不存在時呼叫，並不會拋出例外。

　　若 想 複 製 來 源　Path　的 檔 案 或 資 料 夾 至 目 的 地　Path，可 以 使 用 **Files.copy()**，這個方法的第三個選項可以指定 **CopyOption** 介面的實作物件，CopyOption 實作類別有 Enum 型態的 **StandardCopyOption** 與 **LinkOption**。

　　例如指定 StandardCopyOption 的 **REPLACE_EXISTING** 實例進行複製時，若目標檔案已存在就會覆蓋，**COPY_ATTRIBUTES** 會嘗試複製相關屬性，LinkOption 的 **NOFOLLOW_LINKS** 則不會跟隨符號連結。一個使用 Files.copy()的範例如下：

```
Path srcPath = ...;
Path destPath = ...;
Files.copy(srcPath, destPath, StandardCopyOption.REPLACE_EXISTING);
```

　　Files.copy()還有重載兩個版本，一個是接受 InputStream 作為來源，可直接讀取資料，並將結果複製至指定的 Path，另一個 Files.copy()版本是將來源 Path 複製至指定的 OutputStream。例如可改寫 10.1.1 中的 Download 為以下：

NIO2 Download.java

```
package cc.openhome;

import java.io.*;
import java.net.URI;
import java.net.http.*;
import java.net.http.HttpResponse.BodyHandlers;
import java.nio.file.*;
import static java.nio.file.StandardCopyOption.*;

public class Download {
    public static InputStream openStream(String uri) throws Exception {
        return HttpClient
                .newHttpClient()
                .send(
                    HttpRequest.newBuilder(URI.create(uri)).build(),
                    BodyHandlers.ofInputStream()
                )
                .body();
    }

    public static void main(String[] args) throws Exception {
        Files.copy(
            openStream(args[0]), Paths.get(args[1]), REPLACE_EXISTING);
    }
}
```

若要進行檔案或資料夾移動，可以使用 **Files.move()** 方法，使用方式與 Files.copy() 方法類似，可指定來源 Path、目的地 Path 與 CopyOption，如果檔案系統支援原子移動，可在移動時指定 **StandardCopyOption.ATOMIC_MOVE** 選項。

如果要建立資料夾，可以使用 **Files.createDirectory()** 方法，若呼叫時父資料夾不存在，會拋出 **NoSuchFileException**。**Files.createDirectories()** 會在父資料夾不存在時一併建立。

提示 》》》 可在建立資料夾時一併使用 FileAttribute 指定檔案屬性，例如在支援 Posix 的檔案系統上建立資料夾：

```
Set<PosixFilePermission> perms =
        PosixFilePermissions.fromString("rwxr-x---");
FileAttribute<Set<PosixFilePermission>> attr =
        PosixFilePermissions.asFileAttribute(perms);
Files.createDirectory(file, attr);
```

若要建立暫存資料夾，可以使用 **Files. createTempDirectory()** 方法，這個方法建立暫存資料夾時，分別有指定路徑與使用預設路徑的版本。

在第 10 章談過基本輸入輸出，對於 java.io 的基本輸入輸出 API，NIO2 也作了封裝。例如，如果 Path 實例是個檔案，可使用 **Files.readAllBytes()** 讀取整個檔案，然後以 byte[] 傳回檔案內容，若檔案內容都是字元，可使用 **Files.readAllLines()** 指定檔案 Path 與編碼，讀取整個檔案，將檔案中每行收集在 List<String> 傳回。

在第 12 章談過 Stream API，在 NIO2 的檔案讀取上，Files 提供了 **lines()** 靜態方法，它傳回的是 Stream<String>，適用於需要管線化、惰性操作的場合，**lines() 內部會開啟檔案，不使用時需要呼叫 close() 方法來釋放資源**，傳回的 Stream 可搭配嘗試關閉資源語法來關閉。例如：

```
try(var lines = Files.lines(Paths.get(args[0]))) {
    lines.forEach(out::println);
}
```

如果檔案內容都是字元，你需要在讀取或寫入時使用緩衝區，也可以使用 **Files.newBufferedReader()**、**Files.newBufferedWriter()** 指定檔案 Path 與編碼，它們分別傳回 BufferedReader、BufferedWriter 實例，可以使用它們來進行檔案讀取或寫入。例如，若本來有個建立 BufferedReader 的片段如下：

```
var reader = new BufferedReader(
                new InputStreamReader(
                    new FileInputStream(args[0]), "UTF-8"));
```

可使用 Files.newBufferedReader()改寫如下：

```
var reader = Files.newBufferedReader(Path.get(args[0]), "UTF-8");
```

在使用 Files.newBufferedWriter()時，還可以指定 **OpenOption** 介面的實作物件，其實作類別為 **StandardOpenOption** 與 LinkOption（實作了 CopyOption 與 OpenOption），能指定開啟檔案時的行為，可以查看 StandardOpenOption 與 LinkOption 的 API，瞭解有哪些選項可以使用。

若想以 InputStream、OutputStream 處理檔案，也有對應的 **Files.newInputStream()**、**Files.newOutputStream()**可以使用。

14.2.5　讀取、走訪資料夾

如果想取得檔案系統根資料夾路徑資訊，可以使用 FileSystem 的 **getRootDirectories()**方法，這會取回 Iterable<String>物件，可用增強式 for 迴圈或 forEach()方法取得根資料夾路徑資訊。例如：

NIO2 Roots.java

```
package cc.openhome;

import static java.lang.System.out;
import java.nio.file.*;

public class Roots {
    public static void main(String[] args) {
        var dirs = FileSystems.getDefault().getRootDirectories();
        dirs.forEach(out::println);
    }
}
```

Windows 下的執行結果如下：

```
C:\
D:\
```

也可以使用 **Files.newDirectoryStream()** 方法取得 **DirectoryStream** 介面實作物件,代表指定路徑下的所有檔案。

在不使用 DirectoryStream 物件時,必須使用 close() 方法關閉相關資源,DirectoryStream 繼承了 Closeable 介面,其父介面為 AutoCloseable 介面,可搭配嘗試關閉資源語法來簡化程式撰寫。

Files.newDirectoryStream() 實際傳回的是 DirectoryStream<Path>,由於 DirectoryStream 也繼承了 Iterable 介面,可使用增強式 for 迴圈語法或 forEach() 方法來逐一取得 Path。

下面這個範例可從命令列引數指定資料夾路徑,查詢出該資料夾下的檔案:

NIO2File Dir.java

```java
package cc.openhome;

import java.io.IOException;
import static java.lang.System.out;
import java.nio.file.*;
import java.util.*;

public class Dir {
    public static void main(String[] args) throws IOException {
        try(var directoryStream =
                        Files.newDirectoryStream(Paths.get(args[0]))) {
            var files = new ArrayList<String>();
            for(var path : directoryStream) {
                if(Files.isDirectory(path)) {
                    out.printf("[%s]%n", path.getFileName());
                }
                else {
                    files.add(path.getFileName().toString());
                }
            }
            files.forEach(out::println);
        }
    }
}
```

　　這個範例會先列出資料夾，再列出檔案，如果命令列引數指定的是 C:\，則執行結果如下：

```
[$Recycle.Bin]
[Boot]
[Config.Msi]
[Documents and Settings]
[farston]
[Greenware]
[Intel]
[MSOCache]
[PerfLogs]
[Program Files]
[Program Files (x86)]
[ProgramData]
[Recovery]
[System Volume Information]
[Users]
[Windows]
[Winware]
[workspace]
bootmgr
BOOTNXT
devlist.txt
farstone_pe.letter
Finish.log
hiberfil.sys
pagefile.sys
swapfile.sys
```

　　若想走訪資料夾中全部檔案與子資料夾，可以實作 **FileVisitor** 介面，其中定義了四個必須實作的方法：

```
package java.nio.file;
import java.nio.file.attribute.BasicFileAttributes;
import java.io.IOException;
public interface FileVisitor<T> {
    FileVisitResult preVisitDirectory(T dir, BasicFileAttributes attrs)
        throws IOException;
    FileVisitResult visitFile(T file, BasicFileAttributes attrs)
        throws IOException;
    FileVisitResult visitFileFailed(T file, IOException exc)
        throws IOException;
    FileVisitResult postVisitDirectory(T dir, IOException exc)
        throws IOException;
}
```

從指定的資料夾路徑開始，每次要走訪該資料夾內容前，會呼叫 `preVisitDirectory()`，要走訪檔案時會呼叫 `visitFile()`，走訪檔案失敗會呼叫 `visitFileFailed()`，走訪整個資料夾內容後會呼叫 `postVisitDirectory()`。若有多層資料夾，下圖顯示了走訪時方法的呼叫順序：

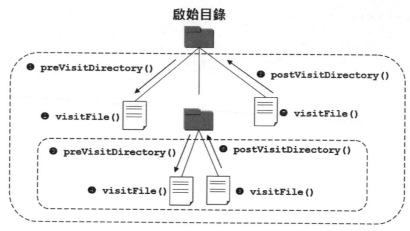

圖 14.9　`FileVisitor` 方法呼叫順序

如果只對 `FileVisitor` 其中一、兩個方法有興趣，可以繼承 `SimpleFileVisitor` 類別，這個類別實作了 `FileVisitor` 介面，繼承後重新定義感興趣的方法就可以了。例如：

NIO2 ConsoleFileVisitor.java

```java
package cc.openhome;

import java.io.IOException;
import static java.lang.System.*;
import java.nio.file.*;
import static java.nio.file.FileVisitResult.*;
import java.nio.file.attribute.*;

public class ConsoleFileVisitor extends SimpleFileVisitor<Path> {
    @Override
    public FileVisitResult preVisitDirectory(Path path,
                            BasicFileAttributes attrs) throws IOException {
        printSpace(path);
        out.printf("[%s]%n", path.getFileName());
        return CONTINUE;
    }

    @Override
```

```java
    public FileVisitResult visitFile(
                    Path path, BasicFileAttributes attr) {
        printSpace(path);
        out.printf("%s%n", path.getFileName());
        return CONTINUE;
    }

    @Override
    public FileVisitResult visitFileFailed(Path file, IOException exc) {
        err.println(exc);
        return CONTINUE;
    }

    private void printSpace(Path path) {
        out.printf("%" + path.getNameCount() * 2 + "s", "");
    }
}
```

　　preVisitDirectory()、visitFile()、visitFileFailed()等方法，必須傳回 **FileVisitorResult**，傳回 FileVisitorResult.CONTINUE 表示繼續走訪。若要使用 FileVisitor 走訪資料夾，可以使用 **Files.walkFileTree()** 方法。例如：

NIO2 DirAll.java

```java
package cc.openhome;

import java.io.IOException;
import java.nio.file.*;

public class DirAll {
    public static void main(String[] args) throws IOException {
        Files.walkFileTree(Paths.get(args[0]), new ConsoleFileVisitor());
    }
}
```

　　一個執行的結果如下：

```
[workspace]
  [NIO2]
    [build]
      [modules]
        [cc.openhome]
          .netbeans_automatic_build
          .netbeans_update_resources
          [cc]
            [openhome]
              BasicFileAttributesDemo.class
              ConsoleFileVisitor.class
              Dir.class
```

```
                    DirAll.class
         ...略
```

在第 12 章談過 Stream API，在 NIO2 的資料夾走訪上，Files 提供了 **list()** 與 **walk()** 靜態方法，它傳回的是 Stream<Path>，適用於需要管線化、惰性操作的場合，list() 會列出當前資料夾下全部檔案，walk() 會列出當前資料夾及子資料夾下全部檔案，與先前介紹的 lines() 一樣，**list() 與 walk() 傳回的 Stream 不使用時，要呼叫 close() 方法來釋放資源**，可以搭配嘗試關閉資源語法來關閉。例如：

```
try(var paths = Files.list(Paths.get(args[0]))) {
    paths.forEach(out::println);
}

try(var paths = Files.walk(Paths.get(args[0]))) {
    paths.forEach(out::println);
}
```

> **提示 >>>** 若對監控資料夾變化有興趣，NIO2 提供 WatchService 等低階層次的 API，可參考〈Watching a Directory for Changes[3]〉進一步瞭解。

14.2.6　過濾、搜尋檔案

若想在列出資料夾內容時過濾檔案，例如只想顯示.class 與.jar 檔案，可以使用 **Files.newDirectoryStream()** 的 第 二 個 參 數 指 定 過 濾 條 件 為 *.{class,jar}。例如：

```
try(var directoryStream = Files.newDirectoryStream(
                          Paths.get(args[0]), "*.{class,jar}")) {
    directoryStream.forEach(path -> out.println(path.getFileName()));
}
```

像 *.{class,jar} 這樣的語法稱為 Glob，是種比規則表示式（Regular expression）簡單的模式比對語法（第 15 章會說明規則表示式），常用於資料夾與檔案名稱的比對。Glob 語法使用符號與說明如下表示：

---

[3]　Watching a Directory for Changes：bit.ly/2UOTgZH

表 14.1 Glob 語法符號

符號	說明
*	比對零個或多個字元。
**	跨資料夾比對零個或多個字元。
?	比對一個字元。
{}	比對收集的任一子模式，例如 {class,jar} 比對 class 或 jar，{tmp,temp*} 比對 tmp 或 temp 開頭。
[]	比對收集的任一字元，例如 [acx] 比對 a、c、x 任一字元，可使用- 比對範圍，例如 [a-z] 比對 a 到 z 任一字元，[A-Z,0-9] 比對 A 到 Z 或 0-9 任一字元，在 [] 中的*、?、\ 就是進行字元比對，例如 [*?\] 就是比對*、?、\ 任一字元。
\	忽略符號，例如要比對*、?、\，就要撰寫為 *、\?、\\。
其他字元	比對字元本身。

以下是幾個 Glob 比對範例：

- *.java 比對 .java 結尾的字串。

- **/*Test.java 跨資料夾比對 Test.java 結尾的字串，例如 BookmarkTest.java、CommandTest.java 都符合。

- ??? 符合三個字元，例如 123、abc 會符合。

- a?*.java 比對 a 之後至少一個字元，並以 .java 結尾的字串。

- *.{class,jar} 符合 .class 或 .jar 結尾的字串。

- *[0-9]* 比對的字串中要有一個數字。

- {*[0-9]*,*.java} 比對字串中要有一個數字，或者是 .java 結尾。

以下製作一個範例，可指定 Glob 搜尋工作資料夾下符合的檔案：

NIO2 LS.java

```java
package cc.openhome;

import java.io.IOException;
import static java.lang.System.out;
import java.nio.file.*;

public class LS {
    public static void main(String[] args) throws IOException {
        // 預設取得所有檔案
```

```
        var glob = args.length == 0 ? "*" : args[0];

        // 取得目前工作路徑
        var userPath = Paths.get(System.getProperty("user.dir"));
        try(var directoryStream =
                Files.newDirectoryStream(userPath, glob)) {
            directoryStream.forEach(
                    path -> out.println(path.getFileName()));
        }
    }
}
```

若啟動 JVM 時指定命令列引數為「\.*」，表示使用 Glob 語法為「\.*」，那麼工作資料夾下全部.開頭的檔案或資料夾會顯示出來。例如在 Eclipse 中執行時會顯示：

```
.classpath
.project
.settings
```

Files.newDirectoryStream()的另一版本接受 **DirectoryStream.Filter** 實作物件，若 Glob 語法無法滿足條件過濾需求時，可以自行實作 DirectoryStream.Filter 的 **accept()**方法自訂過濾條件（例如採用規則表示式），accept()方法傳回 true 表示符合過濾條件。例如只過濾出資料夾：

```
var filter = new DirectoryStream.Filter<Path>() {
    public boolean accept(Path path) throws IOException {
        return (Files.isDirectory(path));
    }
};
try(var directoryStream =
        Files.newDirectoryStream(Paths.get(args[0]), filter)) {
    directoryStream.forEach(path -> out.println(path.getFileName()));
}
```

也可以使用 FileSystem 實例的 **getPathMatcher()**取得 **PathMatcher** 實作物件，呼叫 getPathMatcher()時可指定模式比對語法，**"regex"**表示使用規則表示式語法、"glob"表示使用 Glob 語法（其他廠商實作也許還會提供其他語法）。例如：

```
var matcher = FileSystems.getDefault()
                        .getPathMatcher("glob:*.{class,jar}");
```

　　取得 PathMatcher 後，可以使用 **matches()**方法進行路徑比對，傳回 true
表示符合模式。例如改寫上一個範例，可以指定使用規則表示式或 Glob：

```
NIO2 LS2.java
package cc.openhome;

import java.io.IOException;
import static java.lang.System.out;
import java.nio.file.*;

public class LS2 {
    public static void main(String[] args) throws IOException {
        // 預設使用 Glob 取得所有檔案
        var syntax = args.length == 2 ? args[0] : "glob";
        var pattern = args.length == 2 ? args[1] : "*";
        out.println(syntax + ":" + pattern);

        // 取得目前工作路徑
        var userPath = Paths.get(System.getProperty("user.dir"));
        var matcher = FileSystems.getDefault()
                             .getPathMatcher(syntax + ":" + pattern);
        try(var directoryStream = Files.newDirectoryStream(userPath)) {
            directoryStream.forEach(path -> {
                var file = Paths.get(path.getFileName().toString());
                if(matcher.matches(file)) {
                    out.println(file.getFileName());
                }
            });
        }
    }
}
```

注意 ≫ 如果 path 參考至 Path 實例，使用 Files.newDirectoryStream()指定 Glob
比對時，比對的字串對象是 path.getFileName().toString()，使用
PathMatcher 的 matches()時，比對的字串對象是 path.toString()。

📖 課後練習

實作題

1. 撰寫程式可如下指定資料夾與 Glob 模式,遞迴搜尋指定資料夾與子資料夾中符合模式的檔案名稱,Glob 模式必須包括在""中以避免被主控台解釋為特定字元(例如萬用字元'*')。

通用 API

## CHAPTER 15

學習目標

- 使用日誌 API
- 瞭解國際化基礎
- 運用規則表示式
- 處理數字
- 走訪堆疊追蹤

15.1 日誌

　　系統中有許多必須記錄的資訊，例如捕捉例外之後，對於開發者或系統人員有意義的例外，那麼該記錄哪些資訊（時間、資訊產生處...）？用何種方式記錄（檔案、資料庫、遠端主機...）？記錄格式（主控台、純文字、XML...）？這些都是在記錄時得考慮的要素，Java SE 提供了日誌（Logging）API，若想基於標準 API 建立日誌時可以使用。

15.1.1 簡介日誌 API

　　儘管 `java.util.logging` 套件功能上不若第三方日誌程式庫，然而不必額外配置日誌元件，就可在標準 Java 平台使用是其好處。

　　`java.util.logging` 套件被劃分至 **`java.logging`** 模組，若採取模組化方式撰寫程式，必須在模組描述檔中加入 `requires java.logging`：

Logging module-info.java

```java
module Logging {
    requires java.logging;
}
```

使用日誌的起點是 **Logger** 類別，Logger 實例的建構有許多要處理的細節（例如方才提到的幾個考量，還有稍後會提到的名稱空間處理問題等），Logger 類別的建構式是 protected，不能以 new 建構 Logger 實例，必須使用 Logger 的靜態方法 **getLogger()**。例如：

```
var logger = Logger.getLogger("cc.openhome.Main");
```

呼叫 getLogger() 時，必須指定 Logger 實例的名稱空間（Name space），**名稱空間以"."區分階層，階層相同的 Logger，擁有相同的父 Logger 組態。** 例如若有個 Logger 名稱空間為 "cc.openhome"，則名稱空間 "cc.openhome.Some" 與 "cc.openhome.Other" 的 Logger，其父 Logger 組態就是 "cc.openhome" 名稱空間的 Logger 組態。

通常在哪個類別取得的 Logger，名稱空間就會命名為哪個類別全名（像上例就是在 cc.openhome.Main 取得 Logger）。經常地，也會用以下方式取得 Logger：

```
var logger = Logger.getLogger(Main.class.getName());
```

之後談反射（Reflection）時會介紹，類別名稱後加上 .class，可以取得該類別的 java.lang.Class 實例，呼叫 getName() 可以取得類別全名。

取得 Logger 實例後，可以使用 **log()** 方法輸出訊息，輸出訊息時可使用 Level 的靜態成員指定訊息層級（Level）。例如：

Logging LoggerDemo.java

```java
package cc.openhome;

import java.util.logging.*;

public class LoggerDemo {
    public static void main(String[] args) {
        var logger = Logger.getLogger(LoggerDemo.class.getName());
        logger.log(Level.WARNING, "WARNING 訊息");
        logger.log(Level.INFO, "INFO 訊息");
        logger.log(Level.CONFIG, "CONFIG 訊息");
        logger.log(Level.FINE, "FINE 訊息");
    }
}
```

執行結果如下：

```
1 月  03, 2022 11:16:40 上午 cc.openhome.LoggerDemo main
WARNING: WARNING 訊息
1 月  03, 2022 11:16:40 上午 cc.openhome.LoggerDemo main
INFO: INFO 訊息
```

可以看到，除了指定的訊息之外，預設的 Logger 還會記錄時間、類別、方法等資訊。咦？怎麼只看到 Level.WARNING 與 Level.INFO 的訊息？為何會預設輸出至主控台？若要將訊息輸出至檔案怎麼辦？想改變訊息的輸出格式呢？除了日誌層級指定之外，若要依賴外部條件決定是否輸出訊息呢？要瞭解這一切的答案，必須先瞭解日誌 API 各類別與介面間的呼叫關係：

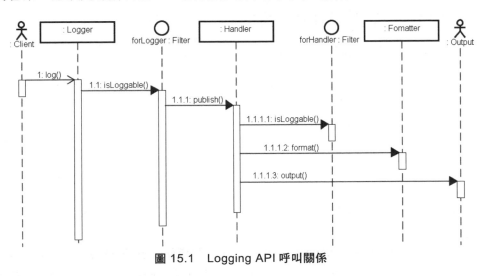

圖 15.1　Logging API 呼叫關係

這是簡化後的 API 呼叫關係圖，若客戶端呼叫了 Logger 實例的 log() 方法，首先會依 Level 過濾訊息，再看看 Logger 有無設定 **Filter** 介面的實例，如果有且其 **isLoggable()** 傳回 true，才會呼叫 **Handler** 實例的 **publish()** 方法，Handler 也可設定自己的 Filter 實例，若有且其 isLoggable() 傳回 true，就呼叫 **Formatter** 實例的 **format()** 方法格式化訊息，最後才呼叫輸出物件，將格式化後的訊息輸出。

簡單來說，Logger 是記錄訊息的起點，要輸出的訊息，必須先通過 Logger 的 Level 與 Filter 過濾，再通過 Handler 的 Level 與 Filter 過濾，格式化訊息的動作交給 Formatter，輸出訊息的動作實際上是 Handler 負責。

　　還得知道的是，正如前面談過，**Logger** 有階層關係，名稱空間階層相同的 **Logger**，會擁有相同的父 **Logger** 組態，每個 **Logger** 處理完自己的日誌動作後，會向父 **Logger** 傳播，讓父 **Logger** 也可以處理日誌。

15.1.2　指定日誌層級

　　Logger 與 Handler 預設會依 Level 過濾訊息，若沒有作任何修改，Logger 實例的父 Logger 組態，就是 **Logger.GLOBAL_LOGGER_NAME** 名稱空間 Logger 實例的組態，這個實例的 Level 設定為 INFO，可透過 Logger 實例的 **getParent()** 取得父 Logger 實例，透過 **getLevel()** 可取得設定的 Level 實例。例如：

```
jshell> import java.util.logging.*;

jshell> var logger = Logger.getLogger("cc.openhome.Some");
logger ==> java.util.logging.Logger@3d99d22e

jshell> var global = Logger.getLogger(Logger.GLOBAL_LOGGER_NAME);
global ==> java.util.logging.Logger@cd2dae5

jshell> logger.getLevel();
$4 ==> null

jshell> logger.getParent().getLevel();
$5 ==> INFO

jshell> global.getParent().getLevel();
$6 ==> INFO
```

　　Logger.GLOBAL_LOGGER_NAME 名稱空間預設的訊息層級是 **Level.INFO**，而 Logger 的訊息處理會往父 Logger 傳播，也就是說取得 Logger 實例後，**預設必須大於或等於 Level.INFO 層級的訊息才會輸出**。可以透過 Logger 的 **setLevel()** 指定 Level 實例，可使用 Level 內建的幾個靜態成員來指定層級：

- Level.OFF（Integer.MAX_VALUE）

- Level.SEVERE（1000）

- Level.WARNING（900）

- Level.INFO（800）

- Level.CONFIG（700）

- Level.FINE（500）

- Level.FINER（400）

- Level.FINEST（300）

- Level.ALL（Integer.MIN_VALUE）

這些靜態成員都是 Level 的實例，可以使用 **intValue()** 取得內含 int 值，Logger 可以透過 **setLevel()** 設定 Level 實例，若 log() 時指定的 Level 實例內含的 int 值，小於 Logger 設定的 Level 實例內含的 int 值，Logger 就不會記錄訊息；Level.OFF 會關閉所有訊息輸出，Level.ALL 會允許全部訊息輸出。

在經過 Logger 過濾後，還得經過 Handler 過濾，可透過 Logger 的 **addHandler()** 新增 Handler 實例。前面談過，每個 Logger 處理完自己的日誌動作後，會向父 Logger 傳播，讓父 Logger 也可以處理日誌，因此實際上進行訊息輸出時，**目前 Logger 的 Handler 處理完，會傳播給父 Logger 的所有 Handler 處理（在通過父 Logger 層級的情況下）**。可透過 **getHandlers()** 方法取得目前已有的 Handler 實例陣列。例如：

```
var logger = Logger.getLogger(Some.class.getName());
out.println(logger.getHandlers().length); // 顯示 0，表示沒有 Handler
// 以下會顯示兩行，一行包括 java.util.logging.ConsoleHandler 字樣
// 一行包括 INFO 字樣
for(var handler : logger.getParent().getHandlers()) {
    out.println(handler);
    out.println(handler.getLevel());
}
```

也就是說，**在沒有自訂組態的情況下，取得的 Logger 實例，只會使用 Logger.GLOBAL_LOGGER_NAME 名稱空間 Logger 實例的 Handler，預設是使用 ConsoleHandler，它是 Handler 的子類別，會在主控台輸出日誌訊息，預設的層級是 Level.INFO。**

Handler 可透過 **setLevel()** 設定訊息，訊息要經過 Logger 與 Handler 的過濾後才可輸出，因此 15.1.1 節的範例，若要顯示 INFO 以下的訊息，不僅要將 Logger 的層級設為 Level.INFO，也得將 Handler 層級設為 Level.INFO。例如：

Logging LoggerDemo2.java

```java
package cc.openhome;

import java.util.logging.*;

public class LoggerDemo2 {
    public static void main(String[] args) {
        var logger = Logger.getLogger(LoggerDemo2.class.getName());
        logger.setLevel(Level.FINE);
        for(var handler : logger.getParent().getHandlers()) {
            handler.setLevel(Level.FINE);
        }
        logger.log(Level.WARNING, "WARNING 訊息");
        logger.log(Level.INFO, "INFO 訊息");
        logger.log(Level.CONFIG, "CONFIG 訊息");
        logger.log(Level.FINE, "FINE 訊息");
    }
}
```

執行結果如下，將輸出程式中指定的全部訊息：

```
1 月 03, 2022 11:26:04 上午 cc.openhome.LoggerDemo2 main
WARNING: WARNING 訊息
1 月 03, 2022 11:26:04 上午 cc.openhome.LoggerDemo2 main
INFO: INFO 訊息
1 月 03, 2022 11:26:04 上午 cc.openhome.LoggerDemo2 main
CONFIG: CONFIG 訊息
1 月 03, 2022 11:26:04 上午 cc.openhome.LoggerDemo2 main
FINE: FINE 訊息
```

有些日誌層級，`Logger` 實例有對應的簡便方法，像是 `severe()`、`warning()`、`info()`、`config()`、`fine()`、`finer()`、`finest()`，這些方法也有接受 `Supplier` 實例的重載版本，若是比較耗資源的日誌動作，可以如下撰寫，在層級不到的時候，就不會執行 `expensiveLogging()`：

```java
logger.debug(() -> expensiveLogging());
```

15.1.3 使用 Handler 與 Formatter

`Handler` 實例負責日誌輸出，標準 API 提供了幾個 `Handler` 實作類別，繼承架構如下所示：

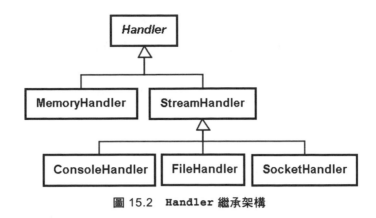

圖 15.2 **Handler** 繼承架構

MemoryHandler 不會格式化日誌訊息，訊息會暫存於記憶體緩衝區，直到超過緩衝區大小，才將訊息輸出至指定的目標 Handler。**StreamHandler** 可自行指定訊息輸出時使用的 OutputStream 實例，它與子類別都使用指定的 Formatter 格式化訊息。**ConsoleHandler** 建構時，會自動指定 OutputStream 為 System.err，因此日誌訊息會顯示於主控台。**FileHandler** 建構時會建立日誌輸出時使用的 FileOutputStream，檔案位置與名稱可以使用模式（Pattern）字串指定。**SocketHandler** 建構時可以指定主機位置與連接埠，內部將自動建立網路連線，將日誌訊息傳送至指定的主機。

Logger 可以使用 **addHandler()** 新增 Handler 實例，使用 **removeHandler()** 移除 Handler，底下範例將目前 Logger 與新建的 FileHandler 層級設定 Level.CONFIG，並使用 addHandler() 設定至 Logger 實例：

Logging HandlerDemo.java

```java
package cc.openhome;

import java.io.IOException;
import java.util.logging.*;

public class HandlerDemo {
    public static void main(String[] args) throws IOException {
        var logger = Logger.getLogger(HandlerDemo.class.getName());
        logger.setLevel(Level.CONFIG);
        var handler = new FileHandler("%h/config.log");
        handler.setLevel(Level.CONFIG);
        logger.addHandler(handler);
        logger.config("Logger 組態完成");
    }
}
```

在建立 FileHandler 指定模式字串時，可使用"%h"來表示使用者的家（home）資料夾（Windows 是在 C:\Users\使用者名稱"），還可使用"%t"取得系統暫存資料夾，或者使用"%g"自動為檔案編號，例如設為"%h/config%g.log"，表示將 configN.log 檔案儲存於使用者家資料夾，N 表示每個訊息的檔案編號，會自動遞增。

Logger 的 **config()** 可直接以 Level.CONFIG 層級輸出訊息，另外也有 severe()、info()等簡便方法。上面這個範例只會在目前 Logger 增加 FileHandler，因為父 Logger 預設層級為 Level.INFO，訊息不會再顯示在主控台，而會儲存在使用者家資料夾的 config.log 中，預設會以 XML 格式儲存：

```
<?xml version="1.0" encoding="UTF-8" standalone="no"?>
<!DOCTYPE log SYSTEM "logger.dtd">
<log>
<record>
  <date>2022-01-03T03:29:20.167481100Z</date>
  <millis>1641180560167</millis>
  <nanos>481100</nanos>
  <sequence>0</sequence>
  <logger>cc.openhome.HandlerDemo</logger>
  <level>CONFIG</level>
  <class>cc.openhome.HandlerDemo</class>
  <method>main</method>
  <thread>1</thread>
  <message>Logger 組態完成</message>
</record>
</log>
```

這是因為 FileHandler 預設的 Formatter 是 **XMLFormatter**，先前看過的 ConsoleHandler 預設使用 **SimpleFormatter**，這兩個類別是 Formatter 的子類別，可以透過 Handler 的 setFormatter()方法設定 Formatter。

若不想讓父 Logger 的 Handler 處理日誌，可以使用 Logger 實例的 **setUseParentHandlers()**設定為 false，如此日誌訊息就不會傳播給父 Logger。也可以使用 Logger 實例的 **setParent()**指定父 Logger。

提示 >>> 若要以特定編碼輸出訊息或儲存檔案，Handler 有個 setEncoding()方法，可以指定文字編碼。

15.1.4 自訂 Handler、Formatter 與 Filter

如果 java.util.logging 套件提供的 Handler 實作不符合需求，可以繼承 Handler 類別，實作抽象方法 **publish()**、**flush()** 與 **close()** 方法來自訂 Handler，建議實作時考慮訊息過濾與格式化，一個建議的實作流程是：

```
...
public class CustomHandler extends Handler {
    ...
    public void publish(LogRecord logRecord) {
        if(!isLoggable(logRecord)) {
            return;
        }
        var logMsg = getFormatter().format(logRecord);
        out.write(logMsg); // out 是輸出目的地物件
    }
    public void flush() {
        ....出清訊息
    }

    public void close() {
        ...關閉輸出物件
    }
}
```

實作時要記得，在職責分配上，Handler 是負責輸出，格式化是交由 Formatter，而訊息過濾是交由 Filter。Handler 有預設的 isLoggable() 實作，會先依 Level 過濾訊息，再使用指定的 Filter 過濾訊息：

```
...
    public boolean isLoggable(LogRecord record) {
        var levelValue = getLevel().intValue();
        if(record.getLevel().intValue() < levelValue ||
            levelValue == offValue) {
            return false;
        }
        var filter = getFilter();
        if(filter == null) {
            return true;
        }
        return filter.isLoggable(record);
    }
...
```

若要自訂 Formatter，可以繼承 Formatter 後實作抽象方法 **format()**，這個方法會傳入 **LogRecord**，儲存有全部日誌訊息。例如將 ConsoleHandler 的 Formatter 設為自訂的 Formatter：

Logging FormatterDemo.java

```java
package cc.openhome;

import java.time.Instant;
import java.util.logging.*;

public class FormatterDemo {
    public static void main(String[] args) {
        var logger = Logger.getLogger(FormatterDemo.class.getName());
        logger.setLevel(Level.CONFIG);
        var handler = new ConsoleHandler();
        handler.setLevel(Level.CONFIG);
        handler.setFormatter(new Formatter() {
            @Override
            public String format(LogRecord record) {
                return """
                    日誌來自 %s %s
                        層級：%s
                        訊息：%s
                        時間：%s
                    """.formatted(
                        record.getSourceClassName(),
                        record.getSourceMethodName(),
                        record.getLevel(),
                        record.getMessage(),
                        Instant.ofEpochMilli(record.getMillis())
                    );
            }
        });
        logger.addHandler(handler);
        logger.config("自訂 Formatter 訊息");
    }
}
```

執行結果如下所示：

```
日誌來自 cc.openhome.FormatterDemo main
    層級：CONFIG
    訊息：自訂 Formatter 訊息
    時間：2022-01-03T03:44:58.921Z
```

Logger 與 Handler 預設只依層級過濾訊息，Logger 與 Handler 都有 **setFilter()**方法，可以指定 Filter 實作物件，若想讓 Logger 與 Handler 依層級過濾之外，還能加入額外過濾條件，就可以實作 Filter 介面：

```java
package java.util.logging;
public interface Filter {
    public boolean isLoggable(LogRecord record);
}
```

提示 >>> 在 Java 生態系中，有許多日誌程式庫選擇，像是 Log4j、Apache Common Logging、SL4J 或是 Log4j2 等，若想瞭解這些程式庫的基本差異，可以從〈哪來這麼多日誌程式庫 [1]〉開始。

15.1.5　使用 logging.properties

以上都是使用程式撰寫方式，改變 `Logger` 物件的組態，實際上，可以透過 logging.properties 設定 `Logger` 組態，這很方便，例如程式開發階段，在.properties 設定 `Level.WARNING` 層級的訊息輸出，在程式上線後，若想關閉警訊日誌，減少程式非必要輸出，只要在.properties 修改即可。

JDK 的 conf 資料夾有個 logging.properties 檔案，是設定 `Logger` 組態的參考範例：

```
############################################################
#    全域 Logger 組態
############################################################

# "handlers" 可以逗號分隔指定多個 Handler 類別
# 在 JVM 啟動後會完成 Handler 設定，指定的類別必須在 CLASSPATH 中
# 預設是 ConsoleHandler
handlers= java.util.logging.ConsoleHandler

# 底下是同時設定 FileHandler 與 ConsoleHandler 的範例
#handlers= java.util.logging.FileHandler, java.util.logging.ConsoleHandler

# 全域 Logger 預設層級（不是 Handler 預設層級）
# 預設是 INFO
.level= INFO

############################################################
# Handler 預設組態
############################################################

# FileHandler 預設組態
# Formatter 預設是 XMLFormatter
java.util.logging.FileHandler.pattern = %h/java%u.log
java.util.logging.FileHandler.limit = 50000
java.util.logging.FileHandler.count = 1
```

---

[1]　哪來這麼多日誌程式庫：openhome.cc/Gossip/Programmer/Logging.html

```
java.util.logging.FileHandler.formatter = java.util.logging.XMLFormatter

# ConsoleHandler 預設組態
# 層級預設是 INFO
# Formatter 預設是 SimpleFormatter
java.util.logging.ConsoleHandler.level = INFO
java.util.logging.ConsoleHandler.formatter =
java.util.logging.SimpleFormatter

# 要自訂 SimpleFormatter 輸出格式，可用以下範例：
#     <level>: <log message> [<date/time>]
# 例如：
# java.util.logging.SimpleFormatter.format=%4$s: %5$s [%1$tc]%n

############################################################
# 特定名稱空間 Logger 組態
############################################################

# 例如設定 com.xyz.foo 名稱空間 Logger 的層級為 SEVERE
com.xyz.foo.level = SEVERE
```

可以修改這個.properties 後另存至可載入類別之路徑，啟動 JVM 時，指定 **"java.util.logging.config.file"** 系 統 屬 性 為 .properties 名 稱 ， 例 如 -Djava.util.logging.config.file=logging.properties，程式的 Logger 就會套用指定檔案中的組態設定。

15.2　HTTP Client API

在 10.1.1 曾經談過從 HTTP 伺服器讀取某網頁，使用的是 Java 11 新增的 HTTP Client API，這一節要來認識一下它的基本使用方式。

15.2.1　淺談 URI 與 HTTP

雖然在一些簡單場合，就算不認識 URL/URI 與 HTTP 細節，也可以使用 HTTP Client API 完成任務，然而知道這些細節，可以讓你完成更多的操作，因此這邊先針對後續討論 HTTP Client API 時，提供一些夠用的基礎。

● URI 規範

　　想告訴瀏覽器到哪裡取得文件、檔案等資源時，通常會聽到有人這麼說：「要指定 URL」，偶而會聽到有人說：「要指定 URI」。那麼到底什麼是 URL？URI？

　　URL 中的 U，早期代表 Universal（萬用），標準化之後代表 Uniform（統一），全名為 Uniform Resource Locator，主要目的是定義網路資源的標準格式，就早期的〈RFC 1738〉[2]規範來看，URL 的主要語法格式為：

`<scheme>:<scheme-specific-part>`

　　協議（scheme）指定了以何種方式取得資源，一些協議名稱的例子有：

- ftp（檔案傳輸協定，File Transfer protocol）
- http（超文件傳輸協定，Hypertext Transfer Protocol）
- mailto（電子郵件）
- file（特定主機檔案名稱）

　　協議之後跟隨冒號，協議特定部分（scheme-specific-part）的格式依協議而定，通常會是：

`//<使用者>:<密碼>@<主機>:<埠號>/<路徑>`

　　舉例來說，若主機名稱為 openhome.cc，要以 HTTP 協定取得 Gossips 資料夾中 index.html 文件，連接埠號 8080，必須使用以下的 URL：

`https://openhome.cc:8080/Gossip/index.html`

　　由於一些歷史性的原因，URL 後來成為 URI 規範的子集，有興趣可以參考維基百科的〈Uniform Resource Identifier〉[3]條目，就〈RFC 3986〉[4]的規範來看，URI 的主要語法格式主要為：

---

[2]　RFC 1738：tools.ietf.org/html/rfc1738
[3]　Uniform Resource Identifier：en.wikipedia.org/wiki/Uniform_Resource_Identifier
[4]　RFC 3986：www.ietf.org/rfc/rfc3986.txt

```
URI         = scheme ":" hier-part [ "?" query ] [ "#" fragment ]
hier-part   = "//" authority path-abempty
            / path-absolute
            / path-rootless
            / path-empty
```

在規範中有個語法的實例對照：

```
foo://example.com:8042/over/there?name=ferret#nose
 \_/   _____/_____/ _____/ \__/
  |           |             |           |        |
scheme    authority       path       query   fragment
```

不過許多人已經習慣使用 URL 這個名稱，因而 URL 這個名稱仍廣為使用，不少既有的技術，像是 API 或者相關設定中，也會出現 URL 字樣，然而 Java 標準 API 使用 `java.net.URI` 來代表 URI，因此，後續將統一採用 URI 名稱。

● HTTP 請求

瀏覽器跟 Web 網站的溝通方式基本上是 HTTP，HTTP 定義了 GET、POST、PUT、DELETE、HEAD、OPTIONS、TRACE 等請求方式，就 HTTP Client API 的入門使用而言，可以從 GET 與 POST 開始認識。

GET 請求顧名思義，就是**取得**指定的資源，在發出 GET 請求時，必須告訴網站請求資源的 URL，以及一些標頭（Header）資訊，例如一個 GET 請求的發送範例如下所示：

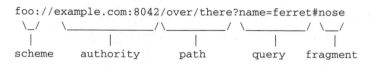

圖 15.3　**GET** 請求範例

在上圖中，請求標頭提供了網站一些瀏覽器相關的資訊，網站可以使用這些資訊來進行回應處理。例如可從 User-Agent 得知使用者的瀏覽器種類與版本，從 Accept-Language 了解瀏覽器接受哪些語系的內容回應等。

請求參數通常是使用者發送給網站的資訊，以便網站能進一步針對使用者請求進行正確的回應，請求參數是路徑之後跟隨問號（?），然後是請求參數名稱與請求參數值，中間以等號（=）表示成對關係。若有多個請求參數，以&字元連接。使用 GET 的方式發送請求，瀏覽器的網址列上也會出現請求參數資訊。

⌂　▯ https://openhome.cc/Gossip/download?file=servlet&user=caterpillar

圖 15.4　**GET** 請求參數會出現在網址列

GET 請求可以發送的請求參數長度有限，這依瀏覽器而有所不同，網站也會設定長度限制，大量資料不適合用 GET 方法來進行請求。

對於大量或複雜的資訊發送（例如檔案上傳），通常採用 POST 來進行發送，一個 POST 發送的範例如下所示：

圖 15.5　**POST** 請求範例

POST 將請求參數移至最後的訊息本體（Message body），由於訊息本體的內容長度不受限制，大量資料的發送可使用 POST 方法，由於請求參數移至訊息本體，網址列不會出現請求參數，對於較敏感的資訊，像是密碼，即使長度不長，通常也會改用 POST 的方式發送，以避免出現在網址列而被直接窺看。

> **注意 ⟫⟫** 雖然在 POST 請求時，請求參數不會出現在網址列上，然而在非加密連線的情況下，若請求被第三方擷取了，請求參數仍然是一目瞭然；想知道更多 HTTP 的細節，可以進一步參考〈重新認識 HTTP 請求方法[5]〉。

▶ URI 編碼

　　HTTP 請求參數包含請求參數名稱與請求參數值，中間以等號（＝）表示成對關係，現在問題來了，如果請求參數值本身包括＝符號怎麼辦？又或許想發送的請求參數值是「https://openhome.cc」這個值呢？假設是 GET 請求，直接這麼發送是不行的：

```
GET /Gossip/download?uri=https://openhome.cc HTTP/1.1
```

　　在 URI 規範定義了保留字元（Reserved character），像是「:」、「/」、「?」、「&」、「=」、「@」、「%」等字元，在 URI 中都有其作用，如果要在請求參數上表達 URI 的保留字元，必須在%字元之後以 16 進位數值表示方式，來表示該字元的八個位元數值。

　　例如，「:」字元真正儲存時的八個位元為 00111010，用 16 進位數值來表示為 3A，URI 上必須使用「%3A」來表示「:」，「/」字元儲存時的八個位元為 00101111，用 16 進位表示則為 2F，必須使用「%2F」來表示「/」字元，想發送的請求參數值是「https://openhome.cc」的話，必須使用以下格式：

```
GET /Gossip/download?uri=https%3A%2F%2Fopenhome.cc HTTP/1.1
```

　　這是 URI 規範中的**百分比編碼（Percent-Encoding）**，也就是俗稱的 **URI 編碼**。在非 ASCII 字元方面，例如中文，4.4.5 曾經談過，在 UTF-8 的編碼下，中文多半使用三個位元組來表示。例如「林」在 UTF-8 編碼下的三個位元組，對應至 16 進位數值表示就是 E6、9E、97，在 URI 編碼中，請求參數中要包括「林」這個中文，表示方式就是「%E6%9E%97」。例如：

```
https://openhome.cc/addBookmar.do?lastName=%E6%9E%97
```

5　重新認識 HTTP 請求方法：openhome.cc/Gossip/Programmer/HttpMethod.html

有些初學者會直接打開瀏覽器鍵入以下的內容，然後告訴我：「URI 也可以直接打中文啊！」

安全 │ https://openhome.cc/register?lastName=林

圖 15.6　瀏覽器網址列真的可以輸入中文？

你可以將網址列複製，貼到純文字檔案中，就會看到 URI 編碼的結果，這其實是現在的瀏覽器很聰明，會自動將 URI 編碼然而顯示為中文。

Cookie

HTTP 是無狀態協定，HTTP 伺服器在請求、回應後，網路連線就中斷，下次請求會發起新連線，也就是說對 HTTP 伺服器來說，不會「記得」這次請求與下一次請求的關係。

然而有些功能必須由多次請求來完成，例如，批踢踢實業坊八卦討論版[6]透過瀏覽器首次進入時，會要求點選「我同意，我已年滿十八歲」按鈕，點選後才能繼續閱讀文章，既然對 HTTP 伺服器來說，不會記得這次請求與下一次請求的關係，那它又怎麼記得使用者曾經同意呢？

Cookie 是在瀏覽器儲存訊息的一種方式，Web 應用程式可以回應瀏覽器 Set-Cookie 標頭，瀏覽器收到這個標頭與數值後，會儲存下來，Cookie 可設定存活期限，在期限內，瀏覽器會使用 Cookie 標頭，自動將 Cookie 發送給 Web 應用程式，Web 應用程式就可以得知一些先前瀏覽器請求的相關訊息。

以八卦討論版為例，按下同意後，會發出請求參數 yes=yes，Web 應用程式收到後的回應標頭中，會包含 Set-Cookie: over18=1; Path=/，瀏覽器會以 Cookie 儲存資訊，存活期限是在瀏覽器關閉後就失效，在瀏覽器關閉前，每次對八卦版的請求，請求標頭中都會包含 Cookie: over18=1，Web 應用程式就知道你曾經點選同意，因而傳回八卦版的頁面內容。

---

[6]　批踢踢實業坊八卦討論版：www.ptt.cc/bbs/Gossiping/index.html

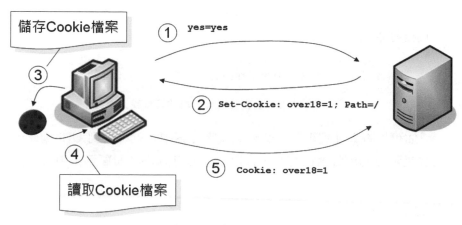

圖 15.7　使用 Cookie

15.2.2　入門 HTTP Client API

因為 HTTP Client API 位於 `java.net.http` 模組，使用前必須在 module-info.java 使用 `requires` 宣告依賴的模組：

```
HTTP module-info.java
module Stream {
    requires java.net.http;
}
```

若想使用 HTTP Client API，基本上會先接觸到三個 API，使用 **HttpRequest** 組織請求資訊，透過 **HttpClient** 發出請求，從 **HttpResponse** 取得回應訊息，先來看看如何處理基本的 GET 請求與回應：

```
HTTP Download.java
package cc.openhome;

import java.io.IOException;
import java.net.URI;
import java.net.http.*;
import java.net.http.HttpResponse.BodyHandlers;

public class Download {
    public static void main(String[] args)
                        throws IOException, InterruptedException {
        HttpRequest request =
```

```
                      HttpRequest.newBuilder()
                              .uri(URI.create(args[0]))
                              .GET()
                              .build();

        HttpClient client = HttpClient.newHttpClient();

        HttpResponse<String> response =
                      client.send(request, BodyHandlers.ofString());
        System.out.println(response.statusCode());
        System.out.println(response.body());
    }
}
```

　　在這個範例中，特意不使用 var，以突顯 HttpRequest、HttpClient、
HttpResponse 三者的關係，想建立 HttpRequest 必須先透過 newBuilder() 建立
HttpRequestBuilder 實例，接著以流暢 API 風格組織請求資訊，範例中只是透
過 URI.create() 從命令列引數指定 URI、GET 請求（預設就是 GET 請求，就這個
範例來說，不呼叫 GET() 方法也可以），完成請求資訊的組織後，呼叫 build()
建立 HttpRequest。如果有多次請求會共用資訊，可以重用 HttpRequest 實例。

　　HttpClient 就像沒有操作介面的瀏覽器，可透過 newHttpClient() 方法建
立，目前範例只採用其預設值，然而 HttpClient 可以用來指定 HTTP 版本、代
理伺服器、使用者驗證等資訊。

　　如果想以**同步**方式進行請求，也就是在發出請求後，要等待回應完成，流
程才會繼續執行的話，可以透過 HttpClient 的 send() 方法，除了要指定
HttpRequest 實例，還要指定 BodyHandler 實例來處理回應本體，這邊使用
BodyHandlers.ofString() 傳回的實例，它會將回應本體解讀為字串，必要時也
可以指定字串編碼。

　　由於指定將回應本體解讀為字串，HttpClient 的 send() 方法會傳回
HttpResponse<String> 實例，可以透過 statusCode()、body() 等方式讀取回應
內容，視指定的 BodyHandler 實例而定，body() 傳回的實例各不相同，這個範
例是傳回 String，然而你可以回憶一下 10.1.1 的 Download 範例其中的片段：

```
    ...
    public static InputStream openStream(String uri) throws Exception {
        return HttpClient
                .newHttpClient()
                .send(
                    HttpRequest.newBuilder(URI.create(uri)).build(),
```

```
                    BodyHandlers.ofInputStream()
                )
                .body();
    }
    ...
```

BodyHandlers.ofInputStream()傳回的 BodyHandler 實例，會將回應本體當成串流來源，後續 HttpClient 的 send()方法傳回的實例會是 HttpResponse<InputStream>，透過 body()會取得代表串流來源的 InputStream。

如果想以**非同步**的方式傳送請求，可以透過 sendAsync()方法，它會傳回 CompletableFuture<HttpResponse<T>>，T 實際型態是指定的 BodyHandler 實例決定，例如，以下範例可擷取的 HTML 網頁中 img 標籤資訊：

HTTP ImgTags.java

```java
package cc.openhome;

import java.net.URI;
import java.net.http.HttpClient;
import java.net.http.HttpRequest;
import java.net.http.HttpResponse.BodyHandlers;
import java.util.regex.Pattern;

public class ImgTags {
    public static void main(String[] args) {
        var regex = Pattern.compile("(?s)<img.+?src=\"(.+?)\".*?>");

        var request = HttpRequest
                        .newBuilder()
                        .uri(URI.create(args[0]))
                        .build();

        HttpClient.newHttpClient()
            .sendAsync(request, BodyHandlers.ofString())
            .thenApply(resp -> resp.body())
            .thenAccept(html -> {
                var matcher = regex.matcher(html);
                while(matcher.find()) {
                    System.out.println(matcher.group());
                }
            })
            .join();   // 加入主執行緒，等 CompletableFuture 完成再結束
    }
}
```

這個範例中，sendAsync()指定了 BodyHandlers.ofString()，這會傳回 CompletableFuture<HttpResponse<String>>，因此 thenApply()的 resp 會收到 HttpResponse<String>，resp.body()就是取得 String；範例中使用了規則表示式來比對 img 標籤，這在 15.3 就會介紹。

為了能完成 CompletableFuture 的任務後再結束程式，範例中使用了 join()，你也可以透過 HttpClient 的 newBuilder()取得 Builder 實例，在組建過程中，可以透過 executor()來指定 Executor 實例，例如：

```
var executor = Executors.newSingleThreadExecutor();
HttpClient.newBuilder()
          .executor(executor)
          .build()
          .sendAsync(request, BodyHandlers.ofString())
          .thenApply(resp -> resp.body())
          .thenAccept(html -> {
              var matcher = regex.matcher(html);
              while(matcher.find()) {
                  System.out.println(matcher.group());
              }
              executor.shutdown();
          });
```

你可以用這個程式片段，取代 ImgTags 中對應的部分，CompletableFuture 會在另一個執行緒進行非同步處理，這只是個簡單示範，因此最後一個任務完成後，直接關閉了 Executor，讓整個程式結束。

15.2.3　發送請求資訊

如果想發送請求參數，GET 請求是在建立 URI 實例時，將"?name=value"形式的字串，附加至 URI，然而要記得進行 15.2.1 談過的 URI 編碼，這可以透過 java.net.URLEncoder 的 encode()方法來處理。

例如，來建立一個 RequestHelper，提供 queryString()方法來處理請求參數的 URI 編碼：

HTTP RequestHelper.java

```
package cc.openhome;

import java.io.UncheckedIOException;
import java.io.UnsupportedEncodingException;
import java.net.URLEncoder;
```

```java
import java.util.Map;
import java.util.stream.Collectors;

public class RequestHelper {
    public static String queryString(
                      Map<String, String> params, String enc) {
        return params.keySet()
                   .stream()
                   .map(name -> "%s=%s".formatted(
                           encode(name, enc),
                           encode(params.get(name), enc)
                       )
                   )
                   .collect(Collectors.joining("&"));
    }

    private static String encode(String str, String enc)  {
        try {
            return URLEncoder.encode(str, enc);
        } catch (UnsupportedEncodingException e) {
            throw new UncheckedIOException(e);
        }
    }
}
```

　　queryString() 可以接收 Map<String, String> 指定請求參數的鍵／值，而且可以指定文字編碼，該指定哪個編碼，是看接收請求的網站而定，目前 Web 應用程式的主流是 UTF-8。

　　例如，若想透過 HTTP Client API 對 Google 搜尋發出請求，可以透過 q 參數指定搜尋字串，若 lr 指定 lang_zh-TW，會搜尋正體中文網頁：

HTTP Search.java

```java
package cc.openhome;

import java.io.IOException;
import java.net.URI;
import java.net.http.HttpClient;
import java.net.http.HttpRequest;
import java.net.http.HttpResponse.BodyHandlers;
import java.util.Map;

public class Search {
    public static void main(String[] args)
                      throws IOException, InterruptedException {
        var params = Map.of("q", "Java SE 17 技術手冊", "lr", "lang_zh-TW");
```

```
var uri = URI.create(
    "https://www.google.com/search?" +
    RequestHelper.queryString(params, "UTF-8")
);

var request = HttpRequest.newBuilder(uri)
                         .header("User-Agent", "Mozilla/5.0")
                         .build();

System.out.println(
    HttpClient
        .newHttpClient()
        .send(request, BodyHandlers.ofString())
        .body()
    );
    }
}
```

根據 Web 應用程式的要求，有時需要使用請求標頭提供資訊，以 Google 搜尋為例，它會根據 `User-Agent` 標頭，傳回不同的結果，若沒有指定，會得到 HTTP Error 403: Forbidden 的錯誤，因此範例中透過 `header()` 方法指定 `"User-Agent"`為`"Mozilla/5.0"`。

有些請求會將資料放在本體，例如 POST，這可以在呼叫 `POST()` 等方法時，指定 `BodyPublisher` 實例進行資料轉換，通常你必須指定 `Content-Type` 標頭，告知 Web 應用程式本體的內容型態，以表單 POST 發送請求參數為例，可以如下撰寫：

```
var request = HttpRequest
    .newBuilder(uri)
    .header("Content-Type", "application/x-www-form-urlencoded")
    .POST(
        BodyPublishers.ofString(
            RequestHelper.queryString(params, "UTF-8")
        )
    )
    .build();
```

`BodyPublishers.ofString()`建立的 `BodyPublisher` 實例，是用於請求本體為字串的時候，`BodyPublishers` 還有 `ofFile()`、`ofByteArray()`等方法，可用於相對應類型的資料發送。

　　如果想發送 Cookie，可以在組建 HttpClient 的過程中，透過 cookieHandler() 設定 CookieHandler 實例，例如，根據 15.2.1 有關 Cookie 的說明，來設定一下 Cookie，以瀏覽批踢踢實業坊八卦討論版：

HTTP CookieOver18.java

```java
package cc.openhome;

import java.io.IOException;
import java.net.CookieManager;
import java.net.HttpCookie;
import java.net.URI;
import java.net.http.HttpClient;
import java.net.http.HttpRequest;
import java.net.http.HttpResponse.BodyHandlers;

public class CookieOver18 {
    public static void main(String[] args)
                        throws IOException, InterruptedException {
        // 建立 Cookie
        var over18 = new HttpCookie("over18", "1");
        over18.setPath("/");

        // 儲存 Cookie
        var cookieManager = new CookieManager();
        cookieManager.getCookieStore()
                    .add(URI.create("https://www.ptt.cc"), over18);

        var gossip = URI.create(
                    "https://www.ptt.cc/bbs/Gossiping/index.html");
        var request = HttpRequest.newBuilder(gossip).build();

        System.out.println(
            HttpClient
                .newBuilder()
                .cookieHandler(cookieManager)
                .build()
                .send(request, BodyHandlers.ofString())
                .body()
        );
    }
}
```

　　CookieHandler 實例就是處理 Cookie 的物件，子類別之一是 CookieManager，擁有 CookieStore 可以用來儲存 Cookie，如果有設定 CookieHandler，HttpClient 就會發送 Cookie。

提示 >>> 如果想更深入認識 HTTP Client API，可以進一步參考〈A closer look at the Java 11 HTTP Client[7]〉。

15.3　規則表示式

規則表示式（Regular expression）最早由數學家 Stephen Kleene 於 1956 年提出，主要用於字元字串格式比對，後來在資訊領域廣為應用。Java 提供一些支援規則表示式操作的標準 API，以下將從如何定義規則表示式開始介紹。

15.3.1　簡介規則表示式

如果有個字串，想根據某字元或字串切割，可以使用 String 的 **split()** 方法，它會傳回切割後各子字串組成的 String 陣列。例如：

```java
Regex SplitDemo.java
package cc.openhome;

import static java.lang.System.out;

public class SplitDemo {
    public static void main(String[] args) {
        // 根據逗號切割
        for(var token : "Justin,Monica,Irene".split(",")) {
            out.println(token);
        }
        // 根據 Orz 切割
        for(var token : "JustinOrzMonicaOrzIrene".split("Orz")) {
            out.println(token);
        }
        // 根據 Tab 字元切割
        for(var token : "Justin\tMonica\tIrene".split("\\t")) {
            out.println(token);
        }
    }
}
```

---

[7] A closer look at the Java 11 HTTP Client：golb.hplar.ch/2019/01/java-11-http-client.html

執行結果會分別針對逗號、"Orz"、Tab 切割字串：

```
Justin
Monica
Irene
Justin
Monica
Irene
Justin
Monica
Irene
```

String 的 split() 方法接受的是規則表示式,範例中的指定了最簡單的規則表示式:按照字面意義比對。最後一個 split() 看來奇怪,為何是指定"\\t"?規則表示式是一門小語言,這門小語言有些符號,與 Java 字串表示的某些符號重疊了,在字串中撰寫規則表示式時就必須作些迴避。

例如規則表示式\t 因為使用了\符號,撰寫在 Java 字串中,就必須寫為\\,也就是用字串表示規則表示式\t 必須是"\\t";直接寫為"\t"的話,表示字串內含 Tab 字元,而不是內含規則表示式\t。

為了避免混淆,建議先獨立地認識規則表示式這門小語言。

規則表示式基本上包括兩種字元:**字面字元(Literals)與詮譯字元（Metacharacters）。字面字元是指按照字面意義比對的字元**,像是方才在範例中指定的 Orz,是三個字面字元 O、r、z 的規則;**詮譯字元是不按照字面比對,在不同情境有不同意義的字元**,例如^是詮譯字元,規則表示式^Orz 是指行首出現 Orz 的情況,也就是此時^表示一行的開頭,但規則表示式[^Orz]是指不包括 O 或 r 或 z 的比對,也就是在[]中^表示「非」之後幾個字元的情況。

詮譯字元類似程式語言中控制結構之類的語法,**找出並理解詮譯字元想詮譯的概念,對於規則表示式的閱讀非常重要**。

▶ 字元表示

字母和數字在規則表示式中,都是按字面意義比對,有些字元前加上\之後,會作為詮譯字元,例如\t 代表按下 Tab 鍵的字元,下表列出規則表示式支援的字元表示:

表 15.1 字元表示

字元	說明
字母或數字	比對字母或數字
\\	比對\字元
\0n	8 進位 0n 字元（0 <= n <= 7）
\0nn	8 進位 0nn 字元（0 <= n <= 7）
\0mnn	8 進位 0mnn 字元（0 <= m <= 3, 0 <= n <= 7）
\xhh	16 進位 0xhh 字元
\uhhhh	16 進位 0xhhhh 字元（碼元表示）
\x{h...h}	16 進位 0xh...h 字元（碼點表示）
\t	Tab（\u0009）
\n	換行（\u000A）
\r	返回（\u000D）
\f	換頁（\u000C）
\a	響鈴（\u0007）
\e	Esc（\u001B）
\cx	控制字元 x

　　詮譯字元在規則表示式有特殊意義，例如！$ ^ * ( ) + = { } [ ] | \ : . ?等，若要直接比對這些字元，必須加上忽略符號，例如要比對！，必須使用\！，要比對$字元，必須使用\$。**若不確定哪些標點符號字元要加上忽略符號，可在每個標點符號前加上\，例如比對逗號也可以寫為\，。**

　　如果規則表示式為 XY，表示「X 後要跟隨著 Y」，若想表示「X 或 Y」，可以使用 X|Y，如果有多個字元要以「或」的方式表示，例如「X 或 Y 或 Z」，可以使用稍後介紹的字元類表示為[XYZ]。

　　Java 沒有撰寫規則表示式的特定語法，必須在字串中撰寫規則表示式，這就造成了迴避某些字元的麻煩。例如，有個字串是"Justin+Monica+Irene"，想使用 split()方法依+切割，要使用的規則表示式是\+，而為了將\+寫入""，按照字串的規定，必須忽略\+的\，因此必須撰寫為"\\+"。

　　類似地，若有個字串是"Justin||Monica||Irene"，想使用 split()方法依||切割，要使用的規則表示式是\|\|，為了將\|\|寫入""，按照字串規定必須忽略\|的\，就必須撰寫為"\\|\\|"。例如：

```
// 規則表示式\|\|撰寫為字串是"\\|\\|"
for(var token : "Justin||Monica||Irene".split("\\|\\|")) {
    out.println(token);
}
```

如果原始文字是 Justin\Monica\Irene ，使用字串表示的話是 "Justin\\Monica\\Irene"，想使用 split() 方法依 \ 切割，要用的規則表示式是 \\ ，那就得如下撰寫：

```
// 規則表示式\\撰寫為字串是"\\\\"
for(var token : "Justin\\Monica\\Irene".split("\\\\")) {
    out.println(token);
}
```

記得！規則表示式是規則表示式，要將規則表示式寫入 "" 是另一回事，別將兩者混淆了。

字元類

規則表示式中，多個字元歸為一個**字元類（Character class）**，字元類會比對文字中是否有「任一」字元符合字元類中某個字元。**規則表示式中被放在 [] 的字元就屬於同一字元類**。例如，若文字為 Justin1Monica2Irene3Bush，想依 1 或 2 或 3 切割字串，規則表示式可寫為 [123]：

```
for(var token : "Justin1Monica2Irene3".split("[123]")) {
    out.println(token);
}
```

規則表示式 123 連續出現字元 1、2、3，然而 [] 中的字元是「或」的概念，也就是 [123] 表示「1 或 2 或 3」，| 在字元類中只是個普通字元，不會被當作「或」來表示。

字元類中連字號 - 是詮譯字元，表示一段文字範圍，例如要比對文字中是否有 1 到 5 任一數字出現，規則表示式為 [1-5]，要比對文字中是否有 a 到 z 任一字母出現，規則表示式為 [a-z]，要比對文字中是否有 1 到 5、a 到 z、M 到 W 任一字元出現，規則表示式可以寫為 [1-5a-zM-W]。

字元類中 ^ 是詮譯字元，[^] 被稱為反字元類（Negated character class），例如 [^abc] 會比對 a、b、c 以外的字元。以下為字元類範例列表，可以看到，字元類中可以再有字元類：

表 15.2 字元類

字元類	說明
[abc]	a 或 b 或 c 任一字元
[^abc]	a、b、c 以外的任一字元
[a-zA-Z]	a 到 z 或 A 到 Z 任一字元
[a-d[m-p]]	a 到 d 或 m 到 p 任一字元（聯集），等於 [a-dm-p]
[a-z&&[def]]	a 到 z 且是 d、e、f 的任一字元（交集），等於 [def]
[a-z&&[^bc]]	a 到 z 且不是 b 或 c 的任一字元（減集），等於 [ad-z]
[a-z&&[^m-p]]	a 到 z 且不是 m 到 p 的任一字元，等於 [a-lq-z]

　　有些字元類很常用，例如常會比對數字是否為 0 到 9，可以撰寫為 [0-9]，或是撰寫為 \d，後者是**預定義字元類（Predefined character class）**，它們不用被包括在 [] 之中，下表列出可用的預定義字元類：

表 15.3 預定義字元類

預定義字元類	說明
.	任一字元
\d	比對任一數字字元，即 [0-9]
\D	比對任一非數字字元，即 [^0-9]
\s	比對任一空白字元，即 [\t\n\x0B\f\r]
\S	比對任一非空白字元，即 [^\s]
\w	比對任一 ASCII 字元，即 [a-zA-Z0-9_]
\W	比對任一非 ASCII 字元，即 [^\w]

　　java.util.regex.Pattern 文件說明中，還列出了一些可用的字元類，建議必要時參考 API 文件。

◉ 貪婪、逐步、獨吐量詞

　　若想比對手機號碼格式是否為 XXXX-XXXXXXX，其中 X 為數字，雖然規則表示式可以使用 \d\d\d\d-\d\d\d\d\d\d，不過更簡便寫法是 \d{4}-\d{6}，{n} 是**貪婪量詞（Greedy quantifier）**表示法的一種，表示前面的項目出現 n 次。下表列出可用的貪婪量詞：

表 15.4 貪婪量詞

貪婪量詞	說明
X?	X 項目出現一次或沒有
X*	X 項目出現零次或多次
X+	X 項目出現一次或多次
X{n}	X 項目出現 n 次
X{n,}	X 項目至少出現 n 次
X{n,m}	X 項目出現 n 次但不超過 m 次

　　貪婪量詞之所以貪婪，是因為看到貪婪量詞時，比對器（Matcher）會把符合量詞的文字全部吃掉，再逐步吐出（back-off）文字，看看是否符合貪婪量詞後的規則表示式，如果吐出的部分也符合就比對成功，結果就是**貪婪量詞會儘可能地找出長度最長的符合文字**。

　　例如文字 xfooxxxxxxfoo，若使用規則表示式.*foo 比對，比較器根據.*吃掉了整個 xfooxxxxxxfoo，之後吐出 foo 符合 foo 部分，得到的符合字串就是整個 xfooxxxxxxfoo。

　　若在貪婪量詞表示法後加上?，會成為**逐步量詞（Reluctant quantifier）**，又常稱為**懶惰量詞**，或**非貪婪（non-greedy）量詞**（相對於貪婪量詞來說），比對器是一邊吃，一邊比對文字是否符合量詞與之後的規則表示式，結果就是**逐步量詞會儘可能地找出長度最短的符合文字**。

　　例如文字 xfooxxxxxxfoo 若用規則表示式.*?foo 比對，比對器在吃掉 xfoo 後發現符合.*?與 foo，接著繼續吃掉 xxxxxxfoo 發現符合.*?與 foo，得到 xfoo 與 xxxxxxfoo 兩個符合文字。

　　若在貪婪量詞表示法後加上+，會成為**獨吐量詞（Possessive quantifier）**，比對器會將符合量詞的文字全部吃掉，而且不再回吐（因此才稱為獨吐）。

　　例如文字 xfooxxxxxxfoo，若使用規則表示式 x*+foo 比對，x 符合 x*+被吃了，後續 foo 符合 foo，得到 xfoo 符合，接著 xxxxxx 符合 x*+被吃了，後續 foo 符合 foo，得到 xxxxxxfoo 符合。

　　文字 xfooxxxxxxfoo，若使用規則表示式 .*+foo 比對，整個 xfooxxxxxxfoo 會因符合 .*+ 全被比對器吃了，沒有文字可再用於比對 foo，結果就是沒有任何文字符合。

　　稍微用表格整理一下前面三個量詞的討論：

表 15.5 比對 xfooxxxxxxfoo

規則表示式	得到的符合文字
.*foo	xfooxxxxxxfoo
.*?foo	xfoo 與 xxxxxxfoo
x*+foo	xfoo 與 xxxxxxfoo
.*+foo	無

　　下面這個範例使用 String 的 replaceAll()，示範三個量詞的差別：

Regex ReplaceDemo.java

```
package cc.openhome;

public class ReplaceDemo {
    public static void main(String[] args) {
        String[] regexs = {".*foo", ".*?foo", "x*+foo", ".*+foo"};
        for(var regex : regexs) {
            System.out.println("xfooxxxxxxfoo".replaceAll(regex, "Orz"));
        }
    }
}
```

　　replaceAll() 會將符合規則表示式的字串取代後傳回新字串，從出現幾次 Orz，就可以知道符合的字串有幾個：

```
Orz
OrzOrz
OrzOrz
xfooxxxxxxfoo
```

提示 ▶▶▶　可以參考〈Quantifiers[8]〉，瞭解更多有關量詞的使用。

---

[8]　Quantifiers：docs.oracle.com/javase/tutorial/essential/regex/quant.html

◉ 邊界比對

若有個文字 Justin dog Monica doggie Irene，想依單字 dog 切出前後兩個子字串，也就是 Justin 與 Monica doggie Irene 兩個部分，那麼底下程式會讓你失望：

Regex SplitDemo2.java

```
package cc.openhome;

public class SplitDemo2 {
    public static void main(String[] args) {
        for(var str : "Justin dog Monica doggie Irene".split("dog")) {
            System.out.println(str.trim());
        }
    }
}
```

這個範例程式中，doggie 因為有 dog 子字串，也被當作切割的依據，執行結果會是：

```
Justin
Monica
gie Irene
```

可以使用\b 標出單字邊界，例如\bdog\b，這就只會比對出 dog 單字。例如：

Regex SplitDemo3.java

```
package cc.openhome;

public class SplitDemo3 {
    public static void main(String[] args) {
        for(var str : "Justin dog Monica doggie Irene".split("\\bdog\\b")) {
            System.out.println(str.trim());
        }
    }
}
```

執行結果如下：

```
Justin
Monica doggie Irene
```

　　邊界比對表示文字必須符合指定的邊界條件，也就是定位點，因此這類表示式也常稱為**錨點（Anchor）**，下表列出規則表示式可用的邊界比對：

表 15.6 邊界比對

邊界比對	說明
^	一行開頭
$	一行結尾
\b	單字邊界
\B	非單字邊界
\A	輸入開頭
\G	前一個符合項目結尾
\Z	非最後終端機（final terminator）的輸入結尾
\z	輸入結尾

◉ 分組與參考

　　可以使用()為規則表示式分組，除了作為子規則表示式之外，還可以搭配量詞使用。

　　例如想驗證電子郵件格式，允許的使用者名稱開頭是大小寫英文字元，之後可搭配數字，規則表示式可以寫為^[a-zA-Z]+\d*，因為@後網域名稱有數層，必須是大小寫英文字元或數字，規則表示式可以寫為([a-zA-Z0-9]+\.)+，其中使用()群組了規則表示式，之後的+表示此群組的表示式符合一或多次，最後是com結尾，最後的規則表示式就是^[a-zA-Z]+\d*@([a-zA-Z0-9]+\.)+com。

　　若有字串符合了規則表示式分組，字串會被捕捉（Capture），以便在稍後**回頭參考（Back reference）**，在這之前，必須知道分組計數，若有個規則表示式((A)(B(C)))，其中有四個分組，這是以遇到的左括號來計數，四個分組分別是：

1. ((A)(B(C)))

2. (A)

3. (B(C))

4. (C)

分組回頭參考時，是在\後加上分組計數，表示參考第幾個分組的比對結果。例如，\d\d 要求比對兩個數字，(\d\d)\1 的話，表示要輸入四個數字，輸入的前兩個數字與後兩個數字必須相同，輸入 1212 會符合，因為 12 符合(\d\d)，\1 要求接下來也要是 12；若輸入 1234 則不符合，因為 12 符合(\d\d)，\1 要求接下來也要是 12，而接下來的數字是 34 並不符合。

再來看個實用的例子，["'][^"']*["']比對單引號或雙引號中 0 或多個字元，但沒有比對兩個都要是單引號或雙引號，(["'])[^"']*\1 則比對出前後引號必須一致。

◉ 充標記

規則表示式中的(?…)代表擴充標記（Extension notation），括號中首個字元必須是?，而後續的字元（也就是…的部分），進一步決定了規則表示式的組成意義。

舉例來說，方才談過可以使用()分組，預設會對()分組計數，若不需要分組計數，只是想使用()來定義某個子規則，**可以使用(?:…)來表示不捕捉分組**。例如，若只想比對郵件位址格式，不打算捕捉分組，可以使用^[a-zA-Z]+\d*@(?:[a-zA-Z0-9]+\.)+com。

在規則表示式複雜之時，善用(?:…)來避免不必要的捕捉分組，對於效能也會有很大的改進。

有時要捕捉的分組數量眾多時，以號碼來區別分組也不方便，這時**可以使用(?<name>…)來為分組命名，在同一個規則表示式中使用\k<name>取用分組**。例如先前談到的(\d\d)\1 是使用號碼取用分組，若想以名稱取用分組，也可以使用(?<tens>\d\d)\k<tens>，當分組眾多時，適時為分組命名，就不用為了分組計數而煩惱了。

如果想比對的對象，之後必須跟隨或沒有跟隨著特定文字，可以使用(?=…)或(?!…)，分別稱為 Lookahead 與 Negative lookahead。例如，分別比對名稱最後必須有或沒有" Lin"：

```
jshell> "Justin Lin, Monica Huang".replaceAll("\\w+(?= Lin)", "Irene");
$1 ==> " Irene Lin, Monica Huang "
```

在上例中，字串的 replaceAll() 可以使用規則表示式，符合的文字將被第二個引數取代；\w+ 比對 ASCII 文字，然而附加了 (?= Lin) 表示文字後必須跟隨一個空格與 Lin，字串"Justin Lin"的"Justin"部分符合，因此被取代為"Irene"了。

相對地，**如果想比對出的對象，前面必須有或沒有著特定文字，可以使用 (?<=…) 或 (?<!…)**，分別稱為 Lookbehind 與 Negative lookbehind。例如分別比對文字前必須有或沒有 'data'：

```
jshell> "data-h1,cust-address,data-pre".replaceAll("(?<=data)-\\w+",
"xxx")
$2 ==> "dataxxx,cust-address,dataxxx"
```

提示 >>> 想得到有關規則表示式更完整的說明，除了可以參考 **java.util.regex.Pattern** 文件說明，也可參考我整理的〈Regex[9]〉。

15.3.2　quote() 與 quoteReplacement()

在字串中撰寫規則表示式，必須迴避詮譯字元，例如，想使用字串的 split() 方法依 + 切割，要使用的規則表示式是 \+，以字串撰寫的話必須是 "\\+"，若想依 || 切割，規則表示式是 \|\|，撰寫為字串的話是 "\\|\\|"…這類撰寫實在是很麻煩。

java.util.regex.Pattern 提供了 quote() 靜態方法，可以對規則表示式的詮譯字元進行轉換：

```
jshell> import static java.util.regex.Pattern.quote;

jshell> "Justin+Monica+Irene".split(quote("+"));
$4 ==> String[3] { "Justin", "Monica", "Irene" }

jshell> "Justin||Monica||Irene".split(quote("||"));
$5 ==> String[3] { "Justin", "Monica", "Irene" }

jshell> "Justin\\Monica\\Irene".split(quote("\\"));
$6 ==> String[3] { "Justin", "Monica", "Irene" }
```

9　Regex：openhome.cc/Gossip/Regex/

quote() 方法實際上會在指定的字串前後加上 \Q 與 \E，這個表示法在 Java 中用來表示 \Q 與 \E 間的全部字元，都不當成詮譯字元。

```
jshell> Pattern.quote(".");
$7 ==> "\\Q.\\E"
```

在進行字串取代時，有些字元不能直接作為取代用的字串內容，例如 $ 會在取代過程被誤為是規則表示式的分組符號：

```
jshell> "java.exe".replaceFirst(quote("."), "$");
| Exception java.lang.IllegalArgumentException: Illegal group reference:
group index is missing
|         at Matcher.appendExpandedReplacement (Matcher.java:1030)
|         at Matcher.appendReplacement (Matcher.java:998)
|         at Matcher.replaceFirst (Matcher.java:1408)
|         at String.replaceFirst (String.java:2096)
|         at (#8:1)
```

對於這類情況，必須使用 "\\$"，或者是使用 java.util.regex.Matcher 提供的 quoteReplacement() 靜態方法：

```
jshell> "java.exe".replaceFirst(quote("."), "\\$");
$8 ==> "java$exe"

jshell> import static java.util.regex.Matcher.quoteReplacement;

jshell> "java.exe".replaceFirst(quote("."), quoteReplacement("$"));
$9 ==> "java$exe"
```

注意 >>> 遇到 \d、\s 等預定義字元類，只能在寫入字串時自行轉換了，若是使用 IDE 會方便一些，例如在 Eclipse 若將文字複製、貼入 ""，會自動在原文字的 \ 前加上 \。

15.3.3　Pattern 與 Matcher

剖析、驗證規則表示式往往是最耗時間的階段，在頻繁使用某規則表示式的場合，若能重複使用剖析、驗證過後的規則表示式，對效率會有幫助。

◉ 建立 Pattern

java.util.regex.Pattern 實例是規則表示式代表物件，Pattern 的建構式被標示為 private，無法用 new 建構 Pattern 實例，必須透過 Pattern 的靜態方

法 **compile()**，在剖析、驗證過規則表示式無誤後，compile()會傳 Pattern 實例，之後就可以重用這個實例。例如：

```
var pattern = Pattern.compile(".*foo");
```

　　Pattern.compile()方法的另一版本，可以指定旗標（Flag），例如想不分大小寫比對 dog 文字，可以如下：

```
var pattern = Pattern.compile("dog", Pattern.CASE_INSENSITIVE);
```

　　指定旗標 Pattern.LITERAL 的話，字串撰寫規則表示式時，就不用迴避詮譯字元（不過\還是得迴避，以免與字串表示法衝突）：

```
jshell> import java.util.regex.Pattern;

jshell> var pattern = Pattern.compile("+", Pattern.LITERAL);
pattern ==> +

jshell> pattern.split("Justin+Monica")
$1 ==> String[2] { "Justin", "Monica" }
```

　　也可以在規則表示式使用**嵌入旗標表示法（Embedded Flag Expression）**。例如 Pattern.CASE_INSENSITIVE 等效的嵌入旗標表示法為(?i)，以下片段效果等同上例：

```
var pattern = Pattern.compile("(?i)dog");
```

　　若想對特定分組嵌入旗標，可以使用(?i:dog)這樣的語法；並非全部的常數旗標都有對應的嵌入式表示法，底下列出有對應的旗標：

- Pattern.CASE_INSENSITIVE：(?i)

- Pattern.COMMENTS：(?x)

- Pattern.MULTILINE：(?m)

- Pattern.DOTALL：(?s)

- Pattern.UNIX_LINES：(?d)

- Pattern.UNICODE_CASE：(?u)

- Pattern.UNICODE_CHARACTER_CLASS：(?U)

Pattern.COMMENTS 允許在規則表示式以#嵌入註解；Pattern.MULTILINE 啟用多行文字模式（影響了^、$的行為，換行字元後、前會被視為行首、行尾）；預設情況下.不匹配換行字元，可設置 Pattern.DOTALL 來匹配換行字元；Pattern.UNIX_LINES 啟用後，只有\n 才被視為換行字元，作為.、^與$判斷依據。

Pattern.UNICODE_CASE、Pattern.UNICODE_CHARACTER_CLASS 與規則表示式 Unicode 支援有關，稍後再來說明。

規則表示式本身可讀性差、除錯不易，若因規則表示式有誤而導致 compile() 呼叫失敗，會拋出 **java.util.regex.PatternSyntaxException**，可以使用 **getDescription()**取得錯誤說明、**getIndex()**取得錯誤索引、**getPattern()**取得錯誤的規則表示式，**getMessage()**會以多行顯示錯誤的索引、描述等綜合訊息。

▶ 取得 Matcher

在取得 Pattern 實例後，可以使用 **split()**依規則表示式切割字串，效果等同於 String 的 split()方法；可以使用 **matcher()**指定要比對的字串，這會傳回 **java.util.regex.Matcher** 實例，表示字串的比對器，可以使用 **find()**查看是否有下個符合字串，或是使用 **lookingAt()**看看字串開頭是否符合規則表示式，使用 **group()**可以傳回符合的字串。例如：

Regex PatternMatcherDemo.java

```java
package cc.openhome;

import static java.lang.System.out;
import java.util.regex.*;

public class PatternMatcherDemo {
    public static void main(String[] args) {
        String[] regexs = {".*foo", ".*?foo", "x*+foo", ".*+foo"};
        for(var regex : regexs) {
            var pattern = Pattern.compile(regex);
            var matcher = pattern.matcher("xfooxxxxxxfoo");
            out.printf("%s find ", pattern.pattern());
            while(matcher.find()) {
                out.printf(" \"%s\"", matcher.group());
            }
            out.println(" in \"xfooxxxxxxfoo\".");
        }
    }
}
```

這個範例示範了貪婪、逐步與獨吐量詞的比對結果，執行結果如下：

```
.*foo find  "xfooxxxxxfoo" in "xfooxxxxxfoo".
.*?foo find  "xfoo" "xxxxxxfoo" in "xfooxxxxxfoo".
x*+foo find  "xfoo" "xxxxxxfoo" in "xfooxxxxxfoo".
.*+foo find  in "xfooxxxxxfoo".
```

如果規則表示式有分組，group() 可以接受 int 整數指定分數計數，舉例來說，規則表示式若是 ((A)(B(C)))，指定文字為 ABC，matcher.find() 後指定 group(1) 就是 "ABC"，group(2) 就是 "A"、group(3) 就是 "BC"，group(4) 就是 "C"，由於分組計數會從 1 開始，group(0) 就相當於直接呼叫沒有參數的 group()。

如果設定了命名分組，group() 方法可以指定名稱取得分組：

```
jshell> var regex =
Pattern.compile("(?<user>^[a-zA-Z]+\\d*)@(?<preCom>[a-z]+?.)com");
regex ==>  (?<user>^[a-zA-Z]+\d*)@(?<preCom>[a-z]+?.)com

jshell> var matcher = regex.matcher("caterpillar@openhome.com");
matcher ==> java.util.regex.Matcher[pattern=(?<user>^[a-zA-Z] ... om
region=0,24 lastmatch=]

jshell> matcher.find();
$3 ==> true

jshell> matcher.group("user");
$4 ==> "caterpillar"

jshell> matcher.group("preCom");
$5 ==> "openhome."
```

Matcher 還有 **replaceAll()** 方法，可將符合規則表示式的部分，以指定字串取代，效果等同於 String 的 replaceAll() 方法，**replaceFirst()** 與 **replaceEnd()** 可分別取代首個、最後符合規則表示式的部分；**start()** 可以取得符合字串的起始索引，**end()** 可取得符合字串最後一個字元後的索引。

如果規則表示有分組設定，在使用 replaceAll() 時，可以使用 $n 來捕捉被分組匹配的文字。例如，以下的片段可將使用者郵件位址從 .com 取代為 .cc：

```
var pattern = Pattern.compile("(^[a-zA-Z]+\\d*)@([a-z]+?.)com");
var matcher = pattern.matcher("caterpillar@openhome.com");
out.println(matcher.replaceAll("$1@$2cc")); // caterpillar@openhome.cc
```

整個規則表示式匹配了"caterpillar@openhome.com"，第一個分組捕捉到
"caterpillar"，第二個分組捕捉"openhome."，$1 與 $2 就分別代表這兩個部分。

如果是命名分組，使用的是 ${name} 形式：

```
jshell> var regex =
Pattern.compile("(?<user>^[a-zA-Z]+\\d*)@(?<preCom>[a-z]+?.)com");
regex ==> (?<user>^[a-zA-Z]+\d*)@(?<preCom>[a-z]+?.)com

jshell> var matcher = regex.matcher("caterpillar@openhome.com");
matcher ==> java.util.regex.Matcher[pattern=(?<user>^[a-zA-Z] ... om
region=0,24 lastmatch=]

jshell> matcher.replaceAll("${user}@${preCom}cc");
$8 ==> "caterpillar@openhome.cc"
```

Matcher 的狀態是可變的，若目前狀態取得的比對結果，不想被後續比對影
響，可以使用 toMatcherResult() 取得 MatcherResult 實作物件，傳回的物件是
不可變、只包含該次比對狀態；實際上，Matcher 也實作了 MatcherResult 介面。

底下這個範例可以輸入規則表示式與想比對的字串，顯示比對的結果：

Regex Regex.java

```java
package cc.openhome;

import static java.lang.System.out;
import java.util.*;
import java.util.regex.*;

public class Regex {
    public static void main(String[] args) {
        try(var console = new Scanner(System.in)) {
            out.print("輸入規則表示式：");
            String regex = console.nextLine();
            out.print("輸入要比對的文字：");
            var text = console.nextLine();
            print(match(regex, text));
        } catch(PatternSyntaxException ex) {
            out.println("規則表示式有誤");
            out.println(ex.getMessage());
        }
    }

    private static List<String> match(String regex, String text) {
        var pattern = Pattern.compile(regex);
```

```
        var matcher = pattern.matcher(text);
        var matched = new ArrayList<String>();
        while(matcher.find()) {
            matched.add(String.format(
                    "從索引 %d 開始到索引 %d 之間找到符合文字 \"%s\"%n",
                    matcher.start(), matcher.end(), matcher.group()));
        }
        return matched;
    }

    private static void print(List<String> matched) {
        if(matched.isEmpty()) {
            out.println("找不到符合文字");
        }
        else {
            matched.forEach(out::println);
        }
    }
}
```

一個執行結果如下所示：

```
輸入規則表示式：.*?foo
輸入要比對的文字：xfooxxxxxxfoo
從索引 0 開始到索引 4 之間找到符合文字 "xfoo"
從索引 4 開始到索引 13 之間找到符合文字 "xxxxxxfoo"
```

在第 12 章談過 Stream API，在 Pattern 也有 **splitAsStream()** 靜態方法，可傳回 Stream<String>，適用於需要管線化、惰性操作的場合；Matcher 的 replaceAll()、replaceFirst() 有接受 Function<MatchResult,String> 的版本，可以自訂取代函式：

```
jshell> var regex = Pattern.compile("(^[a-zA-Z]+\\d*)@([a-z]+?.)com");
regex ==> (^[a-zA-Z]+\d*)@([a-z]+?.)com

jshell> var matcher = regex.matcher("caterpillar@openhome.com");
matcher ==> java.util.regex.Matcher[pattern=(^[a-zA-Z]+\d*)@( ... om
region=0,24 lastmatch=]

jshell> matcher.replaceAll(result -> String.format("%s@%scc",
result.group(1), result.group(2)));
$11 ==> "caterpillar@openhome.cc"
```

另外還有個 results() 方法，可傳回 Stream<MatchResult>實例，便於透過 Stream API 操作：

```
jshell> var matcher = regex.matcher("Justin+Monica+Irene");
matcher ==> java.util.regex.Matcher[pattern=\pL+ region=0,19 lastmatch=]

jshell> matcher.results().map(result ->
result.group().toUpperCase()).forEach(out::println);
JUSTIN
MONICA
IRENE
```

15.3.4 Unicode 規則表示式

Unicode 與規則表示式的關係是個進階議題，如果你不需要處理 Unicode 字元比對，可以暫時跳過這個小節。

在 4.4.4 談過，對於碼點在 U+0000 至 U+FFFF 範圍內的字元，若想儲存為 char，例如 '林'，也可用 '\u6797' 表示；若是規則表示式想指定 U+0000 至 U+FFFF 範圍內的字元進行比對，可以使用表 15.1 看過的 \uhhhh，**hhhh 表示碼元**，例如：

```
jshell> "林".matches("\\u6797");
$1 ==> true
```

記得！因為規則表示式是 \u6797，寫入字串時必須是 "\\u6797"，如果寫為 "\u6797"，會等同於字串 "林"，雖然 "林".matches("\u6797") 結果也會是 true，不過這表示直接比對「林」這個字元，而 "林".matches("\\u6797") 表示比對 U+6797。

若字元不在 BMP 範圍內呢？在 4.4.4 談過，字串可以使用代理對（Surrogate pair）來表示，例如，高音譜記號 𝄞 的 Unicode 碼點為 U+1D11E，字串表示方式是 "\uD834\uDD1E"，若要以規則表示式來比對，也可以採用代理對，規則表示式寫法是 \uD834\uDD1E：

```
jshell> "\uD834\uDD1E".matches("\\uD834\\uDD1E");
$2 ==> true
```

或者使用表 15.1 看過的 \x{h...h} 來表示，**h...h 表示碼點**：

```
jshell> "\uD834\uDD1E".matches("\\x{1D11E}")
$3 ==> true
```

Unicode 字元集為世界大部分文字系統做了整理，規則表示式是為了比對文字，兩者相遇就產生了更多的需求；為了能令規則表示式支援 Unicode，Unicode 組織在〈UNICODE REGULAR EXPRESSIONS[10]〉做了規範。

◎ Unicode 特性轉譯

在 Unicode 規範中，每個 Unicode 字元會隸屬於某個分類，在〈General Category Property[11]〉可看到 Letter、Uppercase Letter 等一般分類，每個分類也給予了 L、Lu 等縮寫名稱。

舉例來說，隸屬於 Letter 分類的字元都是字母，a 到 z、A 到 Z、全形的 a 到 z、A 到 Z 都在 Letter 分類中，除了英文字母之外，其他如希臘字母 α、β、γ 等，也都隸屬於 Letter 分類。

Java 在 Unicode 特性的支援上，使用 \p、\P 的方式，\p 表示具備某特性（Properties），而 \P 表示不具備某特性。

例如，\p{L} 表示字母（Letter），\p{N} 表示數字（Number）等，可以進一步指定子特性，例如 \p{Lu} 表示大寫字母、\p{Ll} 表示小寫字母：

```
jshell> "a".matches("\\p{Ll}");
$5 ==> true

jshell> "a".matches("\\p{Lu}");
$6 ==> false
```

來個有趣的測試吧！2^{31}¼½¾㉛㉜㉝ I Ⅱ Ⅲ Ⅳ Ⅴ Ⅵ Ⅶ Ⅷ Ⅸ Ⅹ Ⅺ Ⅻ Ⅼ Ⅽ Ⅾ Ⅿ ⅰ ⅱ ⅲ ⅳ ⅴ ⅵ ⅶ ⅷ ⅸ ⅹ 都是數字，底下程式片段會顯示 true：

```
System.out.println(
    (
        "2 3 1 1¼½¾" +
```

10　UNICODE REGULAR EXPRESSIONS：www.unicode.org/reports/tr18/

11　General Category Property：www.unicode.org/reports/tr18/#General_Category_Property

```
                "㉛㉜㉝" +
                " Ⅰ Ⅱ Ⅲ Ⅳ Ⅴ Ⅵ Ⅶ Ⅷ Ⅸ Ⅹ ⅪⅫⅬⅭⅮⅯ" +
                " ⅰ ⅱ ⅲ ⅳ ⅴ ⅵⅶ ⅷⅸ ⅹ "
        )
        .matches("\\pN*")
);
```

也可以加上 Is 來表示二元特性，例如\p{IsL}、\p{IsLu}等，若是單字元表示特性，例如\p{L}，可以省略{}寫為\pL；也可以使用\p{general_category=Lu}或簡寫為\p{gc=Lu}。

有的語言可能會使用多種文字來書寫，例如日語就包含了漢字、平假名、片假名等文字，有的語言只使用一種文字，例如泰文。Unicode 將書寫組織為文字（Script）特性，可參考〈UNICODE SCRIPT PROPERTY[12]〉。

Java 中可以使用 IsHan、script=Han 或 sc=Han 的方式來指定特性，例如測試漢字（Han 包含了正體中文、簡體中文，以及日、韓、越南文的全部漢字）：

```
jshell> "a".matches("\\p{Ll}");
$7 ==> true

jshell> "a".matches("\\p{Lu}");
jshell> "林".matches("\\p{IsHan}");
$8 ==> true
```

對於 Unicode 碼點區塊（block）[13]，可以使用 InCJKUnifiedIdeographs、block=CJKUnifiedIdeographs 或 blk=CJKUnifiedIdeographs，例如，測試中文時常用的 Unicode 碼點範圍為 U+4E00 到 U+9FFF，也就是 CJK Unified Ideographs 的範圍：

```
jshell> "林".matches("\\p{InCJKUnifiedIdeographs}");
$9 ==> true
```

◉ Unicode 大小寫與字元類

在 15.3.3 談 Pattern 時談過，Pattern.UNICODE_CASE、Pattern.UNICODE_CHARACTER_CLASS 與規則表示式在 Unicode 方面的支援相關。

---

[12] UNICODE SCRIPT PROPERTY：www.unicode.org/reports/tr24/
[13] Blocks:www.unicode.org/reports/tr18/#Blocks

首先來看 Pattern.UNICODE_CASE，在設定 Pattern.CASE_INSENSITIVE 時，可以加上 Pattern.UNICODE_CASE 啟用 Unicode 版本的忽略大小寫。例如，比較 Ä（U+00C4）與 ä（U+00E4）其實是同一字母的大小寫：

```
jshell> var regex1 = Pattern.compile("\u00C4", Pattern.CASE_INSENSITIVE);
regex3 ==> ?

jshell> regex1.matcher("\u00E4").find();
$11 ==> false

jshell> var regex2 = Pattern.compile("\u00C4", Pattern.CASE_INSENSITIVE |
Pattern.UNICODE_CASE);
regex4 ==> ?

jshell> regex2.matcher("\u00E4").find();
$13 ==> true
```

規則表示式是在後來才支援 Unicode，這就有了個問題，例如預定義字元類沒有考量 Unicode 規範，例如\w 預設只比對 ASCII 字元，若要令\w 可以比對 Unicode 字元，可以設置(?U)（對應 Pattern.UNICODE_CHARACTER_CLASS）

```
jshell> "林".matches("\\w");
$14 ==> false

jshell> "林".matches("(?U)\\w");
$15 ==> true
```

例如，1234567890123456都是十進位數字，然而"1234567890123456".matches("\\d*")會是 false，若是使用"1234567890123456".matches("(?U)\\d*")會是 true。

提示 ❯❯❯ Java 還提供了自定義特性類與 POSIX 字元類支援，有興趣可參考〈特性類[14]〉。

---

14 特性類：openhome.cc/Gossip/Regex/PropertiesJava.html

15.4 處理數字

在 4.1.2 曾經簡介過 BigDecimal，若需要處理大數或是高精度等更複雜的數字問題，就必須對 BigInteger 或 BigDecimal 有更多的認識，而這一節也會談到如何對數字進行格式化。

15.4.1 使用 BigInteger

Java 基本資料型態的整數最大值是 9223372036854775807L，最小值是 -9223372036854775808L，若想表示的整數超過此範圍，可以使用 java.math.BigInteger，例如，想表示 9223372036854775808 這個數字，可以如下建立 BigInteger 實例：

```
jshell> var n = new BigInteger("9223372036854775808");
n ==> 9223372036854775808

jshell> n.add(BigInteger.ONE);
$2 ==> 9223372036854775809

jshell> n.add(BigInteger.ONE).add(BigInteger.TWO).add(BigInteger.TEN);
$3 ==> 9223372036854775821
```

由於 9223372036854775808 超過 long 可儲存範圍，建構 BigInteger 時不能直接寫 9223372036854775808L，表示該數字的方式之一是使用字串，在建立 BigInteger 實例後，若要進行加、減、乘、除等運算，可使用 add()、subtract()、multiply()、divide() 等方法，這些方法接受的引數型態也是 BigInteger，每個方法呼叫後會傳回新的 BigInteger 實例，可以形成流暢的呼叫風格。

由於在整數運算中，常使用 0、1、2、10 之類的數字，BigInteger 提供了 BigInteger.ZERO、BigInteger.ONE、BigInteger.TWO、BigInteger.TEN 實例，可重複使用這些 BigInteger 實例，不用另行建構。

除了基本算術運算之外，在餘除運算上，BigInteger 提供 mod() 與 divideAndRemainder() 方法，後者會傳回長度為 2 的 BigInteger 陣列，索引 0 為商數、索引 1 為餘數：

```
jshell> BigInteger.TEN.mod(BigInteger.TWO);
$1 ==> 0
```

```
jshell> BigInteger.TEN.divideAndRemainder(BigInteger.TWO);
$2 ==> BigInteger[2] { 5, 0 }
```

在比較、條件運算上，BigInteger 提供 equals() 與 compareTo() 方法，位元運算上提供了 and()、or()、xor()、not()，對於左移（<<）與右移（>>）運算，提供了 shiftLeft()、shiftRight() 方法。

```
jshell> BigInteger.ONE.shiftLeft(1);
$1 ==> 2

jshell> BigInteger.ONE.shiftLeft(1).shiftLeft(2);
$2 ==> 8
```

若必須在基本型態整數與 BigInteger 間轉換，BigInteger.valueOf() 接受 long 整數轉換為 BigInteger，提供 valueOf() 方法的原因在於，可重用已建構的 BigInteger 實例。

若想將 BigInteger 轉為基本型態，可使用 intValue()、longValue() 方法，若原本的數字無法容納於 int 或 long，這兩個方法傳回的整數會失去精度，若想在數字無法容納於 short、int、long 時拋出 ArithmeticException 例外，可使用 shortValueExtract()、intValueExtract()、longValueExtract() 方法。

必要時也可以使用 floatValue()、doubleValue() 方法，將 BigInteger 代表的數字，轉換為基本型態的 float 或 double。

15.4.2　使用 **BigDecimal**

正如 4.1.2 看過的例子，若在意浮點數誤差的問題，應該使用 BigDecimal，而不是使用 float、double 型態表示浮點數，而建構 BigDecimal 實例時，方式之一是使用字串表示浮點數。

在建立 BigDecimal 實例後，若要對其進行運算，方式與 BigInteger 類似，基本上都有對應的方法可以操作，不過若查看 API 文件，會發現這些方法，有的必須指定量級（scale）或進位捨去模式（java.math.RoundingMode）。

理解量級最簡單的方式，是查看 API 文件 BigDecimal 其中一個建構式說明：

BigDecimal

```
public BigDecimal(BigInteger unscaledVal,
                  int scale)
```

Translates a **BigInteger** unscaled value and an `int` scale into a **BigDecimal**. The value of the **BigDecimal** is (unscaledVal × 10^{-scale}).

圖 15.8　**BigDecimal** 建構式之一

若有個非量級值（unscaledVal）為 360，而量級為 2，就表示 3.60 這個浮點數，若量級為 5，表示 0.00360，量級可以是負數，若量級為-2，表示 360 乘 100。

```
jshell> new BigDecimal(BigInteger.valueOf(360), 2);
$1 ==> 3.60

jshell> new BigDecimal(BigInteger.valueOf(360), 5);
$2 ==> 0.00360

jshell> new BigDecimal(BigInteger.valueOf(360), -2);
$3 ==> 3.60E+4
```

在建立 BigDecimal 實例後，可使用 unscaledValue()取得非量級值，使用 scale()方法取得量級，若要設定量級，可使用 setScale()方法，這會傳回新的 BigDecimal 實例，量級改變可能會導致位數的減少，因此必須知道該怎麼處理進位捨去，這時就必須指定 RoundingMode。

臺灣許多人最熟悉的進位捨入法，應該是四捨五入、無條件進位或捨去，這邊先使用正值會比較容易理解，5.4 套用這三者取整數的結果，分別會是：5、6.0 與 5.0，Math 的靜態方法 round()、ceil()與 floor()可用來做對應的計算：

```
jshell> Math.round(5.4);
$1 ==> 5

jshell> Math.ceil(5.4);
$2 ==> 6.0

jshell> Math.floor(5.4);
$3 ==> 5.0
```

那麼-5.4 呢？套用這三個方法的結果，分別會是：-5、-5.0、-6.0！

```
jshell> Math.round(-5.4);
$4 ==> -5

jshell> Math.ceil(-5.4);
$5 ==> -5.0

jshell> Math.floor(-5.4);
$6 ==> -6.0
```

實際上，round()是往最接近數字方向的捨入操作，因此結果為-5；ceil()是往正方向捨入，-5.4 的正方向就是-5.0；floor()是往負方向的捨入，-5.4 的負方向是-6.0。

Math 靜態方法 round()、ceil()、floor()只保留整數部分，遇到想指定小數位數，許多開發者會自行設計公式計算；然而，可以使用 BigDecimal，在計算操作時指定 RoundingMode，round()、ceil()、floor()的三種捨入模式，就分別對應至 HALF_UP、CEILING 與 FLOOR。

```
jshell> var n = new BigDecimal(BigInteger.valueOf(54), 1);
n ==> 5.4

jshell> n.setScale(0, RoundingMode.HALF_UP);
$2 ==> 5

jshell> n.setScale(0, RoundingMode.CEILING);
$3 ==> 6

jshell> n.setScale(0, RoundingMode.FLOOR);
$4 ==> 5

jshell> var n2 = new BigDecimal(BigInteger.valueOf(-54), 1);
n2 ==> -5.4

jshell> n2.setScale(0, RoundingMode.HALF_UP);
$6 ==> -5

jshell> n2.setScale(0, RoundingMode.CEILING);
$7 ==> -5

jshell> n2.setScale(0, RoundingMode.FLOOR);
$8 ==> -6
```

除了 HALF_UP、CEILING 與 FLOOR，RoundingMode 的 UP 模式，會遠離 0 的方向，被捨棄的部分若不是 0，左邊的數字一律遞增 1，因此在 UP 模式下，5.4 若只保留整數，操作後會是 6，-5.4 操作後，會是-6。RoundingMode 的 DOWN 模式會接近 0 的方向，5.4 操作後，會是 5，-5.4 操作後，會是-5。

方才看過的 HALF_UP 以及 HALF_DOWN 模式，都會向最接近數字方向，進行捨入操作，不同的是，若最接近的數字距離相同，前者進位而後者捨去，因此 5.5 的 HALF_UP 會是 6，而 HALF_DOWN 會是 5。

HALF_EVEN 模式稍難理解，雖然會往最接近數字方向進行捨入，不過，若最接近的數字距離相同，是向相鄰的偶數捨入，因此 HALF_EVEN 時，若捨去部分的左邊為奇數，那麼行為就像是 HALF_UP，因此 5.5 會成為 6；若為偶數，那麼，行為上就像是 HALF_DOWN，因此 4.5 會成為 4。而這種捨入法又稱銀行家捨入法（Banker's rounding），或者四捨五入取偶數（round-to-even）。

> **注意 >>>** 開發者必須搞清楚使用的語言或程式庫，對於捨入的行為究竟採取哪個策略，Java 的 Math.round() 採用的是 HALF_UP，不過，其他語言或程式庫不見得如此，例如 Python 3 的 round() 函式採用銀行家捨入法！因此，Python 3 中 round(5.5) 是 6，而 round(4.5) 會是 4。

在建構 BigDecimal 時，有的建構式可以指定 java.math.MathContext 實例，有的方法也接受 MathContext，MathContext 本身也提供了 DECIMAL128、DECIMAL64、DECIMAL32 常數，表示對應的 IEEE 754R 浮點數格式，自行建構 MathContext 實例時，可以指定最大精度（Precision），這是指從數字最左邊不是 0 的數字開始，直到最右邊使用的數字個數。

BigDecimal 本身有個 precision()，可以取得目前浮點數使用之精度，例如：

```
jshell> var n = new BigDecimal(BigInteger.valueOf(42), 5);
n ==> 0.00042

jshell> n.precision();
$2 ==> 2

jshell> var n2 = new BigDecimal(BigInteger.valueOf(142), 5);
n2 ==> 0.00142

jshell> n2.precision();
$4 ==> 3
```

> **注意 >>>** 使用 BigDecimal 處理小數位數時，記得要使用 scale 相關參數，或者使用 scale 相關方法，而不是精度。

15.4.3　數字的格式化

若想格式化數字，可使用 java.text.NumberFormat，這是個抽象類別，然而提供了 getInstance()、getIntegerInstance()、getCurrencyInstance()、getPercentInstance()等方法，傳回的實例型態是 NumberFormat 的子類別實作，各提供了預設的數字格式。

```
jshell> import java.text.NumberFormat;

jshell> NumberFormat.getInstance().format(123456789.987654321)
$2 ==> "123,456,789.988"

jshell> NumberFormat.getIntegerInstance().format(123456789.987654321);
$3 ==> "123,456,790"

jshell> NumberFormat.getCurrencyInstance().format(123456789.987654321);
$4 ==> "$123,456,789.99"

jshell> NumberFormat.getPercentInstance().format(123456789.987654321);
$5 ==> "12,345,678,999%"
```

這些方法都有個接受 Locale 的版本，例如想顯示日幣符號的格式：

```
jshell> import static java.util.Locale.JAPAN;

jshell>
NumberFormat.getCurrencyInstance(JAPAN).format(123456789.987654321);
$6 ==> "￥123,456,790"
```

NumberFormat 實例有個 parse()方法，可指定代表數字的字串，將之剖析為 Number 實例，在可能情況下會傳回 Long，否則就使用 Double，它們都是 Number 的子類別。

```
jshell> NumberFormat.getCurrencyInstance(JAPAN).parse("￥123,456,790");
$7 ==> 123456790
```

NumberFormat 的父類別是 java.text.Format，透過從 Format 繼承的 format()
方法，也可以對 BigDecimal 進行格式化：

```
jshell> NumberFormat.getInstance().format(new
BigDecimal("123456789.98765"));
$8 ==> "123,456,789.988"
```

必要時也可指定格式字串自行建構 DecimalFormat 實例，它是 NumberFormat
的子類別，例如，想要整數部分每四位數一個逗號，小數最多三個位數的話：

```
jshell> import java.text.*;

jshell> var formatter = new DecimalFormat("#,####.###");
formatter ==> java.text.DecimalFormat@674dc

jshell> formatter.format(123456789.987654321);
$3 ==> "1,2345,6789.988"

jshell> formatter.format(123456789.92);
$4 ==> "1,2345,6789.92"
```

若想要整數部分每四位數一個逗號，小數三個位數，不足補 0 的話：

```
jshell> import java.text.*;

jshell> var formatter = new DecimalFormat("#,####.000");
formatter ==> java.text.DecimalFormat@674dc

jshell> formatter.format(123456789.92);
$3 ==> "1,2345,6789.920"
```

#、0 等字元設定都有其意義，可參考 DecimalFormat 的 API 說明，瞭解每
個字元的設定意義。

提示 >> NumberFormat 的 getInstance() 等靜態方法，基本上傳回 DecimalFormat
實例，不過根據 API 文件，在某些特別的國家區域設定下，可能不是傳回
DecimalFormat 實例。

15.5　再談堆疊追蹤

在 8.1.5 曾經談過堆疊追蹤，除了捕捉例外時可進行堆疊追蹤外，必要時也可以自行建立 Throwable 或取得 Thread，透過 getStackTrace()取得堆疊追蹤，而 Stack-Walking API，提供更多的選項，讓堆疊追蹤更有效率。

15.5.1　取得 **StackTraceElement**

在 8.1.5 看過例外物件會自動收集 Stack Frame，可用於顯示堆疊追蹤，當時還沒談到多執行緒，自動收集的 Stack Frame 來自於主執行緒的 JVM Stack。

每個執行緒都會有專屬的 JVM Stack，它是個先進後出結構，每呼叫一個方法，JVM 就會建立一個 Stack Frame 儲存區域變數、方法、類別等資訊，並置放至 JVM Stack，方法呼叫結束後，Stack Frame 就從 JVM Stack 彈出銷毀。

也許是為了瞭解應用程式的行為，或者是進行除錯，自行取得堆疊追蹤有其需求，**Throwable 與 Thread 類別提供 getStackTrace()方法，可用來取得當前執行緒的 JVM Stack，並以 StackTraceElement 陣列傳回 JVM Stack 中全部的 Stack Frame。**

若想主動取得 Stack Frame，方式之一是建立 Throwable 實例，呼叫其 getStackTrace()方法：

```
StackTraceElement[] stackTrace  = new Throwable().getStackTrace();
```

另一方式是取得 Thread 實例，像是透過 Thread.currentThread()，呼叫其 getStackTrace()方法：

```
StackTraceElement[] stackTrace = Thread.currentThread().getStackTrace();
```

每個 StackTraceElement 實例代表著 JVM Stack 中的一個 Stack Frame，可使用 StackTraceElement 的 getClassName()、getFileName()、getLineNumber()、getMethodName()、getModuleName()、getModuleVersion()、getClassLoaderName()等方法取得對應資訊。例如，可改寫 8.1.5 的範例，主動顯示堆疊追蹤：

StackTrace　StackTraceDemo.java

```java
package cc.openhome;

import static java.lang.System.out;
```

```
import java.util.List;

public class StackTraceDemo {
    public static void main(String[] args) {
        c();
    }

    static void c() {
        b();
    }

    static void b() {
        a();
    }

    static void a() {
        var currentThread = Thread.currentThread();
        var stackTrace = currentThread.getStackTrace();

        out.printf("Stack trace of thread %s:%n",
                        currentThread.getName());
        List.of(stackTrace).forEach(out::println);
    }
}
```

這個範例程式中，c()方法呼叫b()方法，b()方法呼叫a()方法，因而堆疊
追蹤顯示結果會是：

```
Stack trace of thread main:
java.base/java.lang.Thread.getStackTrace(Thread.java:1598)
StackTrace/cc.openhome.StackTraceDemo.a(StackTraceDemo.java:21)
StackTrace/cc.openhome.StackTraceDemo.b(StackTraceDemo.java:16)
StackTrace/cc.openhome.StackTraceDemo.c(StackTraceDemo.java:12)
StackTrace/cc.openhome.StackTraceDemo.main(StackTraceDemo.java:8)
```

每個執行緒會有自己的 JVM Stack，底下的程式會顯示執行緒個別的追蹤：

StackTrace StackTraceDemo2.java

```
package cc.openhome;

import static java.lang.System.out;
import java.util.List;

public class StackTraceDemo2 {
    public static void main(String[] args) throws InterruptedException {
        var t = new Thread(() -> c());
        t.start();
        t.join(); // 這是為了能循序顯示個別的堆疊追蹤
```

```
        c();
    }

    static void c() {
        b();
    }

    static void b() {
        a();
    }

    static void a() {
        var currentThread = Thread.currentThread();
        var stackTrace = currentThread.getStackTrace();

        out.printf("Stack trace of thread %s:%n", currentThread.getName());
        List.of(stackTrace).forEach(out::println);
    }
}
```

執行結果如下：

```
Stack trace of thread Thread-0：
java.base/java.lang.Thread.getStackTrace(Thread.java:1598)
StackTrace/cc.openhome.StackTraceDemo2.a(StackTraceDemo2.java:25)
StackTrace/cc.openhome.StackTraceDemo2.b(StackTraceDemo2.java:20)
StackTrace/cc.openhome.StackTraceDemo2.c(StackTraceDemo2.java:16)
StackTrace/cc.openhome.StackTraceDemo2.lambda$0(StackTraceDemo2.java:8)
java.base/java.lang.Thread.run(Thread.java:832)
Stack trace of thread main：
java.base/java.lang.Thread.getStackTrace(Thread.java:1598)
StackTrace/cc.openhome.StackTraceDemo2.a(StackTraceDemo2.java:25)
StackTrace/cc.openhome.StackTraceDemo2.b(StackTraceDemo2.java:20)
StackTrace/cc.openhome.StackTraceDemo2.c(StackTraceDemo2.java:16)
StackTrace/cc.openhome.StackTraceDemo2.main(StackTraceDemo2.java:12)
```

　　若只想取得簡單資訊，可以使用以上方式，然而，getStackTrace()會取得全部的 Stack Frame，如果只想查看前幾個，就會顯得沒有效率；若是想取得方法所在的類別資訊呢？StackTraceElement 只提供 getClassName()傳回字串，你得自己想辦法，像是透過反射（Reflection）（第 17 章會談到）等機制來達到目的，如果想進一步取得方法呼叫者（Caller）的類別資訊呢？可以使用 Stack-Walking API。

15.5.2　Stack-Walking API

Stack-Walking API 能在堆疊追蹤時更為方便，可以透過 java.lang.StackWalker 的 getInstance()方法，取得 StackWalker 實例後，運用 forEach()方法循序走訪 StackWalker.StackFrame，每個 StackFrame 代表著 JVM Stack 中的一個 Stack Frame。例如，可改寫先前的 StackTraceDemo 如下：

StackTrace　StackWalkerDemo.java

```
package cc.openhome;

import static java.lang.System.out;

public class StackWalkerDemo {
    public static void main(String[] args) {
        c();
    }

    static void c() {
        b();
    }

    static void b() {
        a();
    }

    static void a() {
        out.printf("Stack trace of thread %s:%n",
                        Thread.currentThread().getName());
        var stackWalker = StackWalker.getInstance();
        stackWalker.forEach(out::println);
    }
}
```

堆疊追蹤顯示結果會是：

```
Stack trace of thread main:
StackTrace/cc.openhome.StackWalkerDemo.a(StackWalkerDemo.java:21)
StackTrace/cc.openhome.StackWalkerDemo.b(StackWalkerDemo.java:15)
StackTrace/cc.openhome.StackWalkerDemo.c(StackWalkerDemo.java:11)
StackTrace/cc.openhome.StackWalkerDemo.main(StackWalkerDemo.java:7)
```

StackWalker 有 getCallerClass()方法，StackFrame 有 getDeclaringClass()，然而必須在呼叫 StackWalker 的 getInstance()時，指定 StackWalker.Option 為 RETAIN_CLASS_REFERENCE，否則會引發 UnsupportedOperationException。

例如，若想顯示類別與方法名稱，可以如下：

StackTrace StackWalkerDemo2.java

```java
package cc.openhome;

import static java.lang.StackWalker.Option.RETAIN_CLASS_REFERENCE;
import static java.lang.System.out;

public class StackWalkerDemo2 {
    public static void main(String[] args) {
        c();
    }

    static void c() {
        b();
    }

    static void b() {
        a();
    }

    static void a() {
        out.printf("Stack trace of thread %s:%n",
                Thread.currentThread().getName());

        var stackWalker = StackWalker.getInstance(RETAIN_CLASS_REFERENCE);
        out.printf("Caller class %s%n",
                stackWalker.getCallerClass().getName());

        stackWalker.forEach(stackFrame -> {
            out.printf("%s.%s%n",
                    stackFrame.getDeclaringClass(),
                    stackFrame.getMethodName());
        });
    }
}
```

堆疊追蹤顯示結果會是：

```
Stack trace of thread main:
Caller class cc.openhome.StackWalkerDemo2
class cc.openhome.StackWalkerDemo2.a
class cc.openhome.StackWalkerDemo2.b
class cc.openhome.StackWalkerDemo2.c
class cc.openhome.StackWalkerDemo2.main
```

若只對某幾個 StackFrame 感興趣，或想對 StackFrame 做轉換或過濾，可以使用 StackWalker 實例的 walk() 方法，例如，只想找到第一個 StackFrame：

```
Optional<StackFrame> frame =
    stackWalker.walk(frameStream -> frameStream.findFirst());
```

在 walk() 的 Lambda 運算式中，會傳入 Stream<? super StackFrame>，而 Lambda 運算式的傳回值就是 walk() 的傳回值，因此你可以惰性操作傳入的 Stream<? super StackFrame>，基本上，Stream 定義的操作，像是 filter()、map()、collect()、count() 等都可以使用。

有些 Stack Frame 與反射或者特定的 JVM 特定實作相關，在不指定參數的情況下，StackWalker.getInstance() 預設是不可取得 Class 實例且不顯示這些 Stack Frame，若想顯示反射相關的 Stack Frame，可以使用 SHOW_REFLECT_FRAMES，若想顯示隱藏的 Stack Frame（包含反射相關 Stack Frame），可以使用 SHOW_HIDDEN_FRAMES。

底下是個簡單的示範，使用了反射機制來呼叫 c() 方法，你可以暫且忽略反射機制程式碼如何撰寫，將重點放在不同選項下，StackWalker 走訪的 Stack Frame 有何不同：

StackTrace StackWalkerDemo3.java

```java
package cc.openhome;

import static java.lang.StackWalker.Option.*;
import static java.lang.System.out;
import java.util.List;

public class StackWalkerDemo3 {
    public static void main(String[] args) throws Exception {
        StackWalkerDemo3.class.getDeclaredMethod("c").invoke(null);
    }

    static void c() {
        b();
    }

    static void b() {
        a();
    }

    static void a() {
        var stackWalkers = List.of(
            StackWalker.getInstance(),
```

```
        StackWalker.getInstance(SHOW_REFLECT_FRAMES),
        StackWalker.getInstance(SHOW_HIDDEN_FRAMES)
    );

    stackWalkers.forEach(
        stackWalker -> {
            out.println();
            stackWalker.forEach(out::println);
        }
    );
  }
}
```

執行結果如下：

```
StackTrace/cc.openhome.StackWalkerDemo3.lambda$0(StackWalkerDemo3.java:30
)
java.base/java.lang.Iterable.forEach(Iterable.java:75)
StackTrace/cc.openhome.StackWalkerDemo3.a(StackWalkerDemo3.java:27)
StackTrace/cc.openhome.StackWalkerDemo3.b(StackWalkerDemo3.java:17)
StackTrace/cc.openhome.StackWalkerDemo3.c(StackWalkerDemo3.java:13)
StackTrace/cc.openhome.StackWalkerDemo3.main(StackWalkerDemo3.java:9)

StackTrace/cc.openhome.StackWalkerDemo3.lambda$0(StackWalkerDemo3.java:30
)
java.base/java.lang.Iterable.forEach(Iterable.java:75)
StackTrace/cc.openhome.StackWalkerDemo3.a(StackWalkerDemo3.java:27)
StackTrace/cc.openhome.StackWalkerDemo3.b(StackWalkerDemo3.java:17)
StackTrace/cc.openhome.StackWalkerDemo3.c(StackWalkerDemo3.java:13)
java.base/jdk.internal.reflect.NativeMethodAccessorImpl.invoke0(Native
Method)
java.base/jdk.internal.reflect.NativeMethodAccessorImpl.invoke(NativeMeth
odAccessorImpl.java:62)
java.base/jdk.internal.reflect.DelegatingMethodAccessorImpl.invoke(Delega
tingMethodAccessorImpl.java:43)
java.base/java.lang.reflect.Method.invoke(Method.java:564)
StackTrace/cc.openhome.StackWalkerDemo3.main(StackWalkerDemo3.java:9)

StackTrace/cc.openhome.StackWalkerDemo3.lambda$0(StackWalkerDemo3.java:30
)
StackTrace/cc.openhome.StackWalkerDemo3$$Lambda$23/0x0000000800b97040.acc
ept(Unknown Source)
java.base/java.lang.Iterable.forEach(Iterable.java:75)
StackTrace/cc.openhome.StackWalkerDemo3.a(StackWalkerDemo3.java:27)
StackTrace/cc.openhome.StackWalkerDemo3.b(StackWalkerDemo3.java:17)
StackTrace/cc.openhome.StackWalkerDemo3.c(StackWalkerDemo3.java:13)
java.base/jdk.internal.reflect.NativeMethodAccessorImpl.invoke0(Native
Method)
java.base/jdk.internal.reflect.NativeMethodAccessorImpl.invoke(NativeMeth
odAccessorImpl.java:62)
```

```
java.base/jdk.internal.reflect.DelegatingMethodAccessorImpl.invoke(Delega
tingMethodAccessorImpl.java:43)
java.base/java.lang.reflect.Method.invoke(Method.java:564)
StackTrace/cc.openhome.StackWalkerDemo3.main(StackWalkerDemo3.java:9)
```

可以看到預設的堆疊追蹤記錄最為簡潔，而 `SHOW_REFLECT_FRAMES` 顯示了一些反射相關的 Stack Frame，至於 `SHOW_HIDDEN_FRAMES` 除了顯示反射相關的 Stack Frame 外，還多了個 JVM 特定實作的 Stack Frame。

若需要在 `StackWalker.getInstance()` 時指定多個選項，可以使用 `Set` 來指定，這時結合 `Set.of()` 會很方便，例如：

```
var stackWalker = StackWalker.getInstance(
    Set.of(RETAIN_CLASS_REFERENCE, SHOW_REFLECT_FRAMES)
);
```

若想限制可取得的 Stack Frame 深度，可以使用 `StackWalker.getInstance()` 的另一個版本：

```
var stackWalker = StackWalker.getInstance(
    Set.of(RETAIN_CLASS_REFERENCE, SHOW_REFLECT_FRAMES),
    10   // 深度最多為 10
);
```

📖 課後練習

實作題

1. 若有個 HTML 檔案，其中有許多 `img` 標籤，而每個 `img` 標籤都被 `a` 標籤給包裹住。例如：

```
<a href="images/EssentialJavaScript-1-1.png" target="_blank">
<img src="images/EssentialJavaScript-1-1.png" alt="測試 node 指令"
style="max-width:100%;"></a>
```

請撰寫程式讀取指定的 HTML 檔案名稱，將包裹 `img` 標籤的 `a` 標籤去除後存回原檔案，也就是執行程式過後，檔案中如上的 HTML 要變為：

```
<img src="images/EssentialJavaScript-1-1.png" alt="測試 node 指令"
style="max-width:100%;">
```

整合資料庫

16

CHAPTER

學習目標

- 了解 JDBC 架構
- 使用 JDBC API
- 瞭解交易與隔離層級

16.1　JDBC 入門

JDBC 是用於執行 SQL 的解決方案，開發人員使用 JDBC 標準介面，資料庫廠商對介面進行實作，開發人員無需接觸底層資料庫驅動程式的差異性。在這個章節，會說明 JDBC 基本 API 的使用與觀念，讓你對 Java 存取資料庫有所認識。

16.1.1　簡介 JDBC

在正式介紹 JDBC 前，先來認識應用程式如何與資料庫進行溝通。不少資料庫是個獨立運行的伺服器程式，應用程式利用網路通訊協定與資料庫伺服器溝通，以進行資料的增刪查找。

圖 16.1　應用程式與資料庫利用通訊協定溝通

應用程式會利用程式庫與資料庫進行通訊協定，以簡化與資料庫溝通時的程式撰寫：

圖 16.2　應用程式呼叫程式庫以簡化程式撰寫

問題的重點在於，應用程式如何呼叫程式庫？不同資料庫通常有不同的通訊協定，連線不同資料庫的程式庫，API 也會不同，如果應用程式直接使用這些程式庫。例如：

```
var conn = new XySqlConnection("localhost", "root", "1234");
conn.selectDB("gossip");
var query = conn.query("SELECT * FROM USERS");
```

假設這段程式碼中的 API，是某 Xy 資料庫廠商程式庫提供，應用程式要連線資料庫時，直接呼叫了這些 API，若哪天應用程式打算改用 Ab 廠商資料庫及其提供的連線 API，就得修改相關的程式碼。

另一個考量是，若 Xy 資料庫廠商的程式庫，底層實際使用了與作業系統相依的功能，在打算換作業系統前，就還得考量一下，是否有該平台的資料庫連線程式庫。

更換資料庫的需求不是沒有，應用程式跨平台也是常見的需求，JDBC 就是用來解決這些問題。JDBC 全名 **Java DataBase Connectivity**，是 Java 連線資料庫的標準規範，它定義一組標準類別與介面，應用程式需要連線資料庫時呼叫這組標準 API，資料庫廠商會實作 API 規範，實作品稱為 JDBC **驅動程式**（**Driver**）：

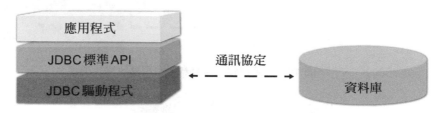

圖 16.3　應用程式呼叫 JDBC 標準 API

　　JDBC 標準主要分為兩個部分：**JDBC 應用程式開發者介面（Application Developer Interface）**以及 **JDBC 驅動程式開發者介面（Driver Developer Interface）**。如果應用程式要連線資料庫，是呼叫 JDBC 應用程式開發者介面，相關 API 主要座落於 `java.sql` 與 `javax.sql` 兩個套件，在 JDK9 以後歸於 `java.sql` 模組，也是本章節說明的重點；JDBC 驅動程式開發者介面是資料庫廠商實作驅動程式時的規範，一般開發者不用瞭解，本書不予說明。

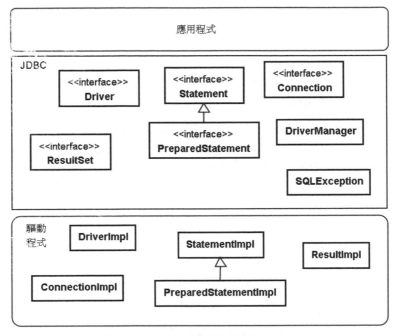

圖 16.4　JDBC 應用程式開發者介面

　　舉個例子來說，應用程式會使用 JDBC 連線資料庫：

```
Connection conn = DriverManager.getConnection(…);
Statement st = conn.createStatement();
ResultSet rs = st.executeQuery("SELECT * FROM USERS");
```

　　粗體字部分就是標準類別（像是 `DriverManager`）與介面（像是 `Connection`、`Statement`、`ResultSet`）等 API，假設這段程式碼是連線 MySQL 資料庫，則需要設定 JDBC 驅動程式，具體來說就是設定一個 JAR 檔案（以及資料庫位址等資訊），JVM 可從中載入.class，此時應用程式、JDBC 與資料庫的關係如下：

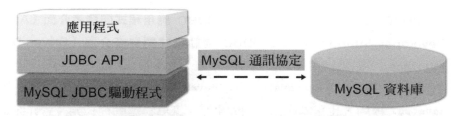

圖 16.5　應用程式、JDBC 與資料庫的關係

若將來要換為 Oracle 資料庫，只要置換 Oracle 驅動程式，具體來說，就是更換為 Oracle 驅動程式的 JAR 檔案（以及資料庫位址等資訊），然而應用程式本身不用修改：

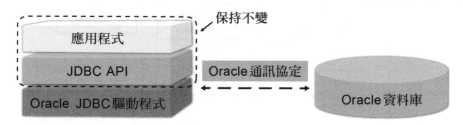

圖 16.6　置換驅動程式不用修改應用程式

若應用程式操作資料庫時，是透過 JDBC 提供的介面來設計程式，在更換資料庫時，理論上應用程式無需進行修改，只需要更換資料庫驅動程式（以及資料庫位址等資訊），就可對另一資料庫進行操作。

JDBC 希望讓 Java 程式設計人員，在撰寫資料庫操作程式時，可以有統一介面，無需依賴特定 API，希望達到「寫一個 Java 程式，操作所有資料庫」的目的。

提示 >>> 實際上撰寫 Java 程式時，會因為使用了資料庫特定功能，而令轉移資料庫時仍得對程式進行修改。例如使用了某資料庫的特定 SQL 語法、資料型態或內建函式呼叫等。

廠商在實作 JDBC 驅動程式時，依實作方式可將驅動程式分作四種類型：

■ Type 1：JDBC-ODBC Bridge Driver

　　ODBC（Open DataBase Connectivity）是由 Microsoft 主導的資料庫連接標準，ODBC 在 Microsoft 系統上最為成熟，例如 Microsoft Access 資料庫存取就是使用 ODBC。

　　Type 1 驅動程式會將 JDBC 呼叫，轉換為對 ODBC 驅動程式的呼叫，由 ODBC 驅動程式操作資料庫。

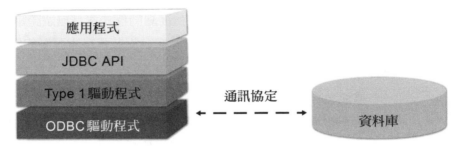

圖 16.7　JDBC-ODBC Bridge Driver

　　由於利用現成的 ODBC 架構，只要將 JDBC 呼叫轉換為 ODBC 呼叫，就可以實作這類驅動程式；不過由於 JDBC 與 ODBC 並非一對一對應，部分呼叫無法直接轉換，有些功能會受限，多層呼叫轉換下，存取速度也會受到限制，ODBC 需在平台上先設定好，彈性不足，ODBC 驅動程式也有跨平台限制。

■ Type 2：Native API Dirver

　　這個類型的驅動程式會以原生（Native）方式，呼叫資料庫提供的原生程式庫（通常由 C/C++實作），JDBC 的方法呼叫會對應至原生程式庫的相關 API 呼叫。由於使用了原生程式庫，驅動程式本身與平台相依，無法達到 JDBC 驅動程式的目標之一：跨平台。不過由於直接呼叫資料庫原生 API，在速度上有機會成為四種類型中最快的驅動程式。

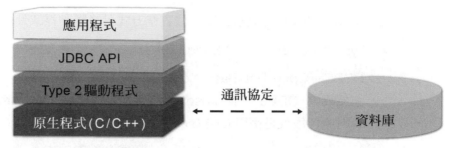

圖 16.8　Native API Driver

Type 2 驅動程式的速度優勢，是在於獲得資料庫回應資料後，建構相關 JDBC API 實作物件之時；然而驅動程式本身無法跨平台，使用前得先在各平台安裝設定驅動程式（像是安裝資料庫專屬的原生程式庫）。

- Type 3：JDBC-Net Driver

  這類型的 JDBC 驅動程式，會將 JDBC 方法呼叫，轉換為特定的網路協定（Protocol），目的是與遠端資料庫的中介伺服器或元件進行協定溝通，而中介伺服器或元件再與資料庫進行溝通操作。

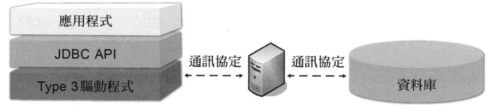

圖 16.9　JDBC-Net Driver

由於與中介伺服器或元件進行溝通時，是利用網路協定的方式，客戶端的驅動程式，可以使用純 Java 實現（基本上就是將 JDBC 呼叫對應至網路協定），因此這類型的驅動程式可以跨平台。

使用這類型驅動程式的彈性高，例如可設計一個中介元件，JDBC 驅動程式與中介元件間的協定是固定的，若需更換資料庫系統，只需更換中介元件，而客戶端不受影響，驅動程式也無需更換；然而由於經由中介伺服器轉換，速度較慢，獲得架構彈性是使用這類型驅動程式之目的。

■ Type 4：Native Protocol Driver

這類型驅動程式通常由資料庫廠商提供，驅動程式實作將 JDBC 呼叫，轉為與資料庫特定的網路協定，以與資料庫進行溝通操作。

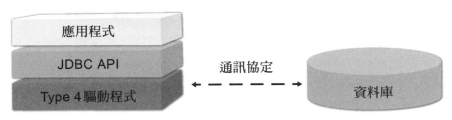

圖 16.10　JDBC-Net Driver

由於這類型驅動程式將 JDBC 呼叫轉換為特定網路協定，驅動程式可以使用純 Java 實現，可以跨平台，效能上也有不錯的表現。在不需要 Type 3 的架構彈性時，常會使用這類型驅動程式，是最常見的驅動程式類型。

許多資料庫都是採伺服器獨立運行的方式，然而，有時因為裝置本身資源限制，或者是為了測試時的方便性，應用程式會搭配執行於記憶體的資料庫，或是資料庫本身只是個檔案，應用程式直接讀寫該檔案，進行資料的增刪查找，像是 HSQLDB（Hyper SQL Database）就提供有 Memory-Only 與 In-Process 模式，而 Android 支援的 SQLite 是採直接讀寫檔案的方式，這類資料庫的好處是無需安裝、設定或啟動，也可以透過 JDBC 來進行資料庫操作。

為了將重點放在 JDBC，免去設定資料庫時不必要的麻煩，在接下來的內容中，將使用 H2 資料庫系統進行操作，這是純 Java 實現的資料庫，提供了伺服器、嵌入式或 InMemory 等模式，這類資料庫的好處是安裝、設定或啟動簡單，可以在 H2 官方網站[1]下載 All Platforms 的版本，這會是個 zip 檔案，將其中的 h2 資料夾解壓縮至 C:\workspace，在文字模式中進入 h2 的 bin 資料夾，執行 h2 指令，就可以啟動 H2 Console：

---

[1]　H2 Database Engine：www.h2database.com

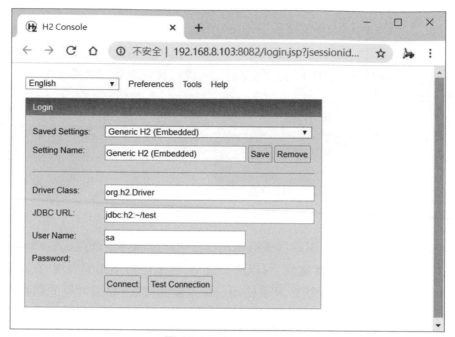

圖 16.11　H2 Console

　　H2 Console 是用來管理 H2 資料庫的簡單介面，在操作之前，請先建立資料庫，在桌面右下角的 H2 圖示 ⬚ 按右鍵，執行「Create a new databbase...」：

圖 16.12　H2 Console

　　接著如下建立資料庫，「Username:」與「Password:」可以自行設定，這會是登入資料庫時使用，本書範例會分別使用「caterpillar」與「12345678」：

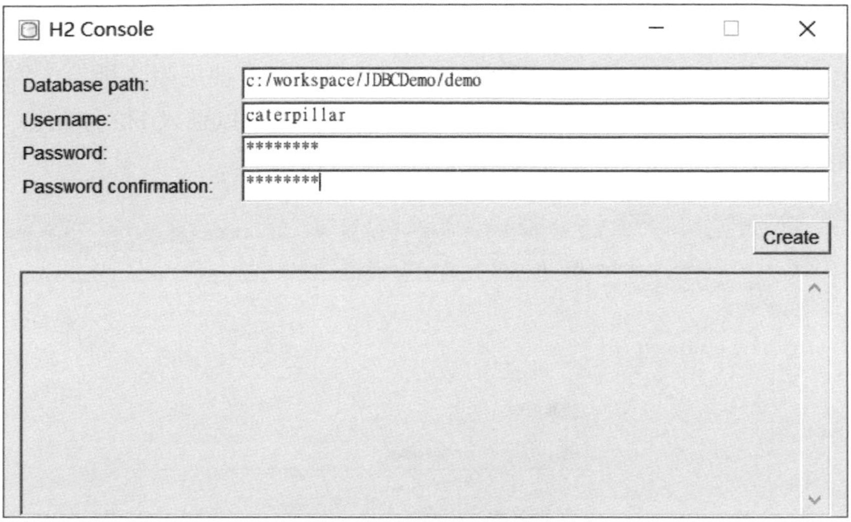

圖 16.13　建立資料庫

　　按下「Create」後會建立 c:\workspace\JDBCDemo\demo.mv.db，這是資料庫儲存時使用的檔案；接著回到 H2 Console 網頁，左上角可選擇中文介面，轉為中文介面後，在「儲存的設定值：」選擇「Generic H2 (Server)」，如下設置相關資料：

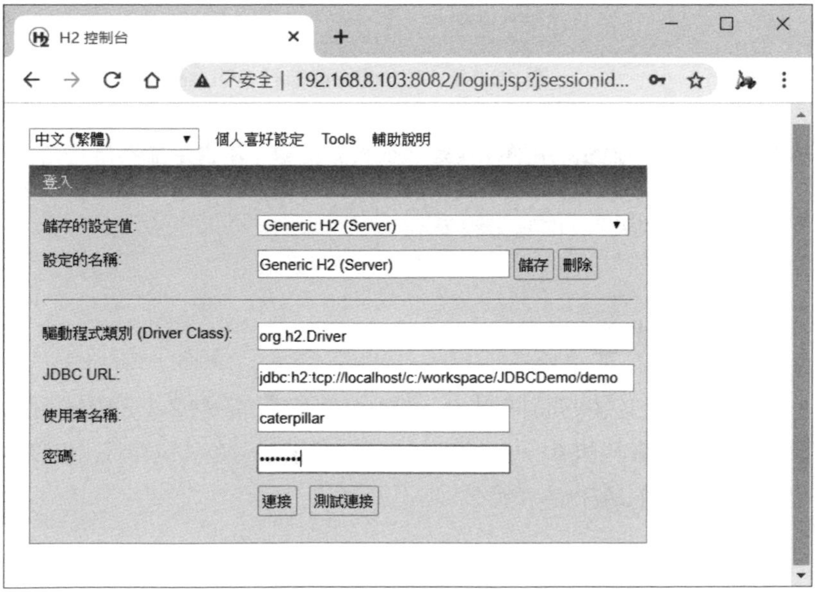

圖 16.14　連接資料庫

「jdbc:h2:tcp://localhost/c:/workspace/JDBCDemo/demo」表示將使用 c:\workspace\JDBCDemo\demo.mv.db 檔案，「使用者名稱：」與「密碼：」要根據圖 6.13 的設定，接著按下「連接」，就可以進入 H2 控制台，在其中進行 SQL 指令的執行與結果檢視等：

圖 16.15　右方欄位可執行 SQL 語句

提示 >>> 資料庫系統的使用與操作是個很大的主題，本書中並不針對這方面詳加探討，請尋找相關的資料庫系統相關文件或書籍自行學習，如果對 H2 的使用有興趣，可以參考 H2 官方教學[2]。

16.1.2　連接資料庫

在撰寫這段文字的時間點上，H2 最新的版本是 2.1.210，可以在壓縮檔解開後的 h2/bin 資料夾中，找到 h2-2.1.210.jar，其中包含了 JDBC 驅動程式，該怎麼使用這個 JAR 檔案呢？

---

[2] H2 官方教學：www.h2database.com/html/tutorial.html

　　方式之一是專案建立時採非模組化的方式，並在類別路徑（使用-cp 指定）包含 JAR 檔案的路徑，若應用程式原始碼不依賴任何 JAR 檔案中的實作類別，JDBC 驅動程式類別只採用反射（Reflection）來載入，之後透過 JDBC 標準 API 撰寫程式，將 JAR 放在類別路徑在執行上就沒有問題。

　　然而，本書至今的專案都是採取模組化設計，類別、介面都明確定義在模組中，這樣的模組稱為**顯式模組（Explicit module）**，而第 2 章就談過，若是在類別路徑包含 JAR 檔案，會使得 JAR 檔案的類別被歸類在未具名模組（Unnamed module），問題就在於，**顯式模組無法 `requires` 未具名模組，因為未具名模組沒有名稱，若程式碼中得使用未具名模組（Unnamed module）的類別，編譯時期就會找不到類別了。**

提示 》》》 執行時期可以運用反射來存取未具名模組中的類別。

　　若是採模組化設計，未支援模組化設計的 JAR 檔案，可放在模組路徑（使用 `--module-path` 指定），它被視為自動模組（Automatic module），自動模組是具名模組的一種，模組名稱產生有其規則，基本上是根據 JAR 檔名產生（在 19.1.1 會再次看到自動模組的討論），有了模組名稱後就可以 `requires` 自動模組，也就可使用自動模組中公開的類別、方法與值域。

　　若無法從 JAR 檔名產生自動模組名稱，被放到模組路徑的 JAR 檔案，會在執行時產生錯誤訊息。

　　若不想基於 JAR 檔名產生自動模組名稱，可以在 JAR 檔案的 META-INF/MANIFEST.MF 裏增加 `Automatic-Module-Name`，指定自動模組名稱，然而對於第三方程式庫的既有 JAR，不建議自己做這個動作，應該讓第三方程式庫的釋出者決定自動模組名稱，免得以後產生名稱上的困擾。

　　H2 沒有使用模組描述檔來定義模組，然而 JAR 檔案的 META-INF/MANIFEST.MF 中，`Automatic-Module-Name` 被設置為 **`com.h2database`**。

提示 》》》 可以使用 jar 的 `--describe-module` 來查看自動模組名稱。

　　基於相容性，自動模組有隱含的模組定義，可以讀取其他模組，其他模組也可以存取（與深層反射）自動模組，應用程式在遷移至模組化設計的過程中，自動模組會是未具名模組至顯式模組之間的橋樑。

　　如果使用 IDE，程式專案會有管理類別路徑與模組路徑的方式，例如 Eclipse 可以如下新增程式庫：

1. 在「Package Explorer」窗格選擇專案，按右鍵執行「Properties」。

2. 在出現的對話方塊中，選擇「Java Build Path」，其中可以切換至「Libraries」頁籤。

3. 點選「Modulepath」後，「Add External JARs...」等按鈕就會呈現可選擇狀態。

4. 按下「Add External JARs...」，選擇 h2/bin 中的 h2-2.1.210.jar。

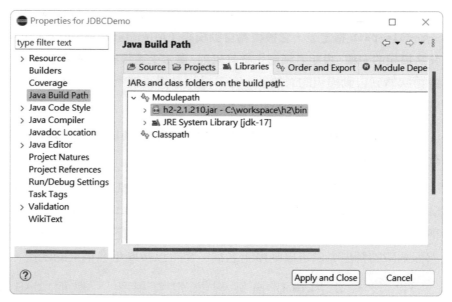

圖 16.16　將 JAR 加入模組路徑

　　如此一來，Eclipse 就會將 H2 的 JAR 視為模組，並採用其 Automatic-Module-Name 的設置 com.h2database 作為模組名稱。

JDBC 介面或類別是位於 `java.sql` 套件，而這個套件在 JDK9 以後位於 `java.sql` 模組，若採用模組化設計，記得在模組描述檔加入 `requires java.sql`。目前範例專案的模組描述檔，至少要有以下的內容：

JDBCDemo module-info.java

```
module JDBCDemo {
    requires com.h2database;
    requires java.sql;
}
```

在程式碼的撰寫上，若要取得資料庫連線，必須有幾個動作：

- 註冊 Driver 實作物件。
- 取得 Connection 實作物件。
- 關閉 Connection 實作物件。

▶ 註冊 Driver 實作物件

實作 Driver 介面的物件是 JDBC 進行資料庫存取的起點，以 H2 實作的驅動程式為例，org.h2.Driver 類別實作了 **`java.sql.Driver`** 介面，管理 Driver 實作物件的類別是 **`java.sql.DriverManager`**，基本上，必須呼叫其靜態方法 **`registerDriver()`** 進行註冊：

```
DriverManager.registerDriver(new org.h2.Driver());
```

不過實際上很少自行撰寫程式碼進行此動作，**只要載入 Driver 介面的實作類別.class 檔案，就會完成註冊**。例如，可以透過 **`java.lang.Class`** 類別的 **`forName()`**（下一章會詳細說明這個方法），動態載入驅動程式類別：

```
try {
    Class.forName("org.h2.Driver");
}
catch(ClassNotFoundException e) {
    throw new RuntimeException("找不到指定的類別");
}
```

若查看 H2 的 `org.h2.Driver` 類別實作原始碼：

```
package org.h2;
...略
public class Driver implements java.sql.Driver, JdbcDriverBackwardsCompat {
    private static final Driver INSTANCE = new Driver();
    ...略

    static {
        load();
    }

    public static synchronized Driver load() {
        try {
            if (!registered) {
                registered = true;
                DriverManager.registerDriver(INSTANCE);
            }
        } catch (SQLException e) {
            DbException.traceThrowable(e);
        }
        return INSTANCE;
    }
}
```

可以發現，在 static 區塊中進行了註冊 Driver 實例的動作（呼叫 static 的 load() 方法），而 static 區塊會在載入.class 檔時執行。使用 JDBC 時，要求載入.class 檔案的方式有四種：

1. 使用 `Class.forName()`。

2. 自行建立 Driver 介面實作類別的實例。

3. 啟動 JVM 時指定 `jdbc.drivers` 屬性。

4. 設定 JAR 中 /META-INF/services/java.sql.Driver 檔案。

第一種方式方才已經說明。第二種方式就是直接撰寫程式碼：

```
var driver = new org.h2.Driver();
```

要建立物件就得載入.class 檔案，也就會執行類別的 static 區塊，完成驅動程式註冊。第三種方式的話，就是執行 java 指令時如下：

```
> java -Djdbc.drivers=org.h2.Driver;ooo.XXXDriver 其他選項... YourProgram
```

應用程式可能同時連線多個廠商的資料庫，DriverManager 也可註冊多個驅動程式實例，以上方式若需要指定多個驅動程式類別時，就是用分號區隔。第四種方式是在驅動程式實作的 JAR 檔案/META-INF/services 資料夾，放置 **java.sql.Driver 檔案**，當中撰寫 Driver 介面的實作類別名稱全名，DriverManager 會自動讀取該檔案，找到指定類別進行註冊。

◉ 取得 Connection 實作物件

Connection 介面的實作物件，是資料庫連線代表物件，要取得 Connection 實作物件，可透過 DriverManager 的 **getConnection()**：

Connection conn = DriverManager.getConnection(**jdbcUrl**);

呼叫 getConnection()時，必須提供 JDBC URL，其定義了連接資料庫時的協定、子協定、資料來源職別：

協定:子協定:資料來源識別

JDBC URL 的「協定」總是以 jdbc 開始，除此之外，各家資料庫的 JDBC URL 格式各不相同，必須查詢資料庫產品使用手冊。

如果要直接透過 DriverManager 的 getConnection()連接資料庫，一個比較完整的程式碼片段如下：

```
Connection conn = null;
SQLException ex = null;
try {
    var uri =  "jdbc:h2:tcp://localhost/c:/workspace/JDBCDemo/demo";
    var user = "caterpillar";
    var password = "12345678";
    conn = DriverManager.getConnection(uri, user, password);
    ....
}
catch(SQLException e) {
    ex = e;
}
finally {
    if(conn != null) {
        try {
            conn.close();
        }
        catch(SQLException e) {
            if(ex == null) {
                ex = e;
            }
            else {
                ex.addSuppressed(e);
```

```
                }
            }
        }
    }
    if(ex != null) {
        throw new RuntimeException(ex);
    }
}
```

SQLException 是處理 JDBC 時常遇到的例外物件，是資料庫操作發生錯誤時的代表物件。SQLException 是受檢例外（Checked Exception），必須使用 try...catch...finally 明確處理，在例外發生時嘗試關閉相關資源。

> **提示 >>>** SQLException 有個子類別 **SQLWarning**，若資料庫執行過程發生了一些警示訊息，會建立 SQLWarning 但不會丟出（throw），而是以鏈結方式收集起來，可以使用 **Connection**、**Statement**、**ResultSet** 的 **getWarnings()** 來取得第一個 SQLWarning，使用這個物件的 **getNextWaring()** 可以取得下個 SQLWarning，它是 SQLException 的子類別，必要時也可當作例外丟出。

◉ 關閉 Connection 實作物件

取得 Connection 物件之後，可以使用 **isClosed()** 方法測試與資料庫的連接是否關閉，在操作完資料庫之後，若不再需要連接，必須使用 **close()** 來關閉與資料庫的連接，以釋放連接時相關的必要資源，像是連線相關物件、授權資源等。

除了像前一個範例程式碼片段，自行撰寫 try...catch...finally 嘗試關閉 Connection 之外，JDBC 的 Connection、Statement、ResultSet 等介面，都是 java.lang.AutoCloseable 子介面，可以使用嘗試自動關閉資源語法來簡化程式撰寫。例如前一個程式片段，可以簡化如下：

```
var jdbcUrl = "jdbc:h2:tcp://localhost/c:/workspace/JDBCDemo/demo";
var user = "caterpillar";
var password = "12345678";
try(var conn = DriverManager.getConnection(jdbcUrl, user, password)) {
    ....
}
catch(SQLException e) {
    throw new RuntimeException(e);
}
```

　　然而在底層，DriverManager 如何進行連線呢？DriverManager 會以迴圈迭代已註冊的 Driver 實例，使用指定的 JDBC URL 呼叫 Driver 的 connect() 方法，嘗試取得 Connection 實例。以下是 DriverManager 中相關原始碼的重點節錄：

```
SQLException reason = null;
for (int i = 0; i < drivers.size(); i++) { // 逐一取得 Driver 實例
    ...
    DriverInfo di = (DriverInfo)drivers.elementAt(i);
    ...
    try {
        Connection result = di.driver.connect(url, info); // 嘗試連線
        if (result != null) {
            return (result);   // 取得 Connection 就傳回
        }
    } catch (SQLException ex) {
        if (reason == null) { // 記錄第一個發生的例外
            reason = ex;
        }
    }
}
if (reason != null)    {
    println("getConnection failed: " + reason);
    throw reason; // 如果有例外物件就丟出
}
throw new SQLException(   // 沒有適用的 Driver 實例，丟出例外
        "No suitable driver found for "+ url, "08001");
```

　　Driver 的 connect() 方法無法取得 Connection 時會傳回 null，簡單來說，DriverManager 是逐一以 Driver 實例嘗試連線，若連線成功傳回 Connection 物件，如果有例外發生，DriverManager 會記錄首個例外，並繼續嘗試其他的 Driver，在全部 Driver 都試過了也無法取得連線，就拋出已記錄的例外，或者在最後拋出沒有適合的驅動程式例外。

　　以下先來示範連線資料庫的完整範例，測試一下可否連線資料庫並取得 Connection 實例：

JDBCDemo ConnectionDemo.java

```java
package cc.openhome;

import java.sql.*;
import static java.lang.System.out;

public class ConnectionDemo {
```

```
public static void main(String[] args)
                       throws ClassNotFoundException, SQLException {
    var url = "jdbc:h2:tcp://localhost/c:/workspace/JDBCDemo/demo";
    var user = "caterpillar";
    var password = "12345678";
                                    取得 Connection 物件
                                         ↓
    try(var conn =
            DriverManager.getConnection(url, user, password)) {
        out.printf("已%s 資料庫連線%n",
                conn.isClosed() ? "關閉" : "開啟");
    }
}
}
```

這個範例對 Connection 使用嘗試自動關閉資源語法，執行完 try 區塊後，就會呼叫 Connection 的 close()。若順利取得連線，程式執行結果如下：

> 已開啟資料庫連線

提示 >>> 實務上很少直接從 DriverManager 取得 Connection 想想看，若在設計 API，無法得知 JDBC URL（商業資料庫還需名稱、密碼等敏感資訊），要怎麼取得 Connection？答案是透過稍後介紹的 javax.sql.DataSource。

16.1.3　使用 Statement、ResultSet

Connection 是資料庫連接的代表物件，要執行 SQL 的話，必須取得 **java.sql.Statement** 實作物件，它是 SQL 陳述的代表物件，可以使用 Connection 的 **createStatement()** 建立 Statement 物件：

Statement stmt = conn.createStatement();

取得 Statement 物件後，可使用 **executeUpdate()**、**executeQuery()** 等方法執行 SQL。executeUpdate() 是用來執行 CREATE TABLE、INSERT、DROP TABLE、ALTER TABLE 等會改變資料庫內容的 SQL。

例如，若想在 demo 資料庫建立 messages 表格，可以如下使用 Statement 的 executeUpdate() 方法：

JDBCDemo StatementDemo.java

```
p package cc.openhome;

import java.sql.DriverManager;
import java.sql.SQLException;

public class StatementDemo {
    public static void main(String[] args) {
        var url = "jdbc:h2:tcp://localhost/c:/workspace/JDBCDemo/demo";
        var user = "caterpillar";
        var password = "12345678";

        try(var conn = DriverManager.getConnection(url, user, password);
            var statement = conn.createStatement()) {
            statement.executeUpdate(
                """
                CREATE TABLE messages (
                    id INT NOT NULL AUTO_INCREMENT PRIMARY KEY,
                    name CHAR(20) NOT NULL,
                    email CHAR(40),
                    msg VARCHAR(256) NOT NULL
                );
                """
            );
            System.out.println("建立 messages 表格了");
        } catch(SQLException ex) {
            throw new RuntimeException(ex);
        }
    }
}
```

提示 》》》　也可以直接在 H2 Console 中使用以下指令，在 demo 資料庫中建立表格：

在建立表格後,若要在表格插入一筆資料,可以如下使用 Statement 的 executeUpdate()方法:

```
stmt.executeUpdate(
  "INSERT INTO messages VALUES(1, 'justin', 'justin@mail.com', 'message')"
);
```

executeUpdate()會傳回 **int** 結果,表示資料變動的筆數,Statement 的 executeQuery() 可 執 行 SELECT 等 查 詢 資 料 庫 的 SQL , 會 傳 回 **java.sql.ResultSet** 物件,代表查詢結果,查詢結果會是一筆一筆的資料。可以使用 ResultSet 的 **next()**移動至下一筆資料,它會傳回 true 或 false 表示是否有下一筆資料,接著可以使用 getXXX()取得資料,例如 **getString()**、**getInt()**、**getFloat()**、**getDouble()**等方法,分別取得相對應的欄位型態資料,**getXXX()**方法都提供有依欄位名稱取得資料,或是依欄位順序取得資料的方法。一個例子如下,指定欄位名稱來取得資料:

```
var result = stmt.executeQuery("SELECT * FROM messages");
while(result.next()) {
    var id = result.getInt("id");
    var name = result.getString("name");
    var email = result.getString("email");
    var msg = result.getString("msg");
    // ...
}
```

使用查詢結果欄位順序來顯示結果的方式如下(注意索引是從 1 開始):

```
var result = stmt.executeQuery("SELECT * FROM messages");
while(result.next()) {
    var id = result.getInt(1);
    var name = result.getString(2);
    var email = result.getString(3);
    var msg = result.getString(4);
    // ...
}
```

Statement 的 **execute()**可用來執行 SQL,並可測試 SQL 是執行查詢或是更新,傳回 true 表示 SQL 執行可有 ResultSet 作為查詢結果,此時可使用 **getResultSet()**取得 ResultSet 物件。如果 execute()傳回 false,表示 SQL 執行會有更新筆數,此時可以使用 **getUpdateCount()**取得更新筆數。若事先無法得知 SQL 是查詢或是更新,就可以使用 execute()。例如:

```
if(stmt.execute(sql)) {
    var rs = stmt.getResultSet();  // 取得查詢結果 ResultSet
    ...
}
else { // 這是個更新操作
    var updated = stmt.getUpdateCount(); // 取得更新筆數
    ...
}
```

　　視需求而定，Statement 或 ResultSet 在不使用時，可以使用 close()關閉，以釋放相關資源，Statement 關閉時，相關的 ResultSet 也會自動關閉。

　　接下來實作一個簡單的留言版作為示範，首先實作一個 MessageDAO 來存取資料庫：

JDBCDemo MessageDAO.java

```
package cc.openhome;

import java.sql.*;
import java.util.*;

public class MessageDAO {
    private String url;
    private String username;
    private String password;

    public MessageDAO(String url, String username, String password) {
        this.url = url;
        this.username = username;
        this.password = password;
    }                       ❶ 這個方法會在資料庫中新增留言
                                                        ❷ 取得 Connection 物件
    public void add(Message message) {
        try(var conn = DriverManager.getConnection(
                                        url, username, password);
            var statement = conn.createStatement()) {

                                            ❸ 建立 Statement 物件

            var sql = String.format(
        "INSERT INTO messages(name, email, msg) VALUES ('%s', '%s', '%s')",
                message.name(), message.email(), message.msg());
            statement.executeUpdate(sql);  ←── ❹ 執行 SQL 陳述句
        } catch(SQLException ex) {
            throw new RuntimeException(ex);
        }
    }

    public List<Message> get() {  ←── ❺ 這個方法會從資料庫中查詢所有留言
```

```
            var messages = new ArrayList<Message>();
            try(var conn = DriverManager.getConnection(
                                            url, username, password);
                var statement = conn.createStatement()) {
                var result = statement.executeQuery("SELECT * FROM messages");
                while(result.next()) {
                    var message = toMessage(result);
                    messages.add(message);
                }
            } catch(SQLException ex) {
                throw new RuntimeException(ex);
            }
            return messages;
        }

        private Message toMessage(ResultSet result) throws SQLException {
            return new Message(
                result.getString(2),
                result.getString(3),
                result.getString(4)
            );
        }
    }
```

這個物件會從 DriverManager 取得 Connection❷物件。add()接受 Message
物件❶，利用 Statement 物件❸執行 SQL 陳述來新增留言❹。get()會從資料庫
中取回全部留言，收集在一個 List<Message>物件後傳回❺。

提示 >>> JDBC 規範提到關閉 Connection 時，會關閉相關資源，然而沒有明確規範是
哪些相關資源，通常驅動程式實作時，會在關閉 Connection 時，一併關閉關
聯的 Statement，但最好留意是否真的關閉了資源，自行關閉 Statement 是比
較保險的作法，以上範例對 Connection 與 Statement 使用了嘗試自動關閉資
源語法。

範例中的 Message 只是用來封裝留言訊息的簡單類別，使用了 9.1.3 談過的
record 類別：

JDBCDemo Message.java

```
package cc.openhome;

public record Message(String name, String email, String msg) {}
```

可以撰寫一個簡單的 MessageDAODemo 類別來使用 MessageDAO。例如：

JDBCDemo MessageDAODemo.java

```java
package cc.openhome;

import static java.lang.System.out;
import java.util.Scanner;

public class MessageDAODemo {
    public static void main(String[] args) throws Exception {
        var url = "jdbc:h2:tcp://localhost/c:/workspace/JDBCDemo/demo";
        var username = "caterpillar";
        var password = "12345678";

        var dao = new MessageDAO(url, username, password);
        var console = new Scanner(System.in);
        while(true) {
            out.print("(1) 顯示留言 (2) 新增留言：");
            switch(Integer.parseInt(console.nextLine())) {
                case 1:
                    dao.get().forEach(message -> {
                        out.printf("%s\t%s\t%s%n",
                                message.name(),
                                message.email(),
                                message.msg());
                    });
                    break;
                case 2:
                    out.print("姓名：");
                    var name = console.nextLine();
                    out.print("郵件：");
                    var email = console.nextLine();
                    out.print("留言：");
                    var msg = console.nextLine();
                    dao.add(new Message(name, email, msg));
            }
        }
    }
}
```

以下是個執行的範例：

```
(1) 顯示留言 (2) 新增留言：2
姓名：良葛格
郵件：caterpillar@openhome.cc
留言：這是一篇測試留言！
(1) 顯示留言 (2) 新增留言：1
良葛格        caterpillar@openhome.cc   這是一篇測試留言！
```

16.1.4 使用 PreparedStatement、CallableStatement

Statement 執行 executeQuery()、executeUpdate()等方法時，若有些部分是動態資料，使用+運算子串接字串來組成 SQL 語句並不方便，可以如先前範例新增留言時，如下格式化 SQL 語句：

```java
var statement = conn.createStatement();
var sql = String.format(
    "INSERT INTO messages(name, email, msg) VALUES ('%s', '%s', '%s')",
    message.name(), message.email(), message.msg());
statement.executeUpdate(sql);
```

如果有些操作只是 SQL 語句中某些參數不同，其餘 SQL 語句相同，可以使用 **java.sql.PreparedStatement**，方式是使用 Connection 的 **prepareStatement()** 方法建立好預先編譯（precompile）的 SQL 語句，當中參數會變動的部分，先指定"?"佔位字元。例如：

```java
PreparedStatement stmt = conn.prepareStatement(
                "INSERT INTO messages VALUES(?, ?, ?, ?)");
```

需要真正指定參數執行時，再使用相對應的 setInt()、setString()等方法，指定"?"處真正應該有的參數。例如：

```java
stmt.setInt(1, 2);
stmt.setString(2, "momor");
stmt.setString(3, "momor@mail.com");
stmt.setString(4, "message2...");
stmt.executeUpdate();
stmt.clearParameters();
```

要讓 SQL 執行生效，可執行 **executeUpdate()**或 **executeQuery()**方法（如果是查詢的話）。在 SQL 執行完畢後，可呼叫 **clearParameters()**清除設置的參數，之後可重用這個 PreparedStatement 實例，簡單來說，使用 PreparedStatement，可以預先準備好 SQL 並重複使用。

可以使用 ParparedStatement 改寫先前 MessageDAO 中 add() 執行 SQL 語句的部分。例如：

```
JDBCDemo MessageDAO2.java
package cc.openhome;

import java.sql.*;
import java.util.*;

public class MessageDAO2 {
    ...略
    public void add(Message message) {
        try(var conn = DriverManager.getConnection(url, user, passwd);
            var statement = conn.prepareStatement(
              "INSERT INTO messages(name, email, msg) VALUES (?,?,?)")) {
            statement.setString(1, message.name());
            statement.setString(2, message.email());
            statement.setString(3, message.msg());
            statement.executeUpdate();
        } catch(SQLException ex) {
            throw new RuntimeException(ex);
        }
    }
    ...略
}
```

這樣的寫法比串接或格式化 SQL 方便許多！不過，PreparedStatement 的好處不僅如此，之前提過，在這次的 SQL 執行完畢後，可以呼叫 clearParameters() 清除設置的參數，之後就可以重用這個 PreparedStatement 實例，也就是說必要的話，可以考慮製作陳述句池（Statement Pool），將頻繁使用的 PreparedStatement 重複使用，減少生成物件的負擔。

在驅動程式支援的情況下，使用 PreparedStatement，可以將 SQL 陳述預編譯為資料庫的執行指令，由於已經是資料庫的可執行指令，執行速度可以快許多（例如有些純 Java 實作之資料庫，其驅動程式可將 SQL 預編譯為位元碼（byte code）格式，在 JVM 執行可以快一些），而不像 Statement 物件，是在執行時將 SQL 送到資料庫，由資料庫做剖析、直譯再執行。

使用 PreparedStatement 在安全上也有點貢獻。舉例來說，若原先使用串接字串的方式來執行 SQL：

```
var statement = connection.createStatement();
var queryString = "SELECT * FROM user_table WHERE username='" +
        username + "' AND password='" + password + "'";
var resultSet = statement.executeQuery(queryString);
```

其中 username 與 password 若是來自使用者的輸入字串，原本是希望使用者安份地輸入名稱密碼，組合後的 SQL 應該像是這樣：

```
SELECT * FROM user_table
    WHERE username='caterpillar' AND password='12345678'
```

也就是名稱密碼正確，才會查找出指定使用者的相關資料，若在名稱輸入了「caterpillar' -- 」，密碼空白，而你又沒有針對輸入進行字元檢查過濾動作的話，這個字串組合出來的 SQL 會如下：

```
SELECT * FROM user_table
    WHERE username='caterpillar'  --' AND password=''
```

方框是密碼請求參數的部分，將方框拿掉會更清楚地看出這個 SQL 有什麼問題！

```
SELECT * FROM user_table
    WHERE username='caterpillar' --' AND password=''
```

因為 H2 資料庫解讀 SQL 時，-- 會當成註解符號，被執行的 SQL 語句最後會是 SELECT * FROM user_table WHERE username='caterpillar'，也就是說，不用輸入正確的密碼，想查誰的資料都沒問題了，這就是 **SQL Injection** 的簡單例子。

串接或 String.format() 的方式組合 SQL 陳述，會有 SQL Injection 的隱憂，若如下改用 PreparedStatement 的話：

```
var stmt = conn.prepareStatement(
    "SELECT * FROM user_table WHERE username=? AND password=?");
stmt.setString(1, username);
stmt.setString(2, password);
```

在這邊 username 與 password 會被視為 SQL 的字串，而不會當作 SQL 語法來解釋，就可避免方才的 SQL Injection 問題。

其實問題不僅是在串接或格式化字串本身麻煩，以及 SQL Injection 發生的可能性。由於串接或格式化字串會產生新的 String 物件，若串接字串動作很常進行（例如在迴圈中進行 SQL 串接的動作），那會是效能負擔上的隱憂。

　　如果撰寫資料庫的預存程序（Stored Procedure），並想使用 JDBC 來呼叫，可使用 **java.sql.CallableStatement**，呼叫的基本語法如下：

```
{?= call <程序名稱>[<引數 1>,<引數 2>, ...]}
{call <程序名稱>[<引數 1>,<引數 2>, ...]}
```

　　CallableStatement 的 API 使用，基本上與 PreparedStatement 差別不大，除了必須呼叫 **prepareCall()** 建立 CallableStatement 實例外，一樣是使用 setXXX() 設定參數，若是查詢操作，使用 executeQuery()，如果是更新操作，使用 executeUpdate()，另外，可以使用 **registerOutParameter()** 註冊輸出參數等。

> **提示 >>>** 使用 JDBC 的 CallableStatement 呼叫預存程序，重點在於了解各資料庫的預存程序如何撰寫及相關事宜，用 JDBC 呼叫預存程序，也表示應用程式將與資料庫產生直接的相依性。

　　在使用 PreparedStatement 或 CallableStatement 時，必須注意 SQL 型態與 Java 資料型態的對應，因為兩者對應並非一對一，java.sql.Types 定義了一些常數代表 SQL 型態，下表為 JDBC 規範建議的 SQL 型態與 Java 型態之對應：

表 16.1　Java 型態與 SQL 型態對應

Java 型態	SQL 型態
boolean	BIT
byte	TINYINT
short	SMALLINT
int	INTEGER
long	BIGINT
float	FLOAT
double	DOUBLE
byte[]	BINARY、VARBINARY、LONGBINARY
java.lang.String	CHAR、VARCHAR、LONGVARCHAR
java.math.BigDecimal	NUMERIC、DECIMAL
java.sql.Date	DATE
java.sql.Time	TIME
java.sql.Timestamp	TIMESTAMP

日期時間在 JDBC 中，並不是使用 java.util.Date，這個物件可代表的日期時間格式是「年、月、日、時、分、秒、毫秒」，在 JDBC 要表示日期，是使用 **java.sql.Date**，其日期格式是「年、月、日」，要表示時間的話是使用 **java.sql.Time**，其時間格式為「時、分、秒」，若要表示「時、分、秒、奈秒」的格式，是使用 **java.sql.Timestamp**。

在 13.3 介紹過新時間日期 API，對於 TimeStamp 實例，可以使用 **toInstant()** 方法轉為 Instant 實例，若有個 Instant 實例，可以透過 TimeStamp 的 **from()** 靜態方法轉為 TimeStamp 實例。例如：

```
Instant instant = timeStamp.toInstant();
Timestamp timestamp2 = Timestamp.from(instant);
```

16.2 JDBC 進階

上一節介紹了 JDBC 入門觀念與基本 API，在這一節，將說明更多進階 API 的使用，像是使用 DataSource 取得 Connection、使用 PreparedStatement、使用 ResultSet 進行更新操作等。

16.2.1 使用 DataSource 取得連線

資料庫在連線時，基本上必須提供 JDBC URL、使用者名稱、密碼等，然而這些是敏感資訊，若實際應用程式開發時，無法得知這些資訊，該如何改寫 MessageDAO？

答案是可以讓 MessageDAO 依賴於 **javax.sql.DataSource** 介面，透過其定義的 **getConnection()** 方法取得 Connection。例如：

JDBCDemo MessageDAO3.java

```
package cc.openhome;

import java.sql.*;
import java.util.*;
import javax.sql.DataSource;

public class MessageDAO3 {
    private DataSource dataSource;
```

```java
    public MessageDAO3(DataSource dataSource) {
        this.dataSource = dataSource;
    }

    public void add(Message message) {
        try(var conn = dataSource.getConnection();
            var statement = conn.prepareStatement(
              "INSERT INTO messages(name, email, msg) VALUES (?,?,?)")) {
            ...略
        } catch(SQLException ex) {
            throw new RuntimeException(ex);
        }
    }

    public List<Message> get() {
        var messages = new ArrayList<Message>();
        try(var conn =  dataSource.getConnection();
            var statement = conn.createStatement()) {
            ...略
        } catch(SQLException ex) {
            throw new RuntimeException(ex);
        }
        return messages;
    }
}
```

　　單看這個 MessageDAO3，不會知道 DataSource 實作物件是從哪個 URL、使用的名稱、密碼、內部如何建立 Connection 等資訊，日後要修改資料庫伺服器主機位置，或者是為了重複利用 Connection 物件而想加入連線池（Connection Pool）機制等情況，這個 MessageDAO3 都不用修改。

提示 ▶▶▶ 對於伺服器形式的資料庫，要取得資料庫連線，必須開啟網路連線（中間經過實體網路），連接至資料庫伺服器後，進行協定交換（也就是數次的網路資料往來）以進行驗證名稱、密碼等確認動作。取得資料庫連線是件耗時間及資源的動作，重複利用取得的 Connection 實例，是改善資料庫連線效能的一個方式，採用連線池是基本作法。

　　例如，以下範例實作具有簡單連接池機制的 DataSource，示範如何重複使用 Connection：

```
JDBCDemo SimpleConnectionPoolDataSource.java
```

```java
package cc.openhome;

import java.util.*;
import java.io.*;
```

```java
import java.sql.*;
import java.util.concurrent.Executor;
import java.util.logging.Logger;
import javax.sql.DataSource;                              ❶實作 DataSource

public class SimpleConnectionPoolDataSource implements DataSource {
    private Properties props;
    private String url;
    private int max; // 連接池中最大 Connection 數目
    private List<Connection> conns;  ◀──── ❷維護可重用的 Connection 物件

    public SimpleConnectionPoolDataSource()
            throws IOException, ClassNotFoundException {
        this("jdbc.properties");
    }                                        ❸可指定.properties 檔案

    public SimpleConnectionPoolDataSource(String configFile)
                        throws IOException, ClassNotFoundException {
        props = new Properties();
        props.load(new FileInputStream(configFile));

        url = props.getProperty("cc.openhome.url");
        max = Integer.parseInt(props.getProperty("cc.openhome.poolmax"));

        conns = Collections.synchronizedList(new ArrayList<>());
    }

    public synchronized Connection getConnection() throws SQLException {
        if(conns.isEmpty()) {  ◀──── ❹如果 List 爲空就建立新的 ConnectionWrapper
            return new ConnectionWrapper(
                    DriverManager.getConnection(url),
                    conns,
                    max
            );
        }
        else {  ◀──── ❺否則傳回 List 中一個 Connection
            return conns.remove(conns.size() - 1);
        }
    }                                        ❻ConnectionWrapper 實作
                                              Connection 介面
    private class ConnectionWrapper implements Connection {
        private Connection conn;
        private List<Connection> conns;
        private int max;

        public ConnectionWrapper(Connection conn,
                        List<Connection> conns, int max) {
            this.conn = conn;
            this.conns = conns;
            this.max = max;
        }
```

```
        @Override
        public void close() throws SQLException {
            if(conns.size() == max) {    ◀── ❼如果超出最大可維護 Connection
                conn.close();                    數量就關閉 Connection
            }
            else {
                conns.add(this);    ◀── ❽否則放入 List 中以備重用
            }
        }

        @Override
        public Statement createStatement() throws SQLException {
            return conn.createStatement();
        }
        ...略
    }
    ...略
}
```

　　SimpleConnectionPoolDataSource 實作了 DataSource 介面❶，其中使用
List<Connection>實例維護可重用的 Connection❷，連線相關資訊可以使
用.properties 設定❸。若客戶端呼叫 getConnection()方法嘗試取得連線，如果
List<Connection>為空，建立新的 Connection 並包裹在 ConnectionWrapper 後
傳回❹，若不為空就直接從 List<Connection>移出傳回❺。

　　ConnectionWrapper 實作了 Connection 介面❻，大部分方法實作時都是直接
委託給被包裹的 Connection 實例。ConnectionWrapper 實作 close()方法時，會
看看維護 Connection 的 List<Connection>容量是否到了最大值，若是就直接關
閉被包裹的 Connection❼，否則就將自己置入 List<Connection>以備重用❽。

　　如果準備一個 jdbc.properties 如下：

JDBCDemo jdbc.properties

```
cc.openhome.url=jdbc:h2:tcp://localhost/c:/workspace/JDBCDemo/demo
cc.openhome.username=caterpillar
cc.openhome.password=12345678
cc.openhome.poolmax=10
```

就可以如下使用 SimpleConnectionPoolDataSource 與 MessageDAO3：

```
JDBCDemo MessageDAODemo3.java

package cc.openhome;

import java.util.Scanner;

public class MessageDAODemo3 {
    public static void main(String[] args) throws Exception {
        var dao = new MessageDAO3(new SimpleConnectionPoolDataSource());
        ...略
    }
}
```

提示 >>> 實際上應用程式更常從透過 JNDI，從伺服器取得已設定的 DataSource，再從 DataSource 取得 Connection，將來你接觸到 Servlet/JSP 或其他 Java EE 應用領域，就會看到相關設定方式。

16.2.2 使用 ResultSet 捲動、更新資料

ResultSet 預設可使用 next() 移動資料游標至下筆資料，之後使用 getXXX() 方法來取得資料，也可以使用 **previous()**、**first()**、**last()** 等方法前後移動資料游標，呼叫 updateXXX()、updateRow() 等方法進行資料修改。

在使用 Connection 的 createStatement() 或 prepareStatement() 方法建立 Statement 或 PreparedStatement 實例時，可以指定結果集類型與並行方式：

```
createStatement(int resultSetType, int resultSetConcurrency)
prepareStatement(String sql,
                int resultSetType, int resultSetConcurrency)
```

結果集類型可以指定三種設定：

- ResultSet.TYPE_FORWARD_ONLY（預設）

- ResultSet.TYPE_SCROLL_INSENSITIVE

- ResultSet.TYPE_SCROLL_SENSITIVE

注意 >>> SQLite 只支援 TYPE_FORWARD_ONLY，若採其他的設定會拋出 SQLException。

指定為 TYPE_FORWARD_ONLY，ResultSet 就只能前進資料游標，指定 TYPE_SCROLL_INSENSITIVE 或 TYPE_SCROLL_SENSITIVE，則 ResultSet 可以前後移動資料游標，兩者差別在於 TYPE_SCROLL_INSENSITIVE 設定下，取得的 ResultSet 不會反應資料庫中的資料修改，而 TYPE_SCROLL_SENSITIVE 會反應資料庫中的資料修改。

更新設定可以有兩種指定：

- ResultSet.CONCUR_READ_ONLY（預設）
- ResultSet.CONCUR_UPDATABLE

指定為 CONCUR_READ_ONLY，只能用 ResultSet 進行資料讀取，無法進行更新，指定為 CONCUR_UPDATABLE，就可以使用 ResultSet 進行資料更新。

在使用 Connection 的 createStatement()或 prepareStatement()方法建立 Statement 或 PreparedStatement 實例時，若沒有指定結果集類型與並行方式，預設就是 TYPE_FORWARD_ONLY 與 CONCUR_READ_ONLY。如果想前後移動資料游標使用 ResultSet 進行更新，以下是個 Statement 指定的例子：

```
var stmt = conn.createStatement(
                    ResultSet.TYPE_SCROLL_INSENSITIVE,
                    ResultSet.CONCUR_UPDATABLE);
```

以下是個 PreparedStatement 指定的例子：

```
var stmt = conn.prepareStatement(
                    "SELECT * FROM messages",
                    ResultSet.TYPE_SCROLL_INSENSITIVE,
                    ResultSet.CONCUR_UPDATABLE);
```

在資料游標移動的 API 上，可以使用 **absolute()**、**afterLast()**、**beforeFirst()**、**first()**、**last()** 進行絕對位置移動，使用 **relative()**、**previous()**、**next()** 進行相對位置移動，這些方法如果成功移動就會傳回 true，也可以使用 **isAfterLast()**、**isBeforeFirst()**、**isFirst()**、**isLast()** 判斷目前位置。以下是簡單的程式範例片段：

```
var stmt = conn.prepareStatement("SELECT * FROM messages",
                ResultSet.TYPE_SCROLL_INSENSITIVE,
                ResultSet.CONCUR_READ_ONLY);
var rs = stmt.executeQuery();
rs.absolute(2);                        // 移至第 2 列
```

```
rs.next();                          // 移至第 3 列
rs.first();                         // 移至第 1 列
var b1 = rs.isFirst();              // b1 是 true
```

若要使用 ResultSet 進行資料修改，有些條件限制：

- 必須選取單一表格。

- 必須選取主鍵。

- 必須選取所有 NOT NULL 的值。

在取得 ResultSet 後要進行資料更新，必須移動至要更新的列（Row），呼叫 **updateXxx()** 方法（Xxx 是型態），而後呼叫 **updateRow()** 方法完成更新，如果呼叫 **cancelRowUpdates()** 可取消更新，但必須在呼叫 updateRow() 前取消。一個使用 ResultSet 更新資料的例子如下：

```
var stmt = conn.prepareStatement("SELECT * FROM messages",
                    ResultSet.TYPE_SCROLL_INSENSITIVE,
                    ResultSet.CONCUR_UPDATABLE);
var rs = stmt.executeQuery();
rs.next();
rs.updateString(3, "caterpillar@openhome.cc");
rs.updateRow();
```

若取得 ResultSet 後想進行資料新增，要先呼叫 **moveToInsertRow()**，之後呼叫 **updateXXX()** 設定要新增的資料各個欄位，然後呼叫 **insertRow()** 新增資料。一個使用 ResultSet 新增資料的例子如下：

```
var stmt = conn.prepareStatement("SELECT * FROM messages",
                    ResultSet.TYPE_SCROLL_INSENSITIVE,
                    ResultSet.CONCUR_UPDATABLE);
var rs = stmt.executeQuery();
rs.moveToInsertRow();
rs.updateString(2, "momor");
rs.updateString(3, "momor@openhome.cc");
rs.updateString(4, "blah..blah");
rs.insertRow();
rs.moveToCurrentRow();
```

若取得 ResultSet 後想進行資料刪除，要移動資料游標至想刪除的列，呼叫 **deleteRow()** 刪除資料列。一個使用 ResultSet 刪除資料的例子如下：

```
var stmt = conn.prepareStatement("SELECT * FROM messages",
                    ResultSet.TYPE_SCROLL_INSENSITIVE,
                    ResultSet.CONCUR_UPDATABLE);
```

```
var rs = stmt.executeQuery();
rs.absolute(3);
rs.deleteRow();
```

16.2.3　批次更新

若必須對資料庫進行大量資料更新，使用以下的程式片段並不適當：

```
var stmt = conn.createStatement();
while(someCondition) {
    stmt.executeUpdate(
      "INSERT INTO messages(name,email,msg) VALUES('…','…','…')");
}
```

每次執行 executeUpdate()，都會向資料庫發送一次 SQL，若大量更新的 SQL 有一萬筆，就等於透過網路進行了一萬次的訊息傳送，網路傳送訊息必須開啟 I/O、進行路由等動作，如此進行大量更新，效能上並不好。

可以使用 **addBatch()** 方法來收集 SQL，並使用 **executeBatch()** 方法將收集的 SQL 傳送出去。例如：

```
var stmt = conn.createStatement();
while(someCondition) {
    stmt.addBatch(
      "INSERT INTO messages(name,email,msg) VALUES('…','…','…')");
}
stmt.executeBatch();
```

> **提示 ❯❯❯** 　若是 H2 驅動程式，其 Statement 實作的 addBatch() 使用了 ArrayList 來收集 SQL，然而 executeBatch() 是使用 for 迴圈逐一取得 SQL 語句後執行。
>
> 　若是 MySQL 驅動程式的 Statement 實作，其 addBatch() 使用了 ArrayList 來收集 SQL，全部收集的 SQL，最後會串為一句 SQL，然後傳送給資料庫，假設大量更新的 SQL 有一萬筆，這一萬筆 SQL 會連結為一句 SQL，再透過一次網路傳送給資料庫，節省了 I/O、網路路由等動作耗費的時間。

既然是使用批次更新，顧名思義，就是僅用在更新操作，因此批次更新的限制是，SQL 不能是 SELECT，否則會丟出例外。

使用 executeBatch() 時，SQL 的執行順序，就是 addBatch() 時的順序，executeBatch() 會傳回 int[]，代表每筆 SQL 造成的資料異動列數，執行 executeBatch() 時，先前已開啟的 ResultSet 會被關閉，執行過後收集 SQL 用的 List 會被清空，任何的 SQL 錯誤，會丟出 **BatchUpdateException**，可以使用這個物件的 **getUpdateCounts()** 取得 int[]，代表先前執行成功的 SQL 造成的異動筆數。

先前舉的例子是 Statement 的例子，若是 PreparedStatement 要使用批次更新，可以使用 addBatch() 收集佔位字元真正的數值，以下是個範例：

```
var stmt = conn.prepareStatement(
     "INSERT INTO messages(name,email,msg) VALUES(?, ?, ?)");
while(someCondition) {
    stmt.setString(1, "..");
    stmt.setString(2, "..");
    stmt.setString(3, "..");
    stmt.addBatch();   // 收集參數
}
stmt.executeBatch();   // 送出所有參數
```

提示 >>> 除了在 API 上使用 addBatch()、executeBatch() 等方法以進行批次更新之外，通常也會搭配關閉自動提交（auto commit），在效能上也會有所影響，這稍後說明交易時就會提到。

驅動程式本身是否支援批次更新也要注意一下。以 MySQL 為例，要支援批次更新，必須在 JDBC URL 附加 rewriteBatchedStatements=true 參數才有實際作用。

16.2.4　**Blob 與 Clob**

若要將檔案寫入資料庫，可以在資料庫表格欄位使用 BLOB 或 CLOB 資料型態，BLOB 全名 **Binary Large Object**，用於儲存大量的二進位資料，像是圖檔、影音檔等，CLOB 全名 **Character Large Object**，用於儲存大量的文字資料。

JDBC 提供了 **java.sql.Blob** 與 **java.sql.Clob** 類別分別代表 BLOB 與 CLOB 資料。以 Blob 為例，寫入資料時，可以透過 PreparedStatement 的 setBlob() 來設定 Blob 物件，讀取資料時，可以透過 ResultSet 的 getBlob() 取得 Blob 物件。

Blob 擁有 **getBinaryStream()**、**getBytes()** 等方法，可以取得代表欄位來源的 InputStream 或欄位的 byte[] 資料。Clob 擁有 **getCharacterStream()**、 `getAsciiStream()`等方法，可以取得 `Reader` 或 `InputStream` 等資料，你可以查看 API 文件來獲得更詳細的訊息。

也可以把 BLOB 欄位對應 `byte[]`或輸入/輸出串流。在寫入資料時，可以使用 `PreparedStatement` 的 **`setBytes()`**來設定要存入的 `byte[]` 資料，使用 **`setBinaryStream()`**來設定代表輸入來源的 `InputStream`。在讀取資料時，可以使用 `ResultSet` 的 **`getBytes()`**，以 `byte[]` 取得欄位中儲存的資料，或以 **`getBinaryStream()`**取得代表欄位來源的 `InputStream`。

以下是取得代表檔案來源的 `InputStream` 後，進行資料庫儲存的片段：

```
InputStream in = readFileAsInputStream(".....");
var stmt = conn.prepareStatement(
    "INSERT INTO IMAGES(src, img) VALUE(?, ?)");
stmt.setString(1, "…");
stmt.setBinaryStream(2, in);
stmt.executeUpdate();
```

以下是取得代表欄位資料來源的 `InputStream` 之片段：

```
var stmt = conn.prepareStatement(
    "SELECT img FROM IMAGES");
var rs = stmt.executeQuery();
while(rs.next()) {
    InputStream in = rs.getBinaryStream(1);
    //..使用 InputStream 做資料讀取
}
```

16.2.5　簡介交易

交易的四個基本要求是**原子性（Atomicity）**、**一致性（Consistency）**、**隔離行為（Isolation behavior）**與**持續性（Durability）**，依英文字母首字簡稱為 **ACID**。

■ 原子性

一個交易是一個單元工作（Unit of work），當中可能包括數個步驟，這些步驟必須全部執行成功，若有一個失敗，整個交易宣告失敗，交易中其他步驟執行過的動作必須撤消，回到交易前的狀態。

在資料庫上執行單元工作為資料庫交易（Database transaction），單元中每個步驟就是每句 SQL 的執行，你要啟始一個交易邊界（通常是以一個 BEGIN 的指令開始），所有 SQL 語句下達之後，COMMIT 確認所有操作變更，此時交易成功，或者因為某個 SQL 錯誤，ROLLBACK 進行撤消動作，此時交易失敗。

- 一致性

  交易作用的資料集合在交易前後必須一致，若交易成功，整個資料集合都必須是交易操作後的狀態，若交易失敗，整個資料集合必須與開始交易前一致，不能發生整個資料集合，部分有變更，部分沒變更的狀態。

  例如轉帳行為，資料集合涉及 A、B 兩個帳戶，A 原有 20000，B 原有 10000，A 轉 10000 給 B，交易成功的話，最後 A 必須變成 10000，B 變成 20000，交易失敗的話，A 必須為 20000，B 為 10000，而不能發生 A 為 20000（未扣款），B 也為 20000（已入款）的情況。

- 隔離性

  在多人使用的環境下，使用者各自進行交易，交易與交易之間互不干擾，使用者不會意識到其他使用者正在進行交易，就好像只有自己在進行操作一樣。

- 持續性

  交易一旦成功，變更必須保存下來，即使系統掛了，交易的結果也不能遺失，這通常需要系統軟、硬體架構的支援。

在原子性的要求上，JDBC 可以操作 Connection 的 **setAutoCommit()** 方法，給它 false 引數，提示資料庫啟始交易，在下達 SQL 語句後，自行呼叫 Connection 的 **commit()**，提示資料庫確認（COMMIT）操作，如果中間發生錯誤，則呼叫 **rollback()**，提示資料庫撤消（ROLLBACK）全部的操作。一個示範的流程如下所示：

```
Connection conn = null;
try {
    conn = dataSource.getConnection();
    conn.setAutoCommit(false);  // 取消自動提交
    var stmt = conn.createStatement();
    stmt.executeUpdate("INSERT INTO …");
    stmt.executeUpdate("INSERT INTO …");
    conn.commit();                        // 提交
}
catch(SQLException e) {
    e.printStackTrace();
    if(conn != null) {
        try {
```

```
                conn.rollback();     //  撤回
            }
            catch(SQLException ex) {
                ex.printStackTrace();
            }
        }
    }
    finally {
        ...
        if(conn != null) {
            try {
                conn.setAutoCommit(true);  //  回復自動提交
                conn.close();
            }
            catch(SQLException ex) {
                ex.printStackTrace();
            }
        }
    }
}
```

　　若在交易管理時，僅想撤回某個執行點，可以設定**儲存點（Save point）**。
例如：

```
Savepoint point = null;
try {
    conn.setAutoCommit(false);
    var stmt = conn.createStatement();
    stmt.executeUpdate("INSERT INTO …");
    …
    point = conn.setSavepoint(); // 設定儲存點
    stmt.executeUpdate("INSERT INTO …");
    ...
    conn.commit();
}
catch(SQLException e) {
    e.printStackTrace();
    if(conn != null) {
        try {
            if(point == null) {
                conn.rollback();
            }
            else {
                conn.rollback(point);                 // 撤回儲存點
                conn.releaseSavepoint(point);         // 釋放儲存點
            }
        }
        catch(SQLException ex) {
            ex.printStackTrace();
        }
    }
}
```

```
finally {
    ...
    if(conn != null) {
        try {
            conn.setAutoCommit(true);
            conn.close();
        }
        catch(SQLException ex) {
            ex.printStackTrace();
        }
    }
}
```

在批次更新時，不用每筆都確認的話，也可以搭配交易管理。例如：

```
try {
    conn.setAutoCommit(false);
    stmt = conn.createStatement();
    while(someCondition) {
        stmt.addBatch("INSERT INTO …");
    }
    stmt.executeBatch();
    conn.commit();
} catch(SQLException ex) {
    ex.printStackTrace();
    if(conn != null) {
        try {
            conn.rollback();
        } catch(SQLException e) {
            e.printStackTrace();
        }
    }
} finally {
    ...
    if(conn != null) {
        try {
            conn.setAutoCommit(true);
            conn.close();
        }
        catch(SQLException ex) {
            ex.printStackTrace();
        }
    }
}
```

在隔離行為的支援上，JDBC 可以透過 Connection 的 **getTransactionIsolation()** 取得資料庫目前的隔離行為設定，透過 **setTransactionIsolation()** 可提示資料庫採用指定的隔離行為，可設定常數是定義在 Connection 上，如下所示：

- ■ TRANSACTION_NONE

- ■ TRANSACTION_READ_UNCOMMITTED

- ■ TRANSACTION_READ_COMMITTED

- ■ TRANSACTION_REPEATABLE_READ

- ■ TRANSACTION_SERIALIZABLE

其中 TRANSACTION_NONE 表示對交易不設定隔離行為，僅適用於沒有交易功能、以唯讀功能為主、不會發生同時修改欄位的資料庫。有交易功能的資料庫，可能不理會 TRANSACTION_NONE 的設定提示。

要了解其他隔離行為設定的影響，首先要了解多個交易並行時，可能引發的資料不一致問題有哪些，以下逐一舉例說明：

◉ 更新遺失（Lost update）

指某個交易對欄位進行更新的資訊，因另一個交易的介入而遺失更新效力。舉例來說，若某欄位資料原為 ZZZ，使用者 A、B 分別在不同的時間點對同一欄位進行更新交易：

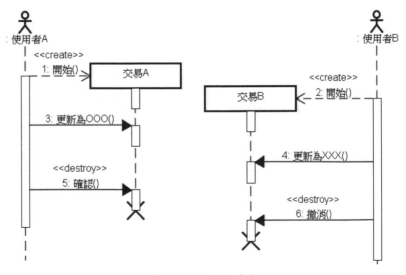

圖 16.17　更新遺失

　　就使用者 A 的交易而言，最後欄位應該是 OOO，就使用者 B 的交易而言，最後欄位應該是 ZZZ，在完全沒有隔離兩者交易的情況下，由於使用者 B 撤消操作時間在使用者 A 確認之後，最後欄位結果會是 ZZZ，使用者 A 看不到他更新確認的 OOO 結果，使用者 A 發生更新遺失問題。

提示 »» 可想像有兩個使用者，若 A 使用者開啟文件後，後續又允許 B 使用者開啟文件，一開始 A、B 使用者看到的文件都有 ZZZ 文字，A 修改 ZZZ 為 OOO 後儲存，B 修改 ZZZ 為 XXX 後又還原為 ZZZ 並儲存，最後文件就為 ZZZ，A 使用者的更新遺失。

　　若要避免更新遺失問題，可以設定隔離層級為**「可讀取未確認」**（**Read uncommitted**），也就是 A 交易已更新但未確認的資料，B 交易僅可做讀取動作，但不可做更新的動作。JDBC 可透過 `Connection` 的 `setTransactionIsolation()` 設定為 `TRANSACTION_UNCOMMITTED` 來提示資料庫採用此隔離行為。

　　資料庫對此隔離行為的基本作法是，A 交易在更新但未確認前，延後 B 交易的更新需求至 A 交易確認後。以上例而言，交易順序結果會變成以下：

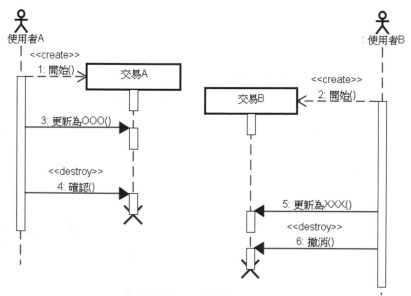

圖 16.18　**「可讀取未確認」**（Read uncommitted）**避免更新遺失**

提示 >>> 可想像有兩個使用者，若 A 使用者開啟文件之後，後續只允許 B 使用者以唯讀方式開啟文件，B 使用者若要能夠寫入，至少得等 A 使用者修改完成關閉檔案後。

提示資料庫「**可讀取未確認**」（**Read uncommitted**）的隔離層次後，資料庫得保證交易要避免更新遺失問題，通常這也是具備交易功能的資料庫引擎會採取的最低隔離層級，不過這個隔離層級讀取錯誤資料的機率太高，一般不會採用這種隔離層級。

● 髒讀（Dirty read）

兩個交易同時進行，其中一個交易更新資料但未確認，另一個交易就讀取資料，就有可能發生髒讀問題，也就是讀到髒資料（Dirty data）、不乾淨、不正確的資料。例如：

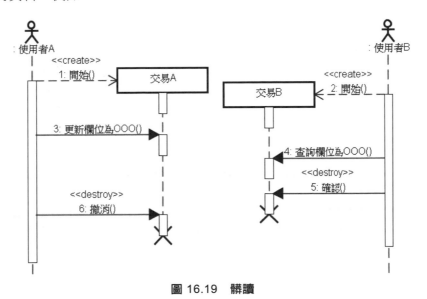

圖 16.19　髒讀

使用者 B 在 A 交易撤消前讀取了欄位資料為 OOO，如果 A 交易撤消了交易，那使用者 B 讀取的資料就是不正確的。

提示 >>> 可想像有兩個使用者，若 A 使用者開啟文件並仍在修改期間，B 使用者開啟文件讀到的資料，就有可能是不正確的。

　　若要避免髒讀問題，可以設定隔離層級為「**可讀取確認**」（Read commited），也就是交易讀取的資料必須是其他交易已確認之資料。JDBC 可透過 Connection 的 setTransactionIsolation() 設定為 **TRANSACTION_COMMITTED** 來提示資料庫採用此隔離行為。

　　資料庫對此隔離行為的基本作法之一是，讀取的交易不會阻止其他交易，未確認的更新交易會阻止其他交易。若是這個作法，交易順序結果會變成以下（若原欄位為 ZZZ）：

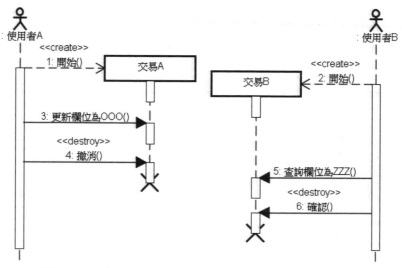

圖 16.20　「可讀取確認」（Read commited）避免髒讀

提示 ❯❯❯ 可想像有兩個使用者，若 A 使用者開啟文件並仍在修改期間，B 使用者就不能開啟文件。但在資料庫上這個作法影響效能較大，另一個基本作法是交易正在更新但尚未確定前先操作暫存表格，其他交易就不致於讀取到不正確的資料。JDBC 隔離層級的設定提示，在資料庫上實際如何實作，得看各家資料庫在效能上的考量而定。

　　提示資料庫「**可讀取確認**」（Read commited）的隔離層次之後，資料庫得保證交易要避免髒讀與更新遺失問題。

● 無法重複的讀取（Unrepeatable read）

　　某個交易兩次讀取同一欄位的資料並不一致。例如，交易 A 在交易 B 更新前後進行資料的讀取，則 A 交易會得到不同的結果。例如（欄位若原為 ZZZ）：

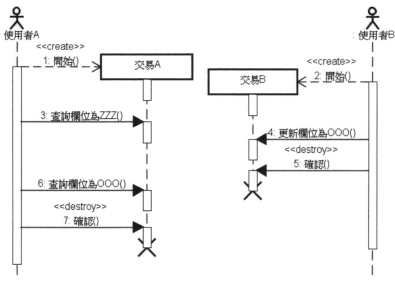

圖 16.21　無法重複的讀取（Unrepeatable read）

　　若要避免無法重複的讀取問題，可以設定隔離層級為「**可重複讀取**」（**Repeatable read**），也就是同一交易內兩次讀取的資料必須相同。JDBC 可透過 Connection 的 setTransactionIsolation() 設定為 TRANSACTION_REPEATABLE_READ 來提示資料庫採用此隔離行為。

　　資料庫對此隔離行為的基本作法之一是，讀取交易在確認前不阻止其他讀取交易，但會阻止其他更新交易。若是這個作法，交易順序結果會變成以下（若原欄位為 ZZZ）：

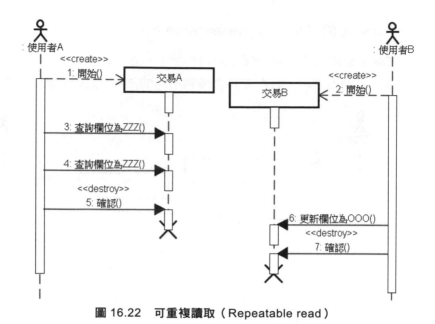

圖 16.22　可重複讀取（Repeatable read）

> **提示 》》》** 在資料庫上這個作法影響效能較大，另一個基本作法是交易正在讀取但尚未確認前，另一交易在會在暫存表格上更新。

　　提示資料庫「**可重複讀取**」（**Repeatable read**）的隔離層次後，資料庫得保證交易要避免無法重複讀取、髒讀與更新遺失問題。

🔵 幻讀（Phantom read）

　　同一交易期間，讀取到的資料筆數不一致。例如交易 A 第一次讀取得到五筆資料，此時交易 B 新增了一筆資料，導致交易 A 再次讀取得到六筆資料。

　　若隔離行為設定為可重複讀取，但發生幻讀現象，可以設定隔離層級為「**可循序**」（**Serializable**），也就是在有交易時若有資料不一致的疑慮，交易必須可以照順序逐一進行。JDBC 可透過 Connection 的 setTransactionIsolation() 設定為 **TRANSACTION_SERIALIZABLE** 來提示資料庫採用此隔離行為。

> **提示 》》》** 交易若真的逐一循序進行，對資料庫的影響效能過於巨大，實際上也許未必直接阻止其他交易或真的循序進行，例如採暫存表格方式，事實上，只要能符合四個交易隔離要求，各家資料庫會尋求最有效能的解決方式。

下表整理了各個隔離行為可預防的問題：

表 16.2　**隔離行爲與可預防之問題**

隔離行爲	Lost update	Dirty read	Unrepeatable read	Phantom read
Read uncommitted	預防			
Read committed	預防	預防		
Repreatable read	預防	預防	預防	
Serializable	預防	預防	預防	預防

若想透過 JDBC 得知資料庫是否支援某個隔離行為設定，可以透過 Connection 的 **getMetaData()** 取得 **DatabaseMetadata** 物件，透過 DatabaseMetadata 的 **supportsTransactionIsolationLevel()** 得知是否支援某個隔離行為。例如：

```
DatabaseMetadata meta = conn.getMetaData();
boolean isSupported = meta.supportsTransactionIsolationLevel(
        Connection.TRANSACTION_READ_COMMITTED);
```

16.2.6　簡介 metadata

Metadata 即「詮讀資料的資料」（Data about data）。例如資料庫是用來儲存資料的地方，然而資料庫本身產品名稱為何？資料庫中有幾個資料表格？表格名稱為何？表格中有幾個欄位等，這些資訊就是 metadata。

JDBC 可以透過 **Connection** 的 **getMetaData()** 方法取得 **DatabaseMetaData** 物件，透過該物件提供的各個方法，可以取得資料庫整體資訊，而 ResultSet 表示查詢到的資料，資料本身的欄位、型態等資訊，可以透過 **ResultSet** 的 **getMetaData()** 方法，取得 **ResultSetMetaData** 物件，透過該物件提供的相關方法，就可以取得欄位名稱、欄位型態等資訊。

提示 >>> DatabaseMetaData 或 ResultSetMetaData 本身 API 使用上不難，問題點在於各家資料庫對某些名詞的定義不同，必須查閱資料庫廠商手冊搭配對應的 API，才可以取得想要的資訊。

以下舉個例子，利用 JDBC 的 metadata 相關 API，取得先前檔案管理範例 messages 表格相關資訊：

```
JDBCDemo MessagesInfo.java
package cc.openhome;

import java.sql.*;
import java.util.*;
import javax.sql.DataSource;

public class MessagesInfo {
    private DataSource dataSource;

    public MessagesInfo(DataSource dataSource) {
        this.dataSource = dataSource;
    }

    public List<ColumnInfo> getAllColumnInfo() {
        List<ColumnInfo> infos = null;
        try(var conn = dataSource.getConnection()) {    ❶ 查詢 MESSAGES 表格所
            var meta = conn.getMetaData();                 有欄位
            var crs = meta.getColumns(
                            null, null, "MESSAGES", null);
            infos =  new ArrayList<>();    ◀—— ❷ 用來收集欄位資訊
            while(crs.next()) {
                ColumnInfo info = toColumnInfo(crs);    ❸ 封裝欄位名稱、型態、大
                infos.add(info);                           小、可否為空、預設值等
            }                                              資訊
        }
        catch(SQLException ex) {
            throw new RuntimeException(ex);
        }
        return infos;
    }

    private ColumnInfo toColumnInfo(ResultSet crs) throws SQLException {
        return new ColumnInfo(
            crs.getString("COLUMN_NAME"),
            crs.getString("TYPE_NAME"),
            crs.getInt("COLUMN_SIZE"),
            crs.getBoolean("IS_NULLABLE"),
            crs.getString("COLUMN_DEF")
        );
    }
}
```

在 呼 叫 getAllColumnInfo() 時 ，會 先 從 Connection 取 得 DatabaseMetaData，以查詢資料庫中指定表格的欄位❶，這會取得 ResultSet，

接著從 ResultSet 逐一取得各個想要的資訊，封裝為 ColumnInfo 物件❸，並收集在 List 中傳回❷。

　　ColumnInfo 只是自定義的簡單類別，用來封裝欄位各個資訊：

```
JDBCDemo ColumnInfo.java
```

```java
package cc.openhome;

public record ColumnInfo(
    String name,
    String type,
    int size,
    boolean nullable,
    String def) {}
```

　　可以使用以下範例來運用 MessagesInfo 取得欄位資訊：

```
JDBCDemo MessagesInfoDemo.java
```

```java
package cc.openhome;

import java.io.IOException;
import static java.lang.System.out;

public class MessagesInfoDemo {
    public static void main(String[] args)
            throws IOException, ClassNotFoundException {      ❶傳入 DataSource
        var messagesInfo =
                new MessagesInfo(new SimpleConnectionPoolDataSource());
        out.println("名稱\t 型態\t 為空\t 預設");
        messagesInfo.getAllColumnInfo().forEach(info -> {
            out.printf("%s\t%s\t%s\t%s%n",
                    info.name(),
                    info.type(),                              ❷顯示欄位資訊
                    info.nullable(),
                    info.def());
        });
    }
}
```

　　一個執行參考結果如下所示：

```
名稱      型態       為空       預設
ID       INTEGER   false     NEXT VALUE …略
NAME     CHAR      false     null
EMAIL    CHAR      true      null
MSG      VARCHAR   false     null
```

📖 課後練習

實作題

1. 請嘗試撰寫一個 `JdbcTemplate` 類別封裝 JDBC 更新操作，可以如下使用其 `update()` 與 `queryForList()` 方法：

```
var dataSource = new SimpleConnectionPoolDataSource();
var jdbcTemplate = new JdbcTemplate(dataSource);
jdbcTemplate.update(
        """
        CREATE TABLE messages (
            id INT NOT NULL AUTO_INCREMENT PRIMARY KEY,
            name CHAR(20) NOT NULL,
            email CHAR(40),
            msg VARCHAR(256) NOT NULL
        );
        """
);

jdbcTemplate.update(
        "INSERT INTO messages(name, email, msg) VALUES (?,?,?)",
        "測試員", "tester@openhome.cc", "這是一個測試留言");

jdbcTemplate.queryForList("SELECT * FROM messages")
        .forEach(message -> {
            out.printf("%d\t%s\t%s\t%s%n",
                    message.get("ID"),
                    message.get("NAME"),
                    message.get("EMAIL"),
                    message.get("MSG"));
        });
```

其中 `dataSource` 參考至 `DataSource` 實作物件，`update()` 第一個參數接受更新 SQL，之後的不定長度引數可指受 SQL 中佔位字元 `"?"` 實際資料，不定長度引數部分不一定是字串，也可接受表 16.1 列出的資料型態，而 `queryForList()` 的傳回值可以是 `List<Map>`。

提示 ⟫⟫ 搜尋關鍵字「JdbcTemplate」了解相關設計方式。

反射與類別載入器

學習目標

- 取得.class 檔案資訊
- 動態生成物件與操作方法
- 認識模組與反射的權限設定
- 瞭解類別載入器階層
- 使用 `ClassLoader` 實例

17.1 運用反射

Java 需要使用類別時才載入.class 檔案，生成 **`java.lang.Class`** 實例代表該檔案，編譯後產生的.class 檔案，本身記錄許多資訊，可以從 `Class` 實例獲得這些訊息，從 `Class` 等 API 獲取類別資訊的機制稱為**反射（Reflection）**。

JDK9 以後支援模組化，開發者在採取模組設計時，如何不破壞模組封裝又能運用反射機制的彈性，是認識反射時必須知道的一大課題。

在本章一開始，會先對 **`java.base`** 與範例專案的模組之類別進行反射，17.1.7 再探討不同模組間進行反射時要注意的事項。

注意**>>>** 為了避免同時包含新舊機制的內容，造成理解上的混亂，有關 JDK8 以前版本的反射，本書不再贅述，可以尋找《Java SE 8 技術手冊》有關反射的內容，或者參考我的〈Reflection[1]〉線上文件。

---

[1] Reflection：openhome.cc/Gossip/JavaEssence/index.html#Reflection

17.1.1 Class 與 .class 檔案

Java 需要某類別時才載入 .class 檔案，而非在程式啟動就載入全部類別。 需要某些功能時才載入對應資源，可讓系統資源運用更有效率。

`java.lang.Class` 實例代表 Java 應用程式運行時載入的 .class 檔案，類別、介面、Enum 等編譯過後，都會生成 .class 檔案，Class 可用來取得類別、介面、Enum 等資訊。Class 類別沒有公開（public）建構式，實例是由 JVM 自動產生，每個 .class 檔案載入時，JVM 會自動生成對應的 Class 實例。

可以透過 Object 的 **getClass()** 方法，或是透過 **.class** 常量（Class literal）取得物件對應的 Class 實例，若是基本型態，可以使用對應的包裹類別加上 .TYPE 取得 Class 實例，例如 Integer.TYPE 可取得代表 int 的 Class 實例。

注意》》 使用 Integer.TYPE 取得代表 int 基本型態的 Class，也可以使用 int.class 取得；若要取得 Integer.class 檔案的 Class，必須使用 Integer.class。

取得 Class 實例後，可以操作公開方法取得類別基本資訊，例如以下可取得 String 類別的 Class 實例，並從中獲得 String 的基本資訊：

Reflection ClassInfo.java

```
package cc.openhome;

import static java.lang.System.out;

public class ClassInfo {
    public static void main(String[] args) {
        Class clz = String.class;

        out.printf("類別名稱：%s%n", clz.getName());
        out.printf("是否為介面：%s%n", clz.isInterface());
        out.printf("是否為基本型態：%s%n", clz.isPrimitive());
        out.printf("是否為陣列物件：%s%n", clz.isArray());
        out.printf("父類別名稱：%s%n", clz.getSuperclass().getName());
        out.printf("所在模組：%s%n", clz.getModule().getName());
    }
}
```

Java 應用程式都依賴在 java.base 模組，從 java.base 模組的類別認識反射的運用最為簡單，Class 的 getModule() 方法，可以取得代表模組的

java.lang.Module 實例，以便取得模組的資訊，19.2.1 會進一步介紹如何使用。
執行結果如下：

```
類別名稱：java.lang.String
是否為介面：false
是否為基本型態：false
是否為陣列物件：false
父類別名稱：java.lang.Object
所在模組：java.base
```

　　Java 需要類別時才載入.class 檔案，也就是要使用指定類別生成實例時（或
使用 Class.forName()、使用 java.lang.ClassLoader 實例的 loadClass()載入
類別時，稍後說明）。使用類別宣告參考名稱不會載入.class 檔案（編譯器僅
會檢查對應的.class 檔案是否存在）。例如可設計測試類別來印證：

Reflection Some.java

```java
package cc.openhome;

public class Some {
    static {
        System.out.println("載入 Some.class 檔案");
    }
}
```

　　Some 類別定義了 static 區塊，預設首次載入.class 檔案時會執行靜態區塊
（說預設的原因，是因為可以設定載入.class 檔案時不執行 static 區塊，稍後
介紹）。藉由在文字模式下顯示訊息，可以瞭解何時載入.class 檔案。例如：

Reflection SomeDemo.java

```java
package cc.openhome;

import static java.lang.System.out;

public class SomeDemo {
    public static void main(String[] args) {
        Some s;
        out.println("宣告 Some 參考名稱");
        s = new Some();
        out.println("生成 Some 實例");
    }
}
```

宣告 Some 參考名稱不會載入 Some.class 檔案，使用 new 生成物件時才會載入類別（因為必須從 .class 檔案得知建構式定義為何），執行 new Some() 時，才會發現 static 區塊執行訊息。執行結果如下：

```
宣告 Some 參考名稱
載入 Some.class 檔案
生成 Some 實例
```

類別資訊是在編譯時期儲存於 .class 檔案，編譯時期若使用到相關類別，編譯器會檢查對應的 .class 檔案之資訊，以確定是否可完成編譯。執行時期使用某類別時，會先檢查是否有對應的 Class 實例，如果沒有，會載入對應的 .class 檔案，並生成對應的 Class 實例。

預設 JVM 只用一個 Class 實例來代表一個 .class 檔案（確切說法是，經由同一類別載入器載入的 .class 檔案，只會有一個對應的 Class 實例），每個類別的實例，會知道自身是由哪個 Class 實例生成。預設使用 getClass() 或 .class 取得的 Class 實例會是同一個物件。例如：

```
jshell> "".getClass() == String.class;
$1 ==> true
```

17.1.2　使用 Class.forName()

在某些場合，無法事先知道開發者要使用哪個類別，例如事先不知道開發者將使用哪個廠商的 JDBC 驅動程式，也就不知道廠商實作 java.sql.Driver 介面的類別名稱為何，因而必須讓開發者能指定類別名稱動態載入類別。

可以使用 **Class.forName()** 方法動態載入類別，方式之一是使用字串指定類別名稱。例如：

```
Reflection InfoAbout.java
package cc.openhome;

import static java.lang.System.out;

public class InfoAbout {
    public static void main(String[] args) {
        try {
            Class clz = Class.forName(args[0]);
            out.printf("類別名稱：%s%n", clz.getName());
```

```
            out.printf("是否為介面：%s%n", clz.isInterface());
            out.printf("是否為基本型態：%s%n", clz.isPrimitive());
            out.printf("是否為陣列：%s%n", clz.isArray());
            out.printf("父類別：%s%n", clz.getSuperclass().getName());
            out.printf("所在模組：%s%n", clz.getModule().getName());
        } catch (ArrayIndexOutOfBoundsException e) {
            out.println("沒有指定類別名稱");
        } catch (ClassNotFoundException e) {
            out.printf("找不到指定的類別 %s%n", args[0]);
        }
    }
}
```

Class.forName()方法找不到類別時會拋出 **ClassNotFoundException**。若啟動 JVM 時的命令列引數是 java.lang.String，顯示結果與上個範例執行結果相同。

Class.forName()另一版本可指定類別名稱、載入類別時是否執行靜態區塊與類別載入器：

```
static Class forName(String name, boolean initialize, ClassLoader loader)
```

之前說過，預設載入.class 檔案時會執行類別定義的 static 區塊。使用 forName()第二個版本時，可將 initialize 設為 false，載入.class 檔案時就不會執行 static 區塊，在建立類別實例時才會執行 static 區塊。例如：

`Reflection SomeDemo2.java`

```
package cc.openhome;

import static java.lang.System.out;

class Some2 {
    static {
        out.println("[執行靜態區塊]");
    }
}

public class SomeDemo2 {
    public static void main(String[] args) throws ClassNotFoundException {
        var clz = Class.forName("cc.openhome.Some2", false,
                                SomeDemo2.class.getClassLoader());
        out.println("已載入 Some2.class ");
        Some2 s;
        out.println("宣告 Some 參考名稱");
        s = new Some2();
```

```
                out.println("生成 Some 實例");
        }
}
```

由於使用 Class.forName()方法時，設定 initialize 為 false，載入 .class 檔案時不會執行靜態區塊，使用類別建立物件時才執行靜態區塊，第二個版本的 Class.forName()方法需要指定類別載入器，可取得代表 SomeDemo2.class 檔案的 Class 實例後，透過 **getClassLoader()** 方法，取得載入 SomeDemo2.class 檔案的類別載入器，再傳遞給 Class.forName()使用。執行結果如下：

```
已載入 Some2.class
宣告 Some 參考名稱
[執行靜態區塊]
生成 Some 實例
```

若使用第一個版本的 Class.forName()方法，等同於：

```
Class.forName(className, true, currentLoader);
```

其中 currentLoader 是目前類別的類別載入器，也就是若在 A 類別中使用 Class.forName()第一個版本，預設就是用 A 類別的類別載入器來載入類別。

17.1.3 從 Class 建立物件

如果事先知道類別名稱，可使用 new 關鍵字建立實例，若事先不知道類別名稱呢？可以利用 Class.forName()動態載入 .class 檔案，在取得 Class 實例之後，呼叫 Class 的 **getConstructor()** 或 **getDeclaredConstructor()** 方法，取得代表建構式的 Constructor 物件，利用其 newInstance()方法建立類別實例。例如：

```
var clz = Class.forName(args[0]);
Object obj = clz.getDeclaredConstructor().newInstance();
```

注意 >>> Class 的 newInstance()方法，JDK9 以後被標為廢棄了，因為若建構式宣告拋出了非受檢例外，呼叫此方法等同於略過編譯時期檢查；Constructor 的 newInstance()方法會拋出受檢的 InvocationTargetException，而任何建構式拋出的例外，會被 InvocationTargetException 實例包裹。

　　如果載入的類別定義了無參數建構式，可以使用這種方式建構物件。為何會有事先不知道類別名稱，又要建立類別實例的需求？例如，你想採用影片程式庫來播放動畫，然而負責實作影片程式庫的部門遲遲還沒動工，怎麼辦呢？可以利用介面定義出影片程式庫該有的功能。例如：

Reflection Player.java

```
package cc.openhome;

public interface Player {
    void play(String video);
}
```

　　可以要求實作影片程式庫的部門，必須實作 Player，而你可以先實作動畫播放：

Reflection MediaMaster.java

```
package cc.openhome;

import java.util.Scanner;

public class MediaMaster {
    public static void main(String[] args)
                        throws ReflectiveOperationException {
        var playerImpl = System.getProperty("cc.openhome.PlayerImpl");
        var player = (Player) Class.forName(playerImpl)
                                .getDeclaredConstructor().newInstance();
        System.out.print("輸入想播放的影片：");
        player.play(new Scanner(System.in).nextLine());
    }
}
```

　　在這個程式中，沒有寫死實作 Player 的類別名稱，這可以在啟動程式時，透過系統屬性 cc.openhome.PlayerImpl 指定。例如若實作 Player 的類別名稱為 cc.openhome.ConsolePlayer，而其實作如下：

Reflection ConsolePlayer.java

```
package cc.openhome;

public class ConsolePlayer implements Player {
    @Override
    public void play(String video) {
        System.out.println("正在播放 " + video);
```

```
        }
}
```

執行時指定 -Dcc.openhome.PlayerImpl=cc.openhome.ConsolePlayer，執行結果會如下：

```
輸入想播放的影片：Hello! Duke!
正在播放 Hello! Duke!
```

若類別定義了多個建構式，可以指定使用哪個建構式生成物件，這必須呼叫 Class 的 **getConstructor()** 或 **getDeclaredConstructor()** 方法時，指定參數類型，取得代表建構式的 Constructor 物件，再利用 Constructor 的 **newInstance()** 指定建構時的參數值。

例如，假設因為某個原因，必須動態載入 java.util.List 實作類別，只知道實作類別有個接受 int 的建構式，用來指定 List 初始容量（capacity），就可以如下建構實例：

```
var = Class.forName(args[0]);   // 動態載入.class
Constructor constructor = clz.getConstructor(Integer.TYPE);   // 取得建構式
var list = (List) constructor.newInstance(100);   // 利用建構式建立實例
```

若要生成陣列呢？陣列的 Class 實例由 JVM 生成，可以透過 .class 或 getClass() 取得 Class 實例，不過並不知道陣列的建構式為何，因此必須使用 **java.lang.reflect.Array** 的 **newInstance()** 方法。例如動態生成長度為 10 的 java.util.ArrayList 陣列：

```
var clz = java.util.ArrayList.class;
Object obj = Array.newInstance(clz, 10);
```

取得陣列物件之後，可以使用 **Array.set()** 方法指定索引設值，或是使用 **Array.get()** 方法指定索引取值，另一個比較偷懶的方式，是直接當作 Object[]（或已知的陣列型態）使用：

```
var clz = java.util.ArrayList.class;
var objs = (Object[]) Array.newInstance(clz, 10);
objs[0] = new ArrayList();
var list = (ArrayList) objs[0];
```

以上程式片段，objs 參考的陣列實例，每個索引處都是 ArrayList 型態，而不是 Object 型態，這就是為何使用 Array.newInstance() 建立陣列的原因，

想理解應用場合，可以稍微回顧一下 9.1.7 中實作過的 ArrayList，若現在為其
設計一個 toArray() 方法：

```
public class ArrayList<E> {
    private Object[] elems;
    ...略
    public ArrayList(int capacity) {
        elems = new Object[capacity];
    }
    ...略
    public E[] toArray() {
        return (E[]) elems;
    }
}
```

看來很完美不是嗎？如果有個使用者這麼使用 ArrayList，悲劇就發
生了：

```
var list = new ArrayList<String>();
list.add("One");
list.add("Two");
String[] strs = list.toArray();
```

這個程式片段會拋出 java.lang.ClassCastException，告訴你不可將
Object[] 當作 String[] 來使用，為何？回顧一下程式片段中粗體字部分，你建
立的物件確實是 Object[]，而不是 String[]，可以如下解決：

Reflection ArrayList.java

```
package cc.openhome;

import java.lang.reflect.Array;
import java.util.Arrays;

public class ArrayList<E> {
    private Object[] elems;
    private int next;

    public ArrayList(int capacity) {
        elems = new Object[capacity];
    }

    public ArrayList() {
        this(16);
    }
    ...略

    public E[] toArray() {
```

```
        E[] elements = null;
        if(size() > 0) {
            elements = (E[]) Array.newInstance(
                                elems[0].getClass(), size());
            for(var i = 0; i < elements.length; i++) {
                elements[i] = (E) elems[i];
            }
        }
        return elements;
    }
}
```

在呼叫 toArray() 時，若 ArrayList 收集物件長度不為 0，可從第一個索引取得被收集物件的 Class 實例，此時就可以配合 Array.newInstance() 建立陣列實例。例如實際上收集 String 物件的話，建立的陣列就會是 String[]，呼叫 toArray() 的客戶端，就不會收到 java.lang.ClassCastException 了。

17.1.4 從 Class 獲得資訊

取得 Class 實例後，就可以取得 .class 檔案記載的的資訊，像是套件、建構式、方法成員、資料成員等訊息，每個訊息會有對應的型態，例如模組對應的型態為 **java.lang.Module**，套件對應型態是 **java.lang.Package**，建構式對應型態是 **java.lang.reflect.Constructor**，方法成員對應型態是 **java.lang.reflect.Method**，資料成員對應型態是 **java.lang.reflect.Field** 等。例如要取得指定 String 類別的套件名稱，可以如下：

Package p = String.class.getPackage();
out.println(p.getName());   // 顯示 java.lang

可以分別取回 Field、Constructor、Method 等物件，分別代表資料成員、建構式與方法成員，以下是可取得類別基本資訊的範例：

Reflection ClassViewer.java

```
package cc.openhome;

import static java.lang.System.out;
import java.lang.reflect.*;

public class ClassViewer {
    public static void main(String[] args) {
        try {
            ClassViewer.view(args[0]);
```

```
        } catch (ArrayIndexOutOfBoundsException e) {
            out.println("沒有指定類別");
        } catch (ClassNotFoundException e) {
            out.println("找不到指定類別");
        }
    }

    public static void view(String clzName)
                                    throws ClassNotFoundException {
        var clz = Class.forName(clzName);

        showModuleName(clz);
        showPackageName(clz);
        showClassInfo(clz);

        out.println("{");

        showFiledsInfo(clz);
        showConstructorsInfo(clz);
        showMethodsInfo(clz);

        out.println("}");
    }

    private static void showModuleName(Class clz) {
        Module m = clz.getModule(); // 取得模組代表物件
        out.printf("module %s;%n", m.getName());
    }

    private static void showPackageName(Class clz) {
        Package p = clz.getPackage(); // 取得套件代表物件
        out.printf("package %s;%n", p.getName());
    }

    private static void showClassInfo(Class clz) {
        int modifier = clz.getModifiers();    // 取得型態修飾常數
        out.printf("%s %s %s",
                Modifier.toString(modifier), // 將常數轉為字串表示
                Modifier.isInterface(modifier) ? "interface" : "class",
                clz.getName() // 取得類別名稱
        );
    }

    private static void showFiledsInfo(Class clz)
                                    throws SecurityException {
        // 取得宣告的資料成員代表物件
        Field[] fields = clz.getDeclaredFields();
        for(Field field : fields) {
            // 顯示權限修飾，像是 public、protected、private
            out.printf("\t%s %s %s;%n",
                    Modifier.toString(field.getModifiers()),
```

```
                    field.getType().getName(), // 顯示型態名稱
                    field.getName() // 顯示資料成員名稱
            );
        }
    }

    private static void showConstructorsInfo(Class clz)
                                throws SecurityException {
        // 取得宣告的建構方法代表物件
        Constructor[] constructors = clz.getDeclaredConstructors();
        for(Constructor constructor : constructors) {
            // 顯示權限修飾，像是public、protected、private
            out.printf("\t%s %s();%n",
                    Modifier.toString(constructor.getModifiers()),
                    constructor.getName() // 顯示建構式名稱
            );
        }
    }

    private static void showMethodsInfo(Class clz)
                                throws SecurityException {
        // 取得宣告的方法成員代表物件
        Method[] methods = clz.getDeclaredMethods();
        for(Method method : methods) {
            // 顯示權限修飾，像是public、protected、private
            out.printf("\t%s %s %s();%n",
                    Modifier.toString(method.getModifiers()),
                    method.getReturnType().getName(), // 顯示返回值型態名稱
                    method.getName() // 顯示方法名稱
            );
        }
    }
}
```

如果命令列引數指定了 java.lang.String，執行結果如下：

```
module java.base;
package java.lang;
public final class java.lang.String{
     private final [B value;
     private final byte coder;
     private int hash;
     private static final long serialVersionUID;
     static final boolean COMPACT_STRINGS;
     private static final [Ljava.io.ObjectStreamField;
serialPersistentFields;
     public static final java.util.Comparator CASE_INSENSITIVE_ORDER;
     static final byte LATIN1;
     static final byte UTF16;
     public java.lang.String();
```

```
    ...略
    public int hashCode();
    public void getChars();
    public volatile int compareTo();
    public int compareTo();
    ...略
}
```

17.1.5　操作物件方法與成員

　　17.1.3 談過，`java.lang.reflect.Method` 實例是方法的代表物件，可以使用 **invoke()** 方法動態呼叫指定的方法。例如，若有個 Student 類別：

Reflection Student.java

```
package cc.openhome;
public class Student {
    private String name;
    private Integer score;

    public Student() {}

    public Student(String name, Integer score) {
        this.name = name;
        this.score = score;
    }

    public void setName(String name) {
        this.name = name;
    }
    public String getName() {
        return name;
    }
    public void setScore(Integer score) {
        this.score = score;
    }
    public Integer getScore() {
        return score;
    }
}
```

　　以下程式片段可動態生成 Student 實例，並透過 setName()設定名稱，用 getName()取得名稱：

```
Class clz = Class.forName("cc.openhome.Student");
Constructor constructor = clz.getConstructor(String.class, Integer.class);
Object obj = constructor.newInstance("caterpillar", 90);
// 指定方法名稱與參數型態，呼叫 getMethod()取得對應的公開 Method 實例
```

```
Method setter = clz.getMethod("setName", String.class);
// 指定參數值呼叫物件 obj 的方法
setter.invoke(obj, "caterpillar");
Method getter = clz.getMethod("getName");
out.println(getter.invoke(obj));
```

這只是示範動態呼叫方法的基本流程，來看個實際應用，底下會設計 BeanUtil 類別，可指定 Map 物件與類別名稱呼叫 getBean() 方法，這個方法會抽取 Map 內容，封裝為指定類別的實例，Map 的鍵為要呼叫的 setXXX() 方法名稱（不包括 set 開頭的名稱，例如要呼叫 setName() 方法，只要給定鍵為"name"即可），而值為呼叫 setXXX() 時的引數。

提示 》》 Java 稱 setXXX()這類的方法為設值方法（Setter），而 getXXX()這類的方法為取值方法（Getter）。

例如，若 Map 收集了學生資料，以下傳回的就是 Student 實例，當中包括了 Map 的資訊：

```
var data = new HashMap<String, Object>();
data.put("name", "Justin");
data.put("score", 90);
var student = (Student) BeanUtil.getBean(data, "cc.openhome.Student");
// 底下顯示(Justin, 90)
out.printf("(%s, %d)%n", student.getName(), student.getScore());
```

底下為 BeanUtil 實作，相關說明直接以註解方式撰寫：

Reflection BeanUtil.java

```
package cc.openhome;

import java.lang.reflect.*;
import java.util.*;

public class BeanUtil {
    public static <T> T getBean(Map<String, Object> data, String clzName)
                                    throws Exception {
        var clz = Class.forName(clzName);
        var bean = clz.getDeclaredConstructor().newInstance();

        data.entrySet().forEach(entry -> {
            var setter = String.format("set%s%s",
                    entry.getKey().substring(0, 1).toUpperCase(),
                    entry.getKey().substring(1));
            try {
                // 根據方法名稱與參數型態取得 Method 實例
```

```
        var method = clz.getMethod(
                setter, entry.getValue().getClass());
        // 必須是公開方法
        if(Modifier.isPublic(method.getModifiers())) {
            // 指定實例與參數值呼叫方法
            method.invoke(bean, entry.getValue());
        }
    } catch(IllegalAccessException | IllegalArgumentException |
            NoSuchMethodException | SecurityException |
            InvocationTargetException ex) {
        throw new RuntimeException(ex);
    }
});

return (T) bean;
}
}
```

在某些情況下，也許想呼叫受保護的（protected）或私有（private）方法，可以使用 Class 的 **getDeclaredMethod()** 取得方法，並在呼叫 Method 的 **setAccessible()** 時指定 true，將存取限制解除，例如：

```
Method priMth = clz.getDeclaredMethod("priMth", ...);
priMth.setAccessible(true);
priMth.invoke(target, args);
```

也可以使用反射機制存取類別資料成員（Field），Class 的 **getField()** 可取得公開的 Field，若想取得私有 Field，可以使用 **getDeclaredField()** 方法。例如動態建立 Student 實例，並存取 private 的 name 與 score 成員：

```
var clz = Student.class;
var o = clz.getDeclaredConstructor().newInstance();
Field name = clz.getDeclaredField("name");
Field score = clz.getDeclaredField("score");
name.setAccessible(true);    // 如果是 private 的 Field，要修改得呼叫此方法
score.setAccessible(true);
name.set(o, "Justin");
score.set(o, 90);
var student = (Student) o;
// 底下顯示(Justin 90)
out.printf("(%s, %d)%n", student.getName(), student.getScore());
```

在呼叫 Method 或 Field 的 **setAccessible(true)** 時，若模組權限設定上不允許，會拋出 **java.lang.reflect.InaccessibleObjectException**，上面程式片段 setAccessible(true) 可用於同一模組的類別，不能用於 java.base 的類別，因為 java.base 模組沒有開放權限，進一步的說明，可以察看 17.1.7。

17.1.6 動態代理

反射 API 有個 Proxy 類別，可動態建立介面的實作物件，在瞭解這個方法如何使用前，先來看個簡單的例子，若需要在執行某方法時進行日誌記錄，你可能會如下撰寫：

```
public class HelloSpeaker {
    public void hello(String name) {
        // 方法執行開始時留下日誌
        Logger.getLogger(HelloSpeaker.class.getName())
                .log(Level.INFO, "hello() 方法開始....");
        // 程式主要功能
        out.printf("哈囉, %s%n", name);
        // 方法執行完畢前留下日誌
        Logger.getLogger(HelloSpeaker.class.getName())
                .log(Level.INFO, "hello() 方法結束....");
    }
}
```

你希望 hello()方法執行前後都能留下日誌，最簡單的作法就如以的程式片段，在方法執行前後進行日誌，然而日誌程式碼寫死在 HelloSpeaker 類別中，對於 hello()方法來說，日誌的動作並不屬於它的職責（顯示"Hello"等文字），若程式到處都有這種日誌需求，四處撰寫這些日誌程式碼，維護日誌程式碼的麻煩會加大。若哪天不再需要日誌程式碼，還必須刪除相關程式碼，無法簡單地取消日誌服務。

可以使用代理（Proxy）機制來解決這個問題，在這邊討論兩種代理方式：**靜態代理（Static proxy）**與**動態代理（Dynamic proxy）**。

◉ 靜態代理

在靜態代理實現中，代理物件與被代理物件實現同一介面，在代理物件中可以實現日誌服務，必要時呼叫被代理物件，被代理物件就可以僅實現本身的職責。舉例來說，可定義一個 Hello 介面：

```
Reflection Hello.java
package cc.openhome;

public interface Hello {
    void hello(String name);
}
```

若有個 HelloSpeaker 類別實作 Hello 介面：

Reflection HelloSpeaker.java

```
package cc.openhome;

public class HelloSpeaker implements Hello {
    public void hello(String name) {
        System.out.printf("哈囉, %s%n", name);
    }
}
```

在 HelloSpeaker 類別沒有任何日誌程式碼，日誌程式碼實現在代理物件中，代理物件也實現了 Hello 介面。例如：

```
import java.util.logging.*;
public class HelloProxy implements Hello {
    private Hello helloObj;

    public HelloProxy(Hello helloObj) {
        this.helloObj = helloObj;
    }

    public void hello(String name) {
        log("hello()方法開始....");          // 日誌服務
        helloObj.hello(name);                // 執行商務邏輯
        log("hello()方法結束....");          // 日誌服務
    }

    private void log(String msg) {
        Logger.getLogger(HelloProxy.class.getName())
                .log(Level.INFO, msg);
    }
}
```

在 HelloProxy 類別的 hello() 方法中，呼叫 Hello 的 hello() 前後可安排日誌程式碼；接著如下使用代理物件：

```
Hello proxy = new HelloProxy(new HelloSpeaker());
proxy.hello("Justin");
```

建構代理物件 HelloProxy 時，必須指定被代理物件 HelloSpeaker，代理物件代理 HelloSpeaker 執行 hello() 方法，在呼叫 HelloSpeaker 的 hello() 方法前後加上日誌，HelloSpeaker 撰寫時就不必介入日誌，可以專心於本身職責。

顯然地，靜態代理必須為個別介面實作個別代理類別，在應用程式行為複雜時，多個介面就必須定義多個代理物件，實作與維護代理物件會有不少的負擔。

◉ 動態代理

反射 API 提供動態代理相關類別，不必為特定介面實作特定代理物件，使用動態代理機制，可使用一個處理者（Handler）代理多個介面的實作物件。

處理者類別必須實作 **java.lang.reflect.InvocationHandler** 介面，例如設計一個 LoggingProxy 類別：

Reflection LoggingProxy.java

```java
package cc.openhome;

import java.lang.reflect.InvocationHandler;
import java.lang.reflect.InvocationTargetException;
import java.lang.reflect.Method;
import java.lang.reflect.Proxy;
import java.util.logging.Level;
import java.util.logging.Logger;

public class LoggingProxy {

    public static Object bind(Object target) {
        return Proxy.newProxyInstance(              ← ❶ 動態建立代理物件
            target.getClass().getClassLoader(),
            target.getClass().getInterfaces(),
            new LoggingHandler(target)
        );
    }

    private static class LoggingHandler implements InvocationHandler {
        private Object target;

        LoggingHandler(Object target) {
            this.target = target;
        }                          ❷ 代理物件的方法被呼叫時會呼叫此方法

        public Object invoke(Object proxy, Method method,
                             Object[] args) throws Throwable {
            Object result = null;              ❸ 實現日誌
            try {
                log(String.format("%s() 呼叫開始...", method.getName()));
                result = method.invoke(target, args);   ← ❹ 執行被代理物件職責
```

❺實現日誌 → `log(String.format("%s() 呼叫結束...", method.getName()));`
```
            } catch (IllegalAccessException | IllegalArgumentException |
                    InvocationTargetException e){
                log(e.toString());
            }

            return result;
        }

        private void log(String message) {
            Logger.getLogger(LoggingHandler.class.getName())
                    .log(Level.INFO, message);
        }
    }
}
```

　　主要概念是使用 **`Proxy.newProxyInstance()`** 方法建立代理物件，呼叫時必須指定類別載入器，告知要代理的介面，以及介面定義的方法被呼叫時之處理者（`InvocationHandler` 實例）❶。`Proxy.newProxyInstance()` 方法底層會使用原生（Native）方式，生成代理物件的 `Class` 實例，並利用它來生成代理物件，代理物件會實作指定的介面。

　　如果操作 `Proxy.newProxyInstance()` 傳回的代理物件，會呼叫處理者（`InvocationHandler` 實例）的 **`invoke()`** 方法，並傳入代理物件、被呼叫方法的 `Method` 實例與參數值❷。可以在 `invoke()` 方法實現日誌❸❺，以被代理物件、被呼叫的方法 `Method` 實例與參數值，執行被代理物件的職責❹。

注意》》》 日誌 API 位於 `java.logging` 模組，記得在模組描述檔加上 `requires java.logging`。

　　接下來可如下使用 `LoggingHandler` 的 `bind()` 方法綁定被代理物件：

Reflection ProxyDemo.java
```
package cc.openhome;

public class ProxyDemo {
    public static void main(String[] args) {
        var helloProxy = (Hello) LoggingProxy.bind(new HelloSpeaker());
        helloProxy.hello("Justin");
    }
}
```

一個執行結果如下所示：

```
1 月 17, 2022 11:06:37 上午 cc.openhome.LoggingProxy$LoggingHandler log
INFO: hello() 呼叫開始...
哈囉, Justin
1 月 17, 2022 11:06:37 上午 cc.openhome.LoggingProxy$LoggingHandler log
INFO: hello() 呼叫結束...
```

提示 ❯❯❯ 更多有關反射 API 的介紹，可以參考〈Trail: The Reflection API[2]〉。

17.1.7　當反射遇上模組

模組設計者可決定是否允許反射。如先前介紹談過的，在同一個模組時，反射允許訪問類別定義的成員，包括了公開、受保護與私有成員，接下來為了示範跨模組的反射，請將下載的範例檔資料夾 labs\CH17 的 ReflectModule、ReflectModuleR 複製至 C:\workspace 下，使用 Eclipse 匯入這兩個專案，以便從練習中逐步瞭解跨模組下，對於反射的權限控制。

ReflectModuleR 專案有 cc.openhome.reflect 模組，其中有 cc.openhome.reflect.Some 類別，原始碼如下所示：

ReflectModuleR Some.java

```
package cc.openhome.reflect;

public class Some {
    private String some;

    public Some(String some) {
        this.some = some;
    }

    public void doSome() {
        System.out.println(some);
    }
}
```

Trail: The Reflection API：docs.oracle.com/javase/tutorial/reflect/

　　ReflectModule 專案有 `cc.openhome` 模組，而專案的模組路徑設定中，可以找到 ReflectModuleR 的 `cc.openhome.reflect` 模組，若想在 `cc.openhome` 模組的 `cc.openhome.Main` 類別中，使用 `Class.forName()` 取得 Some 的 Class 實例，在程式碼的撰寫上可以是：

ReflectModule Main.java

```java
package cc.openhome;

public class Main {
    public static void main(String[] args) throws ClassNotFoundException {
        var clz = Class.forName("cc.openhome.reflect.Some");
    }
}
```

　　現在運行 Main 的話，會得到以下錯誤訊息：

```
Exception in thread "main" java.lang.ClassNotFoundException:
cc.openhome.reflect.Some
        at
java.base/jdk.internal.loader.BuiltinClassLoader.loadClass(BuiltinClassLo
ader.java:602)
        at
java.base/jdk.internal.loader.ClassLoaders$AppClassLoader.loadClass(Class
Loaders.java:178)
        at java.base/java.lang.ClassLoader.loadClass(ClassLoader.java:522)
        at java.base/java.lang.Class.forName0(Native Method)
        at java.base/java.lang.Class.forName(Class.java:340)
        at cc.openhome/cc.openhome.Main.main(Main.java:5)
```

◉ 模組圖

　　為什麼？方才不是說 `cc.openhome.reflect` 是在模組路徑嗎？**因為一個模組在模組路徑中，只表示 JVM 可以找到模組描述檔（module-info.class），不代表模組圖（Module graph）中有該模組，模組圖中既然不存在，自然就找不到模組中的類別**，目前 `cc.openhome` 模組的模組描述檔沒有撰寫任何設定，因此目前的模組圖如下：

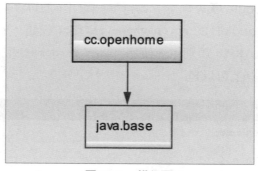

圖 17.1　模組圖

　　這個模組圖表示，目前包含程式進入點的啟動模組 cc.openhome，是唯一的**根模組（Root module）**，而它依賴在 java.base 模組。

　　若要將模組加入模組圖，方式之一是執行 `java` 指令啟動 JVM 時，使用 `--add-modules` 引數將其他模組加入作為根模組，如果執行 java 指令指定了 --add-modules　cc.openhome.reflect，重 新 執 行 範 例 ， 就 不 會 出 現 ClassNotFoundException，這時的模組圖如下：

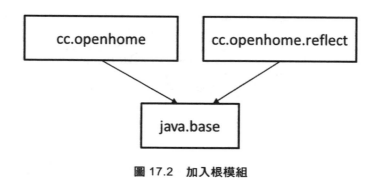

圖 17.2　加入根模組

提示 >>> 使用 Eclipse 的話，在具有程式進入點的類別按右鍵，執行「Run As/Run Configurations...」，在「Java Application」節點，就可以設定「VM arguments」：

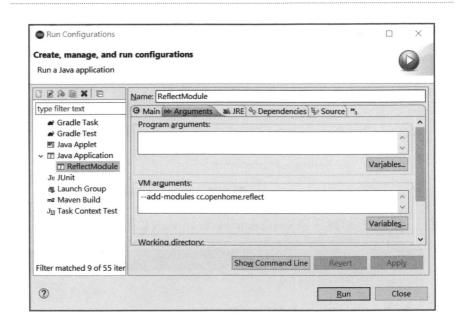

透過 --add-modules 結合反射機制，可讓 cc.openhome 模組在不依賴 cc.openhome.reflect 的情況下載入類別，--add-modules 是執行時期調整模組的彈性機制，19.1.2 介紹選擇性（Optional）依賴模組時，會再看到它的應用。

另一個將指定模組加入模組圖方式是，在模組描述檔中加入 requires 設定，現有模組會依賴在 requires 的模組，現有模組可以**讀取（read）**該模組，或稱現有模組對該模組有**讀取能力（Readability）**，例如，在 cc.openhome 模組的 module-info.java 設定如下：

ReflectModule module-info.java

```
module cc.openhome {
    requires cc.openhome.reflect;
}
```

如上設定之後，重新執行範例（執行 java 指令不指定 --add-modules cc.openhome.reflect），就不會出現 ClassNotFoundException，這時的模組圖會如下：

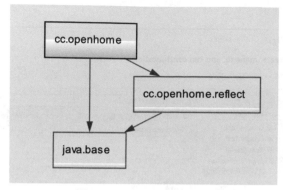

圖 17.3　**requires** 模組

　若進一步地，將 cc.openhome.Main 修改如下呢？

ReflectModule2 Main.java

```java
package cc.openhome;

import java.lang.reflect.Constructor;

public class Main {
    public static void main(String[] args)
                         throws ReflectiveOperationException {
        var clz = Class.forName("cc.openhome.reflect.Some");

        Constructor constructor =
                    clz.getDeclaredConstructor(String.class);
    }
}
```

執行程式時並不會發生問題，接著進一步使用 Constructor 的 newInstance() 來建立實例：

ReflectModule2 Main.java

```java
package cc.openhome;

public class Main {
    public static void main(String[] args)
                            throws ReflectiveOperationException {
        var clz = Class.forName("cc.openhome.reflect.Some");

        var constructor = clz.getDeclaredConstructor(String.class);
        var target = constructor.newInstance("Some object");
    }
}
```

執行時就會出現以下的錯誤：

```
Exception in thread "main" java.lang.IllegalAccessException: class
cc.openhome.Main (in module cc.openhome) cannot access class
cc.openhome.reflect.Some (in module cc.openhome.reflect) because module
cc.openhome.reflect does not export cc.openhome.reflect to module cc.openhome
    at java.base/jdk.internal.reflect.Reflection.newIllegalAccessException
(Reflection.java:376)
    at java.base/java.lang.reflect.AccessibleObject.checkAccess(Accessible
Object.java:647)
    at java.base/java.lang.reflect.Constructor.newInstanceWithCaller
(Constructor.java:490)
    at java.base/java.lang.reflect.Constructor.newInstance(Constructor.
java:481)
    at cc.openhome/cc.openhome.Main.main(Main.java:10)
```

● exports 套件

雖然可以載入類別，也可以取得公開建構式的 Constructor 實例，然而，**若模組想允許其他模組操作公開成員，必須在模組描述檔使用 exports，定義哪些套件的類別可允許此動作，更確切的說法是，指定此模組中哪些套件的公開成員可被存取（Accessibility）**，因此必須在 cc.openhome.reflect 模組的 module-info.java 如下撰寫：

ReflectModuleR2 module-info.java

```
module cc.openhome.reflect {
    exports cc.openhome.reflect;
}
```

就可以允許其他模組在反射時操作公開成員，例如現在將 cc.openhome.Main 修改如下：

ReflectModule2 Main.java

```
package cc.openhome;

public class Main {
    public static void main(String[] args)
                            throws ReflectiveOperationException {
        var clz = Class.forName("cc.openhome.reflect.Some");

        var constructor = clz.getDeclaredConstructor(String.class);
        var target = constructor.newInstance("Some object");
        clz.getDeclaredMethod("doSome").invoke(target);
    }
}
```

執行時就可以順利出現底下結果:

```
Some object
```

接著,嘗試來取得私有值域的 Field 實例:

ReflectModule3 Main.java

```java
package cc.openhome;

public class Main {
    public static void main(String[] args)
                        throws ReflectiveOperationException {
        var clz = Class.forName("cc.openhome.reflect.Some");

        var constructor = clz.getDeclaredConstructor(String.class);
        var target = constructor.newInstance("Some object");
        clz.getDeclaredMethod("doSome").invoke(target);

        var field = clz.getDeclaredField("some");
    }
}
```

執行時並沒有問題,若要取得私有值域的值呢?

ReflectModule3 Main.java

```java
package cc.openhome;

import static java.lang.System.out;

public class Main {
    public static void main(String[] args)
                              throws ReflectiveOperationException {
        var clz = Class.forName("cc.openhome.reflect.Some");
        var constructor = clz.getDeclaredConstructor(String.class);
        var target = constructor.newInstance("Some object");
        clz.getDeclaredMethod("doSome").invoke(target);

        var field = clz.getDeclaredField("some");
        field.setAccessible(true);
        out.println(field.get(target));
    }
}
```

執行時就會出現以下的錯誤訊息：

```
Some object
Exception in thread "main" java.lang.reflect.InaccessibleObjectException:
Unable to make field private java.lang.String cc.openhome.reflect.Some.some
accessible: module cc.openhome.reflect does not "opens cc.openhome.reflect"
to module cc.openhome
        at
java.base/java.lang.reflect.AccessibleObject.checkCanSetAccessible(Access
ibleObject.java:349)
        at
java.base/java.lang.reflect.AccessibleObject.checkCanSetAccessible(Access
ibleObject.java:289)
        at
java.base/java.lang.reflect.Field.checkCanSetAccessible(Field.java:174)
        at java.base/java.lang.reflect.Field.setAccessible(Field.java:168)
        at cc.openhome/cc.openhome.Main.main(Main.java:13)
```

▶ opens 套件或 open 模組

若模組允許其他模組在反射時，操作非公開成員，必須在模組描述檔使用 **opens** 定義哪些套件的類別可允許此動作，因此必須在 cc.openhome.reflect 模組的 module-info.java 中如下撰寫：

ReflectModuleR3 module-info.java

```
module cc.openhome.reflect {
    opens cc.openhome.reflect;
}
```

再次執行程式的話，就可以出現以下的結果了：

```
Some object
Some object
```

除了使用 **opens** 指定要開放的套件，也可使用 **open module**，表示開放模組中全部套件，若使用了 **open module**，就不能有 **opens** 的獨立設定（因為已開放整個模組），被設為 **open module** 的模組稱為開放模組（Open Module），相對地，沒有 **open** 模組稱為一般模組（Normal module），它們都屬於顯式模組。

提示 ▶▶▶ 具名模組、未具名模組、顯式模組、自動模組、一般模組、開放模組，到現在看過幾種模組類型了？是否釐清它們之間的差異性了？別擔心！在 19.1.1 會做個總整理！

因此，在 `cc.openhome.reflect` 模組的 module-info.java 中，也可以如下撰寫，程式也可以順利執行：

```
ReflectModuleR3 module-info.java
open module cc.openhome.reflect {
    exports cc.openhome.reflect;
}
```

`java.base` 模組的套件使用了 `exports`，然而沒有設定 `opens` 的套件，也沒有直接 `open module java.base`，因此若採取模組化設計，就不允許其他模組在反射時，對操作非公開成員。

提示 >>> 在採取模組化設計以後，還想對 java.base 模組做深層反射，其實還是有辦法的，詳情可看 19.1.4。

17.1.8 使用 ServiceLoader

在 17.1.4 曾經看過如何使用反射動態生成物件，讓 MediaMaster 在撰寫程式時，可不用在意實際的 Player 實作類別，若 Player 是種 API 服務，更實際的場景會是，Player 是服務的介面之一，也許是定義在 cc.openhome.api 套件，而 ConsolePlayer 是服務的具體實現，可能定義在 cc.openhome.impl 套件，而 MediaMaster 是你正在設計的應用程式，定義在 cc.openhome 套件。

為了便於接下來的練習，可以將下載的範例檔中 labs\CH17 的 ServiceLoaderDemo、ServiceLoaderAPI、ServiceLoaderImpl 複製至 C:\workspace 下，使用 Eclipse 匯入這些專案，它們已經將 17.1.4 的範例拆成三個模組了。

接下來，為了能執行出 17.1.4 的範例結果，你會怎麼做呢？按照 17.1.7 的說明，可以在 cc.openhome.impl 模組的模組描述檔加上 exports cc.openhome.impl，然後在 cc.openhome 模組的模組描述檔加上 requires cc.openhome.impl，不過，cc.openhome 模組就依賴在 cc.openhome.impl 模組了，如果希望將來服務的實作模組是可以替換，而且不用修改 cc.openhome 模組的依賴關係的話，這就不是個好主意。

可以使用 **java.util.ServiceLoader** 來解決這個問題，首先，可以在 cc.openhome.api 模組新增一個 PlayerProvider：

```
ServiceLoaderDemo PlayerProvider.java
```

```java
package cc.openhome.api;

import java.util.Optional;
import java.util.ServiceLoader;

public interface PlayerProvider {
    Player player();

    public static Player providePlayer() {
        return ServiceLoader.load(PlayerProvider.class)
                .findFirst()
                .orElseThrow(() -> new RuntimeException("沒有服務提供者"))
                .player();
    }
}
```

ServiceProvider 會尋找各模組中，是否有 PlayerProvider 的具體實作，並運用反射建立實例，然而為了效率與定義上的清晰，必須在 cc.openhome.api 模組的 module-info.java，使用 **uses** 設定此模組使用哪個介面提供服務：

```
ServiceLoaderAPI module-info.java
```

```java
module cc.openhome.api {
    exports cc.openhome.api;
    uses cc.openhome.api.PlayerProvider;
}
```

模組描述檔允許 import 語句，必要時也可如下撰寫：

```java
import cc.openhome.api.PlayerProvider;

module cc.openhome.api {
    exports cc.openhome.api;
    uses PlayerProvider;
}
```

接著在 cc.openhome.impl 模組，新增 ConsolePlayerProvider 實作 PlayerProvider，以提供具體的 Player 實例：

ServiceLoaderImpl ConsolePlayerProvider.java

```
package cc.openhome.impl;

import cc.openhome.api.Player;
import cc.openhome.api.PlayerProvider;

public class ConsolePlayerProvider implements PlayerProvider {
    @Override
    public Player player() {
        return new ConsolePlayer();
    }
}
```

為了效率與定義上的清晰，Java 模組系統會掃描模組中具有 provides 語句的模組，看看是否有符合 uses 指定的 API 實作，因此在 cc.openhome.impl 模組的 module-info.java ，必須使用 **privides** 設定此模組為 cc.openhome.api.PlayerProvider 提供的實作類別：

ServiceLoaderImpl module-info.java

```
module cc.openhome.impl {
    requires cc.openhome.api;
    provides cc.openhome.api.PlayerProvider
            with cc.openhome.impl.ConsolePlayerProvider;
}
```

類似地，也可使用 import 語句讓 provides 的部分更簡潔：

```
import cc.openhome.api.PlayerProvider;
import cc.openhome.impl.ConsolePlayerProvider;

module cc.openhome.impl {
    requires cc.openhome.api;
    provides PlayerProvider with ConsolePlayerProvider;
}
```

在這樣的設定下，cc.openhome.api 模組沒有依賴在 cc.openhome.impl 模組，cc.openhome 模組也不用 requires cc.openhome.impl 模組，只要使用以下的程式碼就可以了：

ServiceLoaderDemo module-info.java

```
package cc.openhome;

import cc.openhome.api.PlayerProvider;
import java.util.Scanner;
```

```
public class MediaMaster {
    public static void main(String[] args)
                        throws ReflectiveOperationException {
        var player = PlayerProvider.providePlayer();
        System.out.print("輸入想播放的影片：");
        player.play(new Scanner(System.in).nextLine());
    }
}
```

在第 16 章就使用過 java.sql.Driver 服務，察看 java.sql 模組的 module-info.java 定義，就可以看到以下的內容：

```
module java.sql {
    requires transitive java.logging;
    requires transitive java.xml;

    exports java.sql;
    exports javax.sql;
    exports javax.transaction.xa;

    uses java.sql.Driver;
}
```

提示 >>> ServiceLoader 是從 JDK6 開始就存在的 API，在基於類別路徑的情境下，也可使用 ServiceLoader，以便為服務提供可抽換的實作，又不用接觸反射的細節，方式是在服務實作的 JAR 中 META-INF/services 資料夾，放入與服務 API 類別全名相同名稱的檔案，當中寫入實作品的類別全名。

基於相容性，服務實作的 JAR 中 META-INF/services 資料夾，若有這樣的檔案，而 JAR 被放在模組路徑中成為自動模組，那就等同於使用了 provides 語句，而服務 API 的 JAR 若被放在模組路徑中成為自動模組，等同於可使用任何可取得的 API 服務。

更多詳情可查看 ServiceLoader 的 API 文件的說明[3]。

3　ServiceLoader：docs.oracle.com/javase/9/docs/api/java/util/ServiceLoader.html

17.2　瞭解類別載入器

上一節介紹反射 API 時，曾看過類別載入器這個名稱，類別載入器實際的職責就是載入 .class 檔案，JDK 本身有預設的類別載入器，你也可以建立自己的類別載入器，加入現有的載入器階層，瞭解類別載入器階層架構，遇到 `ClassNotFoundException` 或 `NoClassDefFoundError` 就不會驚慌失措。

17.2.1　類別載入器階層

在 JDK 中，有三種層次的類別載入器負責載入類別，分別為 System 類別載入器（也稱為 Application 載入器）、Platform 類別載入器以及 Bootstrap 類別載入器，三種類別載入器有階層關係，System 的父載入器為 Platform，而 Platform 的父載入器為 Bootstrap。

可以透過 `Class` 實例的 `getClassLoader()` 取得類別載入器實例，型態為 `ClassLoader`，例如：

ClassLoaderDemo ClassLoaderHierarchy.java

```java
package cc.openhome;

import static java.lang.System.out;

public class ClassLoaderHierarchy {
    public static void main(String[] args) {
        var clz = ClassLoaderHierarchy.class;
        out.println(clz.getClassLoader());
        out.println(clz.getClassLoader().getParent());
        out.println(clz.getClassLoader().getParent().getParent());
    }
}
```

執行結果如下：

```
jdk.internal.loader.ClassLoaders$AppClassLoader@4f3f5b24
jdk.internal.loader.ClassLoaders$PlatformClassLoader@6f539caf
null
```

`System` 類別載入器可載入應用程式模組路徑、類別路徑上的類別（以及放在 `jdk.javadoc`、`jdk.jartool` 等模組的 JDK 特定工具類別），範例的

ClassLoaderHierarchy.class 位於模組路徑，因此會由 System 類別載入器載入，也就是執行結果看到的 AppClassLoader。

System 類別載入器的父載入器為 **Platform 載入器**，因此 System 類別載入器 getParent() 的顯示結果是 PlatformClassLoader，**它可以載入整個 Java SE 平臺 API、實作類別（以及特定的 JDK 執行時期類別）**。

Platform 類別載入器的父載入器為 Bootstrap 載入器，**Bootstrap 類別載入器是 JVM 內建的載入器**，在過去版本 JDK 都是 JVM 原生碼的實現，在 JVM 沒有實例可作為代表，因此試圖取得 Bootstrap 載入器實例的話會是 null。

在 JDK 中，Bootstrap 類別載入器 JVM 原生碼的實現，也有 Java 實現的部分，然而為了維持相容性，試圖取得 Bootstrap 載入器實例的結果也是 null，**Bootstrap 可以載入 java.base、java.logging、java.prefs 和 java.desktop 模組中的類別（以及一些 JDK 模組）**。

若 System 類別載入器需要載入類別，它會先搜尋各類別載入器定義的模組，如果某類別載入器定義的模組適用，就會使用該載入器來載入類別，因此，若 Bootstrap 定義的模組適用，System 類別載入器可以直接委託給 Bootstrap 來載入類別，否則委託父載入器 Platform 類別試著載入類別，若找不到類別，System 類別載入器會搜尋模組路徑與類別路徑來試著載入類別，若還是沒有找到，會拋出 ClassNotFoundException。

在 Platform 類別載入器試著載入類別時，也是先搜尋各類別載入器定義的模組，若某個類別載入器定義的模組適用，會使用該載入器來載入類別，因此，若 System 定義的模組適用，Platform 類別載入器也可直接委託給 System 載入類別，否則使用父載入器 Platform 類別試著載入類別，如果找不到類別，那麼 Platform 搜尋自身定義下的模組。

例如，底下的簡單程式可以正常運行，其中 cc.openhome.Some 同樣是定義在 cc.openhome 模組：

ClassLoaderDemo PlatformLoaderDemo.java

```java
package cc.openhome;

public class PlatformLoaderDemo {
    public static void main(String[] args) throws ClassNotFoundException {
        ClassLoader platform = PlatformLoaderDemo.class
```

```
                                            .getClassLoader().getParent();
        System.out.println(platform);

        var clz = platform.loadClass("cc.openhome.Some");
        System.out.println(clz.getClassLoader());
    }
}
```

從執行結果中可以看出，雖然取得 Platform 類別載入器並試著載入指定的類別，然而，Platform 類別載入器委託給 System 載入器了：

```
jdk.internal.loader.ClassLoaders$PlatformClassLoader@6f539caf
jdk.internal.loader.ClassLoaders$AppClassLoader@4f3f5b24
```

在 JDK 載入類別時，各載入器可以直接委託的對象方向如下圖：

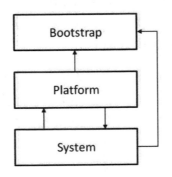

圖 17.4　JDK 類別載入器階層

若想直接取得 System 或 Platform 類別載入器，可以使用 ClassLoader 的 `getSystemClassLoader()` 與 `getPlatformClassLoader()` 靜態方法。

17.2.2　建立 ClassLoader 實例

Bootstrap 載入器、Platform 載入器與 System 載入器在程式啟動後，就無法再改變它們的搜尋路徑，若在程式運行過程，想動態地從其他路徑載入類別，就要產生新的類別載入器。

可以使用 URLClassLoader 來產生新的類別載入器，它需要 java.net.URL 作為引數來指定類別載入的搜尋路徑，例如：

```
var url = new URL("file:/c:/workspace/classes");
var loader = new URLClassLoader(new URL[] {url});
var clz = loader.loadClass("cc.openhome.Other");
```

使用以上方式建立 URLClassLoader 實例後，會設定父載入器為 System 載入器，URLClassLoader 也有可指定父載入器的建構式版本。使用 URLClassLoader 的 loadClass() 方法載入指定類別時，會先委託父載入器代為搜尋，若都找不到，才使用新建的 URLClassLoader 實例，在指定路徑中搜尋，看看對應的套件階層下，是否有 Other.class 存在，若找到就載入，**這時必然不是在模組路徑的模組中找到類別，被載入的類別會被歸類為未具名模組，雖然顯式模組不能 requires 未具名模組，然而未具名模組開放全部的套件，執行時期顯式模組可透過反射來存取。**

每個 **ClassLoader** 實例都會有個未具名模組，可透過 **ClassLoader** 實例的 **getUnnamedModule()**，取得代表未具名模組的 **Module** 實例。

同一類別載入器載入的 .class 檔案，只會有一個 Class 實例，若同一 .class 檔案由兩個不同的類別載入器載入，會有兩份不同的 Class 實例。

注意 >>> 若有兩個自行建立的 ClassLoader 實例嘗試搜尋相同類別，而在父載入器階層中就可找到指定類別，就只會有一個 Class 實例，因為兩個自行建立的 ClassLoader 實例都是委託父載入器時找到類別，如果父載入器找不到，而是由各自 ClassLoader 實例搜尋到，就會有兩份 Class 實例。

以下是個簡單示範，可以指定載入路徑，測試 Class 實例是否為同一物件：

ClassLoaderDemo URLClassLoaderDemo.java

```java
package cc.openhome;

import static java.lang.System.out;
import java.net.MalformedURLException;
import java.net.URL;
import java.net.URLClassLoader;

public class ClassLoaderDemo {
    public static void main(String[] args) {
        try {
            var path = args[0];     // 測試路徑
            var clzName = args[1];  // 測試類別

            var clz1 = loadClassFrom(path, clzName);
            out.println(clz1);
            var clz2 = loadClassFrom(path, clzName);
            out.println(clz2);

            out.printf("clz1 與 clz2 為%s 實例",
```

```
                          clz1 == clz2 ? "相同" : "不同");
        } catch (ArrayIndexOutOfBoundsException e) {
            out.println("沒有指定類別載入路徑與名稱");
        } catch (MalformedURLException e) {
            out.println("載入路徑錯誤");
        } catch (ClassNotFoundException e) {
            out.println("找不到指定的類別");
        }
    }

    private static Class loadClassFrom(String path, String clzName)
            throws ClassNotFoundException, MalformedURLException {
        var loader = new URLClassLoader(new URL[] {new URL(path)});
        return loader.loadClass(clzName);
    }
}
```

可以任意設計一個類別，其中 path 可輸入不在 JDK 類別載入器階層搜尋路徑的其他路徑，例如 file:/c:/workspace/classes/，這樣同一類別會分別由 loader1、loader2 參考的實例載入，結果會有兩份 Class 實例，執行就會顯示「clz1 與 clz2 為不同實例」。

若執行程式時，在模組路徑中的模組也包含指定的類別，由於 loader1、loader2 參考的實例，父載入器會是同一個 System 載入器，System 載入器會在模組路徑中的模組先找到指定類別，最後就只有一個指定類別的 Class 實例，執行時就會顯示「clz1 與 clz2 為相同實例」。

📖 課後練習

實作題

1. 若有個物件，它是什麼類別的實例你一無所知，它實作了哪些介面你也不知道，你只知道物件上會有 quack() 方法，該怎麼寫程式來呼叫這個方法？

自訂泛型、列舉與標註

- 進階自訂泛型
- 進階自訂列舉
- 使用標準標註
- 自訂與讀取標註

18.1 自訂泛型

在 9.1.5 曾簡介過基本的泛型語法，請你在繼續之前，先複習該節內容。泛型定義可以相當複雜，包括用來限制可用類型的 extends 與 super 關鍵字，? 型態通配字元（Wildcard）之使用，以及結合這三者來模擬共變性與逆變性。

18.1.1 使用 extends 與 ?

在定義泛型時，可以定義型態的邊界。例如：

```java
class Animal {}

class Human extends Animal {}

class Toy {}

class Duck<T extends Animal> {}

public class BoundDemo {
    public static void main(String[] args) {
        Duck<Animal> ad = new Duck<Animal>();
        Duck<Human> hd = new Duck<Human>();
        Duck<Toy> td = new Duck<Toy>();  // 編譯錯誤
    }
}
```

在上例中，使用 extends 限制 T 實際型態，必須是 Animal 的子類別，你可以使用 Animal 與 Human 指定 T 實際型態，但不可以使用 Toy，因為 Toy 不是 Animal 子類別。

實際應用的場景，可以用快速排序法的例子來說明：

Generics Sort.java

```java
package cc.openhome;

import java.util.Arrays;

public class Sort {
    public static <T extends Comparable<T>> T[] sorted(T[] array) {
        T[] arr = Arrays.copyOf(array, array.length);
        sort(arr, 0, arr.length - 1);
        return arr;
    }

    private static <T extends Comparable<T>> void sort(
                                    T[] array, int left, int right) {
        if(left < right) {
            var q = partition(array, left, right);
            sort(array, left, q - 1);
            sort(array, q + 1, right);
        }
    }

    private static <T extends Comparable<T>> int partition(
                                    T[] array, int left, int right) {
        var i = left - 1;
        for(var j = left; j < right; j++) {
            if(array[j].compareTo(array[right]) <= 0) {
                i++;
                swap(array, i, j);
            }
        }
        swap(array, i+1, right);
        return i + 1;
    }

    private static void swap(Object[] array, int i, int j) {
        var t = array[i];
        array[i] = array[j];
        array[j] = t;
    }
}
```

提示 ❯❯❯ 關於快速排序法，可參考〈quick sort[1]〉。

　　物件要能排序，方式之一是物件本身能比較大小，因此 Sort 類別實例要求 sorted()方法傳入的陣列，其中元素必須是 T 型態，<T extends Comparable<T>> 限制 T 必須實作 java.lang.Comparable<T> 介面。可以如下使用 sorted()方法：

Generics SortDemo.java

```java
package cc.openhome;

public class SortDemo {
    public static void main(String[] args) {
        String[] strs = {"3", "2", "5", "1"};
        for(var s : Sort.sorted(strs)) {
            System.out.println(s);
        }
    }
}
```

　　String 實作了 Comparable 介面，因此可如粗體字方式使用 sorted()方法排序，傳回新的已排序陣列。

　　若 extends 之後指定了類別或介面，想再指定其他介面，可以使用 & 連接。例如：

```java
public class Some<T extends Iterable<T> & Comparable<T>> {
    ...
}
```

　　接著來看看**型態通配字元？**。若定義了以下類別：

Generics Node.java

```java
package cc.openhome;

public class Node<T> {
    public T value;
    public Node<T> next;

    public Node(T value, Node<T> next) {
        this.value = value;
```

1　quick sort：openhome.cc/zh-tw/tags/quick-sort/

```
        this.next = next;
    }
}
```

如果有個 Shape 介面與實作如下：

Generics Shape.java

```java
interface Shape {
    double area(); // 計算面積
}

record Circle(double x, double y, double radius) implements Shape {
    @Override
    public double area() {
        return radius * radius * 3.14159;
    }
}

record Square(double x, double y, double length) implements Shape {
    @Override
    public double area() {
        return length * length;
    }
}
```

這邊為了簡化範例，Circle、Square 單純地設計為資料載體，使用了 9.1.3 談過的 record 類別，如 9.1.3 說的，必要時 record 類別也可以實作介面，這邊的 Shape 要求必須實現計算面積的 area() 方法。

若有以下程式片段，會發生編譯錯誤：

```java
Node<Circle> circle = new Node<>(new Circle(0, 0, 10), null);
Node<Shape> shape = circle;  // 編譯錯誤，incompatible types
```

在這個片段中，circle 型態宣告為 Node<Circle>，shape 型態宣告為 Node<Shape>，那麼 Node<Circle> 具有 Node<Shape> 的行為嗎？顯然地，編譯器認為不是，不允許通過編譯。

接下來的說明中，若 B 是 A 的子類別，或者 B 實現了 A 介面，統稱 B 是 A 的次型態（subtype）。

若 B 是 A 的次型態，而 Node<B> 也視為 Node<A> 的次型態，因為 Node 保持了次型態的關係，稱 Node 具有共變性（Covariance）。從以上編譯結果可看出，

Java 的泛型不具有共變性，不過可使用型態通配字元?與 `extends` 宣告變數，達到類似共變性。 例如以下可以通過編譯：

```
Node<Circle> circle = new Node<>(new Circle(0, 0, 10), null);
Node<? extends Shape> shape = circle; // 類似共變性效果
```

在上面片段使用了 `<? extends Shape>` 語法，? 代表 shape 參考的 Node 物件，不知道 `T` 實際型態，加上 `extends Shape` 表示雖然不知道 `T` 型態，但一定會是 Shape 的次型態。由於 `circle` 宣告為 `Node<Circle>`，Circle 是 Shape 的次型態，可以通過編譯。

一個實際應用的例子是：

Generics CovarianceDemo.java

```java
package cc.openhome;

public class CovarianceDemo {
    public static void main(String[] args) {
        var c1 = new Node<>(new Circle(0, 0, 10), null);
        var c2 = new Node<>(new Circle(0, 0, 20), c1);
        var c3 = new Node<>(new Circle(0, 0, 30), c2);

        var s1 = new Node<>(new Square(0, 0, 15), null);
        var s2 = new Node<>(new Square(0, 0, 30), s1);

        show(c3);
        show(s2);
    }

    public static void show(Node<? extends Shape> n) {
        Node<? extends Shape> node = n;
        do {
            System.out.println(node.value);
            node = node.next;
        } while(node != null);
    }
}
```

在上例中，適當地搭配了 var 來宣告，可以減輕泛型撰寫上的負擔。show() 方法目的是顯示全部的形狀節點，若參數 n 宣告為 Node<Shape> 型態，就只能接受 Node<Shape> 實例。範例中 show() 方法使用型態通配字元 ? 與 extends 宣告參數，令 n 具備類似共變性，show() 方法就可接受 Node<Circle> 實例，也可接受 Node<Square> 實例。執行結果如下：

```
Circle[x=0.0, y=0.0, radius=30.0]
Circle[x=0.0, y=0.0, radius=20.0]
Circle[x=0.0, y=0.0, radius=10.0]
Square[x=0.0, y=0.0, length=30.0]
Square[x=0.0, y=0.0, length=15.0]
```

若宣告 ? 不搭配 extends，則預設為 ? extends Object。例如：

```
Node<?> node;  // 相當於 Node<? extends Object>
```

以上的 node 可接受 Node<Object>、Node<Shape>、Node<Circle> 等物件，只要角括號中的物件是 Object 的次型態，都可通過編譯。

> **注意 »»»** 這與宣告為 Node<Object> 不同，若 node 宣告為 Node<Object>，就只能參考至 Node<Object> 實例，也就是以下會編譯錯誤：
>
> ```
> Node<Object> node = new Node<Integer>(1, null);
> ```
>
> 但以下會編譯成功：
>
> ```
> Node<?> node = new Node<Integer>(1, null);
> ```

使用通配字元 **?** 與 **extends** 限制 **T** 型態，**T** 宣告的變數取得之物件，只能指定給 **Object** 或 **Shape**，或將 **T** 宣告的變數指定為 **null**，除此之外不能進行其他動作。例如：

```
Node<? extends Shape> node = new Node<>(new Circle(0, 0, 10), null);
Object o = node.value;
node.value = null;
Circle circle = node.value;          // 編譯錯誤
node.value = new Circle(0, 0, 10);   // 編譯錯誤
```

以上程式片段，只知道 value 參考的物件會繼承 Shape，實際上會是 Circle 還是 Square 呢？若 node.value 是 Square 實例，指定給 Circle 型態的 circle 當然不對，因而編譯錯誤。如果建立 Node 時指定 T 型態是 Square，將 Circle 實例指定給 node.value 就不符合原先要求，因此也是編譯錯誤。

泛型的型態資訊僅提供編譯器進行型態檢查，編譯器不考慮執行時期物件實際型態，因而造成以上的限制。

提示 >>> 泛型無法考慮執行時期型態，有時令人困惑。例如以下執行結果是 true 或 false 呢？

```
var list1 = new ArrayList<Integer>();
var list2 = new ArrayList<String>();
System.out.println(list1.equals(list2));
```

許多人第一眼會認為是 false，然而執行結果是 true，想知道為什麼，可以參考〈長角的東西怎麼比[2]〉

扣除可將 T 宣告的名稱指定為 null 的情況，簡單來說，對於支援泛型的類別，像是先前範例的 Node 類別定義，若使用? extends Shape 時，Node 類別定義中的 T 宣告之變數，只能作為資料的提供者，不能被重新設定，若 Node 類別使用 T 宣告某方法的參數，那麼呼叫該方法時會編輯錯誤，若使用 T 宣告某方法的傳回型態，呼叫該方法是沒有問題的。

實際應用案例之一是支援泛型的 java.util.List，若有個 List<? extends Shape> lt = new ArrayList<>()，那麼 lt.add(shape) 會引發編譯錯誤，然而 lt.get(0) 沒有問題。

既然泛型不考慮執行時期物件型態，因而造成這類限制，不如就活用這個限制，記憶的口訣就是「**Producer extends**」，若想限定接收到的 List 實例，只作為資料的提供者，就使用? extends 這樣的宣告。

18.1.2　使用 super 與 ?

接續前一節的內容，若 B 是 A 的次型態，然而 Node<A> 卻被視 Node<B> 的次型態，因為 Node 逆轉了次型態的關係，稱 Node 具有逆變性（Contravariance）。也就是說，若以下程式碼片段沒有發生錯誤，Node 具有逆變性：

```
Node<Shape> shape = new Node<>(new Circle(0, 0, 10), null);
Node<Square> node = shape;  // 實際上會編譯錯誤
```

---

[2]　長角的東西怎麼比：openhome.cc/Gossip/JavaEssence/GenericEquals.html

Java 泛型不支援逆變性，實際上第二行會發生編譯錯誤。可使用型態通配字元?與 **super** 來宣告，達到類似逆變性的效果，例如：

```
Node<Shape> shape = new Node<>(new Circle(0, 0, 10), null);
Node<? super Square> node1 = shape;
Node<? super Circle> node2 = shape;
```

就 <? super Square> 語義來說，只知道 Node 的 T 會是 Square 或其父型態，Shape 是 Square 的父型態，因而可以通過編譯，類似地，對 <? super Circle> 語義來說，T 實際上會是 Circle 或其父型態，而 Shape 是 Circle 的父型態，因而可以通過編譯。

為何要支援逆變性呢？假設你想設計一個群組物件，可以指定群組有哪些物品，放入的物品會是相同形態（例如都是 Circle），並有個 sort() 方法，可指定 java.util.Comparator，針對群組中的物品排序，請問以下泛型該如何宣告？

```
public class Group<T> {
    public T[] things;

    public Group(T... things) {
        this.things = things;
    }

    public void sort(Comparator<_____> comparator) {
        // 做一些排序
    }
}
```

宣告為 Comparator<T> 的話，若是 Group<Circle> 實例，代表 sort() 要傳入 Comparator<Circle>，或許是想根據半徑排序；若是 Group<Square> 實例，代表 sort() 要傳入 Comparator<Square>，或許是要根據正方形邊長排序。

如果要能從父型態的觀點排序呢？例如，不管是 Group<Circle> 或 Group<Square>，都要能接受 Comparator<Shape>，根據 area() 傳回值排序呢？

只是宣告為 Comparator<T> 的話，若是 Group<Circle> 實例，代表 sort() 的參數型態是 Comparator<Circle>，然而要能接受 Comparator<Shape>，方才談到，Java 不支援逆變性，然而可以使用?與 super 來宣告，達到類似逆變性的效果：

Generics Group.java

```java
package cc.openhome;

import java.util.Arrays;
import java.util.Comparator;

public class Group<T> {
    public T[] things;

    public Group(T... things) {
        this.things = things;
    }

    public void sort(Comparator<? super T> comparator) {
        Arrays.sort(things, comparator);
    }
}
```

　　為了簡化範例，sort()方法使用了 java.util.Arrays 的 sort()方法進行排序，現在 Group 的 sort()方法，還是能這麼呼叫：

```java
var circles = new Group<Circle>(
        new Circle(0, 0, 10), new Circle(0, 0, 20));

circles.sort((c1, c2) -> {        // 指定 Comparator<Circle>，根據半徑排序
    var diff = c1.radius() - c2.radius();
    if(diff == 0.0) {
        return 0;
    }
    return diff > 0 ? 1 : -1;
});

var squares = new Group<Square>(
        new Square(0, 0, 20), new Square(0, 0, 30));

squares.sort((s1, s2) -> {        // 指定 Comparator<Square>，根據邊長排序
    var diff = s1.length() - s2.length();
    if(diff == 0.0) {
        return 0;
    }
    return diff > 0 ? 1 : -1;
});
```

　　若想從 T 的父型態的觀點實現 Comparator，現在也沒問題了：

```
Generics ContravarianceDemo.java
package cc.openhome;

import static java.lang.System.out;

import java.util.Arrays;
import java.util.Comparator;

public class ContravarianceDemo {
    public static void main(String[] args) {
        // 根據面積排序
        Comparator<Shape> areaComparator = (s1, s2) -> {
            var diff = s1.area() - s2.area();
            if(diff == 0.0) {
                return 0;
            }
            return diff > 0 ? 1 : -1;
        };

        var circles = new Group<Circle>(
                new Circle(0, 0, 10), new Circle(0, 0, 20));

        circles.sort(areaComparator);
        Arrays.stream(circles.things).forEach(out::print);
        out.println();

        var squares = new Group<Square>(
                new Square(0, 0, 20), new Square(0, 0, 30));

        squares.sort(areaComparator);
        Arrays.stream(squares.things).forEach(out::print);
        out.println();
    }
}
```

　　執行結果如下：

```
Circle[x=0.0, y=0.0, radius=10.0]Circle[x=0.0, y=0.0, radius=20.0]
Square[x=0.0, y=0.0, length=20.0]Square[x=0.0, y=0.0, length=30.0]
```

　　方才範例使用了 java.util.Arrays 的 sort() 方法進行排序，查看 API 文件，可以發現 sort() 方法的第二個參數，也是宣告為 Comparator<? super T>，這也是為了讓客戶端，可以從父型態觀點實作 Comparator：

```
sort

public static <T> void sort(T[] a,
                               Comparator<? super T> c)
```

圖 18.1　**<? super T>** 實際應用

來討論一個問題，對於底下的程式碼：

```
Node<? super Circle> node = new Node<>(new Circle(0, 0, 10), null);
```

node.value 的型態會是? super Circle，可接受 Circle 或 Shape 實例的指定，若要指定 node.value 給其他變數參考，該變數可以是什麼型態呢？

因為型態是? super Circle， node.value 可能參考的是 Circle、Shape 或 Object 型態的實例，因而，Circle circle = node.value 或 Shape shape = node.value 是不行的，若 node.value 實際是 Object 就完了，編譯器只允許 Object o = node.value。

也就是說，當類別支援泛型，而宣告時使用? super，T 宣告的變數可作為消費者，也就是接收指定的角色，不適合作為提供資料的角色，記憶的口訣是「**Consumer super**」。

同樣舉 java.util.List 為例，若有個 List<? super Circle> lt = new ArrayList<>()，那麼 lt.add(shape) 不會有問題，lt 像是 Shape 的消費者，然而，Shape shape = lt.get(0)或 Circle circle = lt.get(0)會引發編譯錯誤。

提示 >>> 如果泛型類別或介面不具共變性或逆變性，則稱為非協變（Nonvariant）。

18.2　自訂列舉

在 7.2.3 曾經簡介過列舉型態，請先瞭解該節內容，接下來在本節將討論有關列舉型態的定義與運用。

18.2.1 成員的細節

在 7.2.3 使用 enum 定義過以下的 Action 列舉型態：

```java
public enum Action {
    STOP, RIGHT, LEFT, UP, DOWN
}
```

每個列舉成員都會有個名稱與 int 值，可透過 **name()** 方法取得名稱，適用於需要使用字串代表列舉值的場合，列舉的 int 值從 0 開始，依列舉順序遞增，可透過 **ordinal()** 可取得，適用於需要使用 int 代表列舉值的場合，例如 7.2.1 的 Game 類別，可以如下操作：

Enum GameDemo.java
```java
package cc.openhome;

public class GameDemo {
    public static void main(String[] args) {
        Game.play(Action2.DOWN.ordinal());
        Game.play(Action2.RIGHT.ordinal());
    }
}
```

如果 Action2 定義如下：

Enum Action2.java
```java
package cc.openhome;

public enum Action2 {
    STOP, RIGHT, LEFT, UP, DOWN
}
```

會有以下執行結果：

```
播放向下動畫
播放向右動畫
```

列舉成員**實作了 Comparable 介面**，**compareTo()** 方法主要是針對 ordinal() 比較，列舉成員重新定義了 **equals()** 與 **hashCode()**，並標示為 **final**，實作邏輯與 Object 的 **equals()** 與 **hashCode()** 相同：

```java
...略
    public final boolean equals(Object other) {
```

```
            return this==other;
    }

    public final int hashCode() {
        return super.hashCode();
    }
...略
```

　　稍後就會看到，列舉時可以定義方法，然而不能重新定義 equals() 與 hashCode()，這是因為列舉成員，在 JVM 只會存在單一實例，編譯器會如上產生 final 的 equals() 與 hashCode()，基於 Object 定義的 equals() 與 hashCode()，來比較物件相等性。

18.2.2　建構式、方法與介面

　　定義列舉時**可以自定義建構式，條件是不得公開（public）或受保護（protected），也不可於建構式中呼叫 super()**。

　　來看個實際應用，先前談過 ordinal() 的值是依照成員順序，數值由 0 開始，若這不是你要的順序呢？例如原本有個 interface 定義的列舉常數：

```
public interface Priority {
    int MAX = 10;
    int NORM = 5;
    int MIN = 1;
}
```

　　若現在想使用 enum 重新定義列舉，又必須與既存 API 搭配，也就是必須有個 int 值符合既存 API 的 Priority 值，這時怎麼辦？可以如下定義：

Enum Priority.java

```
package cc.openhome;

public enum Priority {
    MAX(10), NORM(5), MIN(1);   ◄─── ❶ 呼叫 enum 建構式

    private int value;

    private Priority(int value) {   ◄─── ❷ 不為 public 的建構式
        this.value = value;
    }

    public int value() {   ◄─── ❸ 自定義方法
        return value;
```

```
    }

    public static void main(String[] args) {
        for(var priority : Priority.values()) {
            System.out.printf("Priority(%s, %d)%n",
                    priority, priority.value());
        }
    }
}
```

在這邊建構式定義為 private❷，想在 enum 中呼叫建構式，只要在列舉成員後加上括號，就可以指定建構式的引數❶，你不能定義 name()、ordinal()，它們是由編譯器產生，因此自定義了 value() 方法來傳回 int 值。執行結果如下所示：

```
Priority(MAX, 10)
Priority(NORM, 5)
Priority(MIN, 1)
```

提示 »» 在 13.3.2 介紹過 Month，它是 enum 型態，想取得代表月份的數要透過 getValue() 方法，而不是 ordinal()，getValue() 就是自定義的方法。

定義列舉時還可以實作介面，例如有個介面定義如下：

Enum Command.java

```java
package cc.openhome;

public interface Command {
    void execute();
}
```

若要在定義列舉時實作 Command 介面，基本方式可以如下：

```java
public enum Action3 implements Command {
    STOP, RIGHT, LEFT, UP, DOWN;

    public void execute() {
        switch(this) {
            case STOP:
                out.println("播放停止動畫");
                break;
            case RIGHT:
                out.println("播放向右動畫");
                break;
```

```
            case LEFT:
                out.println("播放向左動畫");
                break;
            case UP:
                out.println("播放向上動畫");
                break;
            case DOWN:
                out.println("播放向下動畫");
                break;
        }
    }
}
```

　　基本上就是使用 enum 定義列舉時，使用 implements 實作介面，並實作介面定義的方法，就如同定義 class 時使用 implements 實作介面。

　　不過實作介面時，若希望各列舉成員可以有不同實作，例如上面程式片段中，其實是想讓列舉成員帶有各自的指令，目的是希望能如下執行程式：

Enum Game3.java

```
package cc.openhome;

public class Game3 {
    public static void play(Action3 action) {
        action.execute();
    }

    public static void main(String[] args) {
        Game3.play(Action3.RIGHT);
        Game3.play(Action3.DOWN);
    }
}
```

　　並可以有以下的執行結果：

```
播放右轉動畫
播放向下動畫
```

　　為了這個目的，先前實作 Command 時的 execute()方法時，使用了 switch 比對列舉實例，其實可以有更好的作法，就是定義 enum 時有個**特定值類別本體**（**Value-Specific Class Bodies**）語法，直接來看如何運用此語法：

```
Enum Action3.java
package cc.openhome;

import static java.lang.System.out;

public enum Action3 implements Command {
    STOP {
        public void execute() {
            out.println("播放停止動畫");
        }
    },
    RIGHT {
        public void execute() {
            out.println("播放右轉動畫");
        }
    },
    LEFT {
        public void execute() {
            out.println("播放左轉動畫");
        }
    },
    UP {
        public void execute() {
            out.println("播放向上動畫");
        }
    },
    DOWN {
        public void execute() {
            out.println("播放向下動畫");
        }
    };
}
```

可以看到在列舉成員後，直接加上{}實作 Command 的 execute()方法，這代表每個列舉實例會有不同的 execute()實作，在職責分配上，比 switch 的方式清楚許多。

18.3 record 與 sealed

在 9.1.3 談過，如果你需要資料的欄位結構都是公開的資料載體，可以使用 Java 16 的 record 類別；另外，若應用程式需要的領域物件有限而已知，想要明確地揭露、控制型態的邊界，可以使用 Java 17 的 sealed 新特性。

18.3.1　深入 record 類別

現代許多軟體之間，有諸多資料交換的需求，有時候你就是需要一個物件來表示資料，物件的型態名稱代表資料類型，物件的值域對應資料的欄位。例如，你可能從某網站，接收到一筆純文字資料{x: 10, y: 20}，代表著二維座標系統上的點，這時若想定義 Point 類別來代表，可以使用 record 類別：

```
public record Point(double x, double y) {}
```

▶ record 的限制

Point 定義了二維座標系統上的點，依序記錄了 x 與 y 座標，編譯器預設會以指定的欄位名稱產生標準建構式（canonical constructor）：

```
public Point(double x, double y) {
    this.x = x;
    this.y = y;
}
```

new Point(10, 20)僅僅代表座標(10, 20)，因為該物件無法變動狀態，編譯器會以指定的欄位名稱，生成 private final 的值域，以及同名的公開方法，就上例來說，就是會生成 x()與 y()方法，傳回對應的值域。

如 9.1.3 談過的，因為具有欄位名稱、順序、狀態不可變動等特性，編譯器就能自動生成 hashCode()、equals()以及 toString()等方法，如果**想要一個可記錄資料的資料載體，使用 record 類別來定義就非常方便**。

雖然編譯器會根據欄位名稱生成公開方法，不過你指定的欄位名稱，不能與 Object 已定義的方法具有相同名稱，也就是不能使用 hashCode、equals、toString、wait、notify 等作為欄位名稱，這會引發編譯錯誤。

雖然 record 類別也是一種 Object，不過定義 record 類別時，不能使用 extends 關鍵字，也就說不能自行實現繼承，編譯器將 record 類別設為 final 類別，record 類別也不能被繼承。

因為 record 類別是作為資料載體，**必須完全、公開地表現資料的結構**，繼承代表著隱藏狀態的可能性；例如，若能繼承 Point 定義 Point3D，將 Point3D 實例傳給接受 Point 的方法，從方法實作的觀點來看，如何能確定它接受到的物件只有 x 與 y 呢？

因為 record 類別必須完全、公開地表現資料的結構，**不能隱藏狀態**，也就不能自行定義非靜態的值域，試圖自定義非靜態的值域會引發編譯錯誤。

record 類別看似有許多限制，而且它還必須完全、公開地表現資料的結構，不能隱藏狀態，許多開發者初次接觸 record 類別時，總有種疑問，這不是破壞了物件導向的封裝概念嗎？

◉ 封裝的邊界

物件導向經常談到封裝，然而，封裝的對象或意圖其實是多元的，也許是想隱藏狀態、不曝露實作、遮蔽資料的結構、管理物件複雜的生命週期、隔離物件間的相依關係等，大部分情況下，封裝都意謂著某種程度的隱蔽性，藏起什麼東西之類的。

然而，作為一個資料載體時，只是單純地將某些資料組合為一個概念，例如將兩個小數組合為點的概念，這些資料在名稱、結構，以及聚合後的名稱（就數學上，資料的組成構成了一個集合，例如點的集合），都是透明的，物件在外觀表現上就是會曝露一切，白話來說，物件本身提供的 API，會與物件想表現的資料耦合在一起。

這使得資料載體的封裝，與其他的封裝意圖大相逕庭，因為就其他封裝的意圖來說，往往會希望物件本身提供的 API，能夠隱藏物件本身（內部）的資料等東西；**資料載體本身的意圖就是曝露資料的一切。**

方才一開始談到，有時候你就是需要一個物件來表示資料，這就表示你需要的是個資料載體，然而在 record 類別出現之前，無論是哪種封裝，基本上是透過 class 來定義，這就造成了過去簡單的需求，也需要囉嗦的定義過程，這不難想像，你可以試著只使用 class 來定義出方才的 Point 類別，要有公開的 x()、y()以及 hashCode()、equals()以及 toString()等方法的話，應該是需要一定行數的程式碼吧！

提示 ≫≫ 不要只將 record 類別，當成是可自動生成 hashCode()、equals()以及 toString()等方法的簡便語法，這只會讓你覺得 record 類別的限制很多，記得！record 類別是用來定義資料載體！

◉ 資料載體的設計

　　record 類別的限制是為了讓開發者，將它用於資料載體的設計，對於資料載體，例如，由於不能實現繼承，該怎麼設計方才提到的二維座標點與三維座標點資料載體呢？

　　方式之一是將二維座標點與三維座標點看成是不同的資料組合，分別設計它們為 Point2D、Point3D：

```
record Point2D(float x, float y) {}
record Point3D(float x, float y, float z) {}
```

　　另一種方式是只定義三維座標點，然而建構座標點的實例時，若只指定 x 與 y，那麼 z 就預設為 0，如果想透過 record 類別達到這種設計，可以自定義建構式：

```
public record Point(double x, double y, double z) {
    public Point(double x, double y) {
        this(x, y, 0.0);
    }
}
```

　　自定義建構式的限制是，一定要以 this()呼叫某個建構式，而建構式的呼叫鏈，最後呼叫了標準建構式，這是為了**確保資料的完整性**。

　　如果想針對標準建構式傳入的資料做點處理呢？例如，檢查使用者名稱不得為 null，然後轉為小寫呢？可以自定義標準建構式：

```
public record User(String name, int age) {
    public User(String name, int age) {
        Objects.requireNonNull(name);
        this.name = name.toLowerCase();
        this.age = age;
    }
}
```

　　如果你自定義標準建構式，因為資料每個欄位對應的值域都是 private final，建構式中就必須明確地設值，不過 record 欄位定義與建構式的參數重複了，其實你可以定義精簡建構式（compact constructor）：

```
public record User(String name, int age) {
    public User {
        Objects.requireNonNull(name);
        name = name.toLowerCase();
```

```
    }
}
```

精簡建構式的內容，會被安插至編譯器產生的標準建構式開頭，也就是說以上相當於：

```
public record User(String name, int age) {
    public User(String name, int age) {
        Objects.requireNonNull(name);
        name = name.toLowerCase();
        this.name = name;
        this.age = age;
    }
}
```

編譯器會為 record 類別自動生成與值域名稱對應的方法，以及 equals()、hashCode()、toString() 等方法；你也可以自行定義其他方法，不過通常**自定義方法，是為了資料間的計算、轉換等**，例如點的位移、點與點間距離計算、轉換資料格式等：

```
import static java.lang.Math.pow;
import static java.lang.Math.sqrt;

public record Point(double x, double y) {
    public Point translated(double x, double y) {
        return new Point(this.x + x, this.y + y);
    }

    public double distance(Point p) {
        return sqrt(pow(this.x - p.x, 2) +  pow(this.y - p.y, 2));
    }

    public String toJSON() {
        return """
                {
                    "x": %f,
                    "y": %f
                }
                """.formatted(this.x, this.y);
    }
}
```

因為靜態成員基本上只是以類別名稱作為名稱空間，與實例的狀態無關，record 類別可以定義靜態成員，例如，定義一個 fromJSON() 靜態方法：

```
import java.util.regex.Pattern;

public record Point(double x, double y) {
```

```
    private static Pattern regex = Pattern.compile(
        """
        "x":(?<x>\\d+\\.?\\d*),"y":(?<y>\\d+\\.?\\d*)"""
    );

    public static Point fromJSON(String json) {
        var matcher = regex.matcher(json.replaceAll("\\s+",""));
        if(matcher.find()) {
            return new Point(
                Double.parseDouble(matcher.group("x")),
                Double.parseDouble(matcher.group("y"))
            );
        }
        throw new IllegalArgumentException("cannot parse json");
    }
}
```

　　如果資料載體必須實現某些行為，在定義 record 類別時，可以實作介面。例如實作 Comparable，實現圓比較順序時必須依照半徑：

```
public record Circle(double radius) implements Comparable<Circle> {
    @Override
    public int compareTo(Circle other) {
        double diff = this.radius - other.radius;
        if(diff == 0.0) {
            return 0;
        }
        return diff > 0 ? 1 : -1;
    }
}
```

　　方才談到繼承，另一個與繼承相關問題是，如果資料具有相同的欄位該怎麼辦呢？例如：

```
record Circle(double x, double y, double radius) {
    ...一些與座標計算相關的方法
    ...一些要取得 x、y 資訊以進行圓相關運算的方法
}
record Square(double x, double y, double length) {
    ...一些與座標計算相關的方法
    ...一些要取得 x、y 資訊以進行正方形相關運算的方法
}
```

　　圓形或正方形都會有個中心座標，你可能會想將 x 與 y 提升至 Shape 類別，然後讓 Circle 與 Square 繼承 Shape，不過 record 沒辦法實現繼承啊？這時可以改用**組合（composite）**的概念來設計，也就是讓 x、y 組成 Point，然後 Point 與 radius 組成 Circle，Point 與 length 組成 Square：

```
record Point(double x, double y) {
    ...一些與座標計算相關的方法
}
record Circle(Point center, double radius) {
    ...一些要透過 Point 的 x()、y() 資訊以進行圓相關運算的方法
}
record Square(Point center, double length) {
    ...一些要透過 Point 的 x()、y() 資訊以進行正方形相關運算的方法
}
```

與座標計算相關的方法，可以抽取至 Point 類別，若原本 Circle 與 Square 有些方法，必須使用 x、y 進行運算，重構後可透過 Point 實例的 x()、y() 取得資料。

現代程式開發，常從不同的來源取得資料，抽取必要資訊後建立必要的資料結構，使用繼承只會讓資料結構的多樣性降低，基於組合才會有各種資料結構的可能性，record 類別不能實現繼承的目的之一，也是希望開發者**面對資料載體設計時，優先思考組合而不是繼承**。

18.3.2　**sealed** 的型態階層

若你想設計一個 RPG 程式庫，可以讓其他人拿來進一步設計遊戲，然而你想限定角色只有騎兵、戰士、魔導士、弓兵四種形態，在你定義了 Role 類別，讓 Knight、Warrior、Mage、Archer 繼承 Role 之後，就面對了一個問題，該怎麼阻止其他人繼承 Role 呢？

▶ **sealed** 類別

有時候要解決的問題領域中，某些模型的型態架構是已知的，**你想控制型態的邊界**，像是控制 Role 只能有方才四個子類別，在 Java 17 之前，沒有適當的方式可以達成這類需求，然而 Java 17 以後的 sealed 關鍵字，可以達到需求。例如：

```
public abstract sealed class Role
                    permits Knight, Warrior, Mage, Archer {}
final class Knight extends Role {}
final class Warrior extends Role {}
final class Mage extends Role {}
final class Archer extends Role {}
```

可以使用 sealed 關鍵字修飾的類別必須是抽象類別，permits 列出了允許的子類別，子類別必須在同一套件中定義，並且必須使用 final、non-sealed、或 sealed 修飾，以上的程式片段使用了 final，這表示其他人除了不能繼承 Role 以外，也不能建立 Knight、Warrior、Mage、Archer 的子類別。

如果使用 non-sealed 修飾，例如：

```
public abstract sealed class Role
                      permits Knight, Warrior, Mage, Archer {}
non-sealed class Knight extends Role {}
non-sealed class Warrior extends Role {}
non-sealed class Mage extends Role {}
non-sealed class Archer extends Role {}
```

這就表示其他人不能繼承 Role，然而可以任意地建立 Knight、Warrior、Mage、Archer 的子類別，也許目的是可以讓其他人，可以隨意定義騎兵、戰士、魔導士、弓兵進化後的延伸職業，例如騎兵可以進化為飛龍騎兵之類。

如果你也想進一步掌握騎兵、戰士、魔導士、弓兵進化後的延伸職業，像是騎兵進化後，只有飛龍騎兵、陸戰騎兵兩種，可以使用 sealed 修飾，並使用 permits 列出了允許的子類別。

```
sealed class Knight extends Role permits DragonKnight, MarineKnight {}
final class DragonKnight extends Knight {}
final class MarineKnight extends Knight {}
```

▶ sealed 介面

sealed 也可以用來修飾介面，這表示你很清楚介面會有幾種實作品或子介面，不允許其他人實作該介面或增加直接的子介面，實作類別必須在同一套件中定義，並且必須使用 final、non-sealed、或 sealed 修飾，子介面必須在同一套件中定義，並且必須使用 non-sealed、或 sealed 修飾。

舉例來說，有些語言允許函式傳回兩個值，有些開發者會用來傳回錯誤值與正確值，遇到這類函式，函式的呼叫者必須檢查傳回值，分別針對函式執行成功及失敗進行處理。

如果想在 Java 模擬這種效果，可以設計 Either 介面，因為只有錯誤與正確的可能性，可以使用 sealed 修飾 Either 介面，只允許有 Left、Right 兩個實作類別：

```java
Sealed Either.java

package cc.openhome;

public sealed interface Either<E, R> permits Left<E, R>, Right<E, R> {
    default E left() {
        throw new IllegalStateException("nothing left");
    }
    default R right() {
        throw new IllegalStateException("nothing right");
    }
}
```

因為錯誤值與正確值可能是各種型態，這邊使用泛型來參數化，代表錯誤值 Left 必須重新定義 left()方法：

```java
Sealed Left.java

package cc.openhome;

public record Left<E, R>(E value) implements Either<E, R> {
    @Override
    public E left() {
        return value;
    }
}
```

因此若是 Left 實例，呼叫 left()就不會拋出例外，record 類別是 final 類別，也就不用加上 final 修飾了；類似地，代表正確值 Right 必須重新定義 right()方法：

```java
Sealed Right.java

package cc.openhome;

public record Right<E, R>(R value) implements Either<E, R> {
    @Override
    public R right() {
        return value;
    }
}
```

　　這麼一來，若是 Right 實例，呼叫 right() 就不會拋出例外，現在可以使用 Either 來作為函式的傳回值。例如：

```
Sealed EitherDemo.java
package cc.openhome;

public class EitherDemo {
    static Either<String, Integer> div(Integer a, Integer b) {
        if(b == 0) {
            return new Left<>("除零錯誤 %d / %d".formatted(a, b));
        }
        return new Right<>(a / b);
    }

    public static void main(String[] args) {
        Integer a = Integer.parseInt("10");
        Integer b = Integer.parseInt("0");

        Either<String, Integer> either = div(a, b);
        // 檢查傳回結果
        if(either instanceof Left) {              // 如果有錯誤
            System.err.println(either.left());
        }
        else if(either instanceof Right) {        // 若是正確值
            System.out.printf("%d / %d = %d%n", a, b, either.right());
        }
    }
}
```

　　由於使用了 sealed 修飾了 Either，而且使用 record 類別實作 Left 與 Right，其他人若要處理傳回值，就必須使用 instanceof 來比對型態，才知道是錯誤或正確結果，這邊使用 instanceof 並無不妥。

提示 >>> Either 的概念來自函數式設計，這邊的 instanceof，相當於模式比對（Pattern matching），未來 Java 在模式比對語法還會有進一步的加強，使用起來就很方便了；另外 Left、Right 總是會讓我想到一則笑話「Your left brain has nothing right, and your right brain has nothing left!」。

　　你可能會覺得 Either 跟 Optional 有點像，Optional 是「無」或「有」的概念，Either 是「錯」或「對」的概念，如果你覺得 Either 的使用者，還要使用 instanceof 很麻煩，也可以為 Either 實現 map()、flatMap()、orElse() 之類的方法，這就作為課後練習吧！

18.4 關於標註

Java 原始碼中可以使用標註（Annotation），提供編譯器額外提示，或提供執行時期可讀取的組態資訊。標註的資訊可以僅用於原始碼解析，編譯後留在.class 檔案僅供編譯器讀取，或者開放在執行時期讀取。

18.4.1 常用標準標註

Java 提供了標準標註，這邊先介紹 @Override、@Deprecated、@SuppressWarnings、@SafeVarargs 與 @FunctionalInterface。

▶ @Override

先前常看到的 @Override 就是標準標註，被標註方法必須是父類別或介面已定義的方法，請編譯器協助判斷，是否真的重新定義了方法。例如，在重新定義 Thread 的 run()方法時：

```java
public class WorkerThread extends Thread {
    public void Run() {
        //...
    }
}
```

這個程式範例中，本想重新定義 run()方法，結果誤打為 Run()，在 WorkerThread 定義了新方法。為了避免這類錯誤，可以加上 @Override，編譯器看到 @Override，檢查父類別中是否存在 Run()方法，而父類別沒有這個方法，因此回報錯誤：

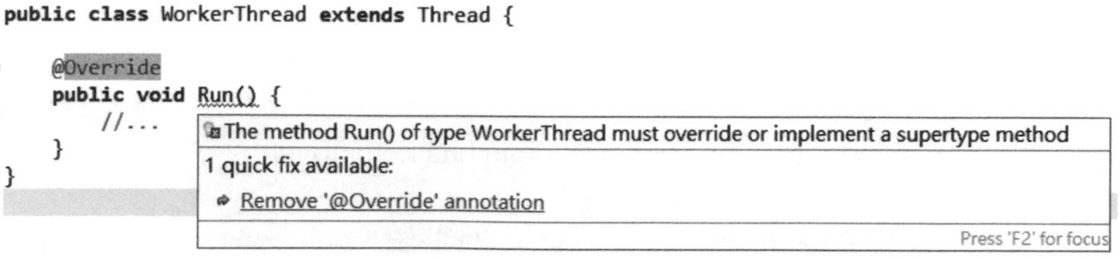

```java
public class WorkerThread extends Thread {

    @Override
    public void Run() {
        //...
    }
}
```
The method Run() of type WorkerThread must override or implement a supertype method
1 quick fix available:
⮕ Remove '@Override' annotation

Press 'F2' for focus

圖 18.2　@Override 要求編譯器檢查是否為重新定義

ⓑ @Deprecated 與 @SuppressWarnings

　　如果某方法原先存在於 API，後來不建議再使用，可以標註方法為 **@Deprecated**。例如：

```
public class Some {
    @Deprecated
    public void doSome() {
        ...
    }
}
```

　　編譯後的 .class 會儲存這個資訊，若使用者後續呼叫或重新定義這個方法，編譯器會提出警訊（IDE 通常會在方法加上刪除線表示，可參考圖 11.3）：

```
Note: XXX.java uses or overrides a deprecated API.
Note: Recompile with -Xlint:deprecation for details.
```

　　若不想看到這個警訊，可以在呼叫該方法的場合，使用 **@SuppressWarnings** 指定抑制 deprecation 的警訊產生，例如：

```
...
    @SuppressWarnings("deprecation")
    public static void main(String[] args) {
        var some = new Some ();
        some.doSome();
    }
...
```

　　@Deprecated 可以設定 since 與 forRemoval 參數，since 標註 API 從哪個版本棄用，預設值為空字串，就 JDK 標準 API 的棄用來說，會使用 JDK 版本號碼來標註。例如 BigDecimal 使用 int 列舉的進位捨去常數，被標示為廢棄，查看 API 文件，相關方法上可以看到底下這類標註：

```
@Deprecated(since="9")
public BigDecimal divide(BigDecimal divisor, int roundingMode)
```

　　@Deprecated 的 forRemoval 預設值為 false，這類棄用歸為**一般棄用（Ordinary deprecation）**，可使用 @SuppressWarnings("deprecation")來抑制警訊，若 forRemoval 設為 true，表示該 API 未來會移除，這類棄用稱為**移除棄用（Removal deprecation）**，@SuppressWarnings("deprecation")不會抑制這類警訊，必須使用 @SuppressWarnings("removal")抑制。若呼叫的多個方法中，

包含了一般棄用與移除棄用，想同時抑制這兩種警訊，必須使用
`@SuppressWarnings({"deprecation", "removal"})`。

　　`@SuppressWarnings` 抑制多個值時，必須使用花括號，完整的寫法是
`@SuppressWarnings(value = {"deprecation", "removal"})`，`@SuppressWarnings`
的 `value` 用來指定要抑制的警訊種類，其實抑制單一警訊時，完整寫法是
`@SuppressWarnings(value = {"deprecation"})`，當然，簡寫方式還是比較方便。

提示 》》》　棄用警訊是由編譯器產生，這表示得在新的 JDK 上重新編譯原始碼，才能知道
既有程式碼是否呼叫了新版 JDK 中被棄用的 API，JDK 提供了靜態分析工具
jdeprscan，可以掃描原始碼，協助找出棄用 API，詳情可查〈jdeprscan[3]〉。

　　對於支援泛型的 API，建議明確指定泛型實際型態，若沒有指定，編譯器會
提出警訊。例如程式碼若含有以下片段：

```
public void doSome() {
    var list = new ArrayList();
    list.add("Some");
}
```

　　由於 List 與 ArrayList 支援泛型，但這邊沒有指定泛型實際型態，編譯時
會出現以下訊息：

```
Note: xxx.java uses unchecked or unsafe operations.
Note: Recompile with -Xlint:unchecked for details.
```

　　若不想看到警訊，可使用 `@SuppressWarnings` 抑制 unchecked 警訊：

```
@SuppressWarnings("unchecked")
public void doSome() {
    var list = new ArrayList();
    list.add("Some");
}
```

◉ @SafeVarargs

　　介紹 **@SafeVarargs** 標註前得先談一個問題，有沒有可能建立 List<String>[]
陣列實例？答案是不行！無論是 `new List<String>[10]` 或 `List<String>[]`

3　jdeprscan：docs.oracle.com/javase/9/tools/jdeprscan.htm

lists = {new ArrayList<String>()}等語法，編譯器都會直接給個 error: generic array creation 的錯誤訊息，然而可以宣告 List<String>[] lists 變數，只是不會有人這麼做，可宣告 List<String>[] lists 主要是為了支援可變長度引數，例如你可能這麼宣告：

```
public class Util {
    public static <T> void doSome(List<String>... varargs) {
        ...略
    }
}
```

程式碼中使用泛型宣告可變長度引數，varargs 實際上就是 List<String>[] 型態，編譯時會發生以下警訊：

```
Util.java:3: warning: [unchecked] Possible heap pollution from parameterized vararg type List<String>
    public static <T> void doSome(List<String>... varargs) {
                                  ^
1 warning
```

18.1.1 談過，泛型語法提供編譯器資訊，使其可在編譯時期檢查型態，編譯器只能就 List<String> 的型態資訊，在編譯時期檢查呼叫 doSome()處，傳入的值是否為 List<String> 型態，然而設計 doSome()的人在實作流程時，有可能發生編譯器無法檢查的執行時期型態錯誤。例如 SafeVarargs 的 API 文件就有個範例，如果以 doSome(new ArrayList<String>())呼叫：

```
public static <T> void doSome(List<String>... varargs) {
    Object[] array = varargs;
    List<Integer> tmpList = Arrays.asList(42);
    array[0] = tmpList;                // 語意不對，不過編譯器不會有警訊
    String s = varargs[0].get(0);  // 執行時期發生 ClassCastException
}
```

這類問題稱為 Heap pollution，也就是編譯器無法檢查執行時期的型態錯誤，為了提醒有這種可能性，在使用泛型定義不定長度引數時，編譯器會以警訊提醒開發者，有無注意到 Heap pollution 問題，若開發者確定已避免此類問題，可以使用 @SafeVarargs 標註。例如：

```
public class Util {
    @SafeVarargs
    public static <T> void doSome(List<String>... varargs) {
        ...略
    }
}
```

加上 @SafeVarargs 後，編譯 Util 類別就不會發生警訊；雖然也可以如下抑制警訊：

```java
public class Util {
    @SuppressWarnings(value={"unchecked"})
    public static <T> void doSome(List<String>... varargs) {
        ...略
    }
}
```

不過這不僅抑制了泛型宣告不定長度引數的警訊，其他 unchecked 警訊也會一併抑制，因此不鼓勵以此方式，抑制泛型宣告不定長度引數的警訊。

▶ @FunctionalInterface

為了支援 Lambda，JDK 提供了 **@FunctionalInterface** 標註，讓編譯器可協助檢查 interface 可否作為 Lambda 目標型態，這在 12.1.2 時已經介紹過了。

18.4.2 自訂標註型態

標註型態（Annotation type）都是 **java.lang.annotation.Annotation** 子介面，@Override 的標註型態為 **java.lang.Override**，@Deprecated 的標註型態為 **java.lang.Deprecated** 等，之前介紹的標準標註型態，都位於 java.lang 套件。

你可以自訂標註，先來看看如何定義標示標註（Marker Annotation），也就是標註名稱本身就是資訊，對編譯器或應用程式來說，主要是檢查是否有標註出現，並做出對應的動作，例如 @Override 就是標示標註。要定義標註可以使用 **@interface**。例如：

Annotation Test.java

```java
package cc.openhome;
public @interface Test {}
```

編譯完成後，就可在程式碼中使用 @Test 標註。例如：

```java
public class SomeTestCase {
    @Test
    public void testDoSome() {
        ...略
    }
}
```

若標註名稱本身無法提供足夠資訊，可進一步設定單值標註（Single-value Annotation）。例如：

Annotation Test2.java

```
package cc.openhome;
public @interface Test2 {
    int timeout();
}
```

這表示標註會有個 `timeout` 屬性可以設定 `int` 值。例如：

```
@Test2(timeout = 10)
public void testDoSome2() {
    ...
}
```

標註屬性也可用陣列形式指定。例如如下定義標註的話：

Annotation Test3.java

```
package cc.openhome;
public @interface Test3 {
    String[] args();
}
```

就可用陣列形式指定屬性：

```
@Test3(args = {"arg1", "arg2"})
public void testDoSome3() {
    ...
}
```

在定義標註屬性時，若屬性名稱為 **value**，可以省略屬性名稱，直接指定值。例如：

Annotation Ignore.java

```
package cc.openhome;
public @interface Ignore {
    String value();
}
```

這個標註可使用 @Ignore(value = "message") 指定，也可使用 @Ignore("message")指定，而以下這個標註：

Annotation TestClass.java

```
package cc.openhome;

public @interface TestClass {
    Class[] value();
}
```

可以使用 @TestClass(value = {Some.class, Other.class})指定，也可以使用 @TestClass({Some.class, Other.class})指定。

也可對成員設定預設值，使用 **default** 關鍵字即可。例如：

Annotation Test4.java

```
package cc.openhome;
public @interface Test4 {
    int timeout() default 0;
    String message() default "";
}
```

如此一來，若以 @Test4 進行標註，timeout 預設值是 0，message 預設是空字串，如果設定 @Test4(timeout = 10, message = "逾時 10 秒")，timeout 值就是 10，message 是"逾時 10 秒"。若是 Class 設定的屬性比較特別，default 之後不能接上 null，會發生編譯錯誤，必須自訂一個類別作為預設值。例如：

Annotation Test5.java

```
package cc.openhome;
public @interface Test5 {
    Class expected() default Default.class;
    class Default {}
}
```

若要設定陣列預設值，可在 default 之後加上{}。例如：

Annotation Test6.java

```
package cc.openhome;
public @interface Test6 {
    String[] args() default {};
}
```

必要時{}中可放置元素值。例如：

Annotation Test7.java

```
package cc.openhome;
public @interface Test7 {
    String[] args() default {"arg1", "arg2"};
}
```

在定義標註時，可使用 **java.lang.annotation.Target** 限定標註使用位置，限定時可指定 **java.lang.annotation.ElementType** 的列舉值：

```
package java.lang.annotation;
public enum ElementType {
    TYPE,                    // 可標註於類別、介面、列舉等
    FIELD,                   // 可標註於資料成員
    METHOD,                  // 可標註於方法
    PARAMETER,               // 可標註於方法上的參數
    CONSTRUCTOR,             // 可標註於建構式
    LOCAL_VARIABLE,          // 可標註於區域變數
    ANNOTATION_TYPE,         // 可標註於標註型態
    PACKAGE                  // 可標註於套件
    TYPE_PARAMETER,          // 可標註於型態參數
    TYPE_USE,                // 可標註於各式型態
    MODULE                   // 可標註於模組
}
```

例如想將 @Test8 限定只能用於方法：

Annotation Test8.java

```
package cc.openhome;

import java.lang.annotation.Target;
import java.lang.annotation.ElementType;

@Target({ElementType.METHOD})
public @interface Test8 {}
```

嘗試在方法以外的地方加上 @Test8 就會發生編譯錯誤：

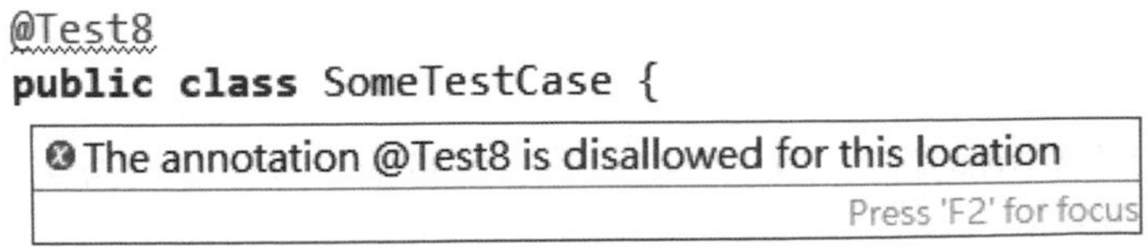

```
@Test8
public class SomeTestCase {
```
> ⊗ The annotation @Test8 is disallowed for this location
>
> Press 'F2' for focus

圖 18.3　限定標註使用位置

若想對泛型的型態參數（Type parameter）進行標註：

```
public class MailBox<@Email T> {
    ...
}
```

那麼在定義 @Email 時，必須在 @Target 設定 ElementType.TYPE_PARAMETER，表示此標註可用來標註型態參數。例如：

Annotation Email.java

```
package cc.openhome;

import java.lang.annotation.Target;
import java.lang.annotation.ElementType;

@Target(ElementType.TYPE_PARAMETER)
public @interface Email {}
```

ElementType.TYPE_USE 可用於標註各式型態，因此上面的範例也可將 ElementType.TYPE_PARAMETER 改為 ElementType.TYPE_USE，**標註若被設為 ElementType.TYPE_USE，只要是型態名稱，都可進行標註**。例如若有個標註定義如下：

Annotation Test9.java

```
package cc.openhome;

import java.lang.annotation.Target;
import java.lang.annotation.ElementType;

@Target(ElementType.TYPE_USE)
public @interface Test9 {}
```

那以下幾個標註範例都是可以的：

```
List<@Test9 Comparable> list1 = new ArrayList<>();
List<? extends Comparable> list2 = new ArrayList<@Test9 Comparable>();
@Test9 String text;
text = (@Test9 String) new Object();
java.util. @Test9 Scanner console;
console = new java. util. @Test9 Scanner(System.in);
```

這幾個範例都僅對 @Test9 **右邊的型態名稱進行標註**，得與列舉成員 TYPE、FIELD、METHOD、PARAMETER、CONSTRUCTOR、LOCAL_VARIABLE、ANNOTATION_TYPE、PACKAGE 等區別。舉例來說，以下的標註就不合法：

```
@Test9 java.lang.String text;
```

上面這個例子中，`java.lang.String text` 是在進行 `text` 變數的宣告，如果是在宣告一個區域變數，想讓以上合法，`@Test9` 得在 `@Target` 加註 `ElementType.LOCAL_VARIABLE`。

被加註 `ElementType.MODULE` 的有 `@Deprecated` 與 `@SuppressWarnings`，這表示模組描述檔的 `module` 上可使用這兩個標註。例如：

```
@Deprecated
module cc.openhome.simple {
    …
}
```

如果 `requires` 了被 `@Deprecated` 的模組，編譯時會有警訊，若不想看到警訊，可在模組上加註 `@SuppressWarnings("deprecation")`，例如：

```
@SuppressWarnings("deprecation")
module cc.openhome {
    requires cc.openhome.simple;
    …
}
```

在製作 JavaDoc 文件時，預設不會將標註資料加入文件，若想將標註資料加入文件，可使用 **java.lang.annotation.Documented**。例如：

Annotation Test10.java

```
package cc.openhome;

import java.lang.annotation.Documented;

@Documented
public @interface Test10 {}
```

若在使用到 `@Test10`，產生 JavaDoc 後，文件中就會包括 `@Test10` 的資訊：

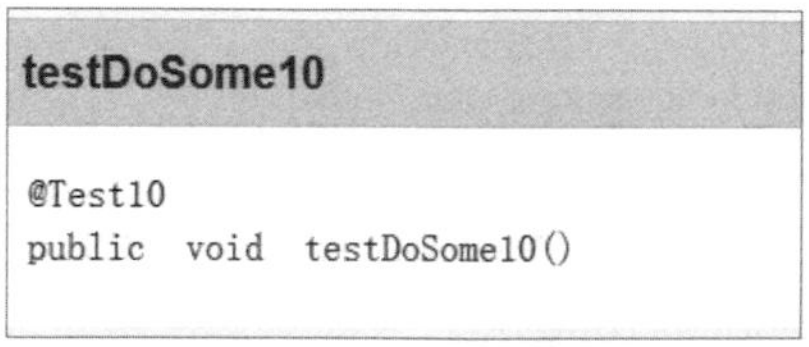

testDoSome10

```
@Test10
public void testDoSome10()
```

圖 18.4　在文件中記錄標註資訊

在定義標註型態並使用於程式碼時，預設不會繼承父類別設定的標註，可在定義標註時設定 **java.lang.annotation.Inherited** 標註，讓標註可被子類別繼承。例如：

Annotation Test11.java

```
package cc.openhome;

import java.lang.annotation.Inherited;

@Inherited
public @interface Test11 {}
```

@Repeatable 可以讓你在同一位置重複相同標註。舉例來說，也許本來定義了以下的 @Filter 標註：

```
public @interface Filter {
    String[] value();
}
```

這可以讓你如下進行標註：

```
@Filter({"/admin", "/manager"})
public interface SecurityFilter {
    ...
}
```

若想要另一種如下的標註風格：

Annotation SecurityFilter.java

```
package cc.openhome;

@Filter("/admin")
@Filter("/manager")
public interface SecurityFilter {}
```

可如下定義 @Filter 來解決：

Annotation Filter.java

```
package cc.openhome;

import java.lang.annotation.*;

@Retention(RetentionPolicy.RUNTIME)
@Repeatable(Filters.class)
public @interface Filter {
```

```
    String value();
}

@Retention(RetentionPolicy.RUNTIME)
@interface Filters {
    Filter[] value();
}
```

　　實際上這是編譯器的戲法，在這邊 @Repeatable 告訴編譯器，使用 @Filters 作為收集重複標註資訊的容器，而每個 @Filter 儲存各自指定的字串值。

18.4.3　執行時期讀取標註資訊

　　程式碼若使用了自訂標註，預設會將標註資訊儲存於 .class，可被編譯器或位元碼分析工具讀取，而執行時期無法讀取標註資訊。若想在執行時期讀取標註資訊，可於自訂標註時使用 **java.lang.annotation.Retention** 搭配 **java.lang.annotation.RetentionPolicy** 列舉指定：

```
package java.lang.annotation;
public enum RetentionPolicy {
    SOURCE,   // 標註只會用於原始碼，不要存至.class
    CLASS,    // 標註資訊存至.class 檔案，只用於編譯時期，執行時期無法讀取
    RUNTIME   // 標註資訊存至.class 檔案，執行時期可以讀取
}
```

　　RetentionPolicy 為 SOURCE 的例子為 @SuppressWarnings，其作用僅在告知編譯器抑制警訊，不用將此資訊儲存於 .class 檔案，@Override 也是，其作用僅在告知編譯器檢查是否重新定義了方法。

> **提示 >>>** 編譯時期處理標註資訊的規範，定義於 JSR269，有興趣可以參考〈編譯時期捕鼠[4]〉。

　　RetentionPolicy 為 RUNTIME，可讓標註於執行時期提供應用程式資訊，可使用 **java.lang.reflect.AnnotatedElement** 介面實作物件取得標註資訊，這個介面定義了幾個方法：

---

[4]　編譯時期捕鼠：openhome.cc/Gossip/JavaEssence/JSR269.html

Modifier and Type	Method	Description
<T extends Annotation> T	getAnnotation (Class<T> annotationClass)	Returns this element's annotation for the specified type if such an annotation is *present*, else null.
Annotation[]	getAnnotations()	Returns annotations that are *present* on this element.
default <T extends Annotation> T[]	getAnnotationsByType (Class<T> annotationClass)	Returns annotations that are *associated* with this element.
default <T extends Annotation> T	getDeclaredAnnotation (Class<T> annotationClass)	Returns this element's annotation for the specified type if such an annotation is *directly present*, else null.
Annotation[]	getDeclaredAnnotations()	Returns annotations that are *directly present* on this element.
default <T extends Annotation> T[]	getDeclaredAnnotationsByType (Class<T> annotationClass)	Returns this element's annotation(s) for the specified type if such annotations are either *directly present* or *indirectly present*.
default boolean	isAnnotationPresent(Class<? extends Annotation> annotationClass)	Returns true if an annotation for the specified type is *present* on this element, else false.

圖 18.5　AnnotatedElement 介面定義的方法

　　Class、Constructor、Field、Method、Package 等類別，都實作了 AnnotatedElement 介面，如果標註在定義時的 RetentionPolicy 指定 RUNTIME，就可以 Class、Constructor、Field、Method、Package 等類別的實例，取得設定的標註資訊。

　　舉例來說，若設計了以下的標註：

```
Annotation Debug.java
package cc.openhome;

import java.lang.annotation.Retention;
import java.lang.annotation.RetentionPolicy;

@Retention(RetentionPolicy.RUNTIME)
public @interface Debug {
    String name();
    String value();
}
```

　　由於 RetentionPolicy 為 RUNTIME，可以在執行時期讀取標註資訊，例如可將 @Debug 用於程式中：

```
Annotation Other.java

package cc.openhome;

public class Other {
    @Debug(name = "caterpillar", value = "2022/02/25")
    public void doOther() {
        ...略
    }
}
```

以下的範例可用來讀取 @Debug 設定的資訊：

```
Annotation DebugTool.java

package cc.openhome;

import static java.lang.System.out;
import java.lang.annotation.Annotation;
import java.lang.reflect.Method;

public class DebugTool {
    public static void main(String[] args) throws NoSuchMethodException {
        Class<Other> c = Other.class;
        Method method = c.getMethod("doOther");
        if(method.isAnnotationPresent(Debug.class)) {
            out.println("已設定 @Debug 標註");
            showDebugAnnotation(method);
        } else {
            out.println("沒有設定 @Debug 標註");
        }
        showAllAnnotations(method);
    }

    private static void showDebugAnnotation(Method method) {
        // 取得 @Debug 實例
        Debug debug = method.getAnnotation(Debug.class);
        out.printf("value: %s%n", debug.value());
        out.printf("name : %s%n", debug.name());
    }

    private static void showAllAnnotations(Method method) {
        Annotation[] annotations = method.getAnnotations();
        for(Annotation annotation : annotations) {
            out.println(annotation.annotationType().getName());
        }
    }
}
```

執行結果如下：

```
已設定 @Debug 標註
value: 2022/02/25
name : caterpillar
cc.openhome.Debug
```

圖 18.5 可看到 **getDeclaredAnnotation()**、**getDeclaredAnnotationsByType()**、**getAnnotationsByType()** 三個方法，getDeclaredAnnotation() 可以取回指定的標註，至於 getDeclaredAnnotationsByType() 與 getAnnotationsByType()，在指定 @Repeatable 的標註時，會找尋收集重複標註的容器，相對來說，getDeclaredAnnotation() 與 getAnnotation() 就不會處理 @Repeatable 的標記。

舉例來說，可以使用以下範例，來讀取之前 SecurityFilter 重複的 @Filter 標記資訊：

Annotation SecurityTool.java

```java
package cc.openhome;

import static java.lang.System.out;

public class SecurityTool {
    public static void main(String[] args) {
        Filter[] filters = SecurityFilter.class
                                .getAnnotationsByType(Filter.class);
        for(Filter filter : filters) {
            out.println(filter.value());
        }

        out.println(SecurityFilter.class.getAnnotation(Filter.class));
    }
}
```

執行結果如下，可以觀察到，對於被標註為 @Repeatable 的 @Filter，getAnnotation() 傳回值會是 null：

```
/admin
/manager
null
```

課後練習

實作題

1. 在 18.3.2 實現了 Either 類別，請為它實現 map()、flatMap()、orElse() 方法，可以進行以下的操作：

```java
static Either<String, Integer> div(Integer a, Integer b) {
    if(b == 0) {
        return new Left<>("除零錯誤 %d / %d".formatted(a, b));
    }
    return new Right<>(a / b);
}

public static void main(String[] args) {
    Integer a = Integer.parseInt("10");
    Integer b = Integer.parseInt("0");

    System.out.println(
        div(a, b).map(r -> r * 3.14159)
                .flatMap(r -> new Right<>(String.valueOf(r)))
                .orElse(err -> "Infinity")
    );
}
```

2. 在 7.2.2 曾實作一個 ClientQueue，對 ClientQueue 中 Client 新增或移除有興趣的物件，可以實作 ClientListener，並向 ClientQueue 註冊。例如：

```java
public class ClientLogger implements ClientListener {
    public void clientAdded(ClientEvent event) {
        out.println(event.getIp() + " added...");
    }

    public void clientRemoved(ClientEvent event) {
        out.println(event.getIp() + " removed...");
    }
}
```

請設計 @ClientAdded 與 @ClientRemoved 標註，可以標註在方法上：

```java
public class ClientLogger {
    @ClientAdded
    public void clientAdded(ClientEvent event) {
        out.println(event.getIp() + " added...");
    }

    @ClientRemoved
    public void clientRemoved(ClientEvent event) {
        out.println(event.getIp() + " removed...");
    }
}
```

希望的功能是，若有 Client 加入 ClientQueue，會呼叫 @ClientAdded 標註的方法，如果有 Client 從 ClientQueue 移除，會呼叫 @ClientRemoved 標註的方法。

提示 ≫ 你也許必須搭配 17.1.6 動態代理技術。

19.1 運用模組

　　Java 平臺模組系統並非語言層次的功能，而且有一定的複雜度，可以的話，應由專職人員針對模組進行規劃、設定與管理，然而大家知道的，現實環境中，身為開發者什麼都要會一點，或是必要時得知道如何找到相關知識，而這一章就是為此而準備的。

19.1.1 模組的種類

　　先說結論，請不要跳過這一節！

　　瞭解模組化最好的方式，就是在適當場景用上適當規劃與設定，因此先前各章節中，適當的時候就談過一些模組化的知識，然而散落各章節的模組化資訊有必要來個總整理，釐清模組的種類，以便後續能深入模組化。

　　另一方面，你可能對於 Java 有相當的熟悉度，在看了這本書的目錄，因為急著想瞭解模組化而直接翻閱本章，建議你藉由這邊的總整理，看看之前在哪些章節，在什麼樣的場景用了哪些模組相關知識，如此才能進一步瞭解更深入的模組化議題。

在 1.2.4 認識 JDK 安裝內容時，就看到 **Java SE 9 將 JDK 做了模組化，src.zip 的原始碼被劃分到各個模組，除了使用 JAR 來封裝模組以外，還可使用 JIMAGE 與 JMOD 格式**，你可以自行建立這些格式，這會在 19.2 節談到。

具名模組、未具名模組

在 2.3 初探模組平臺系統中，談到了如何建立、編譯、運行簡單的模組，在模組描述檔的設定中，知道模組必須 exports 套件，另一個模組 requires 了某模組後，才能使用被匯出套件的類別，你認識了**模組路徑**，也知道了在類別路徑中的類別，會自動歸類為**未具名模組**，在模組路徑中的類別，都屬於**具名模組**，若應用程式採取模組化設計，預設會依賴在 `java.base` **模組，`java.base` 模組 `exports` 的套件，任何模組都可讀取。**

圖 19.1　具名模組與未具名模組

如果會翻閱本章，表示你應該具備套件管理知識，以及 public、protected、private 與預設套件權限，在 JDK8 以前，public 表示各套件間，也就是整個應用程式都可存取，然而，**JDK9 以後有了模組，模組中的 `public` 類別、方法、值域是否能被另一模組看見，還要視模組設定而定。**

在定義模組時必須記得，**`requires` 的兩個模組中不能出現相同套件，這稱為分裂套件（Split package），會導致編譯失敗，而執行時期會產生 LayerInstantiationException。**

在 2.3 之後，各章節的範例專案只使用模組路徑，而且只使用 `java.base` 模組，直到 15.1 談到日誌 API，因為 `java.util.logging` 套件劃分至 `java.logging` 模組，必須在模組描述檔加入 `requires java.logging`，也就是說，**就算是 Java SE API，若不是 `java.base` 模組的類別，就必須 `requires` 相關模組；**為什麼 `java.util.logging` 套件不放到 `java.base` 模組呢？因為實務上常會使用功能更強大的第三方日誌程式庫。

　　你也許只想讓既有的應用程式跑在 JDK9 以後的版本，不打算模組化，也就是從程式進入點開始的每個類別，都是基於類別路徑，也就是都在未具名模組之中，對於其他同樣是放在類別路徑的 JAR，在 API 使用上也許沒有問題，使用 `java.sql`、`java.util.logging` 套件中的 API 也可以，然而若用到 `javax.xml.bind.*`、`javax.rmi` 等套件，還是會出現編譯錯誤。

　　這是因為這些套件雖然包含在 Java SE，然而實際上是與 Java EE 相關的 API，JDK9 以後還是有這些套件，不過被劃分到 `java.se.ee` 模組，JVM 預設不會載入此模組，因此編譯與執行時，必須使用`--add-modules java.se.ee`，才能使用這些套件。

◉ 顯式模組、自動模組

　　有些程式庫可能還沒模組化，為了相容性，是可以將這些程式庫的 JAR 放在類別路徑，但是本書範例專案都採用模組化，都明確定義了模組並放在模組路徑，這樣的模組稱為**顯式模組，顯式模組無法依賴在未具名模組，因為未具名模組沒有名稱，無法在顯式模組的模組描述檔中 `requires`。**

　　若採模組化設計，可將未支援模組化設計的 JAR 檔案放在模組路徑，這會使得 JAR 檔案被視為自動模組，自動模組也是具名模組的一種，稍後會看到名稱產生的規則，有了模組名稱後，就可以 `requires` 自動模組，也就可以使用自動模組中的公開類別、方法與值域。

　　基於相容性，自動模組有隱含的模組定義，可以讀取其他模組，其他模組也可讀取自動模組，應用程式在遷移至模組化設計的過程中，自動模組會是未具名模組至顯式模組的橋樑。

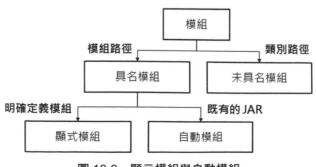

圖 19.2　顯示模組與自動模組

　　並不是任何 JAR 都可自動產生正確的模組名稱，既有的 JAR 若還沒有任何調整，預設是基於檔名來產生名稱，產生的規則會是：

- 取得 JAR 的主檔名

  若是 cc.openhome-1.0.jar 的話，就取得 cc.openhome-1.0 這個名稱。

- 去除版本號

  版本號必須是連字號（-）或底線（_）後跟隨著數字，找到版本號後，取得連字號（-）或底線（_）前的名稱，例如 cc.openhome.util-1.0 的話，就使用 cc.openhome.util，cc-openhome-util_1.0 的話，就使用 cc-openhome-util；若沒有版本號，例如 cc_openhome_util，就直接使用該名稱。

- 將名稱中非字母部分替換為句號（.）

  對於 cc.openhome.util、cc-openhome-util 或 cc_openhome_util，最後產生的自動模組名稱都是 cc.openhome.util。

　　在產生自動模組名稱時，JAR 主檔名不能有多個版本號區段，例如 cc.openhome.util_1.0-spec-1.0，**無法自動產生正確的模組名稱，此時若被放到模組路徑的 JAR 檔案，編譯時期沒有名稱可以 `requires`，而執行時期會產生 `IllegalArgumentException`，從而使得 JVM 無法初始模組層而發生 `FindException`。**

提示 ≫≫ 若不想基於檔名決定自動模組名稱，既有的 JAR 中，可以在 META-INF/MANIFEST.MF 裏增加 Automatic-Module-Name，指定自動模組名稱，然而對於第三方程式庫的既有 JAR，不建議自己做這個動作，最好是讓第三方程式庫的釋出者決定自動模組名稱，免得以後產生名稱上的困擾。

程式庫官方還沒決定自動模組名稱之前，依檔名來產生模組名稱實際上也會引發問題，有興趣瞭解的話，可參考〈Java SE 9 - JPMS automatic modules[1]〉的內容。

在決定自己的應用程式是否遷移至模組化前，調查使用到的各程式庫官方是否已決定好（自動）模組名稱了，可以免去後續自行修改模組名稱的麻煩。

---

[1]　Java SE 9 - JPMS automatic modules：bit.ly/2VpKHop

由於同一套件不能出現在多個模組，若同一套件出現在模組路徑中多個 JAR 檔案，就只有其中一個 JAR 能成為自動模組，而其他會被忽略。

▶ 一般模組、開放模組

第 17 章談到了反射，開發者在採取模組設計時，如何在不破壞模組封裝下，又能運用反射機制的彈性，就成了認識反射時必須知道的一大課題。

17.1.7 就是在探討反射與模組的問題，也看到了**讀取能力**這個名詞，若 a 模組 requires 了 b 模組，表示 a 模組依賴在 b 模組，a 模組可以**讀取** b 模組，或說 a 模組對 b 模組是**可讀取的（readable）**，有讀取能力不代表有**存取能力**，b 模組還得 exports 套件，a 模組對 b 模組才有存取能力，也就是可以操作公開的類別、方法或值域。

比存取能力更進一步的是深層反射，**若要操作非公開的類別、方法或值域，模組本身得 opens 套件，或者直接 open 模組本身**，如果顯示模組本身 open 了，該模組會是個**開放模組**，相對地，未 open 的模組是**一般模組**。

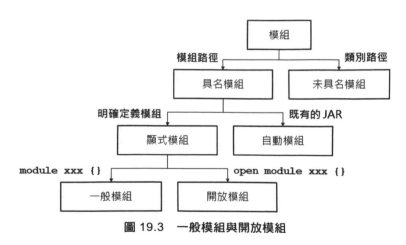

圖 19.3　一般模組與開放模組

java.base 模組 **exports** 全部的套件，但沒有 **opens** 套件，也沒有 **open** 模組，因此任何模組都不能對 **java.base** 做深層反射。

先前談到，**未具名模組可以讀取其他模組**，然而能否存取或深層反射，要視其他模組是否 exports 或 opens，而**未具名模組對其他模組來說，就像是 open 全部套件**，因此執行時期，任何模組都可存取與深層反射未具名模組，不過未具名模組沒有名稱，因此顯式模組無法 requires，也就不能存取（也不能讀取）未具名模組。

那麼自動模組呢？**自動模組可以讀取其他模組**，然而能否存取或深層反射，要視其他模組是否 exports 或 opens，**自動模組對其他模組來說，像是 open 全部套件**，因此可以存取與深層反射自動模組，自動模組是具名模組，**顯式模組也可以 requires 自動模組**。

注意 ▶▶▶　對於未具名模組，預設是找不到 **javax.xml.bind.***、**javax.rmi** 等套件，因為它們歸類為 Java EE 相關 API，座落於 **java.se.ee** 模組。

17.1.8 談到如何使用 **ServiceLoader**，以及如何在模組上運用 **uses、provides** 設定，讓服務的客戶端依賴在服務的 API 規範，而不用依賴在實作服務的模組，而規範服務 API 的模組與實作服務的模組，又可以保持鬆散的依賴關係。

17.2 關於類別載入器的部分談到了，**因應模組化的特性，類別載入器階層有了變化**，Application 也可以直接委託 Bootstrap 載入器了，而 Extension 被 Platform 載入器取代，它也可以直接委託 Application 載入器了；另外，如果自行建立 URLClassLoader 實例，而最後也確實是由該實例，從指定路徑載入了類別，該類別會被歸類在未具名模組之中。

應用程式依賴的模組可能被棄用，在 18.3.2 中提到了 ElementType 的列舉成員 MODULE，而被加註 MODULE 的有 @Deprecated 與 @SuppressWarnings，這表示**可以使用 @Deprecated 標註被棄用的模組，某模組若仍想使用被棄用的模組，又不想收到警訊，可以使用標註 @SuppressWarnings("deprecation")**。

若對以上內容都已經瞭解，就應該足以應付模組相關的多數場合了，接下來的內容，是針對模組的更多細節進行補充，若有不及備載的部分，相信你也有足夠的能力，自行探索相關文件了。

19.1.2　requires、exports 與 opens 細節

看到這邊，你應該知道在模組描述檔中，requires、exports、opens 設定的基本意義為何，它們還有一些細節可以談談。

▶ requires transitive

如果 a 模組的模組描述檔沒有任何設定，a 模組就只依賴 java.base 模組，這是**隱含（Implicit）依賴關係**，若 a 模組的模組描述檔中 requires 了 b 模組，a 模組**顯式（Explicit）依賴**在 b 模組，而 a 模組與 b 模組都隱式依賴 java.base。

如果 a 模組的模組描述檔中 requires 了 b 模組，而 b 模組的模組描述檔中 requires 了 c 模組，a 對 b 顯式依賴，而 a 模組隱式依賴 c 模組，現在問題來了，a 模組可以使用 c 模組 exports 套件的公開 API 嗎？不行！**預設情況下，模組對隱式依賴的模組沒有讀取能力。**

如果 b 模組基於 c 模組而撰寫，並希望 a 模組不要去觸及 c 模組，以便未來 b 模組想替換底層實作時，不至於影響 a 模組，這樣的設計就有意義。當然，a 模組真想直接使用 c 模組的 API，a 模組的模組描述檔中，可以設定 requires c 模組來解決此問題，然而這時 a 模組就顯式依賴 c 模組了。

然而，若 b 模組某方法傳回 c 模組中的型態，a 模組若要能使用該型態，必須對 c 模組有讀取能力，雖然可在 a 模組的模組描述檔，設定 requires c 模組來解決此問題，然而，b 模組既然揭露了 c 模組的型態，可以考慮使用 **requires transitive** c 模組，讓模組在 requires b 模組時，對於 c 模組有隱含的讀取能力，又不用顯式依賴在 c 模組。

在 Java SE API 的例子之一，就是 java.sql 模組，你定義的模組描述檔中 requires java.sql 後，就可從 java.sql.Driver 的 getParentLogger()取得 java.util.logging.Logger 實例進行操作，然而後者是位於 java.logging 模組，可以這麼做的原因在於，java.sql 模組描述檔是這麼撰寫的：

```
module java.sql {
    requires transitive java.logging;
    requires transitive java.xml;

    exports java.sql;
    exports javax.sql;
    exports javax.transaction.xa;

    uses java.sql.Driver;
}
```

由於 requires transitive 了 java.logging 與 java.xml 模組，只要模組 requires 了 java.sql 模組，就隱式依賴在 java.logging 與 java.xml 模組，並對這兩個模組隱含了讀取能力。假設 cc.openhome 模組 requires 了 java.sql 模組，那麼模組圖會是：

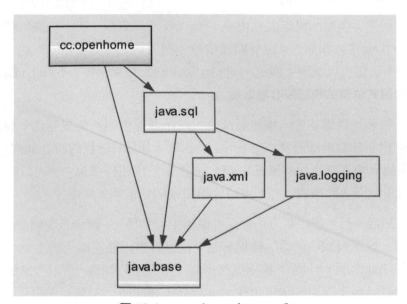

圖 19.4　requires java.sql

requires static

requires 定義了模組間的依賴關係，而且是編譯時期與執行時期的依賴關係，在編譯時期，若程式碼必須使用到另一模組的公開 API，必須 requires 該模組，編譯器才找的到，如果 a 模組 requires 了 b 模組，在執行時期 b 模組就一定得存在，否則會發生 java.lang.module.FindException，表示找不到 b 模組。

例如，可以將下載的範例檔案中，labs\CH19 的 RequiresStaticDemo、RequiresStaticTest 專案複製至 C:\workspace，使用 Eclipse 匯入這兩個專案。

RequiresStaticDemo 專案中 cc.openhome 模組 requires 了 RequiresStaticTest 專案中的 cc.openhome.test 模組，而 cc.openhome 模組中有個 Main 類別：

```
RequiresStaticDemo Main.java
```

```java
package cc.openhome;

public class Main {
    public static void main(String[] args) {
        if(args.length != 0 && "test".equals(args[0])) {
            cc.openhome.test.Test.fromTestModule();
        } else {
            System.out.println("應用程式正常流程");
        }
    }
}
```

cc.openhome.test.Test 類別來自 cc.openhome.test 模組，假設它是在開發程式時測試用的類別，執行 Main 時若加上命令列引數 test，就會使用到 Test 類別。

為了只測試執行時期模組間的相依關係，可以在 c:\workspace 目前中，使用以下指令執行：

```
> java --module-path
c:\workspace\RequiresStaticDemo\bin;c:\workspace\RequiresStaticTest\bin -m
cc.openhome/cc.openhome.Main test
來自 cc.openhome.test 模組
```

若沒有提供命令列引數 test，那麼就會執行應用程式流程：

```
>java --module-path
c:\workspace\RequiresStaticDemo\bin;c:\workspace\RequiresStaticTest\bin -m
cc.openhome/cc.openhome.Main
應用程式正常流程
```

也許 cc.openhome.test 模組在實際產品環境並不需要，然而，由於 cc.openhome 模組 requires 了 cc.openhome.test 模組，執行時期若沒有 cc.openhome.test 模組的話會出現錯誤：

```
>java --module-path C:\workspace\RequiresStaticDemo\bin -m
cc.openhome/cc.openhome.Main
Error occurred during initialization of boot layer
java.lang.module.FindException: Module cc.openhome.test not found, required
by cc.openhome
```

若某模組是可選的，僅在編譯時期需要，執行時期可以不存在，那麼可使用 **requires static** 設定僅在編譯時期依賴，以上面的範例來說，可以修改 cc.openhome 模組的 module-info.java 如下：

```
RequiresStaticDemo module-info.java
module cc.openhome {
    requires static cc.openhome.test;
}
```

在 Eclipse 中儲存.java 後，就會自動編譯出.class，接著試著執行時提供命令列引數 test：

```
>java --module-path
C:\workspace\RequiresStaticDemo\bin;C:\workspace\RequiresStaticTest\bin -m
cc.openhome/cc.openhome.Main test
Exception in thread "main" java.lang.NoClassDefFoundError:
cc/openhome/test/Test
        at cc.openhome/cc.openhome.Main.main(Main.java:6)
Caused by: java.lang.ClassNotFoundException: cc.openhome.test.Test
        at
java.base/jdk.internal.loader.BuiltinClassLoader.loadClass(BuiltinClassLo
ader.java:602)
        at
java.base/jdk.internal.loader.ClassLoaders$AppClassLoader.loadClass(Class
Loaders.java:178)
        at java.base/java.lang.ClassLoader.loadClass(ClassLoader.java:522)
        ... 1 more
```

喔？出錯了？被 requires static 的模組，僅在編譯時期依賴，執行時期不會看到依賴關係，因而就算--module-path 可找到 cc.openhome.test 模組，模組圖中也不會該模組，這時就可以用上 17.1.7 看過的**--add-modules** 引數了：

```
>java --add-modules cc.openhome.test --module-path
C:\workspace\RequiresStaticDemo\bin;C:\workspace\RequiresStaticTest\bin -m
cc.openhome/cc.openhome.Main test
來自 cc.openhome.test 模組
```

實際產品上線後，被 requires static 的模組僅在編譯時期依賴，執行時期不會看到依賴關係，也就不包含 cc.openhome.test 模組：

```
>java --module-path C:\workspace\RequiresStaticDemo\bin -m
cc.openhome/cc.openhome.Main
應用程式正常流程
```

在 **requires** 時，也可以併用 **transitive** 與 **static**，例如：

requires transitive static cc.openhome.somemodule;

exports to、opens to

模組使用 exports 指定套件時，還可加上 to 限定只能被哪些模組使用，例如，java.base 模組的模組描述檔中，有些特定實現模組或 JDK 內部模組，會在 exports 時限定可使用之模組：

```
module java.base {
    …略
    exports com.sun.security.ntlm to java.security.sasl;
    exports jdk.internal to jdk.jfr;
    exports jdk.internal.jimage to jdk.jlink;
    exports jdk.internal.jimage.decompressor to jdk.jlink;
    exports jdk.internal.jmod to
        jdk.compiler,
        jdk.jlink;
    …略
}
```

類似地，在使用 opens 開放套件時，也可以加上 to，限定只能被哪些模組進行深層反射。

19.1.3　修補模組

有時會想臨時地替換模組中某（些）類別，或是臨時性地修補分裂套件的問題，這時可在編譯或執行時使用**--patch-module** 引數，指定修補用的類別來源，這個引數建議只用於除錯或進行測試，**不建議在實際上線的環境中使用**。

例如，在下載範例檔案的 labs\CH19 中有個 PatchModule 資料夾，其中有三 個 已 建 構 好 的 cc.openhome.jar 、 cc.openhome.util.jar 與 cc.openhome.util-patch.jar，如果在 PatchModule 資料夾中執行底下指令，會顯示 help 字樣：

```
>java --module-path cc.openhome.jar;cc.openhome.util.jar -m
cc.openhome/cc.openhome.Main
help
```

help 字樣是來自於 `cc.openhome.util` 模組，`cc.openhome.util.Util` 類別的 `help()` 方法，原始碼可在 labs/CH19 資料夾中的 PatchModuleUtil 專案找到。

cc.openhome.util-patch.jar 封裝了 `cc.openhome.util.Util` 類別，並將 `help()` 方法實作為顯示 HELP 字樣，若執行底下 `java` 指令：

```
>java --patch-module cc.openhome.util=cc.openhome.util-patch.jar -module
-path cc.openhome.jar;cc.openhome.util.jar -m cc.openhome/cc.openhome.Main
HELP
```

`--patch-module` 的指定表示，`cc.openhome.util` 模組中若有符合的類別，將會被 cc.openhome.util-patch.jar 中對應的類別取代。

`--patch-module` 只能用來替換 API 類別，**如果`--patch-module` 指定的來源中，含有 module-info.class，只會被忽略，不會替換掉**，使用 `javac` 編譯時，也可使用`--patch-module` 引數，。

19.1.4 放寬模組封裝與依賴

模組化功能是為了強封裝，然而有時想在不修改模組描述檔前題下，臨時放寬既有模組封裝的情境，例如使用未被 exports 的 JDK 內部 API，或是對 Java SE 標準 API 深層反射。

在編譯或執行時期，若真的必要，可以透過引數**`--add-exports`、`--add-opens`** 和**`--add-reads`** 的指定，來增加模組描述檔中原本沒設定的 exports、opens、requires 選項，這些引數建議只用於除錯或進行測試，**不建議在實際上線的環境中使用**。

▶ `--add-exports`

舉例來說，`java.base` 模組的 `sun.net` 套件或子套件，只限定 exports 給 JDK 內部模組使用（`jdk.*`開頭的模組），若因為某個理由，打算使用 `sun.net` 套件或子套件的 API，例如，若在 `cc.openhome` 模組有個 Main 類別如下撰寫：

```
package cc.openhome;

import sun.net.ftp.FtpClient;
import sun.net.ftp.impl.DefaultFtpClientProvider;
```

```
public class Main {
    public static void main(String[] args) {
        FtpClient c = new DefaultFtpClientProvider().createFtpClient();
        ...略
    }
}
```

　　預設使用 javac 時無法通過編譯，然而若加上--add-exports 引數，例如：

```
javac --add-exports java.base/sun.net.ftp=cc.openhome
      --add-exports java.base/sun.net.ftp.impl=cc.openhome
      ...略
```

　　就可以通過編譯，上面的--add-exports 指定，相當於在 java.base 模組的模組描述檔中增加底下的 exports to 設定：

```
exports sun.net to cc.openhome;
exports sun.net.ftp.impl to cc.openhome;
```

　　若想以--add-exports 指定 exports 給未具名模組，等號右邊可以使用 ALL-UNNAMED。在通過編譯後，執行時期使用 java 指令也要指定--add-exports 引數，才不會發生 IllegalAccessError，例如：

```
java --add-exports java.base/sun.net.ftp=cc.openhome
     --add-exports java.base/sun.net.ftp.impl=cc.openhome
     ...略
```

▶ --add-opens

　　--add-opens 的指定格式與--add-exports 相同，例如，由於 java.base 模組的 java.lang 套件沒有 opens，底下 cc.openhome 模組的 Main 類別在執行時，因為試圖做深層反射而引發 InaccessibleObjectException：

```
package cc.openhome;

public class Main {
    public static void main(String[] args) throws Exception {
        var empty = "";
        var hash = String.class.getDeclaredField("hash");
        hash.setAccessible(true);
        System.out.println(hash.get(empty));
    }
}
```

若執行 java 時指定--add-opens java.base/java.lang=cc.openhome 就可以順利執行，因為相當於對 java.base 模組的模組描述檔增加底下設定：

```
opens java.lang to cc.openhome;
```

● --add-reads

--add-reads 可以增加模組描述檔未定義的模組依賴關係，例如，若 a 模組未依賴在 b 模組，也就是未在模組描述檔中，直接 requires b，連 requires static b 也沒有，然而，臨時想使用 b 模組 exports 的 API，這時候在使用 javac 編譯的時候，就可以增加--add-reads 引數：

```
javac --add-modules b
    --add-reads a=b
    ...略
```

--add-reads a=b，相當於在 a 模組的模組描述檔，增加 requires b 的設定，然而，實際上模組描述檔沒有 requires b 語句，為了在模組圖中找得到 b 模組，記得使用--add-modules b，使用 java 執行的時候也是如此：

```
java --add-modules b
    --add-reads a=b
    ...略
```

提示 >>> 現有的應用程式若想遷移至 JDK9 以後的平台，可能得費點功夫，有興趣的話，可以參考〈遷移！往 Java 9 前進！[2]〉

19.2　模組 API

JDK 在執行時期，使用 java.lang.Module 實例來代表各模組，可以從中取得模組相關資訊，對於模組描述檔定義的資訊，執行時期使用 java.lang.module.ModuleDescriptor 實例來代表，可以從中取得 requires、exports 等語句的代表實例，像是 ModuleDescriptor.Exports、

---

[2] 遷移！往 Java 9 前進！：openhome.cc/Gossip/Programmer/MigrateToJava9.html

ModuleDescriptor.Requires 等，接下來要介紹這些模組 API，並簡介模組層
（Module layer）的概念。

19.2.1　使用 Module

在 17.1.1 談過，Class 的 getModule()方法，可取得類別所在的模組代表實
例，類似反射 API，在取得 Module 實例後，可以對它進行資訊的探查。例如，
底下範例可探查目前模組，可否讀取指定類別所在之模組，並列出其 exports
的套件：

ModuleAPI ModuleInfo.java

```java
package cc.openhome;

import static java.lang.System.out;

public class ModuleInfo {
    public static void main(String[] args) throws Exception {
        var clz = Class.forName(args[0]);

        Module current = ModuleInfo.class.getModule();
        Module module = clz.getModule();

        out.printf("%s 模組%s 讀取 %s 類別所在之 %s 模組%n",
                current.getName(),
                current.canRead(module) ? "可" : "不可",
                args[0],
                module.getName());

        out.println("exports 的套件：");
        module.getPackages().stream()
                .filter(module::isExported)
                .forEachOrdered(out::println);
    }
}
```

Module 的 getName()會傳回模組名稱，若是未具名模組，會傳回 null，
canRead()判斷是否可讀取指定的模組，對於於具名模組，getPackages()會使
用 Set<String>傳回模組中包含的套件，對於未具名模組，getPackages()傳回
的是載入類別的類別載入器定義之套件（每個載入器都會有個未具名模組），
isExported()判斷指定的套件是否有 exports，它有另一個重載版本，用來判斷
指定的套件是否 exports to 某個模組。

如果執行的命令列引數為 java.lang.Object，會顯示以下的結果：

```
cc.openhome 模組可讀取 java.lang.Object 類別所在之 java.base 模組
exports 的套件：
javax.net.ssl
java.util.stream
javax.crypto.interfaces
java.lang.invoke
javax.security.cert
java.util.regex
java.lang
java.lang.module
java.security.cert
java.nio.charset
java.security.spec
java.io
java.util.concurrent
java.time.temporal
...略
```

除了透過 Module 探查模組資訊，Module 還定義了 addExports()、addOpens()，可以增加模組 exports、opens 的套件，而 addReads()可以增加模組 requires 的模組，addUses()可以增加模組使用到的服務類別。

與 19.1.4 談到的--add-exports、--add-opens、--add-reads 等引數不同，**只有在模組內的類別，才能呼叫所在模組的 addExports()、addOpens()、addReads()、addUses()**，因此，取得 java.base 模組的 Module 實例並呼叫其 addOpens()方法，會引發 IllegalCallerException。

舉例來說，在 cc.openhome.util 模組中，若有個 Some 類別如下：

ModuleAPIUtil Some.java
```java
package cc.openhome.util;

public class Some {
    private int some;

    public void openTo(Module module) {
        this.getClass().getModule().addOpens("cc.openhome.util", module);
    }
}
```

cc.openhome.util 模組的模組描述檔中，僅 exports 了 cc.openhome.util 套件，其他模組基本上只能存取公開的 API，然而 Some 類別提供了 openTo() 方法，可以將 cc.openhome.util 套件 exports 給指定模組。例如，若 cc.openhome 模組中有底下的範例程式：

```java
ModuleAPI OpensDemo.java
package cc.openhome;

import cc.openhome.util.Some;
import java.lang.reflect.Field;

public class OpensDemo {
    public static void main(String[] args) throws Exception {
        var s = new Some();
        if(args.length != 0 && "opens".equals(args[0])) {
            s.openTo(OpensDemo.class.getModule());
        }
        var f = Some.class.getDeclaredField("some");
        f.setAccessible(true);
        System.out.println(f.get(s));
    }
}
```

執行這個範例時，若沒有指定命令列引數，會因試圖存取私有值域而發生 InaccessibleObjectException，若執行時指定命令列引數 opens，那麼 cc.openhome.util 套件會 opens 給 cc.openhome 模組，就能存取私有值域了。

19.2.2　使用 ModuleDescriptor

Module 實例可取得的模組資訊其實有限，它提供了 **getDescriptor() 可以傳回 java.lang.module.ModuleDescriptor，代表具名模組（包含自動模組）的模組描述檔，未具名模組的 getDescriptor() 會傳回 null。**

ModuleDescriptor 代表模組描述檔，這意謂著，**包含的是靜態的模組描述資訊**，也就是模組描述檔的內容。

舉例來說，若透過 Module 的 addOpens() 方法開放了更多套件，那麼 Module 的 getPackages() 方法傳回的 Set<String>，會包含 addOpens() 方法開放的套件，不過，ModuleDescriptor 的 packages() 方法傳回的 Set<String>，仍舊是模組描述檔中定義有 exports 的套件。

部署描述檔中的 requires、exports、opens 等語句，在 ModuleDescriptor 有 對 應 的 ModuleDescriptor.Requires 、 ModuleDescriptor.Exports 、 ModuleDescriptor.Opens 等 類 別 ， 而 ModuleDescriptor 的 requires()、 exports()、opens()等方法，傳回的就是對應的 Set<ModuleDescriptor. Requires>、Set<ModuleDescriptor.Exports>、Set<ModuleDescriptor.Opens> 等物件。

ModuleDescriptor 提 供 了 靜 態 的 read() 方 法 ， 可 以 讀 取 並 根 據 module-info.class 的內容建立 ModuleDescriptor 實例，例如，讀取 java.base 的 module-info.class：

```
Module m = Object.class.getModule();
ModuleDescriptor md = ModuleDescriptor.read(
    m.getResourceAsStream("module-info.class")
);
```

在這個片段中也看到，若要讀取模組中的資源，可以透過 Module 的 getResourceAsStream()方法。

ModuleDescriptor 提供了靜態的 newAutomaticModule()、newModule()、 newOpenModule() 等 方 法 ， 可 建 立 新 的 模 組 描 述 定 義 ， 它 們 都 傳 回 ModuleDescriptor.Builder，可使用流暢 API 風格來建立 ModuleDescriptor， 在 ModuleDescriptor.Builder 的 API 文件，提供了底下的範例：

```
ModuleDescriptor descriptor = ModuleDescriptor.newModule("stats.core")
        .requires("java.base")
        .exports("org.acme.stats.core.clustering")
        .exports("org.acme.stats.core.regression")
        .packages(Set.of("org.acme.stats.core.internal"))
        .build();
```

19.2.3 淺談 ModuleLayer

Module 實例定義了 getLayer()方法，會傳回 java.lang.ModuleLayer 實例， 代表該模組是在哪個**模組層**找到的，什麼是模組層？

回顧 17.2 談過的類別載入器，你知道它們負責載入類別，而在 JDK9 以後， 類別必然屬於某模組，程式執行時，模組彼此間的關係構成了模組圖，類別載 入器會在模組圖尋找類別，**模組圖與類別載入器的關係就組成了模組層。**

　　到目前為止，範例程式運行時都只有一個模組層，稱為 **boot 模組層**，而類別載入器都是在 boot 模組層的模組圖尋找類別，**boot 模組層上還有個空模組層（Empty layer），裏頭沒有任何模組，目的只是作為 boot 模組層的父模組層。**

　　可以透過 `ModuleLayer.boot()` 來取得 boot 模組層的代表實例，由於目前類別載入器都是在 boot 模組層尋找類別，透過 `Module` 的 `getLayer()` 取得的就是 boot 模組層：

```
jshell> ModuleLayer.boot() == Object.class.getModule().getLayer();
$1 ==> true
```

　　大多數的應用程式專案不需要意識到模組層的存在，若想實作某種服務容器或 plugins 架構的應用程式，才會使用模組層，詳細討論不在本書設定的範圍之內，然而 `ModuleLayer` 的 API 文件提供了個簡單的範例，這邊可以介紹一些，大致知道如何建構模組層、從模組層中找到模組並載入類別。

　　首先，使用 `java.lang.module.ModuleFinder` 來找尋模組，假設模組的 JAR 檔案位於 One 專案 dist 資料夾：

```
ModuleFinder finder =
    ModuleFinder.of(Paths.get("C:\\workspace\\One\\dist"));
```

　　接下來解析模組建立模組圖，解析模組是透過 `java.lang.module.Configuration`，由於 `java.base` 等模組位於 boot 模組層，在解析模組時需要 boot 模組層的 `Configuration`，在取得 boot 模組層的 `ModuleLayer` 實例後，可以呼叫 `configuration()` 來取得：

```
ModuleLayer boot = ModuleLayer.boot();
Configuration cf = boot.configuration()
    .resolve(finder, ModuleFinder.of(), Set.of("one"));
```

　　呼叫 `resolve()` 方法進行解析時，第一個參數指定從哪個 `ModuleFinder` 找尋模組，若在父 `ModuleFinder` 與第一個參數指定的 `ModuleFinder` 都找不到模組，會使用第二個參數指定的 `ModuleFinder`，第三個參數指定模組層的根模組名稱，One 專案 dist 資料夾中的 one.jar 中有個 one 模組，因此第三個參數使用了 `Set.of("one")`。

　　在解析完成取得 `Configuration` 實例後，可以用該實例在 boot 模組層下建立新的模組層，建立時指定了 System 載入器作為父載入器：

```
ClassLoader scl = ClassLoader.getSystemClassLoader();
ModuleLayer layer = boot.defineModulesWithOneLoader(cf, scl);
```

若要從新的模組層載入類別，先找出模組的類別載入器，使用該載入器進行載入：

```
Class<?> c = layer.findLoader("one")
                  .loadClass("cc.openhome.one.OneClass");
```

就這個例子來說，`findLoader("one")` 找到的載入器，父載入器會是 System 載入器，若在 System、Platform、Bootstrap 載入器架構下找不到類別，才會由 `findLoader("one")` 找到的載入器來載入類別。

以上透過 `ModuleLayer` 的 API 文件提供的簡單範例，稍微談了一下何謂模組層，更多細節可以參考 API 文件的說明。

19.3 打包模組

在 1.2.4 談過，想打包模組，JDK9 以後除了 JAR 之外，還有 JMOD 與 JIMAGE，雖然可使用更為便捷的工具程式來打包模組，不過透過幾個簡單的範例，稍微了解一下使用 JDK 內建指令來建立 JAR、JMOD 與 JIMAGE，也能比較清楚，打包模組時更為便捷的工具程式到底做了哪些事情。

19.3.1 使用 jar 打包

身為 Java 開發者，JAR 應該是最熟悉的格式了，它採用 zip 壓縮格式，可以透過 JDK 內建的 **jar** 指令建立，若使用 IDE 或者是 Maven、Gradle 之類的建構工具（Build tool），都有更便捷的指令可建立 JAR 檔案。

◉ 基本 JAR 打包

若想體驗如何使用 jar 指令建立 JAR 檔案，可將下載範例檔中 labs\CH19 的 Hello2 資料夾複製至 C:\workspace。Hello2 是 2.3.1 範例成果，其中 classes 資料夾含有 `cc.openhome.Main` 類別的編譯成果，mods\cc.openome 則是 cc.openhome 模組的編譯成果。

　　首先，試著建立一個傳統的類別庫 JAR 封裝，在進入 Hello2 資料夾之後，執行底下指令：

```
C:\workspace\Hello2>jar --create --file dist/helloworld.jar -C classes /

C:\workspace\Hello2>java -cp dist/helloworld.jar cc.openhome.Main
Hello, World
```

　　--create 表示建立 JAR，--file 指定了 JAR 檔案名稱，-C 引數用來指定 JAR 要包含哪個資料夾的內容，除了指定-cp 並指定程式進入點類別之外，若建立 JAR 檔案時，使用--main-class 指定程式進入點類別，就可以使用-jar 來執行 JAR 檔案。例如：

```
C:\workspace\Hello2>jar --create --file dist/helloworld2.jar --main-class
cc.openhome.Main -C classes /

C:\workspace\Hello2>java -jar dist/helloworld2.jar
Hello, World
```

　　Hello2 的 mods 中，cc.openhome 資料夾有編譯好的 cc.openhome 模組，可使用底下指令建立模組 JAR：

```
C:\workspace\Hello2>jar --create --file dist/cc.openhome.jar --main-class
cc.openhome.Main -C mods/cc.openhome /

C:\workspace\Hello2>java --module-path dist/cc.openhome.jar -m
cc.openhome/cc.openhome.Main
Hello, World

C:\workspace\Hello2>java --module-path dist/cc.openhome.jar -m cc.openhome
Hello, World
```

　　這次在建立 JAR 時，同時指定了--main-class，因此在使用-m 時可以只指定模組名稱，就顯示了 Hello, World。

　　如果想查看 JAR 中有哪些檔案，可以使用--list 引數，例如：

```
C:\workspace\Hello2>jar --list --file dist/cc.openhome.jar
META-INF/
META-INF/MANIFEST.MF
module-info.class
cc/
cc/openhome/
cc/openhome/Main.class
```

◎ 多版本 JAR

　　JDK9 以後為 JAR 格式做了增強，可以建立**多版本 JAR（Multi-release JAR）**，當中可以包含多個 JDK 版本下編譯的.class 檔案，若運行在 JDK8 以前的版本，就使用舊版本的.class，若是運行在 JDK9 以後的版本，就使用新版本的.class。

　　為了做為示範，請將下載範例檔中 labs\CH19\MultiReleases 資料夾複製至 C:\workspace，MultiReleases 包含了 classes 資料夾，當中的 Main.class 是在 JDK8 編譯 src\cc\openhome\Main.java 而來，若用它做為程式進入點執行，會顯示 Hello, JDK8；MultiReleases 包含了 mods 資料夾，當中的 Main.class 是在 JDK17 編譯 src\cc.openhome\cc\openhome\Main.java 而來，如果用它做為程式進入點執行，會顯示 Hello, World。

　　現在可以進入 MultiReleases 資料夾，並執行底下指令：

```
C:\workspace\MultiReleases>jar --create --file dist/cc.openhome.jar
--main-class cc.openhome.Main -C classes / --release 17 -C mods/cc.openhome
/
```

　　留意到--release 前的內容，這與舊式 JAR 建立方式無異，因此，指定要包裝的內容會是 JDK8 編譯後的.class 檔案，--release 指定了 17，緊接著的-C 指定的是 JDK17 編譯好的.class 檔案，現在來看看 JAR 中有什麼：

```
C:\workspace\MultiReleases>jar --list --file dist/cc.openhome.jar
META-INF/
META-INF/MANIFEST.MF
META-INF/versions/17/module-info.class
cc/
cc/openhome/
cc/openhome/Main.class
META-INF/versions/17/
META-INF/versions/17/cc/
META-INF/versions/17/cc/openhome/
META-INF/versions/17/cc/openhome/Main.class
```

　　若不看粗體字部分，內容佈局與舊式 JAR 無異，這部分資訊主要來自使用 jar 指令時，--release 前的指定，在 JDK8 使用這個 JAR 時，例如 java -jar dist/cc.openhome.jar 的話，會顯示 Hello, JDK8。

　　至於粗體字的部分，只在 JDK9 以後使用該 JAR 檔案時才會有作用，例如在 JDK17 執行 `java -jar dist/cc.openhome.jar` 的話，若發現 JAR 根目錄的.class 與 META-INF/versions/17 中的.class 沒有重複，會使用 JAR 根目錄中的.class，如果 META-INF/versions/17 有重複的.class，或者 JAR 根目錄不存在 META-INF/versions/17 的 .class（像是 module-info.class），就使用 META-INF/versions/17 中的.class。

　　因此，在 JDK17 執行底下指令的話，會顯示 Hello, World：

```
C:\workspace\MultiReleases>java -jar dist/cc.openhome.jar
Hello, World

C:\workspace\MultiReleases>java --module-path dist/cc.openhome.jar -m
cc.openhome
Hello, World
```

　　由於 META-INF/versions/17 的 cc/openhome/Main.class 與 JAR 根目錄的 cc/openhome/Main.class 重複，在 JDK17 會使用 META-INF/versions/17 的 cc/openhome/Main.class，由於 META-INF/versions/17/module-info.class 不存在於 JAR 根目錄，在 JDK17 透過--module-path 與-m 也是可以執行的。

> 提示 》》》 這邊對 jar 指令做了基本的介紹，若想瞭解更多，可以參考〈jar[3]〉的文件。

19.3.2　使用 jmod 打包

　　JDK9 引進了新的 JMOD 來打包模組，目的也在於可以處理比 JAR 更多的檔案類型，像是原生指令、組態檔等，有些文件將 JMOD 描述為擴充版本的 JAR，使用 javac 或 jlink 工具程式時，可以指定--module-path 引數至.jmod 檔案所在路徑，然而**執行時期不支援 JMOD 檔案**。

　　可以使用 JDK9 以後內建的 **jmod** 工具程式來建立、查看或取出 JMOD 檔案的內容，在撰寫本章的這個時間點，jmod 建立的檔案採用 zip 壓縮格式，然而這只是暫時性的方案，未來的格式仍是個開放討論的議題。

3
　jar：docs.oracle.com/javase/9/tools/jar.htm

由於執行時期不能使用 JMOD，發佈給開發者使用的程式庫時，仍是以 JAR 為主，jmod 工具程式也能夠使用模組 JAR 檔案作為.class 來源建立 JMOD，**發佈 JMOD 檔案的時機在於，需要一併打包原生指令、組態檔等，讓客戶端能便於自訂執行時期映像檔**；如 1.2.4 談過的，JDK 本身提供了 Java SE API 的 JMOD 檔案，可以在 JDK 安裝資料夾的 jmods 資料夾中找到。

基本 JMOD 打包

如果想體驗一下如何使用 jar 指令自行建立 JAR 檔案，可以在 19.3.1 使用過的 Hello2 資料夾進行操作，例如，想將 mods/cc.openhome 中的 cc.openhome 模組，封裝為 cc.openhome.jmod 的話，可以如下輸入指令：

```
C:\workspace\Hello2>jmod create --class-path mods/cc.openhome --main-class
cc.openhome.Main dist/cc.openhome.jmod

C:\workspace\Hello2>jmod list dist/cc.openhome.jmod
classes/module-info.class
classes/cc/openhome/Main.class
```

--class-path 指定.class 來源，來源也可以是 JAR 檔案，--main-class 指定程式進入點類別（如果有的話），這會在 dist 資料夾建立 cc.openhome.jmod，想查看 JMOD 的內容，可使用 list 引數，Java 的.class 檔案會放置在 classes，若打包時有可執行檔（使用--cmds）會放在 bin，組態檔（使用--config）放在 conf，標頭檔（使用--header-files）放在 include，原生程式庫（使用--lib）放在 lib，法務資訊（使用--legal-notices）放在 legal。例如，查看一下 JDK17 中 jmods 資料夾的 java.base.jmod：

```
C:\workspace\Hello2>jmod list "C:\Program
Files\Java\jdk-17\jmods\java.base.jmod"
classes/module-info.class
classes/com/sun/crypto/provider/AESCipher$AES128_CBC_NoPadding.class
classes/com/sun/crypto/provider/AESCipher$AES128_CFB_NoPadding.class
...略
conf/net.properties
conf/security/java.policy
conf/security/java.security
...略
include/classfile_constants.h
include/jni.h
include/jvmti.h
```

```
...略
legal/COPYRIGHT
legal/LICENSE
legal/public_suffix.md
...略
bin/java.exe
bin/javaw.exe
bin/keytool.exe
lib/classlist
lib/java.dll
lib/jimage.dll
lib/jli.dll
...略
```

　　稍後介紹 jlink 時，會使用方才建立好的 cc.openhome.jmod 檔案，接下來先看看如何記錄 JMOD 檔案的雜湊值。

◉ 記錄 JMOD 雜湊值

　　若其他模組依賴在目前正在打包的模組，此打包模組可記錄其他模組雜湊值，**一旦記錄了雜湊值，使用 jlink 時會驗證雜湊值，若不符合建構就會失敗並顯示錯誤訊息。**

　　為了實際操作，可以使用 2.3.3 的成果，請複製下載範例檔中 labs\CH19 的 Hello3 資料夾至 C:\workspace，在進入 Hello3 資料夾後，使用底下指令為 cc.openhome 及 cc.openhome.util 模組，分別建立 cc.openhome.jmod 與 cc.openhome.util.jmod：

```
C:\workspace\Hello3>jmod create --class-path mods/cc.openhome --main-class
cc.openhome.Main dist/cc.openhome.jmod

C:\workspace\Hello3>jmod create --class-path mods/cc.openhome.util
dist/cc.openhome.util.jmod
```

　　接著，執行 jmod 指定 describe，先查看一下兩個.jmod 的資訊：

```
C:\workspace\Hello3>jmod describe dist/cc.openhome.jmod
cc.openhome
requires cc.openhome.util
requires java.base mandated
contains cc.openhome
main-class cc.openhome.Main

C:\workspace\Hello3>jmod describe dist/cc.openhome.util.jmod
cc.openhome.util
```

```
exports cc.openhome.util
requires java.base mandated
```

目前沒有記錄任何雜湊值，接下來使用 jmod hash 為模組加入雜湊訊息：

```
C:\workspace\Hello3>jmod hash --module-path dist --hash-modules .*
Hashes are recorded in module cc.openhome.util

C:\workspace\Hello3>jmod describe dist/cc.openhome.jmod
cc.openhome
requires cc.openhome.util
requires java.base mandated
contains cc.openhome
main-class cc.openhome.Main

C:\workspace\Hello3>jmod describe dist/cc.openhome.util.jmod
cc.openhome.util
exports cc.openhome.util
requires java.base mandated
hashes cc.openhome SHA-256
ab77964b377aaef9ae15a19f1400b8965670a3c35605e774191e43f1e940591f
```

--hash-modules 指定為哪些模組間的依賴關係記錄雜湊值，使用的是規則表示式，可以看到在 cc.openhome.util.jmod 上，記錄了 cc.openhome 的雜湊資訊。

為了稍後在使用 jlink 時作為對照，dist2 已經準備了不同時間編譯、建立的 jmod 檔案，而且記錄了雜湊值，可以看到與方才的雜湊值不同：

```
C:\workspace\Hello3>jmod describe dist2/cc.openhome.util.jmod
cc.openhome.util
exports cc.openhome.util
requires java.base mandated
hashes cc.openhome SHA-256
1ef656d415799df0f934818180090cd3443e3c43f05ca01afd82c8ad05bfe574
```

提示 >>> 這邊對 jmod 指令做了基本的介紹，若想瞭解更多，可以參考〈jmod[4]〉的文件。

---

[4] jmod：docs.oracle.com/javase/9/tools/jmod.htm

19.3.3　使用 **jlink** 建立執行時期映像

可以使用 JDK9 以後附帶的 jlink 工具程式，建立**執行時期映像，其中只包含指定的模組**，這意謂著執行特定的 Java 應用程式時，不需要完整的標準 JDK（JDK14 是 300 多 MB），若基於標準 JDK，基本 Hello, World 程式的執行時期映像會是 30 幾 MB，透過壓縮、去除不必要的標頭檔等設定，容量還可以更小。

來看看實際上如何使用 jlink，首先使用 19.3.2 的 Hello2 成果，從 cc.openhome.jmod 與 java.base.jmod 建立執行時期映像，在進入 Hello2 資料夾後，執行底下指令：

```
C:\workspace\Hello2>jlink --module-path "C:\Program
Files\Java\jdk-14\jmods;dist\cc.openhome.jmod" --add-modules cc.openhome
--output helloworld

C:\workspace\Hello2>helloworld\bin\java --list-modules
cc.openhome
java.base@17

C:\workspace\Hello2>helloworld\bin\java -m cc.openhome
Hello, World
```

--module-path 指定了模組來源，來源可以是目錄、JAR 或 JMOD，--add-modules 指定要將哪些模組加入根模組，--output 指定了輸出至哪個資料夾，只有使用到的模組會被加入執行時期映像，就 Hello2 來說，就只會使用到 java.base 與 cc.openhome 模組。

由於 java.base.jmod 包含 java 等指令，在執行時期映像建立好後，輸出資料夾的 bin 裏就有 java 等指令，使用 java --list-modules 可以列出執行時期映像中的模組，先前 cc.openhome.jmod 在建立時，使用--main-class 指定了程式進入點類別，因此可使用 java -m cc.openhome 執行程式。

接著來看看，在 19.3.2 最後曾為 JMOD 記錄了雜湊值，目前在 Hello3 資料夾中，dist/cc.openhome.util.jmod 必須搭配 dist/cc.openhome.jmod，在使用 jlink 建立執行時期映像時，才能通過雜湊值的比對。例如，進入 Hello3 資料之後，執行底下指令：

```
C:\workspace\Hello3>jlink --module-path "C:\Program
Files\Java\jdk-17\jmods;dist" --add-modules cc.openhome --output helloworld

C:\workspace\Hello3>helloworld\bin\java --list-modules
cc.openhome
cc.openhome.util
java.base@17

C:\workspace\Hello3>helloworld\bin\java -m cc.openhome
Hello, World
```

若特意在建立執行時期映像時，使用 dist2/cc.openhome.jmod 的話，就會因雜湊值比對不符合而失敗，例如刪除方才建立的 helloworld 資料夾，然後執行以下指令：

```
C:\workspace\Hello3>jlink --module-path "C:\Program
Files\Java\jdk-17\jmods;dist2\cc.openhome.jmod;dist\cc.openhome.util.jmod
" --add-modules cc.openhome --output helloworld
Error: Hash of cc.openhome
(1ef656d415799df0f934818180090cd3443e3c43f05ca01afd82c8ad05bfe574) differs
to expected hash
(ab77964b377aaef9ae15a19f1400b8965670a3c35605e774191e43f1e940591f)
recorded in cc.openhome.util
java.lang.module.FindException: Hash of cc.openhome
(1ef656d415799df0f934818180090cd3443e3c43f05ca01afd82c8ad05bfe574) differs
to expected hash
(ab77964b377aaef9ae15a19f1400b8965670a3c35605e774191e43f1e940591f)
recorded in cc.openhome.util
```

提示 >>> 這邊對 jlink 指令做了基本的介紹，若想瞭解更多，可以參考〈jlink[5]〉的文件。

---

5 jlink：docs.oracle.com/javase/9/tools/jlink.htm

如何使用本書專案

學習目標

- 範例專案環境配置
- 範例專案匯入

A.1 專案環境配置

為了方便讀者檢視範例程式、運行範例以觀摩成果，本書提供範例下載，下載網址請看〈導讀〉。由於每個讀者的電腦環境配置不盡相同，在這邊對本書範例製作時的環境加以介紹，以便讀者配置出與作者製作範例時最為接近的環境。

本書撰寫過程安裝的軟體：

- Oracle JDK17
- Eclipse IDE for Java Developers - 2021-09

JDK17 的下載、安裝，請見 1.2.3，Eclipse IDE 的安裝，請見 2.4.1。

跟安裝及路徑有關的資訊包括：

- JDK 安裝在 C:\Program Files\Java\jdk-17 資料夾，PATH 環境變數中包括 C:\Program Files\Java\jdk-17\bin 資料夾。
- Eclipse 專案都是建於 C:\workspace 資料夾。

A.2 匯入專案

若要使用範例專案，請將範例專案複製至 C:\workspace，接著在 Eclipse 中執行匯入專案的動作：

1. 執行選單「File/Import...」指令，在出現的「Import」對話方塊中，選擇「General/Existing Projects into Workspace」。

2. 按下「Next>」按鈕，選擇想匯入的專案後按「Finish」。

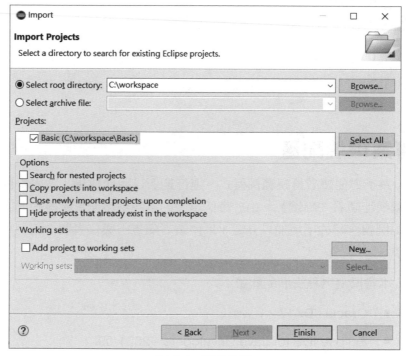

圖 A.1　匯入專案

如果匯入專案後，發現專案上出現 圖示，可能是你使用的 JDK 版本，與我製作範例時的 JDK 版本不同，必須調整設定：

1. 在專案上按右鍵，執行「Properties」，在出現的「Properties」對話方塊中，選擇「Java Build Path」節點。

2. 在「Java Build Path」中切換至「Libraries」，按兩下出現 圖示的「JRE System Library」。

3. 在「Edit Library」中選擇想使用的 JRE。

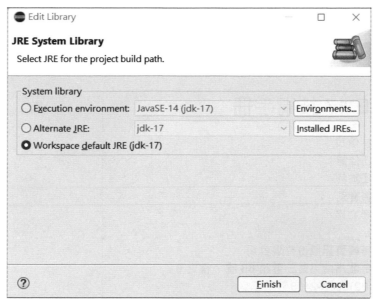

圖 A.2　調整專案使用的 JRE

其他特定範例的設定，請參考各章節中的操作步驟說明。

Java SE 17 技術手冊

作　　者：林信良
企劃編輯：江佳慧
文字編輯：江雅鈴
設計裝幀：張寶莉
發 行 人：廖文良

發 行 所：碁峰資訊股份有限公司
地　　址：台北市南港區三重路 66 號 7 樓之 6
電　　話：(02)2788-2408
傳　　真：(02)8192-4433
網　　站：www.gotop.com.tw
書　　號：ACL066100
版　　次：2022 年 05 月初版
建議售價：NT$680

國家圖書館出版品預行編目資料

Java SE 17 技術手冊 / 林信良著. -- 初版. -- 臺北市：碁峰資訊,
　2022.05
　　面；　　公分
　　ISBN 978-626-324-143-5(平裝)
　　1.CST：Java(電腦程式語言)
312.32J3　　　　　　　　　　　　　　　　111004667

讀者服務

● 感謝您購買碁峰圖書，如果您
　對本書的內容或表達上有不清
　楚的地方或其他建議，請至碁
　峰網站：「聯絡我們」\「圖書問
　題」留下您所購買之書籍及問
　題。(請註明購買書籍之書號及
　書名，以及問題頁數，以便能
　儘快為您處理)
　http://www.gotop.com.tw

● 售後服務僅限書籍本身內容，
　若是軟、硬體問題，請您直接
　與軟體廠商聯絡。

● 若於購買書籍後發現有破損、
　缺頁、裝訂錯誤之問題，請直
　接將書寄回更換，並註明您的
　姓名、連絡電話及地址，將有
　專人與您連絡補寄商品。